前沿科技 · 信息科学与工程系列专著

二次雷达

原理与设计

黄成芳 李琨◎著

电子工业出版社
Publishing House of Electronics Industry
北京·BEIJING

内 容 简 介

本书以民用二次监视雷达和军用二次雷达敌我识别系统为研究对象，系统地介绍二次雷达的基本概念、工作原理、系统设计及设备配置等基础理论知识。在民用二次监视雷达方面，着重介绍空中交通管制系统中的高性能二次监视雷达的技术特点、系统设计及实现途径，详细分析二次雷达系统内部的各种干扰问题、多径传输对二次雷达系统性能的影响及解决方法。为实现高性能系统设计，本书重点介绍高性能询问天线的设计、二次雷达信号处理的背景及处理思路，以及空中交通管制二次监视雷达配置和选址。在军用二次雷达敌我识别系统方面，重点分析二次雷达的发展历史和当前二次雷达的国际发展新动态、新思路，并针对现代战争特点，结合几种新型系统的设计，侧重介绍扩频、时间同步、现代加密技术和先进信号波形设计，并针对二次雷达应用中的核心关键技术，给出尽可能详细的理论阐释和解决方案。

本书作为国内在该领域内技术领先的基础科学理论著作，以从事军用、民用二次雷达相关工作的工程技术人员，二次雷达系统的使用和维修人员，以及高等院校相关专业的研究生和本科生为主要读者对象。

图书在版编目（CIP）数据

二次雷达原理与设计 / 黄成芳，李琨著. —北京：电子工业出版社，2022.12

（前沿科技. 信息科学与工程系列专著）

ISBN 978-7-121-44532-3

Ⅰ. ①二… Ⅱ. ①黄… ②李… Ⅲ. ①二次雷达 Ⅳ. ①TN958.96

中国版本图书馆 CIP 数据核字（2022）第 213533 号

责任编辑：田宏峰　　　特约编辑：田学清
印　　刷：北京盛通数码印刷有限公司
装　　订：北京盛通数码印刷有限公司
出版发行：电子工业出版社
　　　　　北京市海淀区万寿路 173 信箱　　邮编：100036
开　　本：787×1092　　1/16　　印张：29　　字数：749 千字　　彩插：1
版　　次：2022 年 12 月第 1 版
印　　次：2025 年 1 月第 3 次印刷
定　　价：168.00 元

凡所购买电子工业出版社图书有缺损问题，请向购买书店调换。若书店售缺，请与本社发行部联系，联系及邮购电话：（010）88254888，88258888。

质量投诉请发邮件至 zlts@phei.com.cn，盗版侵权举报请发邮件至 dbqq@phei.com.cn。

本书咨询联系方式：tianhf@phei.com.cn。

二次雷达系统的发展始于第二次世界大战期间，至今已经有 80 多年的历史。虽然二次雷达在许多领域得到了应用和发展，但其主要应用领域是民用航空和军用雷达敌我识别。迄今为止，民用二次监视雷达和军用二次雷达敌我识别系统在各自的应用领域中都发挥了不可替代的作用。

在一次雷达的基础上，为了识别一次雷达显示器上目标的敌我属性，英国科学家发明了二次雷达敌我识别系统，先后研制出了 3 种二次雷达敌我识别系统，用来识别一次雷达显示器上的敌我双方的目标。其中，马克Ⅲ（Mark Ⅲ）于 1941 年开始在美国大批量生产并被装备到大量的战斗平台上。到第二次世界大战后期，西方盟军的所有飞机和军舰都装备了 Mark Ⅲ。

第二次世界大战后，随着二次雷达技术的成熟，二次监视雷达在空中交通管制系统中得到应用。1953 年，马克 X（Mark X）被解密，用作空中交通管制二次监视雷达。1957 年，国际民航组织制定了民用航空空中交通管制二次监视雷达标准。到 20 世纪 60 年代初期，二次监视雷达投入使用，并且得到世界各国越来越多的认可。空中交通管制是机场提供的一项服务，地面空中交通管制员负责指挥飞机，并为飞行员提供信息和其他方面的支持。二次监视雷达的主要功能是实时监视飞行航线上飞机的飞行间距和飞行状态，为地面空中交通管制员提供飞机的飞行航迹和有关飞行信息，防止飞机发生空中碰撞，并将旅客和货物快速、安全地运送到目的地。随着经济的发展，航空运输的旅客人数和货物量大幅增加，飞机数量越来越多，地面飞行终端要求的二次监视雷达系统容量越来越大，对二次监视雷达的系统性能不断提出新的需求。这些需求不断地推动着二次雷达技术的发展。

第二次世界大战后，二次雷达敌我识别技术不断改进，系统性能逐步提高。随着作战武器性能的提高，高速机动部队夜间作战日益增多，联合作战逐渐成为主要作战模式，使敌我识别问题变得更加重要，也面临更大的挑战。同时，随着高技术武器装备的投入使用，尤其是精确制导技术的应用，战争中使用的武器可以攻击超视距的敌人，武器系统的作用距离更远、命中精度更高、杀伤力更强。因此，在现代战争中，跟踪、攻击和杀伤一个目标常常比识别这个目标更为容易。如果敌我识别技术的发展跟不上武器系统的发展，那么在难以识别敌我的情况下，高精度武器一旦发射即可命中目标，从而发生战争中最令人痛心的事件——"自相残杀"，为此世界各国都积极开发各种各样的敌我识别技术。但是迄今为止，二次雷达敌我识别系统仍然是战争中反应速度最快、置信度最高的专用敌我识别系统。战争需求和更先进作战武器的不断出现，推动着二次雷达技术不断发展。

第二次世界大战后，随着空中作战力量的发展，特别是以高空高速为基本特征的二代战斗机的出现，各国传统的防空体系面临较大威胁。为了及早发现、识别空中目标，防止国籍不明的飞机侵犯主权国领空，美军于 1950 年率先在领空之外的公共空域（简称公空）设立了防空识别区。到目前为止，已有多个国家和地区设立了防空识别区。2013 年 11 月 23 日，我国宣布在东海设立防空识别区。二次雷达系统包括民用二次监视雷达和军用二次雷达识别系统，是各国管理防空识别区的关键设备。设立防空识别区的需求推动了二次雷达技术的进一步发展。

在我国，随着国民经济的发展，特别是改革开放以来，我国国防力量不断壮大，民用航空事业不断发展，高性能二次雷达系统的应用需求不断增加，系统设计人员、使用和维修人员不断增加，推动了我国二次雷达学科的发展。许多工业企业和研究单位自主开发了民用二次监视雷达、机载应答机及军用二次雷达敌我识别系统，在国内外市场中占有一定份额。有些高等院校开设了二次雷达专业课程，旨在培养专业人才。随着二次雷达技术不断发展，设计、使用、维护二次雷达系统的队伍不断壮大。这激发了编者编写本书的热情。本书是编者根据自己从事二次雷达专业工作 30 多年所积累的资料和工作经验编写而成的。编者编写本书的目的是为从事二次雷达系统设计和设备研制生产工作的工程技术人员，以及二次雷达系统的使用和维修人员提供一本较为系统的二次雷达参考书籍。此外，本书也可以用作高等院校电子工程专业的研究生和本科生教材。

本书以民用二次监视雷达和军用二次雷达敌我识别系统为研究对象，系统地介绍了二次雷达的基本概念、工作原理、系统设计及设备配置等基础理论知识；针对二次雷达系统的问题进行了详尽的分析，如二次雷达系统内部的各种干扰问题，二次雷达信号处理的背景及处理思路，以及多径传输对二次雷达系统性能的影响；针对二次雷达应用中的核心关键技术，给出了尽可能详细的理论阐释和解决方案；结合二次雷达的发展历史和发展新动态、新思路，展望了二次雷达技术的发展方向，介绍了数字波形二次雷达系统及其设计特点和采用的先进技术。为了加深对 S 模式二次监视雷达的理解，本书还介绍了广播式自动相关监视系统（ADS-B）和空中交通警戒与防撞系统（ACAS）的工作原理和组成。

本书共 15 章：

第 1 章介绍了二次雷达系统发展概况。

第 2 章介绍了系统组成及工作原理。

第 3 章介绍了二次雷达各种工作模式的询问信号波形和应答信号波形，详细地介绍了各种工作模式的技术参数要求，分析了波形设计特点和发展背景。此外还介绍了二次雷达各种信号波形有关数字调制和解调的基础知识。

第 4 章介绍了询问分系统的工作原理、系统组成和频率配置方案，重点介绍了发射机、经典接收机和单脉冲接收机的功能、技术性能和方案设计。此外还介绍了二次雷达系统的旁瓣抑制技术：询问旁瓣抑制（ISLS）和接收旁瓣抑制（RSLS）。

第 5 章分析了二次雷达信号处理的背景和特点，重点介绍了二次监视雷达一次询问的应答信号处理，天线波束驻留时间内多次询问的应答与应答相关处理，天线扫描过程中飞行航迹和目标报告更新的监视处理，以及监视处理过程中二次雷达特有的假目标报告处理原理和方法。

第 6 章介绍了应答机的组成、功能和工作原理，详细分析了应答分系统主要技术指标的定义、应用条件，以及在二次监视雷达和二次雷达敌我识别系统中使用的差异。此外还介绍了机载和舰载应答天线覆盖范围要求，以及机载应答机三种双天线安装方式及其优缺点。

第 7 章介绍了两类询问应答机设计方案，并分析了它们的优缺点和使用条件。

第 8 章前 3 节介绍了二次雷达询问天线辐射特性和主要技术指标及阵列天线设计基础理论。8.4 节介绍了机械扫描询问天线系统组成及关键部件设计。8.5 节介绍了相控阵询问天线系统组成。

第 9 章对二次雷达系统内部的各种干扰进行了分类，分析了二次雷达系统三类典型干扰产生的机理，导出了有关应答机"占据"的计算公式，同时介绍了多径干扰对二次雷达系统的影响，以及抑制多径干扰的措施。本章将二次雷达遇到的多径反射干扰分为三类典型情况进行分析，重点分析了小水平夹角反射面的多径现象，这种情况对二次雷达系统性能影响最为复杂，也最难解决。

第 10 章介绍了与二次雷达系统设计有关的几个指标，讨论了二次雷达在存在大量内部干扰情况下的目标检测概率和识别概率，并导出了有关计算公式。为了保证二次雷达系统内大量的询问机和应答机能同时工作，还给出了询问通信链路和应答通信链路信道设计的有关公式和设计实例。

第 11 章介绍了二次监视雷达设备配置及选址原则，二次雷达敌我识别系统设备配置原则，以及地面、空中、海上作战平台设备配置方案。

第 12 章介绍了 S 模式二次监视雷达目标捕获、监视和通信报文，以及有关传输协议，详细介绍了 S 模式上、下行链路纠检错编码原理，给出了编码器和译码器实现方案。此外还介绍了下行链路纠错译码电路的实现逻辑。

第 13 章展望了二次雷达技术的发展方向，主要介绍了混合监视技术、数字调制二次雷达技术，态势感知工作模式技术，以及混扰和串扰抑制技术。此外还介绍了时间同步及数字加密等技术在军用二次雷达识别系统中的应用。

第 14 章介绍了广播式自动相关监视系统组成、工作原理和设备配置方案，并针对几种主要监视应用给出了具体的实施方案。此外还介绍了 S 模式扩展长度间歇信标 ADS-B 报文结构。

第 15 章介绍了空中交通警戒与防撞系统组成和工作原理，讨论了避撞概念及避撞逻辑系统，通过对空中交通警戒与防撞的讨论加深读者对 S 模式二次监视雷达的理解。

本书在编撰出版过程中得到中国空军研究院费爱国院士的大力支持和热忱推荐，在此致以衷心的感谢。中国民用航空局第一研究所刘昌忠教授、电子科技大学周亮教授、中国电子科技集团公司第十研究所副总工程师何华武研究员对本书的出版给予了大量的支持和帮助，在此一并致以诚挚的谢意。中国电子科技集团公司第十研究所甘体国研究员、兰鹏研究员、王亚涛高级工程师和张昀研究员花费大量时间认真审阅了书稿，提出了很好的改进意见和建议；厦门航空有限公司飞行员孙超审阅了第 15 章空中交通警戒与防撞系统，根据多年飞行经验对该章提出了宝贵建议，在此表示衷心感谢。此外，中国电子科技集团第十研究所老科技工作者协会积极推动了本书的写作和出版，在此表示由衷感谢。

我们的愿望是为广大读者提供一本可读的、系统的和适用的科技书籍，但是由于某些客观因素的限制，本书可能存在诸多不足，诚恳请求广大读者提出意见。

编　者
2022 年 8 月

CONTENTS 目录

第**1**章

二次雷达系统发展概况

二次雷达系统发展始于第二次世界大战，至今已经有 80 多年的历史了。在这 80 多年中，作战需求和民用航空事业的发展是二次雷达系统发展的动力，科学技术进步是二次雷达系统发展的基础。

二次雷达敌我识别（IFF）系统是一次雷达的"孪生兄弟"。20 世纪 30 年代末，由于作战环境的迫切需求，人们发明了一次雷达。一次雷达通过辐射无线电电磁波，能够检测和发现远距离目标，增加防空预警时间，在战争中起到特别重要的作用。但是一次雷达只能检测和发现目标，不能判别该目标是敌方飞机还是我方飞机，因此遭到军方的质疑。当时的英国空军轰炸机指挥官员曾发出警告，雷达带来的问题比其自身所能解决的问题还要多，除非人们找到一种能在显示器上识别飞机敌我属性的方法，否则要停止雷达的研制和使用。在这种背景和战争环境下，英国科学家率先研制出世界上第一套无线电识别系统，即马克 I（Mark I）二次雷达敌我识别系统。该系统实现了最基本的敌我识别功能。

在第二次世界大战期间，作战需求不断推动二次雷达系统的发展和改进。1941 年，改进型二次雷达敌我识别系统马克 III（Mark III）开始在美国大批量生产并得到大量应用。到第二次世界大战后期，西方盟军的所有飞机和军舰都装备了 Mark III。第二次世界大战结束后，根据战争中暴露出来的问题，人们利用科学技术进步的成果使二次雷达敌我识别系统进一步得到完善。20 世纪 50 年代初，人们成功研制出一种完整、成熟的二次雷达敌我识别系统——马克 XA（Mark XA），其被推荐应用到空中交通管制系统中作为二次监视雷达。20 世纪 60 年代后，二次监视雷达和二次雷达敌我识别系统根据各自不同的应用特点和需求向不同的方向发展：二次监视雷达的发展方向主要是减少系统内部出现的各种干扰，提高系统容量，以满足飞机数量不断增加的需求；二次雷达敌我识别系统的发展方向主要是提高系统安全性和战争中的电磁对抗能力。

本章将介绍二次雷达系统发展历史，着重分析各个发展阶段的历史背景、主要解决的问题及主要的二次雷达系统。

1.1 二次雷达敌我识别系统的发明与应用

从 20 世纪 30 年代末至 20 世纪 50 年代初，二次雷达敌我识别系统经历了从发明到在空中交通管制系统中推广应用的过程。在第二次世界大战期间，作战需求和武器技术的进步推动了二次雷达敌我识别系统的发明和发展。第二次世界大战后，随着作战需求的变化及二次雷达敌我识别系统在民用航空领域的推广应用，二次雷达系统技术体制带来的问题逐步暴露出来。经过不断地暴露问题、解决问题及应用新技术，二次雷达敌我识别系统逐渐趋于完善和成熟。

二次雷达敌我识别系统基于二次雷达工作原理，通过询问-应答方式完成目标敌我属性的识别，主要用途是对一次雷达发现的目标进行敌我属性识别，防止对我方目标造成伤害。在第二次世界大战期间，西方国家研制出的二次雷达敌我识别系统有 Mark I、Mark II 和 Mark III，第二次世界大战后又研制出 Mark V、Mark X、Mark XII，与此同时苏联研制出硅-1、硅-2、硅-2M 二次雷达敌我识别系统。

1. Mark I、Mark II 和 Mark III

在第二次世界大战期间，英国科学家在发明一次雷达后，发现一次雷达显示器上的目标混淆不清，分不清目标的敌我属性，因此一次雷达不能在防空系统中应用。为此，英国科学家在 20 世纪 30 年代末至 40 年代初先后研制出了 3 种二次雷达敌我识别系统，即 Mark I、Mark II 和 Mark III，用来识别一次雷达显示器上目标的敌我属性。

Mark I 是一种闪烁的谐振反射器，使雷达回波脉冲产生闪烁，以便雷达操作手能在一次雷达显示器上识别我方目标。Mark I 工作原理图如图 1.1 所示，在飞机上安装一个闪烁的谐振反射器，一次雷达辐射的电磁波照射到该谐振反射器上，一次雷达接收机接收该谐振反射器产生的雷达回波信号，并且在一次雷达显示器上显示出与普通雷达回波脉冲不同的闪烁的雷达回波脉冲，雷达操作手以此为根据识别我方目标。

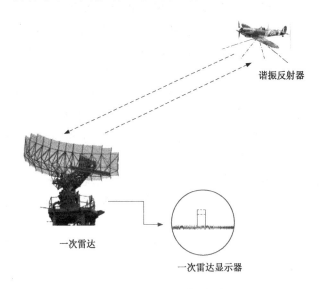

图 1.1　Mark I 工作原理图

Mark II 工作原理图如图 1.2 所示。Mark II 由机载敌我识别应答机和与一次雷达配套的敌我识别接收机组成。应答机安装在飞机上，用来接收一次雷达辐射的电磁波，并发射载波频率为 200MHz 的应答信号。接收机安装在一次雷达附近，用来接收应答机发射的应答信号，应答脉冲与雷达回波脉冲一起在一次雷达显示器上进行显示。雷达操作手根据显示的应答脉冲识别一次雷达显示器上的我方目标。

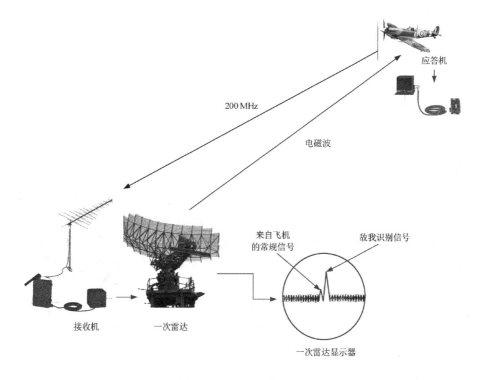

图 1.2　Mark Ⅱ 工作原理图

英国科学家研制的 Mark Ⅱ 于 1942 年 10 月 26 日在美国进行了第一次飞行测试，工作距离在 70 海里（1 海里=1.852 千米）以上，超过了 SCR-268 火控雷达的跟踪距离。Mark Ⅰ 和 Mark Ⅱ 是针对指定的雷达频率设计的，因为不同雷达的信号波形和工作频率各不相同，所以要求应答机接收所有不同频率、不同波形的雷达信号，这在当时的技术条件下是很难实现的，因此 Mark Ⅰ 和 Mark Ⅱ 没有得到推广应用。

Mark Ⅲ 工作原理图如图 1.3 所示。Mark Ⅲ 由独立的地面询问机和机载应答机组成，工作频段统一为标准频段，即 157～187MHz，不需要接收不同频率的雷达信号。询问天线在结构上与雷达天线集成，并安装在雷达天线顶部，询问机单独安装在雷达附近。应答机采用单独的全向天线。一次雷达发现目标后，启动二次雷达询问机向目标发射询问信号，目标上的应答机接收到询问信号后，发射对应的应答信号。询问机接收到应答信号后，将检测到的应答脉冲传送至一次雷达，并且在一次雷达显示器上进行显示。应答脉冲在一次雷达显示器上位于雷达回波脉冲后面，但比雷达回波脉冲更稳定，脉冲宽度更宽，便于雷达操作手识别我方目标。询问机可以安装在地面、船上或飞机上，与早期预警雷达和火控雷达配合完成目标识别。

Mark Ⅲ 于 1941 年开始在美国大批量生产并得到大量应用。到第二次世界大战后期，西方盟军的所有飞机和军舰都装备了 Mark Ⅲ。

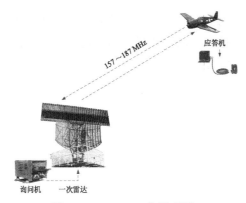

图 1.3　Mark III 工作原理图

2．Mark V

随着 Mark III 在西方盟军中广泛使用，这种系统的主要功能越来越得到军方认可，但同时暴露出设计上的限制，特别是在面对敌方的电子干扰时，Mark III 的有效使用期预计不会很长。于是在英国政府和美国政府的共同支持下，美国海军研究实验室负责组织英国和美国熟悉 Mark III 的工程师成立了联合研究小组，从 1943 年中期开始在美国着手新一代能力更强的 Mark V 的研究工作。

Mark V 继承了 Mark III 的询问-应答方案，询问频率和应答频率在同一波段内，主要的设计改进如下。

（1）系统使用了 L 频段，工作频率比 Mark III 高 6 倍。

（2）设计更多的工作频道，以便满足越来越多的作战平台需要。

（3）对询问信号和应答信号进行编码，以便提高保密性和安全性。

（4）对应答机和着陆系统的信标机进行统一设计。

Mark V 的主要功能如下。

（1）对一次雷达发现的可能是敌方目标的飞机和军舰进行识别。

（2）统一国家信标功能：当飞机返航时，机载询问机对安装在地面上的应答机进行询问，以便引导飞机安全着陆。

Mark V 的工作频段为 950～1150MHz，频率间隔为 15MHz，共有 12 个工作点频。一次工作中询问机使用其中一个频率，应答机则使用另一个频率。由于询问频率与应答频率不同，因此询问机、应答机可以共用一个天线。Mark V 的天线采用垂直极化天线，与 Mark III 一样。询问机和应答机均采用了超外差接收机方案，中频为 60MHz。询问机使用双脉冲编码，脉冲宽度为 1μs，脉冲间隔为几微秒。应答机的双脉冲译码器采用了反射延迟线方案，通过开关切换完成不同间隔的双脉冲译码。由于多点频选择在当时很难实现，因此在后来的研究中放弃了多点频选择，重点研究多脉冲编码。Mark V 只生产了少量产品供外场测试使用，没有形成装备。第二次世界大战结束后，Mark V 计划就被其他计划代替了。

3．Mark X 和 Mark X（SIF）

第二次世界大战后，美国的研究工作升级到马克 X（Mark X），有时又叫作 Mark 10。它的工作频段为 952～1139MHz，频率间隔为 17MHz，共有 12 个工作点频。询问脉冲和应答脉冲宽度均为 1μs，询问模式有模式 1、模式 2 和模式 3。模式 2 的应答信号是宽度为 16μs 的两个脉冲，模式 1 和模式 3 的应答信号是一个单独的脉冲。其中，模式 1 是所有目标识别的通用工作模式。由于 Mark X 的询问编码和应答编码非常简单，没有飞机代码识别功能，因此不能对发射应答信号的飞机进行个别识别。

　　Mark X（SIF）弥补了上述缺点，SIF 的意思是具有选择识别功能，即具有个别识别功能。Mark X（SIF）的询问频率为 1030MHz，应答频率为 1090MHz。最初设计的 Mark X（SIF）的应答编码如图 1.4 所示，其中有两个框架脉冲，相距 20.3μs；在框架脉冲之间，每隔 2.9μs 有一个脉冲位置，共有 10 个应答编码；第 9 个脉冲位置是个别识别脉冲位置。后来经过改进，Mark X（SIF）的应答信号由具有多达 15 个脉冲位置的脉冲串组成，也具有选择识别功能。改进后的 Mark X（SIF）有 3 个询问模式，即模式 1、模式 2、模式 3。Mark X（SIF）的应答编码能力如下：

　　（1）模式 1：32 个应答编码。

　　（2）模式 2：4096 个应答编码。

　　（3）模式 3：64 个应答编码。

　　改进后的 Mark X（SIF）具有位置识别和紧急情况应答功能，并且具有询问旁瓣抑制功能。

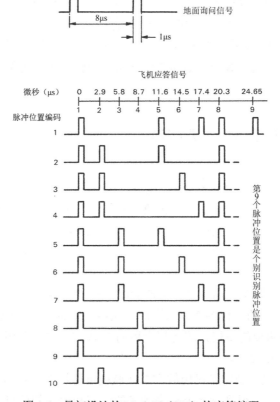

图 1.4　最初设计的 Mark X（SIF）的应答编码

4．IFF Mark XA

IFF Mark XA 是世界上第一套相对完整的二次雷达系统，该系统的询问信号和应答信号格式基本上与 Mark X（SIF）相同，两个系统基本上可以兼容。IFF Mark XA 提供的扩展模式和应答编码能力如下。

（1）模式 1：32 个应答编码。

（2）模式 2：4096 个应答编码。

（3）模式 3/A：4096 个应答编码。

（4）C 模式：高度码。

根据各自的需要，有些国家的模式 1 具有 4096 个应答编码能力。另外，国际民航组织规定，模式 3 与二次监视雷达 A 模式必须兼容，因此模式 3/A 是军用飞机和民用飞机的共用模式。

5．硅-2

1954 年，苏联研制出硅-2 二次雷达敌我识别系统，它又叫作东方识别器，其主导研制企业是苏联第十七科学研究所（位于莫斯科）。与硅-1 不同，硅-2 进行了两项重大改进。一是将二次雷达询问信号与 3cm 或 10cm 波段的一次雷达信号相结合，形成组合询问信号。在目标上同时安装 3cm 和 10cm 雷达信号检波器及二次雷达敌我识别应答机，只有接收到一次雷达信号和二次雷达询问信号的组合询问信号，应答机才发射应答信号，因此提高了系统的角度分辨力。系统的角度分辨力取决于雷达的角度分辨力。二是在应答机应答信号中增加了音频调幅信号，应答脉冲串由一个个不同频率的音频调幅（AM）脉冲组成，不同频率的音频信号就是系统的密码，从而提高了系统的安全性和抗欺骗能力。改进后的型号被称作硅-2M，现在俄罗斯及其盟友的所有飞机、舰艇、地面雷达和防空导弹系统（包括便携式防空导弹系统）都装备了硅-2M。

1.2　二次监视雷达发展历程

第二次世界大战结束后，世界各国均积极地考虑将战时的科研成果应用到民用事业。二次雷达系统在空中交通管制系统中的应用价值逐步得到各国认可。1950 年，英国皇家信号与雷达科学研究院在英国民用航空局的支持下，研制出二次监视雷达试验样机，并于 1952 年在英国伦敦机场进行了试验。它的地—空询问信号工作频率是 1215MHz，空—地应答信号工作频率是 1375MHz。

1953 年，Mark X 被解密，用作空中交通管制二次监视雷达。1954 年，国际民航组织通信部会议决定，将 Mark X 的工作频率作为民用二次监视雷达的工作频率。由于使用二次监视雷达监视军用飞机是很重要的事情，因此规定民用 C 模式必须与军用模式 3 一样。当时英国和法国的军用飞机使用 B 模式。

1957 年，国际民航组织制定了民用航空二次监视雷达标准。到 20 世纪 60 年代初期，二次监视雷达投入使用，并且得到世界上越来越多的国家和地区的认可。但是也有人对它的发展前景表示担心，美国的威格士（Vickersh）、克里彭（Crippen），以及英国的哈里斯（Harris）分别在 1955 年、1956 年发表文章，阐述了他们预测的二次监视雷达的问题，如旁瓣应答、占据引起的应答损失、串扰、混扰、超负荷询问、天线垂直方向图旁瓣等，并提出了改进意见。

20 世纪 60 年代末到 70 年代初，二次雷达系统技术体制导致的系统内部干扰随着民用飞机数量的增加而急剧增加，严重限制了二次雷达系统性能，人们的担心也得到了印证。1969 年，英国科索尔公司（Cossor）自筹资金试制了一台二次监视雷达单脉冲接收机进行试验。这是涉及未来的选址系统是否成功的一个关键课题。该试验是成功的，结果比预想的还好。为此，英国民用航空局与科索尔公司签订了选址系统合同，内容包括系统设计、实验设备开发及系统试验。该系统叫作 ADSEL，是英文 ADdress SELective 的缩略语，意为选址系统。

美国的选址询问系统叫作离散地址信标系统（Discrete Address Beacon System，DABS），之后人们在推广这种选址询问系统时，将其作为民用二次监视雷达的一个新的工作模式，称为 S 模式。S 源于英文 Selective，意为选址。

发展 S 模式的原因在美国和英国稍有不同。在 20 世纪 60 年代，英国对二次监视雷达的研究表明，随着民用航空飞机数量不断增加，系统内部的干扰将限制二次监视雷达在空中交通管制系统中的应用。对此人们提出的解决办法是，对每架飞机进行单独询问，这样它们的应答信号就不会相互重叠和干扰。要求询问机天线每扫描一周，询问机只能对目标进行一次询问，并且要求应答机的应答数据同时包括高度数据和识别数据，这样就降低了应答机的应答速率，也降低了对系统内其他询问机的干扰。要实现选址询问，必须使用单脉冲技术，因为只有使用单脉冲技术才能在一次询问中完成目标方位角测量。

与此同时，美国也遇到相同的问题，有一些机场的飞机数量在工作繁忙时已经出现饱和情况，并且情况变得越来越差，为了应对这一发展情况，要求大幅度增加空中交通管制员数量。为了改善现有空中交通管制员的工作效率，人们制定了多项措施，其中包括使用改进的二次监视雷达与数据链相结合的方法，建立一种自动化的地面防撞系统，即间歇式前向监控系统（IPC），其功能是不断向飞行员提供关于附近飞机位置的信息，并根据需要发出避撞指令。间歇式前向监控系统可以为空中交通管制系统监视范围以外的飞机提供保护。

英国和美国的方案有所不同，可互为补充。英国的重点是改进飞机的监视功能，美国的重点是开发系统的数据链潜力。开发是透明的，两国的工程师们密切合作，自由交换信息。两国研究的新地面设备都要求与新型应答机协同工作，新型应答机必须具备选址询问-应答和数据链通信两种功能。

实验表明，单脉冲技术使用一个脉冲就可以得到精确的方位角测量数据，解决系统的方位角测量难题。此外，利用差波束应答信号幅度，单脉冲技术可以对多个相互重叠或相互交错的应答信号进行译码，这就解决了系统的另一个难题——混扰问题。由于单脉冲技术解决了二次监视雷达的两大难题，因此很多国家决定在 S 模式得到推广之前先采用单脉冲技术，因为从普通二次雷达过渡到单脉冲二次雷达，不需要在飞机上安装新型应答机，只需要在地面询问站增加单脉冲功能，当 S 模式正式推广时，再安装新的选址二次监视雷达。

二次监视雷达地面询问站由旋转天线（包括安装在天线塔上的天线旋转齿轮）、发射-接收机（通常叫作询问机）和应答信号处理器（又称为飞行航迹提取器）组成。地面询问站向空中发射的询问信号频率为 1030MHz，接收的目标应答信号频率为 1090MHz。典型的二次监视雷达地面天线如图 1.5 所示。它安装在联合工作的一次雷达天线上,共用天线塔和天线旋转齿轮。询问机和飞行航迹提取器通常安装在工作机房内。

图 1.5 典型的二次监视雷达地面天线

飞行航迹提取器将接收到的应答数据转换为每架飞机的目标报告数据。目标报告数据通过电缆传送到空中交通管制中心的飞行航迹显示器,以地图的形式显示出每架飞机的位置、识别代码和高度数据,如图 1.6 所示。

图 1.6 二次雷达屏幕显示

飞机上的设备由应答天线、应答机及控制盒组成:应答天线通常安装在飞机机身表面;应答机用于检测来自地面询问站的询问信号,并向地面询问站发射应答信号;控制盒可供飞行员设置飞机识别代码和选择工作方式等。二次监视雷达的应答机和控制盒如图 1.7 所示。

从总体上讲，二次监视雷达的发展经历了三个阶段：A/C 模式二次监视雷达、单脉冲二次监视雷达和 S 模式二次监视雷达。

图 1.7　二次监视雷达的应答机和控制盒

1．A/C 模式二次监视雷达

20 世纪 60 年代初，A/C 模式二次监视雷达在空中交通管制系统中得到应用，主要是 Mark X 被解密后在民用航空领域中的应用。其主要特点：利用询问信号和应答信号测量飞机的距离和方位角，传输包括飞机高度数据、识别代码和应急代码等在内的信息，完成飞机飞行状态监视工作。其工作方式：定向询问、全向应答。询问天线主波束范围内所有飞机都可能被询问信号触发，产生应答信号。A/C 模式二次监视雷达内部存在严重干扰，如同步混扰、异步串扰、旁瓣干扰等。另外，利用"滑窗"处理技术，至少需要 9 次询问才能完成目标方位角测量，这种工作方式加剧了 A/C 模式二次监视雷达内部的干扰。早期的 A/C 模式二次监视雷达，当询问天线主波束范围内只有 1 个目标时，其识别概率可超过 90%；当询问天线主波束范围内有 3 个目标时，其识别概率下降到 22%；当询问天线主波束范围内有 5 个目标时，其识别概率几乎为 0。这降低了 A/C 模式二次监视雷达的监视性能，甚至影响到它在空中交通管制系统中的进一步应用。

2．单脉冲二次监视雷达

20 世纪 70 年代初，单脉冲技术在二次监视雷达中成功得到应用，提高了二次监视雷达的系统性能，解决了二次监视雷达在空中交通管系统中应用的技术难题。单脉冲二次监视雷达的主要特点如下。

（1）从理论上讲，单脉冲二次监视雷达利用一个脉冲就能完成目标方位角测量。与"滑窗"处理技术方位角测量方案相比，测量一架飞机的方位角，单脉冲二次监视雷达的询问次数可减少一半以上，可消除大量内部干扰。

（2）单脉冲技术提高了方位角测量的精度，因为利用一个脉冲就可以完成目标方位角测量，利用应答脉冲串中的每个脉冲进行方位角测量，经过统计平均处理之后平滑了噪声的影响，提高了飞机方位角测量的精度。

（3）利用和、差信道的信号幅度信息提高了询问机的译码能力。尤其是差信道接收的应答信号幅度对于目标的方位角变化特别敏感，对距离相等、方位不同的飞机的应答信号，差信道接收到的信号幅度相差很大，这样便提高了在混扰条件下的正确译码概率。使用单脉冲技术后，一般能同时处理 4 个混扰目标。

3．S 模式二次监视雷达

S 模式二次监视雷达由于采用了选址询问方式，每次询问只有被点名的应答机发射应答信号，从技术体制上消除了大量系统内的混扰和旁瓣干扰。因为询问次数的减少，其他询问机对应答机选址询问产生的串扰也大量减少了。

S 模式二次监视雷达于 20 世纪 60 年代末开始研制，1982 年发布的《国际民航组织公约附件 10》规范了 S 模式标准，1998 年发布的《国际民航组织公约附件 10》对 S 模式标准进行了修订。S 模式二次监视雷达具有以下特点。

（1）选址询问：S 模式二次监视雷达采用定向选址询问、全向应答工作方式。为了实现选址询问，必须知道飞机地址。因此，首先通过全呼叫方式得到飞机地址完成目标捕获，然后对目标进行选址询问，同时要求已捕获的目标应答机对本地面询问站后续全呼叫询问信号不予应答，以减少内部干扰。

（2）监视和通信功能：除 A/C 模式监视功能以外，还可以完成点对点的地—空、空—地数据链通信功能和点对面的广播功能。同时 S 模式信号波形、报文格式等已经在空中防撞系统（ACAS）和广播式自动相关监视（ADS-B）系统中得到应用。

（3）信号波形改进及纠检错译码：上行链路信号波形采用差分二进制相移键控（DBPSK）调制，传输速率为 4Mbit/s。下行链路信号波形采用二进制脉冲位置调制（BPPM），传输速率为 1 Mbit/s。为了减小通信误码率，上行、下行采用了信道编译码技术，应答机采用检错译码，地面询问站采用纠错译码。

（4）系统工作协议：无论是进行目标捕获，还是进行多站通信活动，地面询问站与飞机、地面询问站与地面询问站之间都需要协同工作，必须有一个共同执行的协议。研究该协议是研制和使用 S 模式二次监视雷达的一项主要工作内容。

1.3 第二次世界大战后二次雷达系统发展

二次雷达敌我识别系统的抗干扰性弱、抗欺骗能力差、系统安全性低等严重缺陷在第二次世界大战后的局部战争中被充分暴露出来。因此，世界各国都加紧开发新型识别系统，寻求新的解决方案。这一时期主要研究了地—空、空—空、舰—空、舰—舰识别设备，典型代表是北约的新概念识别系统和美国的 Mark XV。

与此同时，世界各国加强了对非协同识别技术、战斗识别数据融合技术等多种目标识别技术的研究。研究表明，二次雷达敌我识别系统识别速度快、识别结果可信度高，是未来若干年内识别领域不可替代的系统。因此，为了适应现代战争作战环境，世界各国加强了对二次雷达敌我识别系统新技术的研究，用新的技术成果，如计算机加密技术、扩频技术、时间同步技术、先进的询问及应答波形设计等提高系统的抗欺骗、抗干扰、抗截获等电子对抗能力及系统安全性。

1．Mark XII

二次雷达敌我识别系统 Mark XA 的询问编码与应答编码简单，特别是其询问信号只由两个脉冲信号组成，系统安全性、保密性差，容易被敌方定位和利用。20 世纪 60 年代初，为了提高二次雷达敌我识别系统的安全性和保密性，防止敌方利用应答信号对目标定位，人们在 Mark XA 的基础上，增加了模式 4 保密工作模式，构成的系统叫作 Mark XII。

为了与 IFF Mark XA 兼容，Mark XII 采用了与其相同的载波频率，即询问频率为 1030MHz，应答频率为 1090MHz，并采用幅移键控（ASK）调制方式。Mark XII 具备 5 种工作模式：模式 1、模式 2、模式 3/A、C 模式和模式 4。模式 4 加强了询问编码复杂度，通过数字加密和应答延时加密等技术，可有效地阻止敌方询问和定位，其安全性、保密性得到了很大的提高。Mark XII 的应答编码能力如下。

（1）模式 1：32 个应答编码。

（2）模式 2：4096 个应答编码。

（3）模式 3/A：4096 个应答编码。

（4）模式 4：应答延时加密编码。

（5）C 模式：高度码。

2．新概念识别系统

1970 年，北约军事委员会成立了一个特别工作小组，以谋求研制出一种北约各国通用的新概念识别系统（NIS）。20 世纪 70 年代中期，北约特别工作小组一致通过了对 NIS 的军事需求和总体设想，但由于对具体实施方案存在着很大分歧，研制工作进展缓慢。直到 1980 年，北约特别工作小组才达成了一项通用识别系统规范化标准草案。该草案保证了北约各成员国在最大共同利益下，协调一致研制新一代识别系统 NIS。

NIS 采用的识别技术大致可分为直接识别技术和间接识别技术。由此北约成立了两个专家小组，一个负责研究直接识别分系统，另一个负责研究间接识别分系统。用户利用自身配备的直接识别分系统可直接对目标进行敌我属性识别，无须借助第三者。这种系统主要装备在各种自主式武器系统中。间接识别分系统先通过通信接口及网络借助第三者（其他信息源）或传感器收集可用于敌我属性识别的信息，然后进行有机的综合归类并判别目标敌我属性，最后把判决结果进一步分配给感兴趣的用户。因此，NIS 的间接识别分系统可看作通常意义上的指挥控制系统的一个组成部分。NIS 的研制情况大致如下。

1973 年，完成 NIS 总体方案初步论证。

1977 年，起草"标准化协定"。

1978 年至 1980 年，制定通用识别系统规范标准草案。

1982 年至 1985 年，英、美、法、德共同研究实施方案。

1985 年，研制功能样机。

1987 年，在美国进行内部联试。

1988 年，北约各成员国开始执行"标准化协定"程序。

1989 年，德国开始研制。

20 世纪 80 年代至 90 年代初，北约在研制 NIS 方面做了大量工作。但 NIS 要想广泛地应用于各种武器系统和大量平台，还需要与其他信息传感源进行关联或匹配，因此需要强大的财力及物力支持。20 世纪 90 年代初，因研制这一系统所需的投资过多，同时随着武器装备作战性能向精细化方向发展，北约内部的协同难度凸显，NIS 的研制工作逐渐终止。

3. Mark XV

20 世纪 80 年代中期，针对作战环境的变化和特定的强干扰环境，美国设计开发出 Mark XV，并于 1990 年完成了试验。Mark XV 是一种可在多种作战平台上使用的标准化二次雷达敌我识别系统，被计划用于取代 Mark XII。该系统直接采用询问-应答方式，设计中强调提高系统的先进性、安全性，但没有考虑与 Mark XA、Mark XII 的兼容问题。该系统能在全天候和恶劣的电子对抗环境中工作，并与当时北约正在研制的 NIS 兼容。Mark XV 采用了计算机加密技术、扩频技术、时间同步技术和纠检错译码技术等，具有很强的保密性和抗干扰能力。系统工作频率为 L 波段。但由于 Mark XV 与原来使用的 Mark XII 不兼容，全面换装存在周期长、费用高、协调难等问题，加之国际环境发生了重大变化，因此美国于 1991 年终止 Mark XV 的后续研制。

4. Mark XIIA

海湾战争后，针对 Mark XII 存在的问题和 Mark XV 研究所取得的成果，以美国为首的西方国家提出了对 Mark XII 增加模式 5，升级到 Mark XIIA 的研究计划，以提高系统的抗干扰性、安全性和保密性。

Mark XIIA 的设计仍基于二次雷达工作原理，但采用了应答信号随机延时及扩频技术，提高了系统识别概率；采用时间同步技术、计算机加密技术缩短了密码有效期，提高了系统的安全性、保密性；采用新的数字调制方式，提高了系统的传输能力和抗干扰性，同时降低了对其他系统的干扰；通过增加态势感知功能，利用 GPS 高精度定位数据，从技术体制上解决了目标密集陆地战场上的空—地识别问题。

近年来，世界范围内的多家军火供应商完成了 Mark XIIA 设备的研制，北约的主要成员国也陆续开展换装行动。

Mark 系列识别系统工作模式划分如表 1.1 所示。

表 1.1 Mark 系列识别系统工作模式划分

工作模式	用途	Mk X	Mk XA	Mk XII	Mk XIIS	Mk XIIA	Mk XIIAS	SSR
模式 1	军用	*	*	*	*	*	*	
模式 2	军用	*	*	*	*	*	*	
模式 3/A	军用/民用	*	*	*	*	*	*	*
C 模式	高度		*	*	*	*	*	*
模式 4	军用/加密			*	*	*	*	
S 模式	选址询问				*		*	*
模式 5	军用/数传					*	*	

注：Mk 为 Mark 的缩写，"*"表示有该项功能。

5. 地面战场目标识别系统

20 世纪 90 年代初，在海湾战争后军方吸取地面战场的误伤教训，认识到在目标密集的地面战场环境中，为了完成机动作战目标（如坦克、装甲车、单兵等）的敌我属性识别，必须采用一种角分辨率高、穿透沙尘能力强的地面战场目标识别系统。1992 年，美国陆军向美国工业界发出了"地面战场识别系统"招标书，并从 48 个投标方案中选择了包括毫米波、激光、GPS 在内的 5 个方案进行原理样机研制。经过测试对比，决定采用毫米波二次雷达地面战场识别方案，它的询问波束窄、分辨率高，可以在目标密集的地面战场环境中准确地分辨个体目标。与激光相比，毫米波穿透力强，不受沙尘飞扬、硝烟弥漫、能见度低等环境因素影响，隐蔽性较好，被探测概率低，不易被敌方截获和利用。因此，美国陆军最终选用了毫米波二次雷达地面战场识别方案。1995 年，美国研制出战场战斗识别系统（BCIS）。

与此同时，其他国家也研制出本国的毫米波识别系统，包括法国的战场敌我识别（BIFF）系统、英国的毫米波目标识别隐蔽发射机（M-TICE）系统等。然而，由于成本太高，要解决盟军之间的互通互联问题，并且需要进一步改进技术性能等，因此在 2002 年 5 月，在耗资 1.7 亿美元后，美军终止了 BCIS 项目。虽然 BCIS 项目终止了，但美国、英国等国家仍把毫米波识别技术作为战场目标识别的核心技术。在北约新一代战场目标识别系统中，美国、英国、法国、德国不但继续沿用原有的毫米波技术，而且还打算进一步对其进行开发和改进，扩大毫米波识别技术的应用范围。2002 年，人们制定了统一的毫米波战场目标识别信号标准。

战场目标识别系统是基于法国的战场敌我识别系统和美国的战场战斗识别系统研制而成的，其工作频段为 8 毫米波频段（Ka 波段的 33～40GHz），采用询问-应答的二次雷达系统技术体制，主要装备在地面战场的坦克、装甲车等战车上。与法国的战场敌我识别系统和美国的战场战斗识别系统相比，战场目标识别系统具有以下特点：性能更好、使用更灵活、价格更便宜；采用了新的波形（包括信息结构、加密方式和扩频技术等）和新的防欺骗技术，以满足在最坏的作战条件下，识别概率达到 98%的要求。美国的战场战斗识别系统的时间系统对GPS 的依赖性非常大，但战场目标识别系统对时间同步精度的要求不是非常严格，即使 GPS受干扰，系统也能够正常工作。此外，战场目标识别系统采用开放式体系结构的端口，这样系统就可以与载车数据总线连接，系统所产生的识别数据可以用来更新载车上战场态势显示的内容。战场目标识别系统的主要技术指标如表 1.2 所示。

表 1.2　战场目标识别系统的主要技术指标

项　　目	技 术 指 标
技术体制	毫米波频段，综合扩频，BPSK 调制
识别距离	≥5km（地—地），10 km（空—地）
识别概率	≥98%
测距精度	50m
方位角分辨率	1.2°
旁瓣抑制技术	询问旁瓣抑制
数据传输速率	9.6 kbit/s

2005 年 9 月 19 日至 10 月 6 日，由美联合部队指挥部和盟军指挥部最高司令部牵头，北约成员国在英国举行了联合演习。参演的战场目标识别系统型号包括安装在法国陆军 VAB 和VBL 轮式车辆上的战场敌我识别系统（由泰勒斯公司生产），安装在意大利"达尔多"步兵战

车、"布拉德利"M3A2 侦察车、英国"弯刀"侦察坦克上的混合式系统（由雷声公司生产），以及安装在英国"挑战者 2 号"坦克、美海军陆战队 M1A1 坦克、英国"弯刀"步兵战车和瑞典 CV9040 步兵战车上的战场目标识别系统（由泰勒斯公司设计的英国版）。

演习结果表明，战场目标识别系统在 7.4km 的距离内，可达到 100％的识别概率，响应时间小于 1 s。在技术试验中发现，平台在可能遭受伏击的态势下能够显示出"你在哪儿"的位置信息。应答机能够同时响应 3 台询问机的询问。易损性分析表明，尚未发现对战场目标识别系统造成威胁的军用探测和干扰方式，模拟或转发式干扰对其也是无效的。

第 2 章

系统组成及工作原理

"雷达"一词源于英文 Radar，是英文 Radio Detection and Ranging 的缩略语，意思是无线电检测和测距。准确地说，雷达通常是指一次雷达。一次雷达通过定向天线向目标辐射高功率电磁波脉冲，并检测来自目标的反射信号，通过测量电磁波往返传播时间完成目标的距离测量，利用天线的方向性完成目标的方位角测量。一次雷达有优点也有缺点：主要优点是对目标没有任何特殊要求，只要目标有合理的反射面，能产生反射信号，就能完成目标的方位角和距离测量；主要缺点是会受到来自地面各种反射物体反射波的干扰，包括天上的云和雨，甚至天空中飞行的鸟类等，需要采取各种措施来消除各种反射物体反射波的干扰。此外，一次雷达不能准确地从同一种类的目标中识别出某一个体目标。

二次雷达克服了以上缺点。在目标上安装一个指定的应答机，二次雷达地面询问站通过旋转的定向天线向目标应答机辐射无线电询问信号，应答机接收到有效询问信号后，通过全向天线发射应答信号，二次雷达地面询问站通过接收到的应答信号完成目标的距离和方位角测量。由于应答机使用与询问信号不同的频率发射应答信号，因此二次雷达克服了来自地面和空中的各种反射信号的干扰。

二次雷达的发射功率比一次雷达小得多，因为只需要克服从地面询问机到目标应答机的单程路径传播损耗，发射功率与电磁波传播距离的二次方成正比，距离增加 1 倍，发射功率就需要增加 4 倍。一次雷达需要克服电磁波往返传播的双程路径损耗，发射功率与电磁波传播距离的四次方成正比，距离增加 1 倍，发射功率需要增加 16 倍，一次雷达的发射功率一般为几百千瓦到几兆瓦。二次雷达的发射功率一般为几百瓦到几千瓦，利用较低的成本就可以实现远距离（如 250 海里）的覆盖范围，所需成本仅为一次雷达成本的很小一部分。一次雷达的制造成本比二次雷达高很多，并且体积、质量、功耗都比二次雷达大得多。

二次雷达的主要优点：不但可以完成目标的距离和方位角测量，而且在询问机和应答机之间具有双向数据通信能力，可以得到目标的更多数据，如区分个体目标的飞机识别代码、高度数据等。目标可以向地面询问站回答"我是谁""我的高度是多少"等问题，在空中交通管制系统的应用中，可以传输飞机无线电故障、飞机受到非法干扰等机上应急信息。二次雷达最典型的应用领域是民用航空和军用雷达敌我识别。

二次雷达敌我识别系统工作过程如图 2.1 所示。一次雷达发现目标后，向询问机发送触发脉冲；询问机接收到触发脉冲后，向该目标发射频率为 1030MHz 的询问信号；目标上安装的应答机接收到询问信号后发射一串频率为 1090MHz 的编码应答信号；询问机接收到编码应答信号后，根据应答信号编码判定目标敌我属性。如果是我方目标，则测量该目标的距离和方位角，并将测量结果与获得的目标属性识别结果一起传送给一次雷达，在一次雷达显示器上进行显示。早期的二次雷达敌我识别系统，一般都是在目标的雷达回波上加一个圆弧，表示该目标是我方目标。

　　二次雷达敌我识别系统是目前世界各国不可缺少的专用敌我识别系统，识别我方目标的概率高、反应速度快、置信度高。但是，与空中交通管制系统中的二次监视雷达相比，二次雷达敌我识别系统的用途、工作方式、工作环境、设备安装条件及相应的配套设备都大不相同。二次雷达敌我识别系统的询问机和应答机安装在各种陆、海、空作战平台上，完成一次雷达发现目标的敌我属性识别。其工作范围必须覆盖配套一次雷达和武器系统的范围，安装条件和工作环境都很恶劣，同时还面临着来自敌方的电磁干扰和电子对抗。所以，二次雷达敌我识别系统的主要功能是识别目标的敌我属性，是一次雷达或作战平台的指挥控制中心不可缺少的配套设备。它的工作方式是，只在需要识别某个目标时才发射询问信号，不需要连续询问，更不需要连续跟踪监视某个目标。

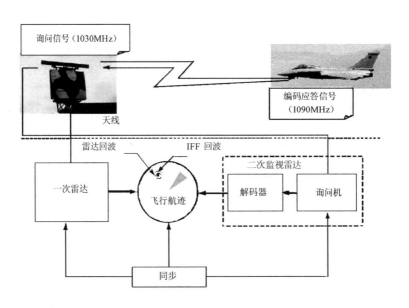

图 2.1　二次雷达敌我识别系统工作过程

　　二次监视雷达安装在机场附近，主要功能是监视飞行航线上飞机的飞行间隔距离和飞行状态，防止飞机发生空中碰撞，保障飞行终端区域飞机进出机场的安全。因此，空中交通管制二次监视雷达的距离和方位角测量精度要求一般比二次雷达敌我识别系统高，经常作为独立的传感器使用，必须对目标进行连续监视，定期更新飞行航迹，为空中交通管制中心提供24h 不间断的飞机位置等信息数据，以确保飞机飞行安全。二次监视雷达的工作范围必须覆盖最高飞行高度的视距范围，最大可达方圆 450km。二次监视雷达的地址都是经过精心选择的，安装位置和工作环境一般都很好，没有人为的电磁干扰和电子对抗。二次雷达敌我识别系统与二次监视雷达的对比分析如表 2.1 所示。

表 2.1 二次雷达敌我识别系统与二次监视雷达的对比分析

项 目	二次监视雷达	二次雷达敌我识别系统
用途	监视飞行航线上和飞行终端区域飞机飞行状态，为空中交通管制控制中心提供飞行信息	对一次雷达发现的目标完成敌我属性识别
工作范围	一般覆盖方圆 370km 左右的空域，最大可达方圆 450km	覆盖配套一次雷达和武器系统的范围
安装条件	二次监视雷达站是固定的地面询问站，应答机安装在飞机上，工作条件好	询问机与应答机均可安装在陆、海、空固定和移动作战平台上，工作条件差
工作环境	要面对系统内部的各种干扰，如串扰、混扰、旁瓣干扰	除系统内部的各种干扰以外，还将面对敌方的电磁干扰和电子对抗
询问路线	地—空	地—空、空—空、海—空、空—海、空—地
工作方式	独立传感器工作方式，连续跟踪监视飞机飞行状态，定期更新飞行航迹	在需要识别目标时才发射询问信号，不需要连续跟踪监视目标
测量精度	对方位角和距离测量精度有较高的要求，有飞机高度数据	方位角和距离测量精度由一次雷达的目标关联性能要求决定
关联设备	将得到的飞行航迹和飞行信息送至空中交通管制中心	将识别结果送至一次雷达或指挥控制中心

2.1 设备组成

典型的二次雷达系统组成如图 2.2 所示，主要由以下设备组成：询问机、询问天线、应答机、应答天线、目标点迹录取器、飞行航迹提取器和 ATC 显示器。询问天线具有定向方向图特性，它的功能是将询问机的发射信号转换成电磁波向空间辐射，同时将截获的应答信号电磁波转换成应答信号传送给询问机。询问机由发射机、接收机和信号处理器组成，它的功能是产生询问信号，并将其放大后传送给询问天线，从而对目标进行询问，同时在对询问天线送来的应答信号进行变频、放大、滤波和检波后，将视频脉冲传送给目标点迹录取器。目标点迹录取器从噪声中检测出有用的应答信号，对应答信号进行译码，测量目标距离和方位角，提取目标应答信息。

在二次监视雷达中，目标点迹录取器将目标的距离、方位角数据及应答信息形成目标点迹报告，传送给飞行航迹提取器。飞行航迹提取器对接收到的目标点迹数据进行进一步处理，如应答信号与应答信号相关、剔除假目标等，将接收到的距离和方位角原始数据形成飞行航迹数据，与飞机高度数据、识别代码一起显示在 ATC 显示器上，并且定期更新飞机的飞行航迹数据。

在二次雷达敌我识别系统中，目标点迹录取器的功能包含在信号处理器中。信号处理器接收到应答信号后，首先从噪声中检测出有用的应答信号，完成目标距离和方位角测量；然后对提取的应答数据进行解密处理，形成目标报告，并在波束驻留时间内对多次询问的应答信号进行相关处理；最后将目标位置数据和识别信息传送给一次雷达或指挥控制中心，并与一次雷达的目标位置关联，判别目标的敌我属性。识别的目标信息通常在一次雷达显示器上显示，询问机提供的目标信息应与显示设备兼容，且满足目标关联和分辨力要求。

应答机及应答天线的功能是接收并处理询问信息。如果判定是友方询问，则发射应答信号。如果判定不是友方询问，则停止询问信息处理，不发射应答信号。

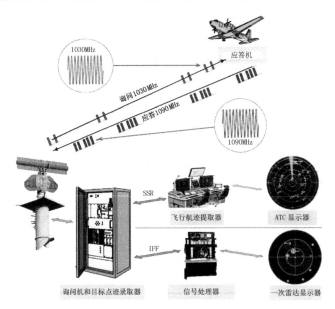

图 2.2 典型的二次雷达系统组成

二次雷达敌我识别系统组成如图 2.3 所示。除二次雷达分系统（子系统）之外，二次雷达敌我识别系统还包括密码分系统和时间同步分系统。二次雷达分系统的主要功能是通过询问–应答获取目标信息，测量目标的方位角和距离，完成目标敌我属性识别。密码分系统和时间同步分系统的用途是提高系统的安全性，使系统适应现代战争作战环境，防止被敌人欺骗和利用，是二次雷达敌我识别系统中不可缺少的组成部分。

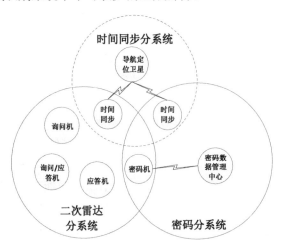

图 2.3 二次雷达敌我识别系统组成

　　密码分系统由密码数据管理中心和识别器装备配属的密码机组成。密码数据管理中心包括密码算法设计分中心和密钥管理分中心，分别负责密码算法的设计及验证和密钥的产生及分发。密钥注入器负责将从密钥管理分中心得到的基础密钥、作战密钥等注入各个设备的密码机。密码分系统的功能是对二次雷达的射频参数或传输信息进行双重加密。密码分系统的作用是提高系统的安全性、保密性，当设备或密码丢失后，通过更换密钥系统仍然能安全工作。

　　时间同步分系统包括授时设备和战术时钟。为了实现自动、同步更换二次雷达的射频参数和密码分系统的密码，系统必须选择统一的时间基准，实现精密时间同步。授时设备接收统一的系统时间参考信息，负责对战术时钟进行校时和授时。战术时钟分为授时时钟和守时时钟：授时时钟的频率稳定度和频率精确度较低，每次设备开机都必须自动进行授时和校时，并且要求定期进行时间校准；守时时钟的频率稳定度和频率精确度很高，可以很长时间不进行时间校准。例如，潜艇使用原子钟作为守时时钟，几个月不进行时间校准也能保证时间准确度满足系统要求。时间同步分系统的功能是为系统提供精确的时间信息，实现二次雷达的射频参数和密码分系统的密码自动、同步更换。射频参数快速更换大大提高了系统的抗干扰能力和电子对抗能力；密码快速更换提高了系统的安全性、保密性，使敌方对系统进行欺骗、伪装和利用变得非常困难。

2.2　工作过程

　　虽然二次监视雷达和二次雷达敌我识别系统都是二次雷达系统，但是由于用途不同，其设备组成和工作过程存在一定的差异。二次监视雷达的用途是连续跟踪监视飞机飞行状态，需要建立飞行航迹，为空中交通管制员提供飞行过程中飞机的实时距离、方位角、高度数据，以及飞机的识别代码和应急代码。二次监视雷达是一个独立传感器，独自完成飞行目标捕获，建立飞行航迹，不断更新飞行数据，对目标进行连续跟踪直到目标飞出地面询问站监控区域或着陆为止。二次雷达敌我识别系统要与一次雷达或其他传感器配套使用，发现目标后，根据需要启动系统对指定目标进行敌我属性识别，不需要连续跟踪监视目标。本节将分别介绍二次雷达敌我识别系统和二次监视雷达的工作过程。

2.2.1　二次雷达敌我识别系统的工作过程

　　二次雷达敌我识别系统在投入工作之前必须进行校时和密码注入。密码分系统中的密码数据管理中心通过统一分发途径将工作密钥传送到陆、海、空作战平台，并注入密码机，以便对二次雷达的射频参数和传输信息进行加密。时间同步分系统通过授时设备获得精密的系统时间同步基准，并对询问机和应答机的战术时钟进行授时，实现精密时间同步，从而保证陆、海、空作战平台识别设备同步更换射频参数和密码，通过询问-应答工作方式，实现目标敌我属性识别和相关信息获取。

　　二次雷达敌我识别系统一般与一次雷达或指挥控制中心协同工作，其典型询问-应答工作过程原理图如图 2.4 所示。

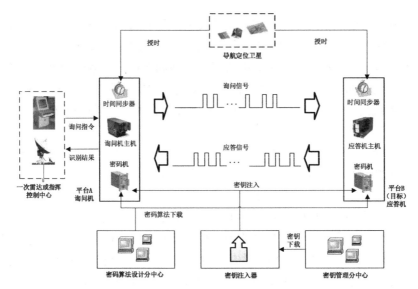

图 2.4　二次雷达敌我识别系统的典型询问-应答工作过程原理图

（1）一次雷达或指挥控制中心根据识别需要，将待识别目标的位置信息数据和询问触发脉冲通过相应的通信接口传送给同一平台上的询问机。

（2）当询问天线旋转到目标方位角时，询问机按照约定的射频参数和询问模式产生并发射询问信号，这些询问信号是经过了加密处理的。

（3）目标平台应答机接收到询问信号后，对询问信号进行译码、解密。当询问信号被判定为我方询问信号时，按照约定的射频参数和工作模式产生并发射应答信号，这些应答信号同样是经过了加密处理的。

（4）询问机接收到应答信号后，对应答信号进行译码、解密，判定目标平台的敌我属性，并根据不同的工作模式获取目标平台识别代码、任务代码、高度数据等信息。询问机通过测量询问-应答信号的双程传输时间延迟完成目标距离测量，同时利用单脉冲技术或"滑窗"处理技术完成目标方位角测量。询问机将测量的目标距离和方位角数据及识别信息形成目标报告，并将其存储到按距离顺序安排的目标存储器中，等待进一步处理。

（5）如果在同一波束驻留时间内接收到两次以上相关的目标报告，则判定该目标为我方目标，并将目标信息报送至一次雷达或指挥控制中心。如果未获得有效应答，则报送目标为不明目标。

（6）一次雷达或指挥控制中心将询问机送来的目标距离和方位角数据与一次雷达检测到的目标距离和方位角数据进行关联处理。如果满足数据关联准则，则在一次雷达显示器上标明该目标为我方目标。

从以上过程中可以看出，二次雷达敌我识别系统是通过询问-应答工作方式对一次雷达或其他传感器探测到的目标进行敌我属性识别的。二次雷达敌我识别系统本身可以可靠地识别我方目标，而敌方目标是隐含确定的，要根据当时的作战环境，融合其他信息做出最终决策。

二次雷达敌我识别系统与一次雷达或其他传感器配置在一起，组成平台的探测、雷达敌我识别系统。一次雷达的任务是探测目标，二次雷达敌我识别系统的任务是识别目标敌我属性。同时，一次雷达或其他传感器应当利用二次雷达敌我识别系统提供的识别信息为平台指战员提供实时的、直观的目标敌我属性显示。

2.2.2　二次监视雷达的工作过程

二次监视雷达的工作方式与二次雷达敌我识别系统的工作方式不同。二次监视雷达是一个独立传感器，需要建立飞行航迹，连续跟踪监视飞机的飞行状态。

二次监视雷达的工作过程如下。

（1）询问天线以指定的转速（如每分钟 12 转）对 360°方位角空域进行扫描，询问机以指定的询问速率（如每秒 250 次）连续向扫描空域发射询问信号。

（2）当目标进入询问天线主波束范围内时，目标应答机将接收到询问机发送的询问信号，经过询问信号处理，并判定为有效询问后，应答机发射指定工作模式的应答信号。

（3）询问机通过对接收到的应答信号进行处理获得该目标的距离、方位角、识别代码和高度数据，并将其存储到按距离顺序安排的目标存储器中，以便进一步处理。

（4）在对目标进行连续询问过程中，如果在同一波束驻留时间内接收到两次以上相关的目标信息，则形成初始目标报告并将其传送给飞行航迹提取器。

（5）在连续扫描过程中，如果在两个扫描周期内检测到同一架飞机的目标报告，并且与现有的飞行航迹是不相关的，则建立新的飞行航迹。前一个目标报告的数据被当作飞行航迹数据，后一个目标报告的数据被当作与飞行航迹相关联的目标报告数据。

（6）一旦飞行航迹建立好，在以后的扫描过程中就应当对该目标进行连续跟踪监视，实时更新飞行航迹数据。

（7）如果飞行航迹与目标报告的相关处理失败，那么飞行航迹将进入惯性滑行状态，必须在估计的位置窗口等待下一个扫描周期内可能出现的关联目标报告。若在后面几个扫描周期内没有出现相关的目标报告，且扫描周期超过了设定的门限值（典型值为 6 周），则终止该飞机的飞行航迹并删除它的所有数据。

2.3　系统构成

从单一设备考虑，二次雷达系统的构成似乎非常简单，由询问机和应答机组成，通过询问-应答工作方式完成目标定位和信息传输。但是，不能将二次雷达系统简单地看成询问机和应答机一对一工作的简单系统。不管是二次监视雷达还是二次雷达敌我识别系统，都是一个由很多询问设备和应答设备组成的非常庞大的复杂系统。从系统设计角度出发，应当着重考虑多台设备同时工作带来的诸多系统性问题。

对于空中交通管制系统来说，为了确保民用飞机的飞行安全，国际民航组织按照飞行航线划分飞行情报区（FIR），规定各个国家或地区在该区的空中交通管制及飞行情报服务责任。各个机场的二次监视雷达不仅要负责监视本地机场飞行航线上的飞机飞行状态，还要与邻近的二次监视雷达覆盖范围相互重叠，尽可能对飞行航线上的飞机做到无缝隙监视，以便在飞机跨越飞行情报区飞行时完成飞机监视交接班。此外，因为应答机采用了全向应答天线，所以可以在 360° 方位角范围内与斜距为 450km 的地面询问站完成询问-应答，从而对飞机进行监视。由此可知，二次监视雷达系统不是单独的二次雷达地面询问站，而是由相距七八百千米甚至上千千米范围内所有二次监视雷达和所有飞机上的应答机组成的庞大系统。当空中交通拥挤时，在一台二次监视雷达的覆盖范围内可能出现两三百个目标。所以，二次监视雷达系统实际上是上百个甚至更多二次监视雷达地面询问站和应答机同时工作的庞大系统。

虽然世界各国研制出各种各样的新型识别技术，但是到目前为止，二次雷达敌我识别系统仍然是识别速度最快、置信度最高的识别系统，是现代战争中不可缺少的专用军事装备。陆、海、空三军各种作战平台和后勤支援保障平台，以及各种警戒雷达、防空武器都必须配备二次雷达识别装置。其中，陆、海、空三军具有攻击能力的作战平台必须同时配备询问机和应答机；后勤支援保障平台必须配备应答机；各种警戒雷达、防空武器必须配备询问机，要求实现地—地、地—空、空—空、海—空、空—海、海—海和空—地识别，如图 2.5 所示。二次雷达敌我识别系统设备数量多、配套类型繁杂，系统组成庞大且复杂。

图 2.5　二次雷达敌我识别系统

由此可以看出，从具体应用角度出发，二次雷达系统是一个非常庞大且复杂的系统，只进行简单一对一的询问和应答，系统性能很容易得到保证，随着系统中参与工作的设备增多，系统性能将会迅速恶化。因此，在系统设计和应用中不能只考虑一对一的询问和应答，必须采取有效的技术措施解决多个设备同时工作带来的诸多系统性问题。

2.4　目标距离和方位角测量

二次雷达系统是通过测量目标位置及获取目标相关信息完成目标飞行状态监视或敌我属性识别的。目标位置通常按照雷达天线坐标系定义，由应答目标相对于询问天线所处位置的距离和方位角来确定。二次雷达系统在测量目标位置时有一定的精度要求，因为测量精度在二次雷达敌我识别系统中将影响与一次雷达目标位置的关联性能，在二次监视雷达中将决定目标飞行航迹的精度。国际民航组织明确规定了二次监视雷达的测量精度要求。二次雷达敌我识别系统的精度要求取决于作战平台的战术需求和配套的一次雷达或武器系统对目标定位精度的要求。本节将介绍单脉冲测角原理、"滑窗"测角原理和距离测量原理。

2.4.1 单脉冲测角原理

二次雷达系统有两种目标方位角测量技术：单脉冲技术和"滑窗"处理技术。影响二次雷达系统方位角测量精度的主要因素包括询问天线方向图的稳定性、询问天线视轴的容限和接收机的有关性能等。

单脉冲技术，顾名思义就是使用一个信号到达脉冲就可以完成精确的目标方位角测量的技术。单脉冲技术是在第二次世界大战期间开发的，在一次雷达中使用了多年，在自寻导弹系统中也得到应用。直到 20 世纪 70 年代中期，单脉冲技术才开始在二次雷达中应用，国际民航组织制定的单脉冲二次监视雷达规范直到 1983 年才开始实施。

形成单脉冲天线波束通常的方法是，使用两个喇叭馈源通过天线的双曲抛物面（反射面）聚焦产生两个向天线视轴两侧斜视的波束。当目标位于天线视轴方向时，两个波束的信号强度相等；当目标位于天线视轴右侧时，右侧波束的信号强于左侧波束；当目标位于天线视轴左侧时，左侧波束的信号强于右侧波束。通过比较两个波束输出的信号幅度，可以完成目标方位角测量。

二次雷达通常使用阵列天线，因此采用类似于干涉仪测角原理的单脉冲测角原理。通过测量两个间距为 D 的独立天线阵列接收信号的相位延迟，完成信号到达方向测量：当信号到达方向与天线视轴方向一致时，两个天线阵列接收信号的相位一致、幅度相等；当信号到达方向偏离天线视轴方向时，两个天线阵列接收信号的相位不同，将产生与信号到达方向一一对应的相位差，通过测量两个接收信号的相位差，可以得到信号到达方向，完成目标方位角测量。

单脉冲天线波束形成原理图如图 2.6 所示。单脉冲天线按照水平方向馈电网络将天线分成左、右两个天线阵列，构成干涉仪单脉冲系统的两个相位中心，相位中心的间距为 D。左、右两个天线阵列可以看作两个独立天线，具有窄波束、高增益、低副瓣方向特性，方向图相同，输出信号幅度相等。设左侧天线输出信号为 V_L，右侧天线输出信号为 V_R。它们在混合环中分别经过 $\lambda/4$ 路径延迟，到达混合环和信号输出端口，实现同相相加，从而得到矢量和信号 V_Σ。在混合环的另一侧，左侧天线输出信号 V_L 经过 $3\lambda/4$ 路径延迟到达混合环差信号输出端口，右侧天线输出信号 V_R 只经过了 $\lambda/4$ 路径延迟到达混合环差信号输出端口，两个信号到达混合环差信号输出端口的相位正好相差 $180°$，从而得到矢量差信号 V_Δ。

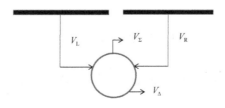

图 2.6 单脉冲天线波束形成原理图

天线输出信号 V_L 和 V_R 的相对相位差与信号到达方向有关，如图 2.7（a）所示，V_L、V_R 之间的相位延迟 Φ 为

$$\Phi = \frac{2\pi}{\lambda} D\sin\theta \tag{2.1}$$

式中，D 为两个天线相位中心的间距；θ 为目标偏离天线视轴方向的角度；λ 为接收信号工作波长。

和、差信号的相位关系如图 2.7（b）所示。和、差信号的相位相差 $\pi/2$。以两个天线基线的中间点 C 的信号相位为参考，当目标位于天线视轴左侧时，V_L 超前 $V_\Sigma \Phi/2$，V_R 滞后 $V_\Sigma \Phi/2$。

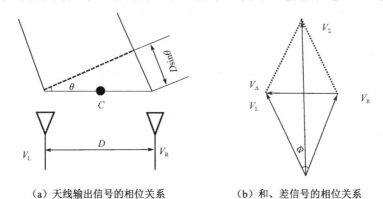

（a）天线输出信号的相位关系　　　　（b）和、差信号的相位关系

图 2.7　干涉仪天线信号的相对相位关系

左侧天线输出信号可表示为

$$V_L = V e^{j\frac{\Phi}{2}} f(\theta) \tag{2.2}$$

右侧天线输出信号可表示为

$$V_R = V e^{-j\frac{\Phi}{2}} f(\theta) \tag{2.3}$$

式中，V 为信号幅度；$f(\theta)$ 为天线的方向图因子。左、右两侧天线输出信号方向图如图 2.8（a）所示，V_L 的方向与天线视轴方向的夹角 $\theta=\Phi/2$，V_R 的方向与天线视轴方向的夹角 $\theta=-\Phi/2$。

左、右两侧天线输出信号经过混合环处理后可得到矢量和信号 V_Σ，V_Σ 方向图如图 2.8（b）所示，V_Σ 的数学表达式为

$$V_\Sigma = V_L + V_R = 2Vf(\theta)\cos\left(\frac{\Phi}{2}\right) = 2Vf(\theta)\cos\left(\frac{\pi}{\lambda}D\sin\theta\right) \tag{2.4}$$

V_Δ 方向图如图 2.8（c）所示，V_Δ 的数学表达式为

$$V_\Delta = V_L - V_R = 2jVf(\theta)\sin\left(\frac{\Phi}{2}\right) = 2jVf(\theta)\sin\left(\frac{\pi}{\lambda}D\sin\theta\right) \tag{2.5}$$

由式（2.4）和式（2.5）可以得出以下结论。

（1）矢量和信号的方向性因子在原有方向性因子的基础上，增加了阵列方向性因子 $\cos[(\pi D/\lambda)\sin\theta]$，如图 2.8（b）所示。当目标位于天线视轴方向时，$\theta=0$，矢量和信号幅度最大，随着目标偏离天线视轴方向，矢量和信号幅度按 cos 规律变化。

（2）矢量差信号的方向性因子在原有方向性因子的基础上，增加了阵列方向性因子 $\sin[(\pi D/\lambda)\sin\theta]$，如图 2.8（c）所示。当目标位于天线视轴方向时，$\theta=0$，矢量差信号幅度为零，随着目标偏离天线视轴方向，矢量差信号幅度按 sin 规律变化。

（3）矢量和信号 V_Σ 与矢量差信号 V_Δ 是正交的，如图 2.7（b）所示。当目标位于天线视轴左侧时，V_Σ 滞后 V_Δ $\pi/2$。当目标从左侧跨过天线视轴位于右侧时，V_Δ 反向 180°，这时，V_Σ 超前 V_Δ $\pi/2$。因此，可以通过测量 V_Σ 与 V_Δ 的相对相位判断目标偏离天线视轴的方向。

矢量和信号与矢量差信号比值（V_Δ/V_Σ，简称和差比）随着目标偏离视轴方向按 tan 规律变化，如图 2.8（d）所示，其值为

$$\left|\frac{V_\Delta}{V_\Sigma}\right| = \left|\tan\left(\frac{\Phi}{2}\right)\right| = \left|\tan\left(\frac{\pi}{\lambda}D\sin\theta\right)\right| \tag{2.6}$$

将图 2.8（d）中左侧的负值改变成对应的正值，即可得到式（2.6）偏离天线视轴的方向图特性，类似于图 2.9 中的没有负值。只要能够得到矢量差信号 V_Δ 与矢量和信号 V_Σ 的标称幅度比值，利用式（2.6）就可以计算目标偏离天线视轴方向的角度，即离轴角（OBA）值 θ，将 θ 与天线视轴的方位角相加，就可以完成目标方位角测量。但是，实际的 OBA 值与实际天线波束的形状相关，必须事先进行精确测量，得出各个方位角的和差比测量值与理论值的差值，形成校正之后的 OBA 表，并且将其存储在对应的存储器中以便在测量过程中进行查找。图 2.9 所示为某型民航二次监视雷达的 OBA 表，其中和信道信号幅度是 V_Σ 方向特性，差信道信号幅度是 V_Δ 方向特性取绝对值，所以天线视轴左侧的 V_Δ 也变成了正值，其他的曲线是旁瓣方向特性曲线。

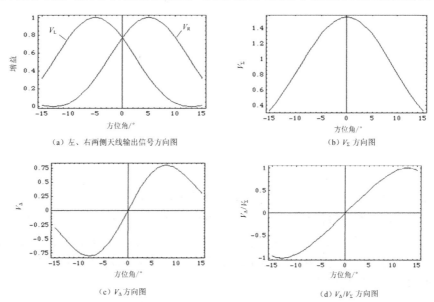

（a）左、右两侧天线输出信号方向图　　　　（b）V_Σ 方向图

（c）V_Δ 方向图　　　　（d）V_Δ/V_Σ 方向图

图 2.8　左、右两侧天线输出信号方向图及和、差波束方向图

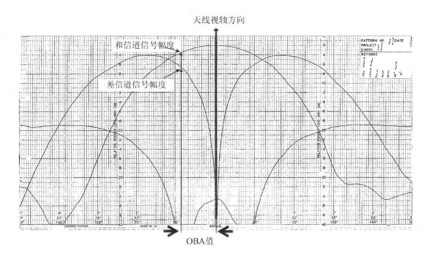

图 2.9 某型民航二次监视雷达的 OBA 表

根据矢量和信号与矢量差信号的特点，设计师可以使用不同的处理方法提取目标的方位角数据。总体来说，单脉冲测角的处理方法可以分为幅度单脉冲处理和相位单脉冲处理。

2.4.2 "滑窗"测角原理

"滑窗"测角原理图如图 2.10 所示。分别测量旋转天线主波束前沿指向目标的方位角 θ_1 和主波束后沿指向目标的方位角 θ_2，目标的方位角是这两个角度的平均值，即

$$目标的方位角 = \frac{\theta_1 + \theta_2}{2} \qquad (2.7)$$

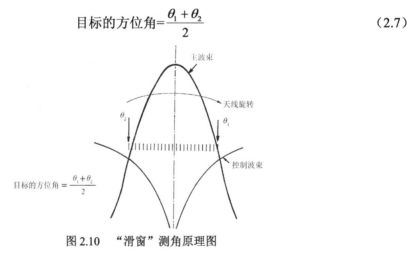

图 2.10 "滑窗"测角原理图

当目标没有进入旋转天线主波束前沿时，应答机不可能发射应答信号。随着天线旋转，当询问机接收到第一组应答信号时，所对应的方位角就是旋转天线主波束前沿指向目标的方位角 θ_1。天线继续旋转，询问机将会接收到更多的应答信号。当询问机接收到最后一组应答信号时，所对应的方位角就是旋转天线主波束后沿指向目标的方位角 θ_2。这种实现方位角测量的技术叫作"滑窗"处理技术。

"滑窗"处理的工作原理如图 2.11 所示。"滑窗"由按照距离顺序排列的存储单元组成，每列存储单元存储一次询问产生的应答数据，按照目标距离自下而上地将应答数据存储在存

储单元中，距离最近的目标应答数据存储在最下面的存储单元中。存储单元中存储的数据包括目标的方位、识别代码、高度数据等。

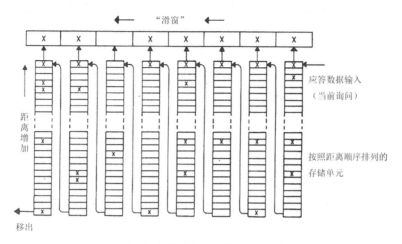

图 2.11 "滑窗"处理的工作原理

应答信号译码器输出的应答数据从图 2.11 中右边第一列最上面的存储单元输入。右边第一列存储单元存储当前询问的目标应答数据，右边第二列存储单元存储前一次询问的目标应答数据，以此类推，左边第一列存储单元存储最早的目标应答数据。存储单元中的内容自右向左滑动，每当新的应答数据到达时向左滑动一次，左边第一列存储单元中最早的目标应答数据被移出存储单元，右边第一列存储单元中的应答数据被移动到右边第二列存储单元中，空出来的存储单元存储当前询问所接收到的应答数据。"滑窗"的存储位置用来记录接收到的应答数据是否与先前的应答数据处于距离相同的存储单元内，以便确定接收到的应答信号是否为同步应答信号。为了避免少数串扰偶尔与本地询问信号同步产生假目标，必须规定一个门限值（最少同步应答次数），只有应答次数达到或超过门限值才能形成目标报告。典型的"滑窗"长度（存储单元列数）一般为 8～16。当"滑窗"长度为 8 时，门限值一般设定为 5。

假设利用"滑窗"处理技术测量目标方位角，门限值设定为 5，当天线主波束前沿指向目标时，询问机将接收到第一组应答信号，并将应答数据存储在对应的存储单元内；第二次询问选用了不同的工作模式，接收到的应答识别代码存储在存储单元的第二个识别代码字段内；继续询问所接收到的应答识别代码应当是在前两次询问中已经接收过的，因此可以用来进行识别代码验证。当接收到 5 次同步应答信号时，得到天线主波束前沿指向目标的方位角 θ_1，并且将 θ_1 与最后一次应答的识别代码一起存储在存储单元适当的字段内。天线继续旋转，在某个时刻目标停止发送应答信号，并且连续 4 次询问都没有接收到应答信号，这时所对应的方位角就是天线主波束后沿指向目标的方位角 θ_2，因为一般情况下天线主波束后沿门限值比前沿门限值少一次应答。由此可得，目标的方位角为

$$目标的方位角 = \frac{\theta_1 + \theta_2}{2} - \theta_0 \tag{2.8}$$

式中，θ_0 为天线方位角延时量。因为天线主波束真实前沿方位角是接收到第一个应答信号时的角度，主波束真实后沿方位角是接收到最后一个应答信号时的角度。"滑窗"处理要求只有接收应答信号的次数达到门限值才能确定主波束前沿或主波束后沿方位角，因此产生了天线方位角延时量 θ_0。θ_0 的取值与脉冲前沿准则、脉冲后沿准则及"滑窗"长度有关，与应答概率无关。

在取得天线主波束后沿数据的同时，将存储单元中的内容收集起来形成目标报告，存储单元对应的距离就是该目标的距离。在应答机的应答概率比较高且串扰不太多的情况下，"滑窗"处理能够得到比较精确的目标方位角数据。

"滑窗"处理的缺点：要求在天线扫描过程中连续发射询问信号，即使采用 450Hz 的最高询问频率，这种"滑窗"处理的方法也是不可靠的，同时会给系统造成严重的干扰；"滑窗"处理的方位角测量精度取决于天线主波束边沿的询问机接收信噪比，这些区域是弱信号区，接收信噪比低。此外，由占据导致应答次数减少或因串扰产生多余应答次数，都会引起应答信号中心角度偏移，产生方位角测量误差。如果飞机上的应答机缺少某种工作模式，那么也会引入方位角测量误差。

为了防止信号重叠或交错出现"假目标"，"滑窗"处理技术最多只能处理应答信号互相重叠的两个目标。

2.4.3 距离测量原理

二次雷达距离测量原理如图 2.12 所示。询问机发出询问信号，询问信号经过延迟时间 t_c 后到达应答机。应答机接收到询问信号后，以询问信号的时间参考脉冲（模式 1、2、3/A 和 C 的时间参考脉冲为询问脉冲 P_3）为基准，延迟 t_x 发射应答信号，应答信号经过延迟时间 t_c 后到达询问机。询问机发出询问信号到接收到应答信号的总延迟时间 t_R 为

$$t_R = 2t_c + t_x$$

目标距离 R 为

$$R = \frac{t_R - t_x}{2} c \tag{2.9}$$

式中，t_R 的单位为 μs；c 为光速，$c = 3 \times 10^8$ m/s。

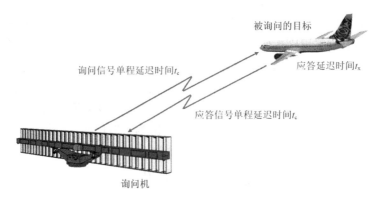

图 2.12　二次雷达距离测量原理

不同工作模式的应答机的应答延迟时间 t_x 是不同的，各种工作模式的应答机的应答延迟时间和时间参考脉冲如表 2.2 所示。

表 2.2　各种工作模式的应答机的应答延迟时间和时间参考脉冲

工 作 模 式	应答延迟时间 t_x/μs	时间参考脉冲
模式 1、模式 2、模式 3/A、C 模式	3	P_3 前沿—P_1 前沿
模式 4	202+n×4（n=0,1,2,…,15）	P_1 前沿—应答 P_1 前沿
S 模式	128	P_4 前沿—同步头 P_1 前沿

二次雷达距离测量精度主要受以下因素影响：询问和应答脉冲前沿和时钟抖动、应答延迟时间变化、模式 4 加密机的延迟容差和距离计数器量化误差。

2.5　信息获取

二次雷达系统是一个双向数据传输系统，通过询问-应答工作方式获取询问机需要的目标信息，传输目标信息也是二次雷达系统的主要功能之一。二次监视雷达地面询问站所需要的目标信息包括飞行航班代码、飞机识别代码、飞机高度数据，以及表示飞机上紧急状态的特殊代码，如 7700 表示飞机上出现了紧急情况，7600 表示飞机上无线电台发生故障，7500 表示飞机上发生了劫机事件。S 模式还可以传输更多的信息。由于一次询问不可能得到所有需要的信息，因此要求发送不同模式的询问。例如，发送 A 模式询问信号，地面询问站可以得到应答机回答的飞行航班代码；发送 C 模式询问信号，地面询问站可以得到应答机回答的飞机高度数据。如果飞机上发生紧急状况，那么不管二次监视雷达地面询问站发送哪种模式的询问信号，应答机都会优先回答表示飞机上出现了紧急状态的特殊代码。

二次雷达敌我识别系统传输的信息包括目标识别代码、飞机高度数据、军用应急代码等，以及询问信道或应答信道传输参数的加密数据，有的系统还传输态势感知数据，包括目标的经纬度位置报告和身份代码。为了提高系统的安全性，二次雷达敌我识别系统传输的询问信息和应答信息是经过加密或解密处理的。

关于传输信息的处理方法、过程，以及二次雷达敌我识别系统传输信息的加密和解密处理，将在专门章节进行详细的介绍。

2.6　目标位置关联

目标位置关联是二次雷达系统目标相关处理过程中最基本的环节。在二次监视雷达中，目标位置关联用来判断新接收到的目标位置数据与已经建立的飞行航迹或存储的目标位置数据的匹配程度。在二次雷达敌我识别系统中，目标位置关联用来判断二次雷达敌我识别器的目标位置数据与一次雷达的目标位置的匹配程度，确定是否属于同一目标。

通常的做法是，以已经建立的飞行航迹或存储的目标位置数据为中心，在周围划定一定的区域判定目标位置关联程度，这个区域叫作目标位置关联区，如图 2.13 所示。目标位置关联区的坐标是观测雷达的坐标，横坐标方向表示距离关联，纵坐标方向表示方位关联。

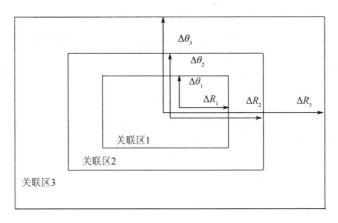

图 2.13　目标位置关联区

二次雷达敌我识别系统目标位置关联区的含义与二次监视雷达目标位置关联区的含义有所不同，识别协同目标的关联区坐标是指以一次雷达探测到的目标位置为坐标原点，判定二次雷达敌我识别系统得到的目标位置数据与一次雷达指定的目标位置数据是否相同。目标位置关联区的大小取决于一次雷达和二次雷达的目标位置测量精度及目标运动特性。如果目标位置测量精度低，目标运动速度快、转弯角度大、机动性强，则设置的关联区大；如果目标位置测量精度高，目标运动速度慢、转弯角度小、机动性弱，则设置的关联区小。因为军用飞机飞行速度快、转弯角度大、机动性强，所以军用飞机的关联区一般比民用飞机的关联区大。

二次监视雷达目标位置关联区以飞行航迹位置为坐标原点，以判断接收到的目标位置数据是否为飞行航迹更新的目标报告数据。二次监视雷达通常把目标位置关联区划为如下 3 个区域。

（1）关联区 1：在飞机沿着直线飞行且测量的距离和方位角数据精度高时使用的关联区。

（2）关联区 2：第一次没有捕获到的目标在天线扫描第 2 个周期进行目标捕获时使用的关联区，或者飞机加速和转弯时使用的关联区。

（3）关联区 3：应用于军用飞机的关联区，因为军用飞机飞行速度快、转弯角度大、机动性强，所以关联区 3 较大。

二次监视雷达的目标关联包括两方面的内容：一是位置关联；二是目标信息关联，即本次询问得到的飞机识别代码或飞机高度数据是否与前面的信息相关联。二次监视雷达把目标信息关联分成如下 3 种类型。

（1）完备关联：两次以上测量的目标距离和方位角数据与预期的目标位置数据一致，同时得到的飞机识别代码和飞机高度数据完全相同。

（2）可接受的关联：两次以上测量的目标距离和方位角数据关联性好，但是得到的飞机识别代码和飞机高度数据不完全相同。

（3）潜在的关联：两次以上测量的目标距离和方位角数据关联性差，同时得到的飞机识别代码和飞机高度数据不完全相同。

2.7　系统问题

二次雷达已经在民用航空和军用雷达敌我识别领域中获得了成功应用。但是它的系统问题也对二次雷达敌我识别系统和二次监视雷达产生了很多不良的影响。二次雷达的主要问题是来自系统内部的各类干扰和来自系统外部的多径干扰。由于二次雷达使用同样的询问信号频率（1030MHz）和应答信号频率（1090MHz），并且采用定向自主询问和全向应答工作方式，因此当一台询问机发送询问信号时，覆盖范围内的所有应答机都能接收到该询问信号并对此产生应答信号。应答机使用全向天线，发射的应答信号可以被各个方向的询问机接收，因此造成了系统内设备之间的相互干扰。因为二次雷达系统是一个很多设备同时工作的庞大系统，所以系统内的相互干扰非常严重，并且会随着目标数的增加而加重，随着重复询问频率的增加而加重。自二次雷达诞生以来，人们就一直在研究解决其系统内部干扰问题的措施。

多站工作对二次雷达系统性能的主要影响之一就是应答机占据问题，表现为应答机对某些询问不能产生应答信号，降低了询问机的目标检测概率。很明显，应答机一次只能对一个询问信号产生应答信号，在应答持续时间内和应答结束后发射机恢复时间内，该应答机不能对其他询问信号进行应答，在此期间到达的询问信号将得不到它的应答响应，这就是所谓的应答机占据。应答信号发射过程引起的应答机占据时间的典型值是 60 μs，最长为 125 μs。此外，当接收到来自旁瓣的询问信号时，应答机将被抑制，需要封闭一定的时间后才能对其他询问信号产生应答响应，典型的旁瓣抑制产生的占据时间为 25～30 μs。因此，在多站工作时，因为应答机占据的影响直接降低了应答机的应答概率，所以影响了二次雷达系统的目标检测概率和识别概率。

由于应答机的散热问题及供电电源能力的限制，应答机每秒的应答次数是有限制的。二次监视雷达应答机每秒的应答次数通常限制为 1200～2000。当应答速率超过规定值时，应答机会自动降低灵敏度，以便控制应答速率和电源功耗，这时应答机对来自远距离的弱询问信号不会产生应答信号。

为了降低多站工作对应答机的影响，各国民航管理部门都严格限制每个二次监视雷达询问机询问重复频率和发射功率，并严格限制目标询问次数。二次雷达敌我识别系统采用了询问功率自适应控制技术，高功率询问远距离目标，低功率询问近距离目标，降低了对远距离目标的干扰。

系统内部干扰对询问机的主要影响表现为译码错误和目标检测概率降低。无论是来自询问天线主波束范围内的多个目标应答脉冲，还是来自天线旁瓣的旁瓣应答干扰脉冲，在接收机视频输出端都表现为脉冲位置相互交错甚至重叠的脉冲串，它们相互干扰造成译码错误，降低了目标检测概率，有时还会产生假目标报告。

为了降低系统内部干扰的影响，人们采取了很多有效的技术措施，如询问旁瓣抑制（ISLS）技术、接收旁瓣抑制（RSLS）技术、询问机接收灵敏度时间增益控制技术、询问功率自适应控制技术、单脉冲技术及选址询问技术等。数字调制二次雷达还采用了串扰抑制技术、混扰抑制技术。采用这些技术以后，二次雷达系统内部的干扰得到了有效控制。

　　影响二次雷达系统性能的外部因素主要是询问信号和应答信号电磁波传播的多径效应。多径效应是指在询问机和应答机之间除直射路径之外，还有经过各种反射体产生的其他传播路径，到达接收端的信号是多个路径传播信号的矢量叠加，或者会形成独立的多径干扰脉冲。不同条件的多径干扰表现为产生询问天线垂直波瓣分裂、信号衰落、询问天线主波束方向图形状失真、目标方位角测量误差及产生"鬼影"目标等，会严重影响二次雷达系统性能。降低多径干扰影响的有效方法是设计高性能询问天线，如二次监视雷达使用垂直大孔径天线降低对地面的辐射能量，从而减少多径干扰。多径干扰信号一旦通过询问天线进入接收机，要想通过后面的处理进一步消除其影响是非常困难的。

第3章
信号波形设计和分析

　　询问信号与应答信号波形设计是二次雷达系统设计的重点工作之一，直接关系到系统战术技术性能、安全性和设备实现难度。几十年来，系统需求不断推动二次雷达信号波形发生变化，技术进步为此创造了条件。

　　二次雷达系统发展始于第二次世界大战，Mark 系列系统是二次雷达敌我识别系统的典型代表，也是二次监视雷达的"前辈"。本章将系统地介绍 Mark 系列系统及二次监视雷达各种工作模式的信号波形、信号参数及容差，分析信号波形设计特点和发展思路。它们的工作模式包括模式 1、模式 2、模式 3/A、C 模式、模式 4、S 模式。本章还将介绍数字调制波形设计。其中，A 模式、C 模式和 S 模式信号波形是二次监视雷达使用的信号波形。以上工作模式的主要性能特征如下。

　　模式 1：军用识别模式，提供 32 个（极少数提供 2048 个）应答编码。

　　模式 2：军用识别模式，提供 4096 个应答编码。

　　模式 3/A：军用识别模式 3 与民用识别 A 模式兼容，可提供 4096 个应答编码。

　　C 模式：飞机高度报告模式，可提供 2048 个高度码。

　　S 模式：国际民航组织规定的新一代空中交通管制系统工作模式，共有 5 级能力，具有民用飞机全呼叫询问、选址询问和数据链功能。

　　模式 4：保密的军用敌我识别模式，采用了延时应答技术，应答延迟时间由询问机控制，应答机从询问信息中提取应答延迟时间，并按照该延迟时间发射应答信号，可有效防止敌方的欺骗和定位。

　　数字调制二次雷达敌我识别工作模式：询问信号和应答信号采用数字调制波形，系统设计采用扩频、跳频、数字加密、时间同步等先进技术，以提高系统的安全性和电子对抗能力。

3.1 模式1、模式2、模式3/A和C模式信号波形

3.1.1 询问信号波形

模式1和模式2专门用于军用敌我识别询问，模式3/A为军民共用识别模式，C模式用于飞机高度询问。询问信号载波频率为1030MHz，询问脉冲对载波信号采用ASK调制方式。

模式1、模式2、模式3/A、C模式询问信号波形如图3.1所示。该波形由3个脉冲P_1、P_2和P_3组成。其中，P_1、P_3为同步脉冲，通过询问天线和波束（Σ）发射；P_2为询问旁瓣抑制脉冲，通过旁瓣控制波束（Ω）或差波束（Δ）发射；P_1和P_3的间距决定了询问工作模式。P_1、P_2和P_3的脉冲宽度均为0.8μs。询问脉冲间距与询问工作模式定义如表3.1所示。

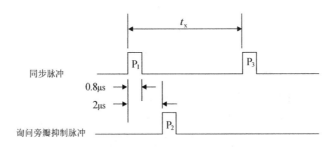

图3.1 模式1、模式2、模式3/A、C模式询问信号波形

表3.1 询问脉冲间距与询问工作模式定义

工 作 模 式	P_1和P_3的间距/μs	用 途	用 户
模式1	3	识别	军用
模式2	5	识别	军用
模式3/A	8	识别	民军共用
C模式	21	飞机高度报告	民用

3.1.2 询问信号参数及容差

1．询问信号载波频率

询问信号载波频率：(1030±0.1)MHz。

2．询问脉冲特性

同步脉冲P_1和P_3持续时间：(0.8±0.05)μs。
同步脉冲P_1和P_3顶端波动：峰-峰值不超过1dB。
询问旁瓣抑制脉冲P_2持续时间：(0.8±0.05)μs。
脉冲上升时间：0.05～0.1μs。
脉冲下降时间：0.05～0.2μs。

3．询问脉冲间距

各模式 P_1 和 P_3 的间距如下。

模式 1：$(3\pm0.05)\mu s$。

模式 2：$(5\pm0.05)\mu s$。

模式 3/A：$(8\pm0.05)\mu s$。

C 模式：$(21\pm0.05)\mu s$。

P_1 和 P_2 的间距：$(2\pm0.05)\mu s$。

3.1.3 应答信号波形

应答信号载波频率为 1090MHz，应答脉冲对载波信号采用 ASK 调制方式。模式 1、模式 2、模式 3/A、C 模式应答信号波形如图 3.2 所示。每个应答脉冲宽度均为 $0.45\mu s$，框架脉冲 F_1 与 F_2 的间距为 $20.3\mu s$，数据脉冲和框架脉冲 F_1 的间距为 $1.45N\mu s$（$N=1,2,\cdots,13$）。应答机在接收到 P_3 上升沿 $3\mu s$ 后发送应答信号。每个应答脉冲位置都有两种状态，即有脉冲和无脉冲，有脉冲表示为二进制数"1"，无脉冲表示为二进制数"0"。

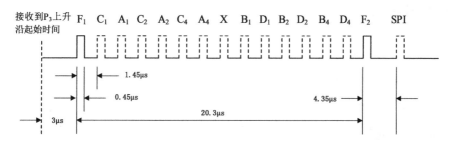

图 3.2 模式 1、模式 2、模式 3/A、C 模式应答信号波形

应答脉冲名称及相应的位置如下。

F_1、F_2 为框架脉冲，状态恒定为"1"；A（A_1、A_2、A_4）、B（B_1、B_2、B_4）、C（C_1、C_2、C_4）、D（D_1、D_2、D_4）为 4 组数据脉冲，每组 3 个脉冲二进制数可表示十进制数 0 到 7，如代码 3200 是由数据脉冲 A_1、A_2 和 B_2 组成的，即 A=011=3，B=010=2，C=D=0。当由 A_2、C_1、C_4、D_1、D_2 和 D_4 组成的代码是 2057 时，A=010=2，B=000=0，C=101=5，D=111=7。根据脉冲的有无状态，一共可产生 4096 种应答编码。各模式应答信号对数据脉冲的使用情况如下。

模式 1 应答信号使用脉冲 A_1、A_2、A_4、B_1 和 B_2。

模式 2 应答信号使用所有脉冲 A、B、C 和 D。

模式 3/A 应答信号使用所有脉冲 A、B、C 和 D。

C 模式应答信号使用除 D_1 以外的所有脉冲 A、B、C 和 D。

另外，使用如下 3 个特殊代码表示飞机上的紧急状态。

7700 表示飞机上出现了紧急情况。

7600 表示飞机上无线电台发生故障。

7500 表示飞机上发生了劫机事件。

X脉冲并不经常使用，可用于特殊目的。

SPI脉冲为特殊位置识别脉冲，一般情况下不使用。当两架飞机互相接近或应答编码相同以至于空中交通管制员难以根据显示内容区分目标时才启动SPI脉冲。此时，空中交通管制员可以通过其他通信渠道要求其中一架飞机的应答信号增加一个SPI脉冲。飞机驾驶舱控制盒上有一个SPI按钮，飞行员按下该按钮后可激活SPI脉冲，该脉冲持续15～30s。在这段时间里，每次A模式应答信号的框架脉冲F_2后都跟有SPI脉冲。空中交通管制员根据有无SPI脉冲区分这两架飞机。

高度信息包含11个脉冲，分为三组表示，即$D_2D_4A_1A_2$、$A_4B_1B_2B_4$、$C_1C_2C_4$。其中，$D_2D_4A_1A_2$按"格雷码"编码，每个增量8000ft（1ft=0.3048m）；$A_4B_1B_2B_4$按"格雷码"编码，每个增量500ft；$C_1C_2C_4$组成五周期循环码，每个增量100ft。

3.1.4 应答信号参数及容差

1．应答信号载波频率

应答信号载波频率：1090±0.2MHz。

2．应答脉冲特性

应答脉冲持续时间：0.45±0.05μs。
应答脉冲上升时间：0.05～0.1μs。
应答脉冲下降时间：0.05～0.2μs。
应答脉冲顶端波动：峰-峰值不超过1dB。

3．应答脉冲间距

框架脉冲F_1与F_2的间距：20.3±0.05μs。
每个数据脉冲的间距（以框架脉冲F_1为参考）允许的偏差：±0.05μs。
应答延迟和抖动：3±0.1μs。
每种模式的应答延迟在1s内的平均值差异不应超过±0.2μs。

3.1.5 距离数据产生

由图3.2可知，应答机在接收到询问脉冲P_3上升沿后，经过3μs的延时才发送应答信号。应答机接收到的询问脉冲P_3与发射的第一个应答脉冲F_1的间距叫作应答延迟时间t_x，是一个固定时延。对于模式1、模式2、模式3/A、C模式，$t_x=3$μs。询问机通过测量询问脉冲P_3与接收到的应答脉冲F_1之间的延迟时间t_R来实现目标距离测量。

模式1、模式2、模式3/A、C模式距离计数器的工作过程示意图如图3.3所示。询问机发射的询问脉冲P_3和接收到的应答脉冲F_1的前沿是测量目标距离的参考时间，P_3前沿为距离计数器的启动时刻，F_1前沿为距离计数器的停止时刻，f_{cl}为距离计数器的计数时钟频率，D_R为距离计数器记录的数据，距离计数器记录的时间（D_R/f_{cl}）就是询问机发出询问信号到接收到应答信号的总延迟时间t_R。用距离计数器记录的时间（D_R/f_{cl}）替代式（2.9）中的t_R，可得到目标到询问机的距离R为

$$R = \frac{1}{2}\left(\frac{D_{R}}{f_{cl}} - t_{x}\right)c = 0.15\left(\frac{D_{R}}{f_{cl}} - t_{x}\right)(\text{km}) \tag{3.1}$$

式中，f_{cl} 的单位为 MHz；t_{x} 的单位为 μs；光速 $c=3\times10^{8}$m/s。因此，询问机和应答机的时钟漂移、应答延迟的变化、热噪声引入的脉冲前沿抖动和距离计数器的量化误差都将产生距离测量误差。

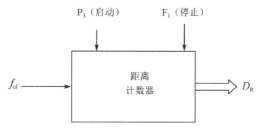

图 3.3 模式 1、模式 2、模式 3/A、C 模式距离计数器的工作过程示意图

3.2 模式 4 信号波形

模式 1、模式 2、模式 3/A、C 模式在二次雷达敌我识别系统和二次监视雷达中得到了成功应用，通过这几种模式不仅可以监视民用航空飞机的飞行状态，还可以得到飞机的飞行高度数据、识别代码及表示紧急状态的特殊代码。但是在二次雷达敌我识别系统中，上述模式的安全性、保密性受到严重挑战。

在现代战争中，二次雷达敌我识别系统是被攻击的主要对象之一。二次雷达敌我识别系统瘫痪导致分不清敌我，甚至导致战争失败的案例也是存在的。特别是模式 1、模式 2、模式 3/A、C 模式的询问信号非常简单，且询问频率和应答频率是公开的，很容易受到敌方攻击。敌方可使用模拟询问信号触发应答机发射应答信号对目标进行定位和攻击。如图 3.4 所示，敌方首先发射模拟询问信号，欺骗我方应答机发射应答信号，然后利用该应答信号作为信标，对目标进行定位和攻击。

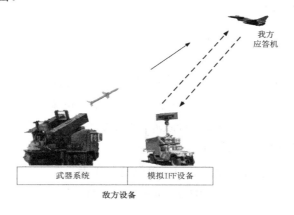

图 3.4 敌方利用应答信标攻击我方二次雷达敌我识别系统

对二次雷达敌我识别系统的应答机进行干扰和占据，是攻击二次雷达敌我识别系统最有效的方法之一。如图 3.5 所示，在作战区内，敌方可以利用几个无线电干扰设备在战场上盲目地、高重复频率地发射敌我识别系统欺骗询问信号，不需要太大的发射功率就可以不断触发作战区内我方应答机发射应答信号。这样做一方面可以不断地占据我方应答机，降低有效应答概率，从而不能准确地回答我方询问；另一方面这些应答信号将干扰作战区内的我方询问机，扰乱我方二次雷达敌我识别系统，使之不能分清敌我，导致"自相残杀"。

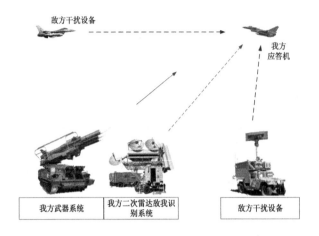

图 3.5　占据示意图

欺骗是对抗二次雷达敌我识别系统最常用的方法。在使用时间同步技术之前，二次雷达敌我识别系统一般两到三天更换一次密码。由于模式 1、模式 2、模式 3/A、C 模式的密码就是识别代码，因此敌方侦察破解识别代码后，可以在系统更换密码之前使用正确的识别代码对询问信号进行应答，伪装成我方目标，使我方二次雷达敌我识别系统"认敌为友"，造成混乱。随着时间同步技术的使用，密码有效期越来越短，欺骗伪装的难度也越来越大。

总而言之，模式 1、模式 2、模式 3/A、C 模式用于二次雷达敌我识别系统是不安全的。因此，急需开发一种安全性、保密性、抗干扰性强的工作模式——模式 4。

3.2.1　询问信号波形

模式 4 询问信号波形如图 3.6 所示，由 4 个同步脉冲（P_1,P_2,P_3,P_4）、1 个询问旁瓣抑制脉冲（P_5）、32 位数据脉冲（$P_{d1},P_{d2},\cdots,P_{d32}$），以及反干扰脉冲（AII）组成。脉冲间距为 2μs，脉冲宽度为 0.5μs。每个数据脉冲位置都有两种状态，即有脉冲和无脉冲。有脉冲表示为二进制数 "1"，无脉冲表示为二进制数 "0"。若连续两个数据脉冲位置没有脉冲，为了增强抗干扰性则要在两个脉冲位置中间插入一个反干扰脉冲，其中第一个反干扰脉冲和同步脉冲 P_1 的间距为 9μs，相邻反干扰脉冲的间距为 2μs。

32 位数据脉冲 $P_{d(n+1)}$ 与 P_1 前沿的间距（单位是 μs）是

$$10+2n,\quad n=0,1,2,\cdots,31 \tag{3.2}$$

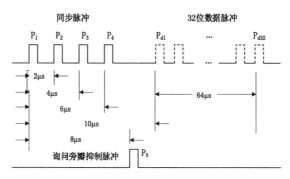

图 3.6 模式 4 询问信号波形

32 位反干扰脉冲（$AII_{(n+1)}$）与 P_1 前沿的间距（单位是 μs）是

$$9+2n, \quad n=0,1,2,\cdots,31 \tag{3.3}$$

数据脉冲传输的询问数据包括 16 位填充数据、4 位应答延迟数据和 12 位系统时间代码，一共有 32 位明文数据。4 位应答延迟数据用来控制应答机的应答延迟时间，12 位系统时间代码被应答机用来判别接收到的询问信号是否来自我方平台，16 位填充数据的作用是增强传输数据的保密性。首先将这 32 位明文数据经过加密处理后输出 32 位密文，并形成 32 位加密询问视频脉冲，然后根据询问视频脉冲编码情况添加反干扰脉冲，最后与同步脉冲和询问旁瓣抑制脉冲一起组成完整的模式 4 询问视频脉冲串，并将其送至询问信号处理器对载波信号进行 ASK 调制，形成模式 4 射频询问信号。

3.2.2 询问信号参数及容差

1．询问信号载波频率

询问信号载波频率：(1030±0.1)MHz（调制方式为 ASK）。

2．询问脉冲特性

询问脉冲持续时间：(0.5±0.05)μs。
询问脉冲上升时间：0.05～0.1μs。
询问脉冲下降时间：0.05～0.2μs。
询问脉冲顶端波动：峰-峰值不超过 1dB。

3．同步脉冲组脉冲间距

同步脉冲组由 4 个脉冲构成，分别为 P_1、P_2、P_3 和 P_4，其间距如下。
P_1 与 P_2 的间距：(2±0.05)μs。
P_1 与 P_3 的间距：(4±0.05)μs。
P_1 与 P_4 的间距：(6±0.05)μs。

4．询问旁瓣抑制脉冲间距

询问旁瓣抑制脉冲 P_5 应在第 4 个同步脉冲 P_4 之后，P_1 和 P_5 的间距应为(8±0.05)μs。

5．数据脉冲组脉冲间距

相对于 P_1 脉冲，各数据脉冲的间距容限应为±0.05μs。

6．反干扰脉冲间距

相对于 P_1 脉冲，各反干扰脉冲的间距容限应为±0.05μs。

3.2.3 应答信号波形

模式 4 应答信号波形如图 3.7 所示。其中，应答信号载波频率为(1090±0.2)MHz，调制方式为 ASK。模式 4 应答信号波形由脉冲间距为 1.75μs、脉冲宽度为 0.45μs 的 3 个脉冲组成。应答信号应答延迟时间 t_x 是接收的询问脉冲 P_4 上升沿和应答脉冲 P_1 前沿的间距，包括固定延迟时间 202μs 和可变延迟时间 4Nμs。其中，N 值由密码机产生，取值范围为 0,1,2,…,15。模式 4 的应答延迟时间 t_x 为

$$t_x=202+4N, \quad N=0,1,2,\cdots,15 \tag{3.4}$$

因此，模式 4 距离计数器的启动脉冲是询问脉冲 P_4，停止脉冲是询问机接收的第 1 个应答脉冲。

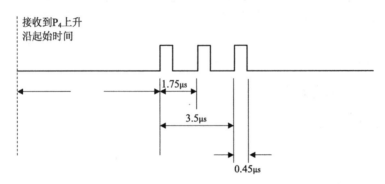

图 3.7　模式 4 应答信号波形

3.2.4 应答信号参数及容差

模式 4 的应答信号包含 3 个脉冲。

第一个脉冲与第二个脉冲的间距：(1.75±0.03)μs。

第一个脉冲与第三个脉冲的间距：(3.5±0.03)μs。

每个随机延迟位置之间的间距容差：(4N±0.05)μs。

应答延迟和抖动：询问脉冲 P_4 和第一个应答脉冲的间距为(202±1.25)μs。

3.2.5 模式4信号波形分析

针对模式 1、模式 2、模式 3/A 信号波形安全性差的问题，模式 4 加强了信号波形安全性设计。模式 4 信号波形设计具有以下特点。

（1）询问信号波形复杂、安全性高。

询问信号波形由 4 个同步脉冲和 32 位数据脉冲组成。当连续两个以上数据脉冲位置没有

脉冲出现时插入反干扰脉冲。模式 4 传输的询问信息多，询问信号波形复杂，敌人模拟询问信号的难度大，触发应答机发射应答信号的概率低，提高了系统的安全性。

模式 4 使用时间同步系统的 12 位系统时间代码作为"确认信息"，以确认本次询问是否来自我方平台。只有系统实现时间同步，解密后的确认信息（系统时间代码）与应答机本地系统时间代码相同，应答机才发射应答信号，这样可避免敌方的欺骗、利用。

（2）应答信号波形简单、安全，可以有效阻止敌方对应答机进行定位和攻击。

应答信号波形由脉冲间距为 1.75μs 的 3 个脉冲组成，使用了延时应答技术。应答信号的唯一加密参数是应答延迟时间，是应答机从询问信号的加密数据中得到的，并且每次询问包括的应答延迟时间都是随机变化的。只有得到了实时应答延迟时间，才能通过探测应答信号完成目标定位。因此，敌方几乎不可能从空中侦测到的询问信号中得到加密数据，很难利用应答信号对目标进行定位和攻击。虽然模式 4 应答信号波形不能传输信息，但是模式 4 与其他工作模式组合可对目标进行交替询问，既可以得到飞机的识别代码、高度数据等应答信息，又能保证二次雷达敌我识别系统的安全性。

（3）应答脉冲持续时间短，降低了混扰的影响。

在同一波束范围内，当两架飞机径向距离很近时，它们的应答脉冲会相互交错，甚至相互重叠，从而产生混扰。混扰的出现不仅会严重降低询问机的译码概率，有时还会产生假目标。因此，降低二次雷达系统内部干扰是信号波形设计的出发点之一。为了降低产生混扰的概率，应答脉冲持续时间越短越好。模式 1、模式 2、模式 3/A 应答脉冲持续时间为 20.3μs，当两架飞机径向距离小于 3km 时，就会产生混扰。模式 4 应答脉冲持续时间为 4μs，当两架飞机径向距离小于 600m 时才可能产生混扰，从而降低了产生混扰的概率。

（4）反干扰脉冲提高了模式 4 对随机脉冲干扰的抵抗能力。

询问信号抗干扰能力最薄弱的情况发生在连续两个以上的数据脉冲位置上没有出现脉冲时，因为这时出现随机脉冲的概率最大。在模式 4 下，当询问信号中连续两个以上的数据脉冲位置上没有出现脉冲时，会在两个数据脉冲位置中间插入一个反干扰脉冲。接收端一旦发现反干扰脉冲，就可以判断两侧的数据是二进制数"0"，从而消除了随机脉冲的干扰，提高了询问信号的抗干扰能力。

（5）兼容性好。

模式 4 的询问频率为 1030MHz，应答频率为 1090MHz，与模式 1、模式 2、模式 3/A 兼容，模式 4 信号占用的信息带宽与模式 1、模式 2、模式 3/A 差不多。因此，模式 4 的询问天线、询问机的收发信机、应答天线及应答机的收/发信机与模式 1、模式 2、模式 3/A 是完全兼容的，在设备升级时可以不做任何改动。

增加模式 4 的主要工作：在询问机中增加一个计算机加密单元，用于完成模式 4 随机数产生、询问数据加密和询问视频脉冲编码；在应答机中增加一个计算机加密单元，用于完成询问视频脉冲译码、询问数据解密和模式 4 应答脉冲编码。这样可以节省大量的经费和人力。

随着计算机技术的成熟，模式 4 率先在二次雷达系统中采用了计算机加密技术。模式 4 密码和应答延迟时间变化规律与系统的密钥、密码算法有关。设备和密码机丢失后，只要更换密钥，密码和应答延迟时间的变化规律就会全部改变，即使丢失的设备和密码机被敌方得到，也不会对系统安全造成威胁。

3.3 S 模式信号波形

Mark XA 被解密后作为二次监视雷达在空中交通管制系统中得到应用。为了完成 360° 方位角空域的监视，二次监视雷达以指定的询问速率连续不断地发射询问信号，这样就产生了大量的内部干扰，并且随着民用飞机数量增加，干扰信号密度成倍增加，严重地影响到二次监视雷达的技术性能，甚至影响到系统的生命力。虽然单脉冲技术的应用降低了询问速率，减少了系统内部干扰，但是二次监视雷达能否适应民用航空事业的未来发展，还是受到一定质疑的。随着 S 模式二次监视雷达的出现和推广，系统内部干扰问题得到了根本性解决，二次监视雷达的生命力得到延续。S 模式二次监视雷达是一个结合了 A/C 模式监视功能和数据链通信功能的系统，可以提供更强的监视能力、更高的测量精度。

3.3.1 询问工作模式

S 模式二次监视雷达有以下 4 种询问工作模式。

1. A 模式

A 模式询问触发应答机发射识别代码应答信号。

2. C 模式

C 模式询问触发应答机发射高度数据应答信号。

3. 全呼叫组合模式

（1）A/C/S 全呼叫组合模式询问：触发 A/C 模式应答机发射识别代码或高度数据应答信号，触发 S 模式应答机发射"目标捕获"应答信号。

（2）A/C 全呼叫组合模式询问：触发 A/C 模式应答机发射对应的应答信号，S 模式应答机不应答。

4. S 模式

当以 S 模式询问时，所有 A/C 模式应答机不发射应答信号。S 模式询问包括以下 3 种。

（1）S 模式全呼叫询问：触发 S 模式应答机发射"目标捕获"应答信号。

（2）S 模式选址询问：与所选择的单个 S 模式应答机进行通信，只有被选择的应答机才发射应答信号。

（3）广播信标：广播信息给所有 S 模式应答机，应答机只接收信号，不发射应答信号。

3.3.2 S 模式应答机

所有 S 模式应答机都至少应当具备四级能力之一，根据具备的能力不同，S 模式应答机可分为一级应答机、二级应答机、三级应答机、四级应答机。

1．一级应答机

一级应答机具备 S 模式监视应答能力，能够与 A/C 模式二次监视雷达协同工作，具有回答飞机的高度数据、识别代码的能力；能够与 S 模式二次监视雷达协同工作实现选址询问，具有回答飞机的高度数据、识别代码的能力。

2．二级应答机

二级应答机除应具备一级应答机的能力以外，还应具备飞机识别报告和其他标准长度的地—空和空—地数据链通信能力，此外还应能够响应以下询问：全呼叫组合模式和 S 模式（UF=11）询问，地—空监视询问（UF=4,5），A 类通信（Comm-A）和 B 类通信（Comm-B）（UF=20,21）及空—空监视询问（UF=0,16）。

3．三级应答机

三级应答机除应具备二级应答机的能力以外，还应具备扩展长度的地—空数据链通信能力，可以接收来自地面的数据及二级应答机不能提供的其他空中交通业务所需要的数据，包括所有 Comm-A、Comm-B 空—空标准长度报文和上行链路 C 类通信（Comm-C）扩展长度报文（UF=24），所有由 ACAS 处理器产生且指定用于 ACAS 处理器的报文，能够用扩展长度下行链路报文（DF=24）回答 Comm-C 上行链路询问的报文。

4．四级应答机

四级应答机除应具备三级应答机的能力以外，还应具备扩展长度的空—地数据链通信能力，可以接收地—空数据及二级应答机不能提供的其他空中交通业务所需要的数据，包括全部 Comm-A、Comm-B、Comm-C、Comm-D、空—空通信协议，以及所有由 ACAS 处理器产生且指定用于 ACAS 处理器的报文。

3.3.3　S 模式询问信号波形

S 模式询问信号波形如图 3.8 所示，由 3 个询问脉冲和 1 个询问旁瓣抑制脉冲组成。其中，P_1、P_2 为同步脉冲对；P_6 为数据脉冲；P_5 为旁瓣抑制脉冲。

1．同步脉冲对和询问旁瓣抑制脉冲

同步脉冲对 P_1、P_2 宽度为 0.8μs，脉冲间距为 2μs，采用幅移键控（ASK）调制方式（与 A/C 全呼叫组合模式中的询问旁瓣抑制脉冲对一样），以便在发射 S 模式询问信号时抑制 A/C 模式应答机发射应答信号。

询问旁瓣抑制脉冲 P_5 宽度为 0.8μs，采用 ASK 调制方式，由天线控制波束发射。如图 3.8 所示，P_5 在时间上与 P_6 的同步相位翻转点相对应。如果应答机接收的信号来自旁瓣，则 $P_5 \geqslant P_6$，应答机不可能检测到同步相位翻转，不发射应答信号；反之，主波束范围内 P_6 的幅度比 P_5 大 9dB 以上时，同步相位翻转将被检测到，应答机发射应答信号。

因为在天线控制波束发射询问旁瓣抑制脉冲 P_5 的同时，天线和波束正在发射数据脉冲 P_6，所以 S 模式二次监视雷达需要增加一个辅助发射机，用来发射询问旁瓣抑制脉冲 P_5。

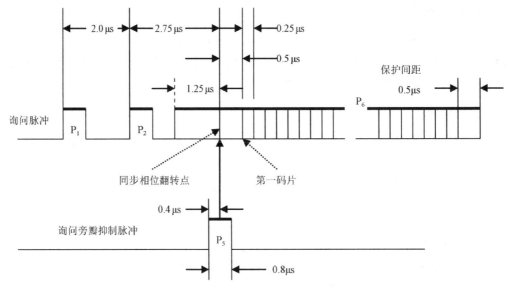

图 3.8　S 模式询问信号波形

2．数据脉冲

（1）数据脉冲 P_6 宽度为 16.25μs 或 30.25μs。

数据脉冲的第一次载波信号相位翻转位于 P_6 前沿后 1.25μs 处，该相位翻转用来同步应答机数据解调时钟信号，也是应答机发射应答信号的参考时间（与 A/C 模式中 P_3 的作用一样），故第一次载波信号相位翻转又称同步相位翻转。传输数据采用差分相移键控（DPSK）调制方式，先对传输数据进行差分处理，再对载波信号进行双相移键控（BPSK）调制，二进制数"0"表示载波信号相位翻转 180°，二进制数"1"表示载波信号相位不翻转。相位翻转时间（10°～170°及 80% 幅度变化点之间的时间）小于 0.08μs，相位精度为 0°±5° 或 180°±5°。

S 模式询问信号传输的数据脉冲 P_6 持续时间应当与 A/C 模式应答机抑制时间相匹配，必须在应答机抑制时间内完成询问数据译码。A/C 模式应答机抑制时间为 25～45μs，典型值是 30μs。S 模式询问信号传输的数据脉冲宽度为 16.25μs 或 30.25μs，在时间上基本是匹配的。

（2）相位翻转点的间距为 0.25μs，数据率为 4Mbit/s。

根据需要，每次传输的数据可以是 56bit 或 112bit；数据调制从同步相位翻转后 0.5μs 开始，在 P_6 后沿之前 0.5μs 结束。以同步相位翻转点为参考，数据相位翻转位置为

$$0.25N \pm 0.02 \tag{3.5}$$

式中，$N=2,3,\cdots,57$ 或 $N=2,3,\cdots,113$。

3．脉冲间距及容差要求

P_1 和 P_2 的间距：(2 ± 0.05)μs。

P_2 前沿和 P_6 的同步相位翻转点的间距：(2.75 ± 0.05)μs。

P_6 前沿应位于同步相位翻转点前 (1.25 ± 0.05)μs。

P_5 前沿应位于同步相位翻转点前 (0.4 ± 0.05)μs。

4．脉冲幅度

P_2 的幅度和 P_6 第一微秒的幅度应大于 P_1 的幅度−0.25 dB。

P_6 在相位翻转过渡过程中，幅度变化应小于 1dB。

P_6 中连续码片之间的幅度变化应小于 0.25 dB。

天线控制波束辐射 P_5 的强度应满足：旁瓣辐射区域内 P_5 的幅度大于或等于 P_6 的幅度，主波束范围内 P_5 的辐射比 P_6 的幅度小 9dB 以上。

5．询问信号载波频率

询问信号载波频率：(1030 ± 0.01)MHz。

3.3.4　组合询问信号波形

组合询问信号波形如图 3.9 所示，由 P_1、P_3、P_4 和 P_2 组成，采用 ASK 调制方式。与 A 模式和 C 模式询问信号相似，差别是在 P_3 之后增加了 P_4，P_4 的宽度为 1.6μs 或 0.8μs。P_2 为询问旁瓣抑制脉冲，由天线控制波束辐射，用于抑制天线旁瓣内的应答机发射应答信号。组合询问主要有两种工作模式：A/C/S 全呼叫组合模式和 A/C 全呼叫组合模式。

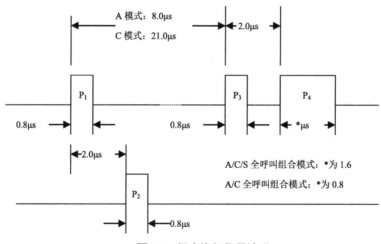

图 3.9　组合询问信号波形

1．A/C/S 全呼叫组合模式

A/C/S 全呼叫组合模式 P_4 的宽度为 1.6μs。A/C/S 全呼叫组合模式询问可以触发天线主波束范围内的 A/C 模式应答机和 S 模式应答机发射应答信号：A/C 模式应答机报告飞机的高度数据或识别代码；S 模式应答机若检测到 P_4 为长脉冲，脉冲宽度为 1.6μs，则向询问机回答飞机的地址数据。这种工作模式用来捕获装有 S 模式应答机的飞机，并监视装有 A/C 模式应答机的飞机。

2．A/C 全呼叫组合模式

A/C 全呼叫组合模式 P_4 为短脉冲，脉冲宽度为 0.8μs，用于监视装有 A/C 模式应答机的飞机，触发 A/C 模式应答机报告飞机的高度数据或识别代码。S 模式应答机若发现 P_4 为短脉冲，脉冲宽度为 0.8μs，则不产生应答信号。

3．脉冲间距

P_1、P_2、P_3 的间距要求与 A/C 模式一样。

P_3、P_4 的间距为(2±0.05)μs。

4．脉冲幅度

P_1、P_2、P_3 的幅度要求与 A/C 模式一样。

P_4 的幅度为 P_3 的幅度±1dB。

S 模式和组合询问脉冲要求如表 3.2 所示。

表 3.2　S 模式和组合询问脉冲要求

脉　　冲	脉冲宽度/μs	容差/μs	上升沿/μs	下降沿/μs
P_1、P_2、P_3、P_5	0.8	±0.1	0.05～0.1	0.05～0.2
P_4（短）	0.8	±0.1	0.05～0.1	0.05～0.2
P_4（长）	1.6	±0.1	0.05～0.1	0.05～0.2
P_6（短）	16.25	±0.25	0.05～0.1	0.05～0.2
P_6（长）	30.25	±0.25	0.05～0.1	0.05～0.2

3.3.5　S 模式应答信号波形

S 模式应答信号波形由同步头和数据块组成，如图 3.10 所示。

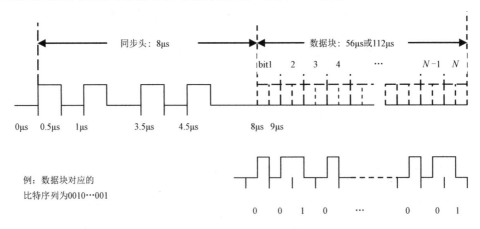

图 3.10　S 模式应答信号波形

1．同步头

同步头由 4 个脉冲组成，采用 ASK 调制方式，每个脉冲的宽度为 0.5μs，第 2、3、4 个脉冲与第一个脉冲的间距分别为 1μs、3.5μs 和 4.5μs。通过检测同步头的 4 个脉冲的间距识别 S 模式应答信号。这 4 个脉冲的间距不可能由两个重叠的 A 模式应答信号或 C 模式应答信号构成。当同步头的 4 个脉冲中部分脉冲被其他应答信号掩蔽时，同步头的任何一个脉冲前沿都可以用来关闭距离计数器，完成目标距离测量。

2．数据脉冲

数据脉冲采用二进制脉冲位置调制（BPPM）方式，调制速率为 1Mbit/s。所有应答数据脉冲宽度均为 0.5μs。数据块从同步头第 1 个脉冲前沿之后 8μs 开始，如图 3.10 所示。数据脉冲位于（8+0.5N）μs 处，其中 N=0,1,2,…,55 或 N=0,1,2,…,111，脉冲间距容差不大于±0.05μs。

数据块每次传输包括 56 个或 112 个比特间距，每个比特间距的宽度为 1μs。在每个比特间距中，脉冲既可以在前半个比特间距中，也可以在后半个比特间距中。假设一个脉冲宽度为 0.5μs，如果前半个比特间距中有脉冲，而后半个比特间距中没有脉冲，则将该脉冲表示为二进制数 “1”；如果前半个比特间距中没有脉冲，而后半个比特间距中有脉冲，则将该脉冲表示为二进制数 “0”。最简单的检测方法是，如果前 0.5μs 的脉冲幅度大于后 0.5μs 的脉冲幅度，则为二进制数 “1”；如果后 0.5μs 的脉冲幅度大于前 0.5μs 的脉冲幅度，则为二进制数 “0”。为了提高应答脉冲译码的置信度，应选择同步头脉冲幅度作为参考与数据块脉冲进行幅度比较，或比较单脉冲差通道信号幅度，以进一步确定该脉冲的有效性。

3．应答延迟时间

（1）S 模式全呼叫询问应答延迟时间：以询问脉冲 P_4 为参考，到应答信号第一个同步脉冲的延迟时间为(128±0.5)μs，延时抖动不超过±0.1μs。

（2）S 模式选址询问应答延迟时间：以询问信号同步相位翻转点为参考，到应答信号第一个同步脉冲的延迟时间为(128±0.25)μs，延时抖动不超过±0.08μs。

因此，在 S 模式全呼叫询问时，距离计数器的启动脉冲是询问脉冲 P_4，停止脉冲是询问机接收的第一个同步脉冲 P_1。在 S 模式选址询问时，距离计数器的启动脉冲是以询问信号同步相位翻转点为基准产生的脉冲，计数器的停止脉冲是询问机接收的第一个同步脉冲 P_1。

4．应答脉冲形状要求

应答脉冲形状要求如表 3.3 所示。

表 3.3　应答脉冲形状要求

脉冲宽度/μs	容差/μs	上升沿/μs	下降沿/μs
0.5	±0.05	0.05～0.1	0.05～0.2
1.0	±0.05	0.05～0.1	0.05～0.2

5．脉冲幅度

所有应答脉冲之间的幅度变化小于或等于 2dB。

6．应答信号载波频率

应答信号载波频率为(1090±3)MHz（高度在 15 000ft 以下），或者(1090±1)MHz（高度在 15 000ft 以上）。

3.3.6 询问旁瓣抑制原理

与 A/C 模式不同，S 模式询问旁瓣抑制是通过发射询问旁瓣抑制脉冲 P_5 掩蔽数据脉冲 P_6 的同步相位翻转点来实现的。数据脉冲 P_6 在同步相位翻转点的相位突变量为 180°，同步相位翻转点是应答机数据解调时钟信号的同步参考时间，只有数据解调时钟信号实现了同步，应答机才能进行数据解调。当 S 模式询问信号来自询问天线旁瓣时，询问旁瓣抑制脉冲 P_5 电平高于数据脉冲 P_6 的信号电平，这时询问旁瓣抑制脉冲 P_5 屏蔽了数据脉冲 P_6 的同步相位翻转点，应答机接收信号在同步相位翻转点的相位突变量非常小，应答机检测不到该点的相位突变量，数据解调时钟信号不能实现同步，因此不能进行询问数据解调。当 S 模式询问信号来自询问天线主波束方向时，应答机接收到 P_6 的幅度比 P_5 的幅度高 9dB 以上，P_5、P_6 的合成信号在同步相位翻转点的相位突变量接近 180°，应答机能够检测到该点的相位突变量，数据解调时钟信号能实现同步，应答机可以完成询问数据解调，产生应答信号，从而实现询问旁瓣抑制功能。下面分析数据脉冲 P_6 和询问旁瓣抑制脉冲 P_5 通过各自的天线辐射，到达应答机的合成信号的相位变化情况。

由于数据脉冲 P_6 和询问旁瓣抑制脉冲 P_5 是通过不同的信道发射的，因此它们的载波信号相位存在相对相位偏差 Φ_0。设询问旁瓣抑制脉冲 P_5 的幅度为 V_5，数据脉冲 P_6 幅度的复数表达形式为 $V_6 \mathrm{e}^{\mathrm{j}(\Phi_0 + \Phi)}$，其中 V_6 为数据脉冲幅度，Φ_0 为 P_5、P_6 之间的相位偏差，Φ 为二进制相位调制分量，二进制数 "1" 对应 $\Phi=0°$，二进制数 "0" 对应 $\Phi=180°$。应答机接收信号为 P_5、P_6 的合成信号，即

$$V_\Sigma \mathrm{e}^{\mathrm{j}\Psi} = V_5 + V_6 \mathrm{e}^{\mathrm{j}(\Phi_0 + \Phi)} = V_5 + V_6 \left[\cos(\Phi_0 + \Phi) + \mathrm{j}\sin(\Phi_0 + \Phi) \right]$$

合成信号的相位为

$$\Psi = \arctan \frac{V_6 \sin(\Phi_0 + \Phi)}{V_5 + V_6 \cos(\Phi_0 + \Phi)} \tag{3.6}$$

合成信号的幅度为

$$V_\Sigma = \left[V_5^2 + V_6^2 + 2V_5 V_6 \cos(\Phi_0 + \Phi) \right]^{1/2} \tag{3.7}$$

由此可知，应答机接收的 P_5、P_6 的合成信号的幅度和相位与 Φ_0 有关。

下面分别讨论当 $\Phi_0=0°$ 和 $\Phi_0=90°$ 时，数据脉冲进行 0°、π 相位调制时合成信号的相位变化情况。

1. $\Phi_0=0°$

当 $\Phi_0=0°$ 时，合成信号的幅度为 $V_5+V_6\mathrm{e}^{\mathrm{j}\Phi}$，在主波束范围内，$P_6$ 的幅度比 P_5 的幅度高 9dB 以上，当 $\Phi=0°$ 时，$V_\Sigma=V_5+V_6$；当 $\Phi=180°$ 时，$V_\Sigma=-(V_6-V_5)$。如图 3.11（a）所示。因为 $V_6 \geqslant 2.8V_5$，所以当数据脉冲进行 0°、180° 相位调制时，应答机接收信号的相位也发生了 180° 翻转，应答机能够检测到该点的相位突变量，完成询问数据解调，发射应答信号。

在旁瓣范围内，$V_5 \geqslant V_6$。当 $\Phi=0°$ 时，$V_\Sigma=V_5+V_6$；当 $\Phi=180°$ 时，$V_\Sigma=V_5-V_6>0$，如图 3.11（b）所示。因为 $V_5 \geqslant V_6$，所以当数据脉冲信号进行 0°、180° 相位调制时，应答机接收信号

的相位没有变化，应答机检测不到该点的相位突变，不会发射应答信号。因此，实现了 S 模式询问旁瓣抑制功能。

（a）主波束范围　　　　　　　　　　　　（b）旁瓣范围

图 3.11　询问旁瓣抑制（$\Phi_0=0°$）

2．$\Phi_0=90°$

当 $\Phi_0=90°$ 时，由式（3.6）可得

$$\Psi = \arctan \frac{V_6 \cos \Phi}{V_5 + V_6 \sin \Phi} \tag{3.8}$$

当 $\Phi=0°$ 时，$\Psi_1 = \arctan \dfrac{V_6}{V_5}$；当 $\Phi=180°$ 时，$\Psi_2 = -\arctan \dfrac{V_6}{V_5}$。如图 3.12 所示，当数据脉冲 P_6 进行 $0°$、$180°$ 相位调制时，P_5、P_6 的合成信号的相位变化为

$$\Delta \Psi = \Psi_1 - \Psi_2 = 2 \arctan \frac{V_6}{V_5} \tag{3.9}$$

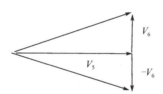

图 3.12　询问旁瓣抑制（$\Phi_0=90°$）

在主波束范围内，P_6 的幅度比 P_5 的幅度高 9dB，$V_6 \geqslant 2.8V_5$，$\Delta \Psi \geqslant 140.7°$；在旁瓣范围内，$P_6$ 的幅度不高于 P_5 的幅度，$\Delta \Psi \leqslant 90°$。由此可知，当 $\Phi_0=90°$ 时，在主波束范围内，同步相位翻转点的相位突变量最小为 $140.7°$；在旁瓣范围内，同步相位翻转点的相位突变量小于 $90°$。

由上面的分析可知，在天线主波束方向上，P_6 的幅度比 P_5 的幅度高 9dB，应答机可以检测到同步相位翻转点的相位突变量大于或等于 $140.7°$，可以实现数据解调时钟信号同步，从而完成询问数据解调；在旁瓣方向上，P_6 的幅度小于或等于 P_5 的幅度，应答机检测到同步相位翻转点的相位突变量小于 $90°$，不能实现数据解调时钟信号同步和询问数据解调，应答机不会发射应答信号。这就是 S 模式询问旁瓣抑制原理。

3.3.7　S 模式信号波形分析

S 模式二次监视雷达从技术方案上减少了 A/C 模式二次监视雷达出现的各种系统内部干扰，应答信息中包含所有需要的信息数据，传输的数据采用奇偶校验方法降低了信号传输误差概率。S 模式信号波形设计具有兼容性好、询问信号设计灵活、应答信号抗干扰性强等特点。

1. 兼容性好

为了从 A/C 模式二次监视雷达顺利过渡到 S 模式二次监视雷达，必须考虑新系统与老系统的兼容性问题。

首先，S 模式二次监视雷达工作频率与 A/C 模式二次监视雷达相同，实现了载波频率兼容。系统换装升级时原有系统的询问天线和应答天线可以原封不动地使用，从而减少设备升级带来的人力、物力开支，节约改装成本。

其次，S 模式询问信号采用码速率为 4MHz 的 DPSK 调制方式，询问信号带宽为 8MHz，与 A/C 模式询问信号带宽可以兼容。S 模式应答脉冲宽度为 0.5μs 或 1μs，应答信号带宽与 A/C 模式应答信号完全一样。因此，S 模式二次监视雷达询问机的收/发信道和应答机的收/发信道与 A/C 模式二次监视雷达的收/发信道是完全兼容的，可以同时传输 A/C 模式信号和 S 模式信号。

2. 询问信号设计灵活

S 模式询问信号设计灵活，可以实现空中交通管制 A/C 模式监视功能，同时可实现 S 模式数据链传输功能。每架飞机需要报告唯一的地址，同时传输更多的数据，因此 S 模式询问信号格式较应答信号格式有很大的变化。

使用全呼叫组合模式可以单独对装有 A/C 模式应答机的飞机进行监视，也可以在监视 A/C 模式飞机的同时对装有 S 模式应答机的飞机进行"目标捕获"，以便获得 S 模式飞机的地址，对目标进行选址询问。

S 模式与 A/C 模式一样，可以对装有 S 模式应答机的飞机进行监视，同时可实现数据链传输功能。此外，S 模式还有间歇信标信号发射功能，差不多每秒播放一次广播传输数据。

当 A/C 模式终止使用时，全呼叫组合模式可以废弃，现有的 S 模式询问地面站不做任何改动就可以顺利地过渡到 S 模式二次监视雷达空中交通管制系统。

3. 应答信号抗干扰性强

应答信号采用 BPPM 调制方式，每微秒时间间隙内都存在脉冲，在应答信号持续时间内不会出现无脉冲的情况。这种调制方式的抗干扰性强，因为在连续无脉冲的情况下应答信号最容易受到随机脉冲的干扰。

3.4 地—地数字调制二次雷达信号波形

数字调制技术有许多优点，已经在通信领域中得到广泛应用。开发具有双向通信能力的二次雷达系统采用数字调制技术是技术发展的必然趋势。虽然 Mark XII 模式 4 信号波形设计对系统安全性有较大的提高，但是没有采取任何抗干扰和电子对抗措施，在现代战争中，系统仍然是不安全的。数字调制技术为设计安全的二次雷达敌我识别系统创造了条件。

民用航空二次监视雷达 S 模式询问信号和应答信号都采用了数字调制技术，提高了系统的数据传输能力，将二次雷达监视功能与数据链通信功能结合在一起，有效地提高了空中交通管制系统的监视能力，同时实现了选址询问，减少了大量的二次雷达系统内部干扰，从技术体制上缓解了空中飞机数量不断增加带来的压力。

在二次雷达敌我识别系统中，使用数字调制技术可以融合扩频技术、跳频技术、数字加密技术、时间同步技术，提高系统的安全性、抗干扰能力、抗侦察防截获能力等，满足战场上不断增加的作战要求，大大提高二次雷达敌我识别系统对现代战争环境的适应能力。

下面介绍地面战场数字调制二次雷达信号波形。地面战场二次雷达敌我识别系统的主要作用是可靠地识别地面战场上的我方目标，以减少误伤，提高作战效能。它的主要识别对象是陆地上的装甲车、坦克等作战设备，作战距离近，地—地识别距离一般为 100m 至五六千米，空—地识别距离为 500m 至十几千米，单兵对地面平台识别距离为 50m 至 3km。地面战场作战目标高度密集，目标分辨率要求很高，距离分辨精度为 50m，方位分辨精度为 0.95°，期望分辨径向距离为 3km 方位上的距离相差 50m 的两个目标。

经过多种方案论证和比较，最佳方案是采用 Ka 波段的时间同步数字调制二次雷达系统。该系统具有两种功能，即敌我识别功能和数据链通信功能。敌我识别功能采用询问-应答工作方式实现，数据链通信功能可实现平台之间的通信和态势感知数据传输。本节将介绍地—地数字调制二次雷达信号波形，包括系统的时间体系结构；一个询问周期内询问信号和应答信号的相对时间关系，询问脉冲字符块，应答脉冲字符块，以及数字调制信号波形分析。

3.4.1 系统的时间体系结构

地面战场二次雷达敌我识别系统采用了时间同步技术，系统的时间体系结构如图 3.13 所示。每天 24h 分为 468750 帧，每帧持续时间为 184.32 ms；每帧细分为 360 个时隙，每个时隙的时间周期为 512μs；每个时隙由 8 个子时隙组成，子时隙周期为 64μs；信息编码和扩频编码的时钟频率为 10MHz，每个扩频码片宽度为 0.1μs；每个询问脉冲字符由 640 个扩频码片组成，持续时间为 1 个子时隙周期，可以组合成 5 个 128 码片字符或 20 个 32 码片字符。选择这种组合方式可以灵活转换 DPSK 和 MOK（多正交函数键控）调制方式。

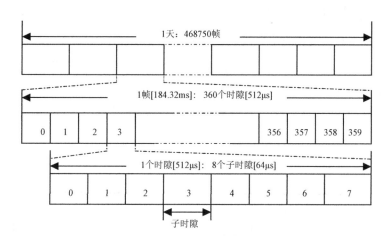

图 3.13 系统的时间体系结构

系统时间同步误差指标：最大允许误差为±138ms；传输窗口只传输当前帧的询问信号，

允许最大误差为±46ms；数据链模式定时精度为±512μs。

系统时间（TOD）是系统内所有设备工作的时间基准。地面战场二次雷达敌我识别系统采用的系统时间格式为日期、帧号、时隙号和子时隙号。我们通常使用的时间格式是世界时间（UTC），包括秒、分、时和天。在地面战场二次雷达敌我识别系统中，必须将输入的世界时间转化为系统时间：子时隙、时隙、帧和天。

每帧内包括敌我识别工作时段和数据链（DDL）工作时段：数据链工作时段位于每帧开头 48 个时隙和结尾 48 个时隙，即第 0 时隙至第 47 时隙和第 312 时隙至第 359 时隙；敌我识别工作时段位于第 48 时隙至第 311 时隙。

为了获得要求的定时性能，一个完整的识别过程将由 8 个询问周期组成，如图 3.14 所示。这个过程在连续的 4 帧（1440 个时隙或 737.28ms）内完成，每帧包括 2 个询问周期。每个询问周期包括一次询问和触发的应答或不应答的识别过程。

0（ms）		184.32（ms）		368.64（ms）		552.96（ms）		737.28（ms）

	第 n 帧			第 n+1 帧			第 n+2 帧			第 n+3 帧		
D	询问 1	询问 2	D	询问 3	询问 4	D	询问 5	询问 6	D	询问 7	询问 8	D
D	T_{n+1}	T_{n+1}	D	T_{n+2}	T_{n+2}	D	T_{n+3}	T_{n+3}	D	T_{n+4}	T_{n+4}	D
L	T_{n-1}	T_{n-1}	L	T_n	T_n	L	T_{n+1}	T_{n+1}	L	T_{n+2}	T_{n+2}	L
	T_n	T_n		T_{n+1}	T_{n+1}		T_{n+2}	T_{n+2}		T_{n+3}	T_{n+3}	

图 3.14　识别过程在连续 4 帧内的询问周期时间结构

虽然时隙和子时隙是时分多址技术体制的时间基准，但密码机的加/解密变量却是密码有效期序号（RCVI），1 个密码有效期持续时间=2 个时隙=1.024ms。密码机的初始向量由日期、帧号和密码有效期序号组成，系统用来进行传输数据加密和解密，同时产生加密的传输信道参数。

3.4.2　询问信号和应答信号

一个询问周期内的询问信号和应答信号的时间关系如图 3.15 所示，一个询问周期的定时关系（以子时隙为单位）如表 3.4 所示。询问信号由 3 个询问脉冲字符块 P_1、P_2 和 P_3 组成，它们的时间关系以第 3 个询问脉冲字符块前沿为参考。应答脉冲字符块 P_r 位于应答时间窗内，由应答机在应答时间窗内随机选择一个时隙发送应答信号，应答时间窗的长度为 10 个时隙。

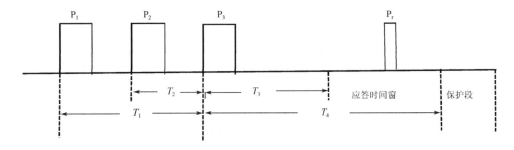

图 3.15　一个询问周期内的询问信号和应答时信号的时间关系

表 3.4 一个询问周期的定时关系（以子时隙为单位）

工 作 模 式	询问脉冲持续时间	应答脉冲持续时间	T_1	T_2	T_3	T_4
一般识别	10	1	26	52	120	200

询问信号的 3 个询问脉冲字符块的传输参数不同，它们的传输参数分别对应询问机"前一帧"、"后一帧"和"当前帧"的询问信号传输参数，以便保证应答机在系统规定的时间误差内（±1.5 帧/2）能接收到询问信号。3 个询问脉冲字符块的传输参数计算如下。

（1）第 1 个询问脉冲字符块 P_1 的传输参数为"前一帧"的询问信号传输参数。

（2）第 2 个询问脉冲字符块 P_2 的传输参数为"后一帧"的询问信号传输参数。

（3）第 3 个询问脉冲字符块 P_3 的传输参数为"当前帧"的询问信号传输参数。

为了实现射频传输参数切换，即切换系统工作载频和扩频码，3 个询问脉冲字符块之间必须留出 2 个时隙的间隔。

各个询问脉冲字符块到应答时间窗的延迟时间如图 3.15 所示。指数 ρ 表示询问机与应答机之间的相对时间关系，ρ 在询问脉冲字符块中作为询问数据传送给应答机，第一个询问脉冲字符块传输的 $\rho=+1$，第二个询问脉冲字符块传输的 $\rho=-1$，第三个询问脉冲字符块传输的 $\rho=0$。当解调询问数据 $\rho=+1$ 时，应答机知道接收到的询问脉冲字符块是第一个询问脉冲字符块，自己超前询问机 1 帧；当解调询问数据 $\rho=-1$ 时，应答机知道自己滞后询问机 1 帧；当解调询问数据 $\rho=0$ 时，应答机知道自己与询问机是同步的，从而可以计算询问机与应答机之间的时间同步误差。

3.4.3 询问脉冲字符块

每个询问周期包括 3 个具有不同加密传输参数的询问脉冲字符块，询问脉冲字符块的组成如图 3.16 所示。询问脉冲字符块由 10 个脉冲字符组成，包括 1 个同步脉冲字符 P，1 个天线增益系数校验位传输脉冲字符 K_1，1 个天线增益系数传输脉冲字符 K_2，2 个询问旁瓣差波束脉冲字符 Δ_1、Δ_2，2 个询问旁瓣控制波束脉冲字符 Ω_1、Ω_2，以及 3 个数据脉冲字符 D_1、D_2、D_3。每个脉冲字符的持续时间为 1 个子时隙，询问脉冲字符块的持续时间共为 10 个子时隙。

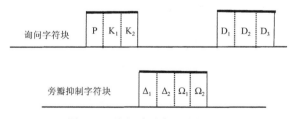

图 3.16 询问脉冲字符块的组成

为了提高系统抗干扰能力和安全性，采用了扩频跳频技术、数字加密和时间同步技术，系统工作载频、扩频码随时间变化，每帧改变一次。

编码器通过加密运算获取信道加密参数，包括频率码和扩频码。频率码选择跳频工作载波频率。扩频码是由线性序列发生器生成的，其生成的伪随机扩频码用于对载波信号进行扩频调制，码速率为 10MHz，扩频码长度可分别为 32bit、128bit、640bit。载波信号扩频调制方式为 BPSK，数据调制方式为 DPSK 或 MOK。组成询问脉冲字符块的 10 个脉冲字符具有 3 类不同结构的编码信息，各个脉冲字符的编码如下。

1．同步脉冲字符 P

同步脉冲字符 P 是由 640 个扩频码片组成的，用作询问信号同步脉冲的数字基带信号。该脉冲字符通过询问天线主波束 Σ 发送。

2．天线增益系数校验位传输脉冲字符 K_1

天线增益系数校验位传输脉冲字符 K_1 用于应答机检测询问天线主波束 Σ 信号幅度，传输 (10,5) 信道编码的 5bit 奇偶校验位。为了降低天线增益系数传输错误概率，采用了 (10,5) 信道编码。天线增益系数校验位传输脉冲字符由 5 个包含 128 个扩频码片的字符组成，用沃尔什函数 W_0 或 W_3 调制，以便传输 (10,5) 信道编码的 5bit 奇偶校验位。W_0 表示二进制数"1"，W_3 表示二进制数"0"。该脉冲字符通过询问天线主波束 Σ 发送。

3．天线增益系数传输脉冲字符 K_2

天线增益系数传输脉冲字符 K_2 用于应答机检测询问天线主波束 Σ 信号幅度，传输 5bit 天线增益系数，其中 3bit 用于计算差波束方向图系数 k_Δ，2bit 用于计算控制波束方向图系数 k_Ω。该脉冲字符由 5 个包含 128 个扩频码片的字符组成，用 2 个沃尔什函数 W_0 和 W_3 调制，以便传输 (10,5) 信道编码的 5 bit 天线增益系数。虽然这个子时隙可独立使用，但接收到天线增益系数奇偶校验位后使用 (10,5) 信道译码可提高天线增益系数译码概率。该脉冲字符通过天线主波束 Σ 发送。

4．询问旁瓣差波束脉冲字符 Δ_1、Δ_2

询问旁瓣差波束脉冲字符 Δ_1、Δ_2 用于应答机检测询问天线差波束 Δ 信号幅度，由 10 个包含 128 个扩频码片的字符组成，这些字符均用沃尔什函数 W_2 调制。这两个脉冲字符通过天线差波束 Δ 发送。

5．询问旁瓣控制波束脉冲字符 Ω_1、Ω_2

询问旁瓣控制波束脉冲字符 Ω_1、Ω_2 用于应答机检测询问天线控制波束 Ω 信号幅度，位于脉冲字符 Δ 之后。这两个脉冲字符包含与 Δ 字段相同的 128 个扩频码片，用沃尔什函数 W_2 调制。这 2 个脉冲字符通过天线控制波束 Ω 发送。当天线的旁瓣方向特性良好，差波束全部覆盖主波束之外的旁瓣时（$\Delta > \Sigma$），可以省去控制天线 Ω 方位图发射。这两个脉冲字符通过天线控制波束 Ω 发送。

6．数据脉冲字符 D_1、D_2、D_3

数据脉冲字符由最后 3 个脉冲字符组成，传输的数据段包含 30 bit 数据，其中包括加密的 CRC 编码数据和未加密的非 CRC 编码数据。采用 $R=1/2$、$K=7$ 的结尾卷积编码，形成 60

bit 编码数据。按每个数据脉冲字符包含 32 个扩频码片进行 DPSK 调制,最终得到 60 个 DPSK 字符。扩频码由传输加密伪随机码发生器生成,同步脉冲字符使用开头的 640 个扩频码片,紧接着的 1920 个独特扩频码片用于数据脉冲字符扩频。数据脉冲字符通过天线主波束 Σ 发送。

传输的数据中包括 4 bit 随机数,用来控制应答信号射频参数,实现对不同询问机询问产生不同的应答射频参数,以减少系统混扰。

3.4.4 应答脉冲字符块

应答脉冲字符块如图 3.17 所示,其持续时间为一个子时隙。应答信号传输的数据为 4 bit 发射应答信号的子时隙序号代码,采用(5,4)信道编码得到 5 bit 编码数据,最小码距为 2。该数据经加密后进行沃尔什函数(W_0, W_3)调制编码,形成 5 个数字调制字符,再与 640 个独特扩频码片进行"模 2 加"运算,形成 5 个扩频码基带调制信号。最后对应答载波信号进行 BPSK 调制,形成由 5 个包含 128 个扩频码片的字符组成应答脉冲。

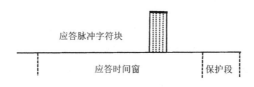

应答脉冲字符块

应答时间窗 保护段

图 3.17 应答脉冲字符块

应答机接收到询问信号后,通过检测脉冲字符 K_1、K_2 接收信号得到和波束信号幅度 V_Σ,检测脉冲字符 Δ_1、Δ_2 接收信号得到差波束信号幅度 V_Δ,检测脉冲字符 Ω_1、Ω_2 接收信号得到控制波束信号幅度 V_Ω,并从询问数据中提取天线增益系数 k_Ω、k_Δ。如果 $V_\Sigma \geq k_\Delta V_\Delta$ 且 $V_\Sigma \geq k_\Omega V_\Omega$,则询问信号来自主波束,应答机发射应答信号;如果 $V_\Sigma < k_\Delta V_\Delta$ 或 $V_\Sigma < k_\Omega V_\Omega$,则询问信号来自旁瓣,应答机不予应答。

如果是来自询问天线主波束范围内的有效询问,那么应答机首先根据同步脉冲相关峰的位置得到询问同步字段的前沿位置,经过解调、译码得到询问数据脉冲字符块序号代码,计算脉冲字符块的位置。然后以自己的时间基准计算应答时间窗的位置,并且从应答时间窗中随机选择一个时隙发送应答信号。

询问机接收到应答信号后,对其进行解扩、解调、解密和纠检错译码,得到 4bit 子时隙序号代码,该代码为应答信号发射时刻的子时隙序号。通过测量应答信号到达的子时隙前沿与应答信号到达时刻的延迟时间,可完成目标距离测量。

3.4.5 数字调制信号波形分析

地面战场二次雷达敌我识别系统必须适应恶劣的陆地作战自然环境和人为电子对抗环境,在作战目标高度密集的环境下能准确、可靠地完成目标敌我属性识别。数字调制信号波形设计具有以下特点。

(1)工作波段选择了 K_a 波段。地面战场二次雷达敌我识别系统必须适应恶劣的作战环境,在有烟雾、尘土、植物及雨、雪等的条件下,其识别距离应至少能与武器系统威力范围相匹配。与微波频段相比,K_a 波段的天线波束可以设计得更窄,能够可靠地分辨地面战场上密集的作战目标；与激光频段相比，在有烟雾、尘土、植物及雨、雪等的条件下，K_a 波段传输信号衰落小，具有很好的大气传输能力。

（2）询问脉冲和应答脉冲均为突发脉冲，信号设计采用了跳频、跳时与直接序列扩频波形，整个工作频段划分成多个工作频率点。每个跳频点使用 BPSK 调制实现直接序列扩频，辐射信号隐蔽功率谱密度低，被探测和窃获的概率低。同步头脉冲字符由 640 个扩频码片组成，扩频增益为 28dB，完成询问旁瓣抑制的 Σ、Δ、Ω 脉冲字符扩频增益为 21dB，数据脉冲字符和应答脉冲字符扩频增益为 15dB，增强了同步脉冲扩频增益，提高了系统抗干扰能力。

（3）系统采用了协同的时间同步加密方案，实现了信息加密和信道参数加密双重加密。加密算法的输入数据包括系统时间，加密的射频信号参数和信息加密密码随系统时间变化，提高了系统的安全性和防欺骗能力。

（4）询问信号由 3 个传输参数不同的询问脉冲字符块组成，降低了对系统时间同步精度的要求。应答机与询问机的时间差在 1.5 帧之内，应答机能够准确接收到询问信号，系统时间同步精度要求低，降低了对卫星导航系统的依赖性。

（5）采用了随机延时应答技术。应答机接收到询问信号后，在指定的应答时间窗内随机选择一个时隙发送应答信号，同时将该时隙序号代码传送给询问机，以便完成目标距离测量。随机延迟应答时间可以防止询问信号被敌方利用、定位，同时可以减少同步应答信号之间的混扰，提高系统的目标分辨能力。

（6）应答信号传输参数加密减少了系统中的串扰。应答信号传输参数由询问机加密数据控制，每台询问机触发的应答信号的载频和扩频码不相同，每次询问得到的应答信号的载频和扩频码也不相同。这样利用应答频率不同和扩频码的相关性，可以将其他询问机询问产生的串扰降到最少。

总之，数字调制二次雷达敌我识别系统设计的重点是，提高二次雷达敌我识别系统在现代战争中的电子对抗能力和安全性，降低二次雷达系统内部的各种干扰，特别是串扰和混扰的影响。

3.5 相关知识

二次雷达系统具有双向数据传输功能，各种工作模式采用不同的调制方式。其中，模式 1、模式 2、模式 3/A、模式 4 采用 PAM 或 ASK 调制方式。S 模式询问信号采用 DPSK 调制方式，应答信号采用 PPM 调制方式。数字调制二次雷达敌我识别系统的载波信号采用 MSK 或 BPSK 调制方式，数字基带信号采用扩频码编码和正交函数编码，这些基带信号均属于二进制数字调制信号。本节将介绍与二次雷达系统各种工作波形有关的数字调制和解调的基础知识，以便读者更深入地理解二次雷达信号波形。

3.5.1 二元数字信息序列

在数字调制系统中，传递的信息 $\hat{m}$ 是一个序列：

$$\hat{m} \in \left[m_1, m_2, m_3, \cdots, m_k, \cdots \right]$$

在每个时间间隔 T 内传输 1 个信息字符，信息字符按照时间顺序排列，如图 3.18 所示。

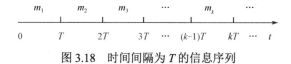

图 3.18　时间间隔为 T 的信息序列

时间间隔为 T 的信息序列的数学表达式为

$$\hat{m} = \sum_k m_k \left(t - kT \right) \tag{3.10}$$

式（3.10）表示将每个区间 T 内的信息字符按照时间顺序相加形成的信息序列。其中，m_1 是 $0 \leqslant t < T$ 区间内的信息字符；m_2 是 $T \leqslant t < 2T$ 区间内的信息字符，m_k 是信息序列中第 k 个信息字符，位于 $(k-1)T \leqslant t < kT$ 区间。例如，信息序列 $\hat{m}$=1101001，表示 m_1=1，m_2=1，m_3=0，m_4=1，m_5=0，m_6=0，m_7=1。按照时间顺序传输的信息序列如图 3.19 所示。

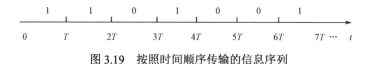

图 3.19　按照时间顺序传输的信息序列

3.5.2　幅移键控调制

幅移键控（ASK）调制信号是一种二进制数字调制信号，其数学表达式为

$$S(t) = \sum_{k=1} m_k p(t - kT) V_c \cos \omega_c t \tag{3.11}$$

式中，V_c 为信号幅度；ω_c 为载波信号角频率；$m_k p(t-kT)$ 为二进制数信息的调制函数，随着二进制数信息的变化而变化；函数 $p(t-kT)$ 为脉冲波形，持续时间为 T。

在 ASK 调制信号中，m_k=1 对应二进制数 "1"，即

$$S(t) = V_c p(t-kT) \cos \omega_c t, \quad (k-1)T \leqslant t \leqslant kT \tag{3.12a}$$

m_k=0 对应二进制数 "0"，即

$$S(t) = 0, \quad (k-1)T \leqslant t \leqslant kT \tag{3.12b}$$

不同的系统使用的脉冲波形 $p(t-kT)$ 可以不同。例如，模式 1、模式 2、模式 3/A 应答信号波形如图 3.20 所示。

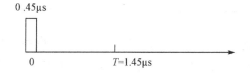

图 3.20　模式 1、模式 2、模式 3/A 应答信号波形

模式 4 询问信号波形如图 3.21 所示。

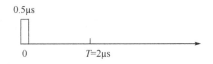

图 3.21　模式 4 询问信号波形

ASK 调制信号在早期电子设备中得到了广泛的应用，因为一个电子开关就可以实现 ASK 调制，一个幅度检波器就可以实现 ASK 解调，设备制作比较简单。ASK 调制信号有脉冲表示为二进制数 "1"，无脉冲表示为二进制数 "0"。在连续出现二进制数 "0" 的情况下，系统容易受到外界的干扰。为了避免连续出现二进制数 "0"，模式 4 询问信号中增加了反干扰脉冲。S 模式应答信号采用了 PPM 调制方式，其二进制数波形如图 3.22 所示。脉冲位于前半周期表示为二进制数 "1"，位于后半周期表示为二进制数 "0"，在每个持续周期 T 内都会有脉冲出现。

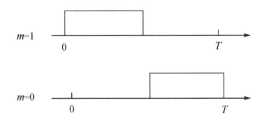

图 3.22　S 模式应答信号二进制数波形

3.5.3　双相移键控调制

双相移键控（BPSK）调制信号的数学表达式为

$$S(t) = V_c \sum_k \cos(\omega_c t + \varPhi_k) \times p(t - kT) \tag{3.13}$$

式中，信号幅度 V_c 为常数。当 $0 \leqslant t < T$ 时，$p(t) \neq 0$。因此，在某一时刻，已调信号仅由当前的符号决定，而与先前的符号无关，这种已调信号是无记忆的。BPSK 调制信号的信息包含在相位 $\varPhi_k$ 中，当 $\varPhi_k = 0°$ 时，对应二进制数 "1"，BPSK 调制信号为

$$m = 1 \rightarrow \varPhi_k = 0°, \quad S(t) = V_c \cos \omega_c t$$

当 $\varPhi_k = 180°$ 时，对应二进制数 "0"，BPSK 调制信号为

$$m = 0 \rightarrow \varPhi_k = 180°, \quad S(t) = V_c \cos(\omega_c t + \pi) = -V_c \cos \omega_c t$$

由此可知，BPSK 调制信号的幅度 V_c 是恒定不变的，相位是突跳的。$m=1$，载波信号相位不变；$m=0$，载波信号相位增加 180°。信息序列 $\hat{m} = 1001001$ 的相位网格图如图 3.23 所示，纵坐标表示载波信号的相位变化量，每个二进制数 "0" 对应于载波信号的相位增加 180°。

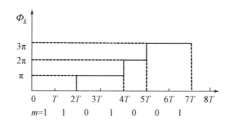

图 3.23 信息序列 $\hat{m}$ =1001001 的相位网格图

BPSK 调制可以使用乘法器实现，如图 3.24 所示。传输的信息序列调制符号取值为 +1 或 −1，即 $m_k \in \pm 1$。其中，m_k=+1 对应二进制数 "1"，m_k=−1 对应二进制数 "0"。

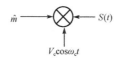

图 3.24 BPSK 调制使用乘法器实现

3.5.4 差分相移键控调制

差分相移键控（DPSK）调制是指先对信息字符进行差分处理，再对载波信号进行 BPSK 调制。差分运算过程如图 3.25 所示。

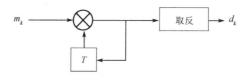

图 3.25 差分运算过程

差分运算公式为

$$d_k = \overline{m_k \oplus d_{k-1}} \tag{3.14}$$

式（3.14）表示对 m_k 与 d_{k-1} 进行 "模 2 加" 运算后，取补数。差分运算表如表 3.5 所示。

表 3.5 差分运算表

m_k	d_{k-1}	$m_k \oplus d_{k-1}$	$\overline{m_k \oplus d_{k-1}}$
1	1	0	1
0	0	0	1
1	0	1	0
0	1	1	0

总之，差分运算结果如下：当 m_k 与 d_{k-1} 相同时，$\overline{m_k \oplus d_{k-1}}$ =1；当 m_k 与 d_{k-1} 相反时，$\overline{m_k \oplus d_{k-1}}$ =0。需要特别指出的是，在对信息序列进行差分编码时，必须先在信息序列之前加

引导位"1"，再进行差分运算。假设需要传输的信息序列 $\hat{m}$ =1101001，加上引导位之后信息序列 m_k=11101001，差分运算结果如表 3.6 所示。

表 3.6　差分运算结果

m_k	1	1	1	0	1	0	0	1
d_{k-1}	1	1	1	1	0	0	1	0
d_k	1	1	1	0	0	1	0	0

由此可得，差分编码输出序列 d_k=11100100。DPSK 调制过程如图 3.26 所示，首先对信息序列进行差分编码，然后将差分编码产生的序列对载波信号进行 BPSK 调制，即可得到 DPSK 调制信号。

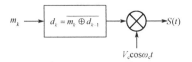

图 3.26　DPSK 调制过程

DPSK 解调过程如图 3.27 所示，将当前时区的信号 $V_c\cos(\omega_c t+\Phi_k)$ 与前一时区的信号 $V_c\cos(\omega_c t+\Phi_{k-1})$ 相乘，滤除二次谐波后，DPSK 解调器的输出信号为

$$Y(t)=V_c\cos(\omega_c t+\Phi_k)\times V_c\cos(\omega_c t+\Phi_{k-1})=1/2V_c^2\cos(\Phi_k-\Phi_{k-1})$$

式中，当 $\Phi_k=\Phi_{k-1}$ 时，乘法器输出 $V^2/2\rightarrow m=1$，对应二进制数"1"；当 $\Phi_k=\Phi_{k-1}+\pi$ 时，乘法器输出 $-V^2/2\rightarrow m=0$，对应二进制数"0"。

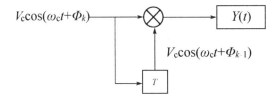

图 3.27　DPSK 解调过程

当解调器输入的差分信息序列 d_k=11100100 时，解调器输出的信息序列是序列 d_k 中相邻两位数据相"与"的结果，即 $\hat{m}$ =1101001，恢复了传输的信息系列，如图 3.28 所示

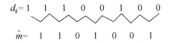

图 3.28　解调器输出的信息序列

3.5.5　最小频移键控调制

最小频移键控（MSK）调制是一种连续相位频移键控（CPFSK）调制方式。与前面的调制方式不同，其间隔符号之间的信号不是相互独立的。也就是说，信号波形会受到几个连续符号的影响，这种调制方式叫作有记忆调制方式。它最重要的特性是，在一定的信息速率下

占用的信号带宽比较窄，而且在噪声信道中仍然能够保持良好的传输特性。

1．基本概念

连续相位频移键控调制信号的数学表达式为

$$S(t) = V_c \cos\left[\omega_c t + \varPhi(t, \hat{a})\right] \tag{3.15}$$

式中，调制字符序列表示为矢量 $\hat{a} = [a_0, a_1, \cdots, a_k]$。如果频率偏移脉冲为 $p_T(t)$，则已调载波信号的相位是频率的积分，即

$$\varPhi(t, \hat{a}) = 2\pi h \sum_k a_k \int_{-\infty}^{t} p_T(\tau - kT)\, \mathrm{d}\tau \tag{3.16}$$

式中，h 为相位调制指数；调制符号 $a_k \in \{\pm 1, \pm 3, \cdots, \pm(M-1)\}$。由此可以看出，载波信号相位不仅依赖于当前字符，而且与先前的字符有关。频率偏移或瞬时相位变化率为

$$\frac{\mathrm{d}\varPhi}{\mathrm{d}t} = \omega_d = 2\pi h \sum_k a_k p_T(t - kT) \tag{3.17}$$

式中，$p_T(t)$ 为矩形频率脉冲波形；频率偏移为 $1/2T$，如图 3.29 所示。

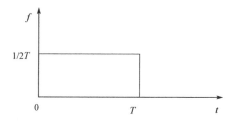

图 3.29　矩形频率脉冲波形

连续相位频移键控调制信号的频率脉冲波形面积规定为 1/2，积分后的矩形频率脉冲相位如图 3.30 所示。

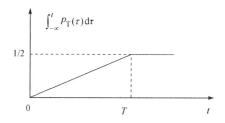

图 3.30　积分后的矩形频率脉冲相位

MSK 调制信号是 $M=2$、$h=1/2$ 的连续相位频移键控调制信号。将矩形频率脉冲频偏 $1/2T$ 和 $h=1/2$ 代入式（3.17），可以得到 MSK 调制信号的相位为

$$\varPhi(t, \hat{a}) = \omega_d t = \frac{a_k t \pi}{2T} \tag{3.18}$$

将式（3.18）代入式（3.15），可得 MSK 调制信号的数学表达式为

$$S(t) = \sum_k V_c \cos\left(\omega_c t + a_k \frac{\pi t}{2T}\right), \quad 0 \leqslant t < kT \qquad (3.19)$$

当 $m=1 \Rightarrow a_k = +1$ 时，有

$$S(t) = V_c \cos\left(\omega_c t + \frac{\pi t}{2T}\right) \qquad (3.20a)$$

式中，载波信号频率 $f_1 = f_c + 1/4T$。

当 $m=0 \Rightarrow a_k = -1$ 时，有

$$S(t) = V_c \cos\left(\omega_c t - \frac{\pi t}{2T}\right) \qquad (3.20b)$$

式中，载波信号频率 $f_2 = f_c - 1/4T$。所以调制频率差 $\Delta f = f_1 - f_2 = 1/2T$，调制频偏 $f_d = \Delta f/2 = 1/4T$。因为调制频率 $f_m = 1/T$，所以相位调制指数 $h = \Delta f/f_m = 1/2$。由此可知，MSK 调制信号是频率差为 $1/2T$ 的二元连续相位频移键控调号信号，其信号包络是恒定的，相位变化是连续的。它的频率脉冲表达式为

$$\sum_k a_k \frac{1}{4T} p(t < kT), \quad a_k = \pm 1 \qquad (3.21)$$

调制频率脉冲波形如图 3.31 所示。

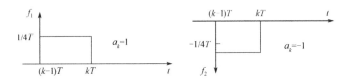

图 3.31　调制频率脉冲波形

MSK 调制信号相位表达式为

$$\Phi_k = \sum_k a_k \frac{\pi}{2T} \int_0^T p(\tau - kT)\,\mathrm{d}\tau \qquad (3.22)$$

MSK 载波信号相位变化如图 3.32 所示，在每个信息字符周期内，相位线性变化 $\pi/2$。

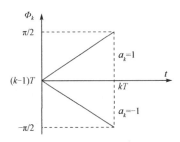

图 3.32　MSK 载波信号相位变化

若传递的信息序列 $\hat{m} = 1101001$，则其频率脉冲波形如图 3.33 所示。

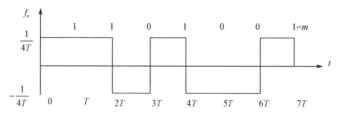

图 3.33　信息序列的频率脉冲波形

信息序列 $\hat{m}$ 的相位网格图如图 3.34 所示。

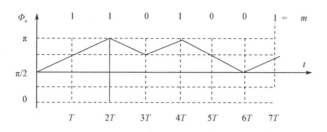

图 3.34　信息序列 $\hat{m}$ 的相位网格图

由此可知，MSK 调制信号是信号包络是恒定的，相位变化是连续的，信号波形没有突跳，MSK 调制信号的功率谱表达式为

$$S(f) = \frac{16T\cos^2(2\pi fT)}{\pi^2(1-4fT^2)^2} \tag{3.23}$$

与 BPSK 调制频谱相比，MSK 调制频谱的旁瓣频谱下降速度快，在 $\pm 1/2T$ 频率上从峰值下降了 10dB，第一个零值点频率为 $\pm 3/4T$。

2．调制与解调

MSK 通常采用差分调制与解调方式，设备制作比较简单。本节将介绍 MSK 差分调制与解调工作原理。

根据 MSK 调制原理，可以将式（3.19）重新表示为

$$
\begin{aligned}
S(t) &= \sum_{k=1} V_c \cos\left(a_k \frac{\pi t}{2T}\right)\cos\omega_c t - \sum_{k=1} V_c \sin\left(a_k \frac{\pi t}{2T}\right)\sin\omega_c t \\
&= \sum_{k=1} V_c \cos\left(\frac{\pi t}{2T}\right)\cos\omega_c t - \sum_{k=1} V_c a_k \sin\left(\frac{\pi t}{2T}\right)\sin\omega_c t
\end{aligned}
\tag{3.24}
$$

令 $I_k = V_c$，$Q_k = -a_k V_c$，则有

$$S(t) = \sum_{k=1} I_k \cos\left(\frac{\pi t}{2T}\right)\cos\omega_c t + \sum_{k=1} Q_k \sin\left(\frac{\pi t}{2T}\right)\sin\omega_c t \tag{3.25}$$

根据以上公式，MSK 差分调制原理如图 3.35 所示。为了使接收机实现差分调制与解调，首先对信息序列进行差分编码，并进行串/并变换，得到调制数据 I_k 和 Q_k；然后分别进行 I 支路和 Q 支路乘法运算；最后将 I 支路和 Q 支路信号相加，得到 MSK 调制信号。

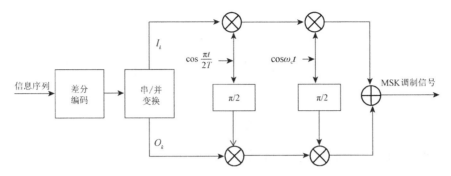

图 3.35　MSK 差分调制原理

MSK 差分调制可以使用直接数字式频率综合器（DDS）实现。DDS 调频信号瞬时频率为

$$f(t) = \frac{f_{cl}}{2^N}\left[F_r \pm \Delta F(t_k)\right] = f_0 \pm \Delta f(t_k) \tag{3.26}$$

式中，f_0 为 DDS 输出信号中心频率；$\Delta f(t_k)$ 为调制频偏；f_{cl} 为 DDS 时钟频率；N 为 DDS 相位累加器位数（N＝24～48）；f_0 由频率控制字 F_r 确定：

$$F_r = \frac{f_0}{f_{cl}}2^N \tag{3.27}$$

调制频偏由调制频偏控制字 $\Delta F(t_k)$ 确定。因为 MSK 调制频率等于数据传输速率 f_m＝1/T，所以调制频偏 f_d＝1/4T。MSK 调制信号的调制频偏控制字 $\Delta F(t_k)$ 为

$$\Delta F(t_k) = \frac{f_d}{f_{cl}}2^N = \frac{1}{4Tf_{cl}}2^N \tag{3.28}$$

式中，T 为数据符号周期。DDS 产生 MSK 调制信号的工作过程如下：首先将中心频率控制字 F_r 和调制频偏控制字 $\Delta F(t_k)$ 分别存储在各自的频率控制寄存器内。然后对传输数据进行差分编码，并按照速率 1/T 选择 DDS 频率控制字。当输入数据为"1"时，DDS 频率控制字为 $F_r+\Delta F(t_k)$；当输入数据为"0"时，DDS 频率控制字为 $F_r-\Delta F(t_k)$。这样，DDS 输出的信号就是 MSK 调制信号。

MSK 差分解调原理如图 3.36 所示。

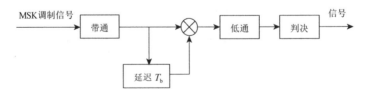

图 3.36　MSK 差分解调原理

MSK 差分解调输出信号为

$$Y(t) = V_c\cos\left(\omega_c t + a_k\frac{\pi t}{2T}\right) \times V_c\cos\left(\omega_c t + a_{k-1}\frac{\pi t}{2T}\right) \approx \frac{1}{2}V_c^2\cos\left[(a_k - a_{k-1})\frac{\pi t}{2T}\right] \tag{3.29}$$

在抽样时刻，即 t＝T 时刻，有

$$Y(t = T) = \frac{1}{2}V_c^2 \cos\left\{(a_k - a_{k-1})\frac{\pi}{2}\right\} \tag{3.30}$$

当 $a_k = a_{k-1}$ 时，乘法器输出为 $V_c^2/2 \rightarrow m=1$，对应二进制数"1"；当 $a_k \neq a_{k-1}$ 时，$a_k - a_{k-1} = 2$，乘法器输出为 $-V^2/2 \rightarrow m=0$，对应二进制数"0"。这样就完成了 MSK 差分解调。

3.5.6 扩频信号

1. 基本概念

扩频信号辐射功率谱密度低，具有信号截获概率低、抗干扰能力强、对其他系统的干扰小及抗多径干扰等优点，因此在通信、导航、敌我识别器等军用、民用电子设备中得到了广泛应用。扩频通信过程先对待传输的信息序列进行扩频码处理，然后将扩频基带信号对载波信号进行调制，经过天线将信号发送出去。这样就将信号带宽扩展了若干倍。扩频接收机将接收信号解调后，对解调的扩频基带信号进行解扩处理，将信号的带宽恢复到原来的信息带宽，恢复信息序列，实现扩频通信。

扩频通信过程模型如图 3.37 所示。$m(t)$ 为待传输的信息序列，它的传输速率为 $R_b = 1/T$。信息序列频谱如图 3.38（a）所示，频谱带宽为 R_b。扩频后的基带频谱如图 3.38（b）所示，频谱带宽扩展为扩频码的码片速率 $R_c = 1/T_c$，信息带宽扩展为原来的 G 倍，功率谱密度降低为原来的 $1/G$。$G = R_c/R_b$，称为扩频因子。经过调制以后的射频信号带宽为 $2/T_c$，扩频射频频谱如图 3.38（c）所示。

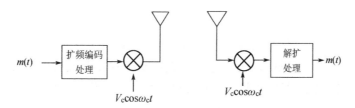

图 3.37 扩频通信过程模型

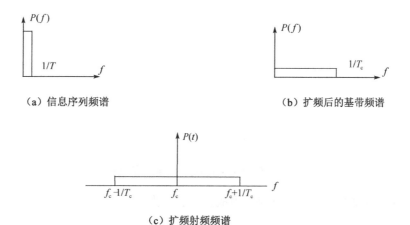

（a）信息序列频谱 　　（b）扩频后的基带频谱

（c）扩频射频频谱

图 3.38 扩频通信过程中的频谱分布示意图

在接收机中解扩后的基带信号带宽为 $R_b=1/T$，恢复了信息序列。若扩频码的码片速率为 10Mbit/s，信息数据的数据率为 100kB/s，则系统的扩频因子 $G=100$。由此可知，传输信息经过扩频码处理后，信号带宽扩展了 G 倍，空间传播的信号功率谱密度也就降低了 G 倍，因此不容易被截获和侦察。

为了实现频谱扩展，一般对信息数据 $m(t)$ 与扩频码 $C(t)$ 进行"模 2 加"运算。假设扩频码的码片速率 R_c（码片/s）远大于信息数据 $m(t)$ 的数据率 R_b（bit/s），则相乘波形 $m(t)\oplus C(t)$ 的码片速率为 R_c（码片/s），系统传输的信号波形是 $m(t)\oplus C(t)$，因此实现了频谱扩展。$G=5$ 的频谱扩展波形示意图如图 3.39 所示，其中 $m(t)$ 是信息数据波形，$C(t)$ 是扩频码波形，$m(t)\oplus C(t)$ 是扩频基带信息波形。在图 3.39 中，$m(t)=101$，$C(t)=10010$。在构造 $m(t)\oplus C(t)$ 时，有两种情况：当 $m(t)=1$ 时，$C(t)$ 不变；当 $m(t)=-1$ 时，$C(t)$ 反相。

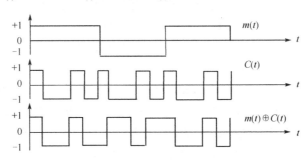

图 3.39 $G=5$ 的频谱扩展波形示意图

2. 直接序列扩频通信过程

直接序列扩频通信过程如图 3.40 所示。其中，$m(t)$ 是待传输的数字信息，信息速率为 R_b；$C(t)$ 是发射机的直接序列扩频码，码片速率为 R_c；$m(t)\oplus C(t)$ 是发射机的数字调制基带信号；$J(t)$ 是外部干扰信号；$\hat{C}(t)$ 是接收机本地直接序列扩频码。发射机的发射信号为

$$S_T(t) = m(t)C(t)V_c\cos\omega_c t \tag{3.31}$$

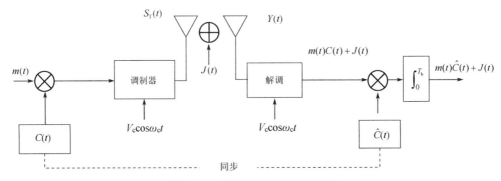

图 3.40 直接序列扩频通信过程

接收信号由发射信号和干扰信号组成，可表示为

$$Y(t) = S_T(t) + J(t) \tag{3.32}$$

接收信号功率为 P_s，干扰信号功率为 P_J。接收机解调后的数字调制基带信号为

$$m(t)C(t)+J(t) \tag{3.33}$$

在完成直接序列扩频码同步后，$\hat{C}(t) = C(t)$，接收机输出的解扩后的信息为

$$\hat{m}(t) = m(t) + J(t)\hat{C}(t) \tag{3.34}$$

由此可知，接收机的 $\hat{C}(t)$ 具有双重作用：一方面完成了扩频信号解扩，恢复了信息数据 $m(t)$；另一方面对干扰信号进行了扩频。扩频后的干扰功率谱密度为

$$N_J = P_J / W_s \approx P_J / R_c \tag{3.35}$$

式中，扩频信号带宽 $W_s \approx R_c$。接收机输出的信号/干扰比值为

$$\frac{E_b}{N_J} = \frac{P_s T_b}{P_J / R_c} = G\left(\frac{P_s}{P_J}\right) \tag{3.36}$$

式中，扩频增益 $G = R_c/(1/T_b)$。由此可知，扩频通信系统将输入的信号/干扰比值（P_s/P_J）提高到 G 倍。

3．数字匹配滤波器解扩

使用冲击响应 $h_i(t) = S_i^*(T-t)$ 的滤波器代替相关运算，能够实现相关接收。由于线性滤波器的输出信号是输入信号和滤波器冲击响应的卷积，因此其输出信号为

$$\int_0^t y(\tau)h(t-\tau)\,\mathrm{d}\tau = \int_0^t y(\tau)S_i^*(T-t+\tau)\,\mathrm{d}\tau \tag{3.37}$$

线性滤波器可以完成与相关接收机相同的运算，这种接收机叫作匹配滤波器接收机，是一种最大后验概率最佳接收机。匹配滤波器接收机在 $t=T$ 时刻得到最高输出信噪比，即

$$2E/N_0 \tag{3.38}$$

式中，E 为接收信号比特能量；N_0 为匹配滤波器接收机噪声功率谱密度。

扩频码的数字匹配滤波器工作原理如图 3.41 所示。输入扩频码由 L 个码片组成，C_0 为扩频码第 1 个码片的系数，C_1 为扩频码第 2 个码片的系数，C_{L-1} 为扩频码第 L 个码片的系数。数字匹配滤波器本地序列码片系数按照输入扩频码时间倒置顺序进行设置，本地 E 寄存器输入端口第 1 级码片系数设置为 C_{L-1}，输入端口第 2 级码片系数设置为 C_{L-2}，以此类推，最后 1 级码片系数设置为 C_0。输入序列在 $t=0$ 时刻进入滤波器，并在 $t=T=LT_c$ 时刻获得输出信号。此时，输出信噪比最高。

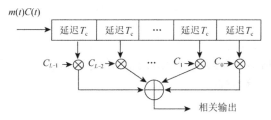

图 3.41　扩频码的数字匹配滤波器工作原理

数字匹配滤波器的输入序列为 $m(t)C(t)$，其中 $m(t)$ 是二进制信息数据。当 $m(t)=1$ 时，$m(t)C(t)=C(t)$，数字匹配滤波器在 $t=T$ 时刻的相关输出电平为 $+L$；当 $m(t)=-1$ 时，$m(t)C(t)=-C(t)$，数字匹配滤波器在 $t=T$ 时刻的相关输出电平为 $-L$。

4．沃尔什码

沃尔什码具有正交性，可以用于信号或函数的级数展开。在码分多址系统中，接收机利用沃尔什码的正交性来提取有用的用户信号。

沃尔什函数标记为 $W(n,t)$，取值为 $+1$ 或 -1，是一个矩形波形。沃尔什函数定义在一个有限时间间隔 T 内，T 可以按照需要设定，前 8 个沃尔什函数波形如图 3.42 所示。

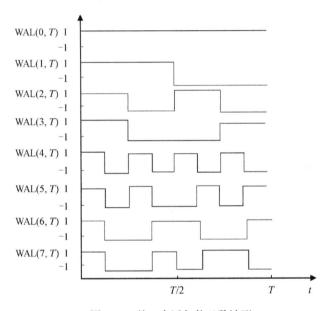

图 3.42　前 8 个沃尔什函数波形

沃尔什函数可以通过矩阵 $\boldsymbol{H}$ 获得，偶数长度的沃尔什函数由下面的哈达玛矩阵产生：

$$\boldsymbol{H}_2 = \begin{bmatrix} 1 & 1 \\ 1 & -1 \end{bmatrix} \tag{3.39}$$

更高阶的矩阵可通过以下递归运算得到：

$$\boldsymbol{H}_q = \boldsymbol{H}_{q/2} \otimes \boldsymbol{H}_2 \tag{3.40}$$

式中，$\otimes$ 表示 Kronecker 积；q 表示序列长度，应为 2 的幂次，即 $q \in \{4,8,16,\cdots\}$。式（3.40）表示序列长度为 q 的矩阵等于矩阵 $\boldsymbol{H}_2$ 乘以序列长度为 $q/2$ 的矩阵。例如，长度为 4 的沃尔什函数可以通过以下递归运算得到：

$$H_4 = H_2 \otimes H_2 = \begin{bmatrix} H_2 \times 1 & H_2 \times 1 \\ H_2 \times 1 & H_2 \times (-1) \end{bmatrix} = \begin{bmatrix} +1 & +1 & +1 & +1 \\ +1 & -1 & +1 & -1 \\ +1 & +1 & -1 & -1 \\ +1 & -1 & -1 & +1 \end{bmatrix} \tag{3.41}$$

同样，利用递归运算由式（3.40）可以得到长度为 8 的沃尔什函数：

$$H_8 = H_4 \otimes H_2 = \begin{bmatrix} H_4 \times (+1) & H_4 \times (+1) \\ H_4 \times (+1) & H_4 \times (-1) \end{bmatrix}$$

$$= \begin{bmatrix} +1 & +1 & +1 & +1 & +1 & +1 & +1 & +1 \\ +1 & -1 & +1 & -1 & +1 & -1 & +1 & -1 \\ +1 & +1 & -1 & -1 & +1 & +1 & -1 & -1 \\ +1 & -1 & -1 & +1 & +1 & -1 & -1 & +1 \\ +1 & +1 & +1 & +1 & -1 & -1 & -1 & -1 \\ +1 & -1 & +1 & -1 & -1 & +1 & -1 & +1 \\ +1 & +1 & -1 & -1 & -1 & -1 & +1 & +1 \\ +1 & -1 & -1 & +1 & -1 & +1 & +1 & -1 \end{bmatrix} \tag{3.42}$$

沃尔什函数有两种排序方法：自然排序和序列排序。本节介绍的是自然排序方法。矩阵的行号从 0 到 $q-1$ 排序。沃尔什函数 $W(n,t)$ 由矩阵第 m 行的元素构成，其中 n 是二进制数 m 的比特逆转。比特逆转是指，首先将矩阵的行号 m 表示成二进制数，然后对该二进制数进行翻转。例如，$m=11$ 的二进制数是 1011，m 的比特逆转是 $n=1101=13$。因此，$W(13,t)$ 由矩阵第 11 行的元素构成。

当将矩阵的行号表示成二进制数且其位数为偶数时，比特逆转是指，将 m 前面一半二进制数翻转后当作 n 后面一半二进制数，同时将 m 后面一半二进制数翻转后当作 n 前面一半二进制数。当将矩阵的行号表示成二进制数且其位数为奇数时，比特逆转是指，m 的中间一位不变，仍然是 n 的中间一位，将 m 前面一半二进制数翻转后当作 n 后面一半二进制数，同时将 m 后面一半二进制数翻转后当作 n 前面一半二进制数。例如，$m=000 \rightarrow n=000$；$m=001 \rightarrow n=100$；$m=010 \rightarrow n=010$；$m=011 \rightarrow n=110$；$m=100 \rightarrow n=001$；$m=101 \rightarrow n=101$；$m=110 \rightarrow n=011$；$m=111 \rightarrow n=111$。

由此可得，如图 3.42 所示的前 8 个沃尔什函数波形如下。

$W(0,T)$ 由该矩阵的第 0 行元素组成：+1+1+1+1+1+1+1+1。

$W(1,T)$ 由该矩阵的第 4 行元素组成：+1+1+1+1+1-1-1-1-1-1。

$W(2,T)$ 由该矩阵的第 2 行元素组成：+1+1-1-1+1+1-1-1。

$W(3,T)$ 由该矩阵的第 6 行元素组成：+1+1-1-1-1-1+1+1。

$W(4,T)$ 由该矩阵的第 1 行元素组成：+1-1+1-1+1-1+1-1。

$W(5,T)$ 由该矩阵的第 5 行元素组成：+1-1+1-1-1+1-1+1。

$W(6,T)$ 由该矩阵的第 3 行元素组成：+1-1-1+1+1-1-1+1。

$W(7,T)$ 由该矩阵的第 7 行元素组成：+1-1-1+1-1+1+1-1。

其中，"+1"表示码片幅度为 1 的正脉冲，"-1"表示码片幅度为 1 的负脉冲。

有些数据通信系统采用沃尔什码传输数字信息，以实现数据通信。选择一组沃尔什码作为信息传输的数字调制基带信号，首先将传输的数据 $m(t)$ 映射为对应的沃尔什码 W_i，然后将其调制到载波信号上传送到接收机中。接收机利用沃尔什码的正交性使用一组并行数字匹配滤波器处理接收到的信息，从中选择最大输出信号完成沃尔什函数译码，恢复传输的数据 $m(t)$。在这种情况下，数字匹配滤波器本地序列码片应按照 W_i 的时间倒置顺序进行设置。

有些扩频通信系统使用一组沃尔什码传输数字信息，先将传输的数据 $m(t)$ 映射为对应的沃尔什码 W_i，再与扩频码 $C(t)$ 进行"模 2 加"运算，然后对载波信号进行调制。在这种情况下，扩频通信系统传输的数字调制基带信号是 $W_iC(t)$，接收机使用数字匹配滤波器同时实现扩频解扩和数字解扩译码，直接恢复传输的数据 $m(t)$。数字匹配滤波器本地序列码片应按照 $W_iC(t)$ 的时间倒置顺序进行设置。

5. m 序列

m 序列是一种典型的扩频码，由反馈 E 寄存器产生，具有最大长度的序列。m 序列长度 $L=2^{n-1}$，其中 n 为反馈 E 寄存器级数。反馈 E 寄存器序列发生器如图 3.43 所示。

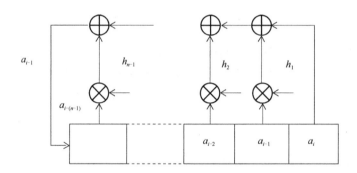

图 3.43　反馈 E 寄存器序列发生器

反馈 E 寄存器的连接关系由参数 h_i 决定，序列的生成多项式，即

$$h(p) = h_n p^n + h_{n-1} p^{n-1} + \cdots + h_1 p + h_0 \tag{3.43}$$

式（3.43）是一个 n 阶二进制多项式，其中参数 $h_0=h_n=1$，其余的参数 $h_i\in\{0,1\}$。$h(p)$ 也称为反馈 E 寄存器的特征多项式。生成 m 序列的必要非充分条件是 $h(p)$ 不能进行因式分解。用于产生 m 序列的不可分解多项式称为原本多项式。这种原本多项式很难找到，本节将其罗列出来，供设计人员使用。m 序列具有以下三个特性。

（1）周期性。由于在反馈 E 寄存器单元中，0 和 1 的组合数是有限的，因此 m 序列具有周期性，周期为 L，每隔 L 个码片序列重复一次，即

$$C_0 = C_{k(L-1)}, C_1 = C_{1+k(L-1)}, \cdots, C_{L-1} = C_{L-1+k(L-1)}, \quad k=0,1,2,\cdots \tag{3.44}$$

式（3.44）表示长度为 L 的 m 序列在第 k 个周期的码片值。其中，对应的码片是相等的，这就是 m 序列的周期性。

（2）平衡特性。m 序列中出现 1 和 0 的次数近似相等，其平均值近似为零，这就是 m 序列的平衡特性，可表示为

$$\frac{1}{N}\sum_{n=0}^{N-1}C_n = 0 \tag{3.45}$$

式中，当 C_n 取+1 和−1 时，其码片数近似相等，类似于白色高斯噪声的均值为零。

（3）类似噪声的自相关性。

m 序列的自相关函数波形很窄，相关峰底部宽度为 $2T_c$，近似噪声的自相关函数 $\delta(t)$，它的相关函数为

$$\frac{1}{N}\sum_{n=0}^{N-1}C_n C_{n+k} = \begin{cases} 1, & k=0 \\ 0, & k=1,2,\cdots,N-1 \end{cases} \tag{3.46}$$

m 序列归一化自相关函数如图 3.44 所示，纵坐标表示相关峰，横坐标表示时间，T_c 是码片宽度，LT_c 是扩频码周期。

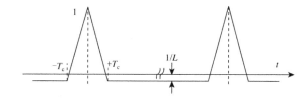

图 3.44　m 序列归一化自相关函数

m 序列具有上述类似于噪声的特性，因此又被称为伪随机（PN）序列。$L=63$ 的 m 序列发生器如图 3.45 所示，反馈抽头为 1 和 6。

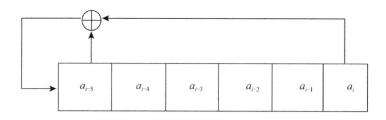

图 3.45　$L=63$ 的 m 序列发生器

m 序列扩频信号的功率谱为

$$S_{ss} = T_c \frac{\sin^2(\pi f T_c)}{(\pi f T_c)^2} \tag{3.47}$$

由此可知，m 序列扩频信号的功率谱第一个零点位置在 $f=R_c=G\times R_b$ 处。

典型的 m 序列发生器的参数如表 3.7 所示。

表 3.7　典型的 m 序列发生器的参数

反馈 E 寄存器级数	序列长度 L	反 馈 抽 头
3	7	1, 3
4	15	1, 4
5	31	2, 5
6	63	1, 6
7	127	3, 7
8	255	2, 3, 4, 8
9	511	4, 9
10	1023	3, 10
15	$2^{15}-1=32\ 767$	1, 15
31	$2^{31}-1=2\ 147\ 483\ 647$	1, 31

第4章
询问分系统

在二次监视雷达中，询问机包括二次监视雷达的地面接收设备和发射设备。询问机的主要功能是发射询问信号和接收应答信号，在结构上通常将接收设备和发射设备安装在一个机柜内。二次监视雷达的其他功能，如目标距离和方位角测量，高度数据、识别代码和特殊数据提取由目标点迹录取器完成，飞行航迹产生和数据更新由飞行航迹提取器完成。在二次雷达敌我识别系统中，询问机不仅包括发射设备（产生和发射询问信号）和接收设备（接收应答信号），通常还包括信号处理单元。询问机除具有发射询问信号和接收应答信号的功能之外，还具有编码、译码、测距、测角、信息提取、加密、解密及时间同步等功能。在结构上，这些设备通常集成在一起，安装在一个机柜或机箱内，以便将得到的目标点迹信息直接传送到一次雷达或指挥控制中心。

本章将介绍二次雷达询问分系统设备构成和实现方案，重点介绍发射机、经典接收机和单脉冲接收机的功能、技术性能和设计方案，以及二次雷达系统的询问旁瓣抑制和接收旁瓣抑制工作原理。询问信号处理原理和飞行航迹提取将在第 5 章介绍，询问天线将在第 8 章介绍。

4.1 工作原理、系统组成和频率配置方案

4.1.1 工作原理和系统组成

二次雷达询问分系统由天线/伺服单元/馈线分机、发射机/接收机、信号处理器、显示与控制单元及供电电源组成，如图 4.1 所示。它既可作为二次监视雷达地面询问站独立使用，也可作为二次雷达敌我识别系统询问机与一次雷达或其他传感器配套使用。

天线/伺服单元/馈线分机包括询问天线/伺服转台、伺服单元和馈线，主要功能是将发射机输出的询问信号传送到询问天线，并将其转换为电磁波向空间辐射，同时将接收到的应答信号电磁波转换为电信号并传送到接收机。

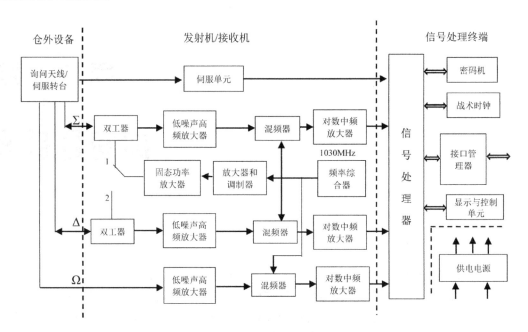

图 4.1　二次雷达询问分系统组成

发射机/接收机包括发射机、接收机和频率源。发射机产生已调询问信号，通过固态功率放大器将询问信号放大到指定功率电平，经过微波开关"位置 1"将询问脉冲传送到单脉冲天线和波束（Σ）进行发送，经过微波开关"位置 2"将询问旁瓣抑制脉冲传送到单脉冲天线差波束（Δ）或旁瓣控制波束（Ω）进行发送，实现询问旁瓣抑制功能。接收机具有 3 个接收通道，分别接收来自单脉冲天线和波束（Σ）、差波束（Δ）及控制波束（Ω）的信号，以便进行幅度比较或相位比较，完成单脉冲测角和接收旁瓣抑制功能。接收机的主要功能是对从 3 个接收通道接收到的应答信号进行混频、放大和检波，将视频信号传送到信号处理器。频率源的任务是产生询问载波信号和应答接收本振信号。

供电电源将外来市电 220V 交流电压或 27V 直流电压转换为整机内各单元所需要的供电电压，为各单元供电。

二次监视雷达信号处理器包括目标点迹录取器和飞行航迹提取器，主要功能是完成目标距离和方位角测量，提取应答信息，录取目标点迹信息，形成新的飞行航迹，不断地更新飞行航迹，并通过接口管理器将目标飞行数据传送给飞行指挥中心，在 ATC 显示器上显示目标飞行航迹及相关飞行信息。

二次雷达敌我识别系统信号处理器包括信号处理单元、战术时钟、密码机、接口管理器等。战术时钟的任务是给信号处理器提供精确的系统时间信息，实现二次雷达敌我识别系统的时间同步。密码机为询问机提供传输参数加密及传输信息加密和解密功能。信号处理单元的主要功能是接收战术时钟提供的系统时间信息，并按照系统时间基准对询问信息进行编码和信号调制，同时对应答信号进行解调和译码，完成目标距离和方位角测量，提取应答信息，录取目标点迹信息，并通过接口管理器将目标点迹信息传送给一次雷达或指挥控制中心。

二次雷达敌我识别系统显示与控制单元主要完成控制和显示功能。控制功能是指接收机的时间增益控制和发射功率自适应控制。显示功能包括工作模式选择及显示，以及对所选择的控制功能的指示等。当二次雷达敌我识别系统与其他传感器一同使用时，询问机的控制和显示功能可与其他传感器的控制和显示功能集成在一起。

4.1.2　频率配置方案

典型的频率配置方案如图 4.1 所示。频率综合器直接产生 1030MHz 的载波信号，分成两路：一路作为发射机的激励信号；另一路作为接收机混频器的本振信号，与接收到的 1090MHz 的应答信号进行下混频得到 60MHz 的中频信号，经中频放大器放大、检波后将视频信号传送到信号处理器进行处理。

随着数字芯片性能的提高，信号编/译码和调制/解调功能在数字芯片中的实现已经变得非常容易。二次雷达系统采用数字芯片完成询问信号的编码和调制、应答信号的译码和解调功能，并且与数字信号处理的其他功能结合为一体，提高了设备数字化程度，有利于提高设备的技术性能、可靠性和生产性。特别是数字调制二次雷达系统采用了数字调制询问信号波形和应答信号波形，调制/解调方案更为复杂，高性能数字芯片应用的优越性更加突出。

由于半导体工艺条件的进步，数字芯片迄今为止已经能产生几十兆赫到上百兆赫的中频已调信号，通过上变频处理可以得到已调射频询问信号。数字芯片的使用将促使人们采用不同的系统频率配置方案。

典型的上变频器配置方案如图 4.2 所示。频率综合器产生 1150MHz 的载波信号，作为发射机上变频器和接收机混频器本振信号。信号处理器产生的 120MHz 的编码脉冲已调询问信号，在上变频器内与 1150MHz 的载波信号变频，得到 1030MHz 的射频询问信号，该信号经过功率放大器放大后由双工器送往询问天线。询问天线经双工器将 1090MHz 的应答信号送至低噪声高频放大器放大，再在混频器中进行下变频，得到 60MHz 的中频信号，该信号经过 60MHz 对数中频放大器放大后被送到信号处理器进行处理。

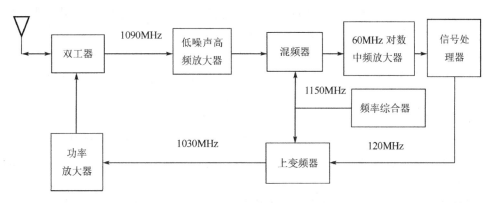

图 4.2　典型的上变频器配置方案

4.2 发射机

4.2.1 发射机组成

发射机的主要功能是先按照询问模式要求将询问编码脉冲对询问载波信号进行调制，然后将已调询问信号放大到指定的功率电平，通过询问天线和波束发送询问脉冲，通过旁瓣控制波束发送询问旁瓣抑制脉冲。

如图 4.1 所示，发射机由三大部分组成：频率综合器、放大器和调制器、固态功率放大器。由于询问信号的频率稳定度要求较高，不能直接使用振荡器产生询问信号，因此通常使用频率综合器产生询问载波信号，经过小功率放大器将该信号放大到 1～2W，再由功率推动级将其放大到 200～400W，以便激励末级固态功率放大器。

询问信号调制器一般位于功率推动级和末级固态功率放大器之间，使用晶体三极管或微带电路开关二极管实现信号调制。随着数字芯片性能的提高，目前信号处理器使用数字芯片来完成询问信号调制/解调功能。

4.2.2 主要技术参数

发射机的主要技术参数包括工作频率、输出功率、询问脉冲特性、发射频谱特性、询问重复频率、寄生辐射。

工作频率：根据国际无线电频率管理委员会的规定，航空通信、导航和识别工作频段是 L 波段。二次监视雷达询问信号载波频率为 1030MHz，应答信号载波频率为 1090MHz。

输出功率：发射机的输出功率直接影响到二次雷达系统最大工作范围。二次监视雷达最大工作距离为 250 海里。当询问天线增益为 27dB 时，典型的二次监视雷达发射机输出峰值功率为 1000W。二次雷达敌我识别系统发射机输出功率必须保证系统工作范围覆盖配套的一次雷达或武器系统的威力范围。根据不同的工作距离和使用平台，二次雷达敌我识别系统询问分系统发射机输出峰值功率通常不超过 2000W。

询问脉冲特性：询问脉冲特性包括询问工作模式、询问信号格式、传输的数据格式要求，以及询问脉冲参数及其容差，如发射脉冲包络特性、脉冲幅度不平坦度、上升/下降时间等。各种工作模式的询问脉冲特性及技术参数参见第 3 章。

发射频谱特性：发射频谱特性关系到发射机在发射脉冲幅度、宽度、频率等方面的稳定性。发射脉冲的不稳定会给接收机带来不利影响，带外杂散过高也会影响相邻的其他电子设备工作，因此二次雷达系统对发射频谱特性有较高要求。图 4.3 所示为二次监视雷达的发射频谱要求。

询问重复频率：询问重复频率取决于询问天线波束宽度、天线扫描速率及信号处理方案。询问机将以能满足系统性能要求的最低询问重复频率工作，以便将不必要的应答触发率降到最低。二次雷达敌我识别系统的所有询问模式在 1s 内的平均询问重复频率不应超过 450 次；S 模式 3/A/C/组合询问和全呼叫询问时 1s 内的平均询问重复频率不应超过 250 次。为了得到更多应答数据，通常进行交替工作模式询问，如模式 2、A 模式、C 模式这 3 种模式交替询问：A,C,2,A,C,2,…。

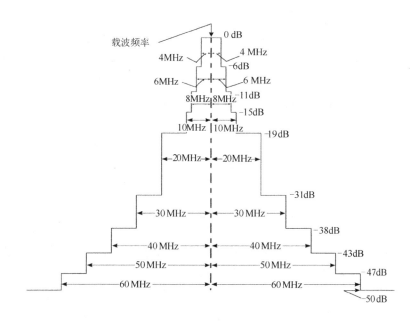

图 4.3 二次监视雷达的发射频谱要求

寄生辐射：为避免对其他电子设备造成干扰，提高设备间的电磁兼容性，二次雷达系统对设备的寄生辐射有严格的限制。国际民航组织对二次监视雷达寄生辐射的要求：在非发射期间，泄漏功率不应超过-76dBW；在一次询问中，间隔为 2μs 或以上的 2 个脉冲之间的辐射电平至少应比发射峰值电平低 60dB；在发射期间，相对于发射峰值电平，测量的二次谐波分量不应超过-60dB，三次谐波分量不应超过-80dB，所有其他谐波分量不应超过-100dB。

4.2.3 频率综合器

频率综合器的主要功能是产生询问机所需的 1030MHz 的发射信号或 1150MHz 的混频器本振信号。二次雷达系统对询问信号频率容差有较高的要求。例如，二次监视雷达和二次雷达敌我识别系统工作模式 1、模式 2、模式 3/A、模式 4 频率容差≤±0.2MHz；S 模式频率容差≤±0.01MHz。询问信号频率容差包括频率准确度和频率稳定度。

由此可知，频率综合器的相对频率稳定度要求达到 10^{-5} 甚至 10^{-6} 量级。集中参数或分布参数 L 波段振荡器的频率源不能满足系统频率稳定度要求，因此只能采用以晶体振荡器输出信号为参考源的频率综合器作为询问机的频率源。一般晶体振荡器的频率稳定度可达到 10^{-5} 量级，温度补偿晶体振荡器的频率稳定度可达到 10^{-6} 量级，恒温晶体振荡器的频率稳定度可达到 10^{-7} 量级，目前基波晶体振荡器频率在 200MHz 以下。

频率综合器分为模拟电路直接频率综合器和锁相频率综合器。模拟电路直接频率综合器利用晶体振荡器、混频器、倍频器、分频器等对信号频率进行加、减、乘、除运算，产生系统需要的工作信号频率。然而，这种方案产生的组合干扰分量多，需要较多的频率滤波器，实现难度相对较大。锁相频率综合器使用晶体振荡器输出信号作为参考源，通过相位锁定环路进行倍频，产生系统需要的工作信号频率。这种方案产生的组合干扰分量少，比较容易实现。现在市场上已经能够采购到现成的锁相环集成电路。

模拟电路直接频率综合器如图 4.4 所示，使用频率为 171.668MHz 的恒温晶体振荡器输出信号作为参考源，使用晶体三极管作为×2 倍频器和×3 倍频器进行 6 次倍频，得到频率为 1030MHz 的高稳定询问载波信号。与阶跃二极管高次倍频方案相比，级联晶体三极管低次倍频方案产生的谐波分量和杂散干扰容易滤除，滤波更容易实现。

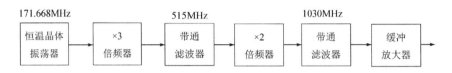

图 4.4　模拟电路直接频率综合器

锁相频率综合器如图 4.5 所示。它由压控振荡器、1/4 分频器、1/N 程控分频器、晶体振荡器、1/8 分频器、相位检波器和环路滤波器组成。相位锁定过程如下：将 L 波段压控振荡器信号进行 1/4 分频和 1/N 分频后，与 1/8 分频的晶体振荡器信号进行相位比较，相位检波器产生的相位误差信号经过环路滤波器滤波后，控制压控振荡器的频率实现相位锁定，将压控振荡器的频率锁定在 $(N/2)f_r$ 上。

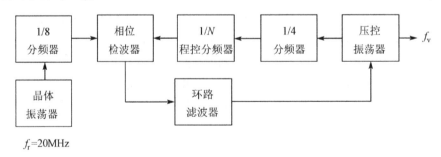

图 4.5　锁相频率综合器

当锁相环锁定后，相位检波器两个输入信号的频率相等，即

$$f_v/4N=f_r/8 \qquad (4.1)$$

由此可以得到压控振荡器输出信号频率 f_v 与晶体振荡器输出信号频率 f_r 的关系为

$$f_v=(N/2)f_r \qquad (4.2)$$

由此可知，锁相环的作用就是将晶体振荡器输出信号频率 f_r 倍乘 $N/2$，其中 N 是 1/N 程控分频器的分频次数。当晶体振荡器输出信号频率 f_r=20MHz 时，锁相频率综合器的工作频率 f_v 与分频次数 N 的关系如表 4.1 所示。锁相环采用 1/4 分频器，是因为 1/N 程控分频器工作频率达不到 L 波段。

表 4.1　锁相频率综合器的工作频率 f_v 与分频次数 N 的关系

分频次数 N	工作频率 f_v/MHz
103	1030
109	1090
115	1150

在设计锁相频率综合器时，提高晶体振荡器输出信号频率 f_r，可以降低锁相环频率倍乘次数，从而降低输出信号的相位噪声。因为在工作频率倍乘过程中，其相位噪声也乘同样倍数。例如，在上述方案中，如果选择 f_r=2.5MHz 的晶体振荡器，那么锁相环的倍乘次数为 $4N$，此时输出信号相位噪声的倍乘次数也为 $4N$，是 f_r=20MHz 对应的 $N/2$ 倍乘次数的 8 倍。同时，在设计环路滤波器参数时，应尽可能加宽环路等效噪声带宽，以降低压控振荡器相位噪声对输出信号的影响。

当采用锁相倍频方案时，压控振荡器与脉冲调制器之间必须有足够的隔离度，否则脉冲调制将会对压控振荡器的频率产生牵引，影响锁相频率综合器的频率稳定度。当多路接收机共用一路本振信号时，各路接收机的接收信号端口与本振信号端口之间也必须有足够的隔离度，否则接收信号将通过本振信号端口串入其他接收机，产生中频同频干扰，影响其他接收机正常工作。

L 波段微带电路压控振荡器电路图如图 4.6 所示。它由三极管压控振荡器和缓冲放大器组成，采用微带电路模块化结构。三极管压控振荡器第一级是一种变形电容三点式振荡电路，由于其频率稳定度较高，在微波频率上得到广泛采用。变容二极管结电容和一段传输线构成等效的 L-C 谐振电路。通过控制电压改变变容二极管结电容，可调整该支路的等效电感量，从而达到控制频率的目的。第二级是缓冲放大器，作用是将振荡器输出电压放大，同时起到缓冲隔离作用，以隔离负载变化对振荡频率的牵引。振荡器与缓冲级之间采用传输线弱耦合方法，一方面可以提高振荡回路的 Q 值，另一方面可以减少负载变化对振荡频率的影响。

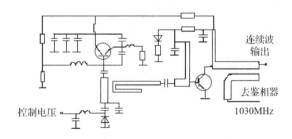

图 4.6　L 波段微带电路压控振荡器电路图

4.2.4　调制器

由于晶体振荡器或压控振荡器产生的基准频率信号都是连续波信号，因此需要使用调制器产生二次雷达系统所需的脉冲编码调制信号。早期的二次雷达调制器采用的是微波真空管电路，半导体器件出现后，大量采用晶体三极管或开关二极管调制器。这些调制器基本上都工作在 L 波段，位于功率推动级和末级固态功率放大器之间。随着数字芯片性能的提高及调制波形的逐渐复杂，利用数字信号处理技术在信号处理终端实现信号调制功能是技术发展的必然趋势。调制器的输出信号是一个中频已调信号，经过上变频直接得到所需的已调射频信号。

晶体三极管调制器可以分为晶体三极管集电极调制器和晶体三极管发射极调制器。晶体三极管集电极调制电路原理图如图 4.7 所示。晶体三极管集电极调制电路是由晶体三极管组成的级联电路。其中，发射极直接接地，连续波信号从晶体三极管基极输入，编码脉冲调制电压从集电极输入。当脉冲编码调制信号电压为 0V 时，晶体三极管处于关闭状态，电路无输出信号；当脉冲编码调制信号电压为高电平时，晶体三极管处于放大状态，将输入的连续波信号放大，电路输出高电平射频信号。这样，放大链路成了射频开关，将输入的连续波信号变成了脉冲编码调制信号，实现了脉冲编码调制功能。但是，由于晶体三极管基极与发射极之间存在耦合，因此即使调制器处于关闭状态，晶体三极管基极到发射极的泄漏功率仍会经过功率放大器和天线产生辐射。国际民航组织规定，在非发射期间，泄漏功率不得超过 -76dBW。为此，可采用多级级联的晶体三极管集电极调制方案，衰减由 PN 结电容耦合引起的辐射泄漏。

图 4.7　晶体三极管集电极调制电路原理图

晶体三极管发射极调制电路的工作原理与晶体三极管集电极调制电路相似，不同之处是，脉冲编码调制信号是从晶体三极管发射极输入的。

晶体三极管集电极调制的优点是，对射频信号具有放大功能，较合理地利用了功率。由于晶体三极管频率响应的影响，加上多级调制，因此脉冲前沿（后沿）性能较差。为了改善调制信号波形前沿、后沿特性，可以采用宽脉冲预调制方法，对输入的连续波信号进行宽脉冲（如 1.2μs）预调制，经放大后再进行标准脉冲（0.8μs）调制。晶体三极管集电极调制一般工作在毫瓦量级的低电平条件下，激励功率低。

开关二极管也可以用于脉冲调制。利用 1/4 波长阻抗变换特性，在传输线中插入开关二极管，使它在电路中产生两个不同的阻抗状态，完成微波信号开关功能，实现脉冲编码调制。与晶体三极管集电极调制器相比，开关二极管调制器的调制信号波形更好，同时可以采用谐振特性抵消开关二极管寄生参数影响，得到高 Q 值谐振回路，从而增大了隔离比，减少了插入损耗。但是这种电路频带较窄，适用于单频工作模式，且要求各器件具备较好的一致性。

下面介绍一种开关二极管微带 S 模式调制器。首先介绍支线耦合电桥，如图 4.8 所示，当 4 个端口匹配时，端口 1 为输入端，端口 2 为隔离端，无信号输出，端口 3、4 为输出端，输出信号功率相等（比输入信号低 -3dB），相位相差 90°。因为信号从端口 1 到端口 3 的传输路径为 λ/4，其延迟相位差为 90°，信号从端口 1 到端口 4 传输路径为 λ/2，其延迟相位差为 180°，所以路径差造成的端口 3、4 输出信号延迟相位差为 90°。

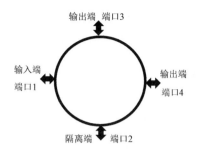

图 4.8　支线耦合电桥

当端口 3、4 接上 PIN 二极管将其短路时，反射功率在端口 1 相互抵消。因为信号从端口 1 到端口 3 的往返传输路径为 $\lambda/2$，信号从端口 1 到端口 4 的往返传输路径为 λ，它们的相位相差 180°，反射功率在端口 1 相互抵消。在端口 2 反射功率是叠加的，因为信号从端口 1 出发，经过端口 3 反射到端口 2 的传输路径为 $3\lambda/2$；信号从端口 1 出发，经过端口 4 反射到端口 2 的传输路径也是 $3\lambda/2$。

微带 S 模式调制电路原理图如图 4.9 所示。它由 3 个分支线耦合电桥组成，电桥 1 将射频输入信号等分成两路，分别送到电桥 2 和电桥 3；电桥 2 端口的 PIN 二极管开关状态由 S 模式编码信号控制，完成 S 模式相位编码调制和数据块脉冲幅度调制；电桥 3 的 PIN 二极管开关状态由 P_2 控制，完成询问旁瓣抑制脉冲幅度调制。射频输入信号从电桥 1 输入端输入，已调询问信号从电桥 2 输出端输出，已调询问旁瓣抑制脉冲射频信号从电桥 3 输出端输出。

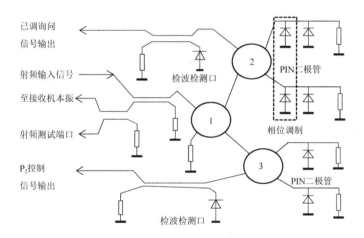

图 4.9　微带 S 模式调制电路原理图

在没有调制编码信号输入时，PIN 二极管截止，呈现高阻特性，电桥 2 和电桥 3 的功率被负载吸收，射频输出端无射频信号输出。当调制脉冲到达时，虚线框后面的 PIN 二极管导通，将形成全反射，已调询问信号输出端有射频脉冲输出。电桥 2 虚线框内的 PIN 二极管在 S 模式时完成 DPSK 调制。当 P_6 脉冲到来时（持续 16.25μs 或 30.25μs），虚线框外的 PIN 二极管导通，已调询问信号输出端输出脉冲调制射频信号。在 P_6 脉冲持续期间，如果数据脉冲（0.25μs）导通虚线框内的 PIN 二极管，则由于虚线框内的 PIN 二极管与虚线框外的 PIN 二极管间隔距离为 $\lambda/4$，往返传输路径使输出信号的瞬时相位与原来的相位相差 180°，当数据脉冲结束时，P_6 脉冲中的载波信号又恢复到原来的相位状态，即数据脉冲存在时载波信号相位跳变 180°，没有数据脉冲时载波信号相位不变。这样就完成了相位键控功能。

4.2.5　固态功率放大器

发射机的输出功率与二次雷达系统最大工作范围有关。典型的二次监视雷达询问分系统发射机输出峰值功率为 1000W。A/C 模式脉冲宽度为 0.8μs，占空比为 0.1%，S 模式的脉冲宽度长达 30μs，瞬时占空比高达 67%，因此 S 模式功率放大必须使用大占空比器件。二次雷达敌我识别系统询问分系统发射机输出功率必须保证系统工作范围覆盖配套工作的一次雷达或武器系统的威力范围，根据不同的识别距离和应用平台，发射机输出峰值功率通常不超过 2000W。

早期发射机使用真空三极电子管作为末级固态功率放大器，它的工作模式是栅极接地，阴极作为信号输入端，使用腔体进行信号频率调谐和阻抗匹配；阳极作为信号输出端，同样使用腔体进行信号频率调谐和阻抗匹配。真空三极电子管的直流供电电压高达几百伏甚至上千伏，工作寿命比较短，一般只有 2000h。它的故障模式是阴极电子辐射能力下降，导致输出功率衰减，最终失效。

随着半导体工艺的进步，以及功率晶体三极管的诞生和成熟，固态功率放大器得到了广泛使用。二次雷达系统发射机使用的 L 波段功率晶体三极管单管输出峰值功率可达到 1000W。功率晶体三极管电路在设计上主要解决了三极管散热，输入/输出阻抗匹配，以及固态功率放大器保护等问题。在结构设计上，要求提供优良的冷却环境，使集电极结温降低到 150℃ 以下，以提高器件使用的可靠性。在电路设计上，应采用恰当的匹配网络来满足功率晶体三极管低电压、大电流和低阻抗要求，功率晶体三极管输入阻抗通常小于 1Ω。为了保护固态功率放大器不被烧毁，应采取宽脉冲保护、过载保护和电源供电开/关机程序控制等措施。

典型的固态功率放大器模块如图 4.10 所示。它采用微带电路平面结构形式，主要由宽脉冲保护电路、调制电路选频滤波电路、固态功率放大器、功率控制电路、发射检测和驻波检测电路及环行器等组成。二次监视雷达不使用功率控制电路，二次雷达敌我识别系统使用功率控制电路来实现输出功率自适应控制，以减少二次雷达系统内部的干扰和应答机占据。发射检测和驻波检测电路主要用来检测发射机的状态，以便于系统故障检测和维修。

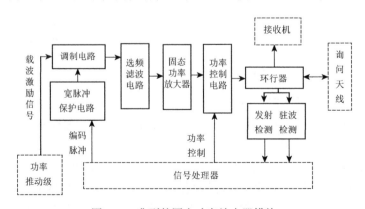

图 4.10　典型的固态功率放大器模块

　　由图 4.10 可以知道，信号处理器输出的编码脉冲，通过宽脉冲保护电路处理后送到调制电路，同时调制电路对功率推动级送来的载波激励信号进行脉冲幅度调制；调制后的信号经过选频滤波电路、固态功率放大器、功率控制电路，最后经过环行器送到询问天线发射。

　　所有脉冲功率放大器件对工作脉冲宽度和占空比都有严格的要求，以避免烧毁功率放大器件。宽脉冲保护电路的主要作用是控制脉冲宽度，使其不超过给定值，从而保护功率放大器件不被烧毁。占空比保护控制一般通过在信号处理器中提前进行预设实现。过载保护和电源供电开/关机程序控制也是保护功率放大器件的必备措施。

　　目前，二次雷达系统发射机的固态功率放大模块大都采用晶体三极管固态功率放大器，其优点是可靠性高，直流供电电压低，采用微带电路模块化结构，维护方便。

4.2.6　询问旁瓣抑制

　　询问旁瓣抑制（ISLS）是一种技术措施，主要功能是阻止询问天线主波束以外旁瓣方向的应答机发射应答信号。二次监视雷达和二次雷达敌我识别系统都采用定向询问天线，对主波束范围内的目标进行监视询问或识别。然而，询问天线在主波束范围以外的其他方向上也有一定的能量辐射，在这些方向上所形成的天线波束称为旁瓣。在实际工作中，询问天线不可避免地会产生一些不需要的旁瓣辐射，若未采取抑制措施，则会触发旁瓣区域内的应答机发射应答信号。这些应答信号会通过询问天线旁瓣进入询问机，对询问机造成干扰。这种由响应旁瓣询问产生的不需要的应答信号，称为旁瓣干扰信号。旁瓣干扰示意图如图 4.11 所示。应当采用询问旁瓣抑制技术抑制旁瓣区域内的应答机发射应答信号，从而减少系统自身的干扰。

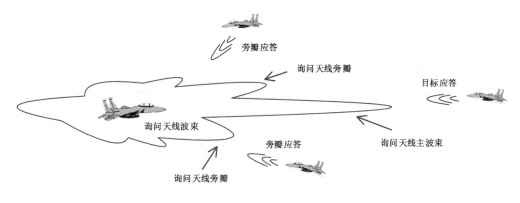

图 4.11　旁瓣干扰示意图

　　为了抑制旁瓣询问产生的干扰，对询问信号增加一个询问旁瓣抑制脉冲，二次雷达敌我识别系统模式 1、模式 2、模式 3 和二次监视雷达 A 模式、C 模式的询问旁瓣抑制脉冲为 P_2，同时增加一个全向控制天线，用于产生控制波束 Ω，要求控制天线方向图覆盖询问天线主波束范围之外的旁瓣区域。询问机通过单脉冲天线主波束 $\sum$ 发射询问脉冲 P_1、P_3，通过控制波束 Ω 发射询问旁瓣抑制脉冲 P_2。这样，在天线主波束范围内，P_1、P_3 的幅度比 P_2 的幅度高 9dB 以上，在主波束范围以外的旁瓣范围内，P_2 的幅度大于或等于 P_1、P_3 的幅度，如图 4.12 所示。

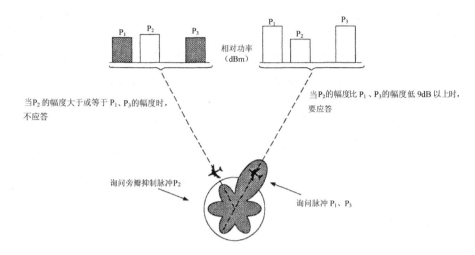

图 4.12 询问旁瓣抑制特性

应答机接收到询问信号后，通过比较询问脉冲 P_1、P_3 和询问旁瓣抑制脉冲 P_2 的幅度确定是否应当发射应答信号。如果 P_1、P_3 的幅度大于 P_2 的幅度，那么询问信号来自主波束，应答机发射应答信号；如果 P_2 的幅度大于或等于 P_1、P_3 的幅度，那么询问信号来自旁瓣，应答机不予回答。这样可以阻止旁瓣方向应答机发射应答信号，从而实现询问旁瓣抑制功能。

为了实现询问旁瓣抑制功能，在所有俯仰角度范围内应当满足：在询问天线主波束范围内，P_2 的峰值功率必须比 P_1 的峰值功率低 9dB 以上。在询问天线主波束以外的旁瓣范围内，P_2 的峰值功率电平必须大于或等于 P_1 的峰值功率。

有些使用单脉冲天线的询问机，为了简化设备使用差波束 Δ 代替控制波束 Ω。有些询问机同时使用控制波束 Ω、差波束 Δ 发射询问旁瓣抑制脉冲，以便得到完备的询问旁瓣抑制性能。

由上面的介绍可以知道，为了满足询问旁瓣抑制要求，必须精心设计询问天线，确保在主波束视轴规定的方位区域内询问脉冲功率高于询问旁瓣抑制脉冲功率，同时在规定的方位区域之外的旁瓣区域确保询问旁瓣抑制脉冲功率高于询问脉冲功率。

通常询问旁瓣抑制功能是依靠硬件设计技术指标来完成的，通过精心设计、调试询问天线方向图、精准控制询问脉冲功率来实现，技术难度较大。下面介绍一种通过硬件和软件实现询问旁瓣抑制功能的方案，该方案允许适当放松对硬件设计指标的要求。

典型的询问天线方向图如图 4.13 所示，它由和波束、差波束及控制波束组成。和波束、差波束方向图的交叉点之间的波束宽度定义为方位分辨力，即和波束交叉点的方位角宽度，交叉点内的应答机将产生应答信号，交叉点之外的应答机不会产生应答信号。

为了控制和波束宽度，引入一个差波束加权系数 k_Δ，将差波束加权系数 k_Δ 乘以差波束信号测量功率 P_Δ，乘积 $k_\Delta \times P_\Delta$ 与和波束信号测量功率 P_Σ 的交叉点决定了和波束宽度。这样，通过调节差波束加权系数 k_Δ 就可以调节波束交叉点之间的波束方位角宽度。当差波束加权系数 k_Δ 大于 1 时，差波束幅度将升高，从而使得交叉点之间的波束宽度变窄。如果使用控制波束实现询问旁瓣抑制功能，那么也可以使用控制波束加权系数 k_Ω 抬高控制波束方向图，调整和波束方位角宽度。

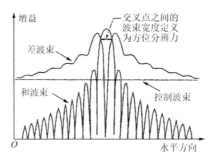

图 4.13　典型的询问天线方向图

为了实现询问旁瓣抑制功能，应答机将差波束加权系数 k_Δ 与控制波束加权系数 k_Ω 存入应答机的加权系数存储器。询问机在发射询问信号时，将加权系数存储器地址代码作为询问信息数据发送给应答机，应答机根据接收到的加权系数存储器地址代码，从存储器中读出对应的加权系数（k_Δ 和 k_Ω），执行询问旁瓣抑制功能。为了降低信息传输错误率，询问机将对加权系数存储器地址代码进行纠检错编码。

应答机接收到询问信号后经过载波信号解调、询问信息数据译码，进行加权系数存储器地址代码纠检错译码，得到加权系数存储器地址代码，从加权系数存储器中读出加权系数 k_Δ 和 k_Ω。通过脉冲幅度检测得到接收的和波束测量功率 P_Σ、差波束测量功率 P_Δ 和控制波束测量功率 P_Ω。

应答机按照以下准则执行询问旁瓣抑制功能。

（1）当满足条件 $P_\Sigma \geq k_\Delta P_\Delta$ 且 $P_\Sigma \geq k_\Omega P_\Omega$ 时，应答机确认询问信号来自询问天线和波束，为有效询问，发射应答信号。

（2）当满足条件 $k_\Delta P_\Delta > P_\Sigma$ 或 $k_\Omega P_\Omega > P_\Sigma$ 时，应答机确认询问信号来自询问天线旁瓣，拒绝发射应答信号。

采用差波束和控制波束进行询问旁瓣抑制处理的流程图如图 4.14 所示。

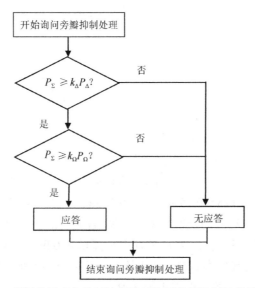

图 4.14　采用差波束和控制波束进行询问旁瓣抑制处理的流程图

由此可知，通过改变波束控制加权系数，就可以改变询问旁瓣抑制有效波束宽度，降低询问天线方向图设计要求和询问脉冲功率控制精度要求。但是，这种询问旁瓣抑制处理方法的基本要求是，询问通信链路必须具有询问信息数据传输能力，能将加权系数准确地从询问机传输到应答机。

4.2.7　功率自适应控制

询问分系统发射机的发射功率是按照系统最大工作距离设计的。满功率发射可以触发询问天线主波束范围内的所有目标应答机，其中包括询问天线主波束方向最远距离的目标。同时触发旁瓣方向的近距离应答机发射应答信号，这样将形成大量的系统干扰。为了减少系统干扰，二次雷达敌我识别系统采用了功率自适应控制技术。所谓功率自适应控制，是指根据已知的目标距离，选择对应的发射功率对该目标进行询问。对近距离目标使用低功率询问，不会触发远距离目标和旁瓣方向的应答机发射应答信号，从而减少了系统干扰。

按照电磁波在自由空间传播的方程，辐射功率与电磁波传播距离的平方成正比。对于指定的应答机灵敏度，传播距离每增加一倍，要求发射机发射功率提高 6dB。如果系统最大的询问距离为400km，那么询问天线旁瓣电平比和波束方向最高增益低18dB。在这种条件下，发射机使用满功率发射询问信号，在旁瓣方向 50km 以内的应答机都将被触发产生应答信号，造成系统内部干扰，并导致这些应答机被占据。如果按照目标距离设置发射机发射功率，对远距离目标使用高功率询问，对近距离目标使用低功率询问，询问近距离目标时远距离应答机和旁瓣方向的应答机就不会被触发产生应答信号。

功率自适应控制技术的应用与二次雷达系统工作方式有关，它适用于二次雷达敌我识别系统。因为二次雷达敌我识别系统的任务是对一次雷达探测到的目标进行敌我属性识别。一次雷达发现目标后，将该目标的距离和方位角告知二次雷达敌我识别系统，二次雷达敌我识别系统根据该目标的距离控制询问功率。这样，远距离应答机就不会被触发产生应答信号。但是，二次监视雷达不能采用功率自适应控制技术，因为它的工作任务是监视询问天线和波束方向内的所有目标，必须发射满功率询问信号，这也是二次监视雷达的系统干扰比二次雷达敌我识别系统严重的原因之一。

功率自适应控制技术的功率控制是利用可编程功率衰减器或调整功率放大器的输出功率来实现的，因此发射机输出功率通常采用步进方式控制。在设计时，首先将询问机的工作范围按照距离划分为几个连续的区间，按照距离每增加一倍发射功率提高 6dB 的规律，设置每个距离区间对应的发射功率或功率衰减量；然后利用可编程只读存储器，将每个距离区间所需的发射功率或功率衰减量的控制代码存储起来。询问机在工作时，只要获得目标的距离参数，就可通过查表方法读出可编程只读存储器中对应的发射功率控制代码，选择对应的功率衰减量，实现功率自适应控制。如表 4.2 所示，将询问机的工作范围划分为 4 个区间，即$(0.5\sim1)R_{max}$、$(0.25\sim0.5)R_{max}$、$(0.125\sim0.25)R_{max}$ 和 $<0.125R_{max}$。其中，R_{max} 是二次雷达敌我识别系统最大识别距离。每个区间对应的发射功率和功率衰减量如表 4.2 所示。在$(0.25\sim1)R_{max}$ 区间内，使用的发射功率为满功率 P_{max}，对应的功率衰减量为 0dB；在$(0.25\sim0.5)R_{max}$ 区间内，使用 $0.25P_{max}$，对应的功率衰减量为 6dB，以此类推。表 4.3 所示为功率衰减步进量为 3dB 的功率自适应控制参数，这时功率控制误差小于 3dB。

表 4.2　功率衰减步进量为 6dB 的功率自适应控制参数

目标距离/km	$(0.5\sim1)R_{max}$	$(0.25\sim0.5)R_{max}$	$(0.125\sim0.25)R_{max}$	$<0.125R_{max}$
发射功率/w	P_{max}	$0.25P_{max}$	$0.0625P_{max}$	$0.0156P_{max}$
功率衰减量/dB	0	6	12	18

表 4.3　功率衰减步进量为 3dB 的功率自适应控制参数

目标距离/km	$(1\sim0.7)R_{max}$	$(0.7\sim0.5)R_{max}$	$(0.5\sim0.35)R_{max}$	$(0.35\sim0.25)R_{max}$	$(0.25\sim0.18)R_{max}$	$(0.18\sim0.125)R_{max}$	$<0.125R_{max}$
发射功率/w	P_{max}	$0.5P_{max}$	$0.25P_{max}$	$0.125P_{max}$	$0.0625P_{max}$	$0.031\,25P_{max}$	$0.015\,625P_{max}$
功率衰减量/dB	0	3	6	9	12	15	18

4.3　经典接收机

二次雷达系统询问机经典接收机组成原理框图如图 4.15 所示。该接收机是一个典型的超外差接收机，由选频滤波器、限幅器、低噪声放大器、程控衰减器、混频器、中频滤波器、对数中频放大器和视频检波器组成。选频滤波器的选择需要满足镜频抑制和带外抑制的要求。例如，当二次监视雷达的接收带宽为(1090±5)MHz 时，若信号频率低于 1078MHz 或高于 1102MHz，则选频滤波器的带外抑制≥40dB；若信号频率低于 1065MHz 或高于 1115MHz，则选频滤波器的带外抑制≥60dB。限幅器必须承受来自发射机的泄漏功率，保护接收机不被烧毁。低噪声放大器的增益一般低于 20dB，噪声系数一般为 1.5～3dB。程控衰减器用来实现时间灵敏度控制功能。

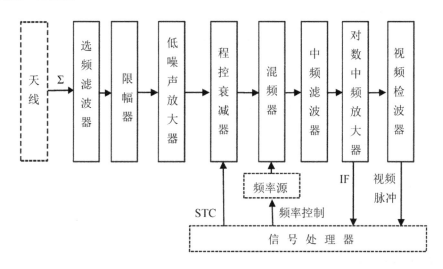

图 4.15　二次雷达系统询问机经典接收机组成原理框图

对数放大器的主要功能是将输入信号的幅度放大，并在输入信号动态（幅度变化）范围为 60～70dB 的条件下，将输出信号幅度变化压缩在 A/D 转换器动态范围内（十几分贝范围内），确保 A/D 转换器采集到完整的接收信号幅度信息，同时不能丢失相对变化的幅度信息。

对数放大器主要技术指标包括接收信号动态范围、对数斜率、对数精度等。下面介绍经典接收机的主要技术指标及有关单元的设计。

4.3.1　噪声系数

热噪声是影响信号传输质量的主要自然干扰之一。它是由导电材料中电子、等离子等带电粒子热运动产生的。由于带电粒子的热运动是大量独立随机事件，因此热噪声具有高斯分布随机统计特性。热噪声的频谱分布在高于 10^6MHz 时才会减小。在一般的通信系统工作频率范围内，热噪声的频谱是均匀分布的，就像白色光的频谱在可见光的频谱范围内均匀分布那样。所以，通常又把热噪声叫作高斯白噪声，"高斯"是指噪声的概率分布统计特性，"白"是指噪声的频谱分布特性。接收机输入端噪声功率 P_n 为

$$P_n = N_0 B_n = k T_e B_n \tag{4.3}$$

式中，玻耳兹曼常数 $k = 1.38 \times 10^{-23}$ J/K；T_e 为电路等效噪声温度（K）；B_n 为等效噪声带宽；噪声功率谱密度 $N_0 = k T_e$。

在工程中经常使用噪声系数NF描述电路和器件的热噪声性能，因为它是一个可以测量的参数。下面推导噪声系数 NF 与电路等效噪声温度 T_e 的关系。噪声系数测试框图如图 4.16 所示。放大器增益为 G，输入信号功率为 P_s，输入噪声功率 $P_n = k T_s B_n$，其中 T_s 是噪声源噪声温度。放大器输出噪声功率 P_N 由两部分组成：第一部分为噪声源的输出噪声功率；第二部分为放大器本身产生的输出噪声功率。用放大器输入端的等效噪声温度 T_e 表示，放大器输出噪声功率 P_N 为

$$P_N = G(T_s + T_e) k B_n \tag{4.4}$$

放大器的输入信噪比为

$$(\text{SNR})_i = \frac{P_s}{k T_s B_n} \tag{4.5}$$

放大器的输出信噪比为

$$(\text{SNR})_o = \frac{G P_s}{G k T_s B_n + G k T_e B_n} \tag{4.6}$$

放大器噪声系数 NF 定义为输入信噪比/输出信噪比，即

$$\text{NF} = \frac{(\text{SNR})_i}{(\text{SNR})_o} = 1 + \frac{T_e}{T_s} \tag{4.7}$$

由式（4.7）可得，等效噪声温度 T_e 为

$$T_e = (\text{NF} - 1) T_s \tag{4.8}$$

噪声功率谱密度 N_0 为

$$N_0 = k T_e = k(\text{NF} - 1) T_s \tag{4.9}$$

式中，NF 是倍数，不是分贝数；T_s 是生产厂家出厂测量时测得的噪声源噪声温度，而不是设备工作温度。

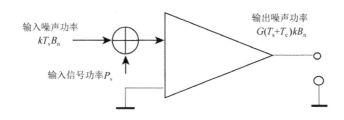

输入噪声功率
kT_sB_n

输入信号功率P_s

输出噪声功率
$G(T_s+T_e)kB_n$

图 4.16　噪声系数测试框图

4.3.2　接收机带宽

设计接收机带宽的目的是抑制邻近信道信号干扰，滤除带外噪声，提高接收信噪比，同时接近无失真地通过有用信号。通常利用射频滤波器和中频滤波器对接收机带宽进行限制。射频滤波器的主要作用一方面是滤除镜频干扰信号，阻止它进入混频器产生中频同频干扰；另一方面是抑制带外的大功率干扰信号，以避免造成接收机前端饱和甚至被烧毁。中频滤波器的选择性比射频滤波器好，可以进一步滤除邻近信道信号干扰和接收机热噪声。因此，接收机带宽实际上是由中频滤波器带宽决定的。

若中频滤波器的带宽太窄，则会带来信号失真，产生信号解调损失。为此，可以适当放宽中频滤波器的带宽，以降低信号失真。同时，在视频检波后进一步进行视频滤波，以提高视频输出信噪比。

理想的带通滤波器应具有以下特征：带宽尽可能宽，以便在频率变化时足以通过载波信号和边带调制信息，同时带内插入损耗最低；带内群时延波动最小（或者呈现线性相移特性），以降低信号包络失真；带外衰减应变化急剧，以降低带外干扰信号和接收机热噪声的影响。

然而，实际滤波器很难同时满足上述理想特性。高斯滤波器带内群时延波动小，但是带外衰减变化缓慢；切比雪夫滤波器带外衰减变化急剧，但是带内群时延波动大。因此，只能折中设计滤波器特性，使它的带内特性类似于高斯滤波器，带外特性类似于切比雪夫滤波器。

接收机带通滤波器带宽选择取决于以下 3 个因素。

（1）接收信号载波频率漂移：因为二次监视雷达和二次雷达敌我识别系统的应答机发射信号频率通常采用 LC 振荡器产生，应答信号载波频率变化为±3MHz。

（2）接收信号调制边带带宽：脉冲信号的 3dB 调制带宽为 $0.75(1/\tau)$，其中 τ 为脉冲宽度，二次监视雷达应答脉冲最小脉冲宽度为 0.35μs，调制边带带宽为 2.1MHz。

（3）带通滤波器的中心频率随环境温度变化漂移：在环境温度为−40～+50℃的条件下，LC 中频带通滤波器的频率漂移通常为中心频率的±0.5%。这样，60MHz 中频滤波器的中心频率变化就为±300kHz。

综上所述，接收机带宽应当大于或等于 8.7MHz。选择 8.7MHz 的中频带宽，相对于 2.1MHz 的调制边带带宽，中频信噪比降低了 5dB。但是，将检波后的视频带宽进一步降低到 2.1MHz，5dB 的中频损失就补偿回来了。

4.3.3　接收机灵敏度

不同的通信系统定义的接收机灵敏度有所不同，二次监视雷达和二次雷达敌我识别系统的接收灵敏度为译码灵敏度（MDL），即接收机的译码概率为95%时所对应的接收机输入端的最小信号电平。二次监视雷达接收机的译码灵敏度一般为-85dBmW或者更高。由于测量接收机的译码灵敏度必须使用专用的测量设备并按照实际工作条件进行测量，因此很不方便。

脉冲信号接收机通常使用正切灵敏度这个概念。如图4.17所示，正切灵敏度是指输出的信号脉冲幅度与无信号区间的噪声平均峰值电平相等时所对应的接收机输入端的信号电平。正切灵敏度的优点是灵敏度测量简单、方便，只需一个标准的脉冲信号源和一个示波器即可完成测量；缺点是测量误差较大，因为会受到示波器亮度、人对噪声幅度的主观判断等影响，加之对数中频放大器压缩了示波器垂直刻度，所以会直接影响到测量的精准度。正切灵敏度方法是一种主观方法，不同的人测量得到的结果有可能不同。正切灵敏度所对应的信噪比为(8±2)dB。

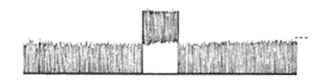

图4.17　正切灵敏度

使用测量脉冲检测效率的方法测量接收机灵敏度是比较实际的，可以避免人为主观因素的影响。该方法使用一台已校准的脉冲信号发生器和计数器即可完成灵敏度测量。该方法对灵敏度的定义是，脉冲信号发生器发射N个脉冲，在接收机输出端接收到n个脉冲，当比值$n/N=95\%$时，所对应的接收机输入端信号电平就是灵敏度。下面将介绍接收机灵敏度计算方法。

接收机灵敏度与接收机输入信噪比有关，用分贝表示时，接收机输入信噪比定义为

$$(\text{SNR})_i = 10\lg(P_s/P_n) \tag{4.10}$$

式中，P_s为接收机输入信号功率；P_n为接收机输入端的噪声功率，单位为W。用分贝表示时，数字信号定义输入信噪比如下：

$$(\text{SNR})_i = 10\lg(E_b/N_o) \tag{4.11}$$

式中，E_b为接收机输入信号比特能量，单位为J，$E_b=P_sT$，其中T为数字比特持续时间；N_o为接收机输入端噪声功率谱密度，单位为W/Hz。

将等效噪声温度T_e和等效噪声带宽B_n代入式（4.10）可得，接收机输入信噪比对数表达式为

$$(\text{SNR})_i = P_s - 10\lg KT_e - 10\lg B_n \tag{4.12}$$

当使用噪声系数表示等效噪声温度时，接收机输入信噪比为

$$(\text{SNR})_i = P_s - 10\lg k(\text{NF}-1)T_s - 10\lg B_n \tag{4.13}$$

二次雷达询问接收机译码灵敏度为译码概率等于95%时所对应的接收机输入信号电平，由式（4.13）可得，二次雷达询问接收机译码灵敏度P_{rmin}为

$$P_{rmin} = (\text{SNR})_{imin} + 10\lg k(\text{NF}-1)T_s + 10\lg B_n \tag{4.14}$$

式中，$(\text{SNR})_{imin}$为译码概率等于95%时所对应的接收机输入信噪比。由此可知，为了计算接收机译码灵敏度，必须先确定接收机要求的最低信噪比$(\text{SNR})_{imin}$，最低信噪比与信号波形调制

解调方案、编码方式等有关。例如，A/C 模式二次监视雷达采用的是 ASK 调制和脉冲编码方案，首先根据它要求的译码概率和编码脉冲数计算单个脉冲的检测概率；然后按照解调方案计算满足单个脉冲的检测概率要求的信噪比。这样就可以根据该信噪比要求和接收机噪声系数计算接收机译码灵敏度。

已知接收机译码灵敏度，利用式（4.13）可以计算接收机输入信噪比。一般情况下，二次监视雷达接收机译码灵敏度是-115dBW，二次雷达敌我识别系统接收机译码灵敏度为-110dBW。当接收机噪声系数 NF=3dB，等效噪声带宽 B_n=10MHz 时，由式（4.13）可得二次监视雷达的输入信噪比 $(SNR)_{imin}$=+20dB，二次雷达敌我识别系统的输入信噪比 $(SNR)_{imin}$=+25dB。由此可知，与其他通信系统相比，二次雷达系统的输入信噪比是比较高的。

4.3.4　对数中频放大器

二次监视雷达要求在接收信号动态范围内能够达到系统需要的性能。接收信号动态范围定义是 10lg（最大输入信号/最小输入信号），单位为 dB。二次监视雷达接收信号的动态范围一般为 70dB，接收信号电平范围为-15～-85dBmW，即接收信号电压幅度变化范围为 12.6μV 到 40mV，电压幅度变化达 3000 多倍。由于接收信号电平变化太大，信号处理单元很难直接对信号进行幅度采样，因此要求对数中频放大器压缩输入信号的动态范围，将幅度变化为几千倍的输入信号压缩到幅度变化为几倍的输出信号，同时不能丢失信号的相对幅度信息。

当某对数放大器的最小输入信号电平为-AdBmW 时，输出信号峰值为(300±50)mV，当接收信号动态范围为 60dB，最大输入信号为电平(-A+60)dBmW 时，对数中频放大器的输出峰值为(1900±100)mV。对数放大器输出信号幅度与输入信号功率的对数成正比，对数曲线斜率为 1600mV/60dB≈26.7mV/dB，对数精度为 0.5dB。动态范围为 60dB 的输入信号经过对数放大器放大之后，输出信号的动态范围仅为 16dB。这样就便于 A/D 转换器直接进行脉冲幅度采样。

采用对数放大器是压缩输入信号动态范围的较好措施，其优点如下。

（1）对数放大器的输出信号幅度与输入信号功率的对数成正比。对数放大器输入输出特性如图 4.18 所示，纵坐标（算术刻度）表示对数放大器的输出信号幅度 A_0，单位是 V；横坐标（对数刻度）表示对数放大器输入信号功率 P_i 的对数值 $10\lg P_i$，单位是 dBmW。理想的对数放大器输出信号幅度与输入信号功率的对数呈线性关系。因此，保留了应答脉冲的相对幅度信息，不会出现类似于限幅放大器的强信号抑制弱信号，甚至吞噬弱信号的现象。

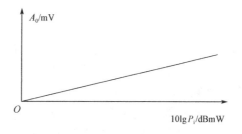

图 4.18　对数放大器输入输出特性

（2）采用对数放大器可以压缩接收信号的动态范围，便于 A/D 转换器采集脉冲幅度信息，且不会丢失脉冲幅度相对变化信息。因为一般的 A/D 转换器的动态范围只有 20～30dB，60dB 的输入信号已经超过了 A/D 转换器的采集范围，但是经过对数放大器放大后，输出信号的动态范围是 16dB(300～1900mV)，A/D 转换器可以采集。

（3）使用对数放大器可以准确地完成脉冲宽度的采集。应答信号的脉冲宽度信息是信号处理中一个极其重要的参数。根据脉冲宽度信息可以判别相互重叠的脉冲数量及它们的位置，并且可以避免弱信号被吞噬。脉冲宽度是脉冲顶峰幅度下降一半所对应的脉冲前沿和脉冲后沿位置的间距，正是脉冲顶峰降低 6dB 处，因此可将脉冲幅度降低 6dB 作为脉冲宽度测量比较器的基准电平。这样，无论脉冲幅度如何变化，都可以准确测得脉冲宽度和脉冲位置。

（4）使用对数放大器可使信号处理得到一定程度的简化。进行对数放大器输出信号的幅度信息处理，可以用减法运算代替除法运算，用加法运算代替乘法运算。例如，在进行单脉冲测角处理时，和差比值就可用减法运算得到。

对数放大方案主要有三种。

第一种方案是使用具有大动态范围的接收机。它先利用大动态线性中频放大器将信号放大，然后使用视频形成电路将检测到的线性视频信号转换成对数视频信号。采用这种方式的对数放大方案，放大性能受到放大器和线性检波器动态范围及视频形成电路过渡特性的限制，动态范围只能做到 30～40dB。

第二种方案是普遍使用对数中频放大器。它由 n 级可输出视频检波信号的中频放大器级联而成，每级中频放大器的增益大约为 12dB，输入信号电平超过给定值之前为线性放大状态，超过给定值之后它的增益为 0dB，输出电压为 ΔA。将每级中频放大器输出的视频检波信号相加得到放大器的输出视频信号，其最大输出电压为 $n\Delta A$。当输入信号电平非常微弱时，末级中频放大器还没有进入饱和状态，放大链的最大增益与线性接收机一样。随着输入信号电平增加，末级中频放大器首先进入饱和状态，放大器的输出电压为 ΔA。输入信号电平进一步增加，末级中频放大器增益为 0dB，放大器输出电压保持 ΔA 不变，放大链的增益不包括末级中频放大器的增益。进一步增加输入信号电平，倒数第 2 级中频放大器进入饱和状态，放大器的输出电压为 $2\Delta A$。以此类推，更多的中频放大器将逐渐从末级向前级进入饱和状态，放大链的增益将进一步降低，输出电压逐步增大。最大输入信号幅度出现在第 1 级中频放大器进入饱和状态时，这时放大器输出电压增大到 $n\Delta A$。也就是说，输入信号电平每增加 12dB，放大器输出电压增大 ΔA，因为每级中频放大器在进入饱和状态之前都呈线性放大状态，所以输出电压与输入信号电平的对数呈线性关系，对数曲线斜率为 $\Delta A/12$mV/dB。这样就得到了较为精确的对数放大特性。

采用这种方式，各级中频放大器输出的视频检波信号之间存在一定的延时差，对输出视频波形有一定的影响。同时，各级中频放大器都处于线性放大或饱和两种工作状态，电路的相位特性变化比较大。此外，这种对数中频放大器的带通滤波器只能安排在放大链之前，因为它的输出视频信号是由各级视频检波信号相加得到的。

第三种方案是使用"真对数放大器"。它由多级真对数中频放大器级联而成，每级真对数中频放大器具有两种工作模式：当输入信号小于某个门限值时，为中频信号线性放大模式，增益约为 12dB；当输入信号超过门限值时，为精确的零增益工作模式。将多级真对数中频放大器级联在一起，可以得到较为精确的对数中频放大特性。最后通过中频检波器将对数放大器的输出中频信号转换为视频信号。与对数中频放大器相比，真对数中频放大器输出的中频信号具有较精确的对数特性，它的相位特性比较好，可以用作单脉冲测角接收机的中频放大器。

4.3.5　接收旁瓣抑制

按照干扰信号的传输路径，二次监视雷达或二次雷达敌我识别系统的内部干扰可分为来自询问天线旁瓣的干扰和来自询问天线和波束的干扰。来自询问天线和波束的干扰是指，当和波束方向内存在多个目标时，这些目标的应答机接收到询问信号（包括本地询问机和其他询问机发射的询问信号）都会发射应答信号，这些应答信号到达询问机接收机时，相互交错或重叠造成接收信号之间相互干扰。这种干扰是不可避免的，要求询问机运用先进的信号处理技术从这些信号中提取有用的应答信号，完成目标距离和方位角测量。

有的干扰信号来自询问天线旁瓣。旁瓣方向的应答机接收到询问信号后发射的应答信号通过旁瓣进入接收机形成的干扰信号，叫作旁瓣接收干扰信号。询问机可采用接收旁瓣抑制（RSLS）技术来抑制旁瓣接收干扰信号。该技术要求询问机使用 2 个独立的接收通道：一个用于接收单脉冲天线和波束 Σ 信号；另一个用于接收单脉冲天线差波束 Δ 信号或旁瓣控制波束 Ω 信号。和波束与控制波束方向图如图 4.19（a）所示，和波束与差波束方向图如图 4.19（b）所示。在和波束方向内，和波束 Σ 天线增益高于控制波束 Ω 和差波束 Δ 天线增益；在和波束方向之外的所有旁瓣方向上，控制波束 Ω 和差波束 Δ 天线增益高于和波束 Σ 天线增益。询问机比较由 2 个通道接收到的信号幅度，即可知道接收信号是否来自和波束方向。当和波束接收信号幅度超过控制波束或差波束接收信号幅度 9dB 时，信号来自和波束方向，是有效应答信号，询问机对接收到的应答信号继续进行处理；当控制波束或差波束接收信号幅度大于和波束接收信号幅度时，信号来自旁瓣方向，询问机放弃对该应答信号的处理。

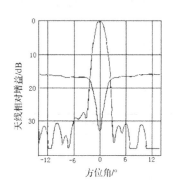

（a）和波束与控制波束方向图

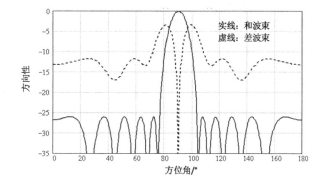

（b）和波束与差波束方向图

图 4.19　接收旁瓣抑制天线方向图

为了简化设备，大多数询问机使用双通道接收旁瓣抑制技术，即采用和波束 Σ 与差波束 Δ 或和波束 Σ 与控制波束 Ω 来完成接收旁瓣抑制功能。在这种情况下，需要使用两个接收机和一个双通道旋转关节。高性能二次监视雷达询问分系统使用三通道接收旁瓣抑制技术，即同时采用和波束 Σ、差波束 Δ 和控制波束 Ω 来完成接收旁瓣抑制功能。在这种情况下，要求使用三个接收机（和波束接收机、差波束接收机和控制波束接收机）和一个三通道旋转关节。

4.3.6 时间增益控制

询问机接收到的目标应答信号强度与距离有关，距离减小一半，接收到的应答信号将增强 6dB。询问机接收机灵敏度是按照电磁波在自由空间传播的方程，根据系统最大工作距离等因素设计的。串扰信号及经过其他反射路径产生的应答信号都将造成系统内部干扰。采用时间增益控制（GTC）技术之后，接收机按照工作距离控制灵敏度，那些干扰电平不能超过接收机门限值的串扰信号和多径干扰信号将会被抑制，这样就减少了接收机的干扰。由于二次监视雷达和二次雷达敌我识别系统工作方式有所不同，因此它们的灵敏度控制方式也有一定的差异。二次雷达敌我识别系统采用灵敏度自适应控制技术，二次监视雷达采用时间增益控制技术。

所谓灵敏度自适应控制，是指根据已知的目标距离，选择对应的接收机灵敏度接收该目标的应答信号。它的工作过程与发射机的功率自适应控制过程类似。一次雷达发现目标后，将该目标的距离和方位角告知二次雷达敌我识别系统，系统根据该目标的距离设置接收机灵敏度，接收该目标的应答信号。灵敏度自适应控制方案的设计与功率自适应控制方案的设计一样，首先将接收机工作范围按照距离划分为几个连续的区间，并根据工作距离每增加一倍灵敏度降低 6dB 的规律设置每个距离区间对应的接收机灵敏度或对应的接收信号衰减量。然后利用可编程只读存储器存储每个距离区间的接收信号衰减量控制代码。当接收到一次雷达触发脉冲后，二次雷达敌我识别系统根据目标距离，通过查表的办法得到对应的衰减量控制代码，设置衰减量，然后对该目标进行敌我属性识别。

二次监视雷达不适合采用灵敏度自适应控制技术，因为它在一次询问过程中需要监视询问天线和波束方向所有工作距离的目标，包括远距离目标和近距离目标。因此，它通常采用时间增益控制技术，以询问触发脉冲前沿作为每次询问的参考时间，按照工作距离每增加一倍灵敏度提高 6dB 的规律来提高接收机灵敏度，直至达到接收机最高灵敏度。典型的二次监视雷达时间增益控制规律如表 4.4 所示。

表 4.4　典型的二次监视雷达时间增益控制规律

距离/海里	可编程衰减量/dB	最小检测灵敏度/dBmW
1	36	−44
2	30	−50
4	24	−56
8	18	−62
16	12	−68
32	6	−74
64	0	−80

二次监视雷达需要监视全空域（360°方位角空域）的目标，其时间增益控制精度要求高。因此，在设计二次监视雷达时间增益控制方案时，可将 360°方位角空域划分成 32 个扇面，

每个扇面 11.25°；将距离划分为 32 个相等的可编程距离单元，每个距离单元为 2 海里。首先，按电磁波在自由空间传播的方程，计算出每个距离单元内的可编程衰减量，同时考虑周边的反射环境，在反射干扰比较强的方位角和距离单元内再增加 6dB 衰减量。然后，利用可编程只读存储器存储各个方向每个距离单元的接收信号衰减量控制代码，通过查找接收信号衰减量控制代码设置对应的衰减量，完成二次监视雷达全空域灵敏度控制。最后，根据每个距离单元的距离和不同工作模式的应答延时，以询问触发脉冲前言为基准时间，计算本次询问的应答信号到达接收机的时刻，并将这个时刻作为对应的只读存储器地址，以便按时间顺序控制接收信号衰减量。

降低接收机增益可通过在射频放大器中插入一个射频衰减器，或者在中频放大器中插入一个中频衰减器来实现。但是，最简便的方法是在对数接收机输出端插入一个可编程视频衰减器。

4.4　单脉冲接收机

从理论上讲，单脉冲技术使用一个接收脉冲就可以完成目标方位角测量。因此，单脉冲二次雷达系统出现后得到了迅速的推广。根据和、差信号的特性，使用不同的组合可以形成各种各样的单脉冲测角方案，但归纳起来主要分为幅度单脉冲和相位单脉冲两种测角方案。幅度单脉冲接收机直接利用和、差信号的幅度信息比值测量目标偏离视轴的方位角数据，并利用和、差信号的相位关系判别目标位于视轴左侧还是右侧。相位单脉冲接收机将接收信号的幅度信息转换为相位信息，通过测量相位得到目标偏离视轴的方位角数据。下面介绍这两种单脉冲接收机。

4.4.1　幅度单脉冲接收机

由 2.4.1 节单脉冲测角原理可知，单脉冲天线输出的矢量和信号 V_Σ 与矢量差信号 V_Δ 分别为

$$V_\Sigma = V_L + V_R = 2Vf(\theta)\cos\left(\frac{\varPhi}{2}\right) = 2Vf(\theta)\cos\left(\frac{\pi}{\lambda}D\sin\theta\right) \tag{4.15}$$

$$V_\Delta = V_L - V_R = 2\mathrm{j}Vf(\theta)\sin\left(\frac{\varPhi}{2}\right) = 2\mathrm{j}Vf(\theta)\sin\left(\frac{\pi}{\lambda}D\sin\theta\right) \tag{4.16}$$

式中，D 为两个天线相位中心之间的距离；θ 为目标偏离视轴的方位角；λ 为接收信号工作波长。

幅度单脉冲接收机工作原理图如图 4.20 所示。幅度单脉冲接收机是一种双通道外差接收机，由高频放大器、混频器、本地振荡器、对数中频放大器、检相器和幅度减法器组成。来自混合环的和信号 V_Σ 与差信号 V_Δ 首先分别经高频放大器放大和混频器混频得到 60MHz 的中频信号，然后经各自的对数中频放大器放大后，送到幅度减法器和检相器进行处理。幅度减法器输出和、差信号幅度比值，用来查找目标偏离视轴的方位角 θ。检相器输出信号将指示目标

偏离视轴的方向。

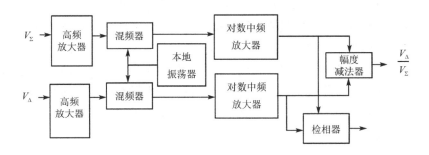

图 4.20　幅度单脉冲接收机工作原理图

由于采用了对数中频放大器，因此可用减法运算实现除法运算。幅度减法器输出的信号幅度就是和、差信号幅度比值，即

$$\lg V_\Delta - \lg V_\Sigma = \lg \left| \frac{V_\Delta}{V_\Sigma} \right| = \lg \left| \tan\left(\frac{\pi}{\lambda} D \sin\theta\right) \right| \tag{4.17}$$

由此可知，只要知道和、差信号幅度比值，使用式（4.17）即可计算出目标偏离视轴的方位角 θ（OBA 值）。但是，由于各天线方向图总会存在某些差异，因此必须对天线进行校准，从而得到 OBA 值与和、差信号幅度比值的对应图表，并将其存储在只读存储器中。和、差信号幅度比值作为存储器地址，该存储器存储的内容为对应的经过校准的 OBA 值。幅度单脉冲接收机的工作过程如下：首先根据幅度减法器输出的和、差信号幅度比值，从对应的存储器中查找目标的 OBA 值，然后加上来自天线转台的天线视轴方位角数据，即可得到目标的方位角数据。

由于和、差信号为正交信号，并且当目标跨过视轴时，差信号的相位将反相 180°，因此，利用相位检波器测量和、差信号的相位差可以分辨目标方向，解决天线偏离视轴存在的方向模糊问题。

在幅度单脉冲接收机中，目标方位角是从天线转台码盘中得到的天线视轴的方位角加上单脉冲测量得到的 OBA 值。因此，天线电气视轴的稳定性比天线机械中心的稳定性更为重要。因为差信号在天线电气视轴方向有一个零深，所以接收机的误差几乎不影响它的视轴方向。由于和、差信道增益不平衡将产生方位角测量误差，因此要求两个信道的增益在整个动态范围内和工作温度变化时应保持一致。对于对数中频放大器而言，要求在 80dB 接收信号动态范围内，对数误差小于±0.5dB。

幅度单脉冲方位角测量精度取决于四个方面：一是询问机天线方向图变化引入的误差；二是天线转台角度数据读出误差产生的视轴方位角误差；三是幅度单脉冲接收机两路接收信道增益不一致带来的和、差信号幅度比值测量误差，这将导致视轴偏离角测量误差；四是方位角数据量化引入的误差。

4.4.2　相位单脉冲接收机

最简单的相位单脉冲接收机直接测量天线输出信号 V_L 和 V_R 的延迟相位差 Φ，通过测量的相位差得到目标偏离视轴的方位角数据，如图 4.21 所示。

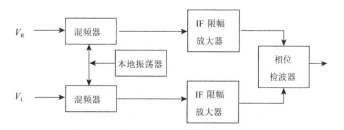

图 4.21　最简单的相位单脉冲接收机

由 2.4.1 节可知，左侧天线输出信号为 V_L，即

$$V_L = Vf(\theta) \tag{4.18}$$

右侧天线输出信号的矢量形式可表示为

$$V_R = V e^{-j\Phi} f(\theta) \tag{4.19}$$

式中，V 为信号幅度；$f(\theta)$ 为天线辐射单元方向图因子。V_L 和 V_R 的延迟相位差 Φ 与信号到达方向角 θ 的关系为

$$\Phi = \frac{2\pi}{\lambda} D\sin\theta \tag{4.20}$$

由此可知，直接测量天线输出信号 V_L 和 V_R 的延迟相位差 Φ，利用式（4.20）可以计算目标偏离视轴的方位角 θ（OBA 值）。当目标位于视轴方向时，V_L 与 V_R 的延迟相位差 Φ 为零，随着目标逐渐偏离视轴方向，延迟相位差 Φ 增大。

这种方案没有得到推广使用。首先是 V_L 与 V_R 比 V_Σ 低 6dB，这种接收机的灵敏度比上述幅度单脉冲接收机低 6dB。同时，只用一个相位检波器，相位测量范围为 $\pm\pi/2$，不能测量和波束范围内所有目标的方位角数据。因为和波束信号的天线阵列方向图因子为 $\cos(\Phi/2)$，当 Φ 的测量范围为 $\pm\pi/2$ 时，$\cos(\Phi/2)=0.707$。换句话说，这种方案只能测量位于和波束 3dB 波瓣宽度内目标的方位角，不能测量位于和波束 3dB 波瓣宽度以外目标的方位角。为了测量和波束范围内所有目标的方位角，必须满足条件 $\Phi/2=\pm\pi/2$，即 Φ 测量范围为 $\pm\pi$。

下面介绍一种得到广泛使用的半角相位单脉冲接收机，它利用两个相位检波器实现 $\Phi=\pm\pi$ 的相位测量。如图 4.22 所示，将和、差信号变换成以下两个复数信号：

$$V_+ = V_\Sigma + jV_\Delta = 2Vf(\theta)\left[\left(\cos\frac{\Phi}{2}\right) + j\sin\frac{\Phi}{2}\right] = 2Vf(\theta)e^{j\frac{\Phi}{2}} \tag{4.21}$$

$$V_- = V_\Sigma - jV_\Delta = 2Vf(\theta)\left[\left(\cos\frac{\Phi}{2}\right) - j\sin\frac{\Phi}{2}\right] = Vf(\theta)e^{-j\frac{\Phi}{2}} \tag{4.22}$$

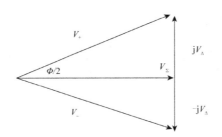

图 4.22　和、差信号幅度信息转换相位

由此可知，复数信号（V_+）超前和信号（V_Σ）$\Phi/2$，复数信号（V_-）滞后和信号（V_Σ）$\Phi/2$。式（4.21）和（4.22）描述了 V_+ 与 V_- 的延迟相位差 Φ 与信号到达方向角 θ 的关系，通过测量以上两个复数信号 V_+ 与 V_- 的延迟相位差 Φ，可得到目标偏离视轴的方位角 θ。这种接收机的接收信号 V_+ 和 V_- 的幅度为 $2Vf(\theta)$，与图 4.21 所示的接收机相比，接收灵敏度提高了 6dB。

为了解决延迟相位差 $\Phi = \pm\pi$ 测量范围问题，将和信号 V_Σ 作为参考信号，使用两个相位检波器分别测量 V_Σ 与 V_+、V_Σ 与 V_- 的相位来扩展延迟相位差 Φ 测量范围。每个相位检波器测量的相位范围为 $\pm\pi/2$，两个相位检波器测量的相位范围共为 $\pm\pi$。这样即可测量和波束方向范围内所有目标的方位角。

图 4.22 中的 V_Σ 与 V_+、V_- 的相位关系可以等效为如图 4.23 所示的干涉仪天线和信号 V_Σ 与 V_+、V_- 的相位关系，复数信号（V_+）超前和信号（V_Σ）Φ_2，和信号（V_Σ）超前复数信号（V_-）Φ_1。V_+ 和 V_- 的延迟相位差 Φ 等于两个基线长度为 $D/2$ 的相邻干涉仪的延迟相位差之和，即 $\Phi_1 + \Phi_2$。使用两个相位检波器分别测量 V_Σ 与 V_+ 之间的延迟相位差 Φ_2 及 V_Σ 与 V_- 之间的延迟相位差 Φ_1，即测量两个基线长度为 $D/2$ 的相邻干涉仪的延迟相位差，左边基线长度为 $D/2$ 的干涉仪的延迟相位差为 Φ_2，右边基线长度为 $D/2$ 的干涉仪的延迟相位差为 Φ_1。基线长度为 $D/2$ 的干涉仪的延迟相位差与偏离视轴的方位角 θ 的关系为

$$\Phi_1 = \Phi_2 = \frac{\pi}{\lambda} D \sin\theta \tag{4.23}$$

V_+ 和 V_- 之间的总延迟相位差为

$$\Phi = \Phi_1 + \Phi_2 = \frac{2\pi}{\lambda} D \sin\theta \tag{4.24}$$

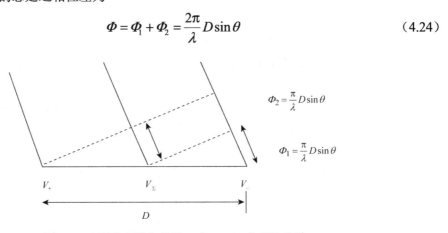

图 4.23　干涉仪天线和信号 V_Σ 与 V_+、V_- 的相位关系

因为相位检波器的测量范围是 $\Phi_1=\Phi_2=\pm\pi/2$，所以 Φ 的测量范围是 $\Phi_1+\Phi_2=\pm\pi$。也就是说，利用两个相位检波器分别测量两个基线长度为 $D/2$ 的相邻干涉仪的延迟相位差，测量范围为 $\pm\pi$，可以完成和波束方向范围内所有目标的方位角测量。目标偏离视轴的方位角 θ 为

$$\theta = \sin^{-1}\left[\frac{\lambda(\Phi_1+\Phi_2)}{2\pi D}\right] \tag{4.25}$$

由此可知，只要知道 V_+ 和 V_- 之间的总延迟相位差 Φ，使用式（4.25）即可计算出目标偏离视轴的方位角 θ（OBA 值）。为了校准各天线方向存在的某些差异，首先制作出 OBA 值与总延迟相位差 Φ 的对应图表，并将 OBA 值存储在只读存储器中。Φ 作为存储器地址，该存储器存储的内容为对应的经过校准的 OBA 值。在相位单脉冲接收机工作过程中，首先根据相位检波器输出的 Φ，从地址为 Φ 的存储器中查找目标的 OBA 值，然后加上来自天线转台的天线视轴方位角数据，即可得到目标的方位角数据。

半角相位单脉冲接收机工作原理图如图 4.24 所示。两个天线输出的信号 V_L 和 V_R 经过混合网路处理产生复数矢量信号 V_+、V_-，以及和信号 V_Σ，这三路信号首先分别经各自的高频放大器放大、混频器混频后，得到 60MHz 的中频信号；然后经限幅放大器放大后，分别送到相位检波器 1 和相位检波器 2 进行相位测量。相位检波器 1 的输出相位 Φ_2 是 V_+ 与 V_Σ 的延迟相位差，相位检波器 2 的输出相位 Φ_1 是 V_- 与 V_Σ 的延迟相位差 Φ_1，相位相加器输出相位 Φ。除了三路限幅放大器之外，另一路和信号放大器采用对数中频放大方案，为译码器提供视频信号。该接收机的灵敏度比图 4.21 所示的相位单脉冲接收机的灵敏度高 6dB。

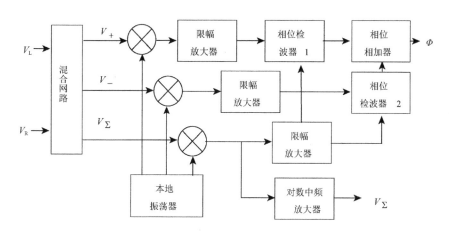

图 4.24　半角相位单脉冲接收机工作原理图

半角相位单脉冲接收机也可以通过微波混合网路处理产生和信号 V_Σ 与差信号 V_Δ，先分别经过高频放大器放大、混频器混频后得到 60MHz 的中频信号，然后利用中频混合网络产生复数矢量信号 V_+、V_-。这种方案的优点是，只需要两路接收信道，即和信号 V_Σ 接收信道与差信号 V_Δ 接收信道。

相位单脉冲接收机是通过测量信号之间的相对相位完成目标方位角测量的，因此三路限

幅放大器之间的相位稳定性和一致性非常重要。它们的相对相位漂移会导致方位角测量误差，所以在设计上要求在接收信号动态范围内，在工作温度变化、应答信号的频率漂移的情况下，三路信号之间的相对相位变化小。

相位单脉冲方位角测量精度取决于以下四个方面：一是询问机天线方向图变化引入的误差；二是天线转台角度数据读出误差带来的询问机天线视轴方位角误差；三是接收机三路信号之间相对相位变化引起的视轴偏离角测量误差；四是方位角数据量化误差。

第5章
信号处理

二次雷达信号处理器通常又叫作译码器，它的基本功能是检测目标应答机的应答脉冲，提取应答信息，完成目标距离和方位角测量，将重复询问得到的同步应答编码脉冲形成目标报告。在二次监视雷达中，目标报告在监视过程中得到进一步处理，形成飞行航迹，并在 ATC 显示器上进行显示，供空中交通管制员监视飞行区域内的所有飞机。在二次雷达敌我识别系统中，目标报告中的距离、方位角数据及相关信息被传送至指挥控制中心或一次雷达，作为目标敌我属性判别的依据。

在一台询问机对应一台应答机的情况下，信号处理工作不太困难。但是，二次雷达系统与其他通信系统最大的区别就在于，不仅会受到诸如接收机热噪声、多径干扰等来自系统外部的自然干扰的影响，还会受到系统内部产生的各种干扰的影响。由于所有询问机和应答机使用同一个询问载波频率和同一个应答载波频率，因此当一台询问机发出询问信号时，工作范围内的所有应答机都可接收到该询问信号，并发射对应的应答信号；当一台应答机发送应答信号时，工作范围内的所有询问机都可接收到该应答信号。此外，由于应答机天线的全向辐射特性，不可避免地会有应答信号通过询问天线旁瓣或背瓣进入询问机，从而造成干扰。这加剧了二次雷达系统内部干扰的影响。

一旦这些干扰脉冲与有效脉冲结合在一起，就会导致应答信号波形失真、波形参数偏离额定的容差范围，严重时甚至会导致多个脉冲连接成幅度起伏变化的宽脉冲，所以需要信号处理器在这种污染环境下分离出单个独立的有效脉冲。当两架或两架以上飞机相距很近时，它们的应答信号会混杂在一起，相互交错甚至相互重叠，很难分辨哪个脉冲属于哪组应答信号。信号处理器的一个主要任务就是从这些杂乱的脉冲串中分离出有效的应答编码脉冲，提取出对应的应答数据，并利用它进行目标距离和方位角测量。此外，为了减少系统内部的干扰，信号处理器还要完成接收旁瓣抑制处理、多径信号及多径产生的"鬼影"目标处理、脉冲错误组合产生的假目标处理，以及其他询问机触发的应答信号产生的串扰信号处理等。

为了提高目标信息的置信度和可靠性，询问机一般要在波束驻留时间内进行多次询问，得到多组应答信号。通过多组应答信号数据相关和校验处理之后，询问机将重复询问得到的同步应答编码脉冲形成目标报告。因此，信号处理器必须完成波束驻留时间内多次询问的应答编码与应答编码的相关处理。

二次监视雷达将得到的目标报告形成飞行航迹后，在监视过程中还要不断进行监视处理，以发现和纠正不完善的应答编码，并检测和消除反射信号产生的"鬼影"目标，从而得到更加完善的飞行航迹。这就是信号处理器的扫描监测处理功能。

实施二次雷达信号处理，早期设备主要采用"滑窗"处理技术，现代设备一般采用单脉冲技术。虽然单脉冲技术功能与"滑窗"处理技术功能基本相同，但是单脉冲技术的精确性和可靠性较"滑窗"处理技术有很大的提升。单脉冲技术充分利用和、差信道的脉冲幅度信息来完成目标方位角测量和应答脉冲译码。目标距询问天线越远，和、差信道的脉冲幅度越低。和波束范围内方位角不同的目标，它们的差信道脉冲幅度也不同：目标离天线视轴方向越近，差信道的脉冲幅度越小；目标离视轴方向越远，差信道的脉冲幅度越大。从工作原理上讲，单脉冲技术使用一个接收脉冲就可以完成目标方位角测量，因此可以先利用接收到的每个脉冲进行目标方位角测量，然后对利用所有脉冲测得的方位角数据进行平均，这样便可得到更加精确的目标方位角数据。这种处理方法对于测量飞机方位是很有用的，对于应答脉冲译码也是非常有帮助的。

在"滑窗"处理过程中，应答编码的有效性是通过重复询问来进行验证的。例如，为验证某架飞机应答编码的有效性，要求每种询问模式都有一定数量的应答信号。一旦发现出现相互交错的应答信号，系统就对整个应答脉冲组都标注"怀疑"，一般会全部放弃使用。这种信号处理方法将使系统性能受到严格的限制，特别是在系统目标容量大、同时处理目标数量多的情况下，将会导致目标检测概率大大降低。

在单脉冲处理过程中，系统仅对交错脉冲串中的单个脉冲标注"混扰比特"。这样，未形成混扰的脉冲仍然有效，标注"混扰比特"的应答脉冲及低置信度的应答脉冲将被保留下来，使用下一个扫描周期的应答信号与该应答信号进行相关验证。由于通过一个脉冲即可得到高精度方位角数据，因此只需要接收到两次同步应答编码脉冲就可形成可靠的目标报告。单脉冲系统降低了重复询问次数，减少了系统内部干扰，从而大幅度提高了系统目标容量和多目标处理能力。

随着高新技术的发展，二次雷达系统的功能在不断扩展，其信号格式、调制方式也在不断改进。但是，二次雷达信号处理过程不会产生太大的变化，因为它的工作方式和工作环境没有变化。有关数字调制二次雷达信号处理的内容将在 13.2.3 节详细介绍。本章主要针对二次雷达 A/C 模式介绍二次雷达信号处理技术。

5.1 信号环境

二次雷达信号处理的首要任务是收集完整的应答脉冲信息，包括脉冲幅度信息和脉冲位置信息。根据脉冲幅度信息，系统可以分选出应答编码脉冲，完成目标距离和方位角测量，剔除多径干扰信号，实现旁瓣干扰脉冲抑制等。利用脉冲位置信息，系统可以完成应答脉冲数据译码，抑制系统内部的各种干扰。脉冲位置信息提取主要是指采集脉冲前沿，因为脉冲前沿是判断脉冲存在及应答脉冲相互关联最重要的脉冲参数。本节主要介绍二次雷达信号环境。

与一次雷达的工作环境相比，二次雷达不仅会受到来自系统外部的干扰，还要面对系统内部的干扰。因此，二次雷达信号受到的干扰主要包括两类：一类是来自系统外部的干扰，如接收机热噪声、多径干扰等；另一类是来自系统内部的各种干扰，如串扰、混扰、旁瓣干扰，以及接收机信号带宽太窄造成的信号波形失真等。信号处理的功能是从存在这些干扰的环境中分离出应答编码脉冲并进行译码，完成目标距离和方位角测量。上述干扰对二次雷达信号的影响表现如下。

接收机热噪声： 接收机热噪声是一种"加性"噪声，对脉冲信号的影响表现在两个方面。一方面是产生大量的随机干扰脉冲，这些干扰脉冲与有效脉冲混杂在一起，导致脉冲混淆；二是这些干扰脉冲与有效脉冲结合在一起，使脉冲形状和脉冲间隔发生变化，波形参数偏离额定的容差范围，严重时甚至会导致多个脉冲连接成幅度起伏变化的宽脉冲。

混扰： 混扰是二次雷达系统内部的一种干扰。当询问方位上有两个或两个以上目标且目标间距小于 3km 时，接收机将收到多组同步应答信号，这些应答信号交叉在一起，产生相互干扰，甚至在时间上发生重叠，这种干扰就称为混扰。由于两组或两组以上的应答信号会相互重叠和交错，因此难以分清哪个脉冲属于哪两组应答信号，从而导致译码错误。同时，在这种情况下，容易形成错误的假框架脉冲对，产生假目标。应答信号处理的目的就是准确完成应答脉冲的检测、有效脉冲的分组和译码，以及假目标的剔除。

串扰： 当某个目标同时受到两台或两台以上询问机询问时，目标会对每台询问机的询问发送应答信号。此时，询问机除会接收到目标对本询问机询问产生的应答信号以外，还会接收到目标对其他询问机询问产生的应答信号，这些多余信号会对有效应答信号造成干扰，这种干扰就称为串扰。串扰脉冲包括框架脉冲和应答数据脉冲，是一组完整的应答编码脉冲。通过应答信号译码器译码，可以得到目标的识别代码或高度数据。由于询问机一般不使用固定的询问重复频率，而使用变化或抖动的询问重复频率，因此串扰信号与本地询问机的询问信号不同步，每次询问所得到的串扰信号都位于不同的距离，所以又叫作非同步干扰。滤除串扰最有效的处理方法是"滑窗"处理方法。

旁瓣干扰： 位于询问天线旁瓣方向上的目标应答机，有时会受到旁瓣辐射的询问信号的干扰，或由其他询问机触发产生应答信号，该应答信号从旁瓣方向进入询问机接收机造成干扰，使询问机误认为它是主瓣方向上的有效信号，这种干扰就称为旁瓣干扰。采用询问旁瓣抑制技术和接收旁瓣抑制技术可以抑制大量来自旁瓣的干扰。询问旁瓣抑制和接收旁瓣抑制的工作原理分别参见 4.2.6 节和 4.3.5 节。

多径干扰： 在发射机和接收机之间存在两个或两个以上信号传输路径所造成的干扰叫作多径干扰。直射路径以外的反射路径可能是由自然障碍物或人造建筑物的反射造成的。当直射波与反射波传播路径在同一垂直平面上且直射波与反射波传播路径差造成的信号传播延时差小于脉冲宽度（短程差）时，接收信号是直射波与反射波的矢量和，这将造成信号衰落或波形失真。当直射波与反射波传播路径在同一垂直平面上且传播延时差大于脉冲宽度（长程差）时，接收机将接收到两组或两组以上应答信号，造成多径干扰，其特点是反射信号与直射信号代码完全相同，方位相同，反射信号比直射信号弱且有一定的时间滞后。

如图 5.1 所示，通过大角度反射路径的询问–应答过程，会在反射器后面形成一个假目标，叫作"鬼影"目标。"鬼影"目标位于反射器后面，与真实目标不在同一方位，但二者的识别代码和高度数据完全相同。

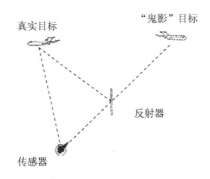

图 5.1 反射产生"鬼影"目标原理图

5.2 应答信号处理方法

本节以二次监视雷达信号波形为背景，介绍二次雷达应答信号处理方法。应答信号波形主要包括模式 1、模式 2、模式 3/A、C 模式应答信号波形（见图 3.2）。其中，F_1、F_2 为框架脉冲；A、B、C、D 为数据脉冲，根据脉冲的有无状态，一共可产生 4096 种编码；X 脉冲目前不使用；SPI 为特殊位置识别脉冲。应答信号处理方法如下。

（1）基于应答信号特征提取有效脉冲。

二次雷达 A/C 模式应答信号的特征如下。

① 脉冲宽度：0.35～0.55μs。

② 脉冲间隔：(1.45±0.1)μs（相对于 F_1），(1.45±0.15)μs（除 F_1 外的脉冲间隔）。

③ 框架脉冲 F_1、F_2 一直存在，相距(20.3±0.1)μs。X、E、G 位置上不能有脉冲出现。

④ C 模式：D_1=0。D_2=0，表示飞机高度为-1000～+62 700ft；D_2=1，表示飞机高度为-1000～+126 700ft。

在进行信号处理时，如果单个脉冲宽度大于 0.55μs，则可能是由两组或两组以上应答脉冲相互重叠形成的；如果单个脉冲宽度小于 0.35μs，则将其视为热噪声产生的随机脉冲，应将其剔除。根据上述脉冲间隔信息，可以提取框架脉冲和它的数据编码脉冲。

（2）旁瓣干扰脉冲处理。

增加一个旁瓣接收信道，通过比较询问天线和信道与旁瓣接收信道的脉冲幅度，剔除旁瓣干扰脉冲。处理准则如下：若和信道的脉冲幅度比旁瓣接收信道的脉冲幅度大 9 dB 以上，则该脉冲来自询问天线主波束，为有效应答脉冲；若旁瓣接收信道的脉冲幅度大于或等于和信道的脉冲幅度，则该脉冲来自询问天线旁瓣，为旁瓣干扰脉冲，信号处理器将这类脉冲标记为旁瓣脉冲。

（3）混扰处理。

当两架飞机之间的距离小于 3km 时，将会产生应答脉冲相互交错甚至重叠的情况，造成译码错误，或形成假框架脉冲对，产生假目标。混扰处理是指充分利用和、差信号的幅度信息特征，从相互交错或重叠的应答脉冲中区分出同一组应答脉冲。

在两个目标存在混扰的情况下，和、差信道视频脉冲如图 5.2 所示。和、差信号主要有以下几个特征：一是主波束范围内不同方位目标的差信号幅度变化大，目标偏离天线视轴越远差信号幅度越大，目标越接近天线视轴差信号幅度越小。二是目标距离不同，询问机和信道接收到的应答信号电平不同，距离越远接收到的应答信号电平越低。因此，通过比较和信道应答信号幅度，可以区分一部分距离不同的目标产生的混扰脉冲。通过比较差信道应答信号幅度，可以区分一部分方位不同的目标产生的混扰脉冲。在二次雷达敌我识别系统中，在已知目标距离的情况下，可通过设置"距离波门"来剔除波门以外的混扰脉冲。

如图 5.2 所示，根据和信道接收信号幅度判断，可能存在四个目标。但根据差信道接收信号幅度判断，只存在两个目标。因为第二、三组框架脉冲不是同一方位上的脉冲，所以第二、三个目标不存在。其中，第一组应答脉冲的脉冲 A 和第二组应答脉冲的脉冲 B 都属于低置信度脉冲。因为从脉冲位置上判断，它们同属两组应答脉冲，所以需要进一步判别。

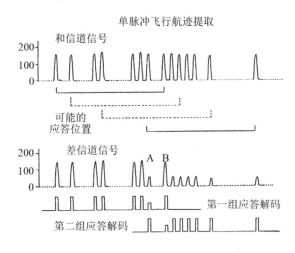

图 5.2　和、差信道视频脉冲

（4）假目标处理。

当两个混扰脉冲间距等于 20.3μs 时，将形成假框架脉冲对。这种假框架脉冲对将产生人为目标，叫作假目标。

形成假目标主要有以下三种情况。第一种情况是两组应答信号间距小于 20.3μs（170 个时钟周期），同时有两个框架脉冲相距 20.3μs，如图 5.3（a）所示。第二种情况是两组应答信号间距大于 20.3μs，同时有两个框架脉冲相距 20.3μs。这两种情况假目标的特点是两个框架脉冲不属于同一组应答信号，它们的幅度和单脉冲值都不相关。如果这两个框架脉冲的幅度和单脉冲值与参考脉冲都不相关，则对应的目标为假目标，应将其剔除。

第三种情况是同一组应答信号的 SPI 脉冲和 C_2 脉冲相距 20.3μs，如图 5.3（b）所示。这种假目标可从两个方面进行检查：一方面检查这两个脉冲是否属于同一组应答信号，另一方面检查 SPI 脉冲的幅度和单脉冲值是否与参考脉冲相关。如果它们属于同一组应答信号，且

SPI 脉冲的幅度和单脉冲值与参考脉冲相关，则对应的目标为假目标，应将其剔除。

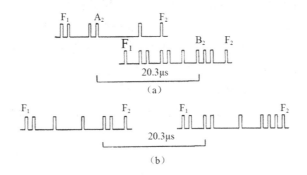

图 5.3　形成假目标的三种情况

（5）多径干扰信号处理。

同一垂直平面的反射信号与直射信号的特征如下。反射信号与直射信号在同一方位上，识别代码和高度数据相同，但反射信号比直射信号滞后且幅度（与信号延时有关）比直射信号小。大角度反射路径形成的"鬼影"目标位于反射体后面，与真实目标不在同一方位上。但它们的识别代码和高度数据完全相同。通过连续询问得到多组应答信号，根据上述反射信号的特征，可以剔除多径干扰信号。

（6）应答编码与应答编码相关处理。

在天线波束驻留时间内，使用不同工作模式的连续询问方式，利用得到的多组应答信号进行应答编码之间的相关处理，进一步确认前一次应答中不确定的脉冲信息，可剔除串扰信号和多径干扰信号。单脉冲二次雷达连续进行 4 次询问，只要得到 2 组相同应答编码，即可形成目标报告；非单脉冲二次雷达至少连续 8 次询问，得到 5 组相同应答编码，才能形成目标报告。

5.3　应答脉冲采集

信号处理通常在数字域进行。首先采集应答脉冲的幅度信息和位置信息，将中频放大器输出的视频脉冲信号转换成数字采样信号，为之后的信号处理做准备。为了提高脉冲采集效率，需要建立一个脉冲采集时间窗，只采集时间窗内脉冲的幅度信息和位置信息。脉冲采集单元一般使用输入脉冲宽度作为脉冲采集时间窗宽度。信号处理器在时间窗内采集的信息包括和波束、差波束及控制波束接收中频放大器输出的视频脉冲的幅度信息和位置信息。

1．应答脉冲宽度检测

检测脉冲宽度主要是为了从杂乱的环境中准确地采集到应答脉冲前沿。按照《国际民航组织公约附件 10》的规定，应答脉冲宽度定义为脉冲前沿与后沿 1/2 最大脉冲幅度位置之间的时间间隔。模式 1、模式 2、模式 3/A、C 模式、模式 4 和 S 模式的脉冲宽度为 0.35～0.55μs。

应答脉冲宽度检测原理图如图 5.4 所示。该检测装置主要由前沿比较器、后沿比较器、

A/D 转换器和数据存储器组成。

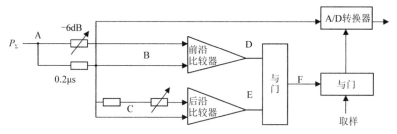

图 5.4　应答脉冲宽度检测原理图

应答脉冲宽度检测电路波形如图 5.5 所示。将 A 路视频信号分为两路：一路衰减 6dB 后作为前沿比较器参考端基准电平；另一路是 B 路信号，延时 0.15～0.2μs 后被送到前沿比较器信号端，此时参考端基准电平已经达到输入信号最大脉冲幅度的一半（脉冲前沿宽度为 0.1μs）。只有波形 B 的前沿达到或超过最大脉冲幅度的一半时，前沿比较器输出信号波形 D 才变为高电平，直到波形 B 为零，前沿比较器输出信号波形 D 才变为零。因此，波形 D 的前沿就是脉冲前沿。

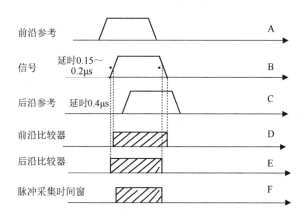

图 5.5　应答脉冲宽度检测电路波形

脉冲后沿检测电路与前沿检测电路类似，将波形 B 延时 0.15～0.2μs，并衰减 6 dB 后作为后沿比较器参考端基准电平。当波形 B 到达后沿比较器信号端时，参考端基准电平为零，后沿比较器输出信号波形 E 为高电平，直到波形 B 的后沿下降到最大脉冲幅度的一半时，信号端的电平才开始低于参考端基准电平，后沿比较器输出信号波形 E 为零，所以波形 E 的后沿就是脉冲后沿。

将波形 D 和 E 相与得到波形 F。波形 F 的持续时间为输入脉冲宽度，用作脉冲采集时间窗。A/D 转换器在输入脉冲宽度内，按照采样时钟节拍对输入视频信号进行幅度采样，这样就完成了输入脉冲的幅度信息和前沿信息录取。

单脉冲二次监视雷达应答脉冲采集原理如图 5.6 所示。采样信号与单脉冲测角方案有关，幅度单脉冲接收机采样信号是三路中频放大器分别输出的视频信号，即和波束视频信号 P_Σ、差波束视频信号 P_Δ 和控制波束视频信号 P_Ω，图 5.6 中脉冲采集时间窗电路图如图 5.4 所示。

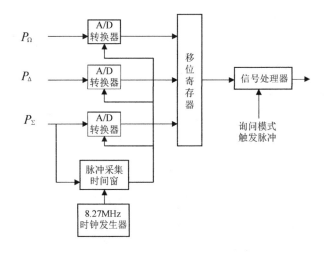

图 5.6　单脉冲二次监视雷达应答脉冲采集原理

发射机产生的询问脉冲 P₁ 和 P₃ 经常与接收机应答视频脉冲一起被送到译码器。译码器接收到来自询问机的触发脉冲之后，根据 P₁ 和 P₃ 的间距确定询问模式和应答波形类型，使用询问脉冲 P₃ 启动距离计数器和应答信号采集器。

2．采样时钟频率选择

二次雷达信号处理通常使用时钟数字电路。例如，译码器使用 E 寄存器按照时钟节拍采集应答视频脉冲，将采集的信息存储在 E 寄存器中，当数据有效时，将对这些数据进行进一步处理。又如，距离计数器使用时钟信号记录传输信号往返传播的时钟数，完成目标距离测量。

采样时钟频率选择原则如下。

（1）满足距离计数器分辨率要求。

（2）译码采样时钟频率应当与脉冲参数容差值匹配，应答脉冲间距为 1.45μs，容差为 ±0.1μs。

（3）便于译码时间窗设置：脉冲宽度为 0.35～0.55μs。译码时间窗应当足够宽，以便接收应答脉冲中所有的有效脉冲。但是译码时间窗也不能太宽，否则可能会将混扰脉冲认作应答脉冲。

二次雷达信号处理的采样时钟频率选择主要取决于应答信号采样要求和距离计数器分辨率要求。对于距离计数器，采样时钟频率越高，距离测量精度就越高。但是，采样时钟频率过高并不能提高距离测量精度，因为测量距离精度还取决于应答机的应答延时抖动、接收机热噪声及脉冲参数容差等。因此，距离计数器采样时钟频率的选择应当与系统的距离测量精度匹配，同时兼顾 E 寄存器容量。采样时钟频率越高，时间鉴别精度越高，需要的 E 寄存器容量就越大。

对于译码器，采样时钟频率应当与脉冲参数容差匹配。在给定的译码时间窗内，采样时钟频率低、周期长则容易漏掉应答脉冲中的有效脉冲，采样时钟频率太高会增加将混扰脉冲作为应答编码脉冲的概率，因此应当折中考虑。根据二次监视雷达应答脉冲参数和容差，经过论证和折中考虑，选择的最佳时钟频率为 8.276MHz。它的 1 个时钟周期为 0.121μs，对应的距离分辨能力为 18 m；标称应答脉冲间距为 1.45μs，等于 12 个时钟周期。

3．脉冲前沿检测

按照《国际民航组织公约附件 10》的规定，应答脉冲的脉冲前沿定义为 1/2 最大脉冲幅度前沿位置所对应的时刻。脉冲前沿是发现应答脉冲存在和鉴别应答编码脉冲关联最重要的参数。

从图 5.6 中可以看出，A/D 转换器只能在脉冲采集时间窗内对应答脉冲进行采集，而且 A/D 转换器是对采样脉冲前沿进行采样的，因此采样的实时脉冲前沿信息是检测到脉冲前沿后第一个采样时钟采集的应答脉冲位置信息，标记为实际脉冲前沿（ALE），如图 5.7 所示。

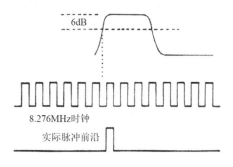

图 5.7　实际脉冲前沿

当脉冲宽度大于 5 个时钟周期（5×0.121μs=0.605μs）时，存在两个脉冲。第二个脉冲前沿从检测到的脉冲后沿信息中得到，即以检测到脉冲后沿之后的第一个时钟脉冲位置为参考，倒数第 4 个时钟周期（0.484μs）采样脉冲前沿为第二个脉冲前沿，标注为伪脉冲前沿（PLE），如图 5.8 所示。

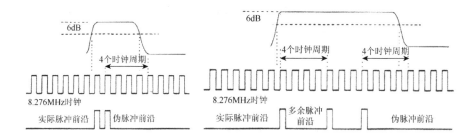

图 5.8　伪脉冲前沿与多余脉冲前沿

当脉冲宽度大于 8 个时钟周期（8×0.121μs=0.968μs）时，至少有三个脉冲存在。第一个脉冲前沿很容易得到，标记为实际脉冲前沿；最后一个脉冲前沿可以通过测量信号脉冲的后沿得到，标记为伪脉冲前沿；中间脉冲的前沿只能进行猜测，如图 5.8 所示。实际脉冲前沿之后的 4 个时钟周期前沿为多余脉冲前沿（XLE）。过长的脉冲可能产生大量的多余脉冲，反过来又形成大量杂乱的应答脉冲。因此，多余脉冲的数量应当受到限制。多余脉冲前沿置信度较低。

在进行信号处理时，若两个框架脉冲 F_1 和 F_2 前沿均为多余脉冲前沿，则判断其为假目标框架。

4. 脉冲信息采样

为了在数字域进行应答信号处理，必须对接收机输出的视频脉冲进行采样。对单脉冲信号处理，视频脉冲的采样信息除包括各路接收机输出的视频脉冲二进制量化幅度信息之外，还包括每个脉冲的单脉冲角度数据，即目标偏离天线视轴的角度。正如 4.4 节介绍的单脉冲工作原理，如果采用相位单脉冲方案，那么视频脉冲信号应当量化为和、差信号的相位差，可在进行应答信号处理之前或之后将相位差转换为方位角数据。如果使用幅度单脉冲方案，那么视频脉冲信号应当量化为和、差信号的幅度比值。

在幅度单脉冲方案中，目标偏离天线视轴的角度取决于和、差信道接收的视频脉冲幅度比值 P_Δ/P_Σ。通过该比值，能确定目标偏离天线视轴的角度值，但不能确定目标位于天线视轴左侧还是右侧。因此，必须得到目标偏离天线视轴方向的指示符号。该符号可通过和、差信道中频信号的相位比较获得。

在进行脉冲信息采样时，首先应当按照 4.3.5 节介绍的接收旁瓣抑制技术，确定该脉冲是否来自旁瓣。如果该脉冲来自旁瓣，则将其标记为旁瓣脉冲。

因此，典型幅度单脉冲接收机输出信号的脉冲采样信息如下。

和信道视频检波信号：1bit。

量化的和信道视频脉冲：8bit。

量化的差信道视频脉冲：8bit。

目标方向指示符号：1bit。

旁瓣标志：1bit。

和信道视频检波信号来自接收机和信道对数中频放大器输出的视频检波电路。8bit 量化的和、差信道视频脉冲数据是通过 A/D 转换器对和、差视频脉冲采样得到的。目标方向指示符号是通过检测和、差中频信号相位差得到的。不同脉冲前沿的视频脉冲信息录取时刻是不同的：实际脉冲前沿在脉冲前沿之后 2 个时钟周期录取；伪脉冲前沿在脉冲前沿之后 2 个时钟周期录取；多余脉冲前沿不录取。

5.4 应答信号处理

应答信号处理是在每次询问后对接收到的应答信号进行处理的过程。应答信号处理的主要过程如下。首先，检测有效应答编码，从接收机输出的脉冲串中检测应答信号的框架脉冲对或同步脉冲，以框架脉冲为参考脉冲，对输入的脉冲串进行分组，从中检测出有效的应答数据脉冲。然后，对应答数据脉冲进行译码得到应答数据。为了提高译码效率，按照脉冲位置确定每个应答数据脉冲为二进制数 "1" 或 "0"，并根据该数据脉冲的信号幅度和单脉冲值标注该脉冲置信度等级。最后，利用框架脉冲 F_1 进行目标距离测量，利用每个应答脉冲测量目标方位，并根据检测的询问信号工作模式确定应答编码数据内容。

在进行应答信号处理的过程中，必须采取措施从相互重叠或交错的应答脉冲中提取出有效应答数据脉冲，剔除由于串扰、多径干扰等产生的假目标。

5.4.1　应答信号处理概述

应答信号处理主要涉及以下几个方面。

1．接收旁瓣抑制处理

应答信号处理的第一步是接收旁瓣抑制处理。根据接收旁瓣抑制工作原理，如果和信道视频脉冲幅度 P_Σ 比旁瓣视频脉冲幅度 P_Δ 或 P_Ω 大 9dB 以上，那么接收信号是来自主波束的有效应答信号，继续对信号进行处理；如果 P_Δ 或 P_Ω 大于或等于 P_Σ，那么接收信号是来自旁瓣的干扰信号，将该信号标注为旁瓣应答信号，不予处理。

2．框架脉冲检测

第 3 章给出了二次监视雷达应答信号波形（见图 3.2）。其中，脉冲 F_1、F_2 是框架脉冲，并且总是存在的，它们之间包含应答数据脉冲。

检测框架脉冲 F_1 和 F_2 的目的是准确检测应答数据脉冲。因为不管应答数据脉冲如何变化，只要应答信号存在，F_1 和 F_2 就一定会出现。因此，在检测应答数据脉冲之前，必须先检测框架脉冲 F_1 和 F_2。其检测依据是 F_1、F_2 在时间上相距 167 个、168 个、169 个时钟周期（对应的持续时间为 20.18μs、20.3μs、20.42μs），将相距 167 个、168 个、169 个时钟周期的两个采集脉冲相与就可以检测到 F_1 和 F_2 框架脉冲对。因此，只要时间上相距 167 个、168 个、169 个时钟周期，且同时具备实际脉冲前沿、伪脉冲前沿和多余脉冲前沿的脉冲对，就可以检测为一对框架脉冲。但是，下列情况下的脉冲对不能作为框架脉冲对。

（1）F_1 和 F_2 上都有旁瓣标志，表明这两个脉冲都是旁瓣脉冲，因此应将它们视为旁瓣应答信号。

（2）如果同一组应答信号的 SPI 脉冲和 C_2 脉冲相距 20.3μs，并且 SPI 脉冲的幅度和单脉冲值与参考脉冲相关，则为 C_2-SPI 假框架脉冲。

（3）应答信号已被标明为假目标应答信号。

（4）两个脉冲相距 20.3μs，但不属于同一组应答信号。

（5）应答脉冲已被标明为 S 模式同步脉冲。

3．应答脉冲分组

为了将接收到的应答脉冲按照脉冲幅度分组，检测出脉冲幅度一致的应答脉冲组，必须选择一个参考脉冲作为基准，对其他应答脉冲进行分组。参考脉冲分组原则如下。

（1）只有一组应答信号，可选任意脉冲作为参考脉冲。

（2）当有两组或两组以上应答信号时，参考脉冲的选择较为困难，应优先选择 F_1 作为参考脉冲，因为 F_2 容易受到多径干扰。

（3）当 F_1 被标记为混扰脉冲时，选择 F_2 作为参考脉冲，如果 F_2 也被标记为混扰脉冲，那么这个目标极有可能是假目标，不对其进行译码。

（4）不能选择有旁瓣标志的脉冲作为参考脉冲。

4．应答数据脉冲译码

在完成框架脉冲检测后选择一个参考脉冲，并对应答数据脉冲进行译码。应答数据脉冲识别根据它们与框架脉冲之间的时间关系来完成。

为了进行应答数据脉冲译码，首先，应根据应答信号模式查找应答数据脉冲。应答数据脉冲可能出现在距离 F_1 前沿 $[n\times12]_{-2}^{+1}$ 个时钟周期的脉冲位置上，其中 $n=1,2,3,\cdots,13$（包括 X 脉冲）；SPI 脉冲出现在 F_2 后 36 ± 1 个时钟周期的脉冲位置上。译码过程中应采用非对称时间窗，即脉冲前沿位于标称位置提前两个时钟周期与延后一个时钟周期的区间内。这是因为询问机接收机不是一个完美的器件，接收带宽会造成脉冲前沿和后沿缓慢变化，接收机热噪声将引起弱信号波形失真，并且对脉冲前沿的影响比脉冲后沿大。

其次，在包含 X 脉冲和 SPI 脉冲的 14 个可能的脉冲编码位置时间窗内，寻找是否存在实际脉冲前沿、伪脉冲前沿和多余脉冲前沿。如果脉冲存在，则标记该应答数据脉冲为二进制数"1"，同时录取该应答脉冲的单脉冲值和幅度值，并与参考脉冲进行单脉冲值和幅度值对比；如果脉冲不存在，则标记该应答数据脉冲为二进制数"0"。

再次，根据与参考脉冲的相关情况，分别对每个数据脉冲的单脉冲值和幅度值标注脉冲置信度等级。判别脉冲置信度等级的原则如下。

H0：如果时间窗内没有脉冲，或者只使用幅度值进行判别只有一个反射造成的弱脉冲，则判别为高置信度 0。

H1：如果时间窗内有主波束脉冲，其单脉冲值或幅度值与参考脉冲相关，但与其他组应答信号的参考脉冲不相关，则判别为高置信度 1。

L0：如果时间窗内有脉冲，但标有"接收旁瓣抑制"，或者与本组应答信号的参考脉冲不相关，但与另外一组应答信号的参考脉冲相关，则判别为低置信度 0。

L1：如果时间窗内有主波束脉冲，但其与参考脉冲不相关，或者与其他组应答信号的参考脉冲相关，或者既与参考脉冲相关又至少与其他一组应答信号在时间上一致，则判别为低置信度 1。

最后，根据对每个脉冲标注的单脉冲值置信度等级和幅度值置信度等级，进行置信度等级融合，融合准则如表 5.1 所示。其中，H0 是高置信度 0，H1 是高置信度 1，L0 是低置信度 0，L1 是低置信度 1。

表 5.1 单脉冲值和幅度值置信度等级融合准则

单脉冲值置信度	幅度值置信度			
	H0	L0	L1	H1
H0	H0	不可能	不可能	不可能
L0	H0	L0	L1	H1
L1	H0	L0	L1	H1
H1	L0	L0	H1	H1

若由于各种原因没有有效的单脉冲参考值，则只使用幅度值进行判别。

当判别为高置信度脉冲之后，它的幅度值和单脉冲值就可用来计算平均单脉冲值和平均幅度值，这样可以有效平滑接收机热噪声对测量数据的影响。有两种平均值计算方法：第一种是先将所有单脉冲值或幅度值相加，然后除以脉冲数；第二种是先将第一个编码脉冲测量值与参考脉冲值相加并除以 2，形成新的参考脉冲值，然后将第二个编码脉冲测量值与得到的新参考脉冲值相加并除以 2，再次形成新的参考脉冲值，以此类推，直到计算完最后一个值。第二种方法的优点是，当参考脉冲值精度不高时，可提高参考脉冲值质量。这两种方法都能够提高幅度值和单脉冲值的估计精度。

完成了每个应答数据脉冲的置信度等级融合，得到每个应答数据脉冲的置信度等级及它的平均单脉冲值和平均幅度值，也就完成了一次询问的应答信号译码。

工程测量结果表明，当两架飞机的方位一致时，按照脉冲幅度值分辨两组应答编码脉冲更有效，虽然两架飞机的距离接近，但彼此的信号强度差异在 10dB 左右。当两架飞机的方位不一致时，使用单脉冲值分辨两组应答编码脉冲更有效，因为不同方位的差波束接收信号幅度相差比较大。

5．距离测量

当信号处理器接收到系统触发脉冲后，测量 P_1 与 P_3 的间隔，以确定询问模式。利用 P_3 前沿打开距离计数器，以 8.276MHz 时钟计数，并利用应答信号框架脉冲提取距离计数器中的数据，得到目标距离数据。目标距离的计算公式为

$$目标距离=目标距离数据×距离增量\ \Delta R \tag{5.1}$$

当距离计数器的时钟频率为 8.276MHz 时，对应的距离增量为

$$\Delta R=1/2(C\Delta T)=18.12\ （m） \tag{5.2}$$

也就是说，采用 8.276MHz 时钟频率，系统距离分辨能力为 18.12m。当距离存储器的存储量为 15bit 时，存储的最大距离为 $2^{15}\Delta R=594km$。

6．方位角测量

以天线视轴方向为基准，根据单脉冲值，通过查表得到偏离视轴的方向角，即

$$\lg(P_\Delta/P_\Sigma)\to 偏离视轴方位角$$

式中，P_Δ 为差信道接收机输出视频脉冲幅度；P_Σ 为和信道接收机输出视频脉冲幅度。将每个编码脉冲的单脉冲测量数据相加并求平均值，可得到平均单脉冲测量值。单脉冲方位角平均数据计算可在转换为方位角数据之前或之后进行。将测量的偏离视轴方位角与天线视轴方位角相加，则可得到目标方位角。其中，天线波束视轴方位角是从天线转台角度编码器读出的。当方位角存储器的存储量为 14 bit 时，方位角分辨率为 $360°/2^{14}=0.022°$。

在没有单脉冲方位角数据时，天线波束视轴方向角就是目标方位角测量值。如果所有应答脉冲都无法得到单脉冲方位角测量值，则将所有应答脉冲测量的天线波束视轴方位角度进行平均，作为目标方位角测量值。这种情况实际上就变成了"滑窗"方位角测量。如果有一个应答脉冲得到了有效的单脉冲方位角测量值，则将该值作为目标方位角测量值。

5.4.2 假目标应答编码处理

应答信号处理的主要工作之一是剔除译码过程中产生的多余应答编码报告。在应答信号译码器产生的应答编码报告中，除包括真实飞机的应答编码报告之外，还包括由下列因素产生的多余应答编码报告：串扰应答信号；残留混杂应答信号；由反射信号产生的多径应答信号；宽脉冲应答信号；由军用应急应答信号或军用特殊识别应答信号产生的多组应答信号。

由串扰应答信号和反射信号产生的假目标编码报告处理将在其他章节介绍，本节着重介绍以下三种剩余的假目标应答编码报告处理。

1．残留混杂应答信号处理

约有 70%的串扰信号来自询问天线旁瓣，其中大部分应答信号的 F_1 和 F_2 脉冲同时带有旁瓣标志，将被译码器当作旁瓣应答信号删除。但是，旁瓣应答信号可能与主波束应答信号相互重叠，产生各种不利的影响。如果旁瓣应答信号有些脉冲在时间上与主波束应答脉冲一致，则将产生附加的混杂应答编码。由于旁瓣应答信号和主波束应答信号有各种组合重叠方式，因此译码器可能产生各式各样组合的混杂应答编码报告。但是，译码器输出的应答脉冲都标有旁瓣或混扰标志，有助于识别真、假目标应答编码信号。

大多数混杂应答编码的情况为，一个框架脉冲是旁瓣脉冲，另一个框架脉冲是混扰脉冲。因为无论是旁瓣脉冲还是混扰脉冲都不能作为应答译码的参考信号，所以这类混杂应答编码没有有效的参考信号，将会在地面询问站被自动删除。但有一类混杂应答编码不会被删除，这类编码的一个框架脉冲是主波束应答信号框架脉冲，可以作为译码器的参考脉冲，所以会在地面询问站被保留下来，与下一次询问收到的应答信号进行对比以确定是否为真实存在的应答编码。

2．军用应急应答信号及军用特殊识别应答信号的处理

军用特殊识别应答信号由两组相距 4.35μs 的相同应答信号组成，如图 5.9 所示。它的作用与民用 SPI 脉冲相同。

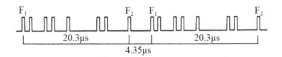

图 5.9　军用特殊识别应答信号

军用应急应答信号由一组正常应答信号和三组相距 4.35μs 且没有数据脉冲的框架脉冲组成，如图 5.10 所示。

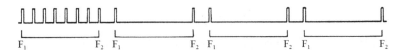

图 5.10　军用应急应答信号

上述两种军用应答信号由两组或四组框架脉冲组成。如果没有发现这种特殊的军用应答信号，译码器就会产生多个假应答编码报告，形成假目标指示。这种特殊的军用应答信号的

特点是，后一组框架脉冲 F_1 位于前一组应答信号的 SPI 脉冲位置上。SPI 脉冲将被译码器标识为低置信度编码脉冲。军用特殊识别应答信号只能在模式 1 询问时产生，检验准则如下。

（1）两组应答信号的距离差时间延迟应是(204±2)个距离单元（204 个距离单元=24.65μs）。

（2）两组应答信号方位一致，方位差应小于 11 个角度单元（1 个角度单元=0.22°）。

（3）两组应答信号的高置信度脉冲应一致。

如果第二组应答信号通过了上述检验，则将其删除，并将第一组应答信号标注为军用特殊识别应答信号。当第二组应答信号没有通过上述检验时，如果它的应答编码不是 0000，则认为它是来自第二架飞机的应答信号；如果它的应答编码是 0000，则它有可能是军用应急应答信号，需要进一步验证模式 1、模式 2 或模式 3/A 询问时可能产生的军用应急应答信号。除可以按照上述准则（2）和（3）检验军用应急应答信号以外，只要监测到有四组应答信号且相邻两组应答信号之间的距离差延迟时间为(204±2)个距离单元，则不管后三组应答编码是否为 0000，都将将其判定为军用应急应答信号，并将第一组应答信号标记为军用应急应答信号。因为应答编码为 0000 容易受到随机串扰信号干扰，这样就不会遗漏任何一个真正的军用应急应答信号。

3. 宽脉冲应答信号处理

产生宽脉冲应答信号可能有两种原因：应答机发送了宽脉冲应答信号；由多径反射应答信号形成宽应答脉冲。

（1）应答机发送了宽脉冲应答信号。虽然不是所有的应答脉冲都具有同样的脉冲宽度，但是它们的脉冲幅度差异不大，译码器有可能将来自一架飞机的一组应答信号误认为两组或更多组应答信号。在这种情况下，只要检测到宽脉冲应答信号，除第一组应答信号外，后面所有的应答信号都应作为杂散信号，应将其删除。

（2）由多径反射应答信号形成宽应答脉冲。由于每个反射应答脉冲滞后时间短，因此直射应答脉冲与反射应答脉冲重叠在一起会形成宽应答脉冲，译码器可能会将其当作两组或两组以上应答信号。当译码器检测到多径反射应答信号时，除第一组应答信号外，后面所有的应答信号都应作为杂散信号，应将其删除。多径反射应答信号的检验准则如下。

（1）前面的应答信号与后面的应答信号之间的距离差小于一个给定的值（该值随着多径反射条件变化而变化）。

（2）第一组应答信号与后面的应答信号的强度差异与应答延迟时间有关，延迟时间越长，信号的强度差异越大。

（3）后面的应答信号的高置信度编码脉冲"1"与前面的应答信号的高置信度编码脉冲"0"不能冲突。

5.4.3　应答编码报告

一次询问的应答信号处理所得到的结果是主波束范围内每个目标的应答编码报告，对应的应答编码报告的信息字段内容包括目标距离、目标方位角、每个数据脉冲的幅度值、每个数据脉冲的信息数据和它的置信度等级。此外，该结果中还包含混杂应答脉冲形成的假应答编码报告，有待通过进一步处理将其剔除。

应答编码报告检测类似于滤除混扰的"滑窗"处理。将检测到的应答编码报告信息按距离顺序存储在"滑窗"存储器中，等待与下次询问得到的应答编码进行应答与应答相关处理。

5.5 应答与应答相关处理

为了提高目标信息的置信度和可靠性，降低假目标出现的概率，询问机一般要在波束驻留时间内进行多次询问，得到多组应答信号。通过多组应答信号数据对比和校验处理之后，询问机将多次询问得到的同步的应答编码报告形成目标报告。因此，信号处理器必须完成在波束驻留时间内多次询问得到的应答编码报告之间的相关处理。

所谓应答与应答相关，是指将译码器输出的新应答编码报告与前面询问得到的应答编码报告进行相关处理。它是信号处理的一个重要环节。进行应答与应答相关处理，首先要识别并剔除多余的假目标应答编码报告；然后将剩下的同步的应答编码报告按照距离和方位角进行分组，形成初始目标报告；最后根据二次雷达系统的功能需要进行进一步的细化处理。

对于二次雷达敌我识别系统，将初始目标报告传送到作战平台指挥控制中心或一次雷达信号处理器进行目标敌我属性识别，将初始目标报告中的距离、方位角数据与一次雷达发现的目标进行位置关联处理，判断一次雷达发现的目标与二次雷达敌我识别系统识别的目标是否属于同一目标。

对于二次监视雷达，将初始目标报告传送给飞行航迹提取器，以便在送到航空管理中心之前对目标报告做进一步细化处理，包括监视处理和假目标报告处理。

根据不同的二次雷达系统需求，应答与应答相关处理的方法也不同。二次雷达敌我识别系统要求目标识别概率高、识别速度快，通常采用"滑窗"处理技术，最快只要两次应答编码报告的目标位置和编码数据相关，即可产生目标报告。

二次监视雷达为了获得连续的飞行航迹和完善的应答编码报告，通常采用对比处理技术。将本次询问得到的应答编码报告中的数据脉冲与上次询问得到的应答数据脉冲进行对比，将目标位置和编码数据相同的两个应答编码报告合并成一个应答编码报告，以便与下次询问得到的应答编码报告进行对比，并且利用新的高置信度应答数据脉冲代替上次应答编码报告中的低置信度应答数据脉冲。反复利用主波束范围内每次询问得到的应答编码进行报告对比和低置信度数据脉冲替换，不断地完善应答编码报告，直到目标离开该波束不再产生应答信号为止。

应答与应答相关处理是在同一个波束驻留时间内，通过对目标连续进行询问完成的。在此过程中，既可使用同一种询问模式进行询问，也可使用不同的询问模式进行交替询问。

5.5.1 二次雷达敌我识别系统的应答与应答相关处理

应答与应答相关处理是二次雷达敌我识别系统信号处理的一个重要环节，它可以滤除系统内部的大量干扰，提高目标识别概率。二次雷达敌我识别系统的工作方式与二次监视雷达不同，它根据作战平台指挥控制中心或一次雷达送来的指定位置目标，对目标进行敌我属性识别，不需要形成目标飞行航迹，要求目标识别概率高、识别速度快。因此，二次雷达敌我识别系统通常采用"滑窗"处理技术完成应答与应答相关处理。

应答与应答相关处理类似于去串扰"滑窗"处理。如图 2.11 所示,将一次询问得到的所有应答编码报告信息存储在由按照距离顺序排列的存储单元组成的存储器中,存储单元中存储的数据包括目标距离、方位角、识别代码、高度数据等。

"滑窗"的存储位置用来记录接收到的应答编码报告是否与先前的应答编码报告处于相同距离存储单元内,以便确定接收到的应答编码脉冲是否为同步应答编码脉冲。为了避免少数串扰信号偶尔与本地询问信号同步产生假目标,必须规定一个门限值(最少的同步应答次数),只有应答编码报告数量达到或超过门限值才能形成目标报告。典型的单脉冲二次雷达敌我识别系统"滑窗"长度(存储单元列数)一般选择 4~6,门限值一般设定为 2。若单次应答概率=0.8,则当"滑窗"长度=4 时,目标识别概率=0.973;当"滑窗"长度=6 时,目标识别概率=0.9984。"滑窗"处理既可以滤除串扰信号,又可以提高目标识别概率。

相关处理过程如下。每当接收到一次应答信号时,无论是本次询问的应答编码报告的信息字段还是先前的应答编程报告的信息字段均在"滑窗"内向左滑动一列,同时检查相同距离存储单元内的同步应答编码报告数量,如果同步应答编码报告数量达到门限值,则进一步比较它们的目标位置信息和应答编码数据。如果它们的目标位置信息和应答编码数据一致,则形成目标编码报告,并传送到一次雷达信号处理器或指挥控制中心。由此可知,应答相关的"滑窗"处理方法可以达到较快的识别速度,最少两次询问就可以获得目标报告。

5.5.2 二次监视雷达的应答与应答相关处理

二次监视雷达的应答与应答相关处理的目的是剔除多余的假目标应答报告,为飞行航迹提取器提供完善的应答编码报告信息。

应答与应答相关处理过程如下。首先,按照上述处理方法剔除多余的假目标应答报告;然后,对留下的同步应答编码报告进行进一步处理。应答与应答相关处理的内容包括目标位置(距离和方位)信息相关,以及应答编码数据相关。如果两个的应答编码报告的目标位置数据和应答编码数据都一致,则将这两个应答编码报告合并成一个应答编码报告,以便与下次得到的应答编码报告进行对比,并且利用新的高置信度应答数据脉冲代替上次应答编码报告中的低置信度应答数据脉冲,为飞行航迹提取器提供完善的应答编码报告信息。

相关处理按照距离、方位角数据和置信度等级进行比较,以确定是否为来自同一架飞机的应答编码报告。

首先使用所有应答编码报告形成目标报告,包括天线波束范围内目标丢失后重新检测到的应答编码报告,以及第一次检测到的应答编码报告。如果新接收到的应答编码报告在距离和方位上与前一个或同类应答编码报告接近且高置信度编码也一致,则将它们合并为一个应答编码报告,并且用本次报告中的高置信度应答编码脉冲代替该位置上之前的低置信度应答编码脉冲。对于 C 模式,上述规则可适当放宽,允许一位高置信度应答编码脉冲不一致。这是因为在天线波束驻留时间内,飞机高度变化可能达到 100ft。有冲突的高置信度应答编码脉冲可改变为低置信度应答编码脉冲,允许利用后面的应答编码脉冲做进一步处理。为了检测飞机是否存在,最少需要两个相关的应答编码报告。

如果新接收到的应答编码报告与前面同类应答编码报告在距离和方位上接近,但高置信度应答编码判决相冲突，则该组应答编码报告与相关同类应答编码报告都将被标上"编码互换"标记，可能是将最初的错误应答编码报告与其同类应答编码报告进行关联处理引起的编码互换。在这种情况下，应将该应答编码报告与其同类应答编码报告一起保留下来，并且都标上"候选"标记，以便利用下次询问得到的应答编码报告做进一步处理。

如果由两个或两个以上应答编码报告组成的同类应答编码报告中都带有"候选"标记，则将这类应答编码报告也保留下来，以便利用下次询问得到的应答编码报告做进一步处理，直到波束驻留时间内接收不到应答信号为止。

剩余的单个应答编码报告，若与多次询问得到的其他应答编码报告不相关，则可将其对应的信号当作串扰信号处理。这样花费的串扰处理时间最短。

如果按照上述原则得到同一询问模式的多个同类应答编码报告，则将它们合并成该询问模式的唯一应答编码报告。当最新应答编码报告中的应答数据脉冲与该脉冲位置上之前的应答数据脉冲置信度不一致时，应答数据脉冲置信度更新规则如表 5.2 所示。如果之前应答编码报告中为低置信度应答数据脉冲，最新应答编码报告中该脉冲位置上为高置信度应答数据脉冲，则用高置信度脉冲代替低置信度脉冲。这样即使应答编码报告不是由全部高置信度脉冲组成的，通过应答与应答相关处理也可以合并成一个由全部高置信度脉冲组成的应答编码报告，为飞行航迹提取器提供完善的应答编码报告信息。

表 5.2　应答数据脉冲置信度更新规则

之前的应答数据脉冲	最新应答数据脉冲			
	H0	L0	L1	H1
H0	H0	H0	H0	不可能
L0	H0	L0	L1	H1
L1	H0	L0	L1	H1
H1	不可能	L0	H1	H1

按照上述处理过程，将新接收到的应答编码报告与前面的应答编码报告经过多次相关处理后得到的应答编码报告形成初始目标报告。初始目标报告的数据字段包括目标距离和方位数据、各种工作模式识别代码及置信度标志、同一工作模式相关次数、特殊识别代码标志、信号幅度等。

初始目标报告在询问天线扫过目标方向一个波束宽度时传送给监视处理器。询问天线波束宽度为连续接收到的应答信号所覆盖的角度，二次监视雷达询问天线的波束宽度通常是 2.5°。

应答相关处理产生的初始目标报告中可能会出现一些错误，如编码数据不完全，编码替换产生译码错误，多径效应和反射产生假目标等。这些问题可以在后面的监视处理中通过对每架飞机建立跟踪表，参考历史飞行航迹资料进一步进行处理。

5.6　监视处理

5.5 节介绍的应答与应答相关处理是指由单独的应答编码报告形成初始目标报告。大多数目标报告是在无干扰的条件下得到的，并且包含表示飞机当前状态的高质量数据。但是，有一定比例的目标报告中会有一个或多个类型的错误，在大多数情况下可以利用每架飞机的历史飞行航迹资料作为参考进行比较，这样不仅可以发现目标报告中的错误，还可对错误进行改正，这就是监视处理的功能。

监视处理可以提高系统的性能。例如，某地面询问站监视处理前总目标检测效率为97.7%，出现交叉飞行航迹时的目标检测效率为92.3%；经过监测处理后总目标检测效率提高到99.7%，出现交叉飞行航迹时的目标检测效率提高到98.7%。主要原因是监视处理过程中使用最少的应答次数产生有效目标报告，减少了系统内部干扰。

监视处理是二次监视雷达信号处理非常关键的环节。监视处理贯穿飞行全过程，以便连续跟踪监视空中目标飞行状态，确保航线上飞机的飞行安全。在监视处理过程中，首先，将接收到的新目标报告与飞行航迹做相关处理，将新的目标报告与飞行航迹的 A 模式编码、C 模式编码及目标的距离和方位数据进行比较，得到与该目标报告匹配的飞行航迹。目标报告与飞行航迹相关处理完成之后剩下的原始目标报告，可以用来启动新的飞行航迹。然后，根据匹配情况不断进行目标报告更新和飞行航迹更新，直到飞行航迹终止。因此，二次监视雷达的监视处理过程包括目标报告与飞行航迹的相关处理、目标报告更新、飞行航迹更新及飞行航迹惯性滑行和终止。每个阶段的处理重点均有所不同，下面分别进行讨论。

5.6.1 目标报告与飞行航迹的相关处理

进行目标报告与飞行航迹的相关处理，首先要对新的目标报告与该飞机已有的飞行航迹进行匹配。如果新的目标报告和飞行航迹的 A 模式应答编码是完全可知的、匹配的，且在该区域是唯一的，同时它们的位置和高度一致，那么目标报告和飞行航迹的相关处理是基于 A 模式应答编码的相关处理，称为应答编码相关处理。

如果目标报告或飞行航迹的 A 模式应答编码因为含有低置信度数据脉冲而不完整或在该区域存在多个 A 模式应答编码，则会造成目标报告与飞行航迹的关联性不太明显。这时，必须用目标位置、飞行高度、A 模式应答编码全面地对目标报告和飞行航迹进行匹配，这种相关处理称为综合关联处理。

进行应答编码相关处理，必须满足以下条件。

（1）只存在一个真实飞行航迹，它包含 A 模式应答编码。

（2）目标报告和飞行航迹的 A 模式应答编码是完整的、一致的，且每个应答编码均为高置信度数据，其高度数据非常一致。

（3）目标报告的位置与飞行航迹表预测的位置非常接近。

在满足上述条件的情况下，只要目标报告的位置在距离和方位上与飞行航迹表预测的位置非常接近，就表明该目标报告和飞行航迹是匹配的、相关的。如果上述条件不满足，则该目标报告有可能是新到飞机的第一个目标报告，碰巧带有相同的应答编码，或没有可供参考的飞行航迹，这时应进一步对该目标报告进行综合关联处理。

如果目标报告和飞行航迹的 A 模式应答编码不完全可知，或 A 模式应答编码在某个区域内并不是唯一的，或它们的高度数据相差到不能接受，那么应答编码相关处理是不能完成目标报告与飞行航迹匹配的，应当进行综合关联处理。

在有多个目标报告和多条飞行航迹的情况下，一旦确定了与各条飞行航迹相关联的全部目标报告，就可进行综合关联处理，选择最佳匹配的目标报告。最佳匹配需要通过计算质量积分完成，质量积分由下列五个方面的匹配程度数值决定：A 模式应答编码一致性；关联区域；目标报告中的应答次数；高度码一致性；飞行航迹完备程度。目标报告与飞行航迹匹配程序越高，质量积分越低。

计算出目标报告与飞行航迹各种关联状态的质量积分值，最佳关联是质量积分值最低的关联状态。当多个目标报告与同一条飞行航迹的关联，或多条飞行航迹与同一个目标报告的关联具有相等的最低质量积分值时，选择信号幅度最大的关联状态。如果目标报告不能与现有的飞行航迹相关联，则考虑启动新飞行航迹。

新飞行航迹启动条件如下。

在连续扫描过程中，两次检测到同一架飞机的目标报告，其中所包含的 A 模式或 C 模式应答编码是匹配的，同时在距离上与其他飞机是分开的。当出现两次这种目标报告并进行相关处理时，前一次目标报告数据被当作飞行航迹数据，后一次目标报告数据被当作与飞行航迹相关的目标报告数据。

在这个处理过程中，应剔除以下两类目标报告：一类是包括一个串扰应答编码和几个 A 模式应答编码的目标报告；另一类是包括一个串扰应答编码和几个 C 模式应答编码的目标报告。

5.6.2 目标报告更新

应答与应答相关处理得到的目标报告可能存在各种缺陷，通常需要使用飞行航迹数据来改正，这就是目标报告更新。通常情况下，成熟的飞行航迹数据具有完整、有效的 A 模式和 C 模式应答编码数据，且没有低置信度应答编码脉冲。目标报告更新包括 A 模式应答编码更新、C 模式应答编码更新和目标位置更新，具体过程如下。

1. A 模式应答编码更新

将目标报告与飞行航迹中相应的 A 模式应答编码和置信度进行比较，如果两组应答编码数据没有冲突，则宣布其为高置信度编码。目标报告中任何低置信度编码都可以使用飞行航迹数据中同一位置的高置信度编码来代替。

目标报告与飞行航迹中的高置信度 A 模式应答编码若出现差异，则既可能是由译码错误导致的，也可能是飞行员有意改变应答编码造成的。当目标报告与飞行航迹中的高置信度编码出现差异时，不能承认目标报告中的数据，将目标报告中不一致的高置信度编码改变为低置信度编码。

飞行航迹表中包含前面的目标报告 A 模式应答编码，以及应答编码维持不变的天线扫描周期数。目标报告中新的 A 模式应答编码至少在三个天线扫描周期内保持重复不变，飞行航迹才能被接收，将飞行航迹中原来的应答编码改变为新的应答编码。如果飞行员要根据空中交通管制中心要求改变应答编码，则需要花费几个天线扫描周期才能完成。在此期间，要经过几次错误编码过渡才能得到稳定的应答编码。

2．C 模式应答编码更新

目标报告中的 C 模式应答编码更新与 A 模式应答编码更新类似。在多数情况下，C 模式应答编码数据会出现预期的变化，但这不一定表示发生了解码错误，因为飞行过程中飞机的高度会发生一定的变化。如果高度数据变化不超过 1000ft，那么高置信度编码出现差异是可以接受的。在满足上述条件的情况下，目标报告的高度数据应当更改，并用目标报告中新的高度数据代替飞行航迹中的高度数据。

3．目标位置更新

虽然飞机的平滑位置可以在跟踪过程中导出，但是如果目标报告包含天线扫描期间测量的飞机距离和方位数据，那么目标报告中的位置数据可以直接使用测量的距离和方位数据。因为单脉冲测向精度不需要进行平滑就足以维持飞行航迹的稳定，平滑容易掩盖飞机启动的转向，误导空中交通管制员将平滑位置认作飞机的真实位置或飞行员人为的飞行意图。

5.6.3　飞行航迹更新

完成目标报告和飞行航迹的相关处理之后，还应当在随后的天线扫描过程中反复进行飞行航迹更新。飞行航迹更新主要包括应答编码更新和目标位置更新，通常利用新的目标报告进行更新。如果没有新的目标报告与飞行航迹相关，那么飞行航迹要继续更新。此时可利用前面扫描过程中所得到的目标位置外推数据来更新。用来更新飞行航迹的目标报告参数主要包括测量的目标距离和方位、A 模式应答编码和置信度、C 模式应答编码和置信度。

需要更新的飞行航迹参数主要包括预测的目标距离和方位、预测的目标距离变化率和方位变化率、A 模式应答编码和置信度、A 模式应答编码状态唯一性、C 模式应答编码和置信度、飞机转向状态、飞行航迹和历史数据的稳定性、真/假飞行航迹伴随的指针及真/假飞行航迹状态等。

1．A 模式应答编码更新

在绝大部分情况下，飞行航迹的 A 模式应答编码将与最后一个目标报告的 A 模式应答编码一样，因为 A 模式应答编码在飞行过程中几乎不变。

新建立的飞行航迹还没有与全部为高置信度编码脉冲的 A 模式目标报告关联，并且目标报告和飞行航迹中高置信度编码脉冲一致。在这种情况下，新目标报告的 A 模式应答编码可以用来更新飞行航迹的应答编码，其过程类似于应答对应答的处理。可以用目标报告中的高置信度编码脉冲代替飞行航迹表中同一位置的低置信度编码脉冲。

如果出现高置信度编码脉冲不一致的情况，那么首先应考虑是否为飞行员有意改变应答编码。为避免人为改变 A 模式应答编码可能产生的译码错误，新的 A 模式应答编码至少在三个天线扫描周期内是重复的才能被接受。在接收新的 A 模式应答编码之前，飞行航迹使用原来的 A 模式应答编码。由于飞行员经常需要操作 4 个应答编码（A、B、C、D）开关，因此需要花费多个扫描周期才能完成更新，具体花费的时间与飞行员的状态有关。因此，更换 A 模式应答编码需要经过几个过渡的应答编码数据，才能建立最终的应答编码。

2．C 模式应答编码更新

C 模式应答编码更新过程与 A 模式应答编码更新过程非常类似。但是由于飞机的飞行高度在飞行过程中会发生变化，因此允许在某些方面适当放宽条件。如果 C 模式应答编码完全可知，并且所有应答编码脉冲都是高置信度的，那么按照其飞行的高度层信息来保持 C 模式应答编码数据是很方便的。当新目标报告中的飞行高度与相关飞行航迹中的高度数据不一致且最大相差 1000ft 时（在可接受范围内），用目标报告中的飞行高度数据代替飞行航迹中的高度数据。

目标报告的 C 模式应答编码数据出现下列两种情况是不能接受的，不能使用该应答编码数据更新飞行航迹中 C 模式应答编码数据。一种情况是目标报告中的飞行高度与飞行航迹中的高度数据之差大于规定的 1000ft，另一种情况是 C 模式应答编码中包含某些低置信度编码脉冲以至于不能确定高度数据。在 C 模式应答编码数据失效期间，启动计数器记录天线连续扫描周期，同时将飞行航迹中的最后有效高度数据作为飞机高度数据。当计数器计数值达到某个数字（典型值为 3）时，删除飞行航迹中的高度数据，并将飞行高度码设置为"未知"。

3．目标位置更新

进行目标位置更新，先利用飞行航迹目标位置数据进行外推，预测下一个扫描周期的目标位置并与新的目标报告位置数据进行关联，然后将相关的目标报告位置数据作为飞行航迹位置数据。这就要求飞行航迹外推精度足以保证在天线扫描过程中目标报告与飞行航迹相关。

飞行航迹和飞行航迹外推使用同样的坐标(R,θ)。因为目标位置用极坐标(R,θ)表示，目标报告与飞行航迹相关，使用同样的坐标可使计算方便、有效。如果目标距离在 10 海里左右，那么在极坐标系中使用线性计算是没有问题的。但是在更近的距离内，为了满足精度要求，需要将极坐标转换为直角坐标(x,y)，在直角坐标系中外推飞行航迹。如果单脉冲测角系统的精度足够，则允许使用简单的两点外推算法作为大多数情况下的预测算法。当测量数据的精度不够或飞机正在启动转弯时，不能使用两点外推算法。

在一个"坏"测量数据没有被修正的情况下，可能有一条正常的飞行航迹丢失。当然，所谓的"坏"测量数据也可能是准确的，其"坏"可能是由飞机启动转弯造成的。使用合理的预测算法可以防止飞行航迹丢失。当飞机启动转弯时，采用一种平滑技术，先将目标位置平滑到预测区域边缘，再使用这个目标位置预测下一个扫描周期关联区域。反复使用这种平滑技术可以避免由飞机转弯造成的飞行航迹丢失。

5.6.4　飞行航迹惯性滑行和终止

如果飞行航迹与目标报告的相关失败了，那么飞行航迹必须惯性滑行，等待下一个天线扫描周期出现与目标报告相关的机会。设置惯性滑行天线扫描周期的门限值，作为飞机着陆或飞出二次雷达工作范围的依据，以便终止飞行航迹。在惯性滑行过程中，若在天线扫描周期超过门限值（典型值为 6）时还没有接收到相关的目标报告，则终止飞机的飞行航迹，并删除所有参考数据。

有一种情况例外，即当飞机过顶飞越二次雷达询问天线时，目标可能在 10 个或 10 个以上天线扫描周期内失去联系，失去联系的时间与天线静默圆锥的大小及飞机的高度有关。在这种情况下不能终止飞机的飞行航迹，反而应当保留，因为飞机可能会重新回到天线波束范围之内。

以上两种情况目标丢失的原因不同。前者是因为飞机着陆或飞出二次雷达工作范围，后者是因为飞机飞出了天线波束范围。

当飞机在机场降落时，应当特别注意避免出现飞行航迹产生错误相关。当一架刚着陆的飞机在机场上滑行时，关掉它的应答机之后，第二架飞机在很短的时间内起飞，可能造成第二架飞机与第一架飞机的预测位置相关，并开始更换不同的 A 模式应答编码。如果允许新起飞的飞机与前一架飞机的飞行航迹相关，则前一架飞机的高度数据也可能会与新起飞的飞机的高度数据关联。空中交通管制员会在 ATC 显示器上看到"刚降落的飞机又起飞了！"，这是两个目标的飞行航迹碰巧关联而造成的。但是仔细观察仍然可以发现两个目标不是同一架飞机，因为它们的 A 模式应答编码不同。

5.7 假目标报告处理

应答与应答相关处理所产生的目标报告并非都有相对应的真实飞机。由于二次雷达系统自身的问题，可能产生多种假目标报告。二次监视雷达通常通过监视处理识别并剔除这些假目标。首先通过监视处理形成所有飞机的飞行航迹，其次利用这些飞行航迹数据识别真、假飞机。

总的来说，假目标报告可分为以下四种类型：由反射应答信号产生的反射假目标报告；由两组串扰应答信号偶然相关产生的串扰假目标报告；在应答与应答相关处理过程中，由于未能对应答脉冲正确分组产生的被分裂的假目标报告；由没有被抑制的旁瓣应答信号产生的环绕目标报告，这种环绕目标报告将在 ATC 显示器上显示围绕中心的一个圆环。

反射假目标报告一般是由二次雷达地面询问站附近的建筑物、围墙或其他障碍物产生的反射应答信号引起的。根据反射区的大小，反射假目标报告可能持续几个天线扫描周期，并且形成假的目标飞行航迹。反射假目标位于反射体的后面，因为反射原理是确定的，所以如果反射体的位置等参数是已知的，则可以预先估计出该反射体产生的反射假目标。

串扰应答信号具有完整的应答编码，两组串扰应答信号偶然结合将产生串扰假目标报告。大多数串扰假目标报告包括一个 A 模式应答编码和一个 C 模式应答编码。这是因为不同询问模式的应答信号对应的应答编码是不一致的，而同一模式的应答信号则要求应答编码必须一致。如果同一模式的两个目标报告都没能与飞行航迹相关，则可以怀疑该目标报告是串扰假目标报告。

在对来自同一架飞机的应答脉冲序列进行应答对应答处理时，将它们分成两个或更多的目标报告，就会产生被分裂的假目标报告。这种假目标报告可能是因为应答处理过程中的译码错误或方位角误差产生的，也可能是因为交替询问时应答机的应答延迟时间变化产生的，还可能是因为受各种地形的影响产生的。很多同类型的被分裂的假目标报告具有显著的特征，很容易对其进行识别。

当飞机应答机连续接收到来自旁瓣的询问信号时，它的应答信号没有被当作旁瓣信号进行抑制，由此产生的目标报告在 ATC 显示器上显示为一个圆圈，叫作环绕目标报告。产生环绕目标报告的原因有多种，如携载故障应答机的飞机接近二次雷达时会产生旁瓣应答信号，询问天线在高仰角时存在性能缺陷会产生旁瓣应答信号。识别环绕目标报告的方法与识别反射假目标报告的方法非常类似。环绕目标报告可以看成是反射体位于传感器的位置上进行全方位搜索所产生的。如果高仰角目标报告与真实飞行航迹不相关，那么必须对该目标报告进行环绕目标测试。

在本节列出的四种假目标报告中，串扰假目标报告和被分裂的假目标报告可以在应答对应答处理或目标报告与飞行航迹相关处理过程中剔除。反射假目标报告和环绕目标报告需要进一步处理，下面将详细介绍。

为了确定目标报告是不是假的，必须先识别可能出现假目标图标的真实飞行航迹。如果目标报告中包含的 A 模式应答编码是完善的，即应答编码脉冲都是高置信度脉冲，则通过检查飞行航迹表找到带有同样编码的所有飞行航迹，然后依次测试其中的每一条飞行航迹。只要测试出假目标对应的飞机的真实飞行航迹，就可以识别假目标报告。

如果目标报告中包含的 A 模式应答编码不完善，即应答编码脉冲包括低置信度脉冲，则以 A 模式应答编码为参考不能找到真实飞行航迹。在这种情况下，需要知道二次雷达周围的反射情况，以便计算出反射路径和真实的飞机位置。在工程上需要在满足下列基本条件的前提下，应用不同的假目标检验方法综合评定真假目标报告。

产生反射目标报告的基本条件如下。

（1）目标报告与飞行航迹的 A 模式应答编码（至少是高置信度脉冲）完全一致。

（2）目标报告与飞行航迹的 C 模式应答编码不一致，高度码必须小于指定的高度差（典型值为 500ft）。

（3）目标报告距离大于飞行航迹预测距离，并且差值在预测误差最小容许范围内。

（4）目标报告信号强度小于飞行航迹信号强度，并且差值在预测的最小幅度误差范围内。

如果上述所有条件都满足，则该目标报告可能是假的，可能是由已有飞行航迹的飞机反射信号产生的。没有一种单一的检验方法能够可靠地识别真假目标报告，必须应用假目标检验方法综合评定。

综合评定的主要因素包括目标距离、信号强度、飞行航迹历史、潜在反射、反射区域和潜在环绕。进行综合评定的方法如下。

首先，根据判定假目标的贡献确定各项目的加权积分。

目标距离测试：加权积分为 $W_r=70$。

信号强度测试：加权积分为 $W_s=70$。

飞行航迹历史测试：加权积分为 $W_h=50$。

潜在反射测试：加权积分为 $W_f=30$。

反射区域测试：加权积分为 $W_b=50$。

潜在环绕测试：加权积分为 $W_o=70$。

其次，按照上述各项的测试结果分配加权积分 W_i。如果该项测试结果为真目标报告，则加权积分为 $+W_i$；如果该项测试结果为假目标报告，则加权积分为 $-W_i$。

最后，将各项加权积分进行算术相加，得到每个目标报告的总积分 W_{tot}。定义真实目标的最

终积分门限值为 W_{min}，同时定义假目标的最终积分门限值为 $-W_{min}$，真假目标报告判定准则如下。

真目标报告：$W_{tot} > W_{min}$。

可能为假目标报告：$-W_{min} \leqslant W_{tot} \leqslant W_{min}$。

假目标报告：$W_{tot} < -W_{min}$。

假设积分门限值为 139，若 $W_{tot} > 139$，则为真实目标报告；若 $-139 \leqslant W_{tot} \leqslant 139$，则可能为假目标报告；若 $W_{tot} < -139$，则为假目标报告。

有关各项测试加权积分 W_i 的分配判定准则如下。

（1）目标距离测试：如果目标报告距离大于飞行航迹预测距离，且差值大于计算容差，则可能为假目标报告，将总积分减去 W_r。如果飞行航迹预测距离大于目标报告距离，且差值大于计算容差，则可能是真目标报告，将总积分加上 W_r。

（2）信号强度测试：如果目标报告信号强度大于飞行航迹信号强度，且差值大于测量盈余（典型值 5dB），则为假目标报告，将总积分减去 W_s。如果飞行航迹信号强度大于目标报告信号强度，且差值大于测量盈余，则可能是真目标报告，将总积分加上 W_s。

（3）飞行航迹历史测试：如果目标飞行航迹历史比对照的飞行航迹历史至少预先规定的天线扫描周期数（典型值为 5），则将这个目标飞行航迹标示为假目标飞行航迹，将总积分减去 W_h。如果目标飞行航迹历史比飞行航迹历史至少多 5 个天线扫描周期，则将目标飞行航迹标识为真实飞机的飞行航迹，将总积分加上 W_h。

（4）潜在反射测试：有时会出现一种情况，即直射目标报告来自询问天线旁瓣，而反射目标报告来自询问天线主波束，这类反射信号叫作潜在反射信号。在这种情况下，直射信号因为来自旁瓣而被抑制，留下的来自主波束的反射信号标有"信号延迟"标记。

旁瓣串扰应答信号也可能偶然地按照同样的方式超前主波束应答信号，但不是每个应答信号都存在这种情况。这种有标记的应答次数只占主波束范围内目标报告中总应答次数的一部分。因此，潜在的假目标报告应当将总积分减去以下加权积分值：

$$\frac{\text{有标记的应答次数}}{\text{目标报告中总应答次数}} \times W_f \qquad (5.3)$$

（5）反射区域测试：如果在二次监视雷达周围的反射体都是事先知道的，那么来自反射体方向的目标报告很可能是由反射信号产生的假目标报告。如果根据提供的详细证据可知，目标报告是从已知的反射体方向接收到的，则这个目标报告可能是反射信号产生的假目标报告，将总积分减去 W_b。

（6）潜在环绕测试：环绕目标报告出现在旁瓣抑制功能失效的时候，经常出现在飞机非常接近二次监视雷达地面询问站时的高仰角工作区域。如果目标报告有潜在的环绕标识，并且目标报告信号强度比对照的飞行航迹信号强度更小，那么这个目标报告可能是环绕目标报告，将总积分减去 W_o。

5.8 与一次雷达目标报告关联

无论是二次监视雷达还是二次雷达敌我识别系统，一般情况下都是与一次雷达联合工作的。怎样应用和关联它们的目标报告是本节讨论的主要内容。

不同的应用对二次雷达与一次雷达目标报告的关联方案有不同要求。二次雷达敌我识别系统要求二次雷达对一次雷达发现的目标进行敌我属性识别，并将识别结果标记在一次雷达显示器上。二次雷达敌我识别系统使用目标位置关联图标完成目标敌我属性识别，这个过程在一次雷达信号处理器中完成。以一次雷达给出的目标位置为中心，在以距离为横坐标、方位为纵坐标的坐标系中划分关联区域，若二次雷达测量的目标位置出现在关联区域内，则表明一次雷达探测到的目标与二次雷达识别的目标是同一个目标，定义该目标为我方目标，并将识别结果传输到作战平台指挥控制中心。关联区域的大小取决于一次雷达和二次雷达的距离分辨力、测距精度、方位角分辨力、测角精度。

空中交通管制系统要求一次雷达和二次监视雷达同时为空中交通管制员提供目标监视信息，以便把同一架飞机的两个目标报告结合在一起。这样可以减少由错误关联造成的混淆。空中交通管制系统一般有三种关联方式。

（1）在关联区域内设置目标位置关联图标。

设置目标位置关联区域是最简单的目标位置关联方法。以二次雷达目标报告中的目标位置为中心，按距离-方位划分一个关联区域，该区域的大小取决于一次雷达与二次雷达的距离和方位角误差。当一次雷达目标报告出现在该区域内时，在二次雷达目标报告中标注一次雷达符号，表示已经检测到一次雷达的目标报告，同时删除一次雷达目标报告。当一次雷达目标报告与二次雷达不在关联区域内时，一次雷达的目标报告不变。

如果一次雷达信号处理器正在跟踪一个目标，并且它的飞行数据包括飞行航迹代码、航速、航向等有效参数，则可将这些有效数据与二次监视雷达跟踪数据进行数据融合处理，形成统一的雷达组合数据，以避免产生两组雷达数据组合错误。

然而，在大多数情况下这种联合处理不能提高性能，反而涉及更复杂的处理问题。有时执行规则太严格，以至于不能将一个目标的两个目标报告关联起来。

（2）将一次雷达目标报告作为二次雷达飞行航迹补充数据。

在某些实施方案中，可将一次雷达目标报告作为二次雷达飞行航迹补充数据。当二次雷达目标报告在扫描过程中丢失时，通常可以使用一次雷达目标报告更新二次雷达飞行航迹。这样，在二次雷达功能丧失期间也能连续将目标报告送到空中交通管制中心。但是必须确保一次雷达数据准确地应用在二次雷达飞行航迹上。

（3）将一次雷达目标报告用作二次雷达假目标报告指示。

有些设备会将一次雷达目标报告作为二次雷达假目标报告指示。一般情况下，二次雷达检测到假目标时不会出现一次雷达目标报告。因为一次雷达的目标反射信号必须克服雷达到反射体两次反射的路径损耗才能形成假目标，一次雷达经过两次反射的路径损耗后已经很难检测到目标反射信号，出现假目标的可能性比二次雷达低很多。因此，如果接收到的二次雷达目标报告中没有包含一次雷达目标报告，则可能是假目标报告。

第**6**章

应答机

应答机是二次雷达系统的主要组成设备之一，它与询问分系统协同工作，完成指定的工作任务。

二次监视雷达的应答机安装在民用飞机上，与地面询问分系统协同工作，接收询问分系统发射的询问信号，并按照询问模式的要求，发射对应的应答编码信号，为空中交通管制员提供民用飞机飞行安全信息，对飞行航线上的飞机进行全程监视。当飞机发生紧急情况时，飞行员可操作应答机的控制盒按钮，发射应急编码信号，通知空中交通管制员。

二次雷达敌我识别系统的应答机安装在地面、空中、海上作战平台及军用后勤保障平台上，与二次雷达敌我识别系统询问机协同工作，接收询问机发射的询问信号，发射对应的应答编码信号，完成目标敌我属性识别，防止误伤我方目标。

机载应答天线采用双天线分集接收技术，保证360°方位角和俯仰角球面覆盖，以接收来自不同方向的询问信号。船载应答天线覆盖范围是360°方位角、180°俯仰角，一般采用单天线。

6.1 组成及功能

二次雷达应答分系统如图6.1所示，它包括应答天线、应答机主机及显示控制单元。应答机主机由收发开关、发射机、接收机、频率源、应答信号处理器、供电电源和接口管理器等组成。二次雷达敌我识别系统应答机是军用设备，还包括密码机和战术时钟单元两部分，用以提高系统安全性。应答机主机的功能是接收和处理询问信号，产生并发送对应的应答信号。应答天线接收询问信号电磁波，并将它转换为电信号传送给应答机主机，同时将应答机主机发送的应答信号转化为电磁波向空间辐射。显示控制单元的主要功能是显示应答机工作状态、各单元自检参数及应答机操作控制结果，控制应答机开/关机和特殊编码设置等。

不同平台应用的应答机结构形式有所不同。机载应答机在单天线配置情况下，所采用的一副应答天线安装在机身底部；在双天线配置情况下，一副应答天线安装在机身底部，另一副应答天线安装在机身顶部。应答机主机安装在飞机机舱内，显示控制单元安装在飞机驾驶室控制面板上，以便飞行员操作控制。二次雷达敌我识别系统舰载应答机和地面应答机的显示控制单元通常集成在应答机主机面板上，安装在雷达操作员控制台附近。

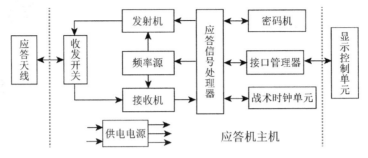

图 6.1 二次雷达应答分系统

二次雷达应答分系统主要有两种工作方式：应答工作方式和信标工作方式。

（1）应答工作方式：按照二次雷达询问-应答工作方式与询问机协同工作，接收来自询问分系统的询问信号，判别询问信号来自询问天线主波束还是旁瓣波束。如果询问信号来自询问天线主波束，则为有效询问，应答机根据询问模式产生并发射对应的应答信号，完成二次雷达指定任务。

（2）信标工作方式：应答机发射低速率、变周期信标信号，供二次雷达系统其他平台询问机或应答机接收。不同用途的二次雷达系统，其信标信号传输的信息内容是不同的。二次监视雷达信标信号传输的信息包括平台位置信息、识别代码等；二次雷达敌我识别系统信标信号传输的信息除这些信息以外，还包括战场态势数据，供我方的二次雷达敌我识别设备接收，建立战场作战态势，完成态势感知和识别功能。必要时应答机可以作为数据通信设备发送和接收通信数据，以实现协同目标之间的双向数据通信。

6.2 工作原理及频率配置

二次监视雷达和二次雷达敌我识别系统应答机的组成和工作原理基本相同，其基本功能是接收询问信号，发送应答信号。但是由于二次雷达敌我识别系统应答机主要用在战场上完成目标敌我属性识别功能，更强调系统保密性和作战安全性，因此增加了提供传输参数和信息加/解密的密码机和完成系统时间同步的战术时钟单元。二次监视雷达应答机具备询问-应答功能和信标信号发射功能，更强调民用飞机的飞行安全，对航线上的飞机进行全过程监视。下面介绍应答机工作原理及频率配置。

6.2.1 工作原理

典型的二次监视雷达分集天线应答机工作原理图如图 6.2 所示，它由上应答天线、下应答天线、上应答天线接收机、下应答天线接收机、发射机、双工器、天线分集开关、频率综合器、信号处理器、接口管理器、机内供电电源组成。

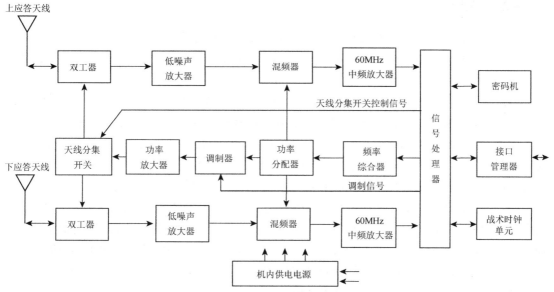

图 6.2 典型的二次监视雷达分集天线应答机工作原理图

接收机由低噪声放大器、混频器和中频放大器组成。应答天线接收 1030MHz 的询问信号，经过低噪声放大器放大、混频器混频后得到 60MHz 的中频信号，中频放大器将该中频信号放大到指定信号电平，再送到信号处理器进行信号处理。

频率综合器产生频率为 1090MHz 的载波信号，用作应答机发射机激励信号和接收机混频器本振信号。发射机由功率分配器、调制器和功率放大器组成。功率分配器将频率综合器产生的激励信号放大之后送到调制器，由调制器对载波信号进行 ASK 调制。该已调制信号经过功率放大器放大后，由天线分集开关控制，经过双工器送到下应答天线或上应答天线。

通过接口管理器可实现应答机主机与显示控制单元及平台上其他设备的数据交换。机内供电电源可将外部供电电压变换成应答机各部件所需电压，给各部件供电。

信号处理器的功能如下。

（1）旁瓣抑制信号处理：检测、比较询问信号和旁瓣抑制信号的幅度，判断询问信号来自询问天线主波束还是旁瓣波束。若询问信号幅度大于旁瓣抑制信号幅度，则询问信号来自询问天线主波束，应答机发射对应的应答信号；反之，询问信号来自旁瓣波束，为旁瓣抑制信号，终止其信号处理，不发射应答信号。

（2）检测询问信号：检测询问信号，提取询问模式信息及询问信息，产生对应的应答编码信号。

（3）分集天线控制：检测、比较上应答天线和下应答天线接收信道输出的信号幅度，控制天线分集开关，将应答信号通过接收信号幅度强的应答天线向空间发射。

二次雷达敌我识别系统应答机与二次监视雷达应答机的差别在于增加了战术时钟单元和密码机，以便适应战争条件下恶劣的电磁对抗环境。战术时钟单元与全系统保持精密的时间同步，产生系统时间代码，以便定期更换信号传输参数和信息加密密码。密码机负责传输参数加密、询问信息解密和应答信息加密。

6.2.2　频率配置

典型的应答机频率配置方案有两种：一种是采用模拟电路实现询问信号解调和应答信号调制；另一种是采用数字电路实现解调与调制，即询问信号解调、应答信号调制、询问数据译码和应答数据编码均在数字信号处理器中完成。

早期的二次雷达系统工作模式（模式 1、模式 2、模式 3/A、C 模式、模式 4）采用 ASK 调制方式，使用模拟电路很容易实现脉冲信号解调和调制。采用幅度检波器可完成 ASK 接收信号解调，发射信号的脉冲调制通常采用射频开关二极管微带电路或三极管调制器完成。因此，早期应答机均采用如图 6.2 所示的频率配置方案，频率综合器直接产生 1090MHz 的载波信号，作为发射机激励信号和接收机本振信号，整体方案简单，容易实现。

随着二次雷达技术的发展，新增的工作模式（如 S 模式）除采用 ASK 调制方式以外，还采用数字调制方式，信号调制波形更为复杂，增加了设备制作和操作难度。随着数字信号处理技术的进步，实现各种调节波形解调和调制已经很容易，数字器件工作频率不断提高。因此，有些应答机采用如图 6.3 所示的频率配置方案，询问信号解调和应答信号调制功能均在数字信号处理器中应用数字信号处理技术完成。

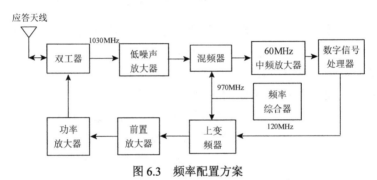

图 6.3　频率配置方案

在图 6.3 中，频率综合器直接产生 970MHz 的载波信号，分别作为接收机混频器本振信号和发射机上变频器本振信号。频率综合器输出信号分为两路：一路信号在接收机中与 1030MHz 的接收信号进行下混频处理，得到 60MHz 的中频信号，经中频放大器放大后，送到数字信号处理器进行询问信号解调、译码等处理。另一路信号与来自数字信号处理器的 120MHz 的已调制信号在上变频器中进行上变频处理，得到 1090MHz 的应答信号，该信号经过前置放大器和功率放大器放大之后，由双工器直接传送到应答天线进行发射。这种频率配置方案的优点是，采用数字信号处理完成信号解调与调制，更容易实现应答机数字化、小型化，同时提高了设备的可靠性和生产性。

6.3　二次雷达敌我识别系统应答机主要技术指标

二次雷达系统是多台询问机和多台应答机同时工作的庞大系统，每台询问机和应答机都必须满足平台安装环境要求，同时必须满足工作平台对二次雷达系统的性能要求。为了满足各平台对二次雷达系统设备设计的要求，二次雷达系统必须规定统一的技术规范。《国际民航组织公约附件 10》规定了国际民用航空统一的二次监视雷达传输信号和性能标准。每个国家针对二次雷达敌我识别系统也制定相应的技术规范，规定了系统工作频率、询问信号和应答信号波形、信号参数容差等，还规定了应答分系统传输信道参数，如应答机发射功率、应答机接收灵敏度、应答机射频端口至应答天线的馈线损耗及应答天线增益等。在二次雷达系统中，所有安装了应答分系统的工作平台都必须满足技术规范的要求。这样在设计询问分系统时，以统一规定的应答分系统传输信道参数为参考，并根据各个工作平台的需要调整询问分系统传输信道参数，就能满足平台对二次雷达系统性能的要求。二次监视雷达与二次雷达敌我识别系统的应答机技术性能要求是一样的，只是具体的技术参数根据不同的定义有所差异。二次雷达敌我识别系统应答机主要技术指标如表 6.1 所示。

表 6.1　二次雷达敌我识别系统应答机主要技术指标

技 术 指 标	最 小 值	标 称 值	最 大 值
接收灵敏度/dBmW	−78	−75	−72
发射机输出功率/dBW	25	27	29
应答延时/μs	2.9	3	3.1
发射机恢复时间/μs	25	50	125
旁瓣抑制时间/μs	25	35	45
应答能力		1200 次/s，每次 15 个脉冲	
动态范围/dB		60	
应答天线增益/dB		0dB	
30s 内的随机触发速率（次/s）		≤5	
应答概率门限/（次/s）	500	1200	2000

6.3.1　接收灵敏度

不同的通信设备使用不同的接收灵敏度。为便于测试，脉冲信号接收机一般使用正切灵敏度。二次雷达敌我识别系统应答机的接收灵敏度是以指定的应答概率为参考定义输入端口的接收信号电平的。

1．接收灵敏度定义

应答机的接收灵敏度又叫作最低触发电平（MTL），其定义为当应答概率等于 90% 时，应答机射频输入端口所需的标准询问信号电平。

应答机射频输入端口 MTL 的标称值为-75dBmW，最大值为-72dBmW，最小值为-78dBmW。当应答机射频输入端口的标准询问信号电平小于-80dBmW 时，应答机应答概率小于 10%。

二次雷达敌我识别系统上行链路设计基准：应答机射频输入端口电平为-72dBmW，对应的天线端口电平为-76dBmW。馈线损耗推荐为 4dB。

在模式 1、模式 2、模式 3/A、C 模式中，不同模式的 MTL 相差不大于 1dB；上述模式与模式 4 的 MTL 相差不大于 2dB。

2．接收灵敏度控制

为了抑制多径信号产生多余的应答信号，应答机采取了接收灵敏度控制措施。接收灵敏度控制要求：当接收到脉冲宽度为 0.4～0.9μs 的询问脉冲时，在该脉冲前沿之后(3.5±0.5)μs 内接收灵敏度降低 9dB，并且在 15μs 以内，将接收灵敏度恢复到 MTL 的±3dB 范围内，其线性恢复速率不超过 4.5dB/μs。

3．发射机过载接收灵敏度控制

为了提高发射机的可靠性，防止发射机过载造成损坏，应答机采取了发射机过载接收灵敏度控制措施。标准应答速率为 1200 次/s，当应答速率达到标准应答速率的 90%时，应将应答机接收灵敏度降低 3dB。当应答速率由 600 次/s 快速上升至 1800 次/s 时，应将应答机接收灵敏度降低 20dB，持续时间为 50～200μs。当应答速率下降到 600 次/s 时，应答机接收灵敏度应在 50ms 内恢复到 MTL 的±3dB 范围内。

6.3.2 动态范围

动态范围是指当触发应答机发射应答信号的概率为 90%以上时，应答机射频输入端口的标准询问信号电平的变化范围。二次雷达敌我识别系统的动态范围为 60 dB。接收信号功率范围为 MTL～-22dBmW。

6.3.3 频率响应

应答机接收机频率响应要求如下。

（1）中心频率。

中心频率应为(1030±0.5)MHz。

（2）带宽。

当输入信号频率为(1030±1.5)MHz 时，应答机接收灵敏度为 MTL±1dB；当输入信号频率为 1030±3.0MHz 时，应答机接收灵敏度为 MTL-2dB～MTL+3dB。

（3）选择性。

在 1018～1042 MHz 频段外，接收机频率响应应当在 MTL 以下-40dB；在 1005～1055MHz 频段外，接收机频率响应应当在 MTL 以下-60dB；镜频响应至少应在 MTL 以下-60dB。

6.3.4 应答延时和延时抖动

应答机接收到询问信号后，不会立即发射应答信号，待询问信号接收、处理结束之后才能发射应答信号。因此，应答信号与询问信号之间会有一定的延时。延时长短主要取决于询问信号的持续时间，不同询问模式的延时不同。

因为应答机译码器时钟与接收的询问信号在时间上不同步、接收信号电平变化等，所以每次测量的同一询问模式的应答延时是不同的，且不同询问模式的应答延时也是变化的。这种延时变化量叫作延时抖动。延时抖动将引入系统测距误差。

按照系统技术规范，模式 1、模式 2、模式 3/A、C 模式的延时为(3.5±0.1)μs，定义为从询

问脉冲 P_3 前沿至应答信号的第一个框架脉冲 F_1 前沿的延时。同一询问模式信号电平变化的延时抖动 $\leqslant \pm 0.2\mu s$。

6.3.5　随机触发速率

应答机接收机热噪声及其他设备的影响会产生大量的随机干扰脉冲，并传送到译码器输入端。在这些随机干扰脉冲的作用下，译码器偶尔会产生相应的译码引起虚触发，触发发射机产生单个应答脉冲或应答编码信号。

尽管这种随机触发的应答脉冲或应答编码信号不是由询问信号触发的，但却是不可避免的，它将干扰作用范围内的询问机。在二次雷达敌我识别系统中，这种随机触发的应答脉冲或应答编码信号可能被敌方定位和利用。因此，必须控制它的触发速率。根据二次雷达敌我识别系统的技术规范要求，当应答机输入端与阻抗匹配的负载连接时，在至少 30s 的时间内随机触发速率平均值不得大于 5 次/s。

6.3.6　应答信号抑制时间

由于某些原因的影响，需要控制应答机在短时间内不发射应答信号，这个过程叫作应答信号抑制。应答信号抑制主要包括询问旁瓣抑制、发射机恢复过程中的应答信号抑制及外部设备抑制信号引起的应答信号抑制。

按照询问旁瓣抑制规定，当应答机检测到的旁瓣抑制脉冲 P_2 的幅度大于或等于询问脉冲 P_1、P_3 的幅度时，应答概率应当小于 1%，询问旁瓣抑制时间为 $(35\pm10)\mu s$；当应答机接收到的旁瓣抑制脉冲 P_2 的幅度比询问脉冲 P_1、P_3 的幅度小 9dB 时，应答概率应当大于 90%。

应答机接收到有效询问并发射应答信号后，需要等待较短的一段时间，待发射机恢复之后才能再一次发射应答信号，这种发射机恢复时间的标称值为 50μs，最小值为 25μs，最大值为 125μs。

通常，某个平台上会安装多种电子设备，如民用飞机会配备距离测量设备（DME）。为防止同频段工作系统之间的相互干扰，这些设备在发射无线电信号之后的短时间内会输出一个外部设备抑制信号，抑制应答机发射应答信号。DME 抑制时间范围为 7～60μs，平均值为 45μs。

6.3.7　应答机输出功率

二次雷达敌我识别系统规定，应答机输出端口输出的应答脉冲的峰值功率标称值为 27dBW，最小值为 25dBW，最大值为 29dBW。当应答机射频馈电电缆损耗为 4dB 时，射频馈电电缆天线端口输出功率标称值为 23dBW，最小值为 21dBW，最大值为 25dBW。

应答机在进行应答时，任意两个脉冲的峰值功率波动不应超过 1dB。如果应答机输出端出现意外的短路或开路，不能损坏发射机。

系统下行链路设计规定：应答机输出的应答脉冲功率标称值为 25dBW，推荐的馈线损耗为 4dB。

6.3.8　寄生辐射

当二次雷达敌我识别系统应答机处于非发射状态时，任何寄生辐射功率都不应超过-67dBmW。

在应答过程中，两个具有标准时间间隔（1.45μs）或更长时间间隔的脉冲之间的辐射功率应至少比发射机峰值功率小 40dB。

发射期间射频载波频率谐波分量以发射机峰值功率为参考，不应超过以下值。

二谐波：-50dB。

三谐波：-70dB。

所有其他谐波：-90dB。

6.3.9 旁瓣抑制速率控制

为防止旁瓣抑制时间过长从而降低应答机的应答概率，应答机组件中应包括降低接收灵敏度的旁瓣抑制速率控制单元。该单元通过降低应答机接收灵敏度降低旁瓣抑制产生的应答机占据概率。当占据概率小于 10%时，不降低应答机灵敏度；当占据概率大于 15%时，降低应答机灵敏度。占据概率不得超过 30%。

6.4 二次监视雷达应答机主要技术指标

根据《国际民航组织公约附件 10》，二次监视雷达应答机主要技术指标如表 6.2 所示。

表 6.2 二次监视雷达应答机主要技术指标

技 术 指 标	最 小 值	标 称 值	最 大 值
应答天线增益/dB	0	0	3
接收灵敏度/dBmW	-69	-71	-77
发射机输出功率/dBW	21	24	27
应答延时/μs	2.5	3.0	3.5
发射机恢复时间/μs	25	50	125
旁瓣抑制时间/μs	25	35	45
距离测量设备抑制时间/μs	7	45	60
30s 内的随机触发速率/（次/s）	0	0	30
应答概率门限/（次/s）	500	1200	2000

注：飞行高度低于 15 000ft 的应答机最小输出功率为 18.5dBW。

二次监视雷达应答机主要技术指标与二次雷达敌我识别系统模式 1、2、3 主要技术指标基本相同，只不过有些技术指标的具体定义和技术参数有所差异。

6.4.1 接收灵敏度和输出功率

二次监视雷达的接收灵敏度和输出功率的定义与二次雷达敌我识别系统是一样的，但测量端口不同。二次监视雷达规定接收灵敏度和输出功率在应答机射频馈电电缆天线端口测量，而二次雷达敌我识别系统规定接收灵敏度和输出功率在应答机射频输出端口测量。图 6.4 给出了应答机主机、射频馈电电缆和应答天线之间的连接关系。二次监视雷达与二次雷达敌我识别系统之间的信号电平差值为射频馈电电缆损耗值。

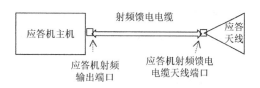

图 6.4 应答机线缆连接

如果都由射频馈电电缆天线端口统一测量，那么二次监视雷达与二次雷达敌我识别系统对接收灵敏度和输出功率的要求有所不同。表 6.3 给出了由射频馈电电缆天线端口测量的二次监视雷达、二次雷达敌我识别系统的接收灵敏度，表 6.4 给出了由射频馈电电缆天线端口测量的二次监视雷达、二次雷达敌我识别系统的输出峰值功率。由这两个表可以看出，二次雷达敌我识别系统的接收灵敏度标称值比二次监视雷达灵敏度标称值高 8dB，二次雷达敌我识别系统的输出峰值功率标称值比二次监视雷达的输出峰值功率标称值低 1dB。

表 6.3 由射频馈电电缆天线端口测量的接收灵敏度

二次雷达系统	最小值/dBmW	标称值/dBmW	最大值/dBmW
二次监视雷达	−69	−71	−77
二次雷达敌我识别系统	−76	−79	−82

表 6.4 由射频馈电电缆天线端口测量的输出峰值功率

二次雷达系统	最小值/dBW	标称值/dBW	最大值/dBW
二次雷达敌我识别系统	21	23	25
二次监视雷达	21	24	27

在进行系统传输链路设计时，二次监视雷达与二次雷达敌我识别系统均按其各自定义的输出端口信号电平进行计算。二次雷达敌我识别系统应答机安装条件差异很大，射频馈电电缆长度和损耗差别也很大。因此，在进行二次雷达敌我识别系统上、下行传输链路设计时，以应答机射频输出端口信号电平为参考，系统链路损耗应包括射频馈电电缆传输损耗和应答天线增益，系统规范推荐的射频馈电电缆传输损耗为 4dB。

二次监视雷达传输链路设计以应答机射频馈电电缆天线端口信号电平为参考，已经包含了射频馈电电缆传输损耗，系统规范推荐的射频馈电电缆传输损耗为 3dB。因此，在进行二次监视雷达传输链路设计时，系统链路损耗不应包含这 3dB 的电缆传输损耗。但在设计应答机发射机输出功率时，应考虑这 3dB 的电缆传输损耗，保证天线端口的输出功率满足系统规范要求。此外，按二次监视雷达规范，对于飞行高度低于 15000ft 的飞机，要求应答机最小发射功率为 18.5dBW。

6.4.2　其他技术指标参数差异

除接收灵敏度和输出功率测量端口不同之外，二次监视雷达和二次雷达敌我识别系统其他各项技术指标的要求也有所不同。例如，对于应答延时，二次监视雷达要求应答延时为$(3\pm0.5)\mu s$，同一询问模式的延时抖动$\leqslant\pm0.1\mu s$，不同询问模式的时间变化$\leqslant\pm0.2\mu s$；二次雷达敌我识别系统要求应答延时为$(3\pm0.1)\mu s$，信号电平变化产生的延时抖动$\leqslant\pm0.2\mu s$。二次监视雷达应答机接收灵敏度的恢复速率约为$3dB/\mu s$，二次雷达敌我识别系统应答机接收灵敏度的恢复速率约为$4.5dB/\mu s$。

6.5　信号处理器组成和功能

信号处理器是应答机的重要组成部件，主要完成询问信号解调、译码和应答信号编码、调制等功能。信号处理器一般由 A/D 转换器、D/A 转换器、DSP、FPGA、接口电路和驱动隔离电路等组成，其原理框图如图 6.5 所示。FPGA 和 DSP 是信号处理器的核心器件，FPGA 主要完成实时性要求较高的信号处理工作，如询问信号解调、数字基带信号解扩，以及应答信号调制和载波信号调制等，同时配合 DSP 完成询问旁瓣抑制处理、天线分集接收信号处理、天线分集开关控制、询问信号译码、应答信号编码及在线自检等功能。DSP 主要完成实时性要求不高但计算相对复杂的信号处理工作。

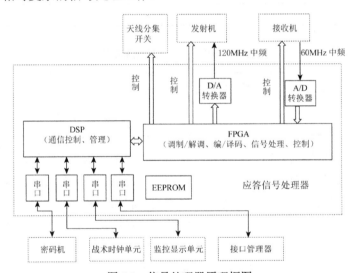

图 6.5　信号处理器原理框图

二次监视雷达应答机信号处理器的主要功能如下。

（1）询问旁瓣抑制信号处理。

将询问脉冲 P_1、P_3 的幅度与旁瓣抑制脉冲 P_2 的幅度进行比较，当 P_1、P_3 的幅度比 P_2 的幅度大 9dB 时，应答机的应答概率应当大于或等于 90%；当 P_2 的幅度大于或等于 P_1、P_3 的幅度时，应答机的应答概率应当小于 1%；当 P_1、P_3 的幅度比 P_2 的幅度大 0～9dB 时，应答机既可以发射应答信号也可以不发射应答信号。

（2）天线分集处理和控制。

当应答机使用双天线分集工作时，信号处理器将比较上、下应答天线接收机输出信号幅度，控制天线分集开关将发射机切换到接收信号幅度强的天线发送应答信号。

（3）询问信号处理和应答信号编码、调制。

在询问-应答工作过程中，信号处理器将完成询问信号解调、译码，询问信息提取，同时按照工作模式要求进行应答信号编码、调制。

（4）信标信号处理。

在信标信号处理过程中，信号处理器对待传输的信标信号进行编码，进行数字基带信号和载波信号调制，并按规定的速率发射信标信号。

二雷达敌我识别系统还需要增加密码机和战术时钟单元，以完成系统时间同步、传输参数加密、询问信息解密和应答信息加密等功能。

6.6 自动故障检测和在线检测

在应答机工作期间，需要不断确认应答机是否处于正常工作状态，这对于提高应答机的可用性和完备性是非常重要的。完成这一任务有效的方法是自动故障检测和在线检测，这两种方法在没有应答机操作人员的情况下尤为适用。

1．自动故障检测

自动故障检测单元又叫作被动检测设备。根据应答机的故障模型，设置故障检测节点，对故障检测节点进行自动巡检，实时监测应答机的重要性能参数，如发射功率和编码、译码设备运行状况等。当应答机工作时，采用机内检测设备进行自动故障检测，并提供正确的状态指示。一旦出现异常，检测设备就会立即进行故障报警。检测的基本参数通常包括编码、译码设备运行状况，发射功率，天线驻波，应答机开关机状态，各工作模块静态工作电流，以及密码机运行状况等。

2．在线检测

在线检测是自动故障检测的补充方法。它利用在线检测设备生成检测信号，在设备工作间歇期间对应答机关键性能参数进行测量，以判断应答机是否出现故障。每次检测不应超过规定的检测时间，并应及时显示检测结果。

应答机在线检测的主要任务是测量接收灵敏度和发射功率、检测有关部件工作状态等。当应答机处于关机或待机状态时，在线检测设备不产生模拟应答信号。

在线检测设备应当简单、可靠，不影响应答机的平均无故障时间和可用性。

6.7 应答天线

应答天线是应答机的重要组成部件之一，它的主要功能是将接收到的询问信号电磁波转换成电信号送到应答机，同时将应答机发送的应答信号转换为电磁波向空间辐射。它的主要技术要求包括应答机天线工作频率、极化方式及方向图特性几个方面。

二次监视雷达和二次雷达敌我识别系统的应答天线要求的电磁波发射频段为(1090±10)MHz，接收频段为(1030±10)MHz。应答天线应采用垂直极化波，即电磁波传播极化方向应当垂直于水平面。应答天线方向图应提供全向覆盖。

二次雷达系统对应答天线增益有明确要求。二次监视雷达要求应答天线增益为0dB，其中不含应答机输出端口至天线端口的射频馈线电缆传输损耗。二次雷达敌我识别系统要求应答天线等效增益包含应答天线增益和射频馈线电缆传输损耗，通常规定机载应答天线的等效增益为-4dB，其中应答天线增益为0dB，射频馈线电缆传输损耗为-3dB，不匹配产生的损耗为-1dB；水面舰艇应答天线的等效增益为-7dB；潜艇应答天线的等效增益为-10dB。

6.7.1 应答天线覆盖范围

1. 坐标系

机载应答天线覆盖范围坐标系如图6.6所示。

俯仰角 θ 在+90°～-90°区间内变化。其中，0°表示飞机在水平面沿直线飞行时飞机头所指的飞行方向，+90°表示飞机正上方。

方位角 ϕ 在0°～360°区间内变化，其中0°表示飞机头方向。方位角 ϕ 将从0°向右舷方向增加。

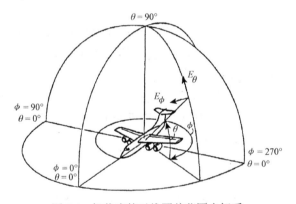

图6.6 机载应答天线覆盖范围坐标系

2. 机载应答天线的增益和覆盖范围

按照二次雷达敌我识别系统规范的要求，携载应答机的飞机主要分为两种类型。

A类飞机：飞行线路主要为直线且在水平面方向飞行的飞机，如运输机。

B类飞机：具有高性能和特技飞行能力的飞机，如战斗机、低空飞行飞机和直升机。

应答天线端口定义的天线等效增益包括应答天线增益和射频馈线电缆传输损耗。A类飞机应答天线俯仰面平均增益图如图6.7所示，B类飞机应答天线俯仰面平均增益图如图6.8所示。

机载应答天线的等效增益覆盖范围要求如下。

当方位角 ϕ=360°、俯仰角 θ=±30°时，在50%的覆盖范围内，等效增益应大于-4dBi；

在 80％的覆盖范围内，等效增益应大于-6dBi；在 95％的覆盖范围内，等效增益应大于-8.5dBi。

当飞机起落架放下时，在 θ=0°～30°、ϕ=0°±30° 或 ϕ=180°±30° 的覆盖范围内，允许等效增益再减少 2dB。

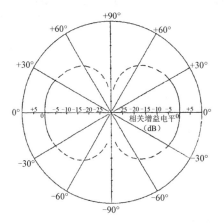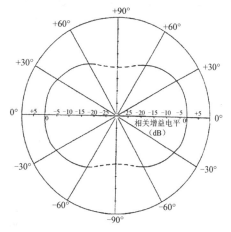

图 6.7　A 类飞机应答天线俯仰面平均增益图　　图 6.8　B 类飞机应答天线俯仰面平均增益图

3．舰载应答天线的增益和覆盖范围

舰载应答天线平均增益图如图 6.9 所示。

（1）俯仰角 θ 在+90°～-90° 区间内变化。其中，+90° 表示舰船正上方，0° 表示舰船在水平面沿直线航行时的舰首方向。

（2）方位角 ϕ 在 0°～360° 区间内变化。其中，0° 表示舰首方向。方位角 ϕ 将从 0° 向右舷方向增加。

舰载应答天线的平均等效增益覆盖范围要求如下。

（1）当俯仰角 θ=±30° 时，在 50％的覆盖范围内，等效增益大于-4dBi；在 80％的覆盖范围内，等效增益大于-6dBi；在 95％覆盖范围内，等效增益大于-8.5dBi。

（2）当俯仰角 θ=30°～90° 时，等效增益覆盖范围将随俯仰角增大而减小。

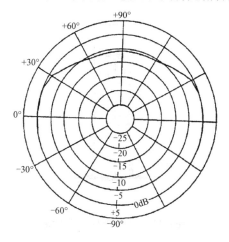

图 6.9　舰载应答天线平均增益图

6.7.2　机载和舰载应答天线

机载应答天线通常采用 1/4 波长振子天线或嵌入式安装腔体天线。为减小应答天线在飞机飞行过程中产生的阻力，应答天线在结构形式上通常设计为刀形，其外形尺寸小、质量轻，因此又叫作刀形（或鳍形）天线。机载应答天线外形图如图 6.10 所示。1/4 波长天线的天线增益为+1.5dBi。

图 6.10　机载应答天线外形图

机载应答天线设计基于一种假设，即飞机的外壳为无限远的平面。但实际上，飞机的外壳长度是有限的，至少在一个方向上是弯曲的。再加上飞机发动机和机翼的遮挡，以及安装在附近的其他电子设备的天线相互交叉的影响，机载应答天线的方向图会与理想的方向图相差很远。

地面/舰载应答天线通常采用柱状形式，如图 6.11 所示。它是中鳍形天线，采用对称振子加罩的结构形式，在自由空间为垂直极化方式。天线水平面方向图为全向辐射，即在水平面360°范围内均匀地辐射或接收电磁波。垂直方向有一定的波束宽度。除去天线罩，天线的上下振子为主要的辐射器，振子长度近似等于半波长，以满足波束指向和天线增益的要求。下面的扼流套对天线表面的电流起一定的扼制作用，防止电流从金属表面流失从而影响天线增益和方向图。支撑同轴线是对天线的阻抗进行匹配的电路，可使天线在整个频带内匹配好、驻波低。

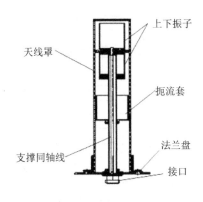

图 6.11　地面/舰载应答天线

6.8 双天线安装

当机载应答机采用一副应答天线时，一般将应答天线安装在机身底部。由于飞机机身和发动机等的遮挡，应答天线方向图覆盖范围会受到限制。当飞机转弯和爬升时，很容易造成目标丢失，特别是军用飞机进行机动飞行时情况更为严重。军用飞机二次雷达敌我识别系统应答天线和民用飞机 S 模式应答天线均要求具有全向球面覆盖性能。为满足机载应答天线全向球面覆盖性能要求，通常采用双天线，即一副天线安装在飞机机身底部，另一副天线安装在飞机机身顶部。这样可以避开飞机机身和发动机的遮挡，扩大应答天线覆盖范围。按照应答天线与应答机的连接方式划分，主要有以下三种双天线安装方式：双天线开关切换方式、双天线功率分配方式和分集天线方式。下面详细介绍这三种安装方式及其优缺点。

6.8.1 双天线开关切换方式

双天线开关切换方式原理图如图 6.12 所示。上应答天线安装在飞机机身顶部，下应答天线安装在飞机机身底部，应答机的射频端口通过射频电子开关连接到上应答天线或下应答天线。电子开关以大约 40 次/s 的切换速率在上、下应答天线之间进行切换。应答机按照该速率交替通过上应答天线和下应答天线接收询问信号并发射应答信号，以此满足应答天线全向球面覆盖性能要求。虽然这种连接方式可以扩大应答天线覆盖范围，但应答机的应答概率降低了 50%。因为，应答机在通过下应答天线工作时，不能对上应答天线方向的目标进行询问-应答；在通过上应答天线工作时，不能对下应答天线方向的目标进行询问-应答。早期的应答机主要采用这种双天线开关切换方式。

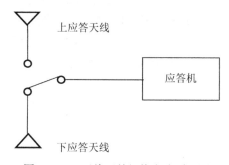

图 6.12 双天线开关切换方式原理图

6.8.2 双天线功率分配方式

双天线功率分配方式原理图如图 6.13 所示。应答机的射频端口通过功率分配器与应答天线连接：将 1/3 的功率分配端口连接到上应答天线，将 2/3 的功率分配端口连接到下应答天线。这样应答机就将 1/3 的应答机功率分配到上应答天线，将 2/3 的应答机功率分配到下应答天线，由此扩大了应答天线的覆盖范围。上、下应答天线之所以没有选择等功率分配，是因为地—空工作距离比空—空工作距离更远。

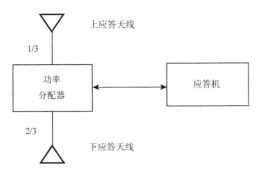

图 6.13　双天线功率分配方式原理图

在上、下应答天线辐射方向图非重叠区域内，天线方向图覆盖范围由上、下应答天线各自的覆盖区域组成。但是在上、下应答天线辐射方向图相互重叠的区域内，将会形成信号干涉区。接收信号或发射信号是上应答天线信号与下应答天线信号的矢量和，合成的天线方向图将发生变化。有些方向的上、下应答天线信号相位相同，将导致信号增强；有些方向的上、下应答天线信号相位相反，将导致信号减弱。

双天线功率分配方式的优点是成本低且便于实现，因此在军用飞机上应用较为广泛；缺点是在辐射方向图相互重叠的区域内存在信号衰落，有的方向信号增强，有的方向信号减弱。

6.8.3　分集天线方式

分集天线主要由上、下应答天线及它们的接收机组成。分集天线应答机工作原理图如图 6.14 所示。与标准应答机相比，它增加了一个接收通道。通过比较上、下应答天线接收信号幅度，控制天线分集开关，选择接收信号幅度强的天线发射应答信号。如果上应答天线接收信号强，则控制天线分集开关，将应答信号通过节点"1"送到上应答天线进行发射；如果下应答天线接收信号强，则控制天线分集开关，将应答信号通过节点"2"送到下应答天线进行发射。应答天线总的覆盖范围由上、下应答天线的独立覆盖范围组成。分集天线主要应用在先进的军用飞机及采用 S 模式应答机的民用飞机上。

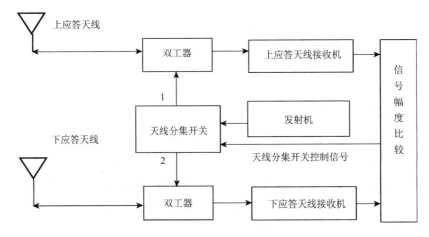

图 6.14　分集天线应答机工作原理图

1. 应答天线选择准则

应答机自动比较上、下应答天线接收信号幅度，选择接收信号强的天线发射应答信号。在接收信号动态范围内（MTL 到-22dBmW），应答天线选择准则如下。

当上应答天线接收信道的询问信号电平比下应答天线接收信道的询问信号电平大 3dB 以上时，选择上应答天线发射应答信号。

当下应答天线接收信道的询问信号电平比上应答天线接收信道的询问信号电平大 3dB 以上时，选择下应答天线发射应答信号。

当两个接收信道的询问信号电平相差小于或等于 3dB 时，优先选择下应答天线发射应答信号。

2. 容许的接收信号延时

由于同一询问天线辐射的电磁波到达上、下应答天线端口的传播路径不同，因此应答机的上、下应答天线接收信号的延时也不同，两路接收信号不可能同时到达应答机信号处理器，因此存在延时差。

为了准确判断两路接收信道输出信号是否来自同一询问机，需要对两路接收信号的延时一致性做出规定，即从应答机天线端口测量，两路接收信道输出信号平均延时差不应超过 $0.1\mu s$。

判断两路接收信道输出信号是否来自同一询问机的准则如下。

当两路接收信道输出信号的延时差小于 $0.125\mu s$ 时，该信号被认为来自同一询问机，并按照应答天线选择准则选择相应的应答天线发射信号。

当两路接收信道输出信号的延时差大于 $0.375\mu s$ 时，该信号被认为来自不同的询问机，应选择最先接收到询问信号的应答天线发射应答信号。

当两路接收信道输出信号的延时差为 $0.125\sim0.375\mu s$ 时，应当选择最先接收到询问信号的应答天线发射应答信号，即遵循优先选择早接收到询问信号的应答天线进行应答原则。

3. 应答天线发射信号隔离

应答机两个应答天线端口之间的隔离应当大于 20dB，即被选择天线的输出功率应当比未被选择天线的输出功率大 20dB 以上。

6.9 显示控制单元

显示控制单元是应答分系统的一个组成部分，其主要功能是根据系统操作要求和关键设备使用要求，对应答机进行操作控制，指示应答机工作状态，显示控制参数，以及进行故障报警等。应答机的控制功能主要包括开机控制、应急代码设置、工作方式选择、人工代码设置、存储代码选择、人工在线检测等。应答机的显示功能主要包括控制状态显示、应答指示和自检指示等。

6.9.1 控制功能

1．开机控制

开机控制包括电源开机延迟、待机工作模式和正常运行工作模式控制，具体功能如下。

电源开机延迟：打开应答机电源之后，应当在一段时间内禁止发送应答信号，以防止发射机被烧毁。延迟发射应答信号的时间不应超过 60s，并且只在应答机主电源刚开机时执行这种延迟功能。

待机工作模式：打开应答机电源后，应答机将在延迟预定时刻之后进入待机工作模式，在待机工作模式下不能发送应答信号，但是可在 0.1s 内从待机工作模式转换到正常运行工作模式。

正常运行工作模式：在正常运行工作模式下，应答机应能接收询问信号，并能对接收到的有效询问信号发送应答信号，还能发送自检测试信号。

2．应急代码设置

显示控制单元为操作员提供了应急代码设置功能。该设置在设计上采取了有效防范措施，可防止无意识操作产生应急代码。

3．工作方式选择

显示控制单元具有人工选择应答机各种工作方式的功能。应答机可由操作人员设置成单个询问模式的应答工作方式，也可设置成组合询问模式的应答工作方式。

4．人工代码设置

操作人员可通过控制面板上的设置开关设置各种询问模式的任何一种应答代码。

5．存储代码选择

显示控制单元具有自动更改存储代码的功能。操作人员在设置应答代码后，还可按照已设定的紧急情况自动或人工删除已存储的代码。

6．人工在线检测

当需要进行在线检测时，操作人员可以通过控制开关，启动应答机在线检测，在工作间歇期间对应答机进行检测，每次检测不应超过规定的检测时间。在设计上采取了防范措施防止连续不断地进行在线检测。

6.9.2 显示功能

1．控制状态显示

控制状态显示是指对为满足工作需求提供的控制功能进行相应指示或显示。对每一项控制功能都具有相应的指示，指明该项控制功能是否执行到位。

2. 应答指示

当应答机发送应答信号时，应提供发送应答信号的可视化显示。

3. 自检指示

提供应答分系统的运行完整性可视化显示，根据 BIT 设备自动检测结果，正确指示下列状态：应答机工作状态，应答机故障及故障报警，密码机故障实时报警，自动存储代码设备故障实时报警。

第 7 章

询问应答机

所有空中、海上作战平台都要求安装二次雷达敌我识别系统询问机，对一次雷达发现的空中、海上目标进行敌我属性识别，同时必须兼具二次雷达敌我识别系统应答机的功能，以防止我方平台炮火攻击造成"自相残杀"。在二次雷达敌我识别系统中同时兼具询问、应答功能的设备叫作询问应答机。二次监视雷达没有安装询问应答机的需求。

需要兼具询问、应答功能的空中作战平台主要包括大型指挥平台（如预警机、空中指挥机等），作战飞机（如歼击机、轰炸机、武装直升机、无人作战飞机等），以及后勤保障平台（如运输机、空中加油机等）；海上作战平台主要包括大型作战军舰（如航空母舰、巡洋舰、驱逐舰、护卫舰等），小型作战平台（如护卫艇等），以及后勤保障舰艇和潜水艇等。

根据不同的应用需求，询问应答机的设计方案也有所不同。影响设计的因素主要包括配属平台对二次雷达敌我识别系统的作战能力要求，配属平台对设备体积、功耗和质量等方面的限制，以及设备安装成本和安装条件等。询问应答机通常有两种设计方案，即询问机/应答机组合设计方案和询问应答机一体化设计方案。

本章将介绍询问机/应答机组合设计方案、询问应答机一体化设计方案，以及典型的询问应答机。

7.1 询问机/应答机组合设计方案

所谓询问机/应答机组合设计方案，是指将一台独立的询问机和一台独立的应答机组合为一体，独立完成作战平台二次雷达敌我识别系统的询问和应答功能，在结构上询问机和应答机被安装在一个机柜或机箱内。

询问机/应答机组合设计方案原理图如图 7.1 所示。它由相互独立的询问机和应答机组成。询问机与询问天线组成单脉冲询问分系统，执行二次雷达敌我识别系统的询问功能；应答机与舱外的全向应答天线组成应答分系统，执行二次雷达敌我识别系统的应答功能。这种设计方案的战术技术性能最好，对应答机的占据时间最短，询问机使用效率最高，主要应用于威力范围大、识别反应速度快的作战平台，如驱逐舰、歼击机、轰炸机等。有些大型作战平台的二次雷达敌我识别系统使用相控阵询问天线，询问分系统与应答分系统完全独立，在结构上也是分开的。

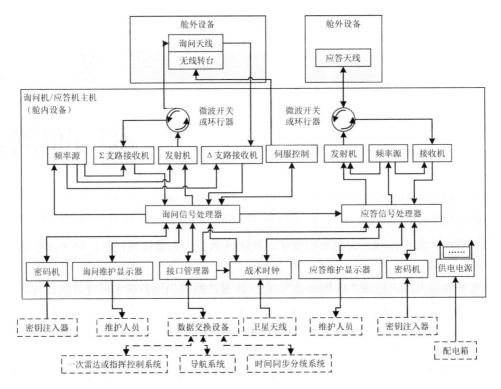

图 7.1　询问机/应答机组合设计方案原理图

采用这种设计方案，询问分系统和应答分系统按照各自的需要独立工作。唯一的交联信号是它们之间相互"抑制"的控制信号。询问机在发射询问信号时产生一个抑制脉冲将应答机的接收机封闭，阻止应答机接收本平台发送的询问信号。应答机在发射应答信号时产生一个抑制脉冲将询问机的接收机封闭，阻止询问机接收本平台发送的应答信号。这样就解决了两个分系统间的电磁兼容问题。

询问机有两路接收信道，即 Σ 支路接收信道和 Δ 支路接收信道，以便采用单脉冲测角方案。询问机舱内设备主要包括频率源、发射机、Σ 支路接收机、Δ 支路接收机、询问信号处理器及天线伺服控制单元等。询问机舱外设备主要包括询问天线和天线转台。

应答分系统设备主要包括频率源、发射机、接收机、应答信号处理器及应答天线等。应答天线可以采用单天线方案或双天线分集方案。

由此可知，采用这种设计方案，询问机和应答机在工作方式上相互独立。其中，天线、收发信道、频率综合器、信号处理器都是各自独立、互不兼容的，它们的共用单元包括密码分系统的密码机、时间同步分系统的战术时钟和机内供电电源。

询问机/应答机组合设计方案的优点是作战性能好，询问机使用效率最高，对应答机的占据时间最短，只有在发射询问信号时才将应答机封闭，因此应答机的应答概率高；缺点是系统中可能包括 2～3 个发射机、3～5 个接收机、2 个频率源、2 个信号处理器，因此设备比较复杂。但是，与完全独立的询问机和应答机相比，组合的询问机/应答机体积较小、质量较轻、成本较低。

7.2 询问应答机一体化设计方案

所谓询问应答机一体化设计，是指首先将询问机和应答机的工作单元按照功能划分为独立的功能模块，其中有些功能模块是询问机和应答机共用的；其次在工作时，根据需要通过微波开关矩阵将这些功能模块连接成应答机或询问机。由于有些功能模块是共用的，因此应答机和询问机只能按照分时方式工作。在常规情况下，系统处于应答工作状态，接收我方询问信号，对有效询问发送应答信号以防止被我方攻击。当一次雷达发现目标并且需要进行目标识别时，系统切换为询问工作状态，对一次雷达指定的目标进行询问，识别该目标的敌我属性。询问结束后系统又切换到应答工作状态。设备在整个询问工作期间不能接收其他平台的询问信号，应答机被占据。因此，一体化询问应答机占据时间较长，应答概率受到影响，只能应用于探测距离短或威力范围较小的作战平台，如导弹护卫艇、武装直升机等。

询问应答机一体化设计方案原理图如图 7.2 所示。舱外设备包括询问天线、应答天线，舱内设备包括微波开关矩阵、环行器、频率源、发射机、Σ 支路接收机、Δ 支路接收机及询问/应答信号处理器。其中，询问应答机主机中的频率源、Σ 支路接收机、发射机、询问/应答信号处理器等功能模块都是询问机和应答机的共用模块，询问和应答功能对硬件资源的采用分时复用方式。

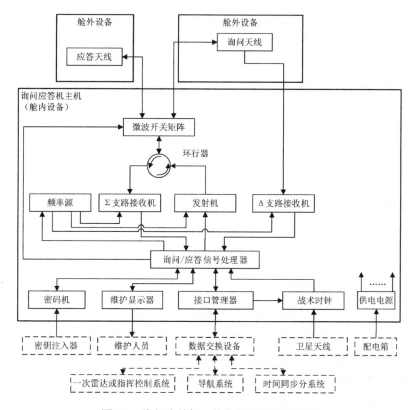

图 7.2 询问应答机一体化设计方案原理图

当微波开关矩阵将应答天线和环行器接通时，由应答天线、环行器、Σ 支路接收机、频率源、发射机和询问/应答信号处理器等功能模块组成应答机，执行应答功能。此时，频率源输出信号频率为 1090MHz，作为接收机的本振信号和应答信号发射机激励信号。询问/应答信号处理器设置为应答状态，对接收的询问信号进行译码，产生对应的应答编码脉冲。

应答天线将接收到的询问信号电磁波转换为接收信号电流，经微波开关矩阵输送到 Σ 支路接收机，Σ 支路接收机将接收信号混频得到 60MHz 的中频信号，该信号经过中频放大器放大后输出至询问/应答信号处理器。询问/应答信号处理器首先对接收到的信号进行询问旁瓣抑制处理，若判定是我方有效询问信号，则结合密码机进行询问信号解调、译码和解密处理，产生相应的加密应答编码，并送至发射机进行调制和放大，最后经微波开关矩阵送到应答天线。应答天线将应答信号转化为电磁波，并向空间辐射。

一旦接收到询问状态启动脉冲，当微波开关矩阵将询问天线和环行器接通时，就组成了单脉冲询问机。询问/应答信号处理器设置为询问状态。频率源输出信号频率为 1030MHz，作为发射机激励信号和接收混频器本振信号。接收到一次雷达探测到的目标位置数据之后，询问应答机向该目标方向发射二次雷达敌我识别系统询问信号，接收目标应答信号，按照规定的程序完成目标敌我属性识别任务。

询问应答机一体化设计方案的优点是主要部件包括一套微波开关矩阵、一套频率源、一套发射机、两路接收机及询问/应答信号处理器，功能模块复用率高且设备简单、体积小、质量轻、功耗低；缺点是应答机占据时间长，在整个询问过程中不能接收其他平台的询问信号，降低了应答机的应答概率。随着系统识别容量的增加，需要识别的目标数量会越来越多，这种设计方案会严重影响应答机的应答概率。因此，对于识别容量大的作战平台，一般不能配置一体化询问应答机。此外，一体化询问应答机要求频率综合器模块和功率放大器模块的工作频率必须覆盖询问信号频率和应答信号频率，增加了设备制作难度。询问应答机一体化设计方案主要应用于对体积、质量、功耗有严格限制且识别容量小的作战平台。

7.3 典型的询问应答机

典型的询问应答机原理图如图 7.3 所示。它由独立工作的单脉冲询问机和分集天线应答机组合设计而成，询问机和应答机独立执行各自的询问功能和应答功能。这套询问应答机由天线单元、发射机/接收机单元、询问/应答信号处理单元和目标指示显示控制单元组成，是一套功能齐全、技术性能先进、数字化程度高的机载询问应答机。

天线单元包括询问天线和应答天线。询问天线是单脉冲天线，由天线辐射单元振子与和、差波束形成网络组成，和、差波束形成网络的和波束信号端口和差波束信号端口经询问机 I/O 模块分别连接到询问机和/差信号双通道接收机输入端与询问功率放大器输出端。应答天线包括分集工作的上应答天线和下应答天线，经应答机 I/O 模块分别连接到应答机上/下应答天线双通道接收机信号输入端与应答功率放大器输出端。其中，上应答天线安装在飞机机身顶部，下天线安装在飞机机身底部，形成 360° 球面覆盖方向图。

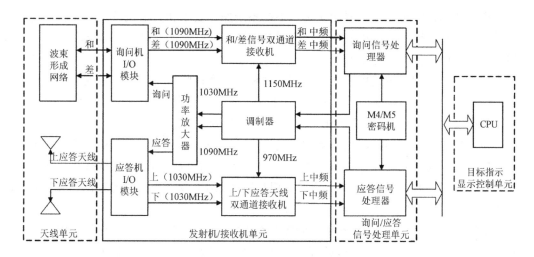

图 7.3 典型的询问应答机原理图

发射机/接收机单元包括询问机发射机/接收机单元和应答机发射机/接收机单元。图 7.3 中上面部分为询问机发射机/接收机单元，包括询问机 I/O 模块、和/差信号双通道接收机、询问机功率放大器和调制器。波束形成网络输出 1090MHz 的和/差接收信号经询问机 I/O 模块分别送到和/差信号双通道接收机。询问机频率源输出信号频率为 1150MHz，该信号作为询问机接收机本振信号，在和/差信号双通道接收机中与输入信号混频，得到 60MHz 的中频信号。该信号经接收机中频放大器放大后，送到询问信号处理器进行处理。询问信号处理器产生 120MHz 的已调信号，在调制器中与 1150MHz 的频率源输出信号进行上变频，产生 1030MHz 的询问激励信号，该信号经过询问机功率放大器放大后传送到询问机 I/O 单元，将询问脉冲和旁瓣抑制脉冲分别送到询问天线和波束、差波束进行发射。

图 7.3 中下面部分为应答机发射机/接收机单元，包括应答机 I/O 模块、上/下应答天线双通道接收机、应答机功率放大器和调制器。上、下应答天线接收到的 1030MHz 的询问信号经应答机 I/O 模块分别送到上/下应答天线双通道接收机。应答机频率源输出信号频率为 970MHz，该信号在上/下应答天线双通道接收机中作为本振信号与 1030MHz 的输入信号混频，得到两路 60MHz 的中频信号，该信号分别经接收机中频放大器放大后，送到应答信号处理器进行处理。应答信号处理器产生 120MHz 的已调信号，在调制器中与 970MHz 的应答机频率源输出信号进行上变频，产生 1090MHz 的应答信号，该信号在应答机功率放大器中放大后，经过应答天线分集开关和应答机 I/O 单元送到应答天线进行发射。在应答信号处理器中进行天线分集处理，选择接收信号幅度强的天线发射应答信号。

询问/应答信号处理单元包括询问信号处理器、应答信号处理器及 M4/M5 密码机。询问信号处理器与应答信号处理器的工作是相互独立的，它们分别与密码机配合，完成各自的信号处理功能。询问信号处理器与密码机配合完成的主要功能包括：①询问信息加密、编码、询问基带信号数字调制和询问载波信号调制；②应答载波信号解调、应答基带信号数字解调、译码、解密；③接收旁瓣抑制处理；④目标距离和单脉冲方位角测量等。应答信号处理器与密码机配合完成的主要功能包括：①询问信号解调、译码、解密；②询问旁瓣抑制处理；③应答信号加密、编码、调制；④分集天线处理等。

目标指示显示控制单元的主要功能是，根据系统操作要求和关键设备使用要求，为操作人员提供操作控制、设备工作状态指示、控制参数显示及故障检测和报警功能。

该典型的询问应答机的特点如下。

（1）功能齐全：询问机采用单脉冲询问天线和双通道接收机，询问信号处理器具有接收旁瓣抑制处理和单脉冲信号处理等功能，可以抑制旁瓣应答信号干扰，实现单脉冲测角功能。应答信号处理器具有询问旁瓣抑制处理和应答天线分集处理功能，设备功能齐全。

（2）技术性能好：询问机采用单脉冲测角方案，提高了目标方位角测量精度，减少了系统内部干扰，可以同时处理 4 个相互重叠的应答信号。应答机使用分集天线接收技术，保证了应答天线 360° 球面覆盖；询问机、应答机相互独立工作，仅在发射信号期间相互抑制。询问机工作效率高，应答机占据时间短、应答概率高。

（3）数字化程度高：询问/应答信号处理器接收 60MHz 的中频信号，输出 120MHz 的已调信号，包括载波信号的调制和解调等在内的所有信号处理功能都是由数字信号处理器完成的，电路数字化程度高、集成度高，设备可靠性高、生产性好。

第8章

询问天线

询问天线是二次雷达系统的重要组成部分，其主要功能是将询问信号能量转换为电磁波向指定的空间辐射，同时将接收到的应答信号电磁波转换为接收信号能量。询问天线的性能直接影响到二次雷达系统性能。例如，询问天线增益低，天线旁瓣电平过高，来自地面和障碍物的反射信号等都将直接影响到系统性能。如果这些问题不能通过设计高性能询问天线得到解决，那么在询问机后面进行处理将是非常困难的。也就是说，询问天线性能差，二次雷达系统性能就差。尤其是二次监视雷达，在对民用飞机进行全程监视的过程中，要求使用高性能询问天线。二次雷达敌我识别系统由于工作方式和目的不同，对询问天线性能的要求没有二次监视雷达高。

询问天线有两个重要的特性，即水平方向辐射特性和垂直方向辐射特性。水平方向辐射特性决定了目标方位角测量精度、方位分辨率，以及来自主波束外的系统内部干扰。垂直方向辐射特性在降低地面反射信号的影响方面具有重要的作用。地面反射信号将引起信号衰落，降低二次雷达系统性能，有时还会产生假目标。

通常用询问天线增益、波束宽度和旁瓣电平等技术参数衡量询问天线系统的技术性能。询问天线增益 G 用来说明能量在空间中的集中程度，定义为当输入功率相同时，询问天线在某点的功率密度与理想全向天线在该点的功率密度之比，即

$$G = \eta \frac{最大功率密度}{平均功率密度} \tag{8.1}$$

式中，η 表示询问天线效率。询问天线增益越高，二次雷达系统工作距离越远。

波束宽度在二次雷达系统中通常是指水平方向图的主波束宽度，即主波束天线方向图最高增益下降 3dB 处对应的两个方向之间的夹角，记为 $2\theta_{0.5}$。主波束宽度越小，系统方位角测量精度越高，方位分辨率越高。

旁瓣电平是指主波束之外的旁瓣辐射的信号电平，定义为

$$20\lg \frac{旁瓣最高电平}{主瓣最高电平} \tag{8.2}$$

旁瓣电平通常用分贝数表示，即-dBi。旁瓣电平越低，造成的旁瓣干扰越小。

8.1 询问天线辐射特性

8.1.1 水平方向辐射特性

一次雷达天线一般只有一个主波束，用来发射雷达信号，接收雷达反射信号电磁波。二次雷达询问天线与一次雷达天线不一样，完整的高性能二次雷达询问天线在水平方向上有三个波束：询问波束（也称和波束）、控制波束与差波束。询问波束的主要功能是发射询问信号，接收应答信号；控制波束的主要功能是发射旁瓣抑制脉冲，以便旁瓣方向的应答机不会对旁瓣询问产生应答信号，同时接收旁瓣应答信号，实现接收旁瓣抑制功能；差波束接收信号与和波束接收信号结合可以完成单脉冲信号处理，实现单脉冲方位角测量，以提高方位角测量精度和信号处理能力。虽然高性能二次雷达询问天线在水平方向上具有三个波束，但是大多数二次雷达询问天线只需要两个波束，即和波束与差波束。精心设计的差波束可兼具控制波束功能。

由天线理论可知，天线的横向尺寸越大，水平波束宽度就越小，水平波束宽度可近似表示为

$$\theta_{-3\text{dB}} = \frac{(50°\sim70°)\lambda}{d} \tag{8.3}$$

式中，λ 为天线工作波长；d 为水平方向的天线孔径。

二次雷达天线系统水平方向的天线孔径通常为 8～10m，水平波束宽度为 2°～2.5°，天线增益超过 23dB。当水平方向的天线孔径为 4m 时，水平波束宽度较大，大约为 5°，天线增益大约为 19dB。

1. 询问（和）波束

二次雷达询问波束的主要功能是发射询问信号和接收应答信号。询问波束与控制波束水平方向辐射特性如图 8.1 所示。询问波束由高增益主波束和多个低增益旁瓣波束组成。询问天线设计目标是，询问波束增益尽可能高，波束宽度尽可能小，同时旁瓣增益相对于主波束增益应当尽可能低。二次雷达敌我识别系统询问天线增益由配属的作战武器或一次雷达威力范围决定。二次监视雷达询问天线的旁瓣增益要求比主波束增益至少低 24dB。

大部分询问天线都采用水平阵列天线，天线辐射单元通常采用对称振子或叠层对称振子天线。水平阵列天线各个辐射单元的功率分配通常是不相等的，而是沿水平方向按照多尔夫—切比雪夫（Dolph-Chebyshev）或台劳（Taylor）函数进行幅度加权的。也就是说，天线阵列中心附近辐射单元的分配功率最高，两端辐射单元的分配功率逐渐降低。这种分布的优点是，在一定的波束宽度下，天线孔径小，旁瓣电平低，因此水平阵列天线具有较高的孔径效率。加权分布由波束形成网络中的功率分配网络来实现。

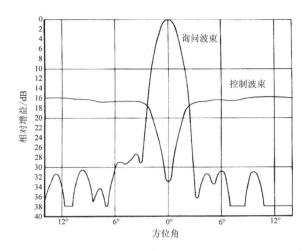

图 8.1 询问波束与控制波束水平方向辐射特性

2. 控制波束

图 8.1 描述了控制波束水平方向辐射特性。控制波束增益在询问波束之外所有方向上均超过询问波束增益。但是，在主波束 0° 方向上，控制波束增益远低于询问波束增益。

将控制波束与询问波束结合，可以抑制旁瓣询问信号触发旁瓣方向的应答机，实现询问旁瓣抑制功能。询问脉冲 P_1 和 P_3 通过询问波束发送，旁瓣抑制脉冲 P_2 通过控制波束发送，应答机接收到这些脉冲后，比较 P_1 和 P_2 的幅度，当 P_1 的幅度比 P_2 的幅度大 9dB 以上时，询问信号来自询问波束，应答机发射应答信号；当 P_2 的幅度大于 P_1 的幅度时，询问信号来自旁瓣，应答机禁止发射应答信号；当 P_1 的幅度比 P_2 的幅度大 0～9dB 时，应答机可应答，也可不应答。

当飞机距离询问天线很近时，应答机接收到的询问脉冲 P_1 和 P_3 的幅度将非常大，以至于超过了应答机接收信号动态范围，P_1 和 P_3 输出幅度将被限制。相对于 P_2，应答机对 P_1 和 P_3 的放大倍数将减小很多，造成 P_1 的幅度约等于 P_2 的幅度的情况。在这种情况下，应答机不能应答询问波束范围内的询问信号，将造成主波束询问被抑制。为解决这个问题，设计控制波束在 0° 方向上的增益远低于询问波束增益，一般要求低于 30dB 以上，如图 8.1 所示。为此，控制波束可使用询问波束分布网络来实现，将天线阵列中心辐射单元反相接入控制波束接收网络，以降低控制波束在 0° 方向上的增益。

有两种方案可用于形成控制波束：一种是利用天线阵列中心辐射单元形成控制波束；另一种是利用独立的全向天线作为控制波束天线。

利用天线阵列中心辐射单元形成控制波束的原理：天线阵列中的天线振子同时作为询问波束和控制波束的辐射单元，用不同的馈电网络分别形成这两个波束，如图 8.2 所示。

这种方案的优点是，两个波束的相位中心相同，受地面反射产生的垂直波瓣分裂影响是一样的，因此可避免地面反射产生的"主波束自杀"和"旁瓣穿通"现象。有关地面反射产生的"主波束自杀"和"旁瓣穿通"的内容将在第 9 章详细讨论。

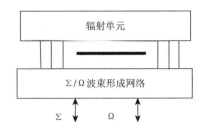

图 8.2　相位中心相同的主波束和控制波束形成原理图

这种方案的缺点是，要求将发射机功率馈送到两个独立的天线系统中，因此天线旋转关节需要增加一个射频通道。另外，它还要求在±90°方向上，控制波束增益完全覆盖询问波束，在设计上难度很大。但是，这一区域的旁瓣电平很低，只有在很近距离上才起作用。

将一个独立的全向天线安装在询问天线顶上作为控制波束天线的优点是，控制波束增益在所有方向上几乎相等，可完全覆盖询问波束各个方向上的旁瓣，包括背瓣；缺点是，由于两个天线相位中心的高度不同，受到地面反射的影响，在一定条件下可能产生"主波束自杀"和"旁瓣穿通"等现象。

3．差波束

差波束是单脉冲方位角测量不可缺少的组成部分。在小型天线设计中，差波束通常兼具控制波束功能。在天线波瓣覆盖性能上，差波束增益覆盖询问波束旁瓣的效果不如专门设计的控制波束。但是，差波束设计可以减少一个天线旋转关节射频通道。

单脉冲天线波束形成原理已经在 2.4 节进行了详细的介绍。典型的和波束与差波束方位面辐射特性如图 8.3 所示。差波束方位面辐射特性分布对称于方位面0°方向。在方位面0°方向上，差波束增益最低，随着偏离0°方向，差波束增益迅速增高，直到在某个方向上，达到最高增益。随着偏离角度增加，差波束增益波动下降，并且在 0°～±90°范围内基本上覆盖了主波束旁瓣。差波束方位面辐射在 0°方向上的增益相对于主波束最高增益下降的分贝数叫作零值深度。二次监视雷达询问天线的零值深度典型值为−38dBi。

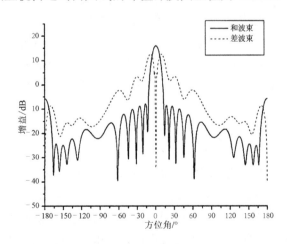

图 8.3　典型的和波束与差波束方位面辐射特性

单脉冲天线常规设计主要目的是获得高增益、低旁瓣和波束，因此差波束性能不可能达到最佳。差波束最高增益通常比和波束最高增益低 4dB。通过单脉冲天线设计改进，可以将两个波束最高增益差值减少到 2dB，这样就可以提高和波束 3dB 波束范围内的差波束增益曲线斜率，从而提高方位角测量精度，增强单脉冲多目标信号处理能力。

8.1.2　垂直方向辐射特性

本节主要内容包括垂直方向辐射特性概述、高仰角天线增益及随仰角变化的水平方向辐射特性。

1. 垂直方向辐射特性概述

小孔径线性阵列天线的垂直方向辐射特性如图 8.4 中虚线所示。由于垂直方向天线阵列孔径小，几乎没有聚焦能力，因此会造成垂直面波束宽。在某种程度上，这种波束垂直方向的增益峰值正好接近水平方向的增益峰值，其仰角对应飞机出现的最远距离，即二次雷达系统的最远工作距离。电磁波传播路径损耗最大的方向正好指向垂直波束增益最高的方向。与此同时，高仰角天线增益也能满足飞机过顶飞行时二次监视雷达的监视要求。

小孔径线性阵列天线的主要问题是接近一半的辐射能量指向地面，当来自地面的反射信号能量到达应答天线时，与询问天线直射信号幅度矢量相加，会造成信号衰落。有些区域直射波与反射波相位相同，会造成应答天线接收信号增强；有些区域直射波与反射波相位相反，会造成应答天线接收信号减弱。当目标通过信号衰落区域时，信号减弱有时会导致目标丢失。

小孔径线性阵列天线的另一个问题是，由于天线垂直波束宽，辐射的询问信号通过地面询问站周围建筑物表面产生反射信号会触发反射方向的目标应答机，这些目标应答机会通过反射方向对询问机发送应答信号，导致询问机误认为在该方向存在一架飞机（实际上并不存在），从而形成假目标。为了解决小孔径线性阵列天线向地面辐射产生垂直波束分裂和假目标的问题，可将天线倾斜向上安装，这样可以减小对地面辐射的能量，但是会造成一些天线增益损失，因为在指向最远工作距离目标的仰角方向上，垂直方向天线增益不是最高的。

随着国际民用航空业的发展，二次监视雷达成为空中交通管制系统最主要的设备，人们对它的系统性能要求越来越高。宽垂直波束反射信号对二次监视雷达的影响是不可接受的，所以人们需要研究高性能询问天线。这种宽垂直波束反射信号对二次雷达敌我识别系统的影响不如对二次监视雷达的影响大，因为二次雷达敌我识别系统只需对指定的目标进行询问，而不用全程监视。

大孔径天线的垂直方向辐射特性如图 8.4 中实线所示。垂直方向天线增益在 0°仰角附近以高截止速率迅速下降，向地面辐射的信号能量大幅度减小，这样在很大程度上降低了地面反射产生的信号衰减和假目标出现的概率。这种改进的大孔径天线的垂直孔径通常为 1.5m，由 10 个叠放在一起的天线辐射振子作为阵列天线辐射单元。

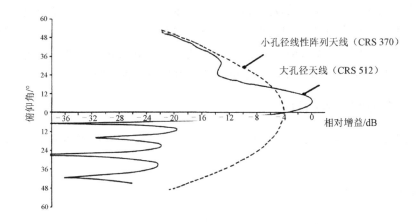

图 8.4　小孔径线性阵列天线和大孔径天线的垂直方向辐射特性

2．高仰角天线增益

二次雷达系统，特别是二次监视雷达对垂直方向高仰角天线增益有一定的要求。二次监视雷达一般安装在机场周围或者飞机跑道附近，因此监视的目标经常出现在近距离高仰角位置上，甚至过顶飞行。虽然询问天线顶上不可避免地存在一个圆锥形静默区，但二次监视雷达仍然要求询问天线在高仰角方向上具有适当的天线增益，以便监视近距离高仰角位置上的目标。当飞机等高度飞行时，飞机距地面询问站越近，仰角越大。为了合理利用功率，天线增益应当随仰角的变化而变化，使飞机应答机在同一高度不同斜距时接收到的信号强度接近相等。根据经典的余割理论，天线增益（波束形状）应随仰角按余割的平方变化，即

$$G(E) = K\csc^2 E \tag{8.4}$$

式中，常数 K 与发射功率、目标高度和传输参数有关；E 为仰角。在给定的高度上，不同仰角的二次监视雷达接收信号强度为

$$接收信号电压 = 0° 仰角电压 \times \csc E \tag{8.5}$$

$$接收信号功率 = 0° 仰角功率 \times \csc^2 E \tag{8.6}$$

然而，大多数近距离飞行的飞机处于天线低仰角方向，位于天线高增益区域，这样有利于克服在近距离接收时接收机灵敏度时间控制（STC）技术造成的接收机增益降低。因为低仰角近距离飞行的飞机都处于强信号区域，为了减少旁瓣干扰、串扰和反射信号产生的多余应答信号，接收机往往采用 STC 技术，即在近距离时降低接收机灵敏度或放大器增益。当目标位于 8mi（mi 为英里，1mi≈1.609km）处时，STC 典型值是接收机增益降低 18dB。这个问题已经在 4.3.6 节详细介绍过。

3．随仰角变化的水平方向辐射特性

对于一个结构完整的单脉冲天线，三个波束的水平方向特性图应具有同一个相位中心，并且随着仰角变化而变化，三个波束保持其相对形状。这三个波束的水平波束应随仰角增大而展宽。其原因是，雷达方位角测量是假设在水平面上进行的，而实际上入射信号可能来自

高仰角方向。例如，当天线指向正北方向时，一架飞机从正东方向进入过顶飞行时，位于视轴 90° 方向，询问天线可能检测到飞机位于偏离视轴 1° 方向，因为该飞机在水平方向的投影偏离视轴 1°，相当于水平波束在高仰角时被展宽了。

天线水平方向图展宽效应只在仰角大于 20° 时才会产生实际影响。图 8.5 给出了偏离视轴 1° 和 2° 时方位角测量出现的误差，飞机仰角小于 20° 时高仰角产生的误差非常小；飞机仰角大于 20° 时高仰角产生的误差随着飞机仰角增大而增大。这种误差可通过 C 模式得到的飞机高度和斜距加以校正。根据飞机高度和斜距，可计算出飞机仰角余弦值，用该余弦值除以所测得的角度，即可得到平面位置上的校正值。但是校正几乎没有价值，因为只有近距离飞机受到影响，而且在平面位置上产生的误差很小。将单脉冲视轴两侧的单脉冲测量值加以平均，这种误差将会显著减小。

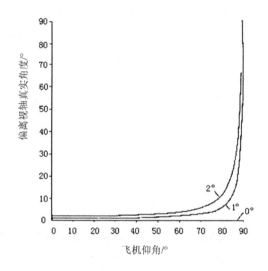

图 8.5　高仰角波束展宽引起的单脉冲测角误差

天线孔径功率分布决定了波束方向图特性，因此，三个波束在所有的仰角上确保同样的相对分布是很难做到的。要求控制波束全部覆盖询问波束旁瓣在某些情况下也是不可能实现的，因此可能出现环绕应答现象。

8.1.3　背瓣

绝大多数二次雷达询问天线采用线性阵列或平面阵列形式，设计馈电网络的相位将天线主波束聚焦在天线阵面的垂直方向。这样主要的射频能量向天线阵面前方辐射，但分配网络也会在背向聚集能量，不可避免地出现背向辐射形成背瓣。

采用微带结构可以实现垂直大孔径天线。通常在一个合适的基板上印刷出垂直的对称振子迭层，同时将其用作馈电网络基板，印刷偶极子的前向-后向辐射比接近 1。为使背向辐射的背瓣最小，常用的方法是在偶极子背后放置一个固定的金属板以阻挡背向辐射，但由于存在风阻问题这个方法很不实际。实际方法是采用通风的金属网孔结构，这种结构在工作频率上提供了最大的背向衰减。

8.2 询问天线主要技术指标

二次雷达对询问天线电气性能的主要要求如下。在水平方向上，主波束具有高增益、窄波束、低旁瓣性能，以便提高系统的工作距离、方位角测量精度和方位分辨力，降低旁瓣干扰和杂散干扰。在垂直方向上，主波束在低仰角方向增益足够高，以满足最大工作距离要求。在 0°及 0°以下的仰角方向上，天线增益迅速降低，以减小地面反射的影响。除此之外，还有天线工作频率及工作极化方式等要求。由于二次雷达敌我识别系统和二次监视雷达的工作目的、工作方式及安装平台不同，因此它们对询问天线的技术指标要求是有差异的。

二次监视雷达要求在 360°范围内搜索和跟踪目标，系统工作距离在 370km 以上，最大工作距离可达 450km，同时对测角精度、方位分辨力及旁瓣干扰都有较高的要求。为满足这些要求，二次监视雷达天线孔径一般为 8～10m，最小为 4m；询问天线增益为 19～23dB，-3dB 水平波束宽度为 2°～2.5°，最宽为 5°；旁瓣电平比主波束峰值低 22～27 dB。

二次雷达敌我识别系统的工作距离必须覆盖配属的一次雷达或武器系统威力范围。远距离地—空警戒雷达、空中预警雷达、大型作战平台远程搜索雷达要求配属的二次雷达敌我识别系统最远工作距离为 450km；地—空肩扛式导弹要求配属的二次雷达敌我识别系统最远工作距离为 10km。由于大多数二次雷达敌我识别系统设备安装在地面、空中、海上作战平台上，天线安装位置受到限制，以及指定目标询问的工作方式等，因此二次雷达敌我识别系统的方位角测量精度和方位分辨力要求都比二次监视雷达低。二次雷达敌我识别系统与二次监视雷达的询问天线技术要求有所差别，如表 8.1 所示。

表 8.1　二次雷达敌我识别系统与二次监视雷达的询问天线技术要求比较表

技 术 参 数	二次雷达敌我识别系统	二次监视雷达
工作距离	覆盖配属一次雷达或武器系统威力范围	>370km（最大为 450km）
-3dB 水平波束宽度	覆盖配属一次雷达方位角	2.45°（最宽为 5°）
旁瓣电平	-18dBi	-22～-27dBi
方位角测量精度	0.2×波束宽度	0.05°～0.1°
方位分辨力	1.2×波束宽度	0.6°
安装平台和安装条件	地面、空中、海上作战平台，安装条件差	地面平台，安装条件好

典型的高性能二次监视雷达询问天线的主要技术指标如下。

（1）天线波束：和波束，差波束，控制波束。

（2）天线增益：

0°方向和波束增益>27dBi。

50°方向和波束增益>7dBi。

差波束峰值比和波束峰值低 2dB。

控制波束比和波束旁瓣电平高 6dB 以上。

（3）差波束零深比和波束峰值低 38dB 以上。

（4）和波束−3dB 波束宽度：

　　　方位角为 2.45°。

　　　俯仰角为 12.5°。

（5）旁瓣电平：

　　　和波束旁瓣电平为−27dBi。

　　　差波束旁瓣电平为−27dBi。

（6）垂直切割速率：1.7dB/°（仰角为 0°）。

（7）负俯仰角旁瓣：−20dBi。

8.3　阵列天线设计基础理论

二次雷达询问天线基本上采用的都是阵列天线。由两副或两副以上离散天线组成的天线系统称为天线阵列。组成天线阵列的单个天线叫作辐射单元，它一般为弱方向性天线，如半波振子、缝隙天线等。由于各辐射单元电磁场到观察点的相位差随方向变化而变化，它们的合成电磁场在一些方向增强，在另一些方向减弱，因此阵列天线有与辐射单元不同的方向特性。

本节将介绍阵列天线设计基础理论，给出阵列天线方向特性通用表达式，一维线性阵列天线方向特性，以及平面圆形阵列天线方向特性表达式。

8.3.1　阵列天线方向特性通用表达式

阵列天线辐射单元的几何配置如图 8.6 所示。辐射单元被视为一块小的辐射面，第 i 个辐射单元位于 (X_i, Y_i, Z_i) 处，辐射单元位置矢量 r_i 的方向图为 $f_i(\theta, \phi)$。当目标 P 位于距离 R 很远的球面上时，该辐射单元的辐射特性与球面波传播因子 $\exp(-jkR)/R$ 有关，故第 i 个辐射单元的辐射特性为

$$E_i(r, \theta, \phi) = f_i(\theta, \phi) \exp(-jkR_i) / R_i \tag{8.7}$$

式中，$k = 2\pi/\lambda$，为电磁波在自由空间传播的相移常数。目标 P 位于 (X, Y, Z) 处，第 i 个辐射单元至目标 P 的距离为

$$R_i = \left[(x - x_i)^2 + (y - y_i)^2 + (z - z_i)^2 \right] \tag{8.8}$$

当目标距离天线阵列很远时，距离 R_i 可以用目标 P 至坐标系原点的距离 R 近似表示为 $R_i \approx R - \hat{r} \cdot r_i$。其中，$\hat{r}$ 为目标 P 的坐标矢量。点积 $\hat{r} \cdot r_i$ 表示第 i 个辐射单元位置坐标矢量 r_i 在 $\hat{r}$ 方向上的投影，R_i 为 P 到坐标系原点的距离与第 i 个辐射单元位置坐标矢量 r_i 在 $\hat{r}$ 方向上的投影之差，则第 i 个辐射单元的辐射特性可表示为

$$\frac{\exp(-jkR_i)}{R_i} f(\theta, \phi) = \frac{\exp(-jkR)}{R} f(\theta, \phi) \exp(+jkr_i \cdot \hat{r}) \tag{8.9}$$

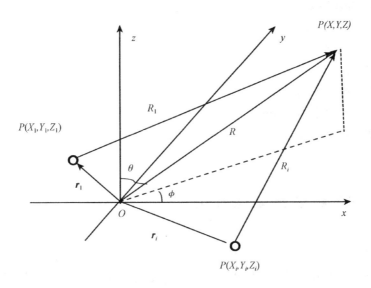

图 8.6　阵列天线辐射单元的几何配置

式中，第 i 个辐射单元在直角坐标系中的位置矢量为

$$\boldsymbol{r}_i = \hat{\boldsymbol{X}}x_i + \hat{\boldsymbol{Y}}y_i + \hat{\boldsymbol{Z}}z_i \tag{8.10}$$

为得到球面坐标系中的目标单位矢量，将极坐标转换为直角坐标，则目标单位矢量为

$$\hat{\boldsymbol{r}} = \hat{\boldsymbol{X}}u + \hat{\boldsymbol{Y}}v + \hat{\boldsymbol{Z}}\cos\theta \tag{8.11}$$

式中，方向余弦为 $u = \sin\theta\cos\phi$ 和 $v = \sin\theta\sin\phi$。第 i 个辐射单元位置坐标矢量 $\boldsymbol{r}_i$ 在 $\hat{\boldsymbol{r}}$ 方向上的投影为

$$\boldsymbol{r}_i \cdot \hat{\boldsymbol{r}} = \hat{\boldsymbol{X}}x_iu + \hat{\boldsymbol{Y}}y_iv + \hat{\boldsymbol{Z}}z_i\cos\theta \tag{8.12}$$

对于线性传播介质，电磁场传播方程为线性方程，可以应用叠加定理。因此，利用求和数学表达式，可以得到阵列天线方向特性，即

$$E(\theta, \phi) = \frac{\exp(-\mathrm{j}kR)}{R}\sum_i a_i f_i(\theta, \phi)\exp(+\mathrm{j}k\boldsymbol{r}_i \cdot \hat{\boldsymbol{r}}) \tag{8.13}$$

式（8.13）是阵列天线方向特性的通用表达式，其中，i 为阵列天线的辐射单元数量；a_i 为各辐射单元激励电流的加权系数。当天线阵列中所有辐射单元的方向特性完全一样时，$f_i(\theta, \phi) = f(\theta, \phi)$，阵列天线方向特性可表示为

$$E(\theta, \phi) = f(\theta, \phi)\frac{\exp(-\mathrm{j}kR)}{R}\sum_i a_i \exp(+\mathrm{j}k\boldsymbol{r}_i \cdot \hat{\boldsymbol{r}}) \tag{8.14}$$

式中，因子 $\exp(-\mathrm{j}kR)/R$ 为常数，因为目标位置确定之后，R 就是常数。阵列天线方向特性可表示为

$$E(\theta, \phi) = f(\theta, \phi)\sum_i a_i \exp(+\mathrm{j}k\boldsymbol{r}_i \cdot \hat{\boldsymbol{r}}) = f(\theta, \phi)F(\theta, \phi) \tag{8.15}$$

式中，

$$F(\theta, \phi) = \sum_i a_i \exp\left(+\mathrm{j}k r_i \cdot \hat{r}\right) \tag{8.16}$$

被称为阵列因子方向特性。由此可知，阵列天线方向特性是辐射单元方向特性 $f(\theta, \phi)$ 与阵列因子方向特性 $F(\theta, \phi)$ 的乘积。

为了完成主波束瞄准或相控阵天线波束扫描，使用下列复数加权系数对各辐射单元激励电流进行加权：

$$a_i = |a_i| \exp\left(-\mathrm{j}k r_i \cdot \hat{r}_0\right) \tag{8.17}$$

瞄准方向角度是 (θ_0, ϕ_0)，瞄准方向单位矢量直角坐标表达式为

$$\hat{r}_0 = \hat{X} \sin\theta_0 \cos\phi_0 + \hat{Y} \sin\theta_0 \sin\phi_0 + \hat{Z} \cos\theta_0 \tag{8.18}$$

第 i 个辐射单元位置坐标矢量 r_i 在瞄准方向单位矢量 $\hat{r}_0$ 方向上的投影为

$$r_i \cdot \hat{r}_0 = \hat{X} x_i \sin\theta_0 \sin\phi_0 + \hat{Y} y_i \sin\theta_0 \cos\phi_0 + \hat{Z} z_i \cos\theta_0 \tag{8.19}$$

式（8.17）的指数部分，即

$$k r_i \cdot \hat{r}_0 \tag{8.20}$$

可以看作获得波束指向所需要的延时加权值或相位加权值，由天线阵列内部的延时线或移相器提供，简称阵内相位差。将式（8.17）代入式（8.16）可得，阵列因子方向特性为

$$F(\theta, \phi) = \sum_i |a_i| \exp\left(+\mathrm{j}k\left(r_i \cdot \hat{r} - r_i \cdot \hat{r}_0\right)\right) \tag{8.21}$$

式（8.21）是阵列因子方向特性的通用表达式，既适用于不同类型的不同方向特性辐射单元，也适用于不同布局的阵列天线，如一维线性阵列天线、矩形阵列天线、平面圆形阵列天线等。只要知道所有阵列天线辐射单元的坐标矢量 r_i 和主波束瞄准方向单位矢量 $\hat{r}_0$，利用式（8.21）就可以得到该阵列天线的阵列因子方向特性，再与辐射单元的方向特性相乘就可以得到该阵列天线方向特性。

由式（8.21）可知，阵列因子方向特性是 $(r_i \cdot \hat{r} - r_i \cdot \hat{r}_0)$ 的函数，当主波束瞄准方向角度是 (θ_0, ϕ_0) 时，$r_i \cdot \hat{r} - r_i \cdot \hat{r}_0 = 0$。根据式（8.21），可得阵列因子方向特性为各辐射单元加权幅度之和，即

$$F(\theta, \phi) = \sum_i |a_i| \tag{8.22}$$

由此可知，调整各辐射单元激励电流幅度加权值，可以改变阵列天线的方向特性；调整各辐射单元激励电流相位或延时，可以将天线波束指向调整到给定的方向角度 (θ_0, ϕ_0)，或者完成相控阵天线波束扫描。

加权系数指数部分 $k r_i \cdot \hat{r}$ 是辐射单元位置差产生的电磁波传播相位差，用延时差可以表示为

$$k r_i \cdot \hat{r} = 2\pi f \left| r_i \cdot \hat{r}_0 \right| / c = \omega \Delta \tau_{i,0} \tag{8.23}$$

式中，ω 为天线工作角频率；$\Delta\tau_{i,0}=\left|\boldsymbol{r}_i\cdot\hat{\boldsymbol{r}}_0\right|/c$，为瞄准目标至第 i 个辐射单元与坐标原点的电磁波传播延时差。在辐射单元馈线中，加入一段给定长度的传输线产生的时间延迟 $\Delta\tau_{i,0}$，将补偿阵列天线各辐射单元位置差引起的延时差，以便各辐射单元辐射信号在天线瞄准位置相位相同，合成信号幅度最大。因此，使用开关切换辐射单元延时线的延时值，可以完成天线波束扫描。由于电磁波在自由空间传播产生的相位延迟 $k\Delta R=\omega(\Delta R/c)$ 与工作频率成线性变化关系，采用延迟线移相方案可以正好抵消工作频率变化产生的相移，保持天线指向不会随工作频率变化。

当使用移相器完成阵列天线目标瞄准或相控阵天线波束扫描时，加权系数指数部分 $k\boldsymbol{r}_i\cdot\hat{\boldsymbol{r}}_0$ 可用电磁波传播的相位差表示为

$$k\boldsymbol{r}_i\cdot\hat{\boldsymbol{r}}_0=\frac{2\pi}{\lambda_0}\left|\boldsymbol{r}_i\cdot\hat{\boldsymbol{r}}_0\right|=\Delta\phi_{i,0} \tag{8.24}$$

式中，λ_0 为天线工作信号的波长；$\Delta\phi_{i,0}$ 为瞄准目标至第 i 个辐射单元与坐标原点的电磁波传播相位差。移相器在完成阵列天线目标瞄准时，其波束指向将随天线的工作频率变化而发生变化。

阵列因子方向特性 $F(\theta, \phi)$ 通常与 4 个参数有关，即辐射单元总数 N、各辐射单元之间的位置分布、各辐射单元激励电流幅度函数及相位函数。合理设计这 4 个参数，可获得所需天线辐射特性。辐射单元的方向特性 $f(\theta, \phi)$ 对天线方向特性有一定影响。一般情况下，辐射单元都选用弱方向性单元。所以，在设计天线方向特性函数时，首先假设辐射单元为理想的全向辐射单元，重点设计阵列因子方向特性。

8.3.2 一维线性阵列天线方向特性

大部分二次雷达询问天线采用一维线性阵列天线。如图 8.7 所示，一维线性阵列天线由辐射单元、阵内移相器和功率分配网络组成。阵内移相器用来调整各辐射单元激励电流相位，将天线主波束指向指定的位置或实现相控阵天线波束扫描。一维线性阵列天线由 N 个辐射单元等间距地排成一排，间距为 d_x，第 i 个辐射单元到坐标原点的距离为 $x_i=id_x$。辐射单元既可以是单独辐射源，也可以是由多个辐射源组成的阵列辐射源。图 8.8 所示为采用八单元微带振子天线的阵列辐射源结构图。

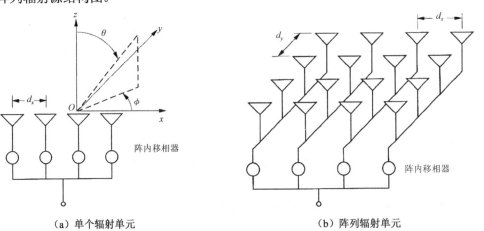

（a）单个辐射单元 　　　　　　　　　（b）阵列辐射单元

图 8.7　辐射单元几何关系

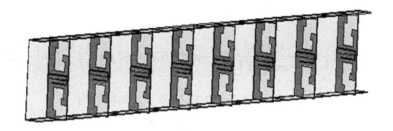

图 8.8 采用八单元微带振子天线的阵列辐射源结构图

在这种情况下，$\hat{Y} = \hat{Z} = 0$，第 i 个辐射单元的坐标矢量为

$$r_i = \hat{X} i d_x \tag{8.25}$$

将式（8.25）代入式（8.12）可得，第 i 个辐射单元的坐标矢量在目标单位矢量方向上的投影为

$$r_i \cdot \hat{r} = i d_x u \tag{8.26}$$

式中，$u = \sin\theta\cos\phi$。令天线波束指向方向 $(\theta_0, 0)$，其中 θ_0 是一维线性阵列波束指向角。将式（8.25）代入式（8.19）可得，第 i 个辐射单元坐标矢量在波束指向方向 $(\theta_0, 0)$ 上的投影为

$$r_i \cdot \hat{r}_0 = i d_x u_0 = i d_x \sin\theta_0 \tag{8.27}$$

假设所有辐射源的辐射特性都一样，将式（8.26）和式（8.27）代入式（8.21）可得，一维线性阵列天线的阵列因子方向特性为

$$F(\theta) = \sum_{i=0}^{N-1} a_i \exp\left[j k_0 i d_x (u - u_0)\right] \tag{8.28}$$

式中，相移常数 k_0 表示使用移相器来完成天线瞄准或波束扫描。令天线波束指向方向 $(\theta_0, 0)$ 的复数加权系数为

$$a_i = |a_i| \exp\left[-j k_0 i d_x u_0\right] \tag{8.29}$$

则一维线性阵列天线方向特性为

$$E(\theta, \phi) = f(\theta, \phi) F(\theta) \tag{8.30}$$

式中，$f(\theta, \phi)$ 表示辐射单元方向特性。因为所有辐射单元都位于 $Z=0$ 的平面上，其方向图对称于 $\theta = \pi/2$，所以阵列因子在 $Z=0$ 平面下形成一个镜像波束。由于一维线性阵列天线只需要一个主波束，因此每个辐射单元都带有一个地面屏蔽网，将辐射单元在阵列下面区域的辐射减小到接近零。这样，可以将 $Z=0$ 平面下的镜像波束减小到接近零。令

$$X = k_0 d_x (u - u_0), \quad a_i = 1 \tag{8.31}$$

由式（8.28）可得，由 N 个辐射单元组成的一维线性阵列天线的阵列因子方向特性为

$$F(\theta) = \sum_{i=0}^{N-1} \exp[j i X] \tag{8.32}$$

因为

$$\sum_{i=0}^{N-1}\exp\left[jiX\right]=\frac{1-\exp\left[jNX\right]}{1-\exp\left[jX\right]}\text{和}\;1-\exp\left[jNX\right]=-2\,j\exp\left[j\frac{N}{2}\right]\sin\left(\frac{N}{2}X\right)$$

所以由式（8.32）可得，一维线性阵列天线的阵列因子方向特性为

$$F(\theta)=f(\theta,\phi)\frac{\sin\left(\dfrac{N}{2}X\right)}{\sin\left(\dfrac{X}{2}\right)}\exp\left[j\frac{N-1}{2}X\right] \tag{8.33}$$

将式（8.31）代入式（8.33），一维线性阵列天线的阵列因子方向特性为

$$F\left(\theta\right)=\frac{\sin\left[N\dfrac{\pi d_x}{\lambda_0}\left(\sin\theta\cos\phi-\sin\theta_0\right)\right]}{\sin\left[\dfrac{\pi d_x}{\lambda_0}\left(\sin\theta\cos\phi-\sin\theta_0\right)\right]} \tag{8.34}$$

由式（8.34）等号右边分子可以看出，当 $N\gg1$ 时，$X=k_0\left(\pi d_x/\lambda_0\right)\left(\sin\theta\cos\phi-\sin\theta_0\right)\ll$ 1，式（8.34）可以近似表示为

$$F\left(\theta\right)\approx N\frac{\sin\left[N\dfrac{\pi d_x}{\lambda_0}\left(\sin\theta\cos\phi-\sin\theta_0\right)\right]}{N\dfrac{\pi d_x}{\lambda_0}\left(\sin\theta\cos\phi-\sin\theta_0\right)} \tag{8.35}$$

波束在 $\theta=\theta_0$ 处出现最大值。

机械扫描的二次雷达询问天线通常采用一维线性阵列天线，它的波束最大值方向垂直于阵列轴线方向，所以被称为侧射阵。令 $\theta_0=0$，由式（8.34）可得，二次雷达一维线性阵列天线的阵列因子方向特性为

$$F\left(\theta\right)=\frac{\sin\left[N\dfrac{\pi d_x}{\lambda_0}\left(\sin\theta\cos\phi\right)\right]}{\sin\left[\dfrac{\pi d_x}{\lambda_0}\left(\sin\theta\cos\phi\right)\right]} \tag{8.36}$$

由式（8.36）可知，一维线性阵列天线的阵列因子方向特性是关于 θ 的偶函数，对称于 $\theta=0$ 的天线阵面法向。利用式（8.35）可得到二次雷达一维线性阵列天线的阵列因子方向特性近似表达式，即

$$F\left(\theta\right)\approx N\frac{\sin\left[N\dfrac{\pi d_x}{\lambda_0}\left(\sin\theta\cos\phi\right)\right]}{N\dfrac{\pi d_x}{\lambda_0}\left(\sin\theta\cos\phi\right)} \tag{8.37}$$

　　图 8.9 所示为 N=16、辐射单元间距为 $\lambda/2$ 的线性阵列辐射方向特性。其中，实线为辐射单元等功率分配方向特性，主波束半功率点的波束宽度为 $0.886\lambda/Nd_x$，它的波瓣宽度最小，第一旁瓣电平为-13dB，副瓣电平随着远离主波束而递减。虚线为-40dB Taylor 加权方向特性（$\bar{n}$=5），第一旁瓣电平为-40dB，但主波束宽度展宽了，第一个零点距波束中心的角度大约为 12.7°。辐射单元等功率分配方向特性第一个零点的角度大约为 7°。

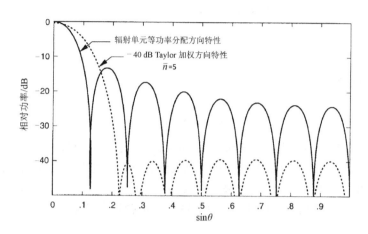

图 8.9　N=16、辐射单元间距为 $\lambda/2$ 的线性阵列辐射方向特性

　　降低一维线性阵列天线旁瓣电平是通过逐渐减小阵列激励信号强度来实现的。阵列中心辐射单元的激励信号比阵列边缘辐射单元的激励信号更强。但是，除旁瓣电平降低之外，波束宽度也被展宽。线性阵列和矩形平面阵列的半功率波束宽度是

$$2\theta_{0.5} = 0.886B_{b}\lambda / L \tag{8.38}$$

式中，$L=Nd_x$，为一维线性阵列天线孔径，天线孔径越大，半功率波束宽度越小；B_b 为波束展宽因子，它与幅度加权锥度效率 ε_{T} 有关，均匀分配线性阵列 B_b=1。

1．一维线性阵列天线的方向性系数

　　当辐射单元是全向特性的，间距 d_x 小于一个波长，并且功率集中在主波束范围内时，一维线性阵列天线的方向性系数通用表达式为

$$D_0 = (2d_x / \lambda)(\varepsilon_{T}N) \tag{8.39}$$

　　由此可知，一维线性阵列天线的方向性系数与天线孔径 Nd_x 有关，天线孔径越大，天线增益越高。

2．一维线性阵列天线的栅瓣

　　在 θ_0 方向出现波束峰值的一维线性阵列天线，如果参数 d_x 选择不当，则可能出现另一个多余的峰值，该峰值被称为栅瓣。因为每当复数的指数部分等于 2π 的整数倍时，一维线性阵列天线的阵列因子方向特性中就会有一个峰值出现，即产生栅瓣，所以产生栅瓣的条件是

$$2\pi\left(d_x / \lambda\right)\left(\sin\theta - \sin\theta_0\right) = 2\pi p \tag{8.40}$$

式中，$p=\pm1,2,3,\cdots$。出现栅瓣的角度 θ_p 为

$$\sin\theta_p = \sin\theta_0 + p\lambda / d_x \tag{8.41}$$

因为 $\left|\sin\theta_p\right| \leqslant 1$，所以出现栅瓣的条件是

$$\frac{d_x}{\lambda_0} \geqslant \frac{1}{1+\left|\sin\theta_0\right|} \tag{8.42}$$

因此，不出现栅瓣的条件是

$$\frac{d_x}{\lambda_0} < \frac{1}{1+\left|\sin\theta_0\right|} \tag{8.43}$$

由式（8.43）可知，当波束指向 $\theta=0°$ 时，$d_x \leqslant \lambda_0$，不会出现栅瓣；当波束指向 $\theta=90°$ 时，$d_x \leqslant \lambda_0/2$，不会出现栅瓣。如果是机械扫描阵列天线，则波束指向是固定的，指向为阵列法向（$\theta=0°$），辐射单元间距 $d_x \leqslant \lambda_0$，不会出现栅瓣。如果是电扫描相控阵天线，则天线波束扫描范围为 $\theta=\pm120°$，辐射单元间距 $d_x \leqslant 0.535\lambda_0$，不会出现栅瓣。

8.3.3　平面圆形阵列天线方向特性表达式

圆环阵列辐射单元布局如图 8.10 所示。N 个位于 xOy 平面上的全向辐射单元沿半径为 R 的圆周排列，构成圆环阵列。第 i 个辐射单元的坐标矢量为

$$\boldsymbol{r}_i = \hat{\boldsymbol{X}}R\cos\phi_i + \hat{\boldsymbol{Y}}R\sin\phi_i \tag{8.44}$$

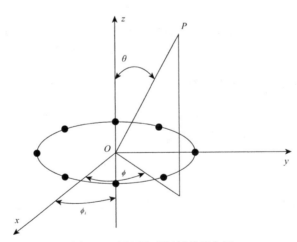

图 8.10　圆环阵列辐射单元布局

第 i 个辐射单元坐标矢量在目标单位矢量方向的投影为

$$\boldsymbol{r}\cdot\boldsymbol{r}_i = R\sin\theta\cos\left(\phi - \phi_i\right) \tag{8.45}$$

瞄准方向角度是(θ_0, ϕ_0)，瞄准方向单位矢量是

$$\hat{r}_0 = \hat{X}\sin\theta_0\cos\phi_0 + \hat{Y}\sin\theta_0\sin\phi_0 + \hat{Z}\cos\theta_0 \tag{8.46}$$

则第 i 个辐射单元坐标矢量在瞄准方向单位矢量方向的投影为

$$\hat{r}_0 \cdot r_i = R\sin\theta_0\cos(\phi_0 - \phi_i) \tag{8.47}$$

将式（8.45）和式（8.47）代入式（8.21）可得，此圆环阵列的远场阵列因子方向特性为

$$F(\theta) = \sum_{i=0}^{N-1} |a_i| \exp\left\{ jk_0R\left[\sin\theta\cos(\phi - \phi_i) - \sin\theta_0\cos(\phi_0 - \phi_i) \right] \right\} \tag{8.48}$$

式中，a_i 是第 i 个辐射单元激励电流幅度。如果主瓣波束最大值指向(θ_0, ϕ_0)，则第 i 个辐射单元激励电流相位应为

$$k_0R\sin\theta_0\cos(\phi_0 - \phi_i) \tag{8.49}$$

一般来说，单圆环阵列的第一、第二副瓣电平偏高。在圆环中心再放置一个辐射单元，并合理选择此辐射单元激励电流值，就可以降低第一副瓣电平。如果辐射特性仍不符合要求，可以采用多层同心圆环阵列，这样就可以通过调整各圆半径和激励电流幅度获得良好的辐射特性。

8.4　机械扫描询问天线系统

按照天线扫描方式，二次雷达询问天线系统可分为机械扫描询问天线系统和相控阵（电子扫描）询问天线系统。机械扫描询问天线系统是二次雷达系统的传统配置设备，在二次监视雷达和二次雷达敌我识别系统中得到了广泛的应用，如今绝大部分二次雷达系统采用机械扫描询问天线系统。

随着相控阵技术的成熟和军用雷达系统的需要，相控阵询问天线系统在军用领域中得到越来越多的应用。相控阵询问天线系统具有工作方式灵活、反应速度快等优点，已成为高性能作战平台和警戒系统的重要组成部分。由于相控阵一次雷达系统的要求，相控阵询问天线系统在二次雷达敌我识别系统中得到了广泛应用。

尽管机械扫描询问天线系统和相控阵询问天线系统在方向特性上基本相同，但由于它们的扫描方式不同，因此在总体设计、有关部件技术要求及天线安装方式等方面有所不同。

本节将介绍机械扫描询问天线系统组成、工作过程，关键部件设计，以及询问天线安装方案。

8.4.1　机械扫描询问天线系统组成

机械扫描询问天线系统外形图如图 8.11 所示。它由天线阵面和天线转台组成，天线阵面是一个固定波束的阵列天线，主波束指向阵列法向。天线阵面安装在旋转的伺服平台上，随

着平台 360°转动，完成全空域目标捕获、监视或目标识别。

图 8.11　机械扫描询问天线系统外形图

机械扫描询问天线系统组成框图如图 8.12 所示。该系统由辐射单元、阵内移相器、功率分配/波束形成网络及旋转关节组成。辐射单元用于接收应答信号电磁波，并将它转换为信号电流，通过功率分配/波束形成网络将各个辐射单元接收到的应答信号电流相加后形成和波束、差波束和控制波束信号，分别送到各自的接收机。在发送询问信号时，发射机通过功率分配/波束形成网络将询问发射功率分配到各个辐射单元，辐射单元将询问信号电流转换为电磁波向询问目标辐射。阵内移相器用来调整各个辐射单元的接收/发射信号相位，以便将天线主波束峰值指向阵列法向。功率分配网络用于将发射功率分配到各个辐射单元，并且将由各个辐射单元接收到的信号合成后送往波束形成网络。波束形成网络根据系统需要，将各个辐射单元信号合成和波束、差波束和控制波束信号。旋转关节用于将室外天线阵面上的和波束、差波束及控制波束分配网络输出端口分别连接到位于室内机房的发射机和接收机。

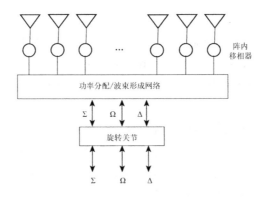

图 8.12　机械扫描询问天线系统组成框图

辐射单元必须严格按照设计要求安装在天线架上，以保证天线技术性能。馈电网络应确保各个辐射单元到接收机或发射机的传输相位一致、稳定。功率分配网络不采用等功率分配方式，而按照指定的加权函数将功率分配到各个辐射单元，以得到需要的天线方向特性。功率分配/波束形成网络、馈电网络和旋转关节的插入损耗应尽可能低，以获得更高的天线增益。

由 8.3 节的分析可知，阵列天线主要技术指标（包括天线方向特性、半功率波束宽度、天线增益、旁瓣电平等）与天线的 4 个设计参数，即辐射单元总数、各辐射单元之间的位置分布、各辐射单元激励电流幅度函数和相位函数有关。阵列天线孔径越大，辐射单元数量越多，天线增益越高，半功率波束宽度越小。旁瓣电平与幅度加权系数有关，幅度加权系数对主波束宽度和旁瓣电平的影响是相反的：等幅度分布主波束宽度最小，但副瓣电平相对较高；对称减幅分布可降低副瓣电平，但主波束宽度加宽。天线设计师的主要任务是根据系统对天线方向特性、半功率波束宽度、天线增益、旁瓣电平等技术指标的要求，合理设计阵列天线辐射单元间距、辐射单元数量、各辐射单元激励信号幅度函数和相位函数。

8.4.2 辐射单元

辐射单元是阵列天线的基础部件，其主要功能是接收应答信号电磁波，将它转换为信号电流送到接收机，同时发送询问信号，将发送电流转换为询问信号电磁波，向空间辐射。

辐射单元的基本技术指标是方向特性和天线增益等。由于机械扫描询问天线波束指向是固定的，因此辐射单元方向特性的波束宽度不需要太宽，但要求天线增益尽可能高，以提高询问天线总增益。此外，在电气性能上，要求尽可能低的背向辐射和较低的交叉极化；在结构上，要求辐射单元具有体积小、质量轻、成本低、适合批量生产、便于连接及更换等特点。

阵列天线可以使用各种各样的辐射单元。大部分二次雷达询问天线采用对称振子天线或八木天线，但是微带形式偶极子天线和变形八木天线得到越来越广泛的应用。微带天线的主要优点是体积小、质量轻、剖面薄、结构紧凑、性能可靠，同时具有平面结构，并可制作成与导弹、卫星等载体表面共形的结构。此外，馈电网络可与天线在结构上组合在一起，以便使用印刷电路工艺大批量生产。

二次监视雷达垂直大孔径阵列天线采用带状线分布结构，可以在一个合适的基片上印刷出垂直的偶极子迭层。

1. 对称振子天线

在阵列天线中可使用各种对称振子作为辐射单元，如图 8.13 所示。

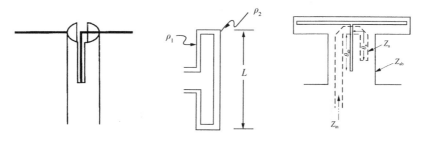

（a）分裂管巴伦馈电对称振子　　（b）折叠对称振子　　（c）微带巴伦激励折叠对称振子

图 8.13　对称振子辐射单元

标准的对称振子天线的结构如图 8.14 所示。它由两根同样粗细（截面半径远小于工作波长）、同样长度的直导线构成，在中间的两个端点馈电。每根导线的长度为 L，L 叫作对阵振子的臂长。偶极子天线可以看作一对两臂向外张开的开路传输线，假设电流分布与两臂张开之前一样，近似按正弦分布。将振子分成许多小段，每一小段 dz 当作基本振子，空间中任意一点的场强由这些基本振子产生的场强叠加而成。

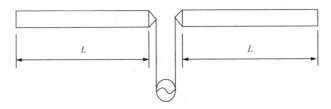

图 8.14　标准的对称振子天线的结构

将对称振子的中心设置为坐标原点，振子轴沿 z 轴方向，如图 8.15 所示。对称振子电流分布可以近似表示为

$$I(z) = \begin{cases} I_\mathrm{m}\sin\alpha_\mathrm{a}(L - z), 0 < z < L \\ I_\mathrm{m}\sin\alpha_\mathrm{a}(L + z), -L < z < 0 \end{cases} \tag{8.50}$$

式中，I_m 为波腹电流；L 为对称振子一臂的长度；$\alpha = 2\pi/\lambda$，为对称振子电流传输的相移常数；λ 为激励信号波长。

对称振子及其坐标系如图 8.15 所示。由电磁场理论可知，每个单元电流 $I_z\mathrm{d}z$ 产生的辐射场场强为

$$\mathrm{d}E_\theta = \mathrm{j}\frac{60\pi I_z\mathrm{d}z}{r\lambda}\sin\theta\mathrm{e}^{\mathrm{j}\alpha r} \tag{8.51}$$

式中，r 为由观察点至单元电流 $I_z\mathrm{d}z$ 的距离；θ 为射线方向与振子轴的夹角；j 表示辐射场强超前单位电流 90°。在对称振子上，两个对称的电流基本振子 $I(z)\mathrm{d}z$ 和 $I(-z)\mathrm{d}z$ 产生的辐射场强分别为

$$\mathrm{d}E_{\theta 1} = \mathrm{j}\frac{60\pi I_\mathrm{m}\sin\alpha(L - z)}{r_1\lambda}\sin\theta\mathrm{e}^{-\mathrm{j}\alpha r_1} \tag{8.52}$$

$$\mathrm{d}E_{\theta 2} = \mathrm{j}\frac{60\pi I_\mathrm{m}\sin\alpha(L + z)}{r_2\lambda}\sin\theta\mathrm{e}^{-\mathrm{j}\alpha r_2} \tag{8.53}$$

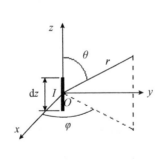
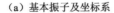
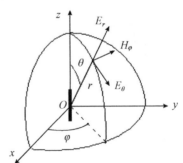

（a）基本振子及坐标系　　　　（b）基本振子及场分量取向

图 8.15　对称振子及其坐标系

空间中任意一点的场强 E_θ 由这些基本振子产生的场强叠加而成，即

$$E_\theta = \int_0^L \frac{\mathrm{j}60\pi I_\mathrm{m} \sin\alpha(L-z)}{r_1\lambda} \sin\theta \mathrm{e}^{-\mathrm{j}\alpha r_1} \mathrm{d}z$$
$$+ \int_{-L}^0 \frac{\mathrm{j}60\pi I_\mathrm{m} \sin\alpha(L+z)}{\lambda r_2} \sin\theta \mathrm{e}^{-\mathrm{j}\alpha r_2} \mathrm{d}z \qquad (8.54)$$

当电流源元的远场区 $\alpha r \gg 1$ 时，有

$$r_1 \approx r_2 \approx r_0, \quad r_1 = r_0 - z\cos\theta \ (z>0), \quad r_2 = r_0 + z\cos\theta \quad (z<0) \qquad (8.55)$$

利用积分公式

$$\int \sin(\gamma+\beta x)\cdot\mathrm{e}^{\alpha x}\cdot\mathrm{d}x = \frac{\mathrm{e}^{\alpha x}}{\alpha^2+\beta^2}\left[\alpha\sin(\beta x+\gamma)-\beta\cos(\beta x+\gamma)\right] \qquad (8.56)$$

并令 $\gamma \to \alpha L$，$\beta \to \pm\alpha$，$\alpha \to \mathrm{j}\alpha\cos\theta$，$x \to z$，则空间中任意一点的场强 E_θ 为

$$E_\theta = \mathrm{j}\frac{60 I_\mathrm{m}}{r_0}\left[\frac{\cos(\alpha L\cos\theta - \cos\alpha L)}{\sin\theta}\right]\mathrm{e}^{-\mathrm{j}\alpha r_0} \qquad (8.57)$$

对称偶极子方向性函数为

$$F(\theta,\phi) = F(\theta) = \frac{\cos(\alpha L\cos\theta - \cos\alpha L)}{\sin\theta} \qquad (8.58)$$

它仅是关于 θ 的函数，与 ϕ 无关。

（1）半波振子的方向性函数。

半波振子在阵列天线中得到了广泛的应用。当 $2L=\lambda/2$ 时，半波振子的方向性函数为

$$F_{2L/\lambda=0.5}(\theta) = \frac{\cos\left(\dfrac{\pi}{2}\cos\theta\right)}{\sin\theta} \qquad (8.59)$$

半波振子的三维方向图如图 8.16 所示。当 $\theta=0°$ 时，半波振子的方向性函数值为 0；当 $\theta=90°$ 时，半波振子的最大方向性函数值为 1。

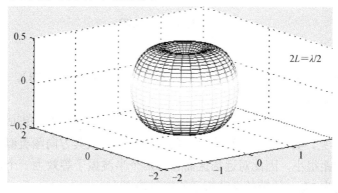

图 8.16　半波振子三维方向图

（2）3dB 波瓣宽度。

主瓣宽度又叫作半功率波瓣宽度或 3dB 波瓣宽度。在功率方向图中，当天线主波束从最高增益下降 3dB 时，对应两个方向的夹角为 $2\theta_{0.5}$。令半波振子的方向性函数值为 $1/\sqrt{2}$，可以得到半波振子 3dB 波瓣宽度为 78°。

（3）辐射功率与辐射电阻。

基本振子理论中已经推导出的辐射功率的表达式为

$$P_{\Sigma} = \frac{1}{2 \times 120\pi} \int_0^{2\pi} d\phi \int_0^{\pi} E^2 r^2 \sin\theta d\theta \tag{8.60}$$

辐射电阻与辐射功率的关系为

$$P_{\Sigma} = \frac{1}{2} I_{\mathrm{m}}^2 R_{\Sigma} \tag{8.61}$$

式中，I_{m} 为波腹电流；R_{Σ} 为辐射电阻。辐射电阻的通用表达式为

$$R_{\Sigma} = \frac{1}{120\pi I_{\mathrm{m}}^2} \int_0^{2\pi} d\phi \int_0^{\pi} E^2 r^2 \sin\theta d\theta \tag{8.62}$$

将半波振子的辐射场强，即

$$E = \frac{60 I_{\mathrm{m}}}{r} \frac{\cos\left(\frac{\pi}{2}\cos\theta\right)}{\sin\theta} \tag{8.63}$$

代入辐射电阻的通用表达式，经过计算可得到半波振子天线辐射电阻 R_{Σ}=73.1Ω。

（4）方向性系数 D。

方向性系数 D 的定义为，在同样的辐射功率条件下，被研究天线在最大辐射方向上某一点的辐射功率密度与理想的标准天线辐射功率密度之比，即

$$D = \frac{E_{\max}^2}{E_{\mathrm{M}}^2} = \frac{R_{\mathrm{M}} F_{\mathrm{A\,max}}^2(\phi,\theta)}{R_{\Sigma} F_{\mathrm{M}}^2(\phi,\theta)} \tag{8.64}$$

式中，R_{M}=120Ω，为理想的全向天线的辐射电阻；R_{Σ} 为被研究天线的辐射电阻；$F_{\mathrm{M}}(\phi,\theta)=1$ 为理想的标准天线方向图；$F_{\mathrm{A\,max}}(\phi,\theta)=1$ 为被研究天线最大辐射方向上的方向图。由此可得，最大辐射方向的方向性系数为

$$D = \frac{120 F_{\mathrm{A\,max}}^2(\phi,\theta)}{R_{\Sigma}} \tag{8.65}$$

对于半波振子，当 $F_{\mathrm{A\,max}}(\phi,\theta)=1$，$R_{\Sigma}$=73.1Ω 时，$D \approx 1.64$（2.15dB）。

（5）折叠对称振子输入电阻。

图 8.13（b）所示为折叠对称振子，它由终端开路的平行双线张开而成，平行双线长度为 $\lambda/2$。由电流分布可见，其可等效为两个并列的半波振子，故其方向图类似于半波振子。由于两个半波振子的间距很小，因此对远场区而言，两个半波振子等效为一个振子。但电流分布为两者叠加，幅度为 $2I_{\mathrm{m}}$，故等效半波振子的辐射功率为

$$P_{\Sigma} = I^2 R_{\Sigma}/2 = (2I_{\mathrm{m}})^2 R_{\Sigma}/2 \approx 2I_{\mathrm{m}}^2 \times 73.1 \approx 150 I_{\mathrm{m}}^2 \tag{8.66}$$

天线输入阻抗是指天线在其馈电点处的阻抗值，与天线的辐射电阻和损耗电阻密切相关。虚功率电抗取决于近场区（X 尽可能小）。发射天线输入阻抗应尽可能与馈电电缆的特性阻抗相等，即 Z_{in} 应尽可能等于 Z_{c}，以避免发送功率产生反射。接收天线输入阻抗应与接收机输入

阻抗共轭匹配，以获得最大的接收功率。因为折叠对称振子的实际输入电流的幅度不是 $2I_m$，而是 I_m，所以它的输入阻抗近似为

$$Z_{in} \approx R_{in} = 2P_{in} / I_{in}^2 = 2P_{\Sigma} / I_m^2 \tag{8.67}$$

式中，输入功率 P_{in} 等于辐射功率，将式（8.66）代入式（8.67）可以得到折叠对称振子输入电阻为 300Ω。与半波振子相比，在输入功率相等的条件下，因为电流减小一半，所以输入阻抗提高到 4 倍。因此，使用扁平双线（Z_c=300Ω）作为折叠对称振子的馈电电缆，其阻抗是匹配的。

半波振子在阵列天线中得到了广泛的应用，其基本性能归纳如下：①当 θ=0° 时，半波振子的方向性函数值为 0；当 θ=90° 时，半波振子的最大方向性函数值为 1；②3dB 波瓣宽度为 78°；③天线辐射电阻为 73.1Ω；④方向性系数为 1.64（2.15dB）；⑤折叠对称振子输入电阻为 300Ω，使用扁平双线（Z_c=300Ω）馈电，其阻抗是匹配的。

2．八木天线

20 世纪 20 年代，日本东北大学的八木秀次和宇田太郎发明了"八木宇田天线"，简称"八木天线"。八木天线在第二次世界大战中逐渐得到推广使用，其优点是增益高、方向性强、结构简单且牢固、成本低，因此通常被用作二次雷达询问天线辐射单元；其缺点是工作频带窄。

通常，八木天线由一个激励振子（又称主振子）、一个反射振子（又称反射器）和若干个引向振子（又称引向器）组成。相比之下，反射器最长，位于紧邻主振子的一侧；引向器都较短，位于主振子的另一侧。全部振子加起来的数目就是天线的辐射单元数。例如，一副 5 元八木天线就包括一个主振子、一个反射器和三个引向器，如图 8.17 所示。其中，主振子长度为(0.475～0.485)λ，反射器长度为(0.5～0.55)λ，主振子与反射器间距为(0.15～0.23)λ，引向器长度为(0.41～0.46)λ，引向器间距为(0.15～0.4)λ。主振子属于有源振子，与馈电电缆相连，馈电端口的间距为 0.1λ。反射器和引向器都属于无源振子，所有振子均处于同一个平面内，并按照一定间距平行固定在一根横贯各振子中心的金属横梁上。

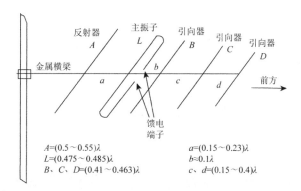

图 8.17　八木天线结构图

（1）方向图。

八木天线可以看作电流振幅、相位、间距和长度都不均匀的端射式线阵列天线。利用振

子耦合理论，得到耦合方程，可近似计算各振子上的电流分布，再根据阵列理论计算其方向图函数。根据振子耦合理论得到的耦合方程为

$$V_i = \sum_{s=1}^{n} I_s Z_{is}, \quad i=1,2,\cdots,n \tag{8.68}$$

式中，

$$V_i = \begin{cases} V_0, & i=2 \\ 0, & i \neq 2 \end{cases} \tag{8.69}$$

Z_{is} 表示电流波腹的第 i 个振子与第 s 个振子之间的互阻抗。Z_{ii} 表示电流波腹的第 i 个振子的自阻抗，它们都是已知的，可通过公式计算或查图表方式得到。解式（8.68）可得到波腹电流值 I_s，其中 $s=1,2,\cdots,n$。

设振子上电流呈正弦分布，第 s 个振子的单元方向图函数为

$$f(\theta,\phi) = \frac{\cos(kl_s \cos\theta) - \cos kl_s}{\sin\theta} \tag{8.70}$$

八木天线坐标系如图 8.18 所示。在该坐标系中，第 s 个振子的辐射场强度为

$$E_s = \frac{60 I_s}{r_s} e^{-jkr_s} f_s(\theta,\phi) = j\frac{60 I_s}{r_s} e^{-kr} f_s(\theta,\phi) e^{jky_s \sin\theta \sin\phi} \tag{8.71}$$

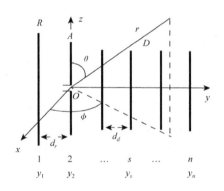

图 8.18　八木天线坐标系

八木天线的总辐射场强为

$$E = \sum_{s=1}^{n} E_s = j\frac{60 I_s}{r} e^{-ikr} \sum_{n=1}^{n} f_s(\theta,\phi) e^{iky_s \sin\theta \sin\phi} \tag{8.72}$$

总场方向图函数为

$$f(\theta,\phi) = \sum_{s=1}^{n} \frac{I_s}{I_2} \frac{\cos(kl_s \cos\theta) - \cos kl_s}{\sin\theta} e^{iky_s \sin\theta \sin\phi} \simeq \frac{\cos\left(\frac{\pi}{2}\cos\theta\right)}{\sin\theta} \sum_{s=1}^{n} \frac{I_s}{I_2} e^{iky_s \sin\theta \sin\phi} \tag{8.73}$$

7 元八木天线方向图如图 8.19 所示

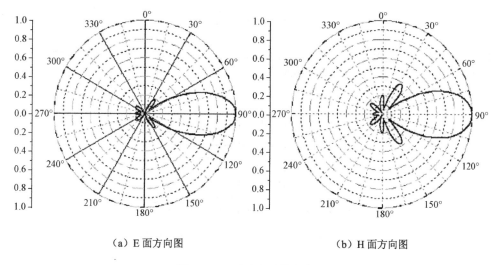

（a）E 面方向图　　　　　　　　　　（b）H 面方向图

图 8.19　7 元八木天线方向图

（2）方向性系数。

八木天线的方向性系数为

$$D = k_1 L/\lambda \tag{8.74}$$

式中，L 为引向天线的轴向长度，等于反射器到最后一个引向器的距离；k_1 为比例系数，与 L/λ 有关。八木天线比例系数曲线如图 8.20 所示。

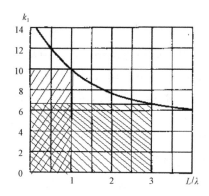

图 8.20　八木天线比例系数曲线

八木天线的增益 G 为

$$G = \eta D \tag{8.75}$$

八木天线的增益与轴向长度 L、引向器数目、振子长度及其间距密切相关：轴向越长，引向器越多，方向越尖锐，增益就越高。但超过 4 个引向器后，增益提高效果就不太明显了，反而会引起体积、质量、制作成本的大幅度增加，同时对材料强度的要求也更严格，导致工作频带更窄。因此，一般情况下，采用 6～12 个引向器就足够了，此时天线增益可达 10～15 dB。

（3）波瓣宽度。

八木天线的半功率波瓣宽度 $2\theta_{0.5}$ 为

$$2\theta_{0.5} = 55\sqrt{\lambda / L} \tag{8.76}$$

如图 8.21 所示，波瓣宽度随着 L/λ 的增大而逐渐减小，其减小速率越来越慢，说明引向器距有源振子越来越远，其作用逐渐减弱。

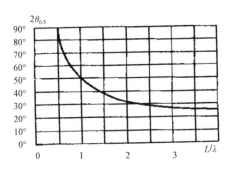

图 8.21　八木天线的波瓣宽度

（4）输入阻抗。

八木天线输入阻抗取决于有源振子的自阻抗及其与邻近的几个无源振子相互耦合形成的互阻抗，即

$$Z_{\text{in}} = \frac{V_0}{I_2} = \sum_{s=1}^{n} \frac{I_s}{I_2} Z_{2s} = Z_{22} + \sum_{\substack{s=1 \\ s \neq 2}}^{n} \frac{I_s}{I_2} Z_{2s} \tag{8.77}$$

式中，Z_{22} 表示有源振子的自阻抗；Z_{2s} 表示有源振子与第 s 个无源振子之间的互阻抗。远处的引向器由于和主振子耦合较弱，其互阻抗可忽略不计。通常，采用半波对称振子和半波折叠振子作为八木天线主振子。在谐振状态下，输入阻抗都为纯电阻，半波对称振子的输入阻抗 $Z_{\text{in}}=73.1\Omega$，标称值为 75 Ω；半波折叠振子的输入阻抗 $Z_{\text{in}}=292.4$ Ω，标称值为 300 Ω。加了引向器、反射器无源振子后，由于相互之间的电磁耦合，输入阻抗显著降低，并且八木天线各单元间距越小，输入阻抗就越低。为了提高输入阻抗，提高天线效率，通常选用半波折叠振子作为主振子，这样能同时增加天线的带宽。只要适当选择折叠振子的长度和直径，以及各单元间距，并调整反射器及附近几个引向器的尺寸，就可使输入阻抗等于或接近馈电电缆阻抗。

3. 微带结构八木天线

微带结构八木天线又称为准八木天线，它与传统八木天线在结构上类似，如图 8.22 所示。它由一个微带结构有源振子、反射器和若干无源振子组成。有源振子通常为半波长对称振子或折叠对称振子；无源振子由若干个比有源振子稍短的引向器组成，引向器也是输入阻抗匹配元件；反射器在有源振子背面，通常为部分接地结构。有源振子、引向器和反射器互相平行，用微带接地平面替代了反射器。印刷偶极子产生 TE_0 表面波，从而把 TM_0 波抑制到最小，这样就消除了远场区交叉极化。接地板对 TE_0 模来说是一个理想的反射器。

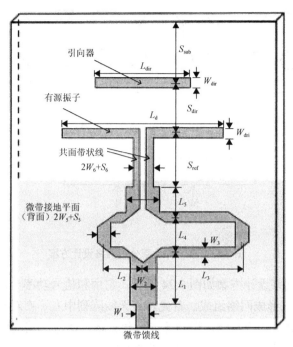

图 8.22　微带结构八木天线

此外，这种天线还需要一个微带变换器，将非平衡馈电转换为平衡馈电。微带变换器由 1/4 波长阻抗变换器和反相器组成，其两臂相差半波长，以实现平衡馈电。实际上微带变换器起一个宽带巴伦的作用，从而能有较大的带宽，克服了传统八木天线带宽窄的缺点。

8.4.3　功率分配/波束形成网络

功率分配/波束形成网络包括阵内移相器、功率分配网络和波束形成网络三大部分。阵内移相器用于调整各个辐射单元的接收/发射信号相位，使各路信号相位一致，以便将天线主波束峰值指向指定的方位。在天线设计中，通过调节辐射单元馈线的长度来调整各路信号的相移，从而将天线主波束峰值指向天线阵列的法向。功率分配网络按照天线方向特性要求，将功率分配到各个辐射单元，以得到所需的天线方向图。波束形成网络根据系统需要将辐射单元信号合成和波束 Σ、差波束 Δ 和控制波束 Ω。

功率分配网络和波束形成网络的总体功能是将功率分配到各个辐射单元，并形成满足系统方向特性的和波束 Σ、差波束 Δ 和控制波束 Ω。在工程设计上，有两种不同的功率分配网络设计方案。第一种功率分配网络设计方案如图 8.23 所示。首先，将辐射单元分成左、右两个子天线阵，并将输出信号送到功率分配网络，利用功率分配网络完成功率分配，实现辐射单元激励信号幅度加权，形成具有窄波束、高增益、低副瓣方向特性的两个独立子天线阵列输出信号，左侧子天线阵列输出信号为 V_L，右侧子天线阵列输出信号为 V_R。然后，将 V_L、V_R 送到波束形成网络，得到所需和波束 Σ 信号、差波束 Δ 信号。这种设计方案的缺点是辐射单元激励信号幅度加权是按照和波束方向特性最佳设计的，所以不能得到最佳的差波束方向特性；优点是设备比较简单、成本低，因此在二次雷达敌我识别系统和二次监视雷达中得到了广泛应用。

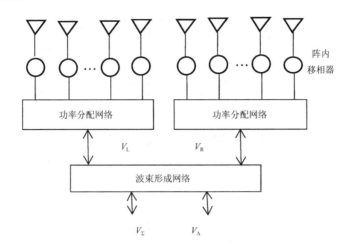

图 8.23　第一种功率分配网络设计方案

　　第二种功率分配网络设计方案如图 8.24 所示，它由和信号功率分配网络、差信号功率分配网络及多个和/差波束形成网络组成。首先，将天线阵列中左、右对称的两组辐射单元输出信号分别送到对应的波束形成网络，得到各自的和支路 Σ 信号、差支路 Δ 信号。然后，将所有的和支路 Σ 信号送到和信号功率分配器，将所有的差支路 Δ 信号送到差信号功率分配器。和信号功率分配器按照系统和波束方向特性要求，对各路和信号进行最佳幅度加权，以满足系统对和波束方向图的要求。差信号功率分配器按照差波束特性要求，对各路差信号进行最佳幅度加权，以满足系统对差波束方向图的要求。这种方案的特点是和波束与差波束分别使用不同的功率分配网络，可以同时得到系统要求的最佳和波束与差波束方向特性。和信号激励一般按照修正的台劳（Taylor）分布进行功率分配，理论上可得到一个-42dB 的旁瓣电平。差信号激励一般按照修正的贝叶斯（Bayes）分布进行功率分配，可得到最高增益差波束峰值，仅比和波束峰值低 2dB，其旁瓣电平理论上可达-32dB，同时可提高方位角测量精度。二次监视雷达高性能大孔径询问天线一般都采用这种方案。

　　图 8.24 中的大孔径询问天线的阵面孔径为 1.9m×8.4m，该天线阵列是由 35 个线性阵列辐射单元构成的线性平面阵列，每个线性阵列辐射单元由 11 个 1/4 波长的对称振子组成，在结构上组装成一个线性阵列。

　　线性阵列辐射单元分成 3 部分，即分布在阵列两端的 8 线性阵列辐射单元组，以及中间 19 个独立的线性阵列辐射单元。正中心的线性阵列辐射单元主要用于改善背瓣辐射特性。两端的 8 线性阵列辐射单元组通过对应的 8 路功率分配网络将各线性阵列辐射单元的接收信号合成在一起，并将发射功率分配到各个线性阵列辐射单元。

　　这种方案共有 10 个和/差波束形成网络，1 个用作线性阵列两端的 8 路功率分配网络的和/差波束形成网络，其余 9 个用作中间左右对称的 9 对线性阵列辐射单元的和/差波束形成网络。最后由一个 10 路和信号功率分配器按照最佳和信号分配函数对和信号进行幅度加权，由一个 10 路差信号功率分配器按照最佳差信号分配函数对差信号进行幅度加权，以便同时得到最佳的和、差波束方向特性。

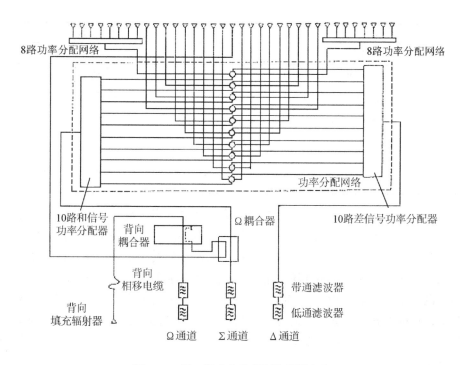

图 8.24　第二种功率分配网络设计方案

8.4.4　旋转关节

二次监视雷达和二次雷达敌我识别系统询问机通常安装在室内机房中，询问天线安装在天线转台塔顶上。询问机中的发射机和接收机通过射频同轴电缆与塔顶上的询问天线相连。当天线转台转动时，射频同轴电缆会被折断。所以，必须使用旋转关节，以便在天线转台旋转时保持询问机与询问天线接通。

旋转关节采用的通道数量与二次雷达系统的类型和天线安装方式有关。常规二次监视雷达要求采用有两路射频通道的旋转关节：一路与询问天线和波束通道连接，用于发射询问脉冲 P_1 和 P_3，同时接收和波束的应答信号；另一路与询问天线控制波束通道连接，用于发射抑制脉冲 P_2，同时接收控制波束的应答信号，以便完成接收旁瓣抑制功能。单脉冲二次监视雷达要求具备第三路通道，与询问天线差波束通道连接，以便接收差波束的应答信号。当二次监视雷达天线与一次雷达天线合装时，还要求增加一个或两个旋转关节用作一次雷达射频通道。单脉冲系统对旋转关节的要求极为严格，要求和、差波束通道信号的幅度和相位必须保持一致。表 8.2 所示为单脉冲系统旋转关节技术特性要求。当二次监视雷达天线和一次雷达天线合装时，旋转关节应同时满足一次雷达的要求。

表 8.2　单脉冲系统旋转关节技术特性要求

技 术 指 标	参　　数
频率/MHz	1020~1100
通道数/路	3（和、差、控制）

续表

技 术 指 标	参 数
峰值功率/kW	10
平均功率/W	50
驻波比	最小为 1.25
隔离度/dB	60
插入损耗/dB	0.65
和、差波束通道信号的相位一致性	最大为 2°（360°旋转范围）
	最大为 5°（−20°～+70°温度范围）

旋转关节的结构决定了它的电气性能及寿命。接触式滑环旋转关节虽然在一些场合得到了应用，但由于始终处于磨损状态，因此使用寿命有限。二次监视雷达要连续地工作，其旋转天线要长时间不停地磨损，因此不能采用接触式滑环旋转关节。二次监视雷达首选的旋转关节采用同轴线结构，其中机械连接采用非接触式扼流圈实现。图 8.25（a）所示为单通道旋转关节示意图，下面的射频输入连接接头是静止的，上面的输出连接接头安装在旋转关节的转动部件上，可随旋转关节转动而转动。射频输入和输出部分之间采用无接触连接方式，其射频信号连接是通过 1/4 波长的输入同轴短截线组件与输出同轴短截线组件相互耦合实现的。

多通道旋转关节可以通过叠加单通道旋转关节，并将下面通道旋转关节的输出电缆穿过上面通道旋转关节的中心来实现。图 8.25（b）所示为双通道旋转关节示意图，它由两个单通道旋转关节叠加组成。

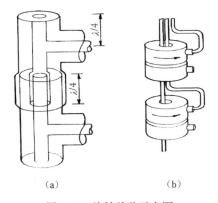

（a）　　　　　（b）

图 8.25　旋转关节示意图

8.4.5　询问天线安装

无论是二次监视雷达还是二次雷达敌我识别系统，都要与相应的一次雷达协同工作，完成目标识别或民用航空飞行安全监视。因此，要求二次雷达系统的工作距离、天线波束覆盖范围与一次雷达相匹配；二次雷达系统的天线转速与询问速率等参数的设计应当便于与一次雷达的数据关联。

为满足以上要求，二次雷达询问天线通常采用三种安装方式：独立安装方式、寄生安装方式和组合安装方式。

1. 独立安装方式

如图 8.26 所示，独立安装方式是指二次雷达询问天线与一次雷达天线分别安装在不同位置的天线转台上，各自独立旋转。在二次监视雷达或对空二次雷达敌我识别系统中，为提高系统反应速度，可采用二次雷达询问天线与一次雷达天线同步旋转方案；在对海二次雷达敌我识别系统中，由于识别对象多数为慢速目标，因此可采用二次雷达询问天线与一次雷达天线独立旋转方案，实现一个二次雷达敌我识别系统与多个一次雷达协同工作完成目标敌我属性识别，从而降低系统制造成本。独立安装方式的缺点主要是安装成本高，需要选择两个天线安装位置，建立两个独立的天线塔和两套旋转装置。

图 8.26　独立安装方式

2. 寄生安装方式

寄生安装方式是指将二次雷达询问天线的辐射单元安装在一次雷达天线的反射面上，共享一次雷达天线反射面。雷达天线由一次雷达天线馈源、二次雷达天线馈源和天线反射面组成。二次雷达天线馈源通常采用寄生安装方式，如图 8.27 所示。寄生安装方式通常采用 4 组或 8 组二次监视雷达偶极子辐射单元，均匀安装在一次雷达天线馈源喇叭的两侧。这种安装方式将影响一次雷达天线的性能。因此，要求二次雷达询问天线的辐射单元在体积上尽可能小，以减小对一次雷达天线性能的影响。传统的机载火控二次雷达敌我识别系统主要采用这种安装方式。这种共享一次雷达天线反射面的安装方式的天线制造成本低、增益高，但也带来了许多设计上的难题。

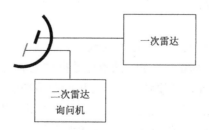

图 8.27　寄生安装方式示意图

3. 组合安装方式

组合安装方式是指将二次雷达询问天线与一次雷达天线组合安装在一起，共用天线转台。绝大部分二次监视雷达采用这种安装方式。

组合安装方式是最常用的方式，通常把二次雷达询问天线安装在一次雷达天线顶部，如图8.28所示。很明显，采用这种安装方式，天线转台和支撑结构需要有足够的强度，以支持这两副天线抵抗各种恶劣气象环境影响。二次雷达询问天线安装在一次雷达天线顶部，到旋转关节的距离比较远，力矩比较大，因此对天线支架的结构强度要求很高，特别是在遇到暴风雨天气时。

图 8.28　组合安装方式

在组合安装方式中，两个雷达系统之间存在信号互耦及其解决措施的相关内容将在第10章中进行详细讨论，本节重点讨论组合安装方式的机械问题。把二次雷达询问天线安装在一次雷达天线顶部，有时可能存在某些机械问题，如总体结构的力矩问题。因此，有些平台采用二次雷达询问天线与一次雷达天线"背靠背"组合安装方式，将二次雷达询问天线安装在一次雷达天线背面尽量靠近天线转台的位置。由于两个天线的指向相反，二次雷达询问天线的尾瓣被一次雷达反射器遮掩，因此尾瓣方向辐射电平将大幅度降低，从而不需要利用控制波束来抑制尾瓣方向的辐射。这种安装方式大大减小了天线的旋转力矩，提高了天线的抗暴风雨能力，适用于工作环境恶劣的地区。机械扫描的空中警戒平台基本上都采用这种天线安装方式。

由于"背靠背"组合安装的二次雷达询问天线和一次雷达天线检测是在不同时间完成的，在二次监视雷达中，如果直接将两个系统的点迹数据送到ATC显示器，则会出现"点迹"跳跃现象，容易产生混淆。因此，必须先将一架飞机两个系统的"点迹"数据关联在一起，再将关联的"点迹"数据送到ATC显示器进行显示。在二次雷达敌我识别系统中，根据两个雷达测量目标位置的关联度判别目标敌我属性，"背靠背"组合安装方式不会影响系统性能。

8.5 相控阵询问天线系统组成

相控阵技术于 20 世纪 80 年代问世，现已广泛应用于雷达识别、制导、电子对抗等领域。相控阵天线系统通过改变各辐射单元接收信号和发射信号的相位或延时，形成空间波束并完成波束扫描。其中，波束形成和扫描由计算机控制，从而克服了机械扫描天线的缺陷，实现了天线波束无惯性扫描。相控阵天线系统由于具有波束控制灵活、反应速度快等优点，因此已经成为高性能作战平台和警戒系统的重要组成部分。为满足相控阵一次雷达和高性能作战武器的要求，相控阵天线系统在先进地面防空警戒系统、大型舰载作战平台及空中预警系统等二次雷达敌我识别系统中得到推广应用。

相控阵天线系统通常分为无源相控阵天线系统和有源相控阵天线系统。无源相控阵天线系统组成如图 8.29 所示。其发射机、接收机与机械扫描询问天线一样，均采用集中式馈电，不同之处仅在于天线阵列中每个辐射单元接入了一个移相器或延时单元。发射机的输出能量通过馈电网络分配至各辐射单元，经过移相或延时后再由辐射单元将能量辐射出去，在空间合成扫描波束。目标返回信号同样由辐射单元接收，经过移相器或延时单元后由馈电网络将合成的信号送到接收机进行放大和相关处理。通过控制各移相器的相移量或延时单元的延时量来改变波束指向，实现波束扫描。由于这种系统的天线阵面一般是由无源器件构成的，因此被称为无源相控阵天线系统。

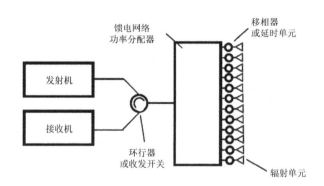

图 8.29　无源相控阵天线系统组成

除上述区别以外，无源相控阵天线系统和机械扫描询问天线对辐射单元方向特性的要求也不同。由于机械扫描询问天线的波束指向是固定的，因此要求辐射单元波束略宽于询问天线波束，辐射单元的天线增益较高。相控阵天线系统要求辐射单元的波束足够宽，在方位上必须覆盖天线的扫描范围。例如，三面阵结构相控阵天线系统的辐射单元方向特性在方位上必须大于 120°；四面阵结构相控阵天线系统的辐射单元方向特性在方位上必须大于 90°。因此，无源相控阵天线系统辐射单元的增益比机械扫描询问天线辐射单元的增益低。

有源相控阵天线系统的特征是，天线阵列中每个辐射单元都接有一个发射/接收前端模块，即 T/R 组件。由于其天线阵面包含大量的有源器件，因此被称为有源相控阵天线系统，如图 8.30 所示。T/R 组件一般由移相器、双工器（或收发开关）、发射功率放大器、低噪声接收放大器、衰减器等部件组成。

在有源相控阵天线系统中，发射通道和接收通道是单向传输通道，所以发射波束形成网络和接收波束形成网络是分开的。发射通道除包括各 T/R 组件中的功率放大器、移相器以外，还包括发射功率分配网络及发射功率驱动放大器。接收波束可以通过射频网络进行波束合成，也可以将每路信号经各自的接收通道混频、放大后进行数字采样，在数字域进行数字波束合成，形成和波束与差波束接收信道。

二次雷达敌我识别系统相控阵询问天线与一次雷达相控阵天线的主要区别之一是，相控阵询问天线需要增加一个控制波束，用来发射二次雷达询问旁瓣抑制脉冲和接收旁瓣抑制脉冲。可以利用阵面中的天线单元，设计专用控制波束形成网络，得到控制波束。形成相控阵询问天线控制波束最简单的办法是增加一个全向天线单元，配置增益适当的接收信道和发射信道，以便满足询问旁瓣抑制和接收旁瓣抑制功能要求。

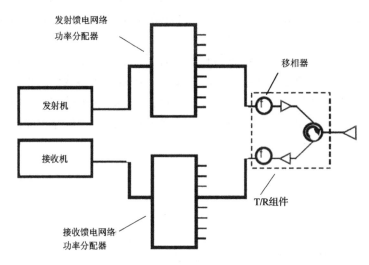

图 8.30　有源相控阵天线系统组成

二次雷达敌我识别系统相控阵询问天线波束控制灵活、反应速度快，因此一部相控阵询问天线二次雷达可以同时与多部机械扫描天线一次雷达协同工作。典型的二次雷达敌我识别系统相控阵询问天线原理框图如图 8.31 所示，它由天线阵面、T/R 组件、波束形成网络、校准网络（含耦合器、微波负载）、波束控制器、控制/电源、校准测试设备开关网络和询问机主机等组成。如果采用直线阵面，则需要将多个天线阵面组合使用，覆盖 360° 空域。每个天线阵面的和波束 Σ 和差波束 Δ 射频接口通过射频开关矩阵与询问机主机连接，天线阵面的选择和切换均由询问机主机控制。天线校准状态的射频信号与控制信号由校准测试设备产生。

发射机至天线辐射单元信号传输通道以及天线辐射单元至接收机信号传输通道的相位和幅度稳定性很重要，是保证相控阵天线系统技术性能的关键参数。由于工作环境的影响、工作温度的变化和元器件老化等因素，各辐射单元到发射机或接收机的传输信号相位和幅度将发生变化，从而降低系统的性能。因此，校准网络（含耦合器、微波负载）和幅度相位测试仪成为相控阵天线系统的组成重要部件，其主要功能是测量和实时校准各辐射单元传输通道信号的相位和幅度。

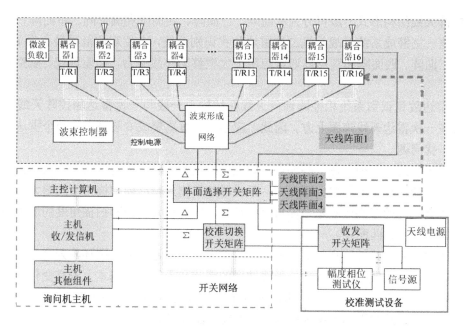

图 8.31　典型的二次雷达敌我识别系统相控阵询问天线原理框图

　　波束控制器的功能是根据主控计算机送来的方位信息和指令，产生各 T/R 组件中移相器控制代码，控制移相器相位，从而实现波束指向控制。

　　相控阵询问天线二次雷达敌我识别系统有两种工作方式：一种是根据一次雷达指定的目标位置对目标进行识别；另一种是扫描工作方式，即在指定的空域按照方位顺序进行扫描，以监视和识别空中或海上目标。

　　相控阵询问天线二次雷达敌我识别系统的工作过程如下。系统根据指挥控制中心送来的目标方位、距离等信息自动选择天线阵面，设置发射通道和接收通道移相器控制代码等参数，将接收和发送波束指向询问目标，收发开关设置为发送状态，等待发送询问信号。一旦接收到询问信号就启动触发脉冲，立即通过和波束向空间发射询问脉冲，通过控制波束向空间发射旁瓣抑制脉冲。信号发送结束后将收发开关切换为接收状态，接收目标的应答信号。

　　扫描工作方式是指根据预先计算好的波束扫描控制参数，在预先指定的波束位置上按照时间顺序依次发送询问信号，接收应答信号，提取目标信息，测量目标位置，完成指定空域的目标监视和识别。

　　在相位、幅度校正状态下，系统根据询问机主机送来的指令，设置校准切换开关矩阵，选择测试传输通道，利用信号源和幅度相位测试仪测量并较准该传输通道的传输相移和输出信号幅度。在测量发射传输通道信号的相位和幅度时，用信号源代替发射机，测量信号从发射功率分配网络总输入端口输入，通过控制开关矩阵选定发射天线单元，以信号源测量信号为基准，测量该辐射单元耦合信号的幅度和相位。在测量接收传输通道信号的相位和幅度时，将信号源的测量信号耦合到所选择的接收天线辐射单元，将和、差波束输出信号送到幅度相位测试仪，以信号源测量信号为基准，测量该信号的幅度和相位。通过测量传输通道信号的相位和幅度，判断传输通道是否合格，如果传输特性偏离技术指标要求，将在主控计算机控制下校准传输通道信号的相位和幅度。

相控阵天线结构形式一般可分为单面阵、三面阵、四面阵和圆形阵。单面阵一般应用于地—海、地—空警戒系统及战斗机二次雷达敌我识别系统，方位观测范围最大为120°方位角范围；三面阵、四面阵和圆形阵通常应用于大型移动作战平台，如驱逐舰、航空母舰、预警机等。

二次雷达敌我识别系统相控阵询问天线在结构上一般与一次雷达相控阵天线集成在一起，安装在一次雷达天线阵面上方。因此，应当注意解决集成安装带来的两个雷达之间的相互耦合和干扰问题。

平面阵列和线性阵列存在一些缺点，如天线波束宽度随扫描角度的增大而增大，天线副瓣电平往往也随扫描角度的增大而升高，天线增益和测角精度随扫描角度的增大而降低。此外，辐射单元之间的互耦效应是扫描角度的函数，辐射单元驻波随扫描角度的增大而变化，难以实现宽角度扫描匹配。

上述平面阵列和线性阵列的缺点在圆环阵列中是可以避免的。圆环阵列易于扩展天线波束的扫描范围。在天线扫描过程中，天线波束的形状和天线增益基本上没有变化，辐射单元之间的互耦大体上没有变化。因此，圆环阵列在二次雷达敌我识别系统中得到了较多的应用。驱逐舰的二次雷达敌我识别系统圆环相控阵天线如图8.32所示。

图 8.32　驱逐舰的二次雷达敌我识别系统圆环相控阵天线

第 **9** 章

系统干扰和多径干扰

二次雷达系统会受到各种各样的干扰，有的干扰产生于复杂的外部环境，如多径干扰，有的干扰产生于二次雷达系统内部，如串扰、混扰和旁瓣干扰，有的干扰产生于外部同频段的其他电子设备（如距离测量设备等）。这些干扰将对二次雷达系统产生严重的影响，有时还会限制二次雷达系统的性能。

多径是指在发射机和接收机之间存在多个信号传输路径的现象，除发射机和接收机之间的直射路径之外，还存在由自然障碍物、人造建筑等反射产生的其他信号传输路径。对于连续波无线电系统，多径会造成信号幅度波动和信号衰落。对于二次雷达这种脉冲信号无线电系统，有时也会造成信号衰落或波形失真。当多径传输的路径延时差大于脉冲宽度时，接收机将会接收到大量的多余脉冲，造成译码错误或形成假目标，即在真实目标位置之后出现同样编码的另一个目标。可通过精心选择询问天线的位置来避开传输路径上及周边的障碍物，从而在一定程度上减少多径干扰。

二次雷达系统如同一个很吵闹的房间，房间内有很多人（系统干扰），每个人说话都不受限制。当甲向乙问话的时候，所有听到问话的人都同时大声回答，导致整个房间非常吵闹，以至于甲听不清乙的回话。在二次雷达系统工作范围内，有很多询问机和应答机同时工作，由于使用相同的询问频率和应答频率且应答天线具有全向辐射特性，因此当一台询问机发出询问信号时，工作范围内的所有应答机都可接收到该询问信号，并发射对应的应答信号，当一台应答机发出应答信号时，工作范围内的所有询问机都可收到该应答信号，造成设备之间的干扰。当某台询问机对指定的目标应答机进行询问时，其发出的询问信号对工作范围内其他非指定应答机来说，就是一个非法的干扰询问信号，将触发它们产生多余应答信号。这些应答信号将对应答机工作范围内的所有询问机造成干扰。同时非指定应答机受到干扰询问信号触发后，不能应答后续的有效询问，降低了有效询问信号的应答概率。

询问机发出询问信号后，除可以接收到自己触发目标应答机发射的应答信号以外，还可以接收到工作范围内其他询问机触发该应答机发射的应答信号，这种多余的应答干扰对询问机造成的干扰叫作串扰。如果询问天线主波束范围内有两个或两个以上相距很近的目标，那么当它们的应答机对地面询问站进行应答时，应答脉冲有时会相互交错甚至相互重叠，造成询问机译码错误，这种干扰叫作混扰。应答机在发射应答信号或接收到旁瓣询问信号被抑制时，不能对其他询问机发射应答信号，造成应答机被占据，降低了其他询问机的目标检测概率。此外，还有来自询问天线旁瓣的询问或应答信号，会造成旁瓣干扰。

二次监视雷达还会受到同平台的许多外部电子设备的干扰。二次监视雷达工作频段为 L 波段。按照国际无线电频率管理委员会的规定，L 波段为通信、导航、二次雷达敌我识别系统工作频率范围，该波段内还有许多其他电子设备工作，如距离测量设备、无线电导航设备等。虽然这些电子设备在频率分配上为二次监视雷达留有 20MHz 的保护频带，但它们的发射信号边带仍会进入应答机和询问机接收频带，从而对二次监视雷达造成干扰。

无论是二次监视雷达还是二次雷达敌我识别系统，通常都要与一次雷达协同工作。尽管一次雷达的工作频率不同，但其发射功率一般都很大，为几百千瓦到几兆瓦。因此，一次雷达的杂散频谱也会对二次雷达系统造成干扰。在设计上，应当阻止一次雷达辐射的杂散频谱对询问机造成损坏和干扰。本章将介绍二次雷达系统内部存在的干扰及抑制措施，讨论多径干扰对二次雷达系统的影响。

9.1 系统干扰

二次雷达系统内部存在各种各样的干扰，按照干扰信号的传输路径可分为旁瓣干扰和主瓣干扰。旁瓣干扰是通过询问天线旁瓣对系统造成的干扰，包括旁瓣询问信号对应答机的干扰和旁瓣应答信号对询问机的干扰。询问信号通过天线旁瓣触发旁瓣方向的应答机发射应答信号或抑制应答机，造成应答机占据，这种干扰叫作旁瓣询问干扰；旁瓣方向的应答机受到询问信号的触发发射的应答信号通过天线旁瓣进入询问机，对询问机造成干扰，这种干扰叫作旁瓣应答干扰。采用询问旁瓣抑制和接收旁瓣抑制技术可以有效抑制旁瓣干扰。降低询问速率也是抑制旁瓣干扰的有效措施。

主瓣干扰是本站询问机或其他询问机触发询问天线主波束范围内的应答机产生的应答信号通过主波束进入询问机形成的干扰。主瓣干扰包括两种类型：混扰和串扰。

按照二次雷达系统干扰产生的工作机理，可将干扰分为串扰、混扰、占据和外部抑制。第 5 章已对混扰的工作机理和处理方法进行了详尽分析，有关混扰和串扰的抑制技术将在 13.4 节介绍，本节将重点讨论串扰、占据和外部抑制的干扰机理和处理方法。

9.1.1 串扰

当多台询问机在不同的方向同时询问同一台应答机时，询问机不仅会接收到自己触发该应答机发射的有用应答信号，还会接收到其他询问机触发该应答机发射的多余应答信号。这种多余应答信号对询问机造成的干扰称为串扰，由于它与本地询问机的询问重复频率不同步，因此又称异步应答干扰。如图 9.1 所示，询问机 1 对飞机进行询问，飞机产生的应答信号将会被其他询问机（如询问机 2）接收，从而对其产生干扰。串扰的英文简称 FRUIT 是 False Replies Unsynchronized to Interrogator Transmission 的缩写，意思是与询问机不同步的非法应答信号。在二次雷达敌我识别系统中，FRUIT 是 Friendly Replies Unsynchronized In Time 的缩写，意思是时间上不同步的我方应答信号。

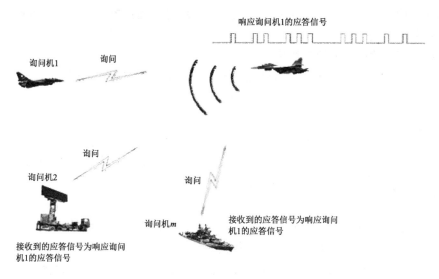

图 9.1　串扰示意图

由于应答天线是全向性的，因此应答机可接收到来自 360°方向视距范围内的询问信号。如果接收信号电平超过应答机触发电平，应答机将向 360°方向发射应答信号，以该应答机为中心、半径为视距的范围内的任何其他询问机都能接收到该应答信号。例如，一架飞行高度为 8km 的民用航空飞机，它的观测视距约为 370km，如果在它的观测范围内某询问机触发该飞机的应答机发射应答信号，则以该应答机为中心、半径为 370km 的范围内的其他询问机也能接收到该应答信号，因此在地面上最远相距约 740km 的两个地面询问站均可与该应答机完成询问-应答。由此可知，二次雷达系统内部将会产生大量串扰信号，并且随着区域内询问机数量的增加，串扰信号数量将呈指数倍增。

为了评估二次监视雷达或二次雷达敌我识别系统询问机承受串扰的能力，通常要求询问机应能在规定的串扰速率下正常工作，完成各项功能，达到各项技术指标要求。由于串扰是由实际的询问机对应答机进行询问所产生的，因此串扰速率是确定的。但是，串扰速率将随着天线的指向变化而变化，同时由于空中设备部署是变化的，因此串扰速率在一天内还将随着时间变化而变化。根据二次监视雷达地面询问站测量结果，二次监视雷达地面询问站规定的平均串扰速率为 4000 次/s，峰值串扰速率为 8000 次/s；二次雷达敌我识别系统规定的平均串扰速率为 5000 次/s，峰值串扰速率为 20 000 次/s。系统要求地面询问站在上述串扰速率下能正常工作。

串扰信号对二次雷达系统的影响主要表现在两个方面：第一，串扰应答信号会污染有用的应答信号，造成译码错误；第二，当两台或两台以上询问机同时对同一台应答机进行询问时，如果这些询问机的询问重复频率恰好相同，则它们产生的串扰信号是同步的，这些同步串扰信号可能会结合成一个假目标报告，但实际在该方位距离上并没有真实目标存在。

为了克服串扰信号对二次雷达系统性能的影响，工程师们采取了很多措施，如通过询问旁瓣抑制和接收旁瓣抑制技术减少来自询问天线旁瓣的串扰信号。询问旁瓣抑制功能可以阻止询问天线旁瓣方向的应答机发射应答信号，从而减少大约三分之二的串扰信号；接收旁瓣抑制功能可以剔除来自旁瓣方向的串扰应答信号，同样可以减少大量的串扰信号。

在询问机接收信道上，二次监视雷达接收机采用时间增益控制技术，设置接收机信号门限，用于剔除近距离较弱的串扰信号；二次雷达敌我识别系统询问机接收单元设置了距离波门，用于剔除距离波门之外的串扰信号。

为了进一步避免串扰信号形成假目标报告，询问机采用变周期询问方式，即询问重复周期交错抖动，同时采用"滑窗"处理技术，这样可以有效剔除异步干扰信号，从而大大降低串扰信号形成假目标报告的概率。

在进行系统设计时尽量降低询问机的询问重复频率是减少串扰的最有效措施之一。数字调制二次雷达系统采用了码分或频分通信技术，从设计方案上消除了系统中的串扰信号。

9.1.2 占据

在某些情况下，应答机无法对后续的询问进行应答。例如，当应答机正处于应答状态，或应答机发射应答信号后发射单元处于恢复状态，或应答机接收到来自旁瓣的询问信号后处于抑制状态时，应答机无法对后续询问进行应答，从而降低了应答机应答概率，这种现象称为应答机占据。产生应答机占据的情况有多种，包括应答机发射应答信号后发射单元处于恢复状态，应答机处于旁瓣抑制状态，以及应答机接收到来自其他电子设备的抑制信号等。在上述情况下，应答机都无法对后续询问发射应答信号，即该应答机被占据了。应答机被占据在二次雷达系统中是一个随机事件，本节将讨论二次雷达系统应答机占据概率计算公式。

因为在二次雷达系统中询问机的询问重复频率是随机抖动的，所以询问信号到达应答机的过程为泊松过程，在 t 时间段内，应答机接收到 k 次询问的概率为

$$P(k) = \frac{(\lambda t)^k \, \mathrm{e}^{-\lambda t}}{k!} \tag{9.1}$$

式中，λ 为询问机的询问速率，即应答机每秒受到询问的次数，单位为次/s；λt 为 t 时间内应答机被询问的平均次数。

其中，$k=0$ 时的概率为应答机在 T 时间内未接收到后续询问信号的概率，即应答机没有被占据的概率。

令 $k=0$，由式（9.1）可得，T 时间内应答机没有被占据的概率为

$$P(k=0) = \mathrm{e}^{-\lambda T} \tag{9.2}$$

应答机占据概率 $P_{oc}=P(k\neq0)$ 是应答机在 T 时间内接收到 k（$k=1,2,3,\cdots$）次询问信号的概率之和，根据概率计算公式，即

$$P(k=0)+P(k\neq0)=1 \tag{9.3}$$

可知，在 T 时间内应答机占据概率为

$$P_{oc}= 1-P(k=0)=1-\mathrm{e}^{-\lambda T} \approx \lambda T \tag{9.4}$$

式中，T 时间是应答机的占据时间。由式（9.4）可知，应答机占据概率与占据时间 T、询问速率 λ 成正比，只有降低询问速率或减少占据时间才能降低应答机占据概率。

下面讨论占据时间 T 和询问速率 λ 的计算公式。应答机在恢复过程中的占据时间 T_y 由式（9.5）决定：

$$T_y = t_I + t_R + t_P \qquad (9.5)$$

式中，t_I 为询问信号持续时间；t_R 为应答信号持续时间；t_P 为应答机恢复时间。根据《国际民航组织公约附件 10》，应答机恢复时间从最后一个应答脉冲开始计算，不能超过 125μs，典型值为 25μs。加上询问信号和应答信号持续时间（模式 3、A 模式、C 模式典型值为 40μs），一次询问占据时间平均为 65μs。

应答机在旁瓣抑制过程中的占据时间为

$$T_b = 询问抑制脉冲持续时间 + 旁瓣抑制时间$$

应答机的旁瓣抑制时间为 25～45μs，典型值为 35μs，询问抑制脉冲的间距为 2μs，应答机在旁瓣抑制过程中的占据时间平均为 37μs。其他设备产生的抑制信号持续时间根据具体设备条件确定。

在二次雷达系统中，询问速率 λ 与系统组成有关，即与询问机数量 N、询问重复频率 F 及询问天线的波束宽度 $\Delta\theta$ 有关。假设询问天线波束宽度为 $\Delta\theta$，并且在 360° 方位角范围内连续扫描，询问机连续以重复频率 F 向空间发射询问信号，在 N 台同时工作的询问机的地理位置呈均匀分布的情况下，询问速率 λ 的计算公式为

$$\lambda = \frac{\Delta\theta F}{360} N \qquad (9.6)$$

当询问机在询问天线主波束宽度为 5°、询问重复频率为 200Hz 的条件下工作时，一台询问机连续询问，应答机的恢复过程造成的占据概率为

$$\lambda_2 T_y = \frac{65 \times 10^{-6} \times 200 \times 5}{360} \approx 181 \times 10^{-6} \qquad (9.7)$$

当询问机在询问天线旁瓣宽度为 90°、询问重复频率为 200Hz 的条件下工作时，一台询问机连续询问，旁瓣抑制造成的应答机占据概率为

$$\lambda_\Delta T_b = \frac{37 \times 10^{-6} \times 200 \times 90}{360} = 1850 \times 10^{-6} \qquad (9.8)$$

将发射机恢复时间与旁瓣抑制周期产生的占据加在一起，当一台询问机连续询问时，应答机的应答概率为

$$1 - (181 \times 10^{-6} + 1850 \times 10^{-6}) = 0.997969 \qquad (9.9)$$

当应答机位于 20 台询问机工作范围内时，如果这些询问机独立、随机发射询问信号，则应答机的应答概率为

$$1 - 20 \times (181 \times 10^{-6} + 1850 \times 10^{-6}) = 0.95938 \qquad (9.10)$$

在飞机视距范围内通常有大量的询问机，有时甚至超过一百台，但在天线旁瓣范围，由于旁瓣方向天线增益低，不可能触发应答机发射应答信号，因此不会出现旁瓣抑制。当应答机在 100 台询问机天线主波束作用范围内时，应答机的应答概率为

$$1 - 100 \times 181 \times 10^{-6} = 0.9819 \qquad (9.11)$$

上述计算结果适用于二次监视雷达工作过程。因为在二次监视雷达工作过程中，询问天线在 360° 方位角范围内不停扫描，询问机以指定的询问速率连续发射询问信号，以便对目标进行跟踪。但是，二次雷达敌我识别系统的工作方式与此不同，它不连续地发射询问信号，而根据一次雷达给定的目标进行询问，系统的平均询问速率比二次监视雷达低。因此，在同样的条件下，二次雷达敌我识别系统的应答概率高于二次监视雷达。

9.1.3 外部抑制

占据并不是阻止应答机对询问信号进行应答的唯一机制。当同一平台、同一频段的外部电子设备发射询问信号时，通常会产生抑制信号将应答机封闭，以避免干扰应答机。外部电子设备传送给应答机的抑制信号也将阻止应答机对询问信号进行应答，从而降低应答机的应答概率。

同一平台、同一频段的外部电子设备也可能通过天线耦合将信号传输到应答机接收机，从而造成干扰。为消除这种干扰，通常将同一平台、同一频段的外部电子设备（如距离测量设备）的抑制信号连接到应答机抑制接口，以便在外部电子设备发射询问信号期间，禁止应答机接收询问信号。

外部抑制信号将对应答机的应答概率产生影响，这种影响大小取决于外部电子设备抑制信号的持续时间和重复频率，应根据每个平台的配置情况具体分析。例如，来自距离测量设备的抑制信号的持续时间根据工作模式的不同而不同，其范围为 7～60μs（平均值为 45μs），重复频率在跟踪阶段为 30Hz，在搜索阶段以 Y 模式工作时为 150Hz。当距离测量设备在搜索阶段以 Y 模式工作时，在距离测量设备的抑制信号作用下，二次监视雷达应答机的应答概率为

$$1-150\times45\times10^{-6}=0.99325 \tag{9.12}$$

由此可知，同一平台、同一频段的外部电子设备抑制信号对应答概率的影响不大。为了保证二次雷达敌我识别系统应答机能正常工作，外部抑制信号的抑制时间不能过长，重复频率不能过高。抑制时间设置为实现设备间相互保护所必需的最少时间，并且抑制时间不得超过平均工作时间的 2%，即要求应答概率≥98%。

另外，有些军用飞机的上、下应答天线在通过开关定时切换工作时，将使应答机应答概率降低到 0.5 以下。

9.1.4 系统干扰小结

归纳起来，二次雷达系统内部的干扰可分为对询问机的干扰和对应答机的干扰。对应答机的干扰是指本站询问机和其他询问机对应答机进行询问造成的应答机占据，该干扰降低了应答机的应答概率，从而影响到系统的目标检测概率或识别概率。对询问机的干扰是指本站询问信号触发应答机产生的同步应答信号在询问机中造成的混干扰，以及其他询问信号触发应答机产生的非同步应答信号在询问机中造成的串干扰，该干扰降低了询问机译码概率或产生假目标，从而降低了系统的目标检测概率或识别概率。设备干扰类型及对应的抗干扰措施如表 9.1 所示。

表 9.1　设备干扰类型及对应的抗干扰措施

分　　类	设备干扰类型	抗干扰措施
对询问机的干扰	本站询问信号触发的同步应答信号产生的混扰；其他询问信号触发的非同步应答信号产生的串扰	询问旁瓣抑制和接收旁瓣抑制；时间增益控制或接收距离波门；单脉冲信号处理；选址询问；降低询问重复频率；混扰或串扰抑制技术
对应答机的干扰	本站询问信号造成的应答机占据或询问旁瓣抑制；其他询问信号造成的应答机占据或询问旁瓣抑制	降低询问重复频率，减少占据时间

自从发明二次雷达以来，人们在设备方案和系统设计上研究了许多抗干扰措施，以减少或剔除系统内部干扰。主要设计思路是减少传送到询问机的干扰信号和剔除进入询问机的内部干扰信号。

询问旁瓣抑制减少了旁瓣方向应答信号的干扰，改善了询问机接收环境，提高了目标检测概率。但是，它是以造成应答机占据，降低其他询问机的目标检测概率为代价的。接收旁瓣抑制没有减少旁瓣干扰，而是通过比较旁瓣干扰与主波束的信号幅度，识别来自旁瓣方向的干扰信号，在信号处理器中将其剔除，从而提高询问机的目标检测概率。

询问机接收信道采用时间增益控制技术，按照接收信号到达时间控制询问机接收灵敏度，最远距离目标的信号到达时间最长，对应的接收灵敏度最高，最近距离目标的接收灵敏度最低，这样就可以抑制近距离信号幅度相对弱的干扰信号。

单脉冲信号处理技术可以区分主波束内不同方位的应答信号，一次询问可以检测 4 个以上的混扰目标。单脉冲差波束接收信号幅度对目标方位角变化特别敏感，不同方位的信号幅度相差较大。单脉冲信号处理技术利用这种特征可以有效识别不同方位的目标，提高了询问机在混扰环境中检测目标的能力。

S 模式选址询问二次雷达系统为每架飞机分配唯一地址，询问机对指定地址的目标进行询问，只有被选址的飞机应答机才发射应答信号，未被选址的飞机应答机接收到选址询问信号后不发射应答信号，成量级地减少了进入询问机的内部干扰信号。询问机的目标检测概率主要由接收信噪比决定。不是被选址的飞机应答机接收到选址询问信号后不发射应答信号，但是需要抑制一段时间才能接收后续询问信号，对应答机产生了占据，降低了应答机的应答概率。

串扰和混扰是来自主波束的应答信号进入询问机造成的干扰，直接影响询问机的目标检测概率。串扰抑制技术和混扰抑制技术通过传输询问信号和应答信号的参数，利用时分、频分和码分技术直接将串扰和混扰至少减少 90%。

系统内部干扰对应答机的影响表现为占据，从而降低应答概率，降低系统目标检测概率或识别概率。降低询问重复频率可降低应答机占据概率，从而提高了应答概率。在系统设计上降低询问重复频率可以减少大量系统内部干扰。"滑窗"测角技术要求在主波束范围内连续询问目标，目标方位角是目标进入天线主波束的角度与离开天线主波束的角度的平均值，通常要求询问速率为 450 次/s。单脉冲量角技术，理论上利用一个接收信号脉冲就可以完成目标方位角测量，通常要求询问速率为 250 次/s。与普通二次雷达相比，单脉冲二次雷达的系统内部干扰减少了将近 50%，应答机的应答概率提高了将近 50%。数字调制二次雷达采用了各种有效的编码技术和抗干扰措施，改善了信号环境，提高了输入信噪比，降低了信道传输错误，通常要求询问速率为 120 次/s。与单脉冲二次雷达相比，数字调制二次雷达的系统内部干扰至少减少了 50%，应答机的应答概率至少提高了 50%。

9.2 多径干扰

自从发明雷达之后，人们不得不研究反射对无线电磁波传播的影响。反射信号或多径现象对一次雷达的影响相对较小，因为一次雷达反射信号到达接收机要经过两次反射体反射衰减，相对于直射接收信号非常微弱。

二次雷达询问信号或应答信号只经过一次反射体反射，到达询问机或应答机的反射信号比一次雷达反射信号强很多，因此电磁波传播的多径现象对二次雷达产生的影响很大，有时会限制二次雷达系统性能。多径干扰对二次雷达系统性能的影响主要有以下几种情况。

（1）反射路径与直射路径产生的延时差足够大，以至于直射脉冲与反射脉冲只有少量重叠或根本不重叠。在这种情况下，接收机输出的视频脉冲波形或产生失真，或出现反射脉冲串与直射脉冲串相互交错，从而污染有用的应答编码脉冲，导致译码器产生译码错误。

（2）反射信号来自水平反射面，反射信号与直射信号在同一垂直平面内传播，它们的信号传播延时差很小，以至于直射脉冲与反射脉冲大部分时间是重叠的。在这种情况下，到达接收机的信号是直射信号和反射信号的矢量和，将产生信号衰落、垂直波瓣分裂、主波束杀伤、旁瓣穿通等现象。

（3）反射信号来自倾斜反射面，反射面与水平面之间有一个较小的水平夹角。在这种情况下，反射信号的传播方向将偏离直射信号的传播方向一个较小的水平夹角。反射信号与直射信号从不同的水平方向进入询问天线，而且方位角相差很小，它们的电磁波传播延时差很小，询问机的接收信号是方位角相差很小的直射信号与反射信号的矢量和，将造成询问天线水平波束形状畸变，引起方位角测量误差及飞行航迹分裂。

（4）当反射面与水平面之间有一个较大的水平夹角时，反射路径和直射路径分离，反射信号与直射信号进入询问天线的方向相差一个较大的水平夹角，询问机将从两个不同的方向上接收到直射信号与反射信号。在这种情况下，不管它们的传输时间相差多少，都将在反射体后面产生一个"鬼影"目标。"鬼影"目标与真实目标在完全不同的方向上。

尽管直射路径与反射路径之间存在多种多样的几何关系，但是总体来说多径干扰可以归纳为以下三种典型情况。

（1）水平反射面：反射面为水平面，来自水平反射面的反射信号与直射信号在同一垂直平面内传播。

（2）小水平夹角反射面：反射面与水平面之间有一个较小的水平夹角，反射信号来自倾斜反射面，它的传播方向与直射信号的传播方向有一个较小的夹角，而且反射信号与直射信号在同一波束驻留时间内到达询问机接收机。

（3）大水平夹角反射面：反射面与水平面之间有一个较大的水平夹角，反射路径和直射路径是分离的。

其中每种情况按照信号到达时间差又可以分为如下两类。

① 短路径差：反射路径与直射路径电磁波传播延时差比脉冲宽度小很多，以至于直射脉冲与反射脉冲大部分重叠。

② 长路径差：反射路径与直射路径电磁波传播延时差足够大，以至于直射脉冲与反射脉冲只有少量重叠或根本不重叠。

下面按照上述三种典型情况，讨论多径干扰对二次雷达系统性能的影响。

9.3　水平反射面的多径信号

本节将介绍水平反射面的多径信号。由于反射信号来自水平反射面，因此反射信号与直射信号将在同一垂直平面内传播。水平反射面反射路径与直射路径几何关系示意图如图 9.2 所示，目标与询问天线的水平距离为 R，目标高度 h_2 通常远大于询问天线高度 h_1，因此直射路径和反射路径几乎是平行的。直射信号与反射信号的相位延迟与它们的传输路径差有关，取决于目标的仰角 θ 和询问天线高度 h_1。

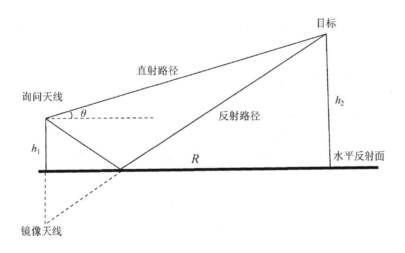

图 9.2　水平反射面反射路径与直射路径几何关系示意图

由图 9.2 可知，目标仰角 θ 的正弦值为

$$\sin\theta = \frac{h_2 - h_1}{\sqrt{R^2 + (h_2 - h_1)^2}} \tag{9.13}$$

式中，h_2 为目标高度。当 $h_2 \gg h_1$ 时，目标仰角 θ 的正弦值近似为

$$\sin\theta \approx \frac{h_2}{\sqrt{R^2 + h_1^2 + h_2^2}} \tag{9.14}$$

反射信号传输路离 R_r 与直射信号传输距离 R_d 之差 ΔR 为

$$\Delta R = R_r - R_d = \sqrt{R^2 + (h_2 + h_1)^2} - \sqrt{R^2 + (h_2 - h_1)^2}$$
$$= \sqrt{\left(R^2 + h_1^2 + h_2^2\right)\left(1 + \frac{2h_1 h_2}{R^2 + h_1^2 + h_2^2}\right)} - \sqrt{\left(R^2 + h_1^2 + h_2^2\right)\left(1 - \frac{2h_1 h_2}{R^2 + h_1^2 + h_2^2}\right)} \quad (9.15)$$

当 $x \ll 1$ 时，有

$$\sqrt{1+x} \approx 1 + x/2 \quad (9.16)$$

因为 $R \gg h_2 \gg h_1$，由式（9.15）和式（9.16）可得

$$\Delta R = R_r - R_d \approx \frac{2h_1 h_2}{\sqrt{R^2 + h_1^2 + h_2^2}} \quad (9.17)$$

将式（9.14）代入式（9.17），可得

$$\Delta R = 2h_1 \sin\theta \quad (9.18)$$

距离差 ΔR 产生的相位延时差 $\Delta\Phi$ 为

$$\Delta\Phi = 2\pi \frac{\Delta R}{\lambda} = 4\pi \frac{h_1}{\lambda} \sin\theta \quad (9.19)$$

式中，λ 为传输信号波长。由此可知，目标的仰角和询问天线的高度决定了直射信号和反射信号之间的相位延时差。

9.3.1　短路径差多径信号

当直射路径与反射路径电磁波传播延时差比脉冲宽度小很多时，将造成二次雷达直射脉冲与反射脉冲相互重叠。在这种情况下，到达接收机的信号幅度取决于两个信号之间的相位关系：当两个信号的相位相同时，接收信号的幅度等于两个信号幅度相加；当两个信号的相位相反时，接收信号的幅度等于两个信号幅度相减；其他相位的接收信号幅度为直射信号与反射信号的矢量和。在这种情况下，多径干扰对二次雷达造成的影响有出现信号衰落现象，产生垂直波瓣分裂，出现主波束杀伤和旁瓣穿通现象等。

1. 信号衰落

如果直射信号是 $A\sin(\omega_c t)$，反射面为理想镜面，反射系数为-1，那么接收信号为直射信号与反射信号的矢量和，即

$$A\sin(\omega_c t) - A\sin\left(\omega_c t + 2\pi \frac{\Delta R}{\lambda}\right) = 2A\sin\left(\pi \frac{\Delta R}{\lambda}\right)\cos\left(\omega_c t + \pi \frac{\Delta R}{\lambda}\right) \quad (9.20)$$

式（9.20）中接收信号幅度叠加了一个信号衰落因子，即

$$2\sin\left(\pi \frac{\Delta R}{\lambda}\right) \quad (9.21)$$

信号衰落因子与距离差 ΔR 呈正弦函数关系。当 $\Delta R = \left(n + \frac{1}{2}\right)\lambda$（ $n = 0,1,2,\cdots$ ）时，信号衰

落因子增强为 | 2 |；当 $\Delta R = n\lambda$（$n = 0, 1, 2, \cdots$）时，信号衰落因子减弱为 0。信号强度的这种变化被称为信号衰落。在无反射信号存在的情况下，电磁波在自由空间传播的损耗与因子 $20\lg R$ 成正比，其中 R 为距离，距离单位可以是千米或海里，不同单位的初始传播损耗不同，如图 9.3 中的虚线所示。在反射信号存在的情况下，电磁波传播损耗如图 9.3 中的实线所示，它是自由空间传播损耗基础与信号衰落因子的叠加。

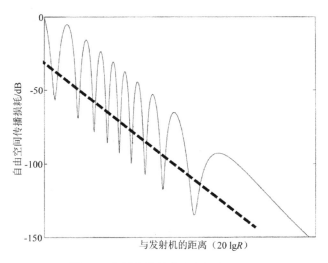

图 9.3　信号衰落与自由空间传播损耗

2. 垂直波瓣分裂

利用式（9.14）、式（9.18）和式（9.21）可以描绘出自由空间传播距离与地面反射影响的距离-高度曲线。在小孔径询问天线地面反射情况下，自由空间传播距离与地面反射影响的距离-高度曲线图如图 9.4 所示。由于多径信号衰落的影响，在某些仰角方向上，直射信号与反射信号相加，接收信号幅度增加，信号传输的距离也随之增加；在某些仰角方向上，两个信号相互抵消，信号传输的距离减小，导致产生垂直波瓣分裂。

最远或最近传输距离与询问天线垂直面的方向性有关。在通常情况下，直射信号与反射信号的强度几乎不可能相等，因为询问天线指向目标和指向反射面的天线增益不同，而且反射面会造成反射信号衰减。当反射信号和直射信号强度相等时，最强接收信号对应的传输距离增加接近一倍，最弱接收信号对应最近传输距离接近 0。两路信号强度相差越大，强信号对应的最远传输距离和弱信号对应最近传输距离越接近自由空间传播距离。

为了降低垂直波瓣分裂造成的影响，高性能二次监视雷达地面询问站采用了大孔径询问天线。在垂直方向低于 0° 的角度上天线增益快速降低，减少了向地面辐射产生反射的信号功率，从而降低了垂直波瓣分裂造成的影响。

当飞机飞过距离-高度曲线图中的强信号区时，天线水平波束将变宽；当飞机飞过距离-高度曲线图中的弱信号区时，天线水平波束将变窄，同时应答机应答次数也将大量减少，甚至在某些距离处完全停止应答。

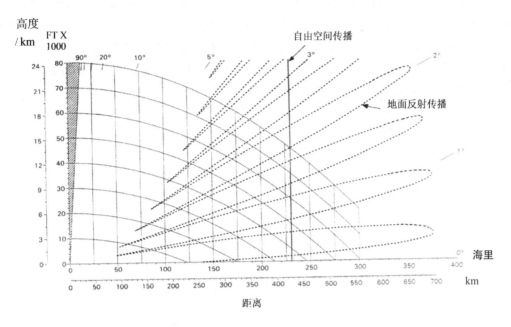

图 9.4　自由空间传播距离与地面反射影响的距离-高度曲线图

由式（9.21）可知，当 $\Delta R = n\lambda$（$n=0,1,2,\cdots$）时，反射信号与直射信号的相位相反，合成矢量信号幅度最小。将 $\Delta R = n\lambda$ 代入式（9.18）可得，最弱信号的仰角为

$$\theta_{\min} = \sin^{-1}\left(\frac{n\lambda}{2h_1}\right) = \sin^{-1}\left(\frac{150n}{h_1 f}\right), \quad n=0,1,2,\cdots \tag{9.22}$$

式中，天线高度 h_1 的单位为 m；工作频率 f 的单位为 MHz。当 $\Delta R = (n+1/2)\lambda$（$n=0,1,2,\cdots$）时，反射信号与直射信号的相位相同，合成矢量信号幅度最大。将 $\Delta R = (n+1/2)\lambda$ 代入式（9.18）可得，最强信号的仰角为

$$\theta_{\max} = \sin^{-1}\left(\frac{(2n+1)\lambda}{4h_1}\right) = \sin^{-1}\left(\frac{75(2n+1)}{h_1 f}\right), \quad n=0,1,2,\cdots \tag{9.23}$$

应当指出，当仰角为 0°时，接收信号幅度最小。在其他仰角方向上，最小接收信号幅度出现在入射信号与反射信号反相时，最强接收信号幅度出现在入射信号与反射信号同相时。最小接收信号幅度与天线指向目标和指向地面的天线增益差有关，也与入射角方向反射区的反射系数有关。

由式（9.22）和式（9.23）可以看出，最强信号和最弱信号的仰角是信号频率的函数。在二次雷达系统中，询问频率与应答频率相差 60MHz，存在 6%的差异。因此，询问信道和应答信道出现最弱信号的角度是相互交替的。即使应答机接收到最强询问信号，它的应答信号也可能处于最弱信号区，询问机接收到的应答信号也可能是最弱信号。实际上，最弱信号的幅度深度在高仰角时明显不一致，高仰角时最弱信号的幅度深度明显降低了。

将 n=0 代入式（9.23）可得，第一个垂直波瓣最强信号的仰角为

$$\theta_{\max 1} = \arcsin\left(\frac{\lambda}{4h_1}\right) = \arcsin\left(\frac{75}{h_1 f}\right) \tag{9.24}$$

将 n=1 代入式（9.22）可得，地平面以上出现的第一个最弱接收信号的仰角为

$$\theta_{\min 1} = \arcsin\left(\frac{\lambda}{4h_1}\right) = \arcsin\left(\frac{150}{h_1 f}\right) \tag{9.25}$$

当天线高度 h_1=18m、工作频率=1030MHz 时，$\theta_{\max 1} \approx 0.23°$，$\theta_{\min 1} \approx 0.48°$。

反射区土壤的反射系数对于最小信号幅度深度有很大的影响。反射系数的幅度和相位与土壤类型有关。土壤越潮湿，导电率越高，吸收的电磁波能量越多，反射系数越低；土壤越干燥，反射系数越高。在 4 种不同类型的反射体中，干燥土壤反射系数最高，肥沃土壤次之，潮湿土壤再次之，海水反射系数最低。数据显示，随着季节和昼夜变化，土壤的潮湿程度发生变化，反射系数也将发生变化。

反射系数的幅度和相位还与来自天线的入射波方向有关。随着入射余角从 0°开始逐渐增大，反射系数幅度值从 1 开始逐步减小，相位从 180°开始逐步减小；当入射余角达到 10°～25°时，反射系数接近 0，相位从 180°快速下降到接近 0°；当入射余角从 25°增加到 90°时，水反射面反射系数将增加到接近 1，干土反射面反射系数将增加到接近 0.5，各类反射面的反射相位几乎为 0°。

此外，反射系数的幅度和相位还与反射面的粗糙程度有关。实际上，平滑的地面是很少的，总会发生一些散射。粗糙反射面的反射系数比平滑反射面的反射系数低，粗糙的地面将发生散射，以至于反射线不会有一个清楚的相位前沿。这样，反射信号不可能完全抵消入射信号，最弱信号的最小幅度通常比理论计算值高。一般来说，实际的最弱信号幅度要比理论计算值大三分之二。

3．主波束杀伤与旁瓣穿通

由前面的分析可知，在存在地面反射的情况下，询问天线将在垂直方向上造成波瓣分裂。由式（9.24）和式（9.25）可以看出，最强信号和最弱信号的仰角是关于询问天线高度 h_1 的函数，h_1 越大，垂直波束仰角越小。

有些地面询问站使用独立的全向天线作为控制波束发射旁瓣抑制脉冲 P_2，使用询问天线发射询问脉冲 P_1 和 P_3。当全向天线与询问天线安装高度不同时，多径效应产生的垂直波瓣指向是不同的。图 9.5 所示为不同安装高度的天线垂直波瓣方向特性，其中全向天线的安装高度大于询问天线，询问天线垂直波束的仰角大于全向天线。黑色实线垂直波瓣表示询问天线的垂直方向特性，用来发射询问脉冲 P_1 和 P_3；黑色虚线垂直波瓣表示全向天线的垂直方向特性，用来发射旁瓣抑制脉冲 P_2。这样就造成了垂直方向特性失配，将改变 P_1 和 P_2 的相对幅度比值，从而改变询问旁瓣抑制特性。

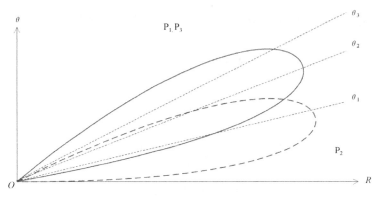

图 9.5　不同安装高度的天线垂直波瓣波方向特性

例如，在仰角 θ_1 方向上，目标位于水平方向主波束范围内。在正常情况下，询问机在主波束范围内发射的询问脉冲 P_1、P_3 的幅度比旁瓣抑制脉冲 P_2 的幅度大 9dB 以上。由于多径干扰，P_1、P_3 对应的天线增益将低于 P_2。结果是询问波束在水平方向的波束宽度减小，从而减少了应答机应答次数，同时应答机接收的 P_1、P_2 的幅度比值将减小。在某些情况下，多径干扰在主波束范围内造成 P_2 的幅度大于 P_1 的幅度，应答机被完全抑制，这种现象就叫作主波束杀伤（Main Beam Killing）。主波束杀伤是指，在主波束范围内旁瓣抑制波束掩盖了询问波束，应答机本来应当正常回答询问机的询问，但是由于天线安装高度不同造成主波束被覆盖，应答机被抑制。

在另外一些仰角方向上，如 θ_3 方向，目标位于询问天线旁瓣波束范围内。在正常情况下，询问机发射的旁瓣抑制脉冲 P_2 的幅度大于 P_1、P_3 的幅度，应答机不产生应答信号。但是，由于多径影响，P_1、P_3 对应的天线增益将高于 P_2。结果，应答机接收的脉冲 P_2、P_1 的幅度比值将减小，甚至小于 0，即 P_1、P_3 的幅度大于 P_2 的幅度。在这种情况下，应答机可能误判该询问信号来自主波束，并发射相应的应答信号，这种现象叫作旁瓣穿通（Sidelobe Punchthrough）。旁瓣穿通是指，在旁瓣方向内，询问天线旁瓣电平穿过了控制波束，询问旁瓣抑制功能失效，应答机像位于询问天线主波束范围内一样，回答询问机的询问。

当目标仰角 θ 从 0° 开始逐渐增大时，主波束杀伤和旁瓣穿通将交替出现。为了防止这种现象出现，必须将独立的旁瓣抑制天线安装在与询问天线一样高的位置上。当两副天线安装高度相等时，多径信号产生的垂直波瓣分裂方向特性是一样的，这样就不会出现主波束杀伤和旁瓣穿通现象。

9.3.2　长路径差多径信号

为便于理解，本节将直射路径与反射路径之间的长路径差分成如下三种情况进行讨论。

第一种情况： 直射脉冲和反射脉冲只略有重叠。在这种情况下，由于直射脉冲和反射脉冲只略有重叠，因此在重叠脉冲前 25%～50% 范围内不存在污染。在这一范围内，既可使用脉冲前沿，也可使用脉冲后沿来精确测量脉冲幅度值和应答信号到达方向。

利用精确的脉冲幅度值和应答信号到达方向信息，可有效剔除混扰应答信号，准确完成应答信号译码。因此，在这种情况下，多径干扰对二次雷达系统基本上没有影响。

第二种情况：直射脉冲和反射脉冲的延时差大于应答脉冲宽度。在这种情况下，反射脉冲与有用的直射脉冲混杂在一起，造成脉冲污染，将影响应答信号的正确译码。但是反射脉冲有以下特征：反射脉冲总是滞后于直射脉冲；反射脉冲幅度总是小于直射脉冲幅度，一般为直射脉冲幅度的 25%～50%；反射脉冲与直射脉冲在同一方向，而且应答编码相同。

在这种情况下，单独测量两条路径应答信号的脉冲幅度和脉冲到达时间并不是很困难。因此，充分利用反射信号的这些特征，应用单脉冲技术进行精确处理，可有效剔除反射脉冲，提高应答脉冲译码概率。

第三种情况：直射应答信号与反射应答信号的延时差正好等于应答编码脉冲最小间距，反射脉冲与直射脉冲完全重叠，严重污染了应答编码脉冲，甚至改变了飞机的识别代码和高度码。这是最难处理的一种情况。

使用单脉冲技术和交替询问模式可以解决这个问题，在第 5 章中已对此进行了详细讨论。

9.4　小水平夹角反射面的多径信号

本节将讨论小水平夹角反射面的多径信号。当反射面为小水平夹角倾斜面时，反射路径将在方位上偏离直射路径，反射信号与直射信号不会在同一垂直平面内传输，而会从不同的方位进入询问天线。在这种情况下，将产生水平波束方向特性畸变、方位角测量误差、飞行航迹分裂及污染有用的应答脉冲等问题。这些问题是很难解决的。

由镜像原理可以知道，反射路径与从反射区到目标投影的路径是对称于反射平面的。因此，通过研究目标投影的路径，就可以知道反射路径。下面研究当反射面为小水平夹角倾斜面时目标与目标投影的几何关系。

反射面为小水平夹角倾斜面时的飞机及其镜像的立体几何关系图如图 9.6 所示。反射面 A 是小水平夹角倾斜面，与水平面 A^* 的夹角为 β。水平面的垂直平面为 B，地面询问站 I 和飞机 T 均位于垂直平面 B 内，飞机高度 $TY=h$，询问站 I 的高度为 IO。询问直射信号在 B 平面内从地面询问站传输到飞机，应答直射信号在 B 平面内从飞机传输到地面询问站。

飞机的投影平面 C 与垂直平面 B 对称于反射面 A，垂直平面 B 与反射面 A 的夹角为 $90°-\beta$，平面 C 与 A 之间的夹角亦为 $90°-\beta$，故平面 C 与 B 之间的夹角为 2β。飞机的投影 T_1 位于投影平面 C 的下方，与飞机 T 对称于反射面 A。飞机的镜像 T^* 位于投影平面 C 上方与飞机的投影 T_1 对称的位置。飞机 T 在水平面上的投影 Y 位于 B 平面与 A 平面的交线上，所以有

$$TY=T_1Y=T^*Y=h \tag{9.26}$$

rT^* 是反射信号离开反射区 r 后的传输方向，如图 9.6 中的箭头指示的方向所示。反射区 r 位于反射面 A 与垂直平面 B 的交线上，满足条件入射角 $\angle IrO$ 等于反射角 $\angle T^*rZ$。因此，反射信号的传输方向与直射信号的传输方向不同。当询问机向飞机发射询问信号时，一部分询问信号能量在 B 平面内直接从地面询问站传输到飞机；另一部分询问信号能量沿箭头指示的方向，经过反射区 r 向 rT^* 方向传输。

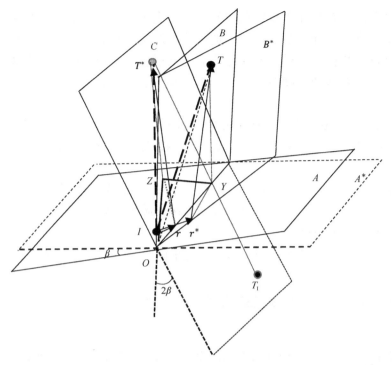

图 9.6 反射面为小水平夹角倾斜面时的飞机及其镜像的立体几何关系图

当飞机到达位置 T^* 时将接收到两路信号：一路是从地面询问站 I 直接向 T^* 方向传输到飞机的直射信号（如图 9.6 中虚线 IT^* 所示）；另一路是从地面询问站 I 经过反射区 r 传输到飞机的反射信号（如图 9.6 中箭头指示的方向所示）。飞机发射的应答信号也是经过这两个路径传输到地面询问站的。因此，直射信号与反射信号的传输方向在方位上偏离了一个角度 α。

偏离角 α 是包括镜像目标 T^* 和地面询问站 I 的垂直平面与 B 平面的夹角，即水平面上连线 OY 与 OZ 的夹角，$\alpha=\angle YOZ$。其中，Y 是飞机在水平面上的投影，Z 是镜像目标 T^* 在水平面上的投影。

因为 B 平面与 C 平面的夹角为 2β，所以有

$$\angle TYT^*=\angle YT^*Z=2\beta \tag{9.27}$$

T^*Z 是水平面 A^* 的一条垂线，$\triangle T^*ZY$ 为直角三角形。在 $\triangle T^*ZY$ 内，$T^*Y=h$，所以有

$$ZY=T^*Y\sin\angle YT^*Z=h\sin2\beta \tag{9.28}$$

ZY 是直线 T^*Y 在水平面 A^* 上的投影，垂直于 B 平面，$\triangle ZYO$ 为直角三角形。在 $\triangle ZYO$ 内，$OY=R$，所以有

$$\tan\alpha=\frac{ZY}{OY}=\frac{h}{R}\sin2\beta \tag{9.29}$$

目标仰角 ϕ 的正切值为

$$\tan\phi=\frac{h-IO}{R}\approx\frac{h}{R} \tag{9.30}$$

将式（9.30）代入式（9.29）可得

$$\tan\alpha = \tan\phi\sin 2\beta \tag{9.31}$$

因为水平面倾斜角 β 和仰角 ϕ 很小,所以反射路径偏离直射路径的方位角 α 近似值为

$$\alpha \approx 2\phi\beta\,(\text{弧度}) = 0.035\phi\beta\,(\text{角度}) \tag{9.32}$$

由此可知,当反射面为小水平夹角倾斜面时,会导致反射路径在方位上偏离直射路径,偏离角为 α。偏离角 α 的大小与反射面水平倾斜角 β 和目标仰角 ϕ 有关。β 越大,ϕ 越大,镜像目标 T^* 在水平方向偏离飞机 T 越远,反射路径偏离角 α 越大。

下面讨论飞机 T 的反射路径。由上面的分析可知,反射路径偏离直射路径的角度为 α,因此,T 的反射信号来自垂直平面 B 沿顺时针方向转动角度 α 的垂直平面 B^*。反射区 r^* 位于垂直平面 B^* 与反射面 A 的交线上,且满足条件入射角 $\angle Ir^*O$ 等于反射角 $\angle Tr^*Y$。询问机向 B^* 方向辐射能量,反射信号经过反射区 r^* 到达 T。因此,从地面询问站 I 到 T 的反射路径是,先从地面询问站 I 传输到反射区 r^*,再从反射区 r^* 传输到 T,如图 9.6 中箭头指示的方向所示。地面询问站 I 的直射信号在 B 平面内传输到 T,如图 9.6 中虚线 IT 所示。也就是说,在天线扫描过程中,当地面询问站 I 沿虚线 IT 向 T 发射询问信号时,有部分询问信号能量经过反射区 r^*,沿 r^*T 指示的方向反射到 T。

同样地,直射应答信号沿虚线 IT 进入询问天线,反射应答信号沿沿 r^*T 指示的方向经过反射区 r^*,从 B^* 平面进入询问天线。

9.4.1 短路径差多径信号

如果直射路径与反射路径电磁波传播延时差足够小,以至于直射脉冲与反射脉冲大部分重叠,则询问机接收信号为直射信号与反射信号的矢量和。由于反射信号进入询问天线的方向偏离直射信号传输方向,因此多径效应将造成天线方向特性畸变、目标方位角测量误差及飞行航迹分裂等问题。

1. 天线方向特性畸变

下面讨论反射信号产生询问天线方向特性畸变的原理。假设从不同方向进入询问天线的直射应答信号是询问天线的方位角 ϕ 的函数,即

$$AF(\phi)\cos(\omega_c t) \tag{9.33}$$

式中,A 为直射信号幅度;$F(\phi)$ 为询问天线的水平方向特性函数;ω_c 为应答信号载波角频率。由于小水平夹角倾斜面产生的反射路径在方位上偏离直射路径的角度为 α,因此反射信号进入询问天线的方向特性加权函数为 $F(\phi+\alpha)$。若反射路径和直射路径差产生的相位延迟为 ϕ_0,则反射信号可以表示为

$$BF(\phi+\alpha)\cos(\omega_c t + \phi_0) \tag{9.34}$$

式中,B 为反射信号幅度,与询问天线垂直方向特性和反射区的反射系数有关。询问机接收到的应答信号为直射信号与反射信号的矢量和,即

$$AF(\phi)\cos(\omega_c t) + BF(\phi+\alpha)\cos(\omega_c t + \phi_0)$$

$$= AF(\phi)\sqrt{1 + 2\frac{BF(\phi+\alpha)}{AF(\phi)}\cos\phi_0 + \left[\frac{BF(\phi+\alpha)}{AF(\phi)}\right]^2}\cos(\omega_c t + \psi) \quad (9.35)$$

$$= AF(\phi)F_r(\phi,\alpha)\cos(\omega_c t + \psi)$$

式中，反射信号产生的方向特性加权因子为

$$F_r(\phi,\alpha) = \sqrt{1 + 2\frac{BF(\phi+\alpha)}{AF(\phi)}\cos\phi_0 + \left[\frac{BF(\phi+\alpha)}{AF(\phi)}\right]^2} \quad (9.36)$$

由式（9.35）可以看出，当反射信号存在时接收的应答信号方向特性为

$$F(\phi)F_r(\phi,r) \quad (9.37)$$

相当于询问机使用水平方向特性为 $F(\phi)F_r(\phi,r)$ 的询问天线接收应答信号。天线水平方向特性产生了畸变，在原方向特性 $F(\phi)$ 基础上增加了反射产生的方向特性加权因子 $F_r(\phi,\alpha)$。天线方向特性畸变与反射信号的幅度 B、相位 ϕ_0 及偏离角 α 有关。

天线方向特性畸变还与反射区的反射系数有关。由式（9.36）可以看出，反射系数越大，反射信号幅度 B 越大，天线方向特性畸变越严重。反射区的反射系数是随着季节和昼夜变化而变化的。大多数二次雷达地面询问站周围土壤属于肥沃土壤，反射系数较小，下雨时土壤反射系数减小，反射特性向潮湿土壤靠近；受到太阳照射后土壤反射系数增大，反射特性变回肥沃土壤反射特性；下大雪时土壤反射系数最大，反射特性接近于极干土壤；雪融化之后反射特性又变回肥沃土壤反射特性。因为反射系数随季节和昼夜变化而变化，所以天线方向特性畸变也随着季节和昼夜变化而变化。

天线方向特性畸变与询问天线的垂直方向特性有关。询问天线向反射面辐射的能量越大，反射信号幅度 B 越大，天线方向特性畸变越严重。

天线方向特性畸变与反射路径和直射路径差产生的相位延迟 ϕ_0 有关。当 $\phi_0=0°$ 时，由式（9.36）可得

$$AF(\phi)F_r(\phi,\alpha) = AF(\phi)\sqrt{1 + 2\frac{BF(\phi+\alpha)}{AF(\phi)} + \left[\frac{BF(\phi+\alpha)}{AF(\phi)}\right]^2} \quad (9.38)$$

$$= AF(\phi) + BF(\phi+\alpha)$$

在这种情况下，接收信号的方向特性由直射信号的方向特性与反射信号的方向特性直接相加得到，因为直射信号的方向特性与反射信号的方向特性只相差一个很小的角度 α，非常相似，反射信号产生的天线方向特性畸变最小。

当 $\phi_0=180°$ 时，由式（9.36）可得

$$AF(\phi)F_r(\phi,\alpha) = AF(\phi)\sqrt{1 - 2\frac{BF(\phi+\alpha)}{AF(\phi)} + \left[\frac{BF(\phi+\alpha)}{AF(\phi)}\right]^2} \quad (9.39)$$

$$= AF(\phi) - BF(\phi+\alpha)$$

　　在这种情况下，接收信号的方向特性是非常接近的两个方向特性之差，反射信号产生的天线方向特性畸变最大。

　　也就是说，当目标位于天线垂直波瓣最大位置时，反射信号产生的天线方向特性畸变最小；当目标位于天线垂直波瓣最小位置时，反射信号产生的天线方向特性畸变最大。

　　天线方向特性畸变如图 9.7 所示。其中，图 9.7（a）、(c) 分别给出了典型的小孔径线性阵列天线在没有反射信号时和波束与控制波束特性，以及和波束与差波束天线方向特性。图 9.7（b）、(d) 分别给出了反射路径在方位上偏离直射路径 1°、反射信号幅度衰减为 6dB 时产生的天线方向特性畸变。这种情况相当于在反射面水平倾斜角为 5°、目标仰角为 6°、反射区为肥沃土壤条件下得到的结果。

　　由图 9.7（b）、(d) 可以看出，由于小水平夹角反射面反射信号的影响，单脉冲和波束、差波束与控制波束的天线方向特性都产生了明显的畸变。如图 9.7（b）所示，在 -2.5° 附近和波束的天线方向特性超过了控制波束的天线方向特性，如图 9.7（d）所示，-3° ~ -8° 范围内和波束的天线方向特性超过了差波束的天线方向特性，出现了旁瓣穿通现象。

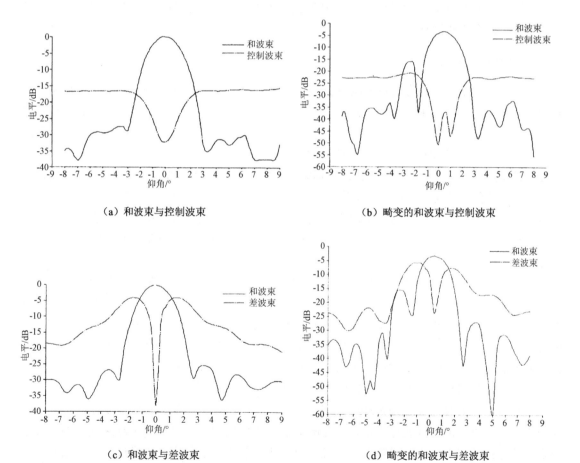

（a）和波束与控制波束　　　　　　　　　　（b）畸变的和波束与控制波束

（c）和波束与差波束　　　　　　　　　　　（d）畸变的和波束与差波束

图 9.7　天线方向特性畸变

　　这些天线方向特性畸变是由于采用小孔径询问天线而产生的，小孔径询问天线的垂直波束宽，对于地面反射的影响最敏感。如果使用大孔径询问天线，则天线方向特性畸变情况将会得到很大程度上的改善。

2. 目标方位角测量误差

天线方向特性畸变对二次雷达系统性能最大的影响是产生方位角测量误差。在二次雷达系统中，有两种测量目标方位角的方法，即"滑窗"处理方法和单脉冲方法。在"滑窗"处理方法中，将发射应答信号的起始位置方位值与结束位置方位值的平均值作为目标的方位角数据。由图9.7（a）可以看出，应答信号从-2.3°开始发送，在+2.3°停止发送，测量的目标位于波束中心。但是，由图9.7（b）可以看出，发射应答信号的起始位置偏移到-1.4°附近，停止位置偏移到+2.5°附近，目标方位角的测量数据大约为0.6°，即产生了0.6°的方位角测量误差。

在单脉冲方法中，主要利用和波束与差波束的天线方向特性中心附近的幅度比值来完成目标方位角测量，而不采用波束边缘数据。由图9.7（c）可以看出，差波束"零深"位于0°处。但是，由图9.7（d）可以看出，由于和波束与差波束的天线方向特性发生了畸变，差波束的"零深"位置大约漂移了0.2°。

3. 飞行航迹分裂

在某些情况下，天线方向特性畸变会导致飞行航迹分裂。图9.7（b）给出了多径条件下畸变的和波束与控制波束的天线方向特性。按照询问旁瓣抑制的准则，当和波束的天线方向特性超过控制波束天线方向特性时，应答机将产生应答信号。图9.7（b）中显然有两处和波束的天线方向特性超过控制波束的天线方向特性，在-3.2°～-2°和在-1°～+3°两个区间内应答机将产生应答信号。当天线扫过目标时，飞机应答机开始在-3.2°～-2°区间内发射应答信号，之后有一段间歇停止了应答信号发射，然后在-1°～+3°区间内再次发射应答信号，最后终止应答信号发射。在这种情况下，询问机将检测到两次应答数据，但是它们的目标方位角数据不同，出现突跳。二次雷达系统测量到的飞行航迹将产生分裂，甚至将一个目标显示为两个目标。

图9.7（c）给出了正常的单脉冲天线和波束与差波束的天线方向特性，在-2°～+2°范围内，会持续接收到应答信号。图9.7（d）给出了多径条件下和波束与差波束的天线方向特性，其产生了严重的畸变。当天线从-8°至+1.5°扫过目标时，询问机都会接收到应答信号。在-0.5°～+1.5°范围内的正常应答信号都可以得到正确的单脉冲方位角数据，而在-8°～-3°旁瓣方向的应答信号也可得到单脉冲方位角数据，它的识别代码和高度数据与主波束数据相同，但方位角数据相差较大，可能造成飞行航迹在方位上的分裂。

有时可以在天线连续扫描过程中发现天线方向特性失真产生的飞行航迹变化过程。在天线扫描的前几个周期飞行航迹正常，但在随后的扫描周期中发现目标在预测区域之外，波束中心的信号强度比上一次扫描降低了十几分贝，飞行航迹出现分离。再经过几个扫描周期，飞行航迹有可能逐渐恢复正常。这就是在飞行过程中在某个位置上出现小水平夹角倾斜面反射信号导致天线方向特性失真的结果。

本节讨论的是多径对应答信号的影响，在询问信号的传输路径中也会出现同样的问题。

9.4.2 长路径差多径信号

长路径差是指在多径条件下直射路径与反射路径电磁波传播延时差足够大，以至于直射路径和反射路径在时间上基本不重叠。在这种情况下，反射信号可能对直射信号造成污染，产生应答信号译码错误。它类似于直射信号与反射信号在同一垂直面传输时由于多径传输产生的污染：反射信号总是滞后于直射信号，反射信号幅度总是小于直射信号幅度，它们的应答编码相同。

由于小水平角度倾斜面的影响，反射路径在方位上偏离直射路径，因此反射信号的单脉冲方位角数据与直射信号不相同。这一点与直射信号与反射信号在同一垂直面传输的情况不一样。利用这个特点，更容易发现小水平夹角倾斜面产生的信号污染。

反射条件下和波束与差波束接收机输出波形有明显的差别。和波束输出的反射信号与直射信号的幅度差值比较明显，每个直射信号后面跟随一个幅度更小的反射信号。因为和波束输出的视频脉冲幅度对于信号方位变化不敏感，其幅度的差异只取决于传输的直射信号和反射信号的幅度差。差波束输出的反射信号与直射信号的幅度差异不明显，因为差波束输出的视频脉冲幅度对于信号的方位变化很敏感，不同方位的视频脉冲幅度变化很大。因此，和、差波束信号幅度的差异不仅取决于传输的直射信号和反射信号的幅度差，还受到传输方向的影响。因此，差波束输出的直射信号和反射信号的幅度差值反而不如和波束明显。这种现象正好说明反射信号来自水平倾斜的反射面。

在小水平夹角倾斜面长路径差的情况下，差波束反射信号从不同的方位进入询问天线，污染直射信号，造成和、差波束信号幅度比值和单脉冲测角数据变化，从而产生方位角测量误差。

9.5 大水平夹角反射面的多径信号

本节将讨论大水平夹角反射面的多径信号。如果反射路径与直射路径之间的夹角是大夹角，那么反射信号具有以下特征：反射信号总是滞后于直射信号；反射信号的识别代码、飞行高度数据与直射信号相同；反射信号的方位角数据与直射信号的方位角数据相差很大。利用反射信号的这些特征，可以在信号处理过程中采取有效措施克服这种多径效应产生的影响。本节将介绍在信号处理之前滤除"鬼影"目标的两种设备方案。

对雷达信号而言，建筑物和铁丝网围栏这样的物体可以形成镜像表面，产生目标的投影。如果询问机经过反射体镜像表面向飞机应答机发出询问信号，应答机接收到询问信号后又通过该镜像表面向询问机发出应答信号，那么询问机可能在反射体镜像表面方向上检测到一个目标，这个目标实际上是不存在的，通常叫作"鬼影"目标，如图 5.1 所示。

当询问天线指向反射体发射询问信号时，询问信号经过该反射体反射到不同的方向，并触发该方向上的飞机应答机发射应答信号。虽然因为反射损耗衰减了询问信号能量，但是剩余的询问信号能量通常也足以触发应答机发射应答信号。应答机将以全功率发射应答信号，并且有足够的能量经过反射体反射回询问天线。该应答信号从反射体方向进入询问天线，询问机检测到一个反射体方向的目标，经过几个扫描周期，可能形成该目标的飞行航迹。因为它是目标的投影，不是真实的目标，所以叫作"鬼影"目标。真实目标、"鬼影"目标和反射体之间的几何位置关系是确定的，根据它们之间的实际几何位置关系可确定是否存在产生"鬼影"目标的反射路径。

此外，大水平夹角倾斜面反射信号将对反射信号方向的有效应答信号造成污染。当反射信号从反射体方向进入接收机后，与该方向的有效应答信号混杂在一起，对接收信号造成污染，干扰该方向的有效接收信号，造成应答信号译码错误。

为避免形成"鬼影"目标，可以从两方面采取措施：一方面是已经知道可能产生"鬼影"目标的反射体之后，在设备方案上将"鬼影"信号在进入信号处理器之前将其滤除；另一方面是根据反射信号的特征，在信号处理器中识别并剔除反射信号产生的"鬼影"信号。

此外，要适当限制询问机的发射功率，以检测最大距离目标为限。这样可以减少"鬼影"目标的数量。因为太大的发射功率经过反射体反射后，更容易触发反射方向的应答机发射应答信号。

9.5.1 短路径差反射信号

虽然飞机应答机到地面询问站的距离可能会超过 350km，但地面询问站到反射物体的距离几乎不会超过 10km，通常要近得多。在这种情况下，反射路径与直射路径电磁波传播延时差有可能非常小，以至于几乎可以同时接收到直射信号和反射信号。下面介绍两种抑制短路径差"鬼影"信号的设备方案。

第一种方案是，在控制波束端口接入一个接收机，用来接收目标方向的直射信号。当主波束指向反射体发射询问信号后，来自目标方向的直射信号将被控制波束接收机检测到，来自反射体方向的反射信号将被主波束接收机检测到。因为反射路径和直射路径电磁波传播延时差很小，所以反射信号和直射信号几乎可以同时被控制波束接收机和主波束接收机检测到。只要反射路径的损耗足够高，控制波束接收机接收到的直射信号就比主波束接收机接收到的反射信号强。因此，通过比较直射信号与反射信号的幅度，即可判定来自反射体方向的信号是否为"鬼影"信号。当直射信号幅度大于反射信号幅度时，主波束接收机接收到的应答信号为"鬼影"信号，将其剔除；当直射信号幅度小于反射信号幅度时，为真实目标信号。这样就能够在信号处理之前剔除一些"鬼影"信号。

另一种方案是，已经知道反射体位置，可以预测产生"鬼影"目标的真实飞机位置。这样，在询问天线指向反射体发射询问信号之前 10～20μs 的时间内，利用一副新增的定向询问天线，向预测的飞机位置方向发射一组 P_1、P_2 抑制脉冲对，对该方向的应答机进行抑制。使应答机不能对来自反射体方向的询问信号进行应答，从而阻止"鬼影"信号产生。这种方案很有效，但是由于需要新增一副定向询问天线，经济成本太高，几乎没有得到实际应用。

此外，还可利用计算机搜索具有相同识别代码和飞行高度的"鬼影"目标。如果在两个方向上搜索到具有相同识别代码和飞行高度的目标，则其中一个应为"鬼影"目标。

9.5.2 长路径差反射信号

在有些情况下，反射路径与直射路径电磁波传播延时差为 2～25μs，这种长路径差产生的影响是直射信号和反射信号在不同的时间从不同的方位进入询问天线，并且进入天线的方位角相差很大。询问机信号处理器将在不同的时间检测到这两路不同方位的应答信号。首先检测到的是来自旁瓣方向的直射信号，因为它的传输距离更短。

当询问机主波束向反射体方向发射询问信号触发应答机发射应答信号时，其直射信号首先由控制波束接收机接收，该信号由于来旁瓣方向，被标记为旁瓣信号。反射信号经过一段长路径差延迟后，被主波束接收机接收，并可能形成目标点迹。因为直射信号与反射信号具有相同的识别代码和高度数据，并且来自控制波束的直射信号已经被标记为旁瓣信号，所以该目标点迹将被标识为假目标，有待在以后的扫描周期进行验证。

下面介绍一种长路径差"鬼影"信号抑制设备方案。当询问机主波束向反射体方向发射询问信号时，因为目标处于主波束旁瓣区域内，所以目标应答机接收到的直射询问脉冲 P_1 的幅度低于旁瓣抑制脉冲 P_2，导致应答机被抑制，抑制时间最少为 $25\mu s$。当来自反射体的反射信号经过 $2\sim25\mu s$ 的延时之后到达应答机时，目标应答机正处于抑制状态，不能对反射信号进行应答，因此阻止了假目标应答信号出现。但是，如果旁瓣辐射的脉冲 P_1 太微弱以至于应答机检测不到，没有 P_1 脉冲作为时间基准，应答机就不可能检测到旁瓣抑制信号对中的 P_2 脉冲。在这种情况下，应答机不能执行询问旁瓣抑制功能，将对反射询问信号进行应答，从而产生"鬼影"应答信号。

为解决这个问题，可采用改进的旁瓣询问抑制技术（IISLS），即使用控制波束和主波束同时发射 P_1 脉冲，确保应答机能够检测到 P_1。该措施的主要缺点是 P_1、P_2 脉冲对的辐射范围很大，可能对其他飞机应答机产生不必要的抑制。

此外，长路径差多径效应可能对系统造成的另一种影响是，直射询问脉冲 P_1、P_3 和经过反射延时的旁瓣抑制脉冲 P_2 可能组成 A 模式和 C 模式组合询问模式，引起有效询问模式混乱，使应答机用错误模式发射应答编码。在大夹角长路径差多径条件下，当询问机通过主波束向应答机发射 C 模式询问脉冲 P_1、P_3 时，控制波束发射的控制脉冲 P_2 经过反射体的反射路径延时 $11\mu s$ 后到达应答机。在这种情况下，应答机接收到 P_1、P_3 和 P_2 的时序关系如图 9.8 所示。P_2、P_3 的间距正好是 $8\mu s$，形成了假的 A 模式询问。应答机信号处理器同时检测到 C 模式和 A 模式询问，这就造成了询问模式混乱。

《国际民航组织公约附件 10》的早期版本没有对这种情况做具体的规定，也不进行测试。对于 C 模式和 A 模式组合询问模式，各个生产厂家按照自己的设计选择了不同应答编码，有些厂家选择 A 模式应答编码，有些厂家选择 C 模式应答编码，有些厂家选择 7777 应答编码等。在这种情况下，有时选择的应答编码与询问机的询问模式不对应，询问机可能接收到错误的高度数据，检测距离也不正确，在 ATC 显示器上表现为目标报告与前面的飞行航迹不匹配，或者飞机出现在错误的位置上。

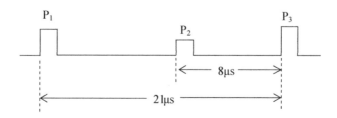

图 9.8 延时的反射控制脉冲 P_2 与 C 模式直射询问脉冲 P_1、P_3 时序关系

9.6 多径干扰小结

本节将二次雷达系统的多径干扰按照反射面与水平夹角进行分类，归纳成三种典型的情况，即垂直面、小水平夹角倾斜面和大水平夹角倾斜面。然后按照反射路径和直射路径差长短，分析多径干扰对二次雷达系统性能的影响，分析结论如表 9.2 所示。

表 9.2　典型的多径干扰对二次雷达系统性能的影响

路 径 差	反射面与水平面的夹角		
	0°	小 夹 角	大 夹 角
短路径差	信号衰落 垂直波瓣分裂 主波束杀伤 旁瓣穿通	天线方向特性畸变 目标方位角测量误差 飞行航迹分裂 污染应答信号	产生"鬼影"目标 污染反射体方向的应答信号
长路径差	污染应答信号	污染应答信号 方位角测量误差	产生"鬼影"目标 造成询问模式混乱

第10章

系统设计

本章主要介绍与二次雷达系统设计相关的几个系统指标，包括工作距离、目标检测概率和识别概率、系统容量、方位分辨力和方位角测量精度、距离分辨力和距离测量精度、询问重复频率等。重点对二次雷达系统存在大量内部干扰情况下的目标检测概率和识别概率进行探讨，并导出有关计算公式。为保证二次雷达系统内多台询问机、多台应答机同时工作，独立完成各自的任务，本章给出了二次雷达询问和应答信道设计的有关公式和设计实例。

10.1 工作距离

工作距离是二次雷达系统最基本的战术技术指标。不同的二次雷达系统要求的工作距离是不同的。二次监视雷达的工作距离是由民用飞机的最高飞行高度决定的，最远工作距离可以达到 450km。二次雷达敌我识别系统的工作范围必须覆盖配属武器系统的作战威力范围，或者与其配属的一次雷达最远探测距离相匹配。预警雷达的最远探测距离可以达到 250 海里。

影响二次雷达系统最大工作距离的主要因素包括发射机等效辐射功率、接收机等效接收灵敏度、接收天线增益及电磁波传播在自由空间的衰减。此外，还包括大气吸收损耗、大气折射及天线增益指向损耗等。

二次雷达系统是由多台询问机、多台应答机同时工作的庞大系统。为确保所有询问机按照要求的工作距离正常工作，在系统设计上首先要规范应答机的发射功率、接收灵敏度及应答天线增益和馈线损耗等参数，其次根据询问机的工作距离要求，按照无线信号传输方程设计询问机的发射功率、接收灵敏度及询问天线增益等参数。

10.1.1 无线信号传输方程

与一次雷达的无线电磁波往返传输过程不同，二次雷达系统的信号传输由询问通信链路和应答通信链路，即询问机到应答机的通信传输链路和应答机到询问机的通信传输链路两个单程传输过程组成。因此，二次雷达系统的工作距离由询问通信链路和应答通信链路两个单程传输距离共同决定，二次雷达系统信号传输模型如图 10.1 所示。本节将讨论无线通信链路中从发射机到接收机的信号传输方程。

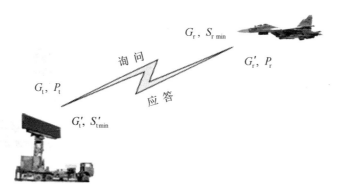

图 10.1　二次雷达信号系统传输模型

在无线通信链路中，发射机等效辐射功率为

$$\text{EIRP} = \frac{P_t G_t}{L_t} \tag{10.1}$$

式中，P_t 为发射机输出功率，单位为 W；G_t 为天线增益；L_t 为发射馈线损耗。到发射天线的距离为 R 的接收天线面口的功率通量密度为

$$S_e = \frac{P_t G_t}{4\pi R^2 L_t} \tag{10.2}$$

当接收天线的有效面积为 A_R 时，接收机输入端的信号功率为

$$P_r = S_e A_R = \frac{P_t G_t A_R}{4\pi R^2 L_t L_r L} \tag{10.3}$$

式中，L_r 为接收馈线损耗；L 为系统附加损耗，如大气吸收损耗、天线增益指向损耗等。接收天线增益 G_r 与有效面积 A_R 的关系为

$$A_R = G_r A_0 = G_r \frac{\lambda^2}{4\pi} \tag{10.4}$$

式中，λ 为传输信号载波波长，单位为 m；理想全向天线的有效面积 $A_0 = \lambda^2/4\pi$，单位为 m^2。将式（10.4）代入式（10.3）可得，接收机输入端的信号功率为

$$P_r = \left(\frac{P_t G_t}{L_t} \right) \left(\frac{1}{4\pi R^2} \right) \left(G_r \frac{\lambda^2}{4\pi} \right) \frac{1}{L} \frac{1}{L_r} \tag{10.5}$$

式中，$1/4\pi R^2$ 为功率扩散损耗。将式（10.5）重新安排，改写为

$$\left(\frac{P_r L_r}{G_r} \right) = \left(\frac{P_t G_t}{L_t} \right) \frac{\alpha}{L} \tag{10.6}$$

式中，$P_r L_r / G_r = S_{rmin}$，为接收机等效接收灵敏度；$\alpha = (\lambda/4\pi R)^2$，为自由空间传播损耗因子。

式（10.5）和式（10.6）是用不同传输参数描述的无线信号传输方程。在进行系统设计时，可以根据具体情况选择适合的方程进行二次雷达系统信道设计。

由式（10.5）可得

$$R^2 = \left(\frac{P_t G_t}{L_t}\right)\left(\frac{A_R}{P_r L_r}\right)\frac{1}{4\pi L} \tag{10.7}$$

由此可知，影响二次雷达系统工作距离的主要因素包括三大部分：发射机等效辐射功率 $P_t G_t/L_t$、接收天线有效面积和接收灵敏度的比值 $A_R/P_r L_r$，以及系统附加损耗 L。

自由空间传播损耗因子 α 的分贝表达式为

$$
\begin{aligned}
\alpha &= 10\lg\left(\lambda/4\pi R\right)^2 \\
&= -37.801 - 20\lg f(\text{MHz}) - 20\lg R(\text{n mile}) \\
&= -32.44 - 20\lg f(\text{MHz}) - 20\lg R(\text{km})
\end{aligned} \tag{10.8}
$$

α 随工作距离增加按照 $20\lg R$ 增加，即工作距离从原有距离 R_0 增加到 $10R_0$ 时，α 增加 20dB。

因为二次监视雷达询问工作频率和应答工作频率不同，所以将 $f=1030\text{MHz}$ 代入式（10.8）可得，询问通信链路的自由空间传播损耗 $\alpha(\text{I})$ 为

$$\alpha(\text{I}) = -98.058 - 20\lg R(\text{海里}) = -92.7 - 20\lg R(\text{km}) \tag{10.9}$$

将 $f=1090\text{MHz}$ 代入式（10.8）可得，应答通信链路的自由空间传播损耗 $\alpha(\text{R})$ 为

$$\alpha(\text{R}) = -98.550 - 20\lg R(\text{海里}) = -93.2 - 20\lg R(\text{km}) \tag{10.10}$$

由此可知，因为工作频率不同，所以应答通信链路的自由空间传播损耗比询问通信链路大 0.5dB。询问通信链路的自由空间传播损耗如图 10.2 所示，在单对数坐标系中传播损耗与工作距离的关系为一条直线。

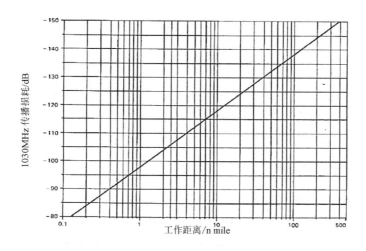

图 10.2　询问通信链路的自由空间传播损耗

10.1.2　附加损耗

无线传输信道中除有自由空间传播损耗之外，还有许多其他系统附加损耗，包括大气吸收损耗、大气折射透镜损耗及天线增益指向损耗等。

1．大气吸收损耗

大气中的氧气和水蒸气是造成电磁波衰减的主要原因。一部分电磁波能量辐射到这些气体粒子上，被它们吸收后变成热能从而产生信号传输损耗。一般来说，当工作波长大于 10cm（工作频率低于 3GHz）时，大气吸收损耗较小，当工作频率低于 1 GHz 时，大气吸收损耗基本可忽略。

由于大气对电磁波能量的吸收与大气的密度成正比，因此距离越远、仰角越小，大气吸收损耗越大。对于在 900～1300MHz 频段内工作的二次雷达系统，在正常条件下（1 标准大气压条件下大气含氧量为 20%，水蒸气密度为 7.5g/m³，），当距离为 250 海里、仰角为 0°时，大气吸收损耗为 1.5～2dB；当仰角增加到 5°时，大气吸收损耗小于 0.5dB。当二次雷达系统远距离工作时，最低仰角约为 0.25°。不同仰角的大气吸收损耗如图 10.3 所示。当距离为 250 海里、最低仰角为 0.25°时，大气吸收损耗约为 1.5dB。

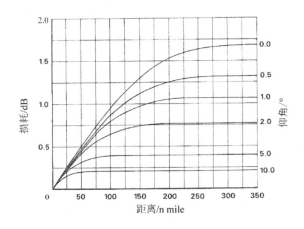

图 10.3　不同仰角的大气吸收损耗

对于二次雷达系统来说，大气衰减在近距离工作时可以不用考虑，但是在远距离工作时，大气吸收损耗是不能忽略的。二次雷达系统工作距离一般为 400km 以上，因此在进行系统设计时必须考虑大气吸收损耗的影响。

2．大气折射透镜损耗与水平视距

大气密度随着时间、地点改变而改变。不同高度的空气密度也不同，离地面越高，空气越稀薄。电磁波在大气中传播时，是在非均匀介质中传播的，因此将产生折射，其传播路径不是直线。大气折射给二次雷达系统带来的影响主要包括改变传输距离，产生测距误差，同时折射会使电磁波波束散焦从而引起信号传输损耗，这种损耗被称为透镜损耗。在自由空间中，电磁波阵面扩张与距离平方成正比，由此引起常见的距离平方衰减效应。

在大气中，折射率随高度变化将导致附加的电磁波阵面扩张，这种扩张引起的附加损耗被称为大气折射透镜损耗，如图 10.4 所示。大气折射透镜损耗随距离和仰角的增加而增加，但最大损耗不会超过 1dB，在传输链路设计中可以忽略不计。

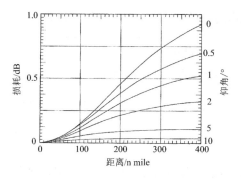

图 10.4 不同仰角的大气折射透镜损耗

此外，大气折射率随高度增加而降低，折射使二次雷达信号传播方向向地面弯曲，传输距离超过了水平视距。水平视距的问题是由地球的曲率半径引起的。如图 10.5 所示，询问天线安装高度为 h_t，应答天线安装高度为 h_r，水平视距为 d_0。由于地球表面弯曲，水平视距外（图 10.5 中的阴影区域）电磁波将急剧衰减，导致询问机不能对水平视距外的目标进行询问。

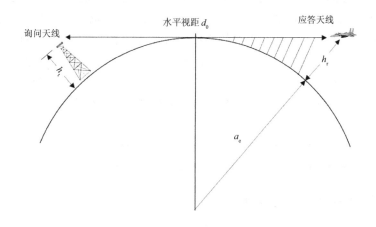

图 10.5 询问/应答水平视距示意图

但是由于电磁波传播射线向地面弯曲，相当于增加了水平视距，部分水平视距外的目标也能接收到询问信号。处理大气折射对水平视距影响的常用方法是，用等效地球半径 $a_e=ka$ 来代替实际地球半径 $a=6371km$，其中系数 k 与大气折射系数 n 随高度变化的变化率 dn/dh 有关，即

$$k = \frac{1}{1 + a\dfrac{dn}{dh}} \qquad (10.11)$$

在通常气象条件下，dn/dh 为负值。理论和实践表明，当海面温度为 +15℃，温度随高度变化的变化梯度为 0.0065℃/m 时，大气折射率梯度为 $0.039\times10^{-6}/m$。由式（10.11）可得，$k\approx4/3$。在这样的大气条件下，地球的等效曲率半径为

$$a_e = ka = \frac{4}{3}a \approx 8495 \text{（km）} \qquad (10.12)$$

由图 10.5 可知，二次雷达系统的询问/应答水平视距 d_0 为

$$d_0 = \sqrt{(a_e + h_t)^2 - a_e^2} + \sqrt{(a_e + h_r) - a_e^2}$$
$$\approx \sqrt{2a_e}\left(\sqrt{h_t} + \sqrt{h_r}\right) \tag{10.13}$$

当地球的等效曲率半径 a_e=8490km 时，式（10.13）可简化为

$$d_0 = 4.12\left(\sqrt{h_t} + \sqrt{h_r}\right) \tag{10.14}$$

式中，h_t 和 h_r 的单位为 m；d_0 的单位为 km。由此可以看出，水平视距的大小由询问天线和应答天线安装高度决定，天线安装得越高，水平视距越大。在实际使用中，在条件允许的情况下都将询问天线和应答天线安装在最高的位置上，以达到更大的水平视距，如在舰船上，应答天线基本上安装于桅杆顶部。询问天线一般根据实际情况安装在尽可能高的位置上。

3. 天线增益指向损耗

在天线瞄准目标的过程中，目标在天线波束范围内通常不处于天线波束峰值的位置，但是天线增益是按照天线波束峰值增益定义的。因此，在设计通信链路时，应当考虑天线角度对不准带来的损耗。例如，大孔径天线的峰值增益是 27.5dB，但是通常目标的实际工作仰角为 0.25°，它所对应的天线增益实际上是 24dB，天线角度对不准带来的损耗为-3.5dB。

天线增益指向损耗定义为天线最大增益与目标位置方向上的天线增益之差。一般来说，天线增益越高，方向特性越尖锐，天线增益指向损耗越大；天线增益越低，方向特性越平滑，天线增益指向损耗越小。根据设计经验，二次雷达线性阵列天线增益指向损耗如下：天线孔径为 8～10m，天线增益指向损耗为-3.5dB；天线孔径为 4～6m，天线增益指向损耗为-2.5dB；天线孔径小于 3m，天线增益指向损耗为-1.5dB。

10.1.3 询问和应答信道设计

询问和应答信道设计是二次雷达系统设计的重要工作。通过信道设计，完成传输信道中所有有关部件技术指标分配，以保证二次雷达系统内所有的询问机在各自要求的工作距离内可靠监视和识别目标。

二次雷达系统中往往有多套询问机和应答机同时工作。因此，系统设计的一个难点是，如何设计各个平台的询问机和应答机的通信链路设备参数才能保证所有的询问机完成各自的目标监视和识别任务。总体设计思路是先规范应答机的通信参数，然后根据不同询问机平台工作距离要求设计各询问机的通信参数。这样就可以使所有询问机和应答机在各自要求的工作距离内协同工作。

首先，制定应答机系统规范，规范应答机的通信参数。不管应答机安装在什么平台上、用于执行什么任务，应答机的通信参数都必须满足规范要求。例如，国际民航组织对二次监视雷达应答机的要求是，应答机接收灵敏度标称值（馈电电缆天线端口）为-71dBm；应答机发射功率标称值（馈电电缆天线端口）为 24 dBW；应答天线增益大于或等于 0dB。

Mark X 系统应答机的要求是，应答机接收灵敏度标称值（应答机输出端口）为-72 dBm；应答机发射功率标称值（应答机输出端口）为 25dBW；应答机馈线损耗（设计值）为 4dB；

应答天线增益大于或等于 0dB。

其次，根据询问工作平台要求的询问机最大工作距离，按照无线信号传输方程计算询问天线面口所需要的等效辐射功率 P_tG_t/L_t 和等效接收灵敏度 $S_{rmin}=G_rL_r/P_r$。

最后，根据计算的等效辐射功率和等效接收灵敏度，按照设备实现的难易程度合理分配询问机的通信参数：询问天线增益 G_i、询问机发射功率 P_{it}、询问机接收灵敏度 P_{ir} 和询问机馈线损耗 L_i。注意：在设计通信链路时，通信参数必须留有 2～3dB 余量。

将式（10.6）等号两边取对数可得，计算询问通信链路的询问机等效辐射功率的表达式为

$$P_I+G_I-L_I=P_r-\alpha_I-G_R+L_R+L \tag{10.15}$$

式中，$P_I+G_I-L_I$ 为询问机等效辐射功率，单位为 dBW；P_r 为应答机接收灵敏度，单位为 dBW；α_I 为询问通信链路自由空间传播损耗，单位为 dB；G_R 是应答天线增益，单位为 dB；L_R 为应答机射频馈线损耗，单位为 dB；L 为系统附加损耗，单位为 dB，包括大气吸收损耗、大气折射透镜损耗和天线增益指向损耗。

将式（10.6）重新整理可得，计算应答通信链路的询问机接收灵敏度表达式为

$$P_i=(P_R+G_R-L_R)+\alpha_R+G_I-L_I-L \tag{10.16}$$

式中，P_i 为询问机接收灵敏度，单位为 dBW；$P_R+G_R-L_R$ 为应答机等效辐射功率，单位为 dBW；α_R 为应答通信链路自由空间传播损耗，单位为 dB；G_I 为询问天线增益，单位为 dB；L_I 为询问机馈线损耗，单位为 dB；L 为系统附加损耗，单位为 dB。

设计举例：在海岸线某山上建立一个二次雷达询问站，对海上目标进行识别。山的海拔为 1400m，试设计该询问站的询问通信链路和应答通信链路参数。

解：海上目标包括水面舰艇和潜艇，按照二次雷达敌我识别系统规范，应答机接收灵敏度为 -102dBW；应答机峰值发射功率为 25dBW；应答天线平均增益不低于 0dBi；应答机馈线损耗（设计值）为 4dB。

首先求解询问站要求的识别距离。设水面舰艇应答天线安装高度为 35m，由式（10.14）可得，询问站要求的识别距离为

$$R=4.12(\sqrt{1400}+\sqrt{35})\approx178.53（km） \tag{10.17}$$

将 R=178.53km 代入式（10.9）可得，询问通信链路的自由空间传播损耗为

$$\alpha(I)=-92.7-20\lg R=-137.73（dB） \tag{10.18}$$

同样地，由式（10.10）可得，应答通信链路的自由空间传播损耗为

$$\alpha(R)=-93.19-20\lg R=-138.22（dB） \tag{10.19}$$

1．询问通信链路的主要参数

应答机发射功率：25dBW。

应答机馈线损耗：-4dB。

应答天线增益：0dB。

应答天线方向图损耗（俯仰角为 ±30°）：-3dB。

大气吸收损耗：-1dB。

大气折射透镜损耗：0dB。

自由空间传播损耗：-137.73dB。

询问天线增益指向损耗：-1.5dB。

询问机最小等效接收信号电平（G_r/L_rP_r）：-122.23dBW。

2. 应答通信链路的主要参数

应答机接收灵敏度：-102dBW。

应答机馈线损耗：-4dB。

应答天线增益：0dB。

应答天线方向图损耗（俯仰角为±30°）：-3dB。

大气吸收损耗：-1dB。

大气折射透镜损耗：0dB。

自由空间传播损耗：-138.22dB。

询问天线增益指向损耗：-1.5dB。

询问机最低等效辐射功率（P_tG_t/L_t）：45.72dBW。

3. 指标分配

询问通信链路设计要求：询问机等效接收灵敏度为-122.23dBW，询问机等效辐射功率为45.72dBW。根据实际的技术水平，有关部件的技术指标分配如下。

询问机接收灵敏度：-110dBW。

询问机发射功率：33dBW（2000W）。

询问机馈线损耗：3.5dB。

询问天线增益：18dB。

在这种情况下，询问机实际的等效接收灵敏度为

$$P_i-G_I+L_I=-110-18+3.5=-124.5（dBW）\tag{10.20}$$

由于询问通信链路设计要求询问机等效接收灵敏度为-122.23dBW，因此询问通信链路系统余量为2.27dB。询问机实际的等效辐射功率为

$$P_I+G_I-L_I=33+18-3.5=47.72（dBW）\tag{10.21}$$

由于应答通信链路设计要求询问机等效辐射功率为45.72dBW，因此应答通信链路系统余量为2dB。

如果要求地面询问站对空工作距离达到450km，那么在询问设备的其他技术指标不变的条件下，只要将询问天线增益提高8dB，即要求询问天线增益为26dB，就可以满足对空450km工作距离要求。

10.1.4 数字调制二次雷达信道设计

数字调制二次雷达信道设计方法大体上与脉冲二次雷达信道设计方法相同，首先规范应答机的通信参数，其次根据各询问机平台要求的工作距离设计询问机等效辐射功率和等效接收信号电平，最后分配询问机有关部件的技术指标。

数字调制二次雷达信道设计与脉冲二次雷达信道设计也有所不同。首先，在数字调制二次雷达系统中是以数字符号形式传输信息的，其信道设计关心的是一个字符或比特错误概率，与信号带宽等于比特速率的信噪比有关，即与信号比特能量和噪声功率谱密度的比值有关。脉冲二次雷达信道设计关心的是中频信号输出信噪比。

其次，数字调制信号可以实现各种编码，有些编码可以获得信道增益，如扩频码经过扩频处理可以得到扩频处理增益，提高接收信噪比。信道编码可以降低误比特率得到信道编码增益，从而降低接收信噪比要求。在进行信道设计时必须考虑这类编码处理增益。

数字调制信道传输的附加损耗除前面介绍的电磁波传播附加损耗和天线增益指向损耗之外，还包括其他损耗。例如，频率合成器杂散信号引入的信噪比损耗，载波信号相位噪声引入的信噪比损耗，传输信道带宽限制带来的解调损耗，以及多普勒频率偏移引入的多普勒损耗等。当天线采用圆极化方式时还应当考虑天线极化损耗。

本节首先讨论数字调制信道传输的附加损耗，其次介绍数字调制二次雷达信道设计公式，最后给出地一地二次雷达系统设计实例。

1. 频率合成器杂散信号引入的信噪比损耗

频率合成器杂散信号和载波信号相位噪声将降低输出信噪比，引入信噪比损耗。假设接收信号功率为 P_s，输入噪声功率为 P_n，频率合成器杂散信号功率为 P_I，则接收机输出总信噪比为

$$(\text{SNR})_\Sigma = \frac{P_s}{P_n + P_I} = \frac{1}{(\text{SNR})_n^{-1} + (\text{SNR})_I^{-1}} \qquad (10.22)$$

式中，$(\text{SNR})_n = P_s / P_n$，为接收机输入信噪比；$(\text{SNR})_I$ 为频率合成器的信号/杂波值。频率合成器杂散信号引入的信噪比损耗 L_s 为

$$L_s = (\text{SNR})_\Sigma - (\text{SNR})_n \qquad (10.23)$$

2. 天线极化损耗

由于理想的圆极化波是很难实现的，因此通常采用椭圆极化波。当接收天线和发射天线的极化不匹配时，将产生天线极化损耗。椭圆极化波可由两个旋转方向相反且幅度不等的理想圆极化波合成，其表达式为

$$\begin{aligned} E_s(t) &= E_0 [e^{j(\omega t - kz)} + b e^{-j(\omega t - kz)}] e^{jr} \\ &= E_0 e^{j(\omega t + r - kz)} + b E_0 e^{-j(\omega t - r - kz)} \end{aligned} \qquad (10.24)$$

式中，$b \leqslant 1$，为反旋系数；r 为椭圆长半轴与 x 轴的夹角，叫作椭圆倾角。式（10.24）等号右边第一项表示电磁波在传播空间沿 z 轴正方向传播的逆时针旋转的圆极化波；第二项表示电磁波在传播空间沿 z 轴负方向传播的顺时针旋转的圆极化波。

令 $z=0$，将 $e^{j\omega t} = \cos\omega t + j\sin\omega t$ 代入式（10.24）可得，椭圆极化波电场在直角坐标系 xOy 平面上投影的表达式为

$$E_s(t) = E_0 [(1+b)\cos\omega t + j(1-b)\sin\omega t] e^{jr} \qquad (10.25)$$

由此可知，椭圆极化波电场由两个在空间和时间上同时正交但幅度不等的线极化波组成。椭圆极化波的椭圆率定义为

$$\rho = \frac{E_x}{E_y} = \frac{1+b}{1-b} \tag{10.26}$$

当 $b=0$ 时，$\rho=1$，由式（10.25）可得，理想的圆极化波的数学表达式为

$$E_s(t) = E_0(\cos\omega t + j\sin\omega t)e^{jr} \tag{10.27}$$

电磁波的传播方向为沿 z 轴正方向，圆半径值等于电场强度 E_0。如果 E_x 滞后 E_y $\pi/2$，那么它是右旋圆极化波；如果 E_x 超前 E_y $\pi/2$，那么它是左旋圆极化波。

当 $b=1$ 时，$\rho=\infty$，由式（10.25）可得

$$E_s(t) = 2E_0\cos\omega t e^{jr} = E_0[e^{j(\omega t+r)} + e^{-j(\omega t-r)}] \tag{10.28}$$

式（10.28）是偏离 x 轴 r 的线极化波的数学表达式，由两个幅度相等、反向旋转的圆极化波组成。也就是说，一个线极化波可以分解成两个幅度相等、反向旋转的圆极化波。因此，用圆极化天线接收线极化波会损失 3dB。由式（10.28）可以看出，线极化波的功率比两个圆极化波的功率之和高 3dB，这就是在相同条件下线极化天线增益比圆极化天线增益高 3dB 的原因。

当圆极化天线接收圆极化波时，若发射天线的极化方向与接收天线的极化方向不一致，则接收信号功率会有损耗。该损耗被定义为实际接收功率与理想接收功率之比。当发射天线极化椭圆率与接收天线极化椭圆率互为倒数时，天线极化匹配最差，产生的极化损耗 L_P 为

$$L_P = 10\lg\left[\frac{(1+\rho_t\rho_r)^2}{(1+\rho_t^2)(1+\rho_r^2)}\right] \tag{10.29}$$

式中，ρ_t 为发射天线极化椭圆率，即 $(1-b)/(1+b)$；ρ_r 为接收天线极化椭圆率，即 $(1+b)/(1-b)$。当接收的电磁波和发送天线都为同向圆极化时，$\rho_t=\rho_r=1$，极化损耗为 $L_P=0$dB。

当线极化天线接收椭圆极化波时，ρ_r 为无限大，对式（10.29）求极限可得，线极化天线接收椭圆极化波的极化损耗为

$$L_P = 10\lg\left[\frac{\rho_t^2}{1+\rho_t^2}\right] \tag{10.30}$$

由此可知，当线极化天线接收圆极化波时，$\rho_t=1$，极化损耗为 $L_P\approx-3$ dB。当发射天线的极化椭圆率为 -3dB 时，不同接收天线的极化椭圆率的极化损耗如表 10.1 所示。

表 10.1　不同接收天线的极化椭圆率的极化损耗

接收天线的极化椭圆率/dB	极化损耗/dB
0	−0.13
1	−0.23
2	−0.35
3	−0.51
4	−0.69
5	−0.88
6	−1.09
∞	−4.76

3．数字调制二次雷达信道设计公式

下面导出由功率扩散损耗、等效接收面积等传输参数表示的数字调制二次雷达询问信道和应答信道设计公式。

对式（10.5）等号两边取对数，并代入功率扩散损耗、等效接收面积等传输参数可以得到询问机等效辐射功率对数表达式，即

$$P_I+G_T-L_I=P_r-10\lg(1/4\pi R^2)-A_R+L+L_R \tag{10.31}$$

式中，P_r 为应答机接收信号电平，单位为 dBW；$10\lg(1/4\pi R^2)$ 为功率扩散损耗，单位为 dB/m²；A_R 为应答天线等效面积，单位为 m²；L_R 为应答机射频馈线损耗，单位为 dB；L 包括所有其他损耗和增益，单位为 dB。式（10.31）使用功率扩散损耗、应答天线等效面积 A_R，代替了式（10.15）中的自由空间损耗 α_I 和接收天线增益 G_R。接收天线等效面积对数表达式为

$$A_R=G_R+10\lg(\lambda^2/4\pi) \tag{10.32}$$

距离 R 的功率扩散损耗（$1/4\pi R^2$）对数表达式为

$$功率扩散损耗=-\lg(4\pi R^2) \tag{10.33}$$

利用式（10.31）可以导出询问机接收信号电平对数表达式，即

$$P_i=(P_R+G_R-L_R)+\lg(1/4\pi R^2)+A_I-L-L_I \tag{10.34}$$

式中，$P_R+G_R-L_R$ 为应答机等效辐射功率；A_I 为询问天线等效面积；L_I 为询问机接收馈线损耗。

4．地—地二次雷达系统设计实例

数字调制地—地二次雷达系统工作频率波段选择 8mm 波段（Ka 波段），以便可靠地分辨地面上密集的目标。载波信号采用 BPSK 调制方式。因为扩频信号辐射信号隐蔽，抗干扰性能好，系统信号波形采用直接序列扩频。每个扩频字符包括 32 个码片，码片速率 R_C=10Mbit/s。传输信道使用信道纠检错编码，编码率 R=1/2。

1）最小接收信号电平

模拟信号和数字信号在自由空间的传输方程都是一样的。但是在工程设计中，数字调制传输信道关心的是带宽等于比特速率的信噪比，而不是中频输出信噪比。数字调制信号的带

宽等于比特速率的信噪比$(SNR)_i$定义为

$$(SNR)_i = 10\lg\left(\frac{E_b}{N_o}\right) = 10\lg\left[\frac{P_r}{R_b(NF-1)KT_s}\right] \qquad (10.35)$$

式中，E_b为信号比特能量，单位为 J；$N_o=(NF-1)T_s$，为接收机噪声功率谱密度，单位为 W/Hz；R_b为比特速率，单位为 bit/s。对于扩频信号，E_b表示的是扩频字符能量，而不是扩频码片能量；R_c表示的是扩频字符速率，单位为 bit/s。

扩频码片的能量噪声谱密度比为$E_b/N_o=P_r/N_oR_c$，最小接收信号功率计算公式为

$$P_{rmin}（dBm）=E_b/N_o（dB）+N_oR_c（dBm） \qquad (10.36)$$

为了确保询问机或应答机的译码概率大于 95%，要求询问机或应答机的扩频字符误差概率 BER≤1×10^{-5}。当采用 DPSK 相干解调时，为了满足 BER=1×10^{-5}，经查表要求扩频字符E_b/N_o=10.5dB。根据目前的器件水平，选择接收机噪声系数 NF=6dB。

由于采用了扩频码和信道纠检错编码，因此在信道设计中应当考虑这些编码的编码增益。扩频码增益为

$$扩频码增益=10\lg(码片数/字符) \qquad (10.37)$$

信道纠检错编码增益为

$$信道纠检错编码增益=10\lg(1/R) \qquad (10.38)$$

式中，R为信道纠检错编码的编码率。其他有关损耗包括解调损耗、载波信号相位噪声和频率合成器杂散信号引入的信噪比损耗和多普勒损耗等。

最小接收信号电平计算结果如表 10.2 所示。

表 10.2　最小接收信号电平计算结果

参　数	单　位	数　值
达到 BER=1×10^{-5}需要的 E_b/N_o	**dB**	**10.5**
频率合成器杂散信号引入的信噪比损耗（信噪比=25dB）	dB	−0.5
载波信号相位噪声引入的信噪比损耗	dB	−0.7
解调损耗	dB	−2.0
多普勒损耗	dB	−0.2
要求的字符等效 E_b/N_o	**dB**	**13.9**
扩频增益（码片个数=32）	dB	15.1
纠检错编码的编码率（$R=1/2$）	dB	3
扩频处理前要求的码片 E_b/N_o	**dB**	**−4.2**
大气噪声温度	K	300
噪声功率谱密度 N_o（噪声系数=6dB）	dBm/Hz	−169.1
最小接收信号功率（R_c=10MHz）	**dBm**	**−103.3**
中频输出信噪比（中频放大器带宽=30MHz）	dB	−8.97

由表 10.2 可知，当接收机噪声系数 NF=6dB 时，要求扩频处理之前的码片 E_b/N_0=−4.2dB，由式（10.36）可得，询问机或应答机接收机最小接收信号功率为−103.3dBm。当中频放大器带宽为 30MHz 时，接收机中频输出信噪比为−8.97dB。

由以上计算可知，为了保证询问机或应答机的译码概率高于 95%，系统规范要求询问机或应答机接收机灵敏度为−103.3dBm。根据当前毫米波功率器件制作水平，系统规范要求应答机最小等效辐射功率为 20dBm。

2）地—地应答信道设计

系统工作距离要求：晴天为 5500m；雨天为 3000m；雾天为 4000m。试设计该系统的应答信道。根据系统规范，应答机最小等效辐射功率为 20dBm。利用式（10.34）可计算询问机接收灵敏度。应答信道传输参数如表 10.3 所示。

表 10.3　应答信道传输参数

参　数		单位	气 象 条 件		
			晴天	雨天	雾天
应答天线	应答机发射端输出功率	dBm	24.8	24.8	24.8
	应答机发射端电缆损耗	dB	−1.0	−1.0	−1.0
	应答发射端波导损耗	dB	−0.7	−0.7	−0.7
	应答天线增益	dBi	1.0	1.0	1.0
	应答机天线增益指向损耗	dB	−3.0	−3.0	−3.0
	最差情况的极化损耗	dB	−1.1	−1.1	−1.1
	应答机 EIRP	**dBm**	**20**	**20**	**20**
工作距离		m	5500	3000	4000
功率扩散损耗		dB/m²	−85.8	−80.5	−83.0
多径反射损耗		dB	−4.5	−4.5	−4.5
大气损耗		dB	−0.7	−3.67	−1.72
询问天线等效面积（询问天线等效增益=22.3dB）		dBm²	−30.5	−30.5	−30.5
询问机接收到的信号功率		**dBm**	**−101.5**	**−99.2**	**−99.7**
询问机接收灵敏度 P_i（BER≤1×10⁻⁵）		dBm	−103.3	−103.3	−103.3
应答信道余量		**dB**	**1.8**	**4.1**	**3.6**

由表 10.3 可以看出，询问天线等效增益（包括损耗）为 22.3dB；询问天线等效面积为 −30.5dBm²；询问机接收灵敏度 P_i（BER≤1×10⁻⁵）为−103.3dBm。

三种气象条件下应答信道余量分别为 1.8dB、4.1 dB 和 3.6dB。由于是地—地工作方式和 Ka 工作频段，因此在设计中多径反射损耗为−4.5dB，应答天线增益指向损耗为−3.0dB（俯仰角为−10°～+30°）。

3）地—地询问信道设计

询问信道设计的基本条件是，当应答天线等效增益为 4.8dB 时，应答机接收灵敏度 P_r=−103.3dBm，以保证应答机接收机译码概率高于 95%。根据式（10.31）计算的结果列表，

如表 10.4 所示，要求询问机等效发射功率为 48dBmW，这种情况下最小的询问信道余量为
2.8dB。

表 10.4　询问信道传输参数

参　数		单　位	气　象　条　件		
			晴　天	雨　天	雾　天
应答机接收灵敏度 P_r（BER$\leq$1×10^{-5}）		dBm	−103.3	−103.3	−103.3
应答天线	应答天线增益	dB	1.0	1.0	1.0
	应答机电缆损耗	dB	−1.0	−1.0	−1.0
	应答机波导损耗	dB	−0.7	−0.7	−0.7
	天线极化损耗	dB	−1.1	−1.1	−1.1
	应答天线增益指向损耗	dB	−3.0	−3.0	−3.0
	应答天线等效增益（包括损耗）	dB	−4.8	−4.8	−4.8
有效应答天线面积（有效应答天线等效增益=-4.8dB）		dBm^2	−57.6	−57.6	−57.6
应答天线口接收信号功率谱密度		**dBW/m^2**	**−45.7**	**−45.7**	**−45.7**
多径反射损耗		dB	−4.5	−4.5	−4.5
大气损耗		dB	−0.6	−3.67	−1.72
工作距离		m	5500	3000	4000
功率扩散损耗		dBW/m^2	−85.8	−80.5	−83.0
需要的询问机 EIRP		**dBm**	**45.2**	**42.97**	**43.52**
设计的询问机 EIRP		dBm	48	48	48
询问信道余量		**dB**	**2.8**	**5.03**	**4.48**

由表 10.4 可以看出，三种气象条件下需要的询问机 EIRP 分别为 45.2dBm、42.97dBm 和
43.52dBm。当设计的询问机 EIRP 为 48dBm 时，询问信道余量分别为 2.8dB、5.03dB 和 4.48dB。

为了同时满足地—地询问信道和应答信道设计要求，询问天线及射频部件技术参数分配
如表 10.5 所示。其中，询问机 EIRP=48dBm；询问机发射端输出功率=25.7dBm；询问天线等
效增益（包括损耗）=22.3dB。

表 10.5　询问天线及射频部件技术参数分配

参　数	单　位	数　值
询问机发射端输出功率	**dBm**	**25.7**
询问机发射端电缆损耗（3.35m）	dB	−8.2
询问天线增益	dB	32.5
询问天线增益指向损耗	dB	−2.0
询问天线等效增益（包括损耗）	**dB**	**22.3**
询问机 EIRP	**dBm**	**48**

表 10.3 至表 10.5 的计算结果表明，为满足询问和应答通信距离要求，系统信道参数应满

足以下要求。

（1）询问机 EIRP 为 48dBm。其中，询问天线等效增益（包括损耗）=22.3dB，询问机发射端输出功率=25.7dBm。

（2）应答机发射端输出功率=24.8dBm。其中，应答天线等效增益（包括损耗）=-4.8dB，应答机 EIRP=20dBm。

（3）询问机和应答机接收灵敏度=-103.3dBm；噪声系数≤6dB。

（4）频率综合单元的杂散信号和载波信号相位噪声必须满足相应的技术指标要求。

在采用 32 位扩频码和编码率 R=1/2 的纠检错编码的条件下，询问信道余量最小为 2.8dB，应答信道余量最小为 1.8 dB。

4）空—地询问、应答信道设计

空—地询问、应答信道设计的基本条件是，应答机最小 EIRP=20dBm，询问机、应答机的最小接收信号电平 P_{min}=-103.3dBm。系统工作距离要求：晴天为 12 000m；雨天为 6500m；雾天为 9000m。

按照地—地询问、应答信道设计方法及步骤计算出空—地询问、应答信道的询问天线参数，如表 10.6 所示。其中，EIRP 为 56.7dBm，询问天线等效增益（包括损耗）为 31dB；询问机发射端输出功率为 25.7dBm。其他的信道参数，包括应答机等效发射功率=20dBm，应答机天线等效增益=-4.8dB，以及询问机或应答机接收灵敏度=-103.3dBm，均与地—地系统相同。在这种情况下，询问信道余量最小为 2.7dB，应答信道余量最小为 1.94dB。

表 10.6　空—地询问、应答信道的询问天线参数

参　数	单　位	数　值
询问机发射端输出功率	dBm	25.7
询问天线增益（包括馈线损耗）	dB	33.0
询问天线增益指向损耗	dB	-2.0
询问天线等效增益（包括损耗）	dB	31.0
询问机 EIRP	dBm	56.7

比较表 10.5 和表 10.6 可以看出，在地—地信道参数基础上，只需将询问天线等效增益提高 8.7dB，即将询问天线等效增益设为 31dB 就可以满足空—地询问、应答信道设计要求。

10.2　目标检测概率和识别概率

目标检测概率和识别概率是二次雷达系统的重要技术指标。二次雷达系统通过询问-应答工作方式测量目标距离和方位角，接收目标应答信息，从而实现飞行目标监视或敌我属性识别。由于热噪声、其他电磁干扰及二次雷达系统内部干扰的影响，不能保证每次询问-应答都能成功地获得目标位置数据和应答信息，因此存在目标检测概率和识别概率问题。

二次监视雷达和二次雷达敌我识别系统是二次雷达系统两个重要的应用领域。二次监视雷达的主要任务是实时获得飞行目标的飞行航迹及相关飞行安全信息，为空中交通管理员提

供飞行安全监视信息。在二次监视雷达中，目标检测概率的基本定义是，二次监视雷达在使用条件下正确获得目标位置数据和应答信息的概率。

二次雷达敌我识别系统的主要任务是实时对一次雷达发现的目标进行敌我属性识别，判断目标是否为我方目标，以避免误伤我方目标。在二次雷达敌我识别系统中，识别概率的基本定义是，二次雷达敌我识别系统在使用条件下正确识别目标敌我属性的概率。

本节主要介绍热噪声环境下的信噪比与噪声系数，讨论二次雷达系统在存在大量内部干扰情况下的单次询问目标检测概率计算方法，以及"滑窗"处理与目标检测概率。

10.2.1 信噪比与噪声系数

根据第 4 章中的式（4.3）和式（4.9），热噪声在接收机中产生的噪声功率为

$$P_n=KT_eB_n=(NF-1)kT_sB_n \tag{10.39}$$

式中，$k=1.38\times10^{-23}$J/K，为玻尔兹曼常数；T_s 是生产厂家出厂测量时测得的噪声源噪声温度，而不是设备工作温度；B_n 为等效噪声带宽，单位为 Hz；NF 为噪声系数。一般厂家给出的噪声系数是分贝数，必须将分贝数转换为倍数才能在式（10.39）中应用。

若输入信号功率为 P_s，则系统输入端的信噪比为

$$(SNR)_i=P_s/(NF-1)kT_sB_n \tag{10.40}$$

当工作环境温度 T_s=300K，询问机接收机噪声系数 NF=1.5dB，等效噪声带宽 B_n=8MHz 时，接收机输出噪声功率 P_n=−138.6dBW。若询问机输入信号电平为−110dBW，则询问机输出信噪比为 28.68dB。当应答机噪声系数 NF=7dB，等效噪声带宽 B_n=8MHz，输入信号电平=−102dBW 时，应答机输入信噪比为 26.8dB。

由此可知，无论是二次监视雷达还是二次雷达敌我识别系统，按照技术规范规定的接收灵敏度指标折算到询问机或应答机输入端的信噪比均高于 26dB。

10.2.2 单次询问目标检测概率

在只有一台询问机和一台应答机工作的情况下，询问机发射一次询问信号后能够正确检测目标应答信号，完成目标距离、方位角测量和应答信息提取的概率，称为单次询问目标检测概率。它与应答机应答概率、询问机译码概率有关。在询问机和应答机一对一工作情况下，一次询问的目标检测概率 P_1 为

$$P_1=P_r\times P_i \tag{10.41}$$

式中，P_r 为应答机应答概率；P_i 为询问机译码概率。询问机和应答机译码概率与它们的输入信噪比和调制解调方案有关。由此可知，热噪声是影响一对一询问−应答目标检测概率的主要因素。

二次雷达敌我识别系统模式 1、2、3 和 4 采用脉冲编码调制，因此询问机和应答机的脉冲编码的译码概率为

$$P=(p_d)^n \tag{10.42}$$

式中，p_d 为一个脉冲的检测概率，取决于接收机输入信噪比；n 为编码的脉冲数量。

在数字调制二次雷达敌我识别系统中，一般采用 MSK 或 BPSK 调制和数字基带编码，在

S 模式应答波形中采用 DPSK 调制。因此，它们的译码概率为

$$P=(1-P_e)^n \tag{10.43}$$

式中，n 为相位编码比特数量；P_e 为比特错误概率。当采用扩频码后，n 为扩频字符数量，P_e 为扩频字符错误概率。

由 10.2.1 节中的信噪比计算可以知道，在二次雷达系统中，无论是应答机还是询问机，它们的接收机输出信噪比都大于 26dB，一个脉冲的检测概率 $p_d \approx 1$。因为，在脉冲调制系统中，当信噪比为 18dB 时，一个脉冲的检测概率 $p_d = 0.999$；在数字基带 BPSK 或 MSK 调制系统中，当信噪比为 15dB 时，码片误码率小于 10^{-6}。

当系统中有很多台询问机和应答机同时工作时，系统内部的干扰将严重影响二次雷达系统的目标检测概率和识别概率，主要表现为应答机在被占据时不能对其他询问进行应答。在这种情况下，应答机的应答概率为

$$P_r=(p_{id})^i(1-P_c) \tag{10.44}$$

式中，P_c 为应答机占据概率；p_{id} 为一个应答脉冲的检测概率，与应答机输入信噪比有关；i 为询问信号中包含的询问脉冲数量或字符数量。当应答信号中包含 r 个应答脉冲或字符时，在存在内部干扰的情况下，二次雷达系统的单次询问目标检测概率为

$$P_D=(p_{id})^i(1-P_c)(p_{rd})^r \tag{10.45}$$

式中，p_{rd} 为一个询问脉冲或字符的检测概率，与询问机输入信噪比有关。

由式（10.45）可以看出，二次雷达系统的目标检测概率主要由三个因素决定，即应答机输入信噪比、询问机输入信噪比及系统内部干扰造成的应答机占据。因为询问机和应答机的输出信噪比都很高，脉冲或字符检测概率接近 1，所以二次雷达系统的单次询问目标检测概率可简化为

$$P_D \approx 1-P_c \tag{10.46}$$

由此可知，为了提高二次雷达系统的目标检测概率，必须降低应答机占据概率。应答机占据主要是由询问机主波束询问、旁瓣询问及外部设备抑制产生的。降低询问速率是降低应答机占据概率的有效措施。

10.2.3 "滑窗"处理与目标检测概率

在二次雷达系统中，通常采用"滑窗"处理技术来消除系统内部干扰和多径干扰，以降低产生假目标的概率，提高目标检测能力。"滑窗"处理技术的目标检测概率 P_d 计算公式为

$$P_d=\sum_{i=n}^{M}\frac{M!}{i!(M-i)!}P_D^i(1-P_D)^{M-i} \tag{10.47}$$

式中，M 为"滑窗"长度，即"滑窗"处理的询问次数；n 为检测目标所需要的门限应答次数；P_D 为单次询问目标检测概率。式（10.47）给出了"滑窗"检测条件下单次询问目标检测概率与目标检测概率的函数关系。

在二次雷达系统中，假目标报告不是由热噪声产生的，而是由串扰应答信号和反射信号产生的。如果串扰速率非常高，且距离范围分布非常宽，那么串扰将是产生假目标的重要因素。"滑窗"处理技术是消除串扰应答信号和反射信号的有效技术。

选择"滑窗"长度 M 和门限应答次数 n，必须综合考虑目标检测概率与假目标形成概率。期望目标检测概率高，同时假目标形成概率小。在满足系统目标检测概率和假目标形成概率要求的条件下，应选择尽可能短的"滑窗"长度，这样可以进一步减少系统内部干扰，提高应答概率。

"滑窗"信号处理器要求的应答信号次数相对较多，以便得到合理的方位角测量精度和"鬼影"目标辨别能力，典型要求是 $n=6$。这样可以得到足够多的 A 模式和 C 模式应答次数，以便反复验证应答数据准确性。表 10.7 所示为"滑窗"处理的目标检测概率。由表 10.7 可以看出，当 $n=6$ 时选择"滑窗"长度 $M=9$ 系统性能最佳，目标检测概率大于 90%。

表 10.7　"滑窗"处理的目标检测概率

"滑窗"长度 M	单次询问检测概率 P_D		
	0.8	0.9	0.95
6	0.262	0.531	0.735
7	0.577	0.850	0.956
8	0.797	0.962	0.9942
9	0.914	0.9917	0.999 36
10	0.967	0.9984	0.999 936
11	0.988	0.999 70	0.999 994 2

对于单脉冲信号处理，使用更少的询问次数就可以得到更高的目标检测概率。典型的单脉冲系统，$n=2$ 就可以完成目标检测，剔除串扰应答信号。表 10.8 所示为单脉冲处理的目标检测概率。由表 10.8 可以看出，选择"滑窗"长度 $M=4$ 系统性能最佳，目标检测概率大于 97%。

表 10.8　单脉冲处理的目标检测概率

"滑窗"长度 M	单次询问检测概率 P_D		
	0.8	0.9	0.95
2	0.64	0.81	0.903
3	0.896	0.972	0.9928
4	0.973	0.9963	0.999 52
5	0.9933	0.999 54	0.999 970

在实际使用过程中，二次雷达系统的目标检测概率或识别概率是统计意义上的概念，它指的是系统中各平台二次雷达设备正确监视目标飞行安全或识别目标敌我属性的概率。按照上述定义，目标检测概率或识别概率与设备性能、信号处理方法及工作环境有关。

10.3　系统容量

二次雷达系统是一个多台设备同时工作的庞大系统。由于这些设备都使用统一的询问频率和应答频率，并且应答机采用全向天线等，系统内部存在着严重的干扰，甚至会限制设备使用数量，因此在进行系统设计时应考虑系统容量指标。

在二次监视雷达地面询问站中，系统容量又称为目标容量，是指地面询问站在其作用范围内能正常监视的飞机数量。例如，空中交通管制系统二次监视雷达要求询问机在 360°方位角范围内监视 400 架飞机；在目标密集的方位上，要求在 90°方位角范围内监视 200 架飞机。二次雷达敌我识别系统询问机的目标容量是在保证达到给定识别概率的条件下能完成识别的目标数量。

二次雷达系统容量主要受到系统内部的干扰限制，是系统性问题。但作为询问机的技术指标，当系统技术体制确定之后，询问机的目标容量主要与它的设备方案有关，特别是信号处理方案。一般来说，单脉冲信号处理的目标容量是"滑窗"处理的 2～3 倍，因为它检测目标每次发射的询问次数是"滑窗"处理的 1/2～1/3。

从系统设计角度来讲，二次雷达系统容量与信号波形设计、系统工作方式及设备的性能等有关。例如，数字调制二次雷达敌我识别系统降低了询问速率，可提高系统容量；S 模式采用选址询问方式，减少了系统干扰，可提高系统容量；单脉冲技术使用一个脉冲就可以完成方位角的测量，减少了询问次数，可提高系统容量。总之，所有减少系统内部干扰的有效措施，都可以提高系统容量。

系统容量是一项指导性综合战术指标，很难进行具体预计。在设备建成后，可根据实际工作环境，经过测试得到具体的定量数据。

10.4　方位分辨力和方位角测量精度

方位分辨力和方位角测量精度是二次雷达询问设备的重要技术指标，直接关系到目标位置测量精度。方位分辨力和方位角测量精度越高，二次监视雷达提供的飞行航迹越精确，二次雷达敌我识别系统分辨敌我目标的能力越强。本节将介绍影响二次雷达系统方位分辨力和方位角测量精度的主要因素，以及有关计算公式。

10.4.1　方位分辨力

方位分辨力是描述雷达分辨相同距离、不同方位目标能力的技术指标，主要取决于雷达天线主波束宽度。主波束两边的天线增益与主波束中心的最高天线增益之差决定了天线主波束宽度，天线增益差值越大，主波束宽度越宽。

一次雷达主要依靠天线空间选择性来分辨方位不同的目标，其方位分辨力通常定义为主波束两边天线最高增益下降 3dB 处对应的两个方向之间的夹角。对于两个距离相等、方位角差大于 3dB 波束宽度的目标，天线空间选择性将造成两个目标的接收信号电平出现一定的差值。接收机可以设置一个信号门限值，剔除门限值以下的接收信号，完成目标方位分辨。但是对于近距离目标，接收信号足够强，天线空间选择性不能将弱信号控制在接收机信号门限值以下。这时一次雷达就区分不出两个不同方位的目标。为此，一次雷达采用了时间自动增益控制技术，将不同距离的接收信号功率控制在指定的范围内，并保留天线空间选择性，以便区分不同方位的目标。

　　二次雷达系统方位分辨力用于描述询问设备在方位上区分两个协同目标的能力，即询问机区分距离相等、方位角差最小的两个不同方向的协同目标的能力。在这种情况下，这两个目标的方位角之差就是询问机方位分辨力。从理论上讲，如果两个等距离协同目标在方位上相差的角度小于方位分辨力，则询问机不能在方位上分辨这两个目标。

　　二次雷达系统主波束的方位分辨原理与一次雷达一样，利用询问天线空间选择性分辨方位不同的两个协同目标，其方位分辨力取决于询问天线主波束宽度，主波束宽度越窄，方位分辨力越高。因为二次雷达系统采用了询问旁瓣抑制和接收旁瓣抑制技术，所以其方位分辨力不仅与询问天线主波束宽度有关，而且与询问旁瓣抑制和接收旁瓣抑制参数有关。

　　根据第 4 章介绍的询问旁瓣抑制和接收旁瓣抑制的工作原理可知，二次雷达询问天线由和波束、差波束及控制波束组成。如图 10.6 所示，和波束与控制波束（或差波束）方向图的交叉点限定了和波束宽度。在询问旁瓣抑制过程中，交叉点波束宽度内的应答机将产生应答信号，交叉点波束宽度之外的应答机不会产生应答信号。在接收旁瓣抑制过程中，询问机只处理交叉点波束宽度内的应答信号。采用询问旁瓣抑制和接收旁瓣抑制技术可以在方位上分辨交叉点波束宽度以外的协同目标，方位分辨力取决于交叉点波束宽度。

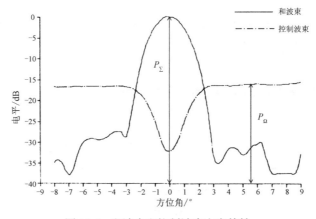

图 10.6　和波束和控制波束方向特性

　　因此，二次雷达系统方位分辨力取决于询问天线主波束宽度、询问旁瓣抑制波束宽度和接收旁瓣抑制波束宽度，其中最窄的波束宽度就是询问机的方位分辨力。

　　在一般情况下，远距离目标的方位分辨力取决于询问天线主波束宽度，近距离目标的方位分辨力取决于主波束与控制波束交叉区域，即询问旁瓣抑制或接收旁瓣抑制波束宽度。具有旁瓣抑制功能的二次雷达系统，时间自动增益控制精度对系统的方位分辨力影响不大。

　　二次雷达系统方位分辨力不仅与询问天线空间选择性有关，而且与方位角测量设备和系统设计方案有关。正如前面的分析，"滑窗"处理技术的方位分辨力由询问天线主波束宽度、询问旁瓣抑制波束宽度和接收旁瓣抑制波束宽度共同决定，它的方位分辨力约等于 $1.2\Delta\theta$，其中 $\Delta\theta$ 是询问天线主波束 3dB 波瓣宽度。单脉冲技术的方位分辨力取决于和、差波束信号幅度比值，在主波束中心附近差波束信号幅度对方位角变化特别敏感，利用两个目标差波束信号幅度差就可以分辨两个不同方位的协同目标。因此，单脉冲技术可提高询问机方位分辨力，单脉冲技术的方位分辨力近似等于 $0.25\Delta\theta$。单脉冲技术的方位分辨力比"滑窗"处理高 4～5 倍。

此外，采用先进的系统设计方案也可提高二次雷达系统方位分辨力。数字调制二次雷达系统采用了随机应答延时方案，由于应答信号的延迟时间是随机变化的，不同应答机的随机延迟时间不同，因此即使两个相同距离、同一方位的协同目标，其应答信号延迟时间也不相同，询问机可以在不同的时间检测到这两个目标。这样，我们可以认为二次雷达系统方位分辨力没有下限。

10.4.2　方位角测量精度

天线方向图误差、传动装置的机械误差等因素直接影响二次雷达询问地面站方位角测量精度。除此之外，方位角测量精度还与测角方案有很大的关系，不同测角方案的方位角测量精度有很大的差别。本节主要讨论"滑窗"处理测角方案与单脉冲处理测角方案的方位角测量精度。

1. "滑窗"处理测角方案

在"滑窗"信号处理器中，目标的方位是指目标最先出现时天线方位角与目标检测终止时天线方位角的平均值。当"滑窗"中的目标应答次数达到门限应答次数时宣布目标出现。一旦目标检测成功，立即降低门限应答次数，以便保持目标捕获状态。当"滑窗"中的应答次数减少到这个降低了的门限应答次数以下时，认为目标已经处于天线波束范围外。通常设置的天线波束后沿的门限应答次数比波束前沿的门限应答次数少 1 次。但是，为避免产生错误的后沿和飞行航迹分裂，在飞机应答概率更低时，要求两个门限值之间的差值更大。

"滑窗"处理测角方案的方位角测量误差是由天线主波束前沿角度测量误差和后沿角度测量误差产生的。当目标进入询问天线波束前沿后应答机开始发出应答信号。根据"滑窗"处理工作原理，当询问机接收到应答信号的次数达到门限应答次数 n 时宣布目标出现。如果目标进入询问天线波束前沿后每次询问都接收到了应答信号，那么经过 n 个询问周期就宣布目标出现，此时比目标进入波束前沿的时刻滞后了 n 个询问周期，在方位上滞后了 n 个询问周期内天线转动的角度。"滑窗"长度 M 是"滑窗"允许的最多询问次数，有可能询问 M 次接收到了 n 次应答信号，此时比目标进入天线波束前沿的时刻滞后了 M 个询问周期，在方位上滞后了 M 个询问周期内天线转动的角度。因为应答机的应答概率原因，宣布目标出现的时刻比目标进入询问天线波束前沿的时刻的滞后时间可能在 $n\sim M$ 个询问周期之间变化，滞后的时间和方位角都出现了不确定性，从而产生方位角测量误差。滞后时间最大变化量为 $M-n$ 个询问周期，在这段时间内天线转动的角度就是目标方位角测量误差值最大值。当天线转速为 S（r/min），询问速率为 F（次/s）时，询问天线每秒转动的角度为 $6S/F$。波束前沿方位角测量误差为最大误差的 1/2，方位角测量误差计算公式为

$$\Delta\theta = \pm\frac{6S}{F}(M-n)/2 \tag{10.48}$$

式中，M 为"滑窗"长度；n 为"滑窗"处理的门限应答次数。在检测天线波束后沿时，其后沿不确定性类似，只是选择的门限应答次数不同。

假设"滑窗"处理的门限应答次数 n=6，"滑窗"长度 M=9，当单次应答概率为90%时，由式（10.47）可得，目标检测概率为99%。当天线转速 S=6r/min，询问速率 F=230 次/s 时，1 个询问周期内天线转动的角度约为 0.157°，3 个询问周期内天线转动的角度为 0.471°。因此，波束前沿角度测量误差约为±0.235°。

询问速率越高，询问周期越短，方位角测量误差越小；"滑窗"长度 M 与门限应答次数 n 的差值越大，方位角测量误差越大。在上述同等条件下，如果单次应答概率为 0.8，为了得到同样的目标检测概率，"滑窗"长度选择 12，则利用式（10.48）可以得到，方位角的不确定性为±0.471°，增加了一倍。

因为天线波束前沿方位角测量误差和后沿方位角测量误差是随机出现的不确定性事件，并且相互独立，所以总的目标方位角测量误差是前沿、后沿方位角测量误差功率之和，即

$$\Delta\phi = \sqrt{\Delta\theta_l^2 + \Delta\theta_t^2} \qquad (10.49)$$

式中，$\Delta\theta_l$ 为波束前沿方位角测量误差；$\Delta\theta_t$ 为波束后沿方位角测量误差。

采用"滑窗"长度为 9、门限应答次数为 6、询问速率为 230 次/s 的"滑窗"处理测角方案，如果前沿、后沿方位角测量误差相等，则其方位角测量误差理论计算值为 0.33°。若询问速率为 400 次/s，则方位角测量误差为 0.19°。

来自其他应答机的串扰信号落入目标的距离单元内，会扰乱天线波束前沿、后沿位置检测，将产生方位角测量误差。该测量误差等效于一个询问周期内方位角变化量。如果在另一个边缘附近未接收到其他串扰信号，则可通过平均前沿和后沿方位角将误差减小一半。

在上述条件下，询问速率的选择是为了满足目标检测概率要求。但是，为了得到更高的方位角测量精度，要求选择更高的询问速率。按照最远工作距离和天线转速，二次监视雷达使用的典型询问速率为 400 次/s。通过提高询问速率、减小连续询问之间的方位角间距，可以提高方位角测量精度，但这是以降低应答概率和增加系统对其他用户的串扰为代价的。

"滑窗"处理测角方案对于波束边缘的系统性能要求很高。但是，出于种种原因，波束边缘的系统性能往往很差。例如，波束边缘的询问信号和应答信号最弱，差不多接近应答机门限灵敏度。最弱询问信号可能位于高询问速率区，迫使应答机采取降低灵敏度的措施，这样将降低应答概率。波束边缘也是最可能受到多径干扰的天线波束位置。因此，实际的"滑窗"处理方位角测量精度比理论计算结果差很多。

2．单脉冲测角方案

"滑窗"处理测角方案，由于方位角测量误差较大，因此其他的误差源，如天线方向特性的方位角误差、传动机构的机械误差等产生的方位角测量误差可以忽略不计。单脉冲测角方案的方位角测量精度高，必须同时考虑其他误差源的影响。按照信号流程，幅度单脉冲测角的主要误差源有天线方向特性的方位角误差，传动机构的机械误差和方位角编码误差，接收机引入的方位角测量误差，视频信号幅度—方位角转换误差。

总体来说，这些误差可分为随机误差和系统误差。其中大多数误差都是随机的，因为重复测量数据都存在一定程度的差异。系统误差是固定的，每次的测量数据是可以重复的。在进行误差处理时，可以将该项固定偏差扣除，以便提高方位角测量精度。随机误差项相加，

不是误差幅度相加，而是误差功率相加。为了得到两项随机误差相加的幅度值，首先要将两项随机误差的平方相加，然后进行开方。热噪声是高斯分布随机误差，用幅度均方根值表示。有些误差近似呈正态分布特性，均方根值是峰值除以 $\sqrt{2}$ 。线性分布随机误差的均方根值是峰值除以 $\sqrt{3}$ 。

幅度单脉冲接收机以电压的形式表示单脉冲方位角。因此，应使用校准表将输出脉冲电压转换为对应的角度。给定误差电压产生的方位角测量误差与电压-误差灵敏度有关。电压-误差灵敏度的量纲为"°/dB"，表示输出的脉冲电压幅度变化与对应的方位角测量误差的关系。电压-误差灵敏度可由和、差信号幅度比值导出，与询问天线的和、差方向特性的斜率有关。不同方向特性的询问天线，其电压-误差灵敏度不同。

电压-误差灵敏度与目标在天线波束范围内偏离视轴的角度有关，如图 10.7 所示。在天线差波束方向特性中，视轴方向上较深的"零深"使该位置的方位角测量受电压测量误差的影响最小，测量误差的灵敏度几乎等于零，并提供了最高精度的方位角测量区域。随着偏离视轴的角度增加，天线差波束方向特性斜率逐渐减小，给定电压测量误差转化为方位角的误差也随之增加，一直到和、差波束交叉方位上。在和、差波束交叉方位之外，和波束方向特性斜率增加将部分降低电压-误差灵敏度。

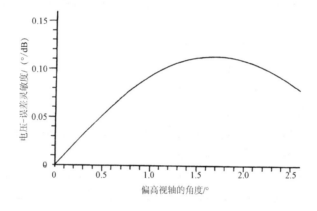

图 10.7　电压-误差灵敏度

（1）天线方向特性的方位角误差。

天线方向特性的方位角误差分为两类：一类是实际的天线方向特性偏离理论天线方向特性产生的方位角误差；另一类是高仰角目标投影到水平面上产生的方位角误差。

经验表明，在天线视轴区域内不同天线的方向特性具有很好的重复性；在偏离视轴区域到波束边缘的区域内，天线两边往往表现出一定的不对称性，并且不对称性在不同天线之间是不一样的。使用校准表从理论上可消除天线方向特性的方位角误差。尽管校准仍存在残差，但残差通常很小，可以忽略不计。

第二类天线方向特性的方位角误差出现在高仰角区域内，是由几何失真产生的。因为这种情况的方位角测量不是在水平面上进行的，而是测量的高仰角目标在水平面上的投影。当仰角低于 25°时，该项误差小于 10%。平均视轴两边的测量数据，或根据接收到的高度数据和测得的目标斜距推导出的仰角校正偏离视轴的方位角，可以使该项误差成量级减小。

（2）传动机构的机械误差和方位角编码误差。

传动机构的机械误差和方位角编码误差包括方位角编码器量化误差、天线指向误差、编码器的零位对不准误差等。有些误差是固定的，但存在天线指向误差，这类误差属于系统误差，可以在进行数据处理时消除。其他误差是随机误差，并且在天线扫描过程中不相关，因此将产生目标跟踪方位抖动。

单脉冲二次监视雷达通常使用 14bit 方位角编码器，以得到最高的方位角分辨力。这种编码器的量化精度为 0.022°。

天线指向误差是由于电气视轴与天线机械视轴不重合而产生的方位角测量误差，误差值优于一个量化单位角，即 ±0.011°。该项误差是线性分布随机误差，均方根误差为 $0.011°/\sqrt{3} \approx 0.006°$。

编码器的零位可能对不准正北方，其对不准误差不会超过一个量化单位角，即 ±0.011°。该项误差是固定的，在所有的方位角测量中都包含这个偏差值。数字化编码器的出厂误差也是 ±0.011°，在给定的方向上所有目标都会出现共同的偏差。这两项误差加在一起产生的最大偏差为 ±0.022°。

因为方位角编码器量化误差、天线指向误差、编码器的零位对不准误差是相对独立的，传动机构的机械误差和方位角编码误差为这三项误差的平方和开方值，约为 0.032°。

如果在天线视轴和角度数字化转换单元之间使用传动机构，则可以假定该传动机构具有一定的误差，在某些方位上会产生固定偏差。

（3）接收机引入的方位角测量误差。

接收机引入的方位角测量误差包括接收机热噪声产生的误差、接收信号电平变化产生的误差和接收机频率漂移产生的误差。

由询问天线视轴附近的和波束与差波束方向特性可以知道，偏离视轴不同的角度，对应的和、差信号幅度比值不同。幅度单脉冲测角原理是通过测量每个应答脉冲的和、差信号幅度比值，确定目标偏离视轴的角度，从而完成目标方位角测量。因此，任何原因造成和、差信号幅度比值变化，都将产生方位角测量误差。接收机造成和、差信号幅度比值变化的主要因素是接收机热噪声影响、对数中频放大器对数特性误差，以及和、差信道频率响应漂移。计算它们产生的方位角测量误差，通常先按照实际工作情况，计算出和、差信号幅度比值的误差电压幅度，然后乘以电压-误差灵敏度。因为电压-误差灵敏度随偏离视轴的角度变化而变化，所以对于同样的误差电压，不同方向产生的方位角测量误差也不同。

下面介绍接收机热噪声产生的误差的计算方法。首先，根据询问机工作条件，计算最大工作距离条件下接收机输入信号电平，按照系统噪声系数计算接收机噪声功率。其次，根据波束中心的和波束天线增益与差波束天线增益的实测值，分别计算和信道接收信号幅度与差信道接收信号幅度。因为电压-误差灵敏度的量纲是°/dB，所以要计算无噪声时和有噪声时和、差信号幅度比值的分贝数。在热噪声条件下，接收机输出信号为正弦信号与窄带高斯噪声之和，接收机输出信号加噪声的幅度应当按照功率相加进行计算。最后，计算噪声存在与不存在情况下和、差信号幅度比值相差的分贝数，并且将该分贝数差值乘以电压-误差灵敏度，得到接收机热噪声产生的误差。因为电压-误差灵敏度随偏离视轴的角度变化而变化，所以方位角测量误差也随偏离视轴的角度变化而变化。经过计算，当目标在 250 海里处时，信号加噪声的和、差信号幅度比值比无噪声的和、差信号幅度比值低 0.055dB。当垂直大孔径天线偏离视轴 0.5°时，电压-误差灵敏度为 0.053°/dB，热噪声产生的均方根误差为 $2.92×10^{-3}$°，这是最远工作距离上热噪声产生的方位角测量误差，随着距离减小方位角测量误差将会减小。二次雷达地面询问站和信道接收信噪比一般都在 20dB 以上，接收机热噪声产生的误差非常小。

接收机引入的第二项方位角测量误差是由接收信号电平变化产生的。单脉冲接收机和信道与差信道都采用对数中频放大器，和、差信号幅度比值可以用两个接收信道输出的视频信号相减得到。在信号动态范围内，任何偏离理想对数特性的误差都将产生对应的方位角测量误差。集成电路中频对数放大器在输入信号电平为-96～16dBm 范围内的非线性小于±0.5dB。如果电压-误差灵敏度为 0.053°/dB，则接收信号电平变化产生的方位角测量总误差为 $26×10^{-3}$°。

和、差信道的频率响应不一致将产生方位角测量误差。和、差信道的频率响应是由它们的滤波器决定的。如果两个滤波器的频率响应不一致，那么将引起和、差信道输出信号幅度比值误差，从而产生方位角测量误差。典型的带通滤波器在±3MHz 的频带内插入损耗波动为±0.3dB。如果电压-误差灵敏度为 0.053°/dB，那么产生的方位角测量误差为 $±15.9×10^{-3}$°。虽然这项误差在天线扫描过程中是维持不变的，但会随着环境条件变化而变化，所以不能将其视为一个固定偏差。

将上述三项误差的平方和开方，可得到接收机产生的方位角测量总误差为 $30×10^{-3}$°。这是偏离视轴 0.5°时的方位角测量误差。由于电压-误差灵敏度在天线波束范围内随着偏离视轴的角度变化而变化，因此接收机产生的方位角测量误差也将随着偏离视轴的角度变化而变化，其相对变化规律与如图 10.7 所示的电压-误差灵敏度的变化规律一样。

（4）视频信号幅度—方位角转换误差。

利用视频信号幅度—方位角转换表可以将和、差信号幅度比值转换为方位角。此转换过程，将引入方位角测量误差。在使用 14bit 方位角编码器时，该转换表的典型方位角分辨力是 0.022°，将引入 0.011°分辨力误差。校准表本身可能产生类似的量化误差。这两项误差都呈线性分布，线性分布的均方根误差为 $0.011°/\sqrt{3}≈0.00635°$，因为它们是相互独立的，所以视频信号幅度—方位角转换误差为 $9×10^{-3}$°。

单脉冲测角误差数据归纳如下。

（1）天线方向特性的方位角误差：经过校准的残差，可以忽略不计。

（2）传动机构的机械误差和方位角编码误差：0.032°。

（3）接收机引入的方位角测量误差：$30×10^{-3}$°。

（4）视频信号幅度—方位角转换误差：$9×10^{-3}$°。

由此可知，传动机构的机械误差和方位角编码误差是单脉冲测角的主要误差，其次是接收机引入的方位角测量误差。

10.5 距离分辨力和距离测量精度

10.5.1 距离分辨力

距离分辨力是二次雷达系统的一个重要总体技术指标，用于描述系统在距离上分辨协同目标的能力。二次雷达系统距离分辨力的定义为，在同一方向上能够同时完成两个协同目标正确译码的最小间隔距离。

二次雷达系统距离分辨力与一次雷达距离分辨力有所区别。一次雷达距离分辨力要求在一次雷达显示器上区分相距最近的两个目标回波，因此一次雷达距离分辨力主要取决于雷达脉冲宽度。二次雷达系统为了分辨相距最近的两个协同目标，必须同时完成两个目标的应答信号译码，因此作为二次雷达系统的总体技术指标，距离分辨力主要取决于应答信号持续时间。只要两个协同目标的应答延迟时间大于应答信号持续时间，其应答信号就不会相互交错，这在系统设计上可以保障两个应答信号能够同时被准确译码，达到目标分辨的目的。按照这样的定义，二次监视雷达 A/C 模式信号持续时间为 21μs，距离分辨力为 3.15km。二次雷达敌我识别系统模式 4 信号持续时间为 4μs，距离分辨力为 600m。

距离分辨力不仅与应答信号持续时间有关，而且与应答信号处理方案有关。尤其是单脉冲信号处理方案，充分利用和、差信道信息，能够分辨 4 个以上相互交错的应答信号，可提高询问机的距离分辨力。单脉冲二次监视雷达地面询问站的距离分辨力可达到 110m。

距离分辨力还与系统设计方案有关。数字调制二次雷达敌我识别系统采用了随机应答延时技术，即使是两个距离相等的协同目标，因为各自的应答信号延迟时间不同，询问机将在不同的时间接收到这两个应答信号，从而判断出它们是两个目标。因此，距离分辨力为 0m，不存在下限。

10.5.2 距离测量精度

二次雷达系统通过测量询问信号与对应的应答信号之间的电磁波传播延迟时间，推导出目标斜距，完成协同目标的距离测量。由二次雷达距离测量原理（见图 2.12）可以知道，对于模式 1、模式 2、模式 3/A、C 模式，应答机接收到询问脉冲 P_3，并且以 P_3 前沿为基准，经过 3μs 延迟之后发送应答信号，该 3μs 为应答延迟时间 t_x。工作模式不同，t_x 也不同。因此，询问脉冲 P_3 前沿为距离计数器的启动脉冲，接收的应答脉冲 F_1 前沿为距离计数器的停止脉冲。由此可得，询问信号与应答信号往返传播延迟时间为

$$D_R T_{cl} - t_x \tag{10.50}$$

式中，D_R 为距离计数器记录的数据；T_{cl} 为距离计数器时钟周期。目标距离为

$$R = (D_R T_{cl} - t_x)c/2 \tag{10.51}$$

式中，c 为光速。由系统工作过程可以知道，产生距离测量误差的主要因素有以下几个。

（1）应答延迟抖动。

（2）询问机和应答机时钟不同步。

（3）距离计数器的量化误差。

（4）热噪声产生的距离测量误差。

1．应答延迟抖动

（1）模式 1、模式 2、模式 3/A、C 模式的应答延迟时间在 1s 内的平均值差异不应超过 $\pm 0.2\mu s$。根据二次雷达系统距离测量公式 $R=(\tau \times c)/2$，模式 1、模式 2、模式 3/A、C 模式应答延迟抖动产生的距离误差为 $\pm 30m$。

（2）在模式 4 中，询问脉冲 P_4 与第一个脉冲之间的时间间隔应为 $(202\pm1.25)\mu s$，延迟容差为 $\pm 1.25\mu s$，即模式 4 应答延迟抖动产生的距离误差为 $\pm 187.5m$。

2．询问机和应答机时钟不同步

由于询问机和应答机时钟不同步，应答脉冲的启动时间将发生抖动，从而引起距离测量误差。时钟不同步产生的距离测量误差与距离计数器的时钟频率有关。时钟频率越高，产生的距离测量误差越小。由于信号到达时间是随机的，因此时钟不同步产生的距离测量误差最大为一个时钟周期的电磁波传播距离。二次监视雷达询问机的距离计数器时钟频率通常选择 8.276MHz，对应的距离测量误差为 $\pm 18.13m$。

3．距离计数器的量化误差

距离计数器记录的是距离计数器时钟的整周数，距离增量是距离计数器一个时钟周期对应的电磁波传播距离。由于目标距离刚好对应距离计数器时钟的整周数的可能性不大，因此总会舍弃不足一个时钟周期的剩余部分，产生距离量化误差。距离量化误差为一个时钟周期内的电磁波传播距离。当时钟频率为 8.276MHz 时，产生的距离量化误差为 $\pm 18.13m$。

4．热噪声产生的距离测量误差

由于热噪声的影响，询问机和应答机输出的视频脉冲与热噪声叠加在一起，距离计数器的启动脉冲 P_3 和停止脉冲 F_1 前沿将发生抖动，导致产生距离测量误差。热噪声引起的距离测量误差与脉冲的上升时间有关，上升时间越短，热噪声的影响越小。系统规范规定模式 1、模式 2、模式 3/A、C 模式、模式 4 的脉冲上升时间为 $0.05\sim0.1\mu s$。

由前面传输信道的设计可知，询问机和应答机的输出信噪比都在 20dB 以上。因此，热噪声引起的脉冲前沿抖动小于 1/4 脉冲上升时间，询问脉冲和应答脉冲的热噪声产生的距离测量误差均小于 7.5m。由此可见，该项误差在系统中占的比例较小。

5．总误差

由上述原因产生的距离测量误差都是随机的、相互独立的，距离测量总误差为各项误差的平方和开方值。模式 1、模式 2、模式 3/A、C 模式的距离测量总误差为 40.2m，模式 4 的距离测量总误差为 189.4m。

10.6 询问重复频率

询问重复频率是二次雷达系统的一项重要技术参数，直接关系到二次雷达系统内部干扰的严重程度，与二次雷达系统目标容量、询问机的目标检测概率、方位角测量精度等有直接关系。同时，询问重复频率选择不当，将出现跨周期应答和群占据现象。

10.6.1 询问重复频率设计

询问重复频率设计与要求的目标检测概率、最远工作距离上的天线工作波束宽度及天线转速有关。二次监视雷达中天线转速决定 ATC 显示器的目标位置更新速率，根据不同地面询问站的天线转速为 5～15r/min，对应目标位置更新周期为 12～4s。在二次雷达敌我识别系统中，天线转速是确定系统反应速度的基本参数之一，为了识别高速运动目标，天线转速可能高达 30r/min。

当天线以每分钟 N_a 转的速度旋转时，天线转速(°/s)=$6N_a$（r/min）。一个询问周期内天线旋转的角度 $\Delta\theta_i$ 为

$$\Delta\theta_i = 6N_a/F_i \tag{10.52}$$

式中，F_i 为询问重复频率，单位为次/s。假设天线工作波束宽度为 $\Delta\theta_a$，则波束宽度内的询问次数为

$$波束宽度内的询问次数 = \frac{\Delta\theta_a}{\Delta\theta_i} = \frac{\Delta\theta_a F_i}{6N_a} \tag{10.53}$$

为满足目标检测概率要求，选择波束宽度内的询问次数="滑窗"长度 M。由式（10.53）可得，询问重复频率 F_i 为

$$F_i = \frac{6N_a M}{\Delta\theta_a} \tag{10.54}$$

设计举例：设询问天线转速为 12r/min，在 200 海里工作距离上天线波束宽度为 2.8°，应答机应答概率为 0.9，要求目标检测概率达到 99%，请计算询问速率。

解：第一步，求解"滑窗"长度 M。应答机应答概率为 0.9，要求目标检测概率达到 99%，门限应答次数 $n=6$，利用"滑窗"处理技术的目标检测概率计算公式，即式（10.47），可以得到"滑窗"长度 $M \geqslant 9$。因此，要求天线工作波束驻留时间内的询问次数大于 9。

第二步计算询问重复频率：将 $M=9$ 代入式（10.54），得到询问重复频率约为 231 次/s。因此，询问机的询问重复频率必须大于 231 次/s。

询问重复频率对二次雷达系统内部干扰的严重性起着重要作用。询问重复频率越高，系统内部干扰越严重，应答机应答概率越低；询问重复频率越低，应答机应答概率越高。因此，二次雷达系统规范对询问机询问重复频率有明确规定。例如，S 模式平均询问重复频率应不超过 250 次/s。二次雷达敌我识别系统规定所有工作模式平均询问重复速率不得超过 450 次/s。数字调制二次雷达敌我识别系统的询问重复频率不得超过 225 次/s。

10.6.2　跨周期应答和群占据

二次雷达系统可使用稳定的询问重复频率发射询问信号，这样每两次询问之间都有相等的时间间隔。然而，使用稳定的询问重复频率将会出现跨周期应答和群占据现象。询问重复频率选择不当也会出现跨周期应答现象。

1. 跨周期应答

当询问周期过短，远距离目标的询问-应答信号的传输时间超出二次雷达显示器的最大距离显示量程时，将会出现跨周期应答现象。询问信号发射之后，询问-应答信号的传输时间超过本次询问周期，将在下一个询问周期内接收到应答信号，表现为一个近距离应答信号。由于询问周期一样，二次雷达显示器上将出现一个稳定的近距离假目标，给空中交通管制员带来困扰。这种现象就叫作跨周期应答。

2. 群占据

当应答机被前面的询问信号占据时，该应答机将不会应答此时到达的后续询问信号，这些询问机接收不到它的应答信号。如果询问机使用相同的询问重复频率，那么当后面的询问信号到达应答机时，应答机总是处于占据状态，后面的询问机将持续接收不到它的应答信号，造成目标丢失，这种现象就叫作群占据。出现这种情况对二次雷达敌我识别系统来说是非常危险的，因为可能造成"认友为敌"，从而导致"自相残杀"。

为避免发生跨周期应答现象，询问重复周期应当与二次雷达显示器的最大距离显示量程相匹配。为避免发生群占据现象，询问重复频率应随机可变或抖动。当询问重复频率抖动时，产生非同步应答信号，因此不会在二次雷达显示器上出现稳定的假目标，也不可能出现持续的占据状态。最简单的实现方法是，询问周期按 0%、−5%、+5%、0%、−5% 规律变化，也可使用伪随机序列控制切换开关，切换几种不同的询问周期。

10.7　询问天线安装高度

二次监视雷达询问天线高度的选择应当从以下三个方面考虑：第一，应当尽量避免地貌和天线近场障碍物的反射影响；第二，目标的水平视距应当超过系统工作距离；第三，应当降低多径反射产生的垂直波束分裂造成的目标丢失，当波瓣指向最远的目标位置时应得到最佳检测性能，同时应兼顾第一个零值的信号衰落尽可能低。

（1）尽量避免地貌和天线近场障碍物的反射影响。

询问天线高度的选择受到很多因素的限制。天线对周边环境非常敏感，由于地貌的影响，天线高度必须超过所需的最低高度。由于工程经费有限，天线塔的高度可能会受到限制。在一般情况下，二次雷达天线安装在一次雷达天线顶上。此时，为满足减少一次雷达杂波或满足工作距离的需求，天线塔的高度可能无法满足二次监视雷达询问天线最佳高度要求。

即使二次监视雷达设计师可以自由地选择询问天线高度，也需要进行折中考虑。最重要的一个要求就是，必须观看周围的障碍物，应预留足够的间隙，使询问天线近场障碍物不会影响询问天线的性能。询问天线近场障碍物，如建筑物、护栏铁丝网、飞机机身和尾翼等，都是可能引起反射的重要物体，有可能导致产生假目标和方位角测量误差，应当尽可能避免它们的反射影响。同时询问天线的安装高度不能过高，受满足机场净空要求。

（2）目标水平视距的限制。

在一些情况下，即使发射机的发射功率和接收机的灵敏度足够高，二次雷达系统的工作距离也将受到目标水平视距的限制。当地球的等效曲率半径 a_e=8495 km 时，目标的水平视距为

$$d_0 = 4.12(\sqrt{h_t} + \sqrt{h_r}) \tag{10.55}$$

随着天线高度 h_t 和飞机飞行高度 h_r 的增加，二次雷达系统的工作距离按照上述方程增加。因为 $h_r \gg h_t$，所以有

$$d_0 \approx 4.12\sqrt{h_r} \tag{10.56}$$

目标的水平视距主要取决于飞机飞行高度 h_r。当飞机飞行高度为 7000m 时，目标水平视距约为345km。因此，当飞机飞行高度 h_r<7000m 时，二次雷达系统的最远工作距离将受目标水平视距的限制。

（3）降低多径反射影响。

与许多一次雷达天线相比，典型的二次雷达询问天线垂直孔径较小，因此垂直波束宽度较宽，导致大量发射功率向地面辐射。一部分向地面辐射的能量将朝着询问目标方向反射。结果在一些仰角方向上，直射信号与反射信号相位相同，到达目标的能量增强；在另一些仰角方向上，直射信号与反射信号相位相反，到达目标的能量减弱。能量的叠加将引起垂直波瓣分裂，因此会在一些角度上出现波峰，在另一些角度上出现零值。天线高度越低，垂直方向特性的波峰和零值越明显。随着天线高度增加，反射点的入射余角加大，反射系数降低，垂直方向特性的波峰和零值将会变得不太明显。如果反射点的地形不平整，反射能量就会产生散射，反射信号的影响将会变弱。当天线高度进一步增加时，反射能量叠加会快速减小，垂直方向特性会向自由空间传播的方向特性接近。

实际经验表明，由于漫散射作用和反射点的入射余角加大，反射系数迅速减小，当天线高度大于 20m 时，将会导致垂直方向特性中出现的零值逐渐消失，提供的空间传播特性将与自由空间传播性能非常接近。

对于非常接近地面的目标，由于二次雷达天线仰角很低，因此简单地采用自由空间传播理论是无效的。在确定系统性能时，需要考虑反射信号对传播性能的影响，距离特性预测需要复杂的计算。

由式（9.23）可知，令 n=0，推导第一个垂直波瓣波峰的仰角：

$$\theta = \sin^{-1}\left(\frac{\lambda}{4h_t}\right) \tag{10.57}$$

式中，λ 为信号波长，单位为 m；h_t 为天线高度，单位为 m。将第一个波瓣指向最远的目标，

可以提高目标检测性能。当天线高度为 16.8m 时，第一个波瓣峰值的最小仰角为 0.25°，在这个位置上可以提高目标检测性能。但是，天线垂直方向特性第一个零值仰角为 0.5°，在这个位置上可能会丢失目标。因此，必须折中选择天线高度，以便兼顾第一个波瓣峰值和第一个零值的检测性能。

10.8　一次雷达与二次雷达之间的互耦

二次雷达通常与一次雷达协同工作，二次雷达询问天线一般安装在一次雷达天线顶上，或者与一次雷达天线背靠背安装。一次雷达与二次雷达之间不可避免地存在着信号相互耦合，因此需要仔细设计，以确保两个系统不产生相互影响。

一次雷达发射机可能发射各种各样的脉冲波形，包括短到 1μs 的窄脉冲，长到 100μs 以上的调频脉冲等，发射的峰值功率可能是几十千瓦到几兆瓦。一次雷达发射脉冲的间距足够长，允许同步的二次雷达接收到来自最远距离的应答信号，在此期间一次雷达不会发射脉冲。

一次雷达发射机的射频脉冲对二次监视雷达接收机的干扰表现在以下两个方面。

（1）高功率发射脉冲造成二次雷达接收机前端饱和，既可直接阻塞二次雷达接收机，又可产生互调分量落到二次雷达带通之内，对二次雷达造成干扰。解决方案是，利用二次雷达接收机前端的带通滤波器对一次雷达的高功率发射脉冲进行带外抑制，使其不会造成二次雷达阻塞或产生互调干扰。

（2）二次雷达接收到的一次雷达产生的 1090MHz 边带信号对二次雷达形成干扰。解决方案是，在一次雷达发射端口设计一个带通滤波器，严格限制 1090MHz 边带信号电平，将其控制在二次雷达最小信号电平之下。

需要一次雷达设计师注意的是，二次雷达发射机对一次雷达接收机也具有同样的影响。因为二次雷达发射功率小，所以其对一次雷达的干扰相对容易解决。

两个系统的信号可能通过以下三条路径产生相互耦合：一次雷达和二次雷达天线之间的相互耦合；旋转关节传输通道之间的相互耦合；机房内机柜之间的相互耦合。

为了解决机房内机柜之间的互相耦合，要求对设备进行仔细的屏蔽和良好的接地。原始设计如果存在缺陷，在现场就可能成为最棘手的问题。

一次雷达与二次雷达天线之间的相互耦合是二次雷达询问天线与一次雷达馈源喇叭之间的直射路径造成的，主要是因为喇叭波束边缘或旁瓣照射到二次雷达询问天线主波束边缘或旁瓣上，被二次雷达询问天线接收。但是，二次雷达询问天线所接收到的一次雷达频率的信号几乎是测量不出来的，在这些频率上的增益只能进行理论估计。当喇叭和询问天线相距 7.62m 时，1250MHz 信号的路径损耗为 50dB。

对于旋转关节传输通道之间的相互耦合，典型的出厂技术指标是通道之间的隔离度为 60dB，隔离度超过了天线之间的相互耦合。

第 **11** 章

二次雷达设备配置

　　二次雷达设备配置根据不同的使用要求存在较大的区别。二次监视雷达普遍安装在地面固定平台上，用于民用飞机的监视和飞行安全保障。二次雷达设备配置基本上是标准的，包括询问天线、询问机、目标点迹录取器及飞行航迹提取器。但是，由于二次监视雷达在空中交通管制系统中具有重要作用，因此对二次监视雷达设备设置和选址有较高的要求。二次雷达敌我识别系统安装在地面、空中、海上作战平台上，对一次雷达发现的目标进行敌我属性识别。由于工作在恶劣的作战环境下，二次雷达敌我识别系统可选择的安装地址极其有限，因此其主要问题是如何在不同作战平台上配置设备，完成平台作战任务。本章主要介绍二次监视雷达设备配置及选址，二次雷达敌我识别系统设备配置原则，以及地面、空中、海上作战平台设备配置方案。

11.1　二次监视雷达设备配置及选址原则

　　二次监视雷达的任务是为空中交通管制员提供飞机的编号、高度、方向、速度等飞行动态信息，对飞行航线上的飞机飞行间距进行监视，保障飞机飞行安全。二次监视雷达主要设备包括询问天线、询问机、目标点迹录取器及飞行航迹提取器，其基本的功能是发现飞机并测量飞机的方位角、距离，提取飞机的高度数据、识别代码和应急代码，在 ATC 显示器上显示飞机的飞行航迹和相关飞行动态信息，并连续监视飞机在飞行航线的飞行状况及安全。

　　二次监视雷达询问天线安装在天线塔上，通常与一次雷达天线组合装配，共用雷达伺服机构实现天线同步扫描，保证一次雷达与二次雷达天线观测方位一致和数据同步。在少数情况下也可采用询问天线独立安装方式。天线的射频输入和输出信号通过旋转关节、射频电缆与机房内的询问机发射机和接收机连接。天线塔台高度取决于一次雷达和二次雷达系统的监视覆盖范围、站址地形地貌和周边环境。询问机和飞行航迹提取器安装在工作环境较好的机房内，将数据输出至距离较远的空中交通管制指挥大厅或指挥塔，在 ATC 显示器上显示飞行动态信息，供空中交通管制员使用。

　　由于二次监视雷达在空中交通管制系统中具有重要作用，因此每个地面询问站的设备要求双机配置、互为备份，以保证 24h 连续工作。

随着民航航班流量的不断增加，飞行航线上的飞机越来越密集。为了给空中交通管制员实施更加灵活、有效的指挥提供技术保障，二次监视雷达已成为空中交通管制系统中不可缺少的部分。因此，对二次监视雷达站址提出了严格的规范性要求。二次监视雷达选址主要从以下四个方面的考虑，即机场建设需求、环境适应性、建设可行性及规划前瞻性。

11.1.1　机场建设需求

二次监视雷达选址必须满足机场建设需求。二次监视雷达是空中交通管制系统的重要组成部分，应保证空中监视系统的双重覆盖，有助于提高空中交通管制员对空中目标的识别与控制能力，保障目标飞行安全。首先，二次监视雷达要满足本地机场使用要求，满足机场周边中空、低空空域的雷达覆盖需求，为本地机场进、出港飞机提供可靠的飞行监视。其次，为了实时监视机场区域和主要飞行航线上的飞机飞行动态，二次监视雷达覆盖范围应当满足不同飞行高度的要求。

为保证民用飞机飞行安全，国际民航组织按照飞行航线划分飞航情报区，规定各个国家或地区在该区的空中交通管制及飞行情报服务责任，要求相邻的二次监视雷达覆盖范围相互重叠，以保障对民用飞机的无缝隙监视。二次监视雷达的建设投资较高。为保证二次监视雷达工作范围覆盖飞机飞行的整个航线和空域，实现飞机飞行动态的实时监视，民航规划部门在对二次监视雷达进行布点建设时会考虑所有飞行航线的无盲区雷达覆盖，进而实现多个雷达的数据融合定位。因此，二次监视雷达选址要考虑民航主要飞行航线上的"补盲"需求。新建机场的二次监视雷达应当与周边二次监视雷达覆盖范围相互重叠、互为备份，实现机场周边空域的双重覆盖，并将二次监视雷达的覆盖范围引接至统一规划的空中交通管制区，为航区内飞行航线提供飞行安全保障。

为确保飞机飞行安全，通常在空中走廊关键区域人为设置空中检查点，以便空中交通管制员检验飞机飞行航线的准确性。这对飞行指挥者判断飞机是否偏离飞行航线是非常重要的。二次监视雷达选址必须确保在飞机通过空中检查点时，能够提供可靠的飞机监视和目标位置精确测量。因此，二次监视雷达是否有效覆盖空中检查点，在空中检查点提供可靠监视与精确测量，也是二次监视雷达选址应考虑的重要因素。

二次监视雷达不可避免地存在一个"顶空盲区"。在二次监视雷达询问天线上空约 45° 方位角的圆锥体范围内，二次监视雷达不能发现过顶飞行的飞机，可能会造成过顶飞行的目标丢失，这一区域被称为"顶空盲区"。二次监视雷达选址要使"顶空盲区"避开飞机进、出港飞行航线，避开空中交通管制员必须进行严密监控的区域。飞机进、出港区域离机场非常近，也是事故多发区域，因此空中交通管制员应对这一区域进行严密监控。

总之，二次监视雷达选址必须保证空中监视系统的双重覆盖，在空中检查点提供可靠监视与精确测量，"顶空盲区"避开飞机进、出港飞行路线。

11.1.2　环境适应性

二次监视雷达选址必须满足环境适应性要求。由于二次监视雷达是精密监视电子设备，因此对周边环境有非常严格的要求。为满足覆盖要求，二次监视雷达一般建设在地势较高的地方，但对飞机来讲，这又是一个障碍，因为机场净空方面对此有严格的高度限制。二次监视雷达环境适应性包括场地适应性、周边电磁环境适应性和机场净空环境适应性三个方面。

1．场地适应性

二次监视雷达的工作场地应当地势较高、地形开阔、周边无严重地形地物遮挡，以获得足够的高、中、低空覆盖范围，并减少电磁波反射对二次监视雷达造成的干扰。以二次监视雷达询问天线为中心，在方圆450m的范围内，不应有金属建筑物、密集的居民楼、高压输电线等；在方圆800m的范围内，不应有产生有源干扰的电气设施（如气象雷达、高频炉等）。在平原地区，二次监视雷达场地周围最好无高大障碍物和建筑物；在山区，应选地势较高、周围无严重遮挡的山顶作为二次监视雷达建设场地。

2．周边电磁环境适应性

二次监视雷达是无线电电磁波发射和接收设备，由于其特殊的重要性，要求周边的无线电发射设备不能干扰二次监视雷达发射和接收设备。既要充分考虑到拟建的二次监视雷达避开其他无线电导航台站的电磁环境保护区，避免对其造成干扰，又要确保其他无线电导航台站不干扰拟建的二次监视雷达。因此，在选址时要对周边电磁环境进行实地测量、分析和评估，确保周边电磁环境符合二次监视雷达的工作需求，同时确保二次监视雷达对已建设的其他无线电导航台站不造成干扰。否则，须迁移被干扰的无线电导航台站，从而增加建设成本。

3．机场净空环境适应性

为使飞机安全起降，需要根据机场跑道的不同方位和长度，对机场周围障碍物的高度进行相应限制。在机场站区及其周围建设二次监视雷达的高度须经过净空管理部门的严格计算和审核批准。二次监视雷达一般建设在地势较高的地方，拟建的询问天线塔台高度也必须符合机场净空高度限制标准。

11.1.3　建设可行性

建设可行性是指拟建二次监视雷达的基础条件，包括通信传输条件、供电条件、地质及地形条件、水文条件、气象条件、水源条件、道路交通条件等。这些条件都涉及二次监视雷达建设成本和实施可行性。

1．通信传输条件

二次监视雷达对通信的主要需求是，二次监视雷达与空中交通管制中心双向通信，一方面是地面询问站准确无误地将二次监视雷达获得的大量飞机飞行航迹数据及有关信息传送到空中交通管制中心，传输的信息量大，安全性要求高。另一方面是生活和工作中需要的通信线路，用于保证地面询问站与空中交通管制中心其他部门工作和生活需要的通信。如果没有公用通信网络，那么一般需要建立专用的光纤通信或微波接力通信线路。在建设二次监视雷达时应当考虑建设成本和通信传输性能稳定性。

2．供电条件

二次监视雷达一旦运行，要求 24h 连续地对飞行航线上的飞机进行监视，因此需要进行 24h 连续供电，并保障其他附属设备和生活用电。应当根据供电容量、供电的连续性要求及建设成本，配置最佳供电方案和备用电源。

3．地质及地形条件

地质条件关系到雷达机房建筑物和天线塔台的使用寿命。为保证雷达机房建筑物和天线塔台的使用寿命，需要对拟选的二次监视雷达修建地址进行地质勘探。地质条件还关系到建筑设计方案和基础夯实强度。地形条件直接关系到土方平整等基建施工工程量和建设成本。

4．水文条件

水文条件关系到二次监视雷达地面询问站防洪标准，影响地面询问站站坪高度设计和强度设计。

5．气象条件

气象条件关系到二次监视雷达地面询问站的防洪能力、排水能力，以及天线塔台、天线罩等设施的抗风能力。

6．水源条件

水源条件关系到二次监视雷达地面询问站工作人员的生活用水是否符合国家饮水健康标准，还关系到消防应急用水等诸多环节。不同的水源条件对应不同的设计方案、不同的建设成本。

7．道路交通条件

道路交通条件涉及二次监视雷达修建地址的现成交通条件，应当考虑是否新修道路、道路修建工程量及修建成本。

11.1.4 规划前瞻性

二次监视雷达选址应具有规划前瞻性。机场二次监视雷达的主要作用是为机场飞行指挥提供服务，要根据机场的需要进行修建，一旦建成不会随意迁移。因此，其选址应当具有规划前瞻性，符合长期使用和不断扩建的需求。为此，应当充分考虑二次监视雷达对当地自然环境的影响、对周边环境的影响、与城市规划的冲突，以及对国防军事需求的影响等。

对当地自然环境的影响是指，由于二次监视雷达周边不能有高的树木，因此会对当地林业发展有一定限制；对周边环境的影响是指，二次监视雷达产生的电磁辐射会影响周边居民生活区域范围，周边不能建设不符合要求的建筑等；与城市规划的冲突是指，经济发展促使城市规划发展加快，二次监视雷达可能会制约周边城市规划，如道路规划、铁路规划等；对国防军事需求的影响是指，二次监视雷达可能会对周边国防军事的特殊布局或军方试验需求造成影响等。

11.2　二次雷达敌我识别系统设备配置原则

二次雷达敌我识别系统设备按功能可以分为询问机、应答机、询问/应答机。配属平台包括地面平台、机载平台、舰艇及岸站平台。实际设备配置方案主要取决于配属平台的作战需求和武器系统配置情况，如地面或大型水面舰船的远距离警戒探测系统通常采取大型阵列天线、高功率发射机和高灵敏度的接收机，探测目标距离远；小型便携式或机载设备要求体积小、质量小，通常需要进行集成化、一体化设计，以减少体积和质量。

二次雷达敌我识别系统设备配置方案主要取决于以下三个方面的要求，即系统战术和技术指标要求、军事应用要求及设备工作环境要求。

1．系统战术和技术指标要求

二次雷达敌我识别系统的战术和技术指标必须与配属的一次雷达或武器作战系统性能相匹配，确保它们的作战能力得到充分发挥。例如，地—空警戒雷达通常要求询问机工作距离不小于 450km；空中歼击机询问机工作距离必须大于平台配备的空—空导弹射程，通常要求不小于 250km；地—海警戒雷达通常要求询问机工作距离不小于 120 海里；肩扛式地—空导弹通常要求询问机工作距离不小于 10km。

2．军事应用要求

二次雷达敌我识别系统设备配置和安装必须满足军事应用要求。地—空/海警戒雷达配套的敌我识别询问机通常要 24h 连续工作，因此必须有备用设备。地—空作战系统由于目标运动速度快，因此要求询问天线与高速的火控雷达天线同步旋转。安装独立旋转的询问天线可能会产生滞后，最大滞后时间可达到一个扫描周期，会降低二次雷达敌我识别系统的反应速度，甚至导致贻误战机。因此，通常采用组合天线安装方式，将二次雷达询问天线与一次雷达天线组合安装在一起，保证两者的指向一致，二次雷达的触发信号保持与一次雷达同步，从而提高对目标敌我属性识别的反应速度。

机载作战平台应答机天线要求具有以平台为中心的 360° 球面覆盖方向特性。由于安装位置的限制，机载作战平台的询问天线一般采用寄生天线，将询问天线辐射阵子安装在一次雷达反射面内，利用一次雷达反射面获得所需要的天线增益和方向特性，有时也采用机载相控阵询问天线。

对于大型海上作战平台而言，由于平台上的作战武器和雷达种类较多，因此在配置二次雷达敌我识别系统设备时应充分考虑平台作战性能要求及经济适用性。其中，地—空预警雷达和作战武器系统应采用一对一的配置方案，即一个雷达配置一台询问机，询问天线与一次雷达采用组合安装方式；地—海警戒雷达和作战武器系统采用统一配置方案，由于目标运动速度较慢，整个海上作战平台只需配置一台询问机和一副独立旋转询问天线，完成所有海上目标敌我属性识别。整个海上作战平台只需要配置一台应答机，应答天线安装在平台上的最高位置。

3．设备工作环境要求

二次雷达敌我识别系统设备在设计时应充分考虑设备工作环境要求。机载作战平台对设备的体积和质量都有严格的限制，同时要适应恶劣工作环境，环境温度要求是-50～+50℃，此外还要能承受战斗机飞行过程中的振动冲击力。海上平台和岸基平台要求设备具有防盐雾、抗腐蚀和抗颠震能力；单兵肩扛式地—空导弹要求二次雷达敌我识别系统询问机质量轻、体积小、操作方便，一般要求质量在 1.5kg 以下；潜艇应答机要求配置高稳定性战术时钟，保证在长期"不校时"情况下也能够满足二次雷达敌我识别系统的时间同步精度要求。

11.3　地面作战平台设备配置方案

地面作战平台主要分为两种类型，即地—空/海警戒雷达站和防空导弹作战系统。

地—空/海警戒雷达通常配置一台询问机、一副询问天线，询问机工作范围和观测方位必须覆盖警戒雷达探测范围和雷达天线搜索范围。由于地—空/海警戒雷达站通常配有多部警戒雷达轮流值班，因此要求询问机 24h 连续工作，必须配置一套询问机整机和必要的关键备件备用。

由于空中目标运动速度快、转弯角度大，地—空警戒雷达站要求询问天线必须与一次雷达天线同步旋转，同时要求具有同步旋转的切换功能，以便在一次雷达轮流工作时，询问天线能够与地—空警戒雷达站内所有的一次雷达天线实现同步旋转。

地—海警戒雷达站的主要任务是对海面上的目标进行警戒监视，询问天线采用独立扫描工作方式。由于要对指定的海域进行警戒监视，因此询问天线有时采用"扇扫"模式，即在给定的弧段内来回扫描，而不是 360°旋转扫描。在这种情况下，要求天线结构强度能承受来回扫描的力矩。

防空导弹作战系统一般配置一台询问机和一副询问天线，询问机工作范围必须覆盖武器系统的作战威力范围，询问天线必须与高速的火控雷达天线同步旋转，询问触发信号保持与火控雷达同步，以提高系统反应速度。此外，还应考虑野外作战环境，工作温度范围为-40～+40℃。

11.4　空中作战平台设备配置方案

空中作战平台包括大型指挥平台（如预警机、空中指挥机等），作战飞机（如歼击机、轰炸机、武装直升机、无人作战飞机等），以及后勤保障平台（如运输机、空中加油机等）。

预警机、空中指挥机这种大型指挥平台通常配置一台询问机、一副询问天线和一台应答机（包括应答天线）。询问机工作距离必须大于警戒雷达探测距离，一般应大于 450km。如果警戒雷达采用相控阵天线，则询问天线也必须采用相控阵天线，在结构上将询问天线的天线阵列与警戒雷达的天线阵列组装在一起，以便与警戒雷达响应速度相匹配；如果警戒雷达采用机械扫描天线，则询问天线阵面与警戒雷达天线背对背组装在一个伺服转台上，这种安装方式转动力矩小，特别适用于空中作战平台。应答机用来回答我方询问，以避免误伤我方目标，应答天线应当采用上、下应答天线分集工作方式，提供 360°球面覆盖方向特性。

作战飞机通常配置一套组合式询问机/应答机，具有独立的询问和应答功能。询问机与飞机上的火控雷达配套，工作距离应当大于机载火控雷达探测距离，通常大于 250km，询问天线的方向特性应当与火控雷达天线方向特性相匹配，通常采用寄生天线，有时也采用相控阵天线。应答机与应答天线配套完成应答功能。应答天线采用上、下应答天线分集工作方式，提供 360°球面覆盖方向特性。这种配置方案的优点是作战性能高，只有在发射询问信号瞬间才闭锁应答机，应答机闭锁时间短、占据概率低，而且这种配置方案安装尺寸较小、质量较轻，装备成本较低。

作战飞机也可以采用一台询问机和一台应答机的配置方案。与上述配置方案相比，这种配置方案作战性能相当，但安装尺寸较大、质量较重，装备成本较高。

运输机、空中加油机等后勤保障平台通常配置一台应答机和一套应答天线，采用上、下应答天线分集工作方式，提供 360°球面覆盖方向特性。

11.5　海上作战平台设备配置方案

海上作战平台种类繁多，包括大型作战军舰（如航空母舰、巡洋舰、驱逐舰、护卫舰等），小型作战平台（如护卫艇），以及后勤保障舰艇和潜水艇等。

后勤保障舰艇和潜水艇通常配置一台应答机和一副应答天线，以避免被我方炮火误伤。应答天线应尽可能安装在舰上最高位置处，提供 180°对空半球面应答方向特性。

护卫艇等小型作战平台通常配置一套组合式询问机/应答机，具有独立的询问和应答功能。询问机工作距离应当大于平台上火控雷达的探测距离。询问天线与火控雷达天线同步旋转，询问天线波束宽度应当覆盖火控雷达天线主波束。应答天线尽可能安装在舰上最高位置处，提供 180°对空半球面应答方向特性。询问机和应答机各自独立工作。当发现目标时，询问机对目标进行询问，发射询问信号瞬间产生一个抑制信号将应答机闭锁，以免造成干扰。询问信号发射完毕，立即恢复应答状态。这样可最大程度减少应答机占据时间。因此，对于小型作战平台而言，配置一套组合式询问机/应答机是作战性能高、经济适用的配置方案。

此外，护卫艇等小型作战平台也可以配置一台具有询问和应答功能的一体化询问应答机，平时工作在应答状态，仅在需要询问目标时才转入询问状态。这种配置方案的问题是应答机占据时间长，因为在整个询问过程中不能对我方询问进行回答，只有目标识别结束之后才能切换回应答状态。这种配置方案可以满足作战范围小、识别目标少的小型作战平台的要求。一体化询问应答机的工作单元按照功能划分为独立的功能模块，大多数功能模块是询问机和应答机共用的。因此，其安装尺寸小、质量轻，装备成本低。

对于航空母舰、巡洋舰、驱逐舰、护卫舰等大型作战军舰，由于军舰上配置的武器和一次雷达比较多，包括远程防空警戒雷达、海面搜索雷达、测高雷达和各种威力范围的火控雷达等，而且雷达的种类和性能各不相同，因此相应的设备配置方案比较复杂。但归纳起来，大型作战军舰的设备配置方案分为两类：分散配置方案和集中配置方案。早期的大型作战军舰设备一般采用分散配置方案，一个雷达配置一个询问站。现在的大型作战军舰设备配置方案通常采用集中配置方案，一个作战平台配置一个包括相控阵天线的询问站。

11.5.1　分散配置方案

大型作战军舰配置的作战武器和雷达种类繁多，包括远程防空警戒雷达、海面搜索雷达、测高雷达和各种威力范围的火控雷达等，不同的舰载传感器所要求的询问机主要性能如下。

（1）远程防空警戒雷达：雷达最大工作距离为 250 海里，天线转速可达 15r/min，水平波束宽度典型值为 8°。

（2）海面搜索雷达：雷达最大工作距离为 60 海里，天线转速可达 30r/min，水平波束宽度最大约为 10°。

（3）测高雷达：雷达最大工作距离为 250 海里，天线转速可达 15r/min，水平波束宽度典型值为 8°。如果雷达触发脉冲的重复周期可变步进时间过长，那么将影响敌我识别显示或目标报告的质量，并且会使雷达和应答机间的接口设计变得很困难。

（4）火控雷达：除那些远程系统上的天线以外，火控雷达最大工作距离为 60 海里，天线转速可达 60r/min，水平波束宽度最大约为 15°。高转速及很宽的波束宽度可能增加询问机与一次雷达关联的难度。

大型作战军舰设备分散配置方案如图 11.1 所示。一个作战平台上配置多台敌我识别询问机，完成对空、对海目标的识别。对于对空警戒雷达或火控雷达，一个雷达配置一台询问机以提高目标识别反应速度。对于海面目标，只配置一台共用的对海敌我识别询问机完成海上目标敌我属性识别。为了避免被我方炮火误伤，通常只配置一台应答机和一副应答天线，并且将应答天线安装在舰上最高位置处，提供 180° 对空半球面应答方向特性。

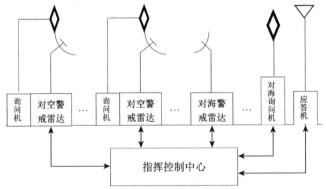

图 11.1　大型作战军舰设备分散配置方案

对于舰载对空警戒雷达或火控雷达，每个雷达配置一台询问机和一副询问天线。询问机工作距离应当大于配套雷达的探测距离，询问天线与配套雷达天线同步旋转，而且方向特性一致。询问机一般与配套雷达同步工作，以便识别数据与雷达回波直接关联。一次雷达发现目标后，直接通知询问机对该目标进行询问，询问机将识别结果直接送到一次雷达，最后由一次雷达将目标的位置和敌我属性数据一起上报到指挥控制中心。

对于所有的海面搜索雷达、测高雷达和对海火控雷达，由于探测的目标为海上目标，其运动速度较慢，因此只配置一台对海询问机，对海询问天线采用独立旋转的工作方式。所有对海雷达将发现的目标位置数据直接送到指挥控制中心，询问机在指挥控制中心控制下对目标进行识别，并将识别结果送回指挥控制中心。指挥控制中心对各个传感器送来的目标位置数据和询问机送来的目标敌我属性数据进行数据关联，完成海上目标的敌我属性识别。

海上作战平台配置的传感器和作战系统的数量和性能，根据平台装载能力和作战任务不同而不同，最多大约可配置 5 台询问机。

如何协调一个海上作战平台上的多台询问机协同工作是分散配置设计的一个关键问题。多台询问机相互独立工作可能会形成大量假目标报告和同步干扰。由于与一次雷达同步工作，二次雷达触发脉冲的重复周期必须固定，否则将影响敌我识别显示或目标报告的质量。当一个海上作战平台上配置多台询问机协同工作时，采用闭锁抑制技术是避免设备间相互干扰的有效措施，在发射信号时产生一个闭锁脉冲，将其他设备的接收机封闭。虽然闭锁抑制技术可以避免平台上设备间相互干扰，但是过多的闭锁信号将增加应答机抑制时间，降低应答概率，直接降低其他我方询问机对本平台的识别概率，从而增加平台被我方炮火误伤的概率。

11.5.2 集中配置方案

早期的大型作战军舰设备基本上都采用分散配置方案，多台询问机同时工作产生的系统内部干扰严重，协调各设备协同工作是一个复杂的问题，对平台的作战性能有一定影响。随着技术的发展和相控阵天线技术的成熟，现在的大型作战军舰设备通常采用集中配置方案。

大型作战军舰设备集中配置方案如图 11.2 所示。一个平台上配置一台相控阵询问机、一副相控阵天线、一台应答机和一副应答天线，代替了分散配置方案的多台询问机功能。平台上的所有传感器都可直接与指挥控制中心进行数据交换。传感器将发现的目标位置数据传送到指挥控制中心，指挥控制中心根据作战需要，通知询问机对感兴趣的目标进行敌我属性识别，询问机将识别的目标敌我属性结果报告指挥控制中心，由指挥控制中心进行数据关联，标明该目标的敌我属性。相控阵天线是无惯性的电扫描系统，扫描速度快，克服了机械扫描天线旋转带来的目标识别滞后问题。相控阵天线波束在 360°方位角范围内可以快速切换到任意方向。因此，一副相控阵天线可以完成分散配置多台询问机功能，快速完成不同方向的目标识别，并且识别容量大、识别速度快。

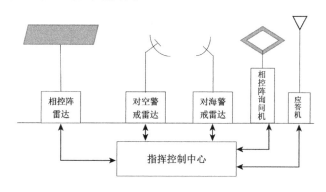

图 11.2　大型作战军舰设备集中配置方案

　　此外，大多数高性能作战平台都会使用相控阵雷达。机械扫描询问天线在反应速度上与相控阵雷达完全不能匹配，会严重限制系统作战性能。因此，越来越多的大型作战军舰设备采用基于相控阵雷达的集中配置方案。在这种情况下，二次雷达敌我识别系统相控阵天线与一次雷达相控阵天线装配在一起。

　　因为二次雷达敌我识别系统主要按照方位分辨空间中的目标，询问天线垂直方向的波束宽度为25~35°，水平方向的波束宽度窄，配属远程警戒雷达的询问天线水平方向的波束宽度只有2~3°。因此，它是一个线性相控阵天线，水平方向的天线孔径大，垂直方向的天线孔径小，辐射单元少。为了识别360°方位角范围内的目标，询问天线可以采用呈三角形排列的三线形阵列结构，呈四方形排列的四线形阵列结构，或者圆形阵列结构。不同的结构具有的优缺点，选择哪种结构主要取决于平台总体布局方案。

　　采用集中配置方案，虽然相控阵天线建设成本稍高，但是避免了分散配置方案多套设备同时工作造成的系统内部干扰，设备性能得到了充分的发挥，系统作战性能好。

第**12**章
S 模式报文及协议

S 模式二次监视雷达的研究始于 20 世纪 60 年代。1982 年,《国际民航组织公约附件 10》中规定了 S 模式标准。1998 年,国际民航组织对 S 模式标准进行了修订。

20 世纪 60 年代,英国对二次监视雷达的研究表明,随着民用航空飞机数量的不断增加,二次雷达系统内部的干扰必将限制二次监视雷达在空中交通管制系统中的应用。为此,研究人员提出一种 S 模式选址询问方式,即对每架飞机赋予唯一地址代码,进行选址询问。每次询问只有被选择的飞机发送应答信号,这样可减少大量的应答信号,避免发生混扰现象。同时,要求询问天线每扫描一周,询问机只能对目标进行一次询问,以降低应答机的应答速率,从而减少对其他询问机的异步干扰。其中,应答机的应答数据必须包括高度数据和识别代码,同时要求使用单脉冲技术测角。从理论上讲,使用单脉冲技术,一个接收信号脉冲就可以完成目标方位角测量。

S 模式是一种用于空中交通管制系统的协同数据链模式,它的工作频率、信号波形与 A/C 模式兼容,以便统一设计应答机。S 模式应答机兼具 A/C 模式应答功能,所以 A/C 模式二次雷达系统可以顺利过渡到 S 模式。

S 模式采用与 A/C 模式不同的信号调制方式,以便传输识别代码、高度数据和飞机地址等更多信息。询问信号波形采用 ASK 和 DPSK 相结合的调制方式,数据传输速率为 4Mbit/s (S 模式询问信号波形见图 3.8)。应答信号波形采用 ASK 与 BPPM 相结合的调制方式,数据传输速率为 1Mbit/s (S 模式应答信号波形见图 3.10)。

S 模式数据传输采用了奇偶校检编码,以检测和纠正数据传输过程中出现的错误,避免多次重复询问带来的系统内部干扰。S 模式二次监视雷达是 A/C 模式二次监视雷达的升级版。它利用更高性能的信号波形、选址询问方式、数据链业务及单脉冲技术等,提供更强的监视功能、更准确的传输数据和更高的监视效率。

S 模式二次监视雷达除具有 A/C 模式监视功能以外,还可完成地—空、空—地数据链通信功能和广播功能,它的信号波形和报文格式已经应用于 ACAS 和 ADS-B 系统。

S 模式二次监视雷达的工作频率和传输信息带宽与 A/C 模式是兼容的。系统从 A/C 模式升级到 S 模式可以不更换询问天线和应答天线,S 模式的询问机和应答机的接收带宽要求与

A/C 模式相同。S 模式二次监视雷达的设备组成、功能模块划分与 A/C 模式基本相同。但是，由于系统的信号波形、工作方式的改变，以及数据链通信功能的增加，S 模式二次监视雷达在硬件设计上与 A/C 模式存在较大的差异，主要表现在以下几个方面。

由于 S 模式询问信号波形采用了 DPSK 调制方式，应答信号波形采用了 BPPM 调制方式，传输的信息是二进制数据，因此 S 模式询问信号的调制和解调方案、询问信息检测处理方案及应答信息检测处理方案与 A/C 模式完全不同。

S 模式询问信号波形脉冲宽度长达 30μs，瞬时占空比高达 67%。A/C 模式信号波形脉冲宽度为 0.8μs，占空比为 0.1%，无论询问信号还是应答信号，S 模式平均占空比约为 A/C 模式的 10 倍。因此，S 模式地面询问站和应答机的功率放大器必须选择大占空比功率器件。

S 模式具有数据链通信功能，这是其与 A/C 模式最大的区别。关于 S 模式二次监视雷达，需要讨论的重点是有关数据传输的编译码技术，格式化通信报文的设计、产生和传输协议，目标捕获方式和协议，以及 S 模式系统工作方式等。

S 模式工作特点是选址询问，可减少系统内部干扰。为了使用尽量少的询问次数完成目标定位和监视功能，必须采用单脉冲技术。

此外，S 模式二次监视雷达地面询问站增加了一个辅助发射机，用来发送旁瓣抑制脉冲 P_5，因为 S 模式旁瓣抑制脉冲 P_5 与数据脉冲 P_6 是通过不同的天线波束同时发送的。

由于 S 模式询问信号格式和应答信号格式已在第 3 章中进行了详细介绍，因此本章重点介绍 S 模式报文格式，包括询问报文和应答报文；全呼叫询问报文和应答报文；监视询问报文和应答报文，以及全呼叫闭锁协议；标准长度监视通信报文；多站通信协议和长报文通信处理。同时详细介绍 S 模式奇偶校验纠检错编码原理，上行链路编码器和译码器实现，下行链路编码器和译码器实现，以及下行链路纠错译码原理。

12.1 询问报文和应答报文

S 模式二次监视雷达是一个二次监视雷达与双向数据链通信系统的组合系统，除可完成目标监视功能之外，还可完成数据链通信与广播功能，并且可应用于 ACAS 和 ADS-B 系统。目标监视功能主要包括飞行高度监视、识别代码监视及目标位置测量。数据链通信与广播功能主要包括传输标准长度地—空、空—地通信报文或广播报文，以及传输上、下行扩展长度报文。这些功能都是由询问信号和应答信号传输不同的询问信息和应答信息实现的。询问信息和应答信息分别包含在对应的询问报文和应答报文中，由多个不同的信息字段组成。其中，监视报文长度为 56bit；标准通信报文长度为 112bit，其中包括 56bit 信息报文；扩展长度报文通信每次传输一段报文，每段报文包含 80bit 信息，最多可传输 16 段报文。

《国际民航组织公约附件 10》规定了 25 类 S 模式询问报文和应答报文，S 模式询问报文结构见附录 A，S 模式应答报文结构见附录 B。当前正在使用的报文有 9 类，其余 16 类还没有分配。当前正在使用的询问报文一览表如表 12.1 所示。

表 12.1　当前使用的询问报文一览表

UF=0	3	RL:1	4	AQ:1	18		AP:24	空—空监视短报文
UF=4	PC:3	RR:5	DI:3	SD:16			AP:24	高度请求监视报文
UF=5	PC:3	RR:5	DI:3	SD:16			AP:24	识别请求监视报文
UF=11	PR:4	IC:4	CL:3	16			AP:24	S 模式全呼叫报文
UF=16	3	RL:1	4	AQ:1	18	MU:56	AP:24	空—空监视长报文
UF=20	PC:3	RR:5	DI:3	SD:16	MA:56		AP:24	高度请求 A 类长报文
UF=21	PC:3	RR:5	DI:3	SD:16	MA:56		AP:24	识别请求 A 类长报文
11	RC:2	NC:4		MC:80			AP:24	C 类通信加长报文

其中，$\boxed{\text{XX:M}}$ 表示指定为"XX"的字段被分配了 M bit；$[N]$表示 N bit 未分配的编码空间，在传输报文时设置为零；AP 表示 24bit 飞机地址/校验字段。

上行报文字段定义如下。RL：应答长度。AQ：捕获。AP：飞机地址/校验。PC：操作协议。RR：应答请求。DI：标识识别。SD：专用标识。PR：应答概率。IC：询问站代码。CL：代码标识。MU：空中防撞报文。MA：A 类通信信息。RC：应答控制。NC：C 类通信报文段序号。MC：C 类通信信息。

当前正在使用的应答报文一览表如表 12.2 所示。

表 12.2　当前正在使用的应答报文一览表

DF=0	VS:1	7	RI:4	2	AC:13		AP:24	空—空监视短报文
DF=4	FS:3	DR:5	UM:6		AC:13		AP:24	高度请求监视报文
DF=5	FS:3	DR:5	UM:6		ID:13		AP:24	识别请求监视报文
DF=11	CA:3		AA:24				PI:24	S 模式全呼叫报文
DF=16	VS:1	7	RI:4	2	AC:13	MV:56	AP:24	空—空监视长报文
DF=17	CA:3	AA:24	ME:56				PI:24	扩展长度间歇信标报文
DF=20	FS:3	DR:5	UM:6	AC:13		MB:56	AP:24	高度请求 B 长报文
DF=21	FS:3	DR:5	UM:6	ID:13		MB:56	AP:24	识别请求 B 长报文
11	1	KE:2		ND:4		MD:80	AP:24	D 类通信加长报文

其中，$\boxed{\textit{XX:M}}$ 表示指定为"XX"的字段被分配了 M bit；$[N]$表示 N bit 未分配的编码空间，在传输报文时设置为零；PI 表示 24bit 校验/询问站识别代码字段。

下行报文字段定义如下。VS：垂直状态。RI：应答信息。AC：高度码。FS：飞行状态。DR：下行链路报文请求。UM：使用信息。ID：飞机识别代码。CA：通信能力。AA：飞机地址代码。RI：应答信息。MV：空中防撞报文。ME：扩展长度信标信息报文。MB：B 类通信信息。KE：ELM 控制。ND：D 类通信报文段序号。MD：D 类通信信息。

每条传输报文包括两个主字段：第一个主字段是描述字符，用于定义传输报文格式，位于报文前 5bit。描述字符分为上行报文代码（UF）和下行报文代码（DF），除报文代码 24 长度为 2bit 之外，其余格式长度均为 5bit。

第二个主字段是 24bit 飞机地址/校验（AP）字段或校验/询问站识别代码（PI）字段，位于每条传输报文末尾，即短报文的第 33bit 至第 56bit，或长报文的第 89bit 至第 112bit。

AP 字段是叠加在 S 模式飞机地址上的校验信息，出现在所有的上行报文格式和现有的下行报文格式中，但 S 模式全呼叫报文 DF=11 和扩展长度间歇信标报文 DF=17 除外。

PI 字段是在询问机识别代码上叠加的校验信息，出现在 S 模式全呼叫报文 DF=11 和扩展长度间歇信标报文 DF=17 中。PI 字段中的询问站识别代码表示应答信号是对该询问站发送的。如果应答信号响应的是 A/C/S 全呼叫询问，那么 PI 字段中的询问站识别代码 II 和 SI 应当为"0"。

剩下的编码空间用来传输任务字段。报文的字段用两个英文字母标识，S 模式询问报文和应答报文中使用的字段见附录 C。任务字段中的子字段用 3 个英文字母标识，S 模式询问报文和应答报文中使用的子字段见附录 D。未分配的编码空间在询问机和应答机发射时应当全部设置为"0"。

表 12.3 所示为询问报文与对应的应答报文汇总表。当应答机接收到询问报文之后，应根据汇总表中的特殊条件，选择相应的应答报文进行应答。

表 12.3 询问报文与对应的应答报文汇总表

询 问 报 文	特 殊 条 件	应 答 报 文
UF=0	应答长度（RL）等于 0	DF=0
	应答长度（RL）等于 1	DF=16
UF=4	应答请求（RR）代码小于 16	DF=4
	应答请求（RR）代码大于或等于 16	DF=20
UF=5	应答请求（RR）代码小于 16	DF=5
	应答请求（RR）代码大于或等于 16	DF=21
UF=11	应答机锁定到询问站代码（IC）	不应答
	随机应答测试失败	不应答
	其他	DF=11
UF=20	应答请求（RR）代码小于 16	DF=4
	应答请求（RR）代码大于或等于 16	DF=20
	AP 含有广播地址	不应答
UF=21	应答请求（RR）代码小于 16	DF=5
	应答请求（RR）代码大于或等于 16	DF=21
	AP 含有广播地址	不应答
UF=24	C 类通信的分段编号等于 0 或 1	不应答
	C 类通信的分段编号等于 2 或 3	DF=24

12.2　奇偶校验

为了避免多次重复询问产生系统内部干扰，可通过询问-应答工作方式同时获得高度数据、识别代码等信息，完成目标监视或数据通信。S 模式数据传输采用循环冗余校验编码检测和纠正数据传输中出现的错误。循环冗余校验编码的码字在循环移位寄存器内向右边循环移位后，所得到的码字仍然是循环冗余校验编码的一个码字。

采用循环移位寄存器进行编码具有以下重要特性："模 2 加"和"模 2 减"运算由于没有进位计算，因此运算结果是一样的；乘法运算是通过多次"模 2 加"和移位实现的，循环移位寄存器多项式乘法电路是开环无反馈的；除法运算是通过多次"模 2 减"和反馈移位实现的，循环移位寄存器多项式除法电路是闭环反馈的。乘法电路和除法电路非常类似，但不完全一样，其主要的区别是反馈是否存在。因此，使用循环移位寄存器进行循环冗余校验编码、译码，在电路设计上易于实现。

12.2.1　循环冗余校验编码

S 模式循环冗余校验编码产生 24bit 奇偶校验序列，它与飞机地址代码或询问站识别代码进行"模 2 加"运算，形成 24bit 飞机地址/校验（AP）字段或校验/询问站识别代码（PI）字段。这 24bit AP 字段或 PI 字段作为 S 模式各类传输报文的最后 24bit 字段。

每个循环冗余校验编码都有一个相应的生成多项式，S 模式生成多项式 $G(x)$ 是

$$G(x) = 1 + x^3 + x^{10} + x^{12} + x^{13} + x^{14} + x^{15} + x^{16} + x^{17} + x^{18}$$
$$+ x^{19} + x^{20} + x^{21} + x^{22} + x^{23} + x^{24} \tag{12.1}$$

$G(x)$ 全码长度超过 2×10^6 bit，S 模式只使用了其中的 24bit 截短码，但是其被截短后并不会失去重要特性，可用来进行误差检错和误差纠错。上行链路中使用误差检错技术以简化应答机设计。地面设备具有更高的处理能力，如果有需要可以在下行链路中使用误差纠错技术。

S 模式传输报文分为短报文和长报文两种类型，短报文包括 32bit 传输信息，长报文包括 88bit 传输信息。S 模式报文传输的信息矢量为 $[m_1 \quad m_2 \cdots m_{k-1} \quad m_k]$，可以用多项式 $M(x)$ 表示为

$$M(x) = m_k + m_{k-1}x + m_{k-2}x^2 + \cdots + m_1 x^{k-1} = \sum_{i=1}^{k} m_i x^{k-i} \tag{12.2}$$

式中，短报文长度 k=32bit；长报文长度 k=88bit。应用二进制多项式代数运算，使 $M(x)$ 乘以 x^{24}，可得

$$x^{24}M(x) = \sum_{i=1}^{k} m_i x^{24+k-i} \tag{12.3}$$

其效果是在序列末尾加 24 个"0"。将 $x^{24}M(x)$ 除以 $G(x)$，可得
$$x^{24}M(x)/G(x) = m(x) + R(x)/G(x) \tag{12.4}$$
式中，$m(x)$ 为商；余数 $R(x)$ 为

$$R(x)=\sum_{i=1}^{24} p_i x^{24-i} \tag{12.5}$$

该余数多项式形成的比特序列是奇偶校验序列。奇偶校验序列 p_i（i 的取值范围是 1～24）是余数多项式 $R(x)$ 中 x^{24-i} 的系数。

S 模式循环冗余校验编码是系统编码形式，前面 k bit 为信息比特，后面 24bit 为校验位。S 模式传输码字可用多项式形式表示为

$$x^{24}M(x)+R(x)=\sum_{i=1}^{24} m_i x^{24+k-i} + \sum_{i=1}^{24} p_i x^{24-i} \tag{12.6}$$

S 模式纠检错编码在设计上具有以下特点：一是采用了循环冗余校验编码技术，可以使用循环移位寄存器实现，简化了设备；二是选择的 S 模式生成多项式 $G(x)$ 根据需要既可实现误差检错，也可实现误差纠错；三是 24bit 奇偶校验序列与飞机地址代码或询问机标识代码进行"模 2 加"运算后作为 S 模式各类传输报文的最后 24bit 字段，这缩短了编码长度，节省了传输时间；四是奇偶校验序列长度为 24bit，传输时间为 24μs，可以纠正二次雷达串扰产生的传输误差。二次雷达绝大部分传输误差是由单次串扰产生的，持续时间小于或等于 21μs。

12.2.2　AP 字段和 PI 字段的生成

上行链路和下行链路使用不同的地址校验序列，上行链路地址校验序列有利于应答机译码器实现检错译码，下行链路地址校验序列有利于下行链路进行纠错译码。

生成上行链路 AP 字段所使用的地址代码将根据要求由飞机地址、全呼叫地址或广播地址形成。生成下行链路 AP 字段所使用的地址代码直接由 24bit S 模式飞机地址序列 $a_1,a_2,\cdots,a_{24}$ 形成。其中，a_i 是全呼叫应答报文飞机地址代码（AA）字段中发送的第 i bit 数据。生成下行链路 PI 字段所使用的代码由 24bit 序列 $a_1,a_2,\cdots,a_{24}$ 形成。其中，前 17bit 为"0"，紧接着的 3bit 是代码标识（CL）字段，最后 4bit 为询问站代码（IC）字段。在上行链路传输中不使用 PI 字段，PI 字段只用在下行链路传输报文 DF=11 和 DF=17 中。

修正序列 $b_1,b_2,\cdots,b_{24}$ 将用于生成上行链路 AP 字段或下行链路 PI 字段。系数 b_i 为多项式 $G(x)A(x)$ 中 x^{48-i} 的系数，即修正序列为由多项式 $G(x)A(x)$ 的 24 项高阶系数组成的序列，$A(x)$ 为飞机地址序列，即

$$A(x)=a_1 x^{23}+a_2 x^{22}+\ldots+a_{24}=\sum_{i=1}^{24} a_i x^{24-i} \tag{12.7}$$

式中，a_i 是 AA 字段所发送的第 i bit 数据。全呼叫广播地址序列是连续的 24 个"1"，即 $a_i=1$（$i=1,2,\cdots,23,24$），故有

$$G(x)A(x)=\sum_{i=1}^{24} b_i x^{48-i} \tag{12.8}$$

式中，序列 $b_1,b_2,\cdots,b_{23},b_{24}$ 用来生成上行链路 AP 字段。b_i 为多项式 $G(x)A(x)$ 中 2^{48-i} 的系数。上行链路发送的 AP 字段序列为

$$t_{k+i}=b_i \oplus p_i \tag{12.9}$$

式中，$\oplus$ 表示"模 2 加"运算；$i=1,2,\cdots,23,24$。$i=1$ 表示 AP 字段所发送的第 1bit 数据。

下行链路 AP 字段或 PI 字段发送的比特序列为

$$t_{k+i} = a_i \oplus p_i \qquad\qquad (12.10)$$

式中，"$\oplus$"表示"模 2 加"运算；i=1,2,…,23,24。i=1 表示 AP 字段或 PI 字段所发送的第 1bit 数据。

12.2.3　上行链路编码器和译码器

上行链路发送信息经过循环冗余校验编码器编码后，输出的奇偶校验序列将与 24bit 飞机地址序列进行"模 2 加"运算，并添加在信息序列末尾传送给接收端。在接收端，循环冗余校验译码器重新计算接收信息的 24bit 奇偶校验序列。因为应答机采用了误差检错技术，所以如果没有出现传输错误，输出的序列就是恢复的飞机地址序列。

1．上行链路询问机纠检错编码器

上行链路询问机纠检错编码器如图 12.1 所示，它是地面询问站的组成部分，使用移位寄存器抽头实现式（12.1）描述的生成多项式 $G(x)$。在结构上将输入端口移到移位寄存器最左边，相当于将信息序列左乘 x^{24}，输入信息序列成为 $x^{24}M(x)$。存储单元初始状态全部为"0"，当图 12.1 中的切换开关置于上方时，形成反馈循环移位状态，图 12.1 成为一个生成多项式为 $G(x)$ 的多项式除法运算电路。当图 12.1 中的切换开关置于下方时，断开了移位寄存器反馈环路，图 12.1 成为一个多项式乘法运算电路，生成多项式也是 $G(x)$。

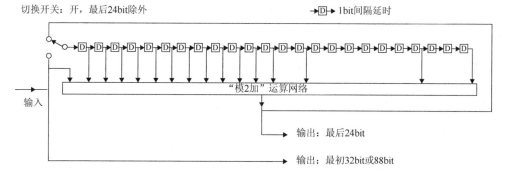

图 12.1　上行链路询问机纠检错编码器

编码器输入信息序列由信息序列 $x^{24}M(x)$ 与 24bit 飞机地址序列 $A(x)$ 组成，即

$$x^{24}M(x)+A(x)=x^{24}\left[\sum_{i=1}^{k} m_i x^{k-i}\right]+A(x) \qquad\qquad (12.11)$$

式中，$M(x)$ 是上行链路传输的 k bit（短报文 k=32，长报文 k=88）信息报文，飞机地址序列 $A(x)$ 如式（12.7）所示。前 k 个时钟周期，编码器一方面将待传输的 k bit 上行信息报文直接送到编码器输出端口，作为输出序列前 k bit 信息；另一方面将它们送入反馈移位寄存器，除以生成多项式 $G(x)$。k 个时钟周期之后，将切换开关置于下方，断开反馈环路，移位寄存器存储单元中保存的内容是除法运算的余数，即

$$R(x) = -R_{G(x)}[x^{24}M(x)] = \sum_{i=1}^{24} p_i x^{24-i} \tag{12.12}$$

断开反馈环路后，移位寄存器变成了多项式乘法电路，输入移位寄存器的信息是 24bit 飞机地址序列 $A(x)$。再经过 24 个时钟周期之后，移位寄存器只进行了乘法多项式 $A(x)G(x)$ 的 24bit 高阶乘法运算。乘法运算是不完善的，因为没有将末尾输入的 24bit "0" 进行乘法运算，相当于舍弃了多项式 $A(x)G(x)$ 的低阶 24bit 乘积 $r(x)$，$A(x)G(x)$ 的幂次也降低了 24 阶。"模 2 加"和"模 2 减"运算结果是一样的，该运算结果在数学上表示为 $\{A(x)G(x)+r(x)\} \div 2^{24}$。其中，$A(x)G(x)$ 的高阶 24bit 乘积的数学表达式为

$$A(x)G(x) \div 2^{24} = \sum_{i=1}^{24} b_i x^{24-i} \tag{12.13}$$

由此可知，b_i 为由多项式 $A(x)G(x)$ 的 24 项高阶系数组成的序列，$A(x)G(x) \div 2^{24}$ 为 24 阶多项式，与式（12.8）的结果一致。上行链路的 AP 字段序列是由式（12.12）计算的余数 $R(x)$ 与 $A(x)G(x)$ 的高阶 24 位乘积系数组成的序列之和，即

$$R(x) + A(x)G(x) \div 2^{24} = \sum_{i=1}^{24} (p_i + b_i) x^{24-i} \tag{12.14}$$

上行链路发送的 AP 字段序列为

$$t_{k+i} = R(x) + A(x)G(x) \div 2^{24} = b_i \oplus p_i \tag{12.15}$$

式中，$i=1,2,\cdots,23,24$。式（12.9）的结果得到了证明。上行链路询问机纠检错编码器的输出序列为

$$2^{24}M(x) + R(x) + \frac{A(x)G(x)}{2^{24}} + \frac{r(x)}{2^{24}} \tag{12.16}$$

式（12.16）也是上行链路应答机检错译码器的输入序列。

2. 上行链路应答机检错译码器

上行链路应答机检错译码器如图 12.2 所示，它是应答机的组成部分。与图 12.1 相比，其移位寄存器输入端没有切换开关，一直处于闭合状态，形成移位寄存器反馈环路，其他部分与上行链路询问机纠检错编码器完全相同。该电路是多项式除法电路，其功能是将输入序列乘以 2^{24} 然后除以 $G(x)$。上行应答机链路检错译码器的输入序列是式（12.16），其输出序列为

$$\frac{[2^{24}M(x) + R(x) + A(x)G(x) \div 2^{24} + r(x) \div 2^{24}] \times 2^{24}}{G(x)} \tag{12.17}$$

因为是"模 2 加"运算，所以由式（12.4）可得

$$\frac{2^{24}M(x) + R(x)}{G(x)} = m(x) + \frac{R(x)}{G(x)} + \frac{R(x)}{G(x)} = m(x) \tag{12.18}$$

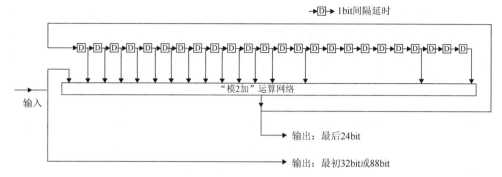

图 12.2　上行链路应答机检错译码器

将式（12.18）代入式（12.17）可得，上行链路应答机检错译码器的输出序列为

$$2^{24}m(x) + A(x) + \frac{r(x)}{G(x)} \tag{12.19}$$

式中，$r(x)/G(x)$ 为输入序列除以 $G(x)$ 的余数，存放在移位寄存器中；$2^{24}m(x)+A(x)$ 为商系数，其中密码器输出的商系数的高阶 $k$bit 数据是传输的信息 $m(x)$，飞机地址序列 $A(x)$ 是商系数的低阶 24bit 数据，即飞机地址序列是译码器输出的商系数最后 24bit 数据。如果没有传输误差，商系数的低阶 24bit 数据就是飞机地址序列，与飞机本身的地址序列是相同的。

如果飞机接收到的地址序列是错误的，商系数的低阶 24bit 数据就不是飞机本身的地址序列。但不知道该地址序列是由传输误差产生的错误地址序列，还是对其他飞机信息译码产生的其他飞机的真实地址序列。这个问题无关紧要，因为只要飞机接收到的地址序列不是飞机本身的地址序列，应答机就不会产生应答信号。为了得到指定飞机的应答信号，询问机将会再一次向该飞机发送询问信号。

12.2.4　下行链路编码器和译码器

下行链路和上行链路使用不同的地址校验序列，因为地面询问设备具有更强的信号处理能力。如果有必要，还可以在下行链路中使用误差纠错技术。下行链路应答机纠检错编码器和询问机检错译码器如图 12.3 所示。当切换开关置于上方时，与图 12.2 完全一样，因此图 12.3 既可作为上行链路应答机检错译码器，也可以作为下行链路应答机纠检错编码器。这样可以使应答机得到简化。

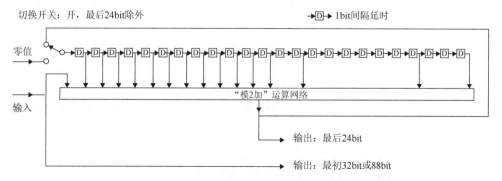

图 12.3　下行链路应答机纠检错编码器和询问机检错译码器

下行链路应答机纠检错编码器与上行链路询问机纠检错编码器唯一的差异是，下行链路应答机纠检错编码器输入反馈移位寄存器的最后 24bit 信息是连续 24 个 "0"，而不是飞机地址代码。因此，下行链路应答机纠检错编码器的输入序列是 $x^{24}M(x)$。经过 k 个时钟周期之后，输入序列在反馈移位寄存器中除以生成多项式 $G(x)$，移位寄存器的存储单元中保存的内容是除法运算的余数 $R(x)$。将切换开关置于下方，断开反馈环路，输入移位寄存器的最后 24bit 信息是连续 24 个 "0"，将余数 $R(x)$ 从移位寄存器中串行输出，并与飞机地址序列 $A(x)$ 或询问站代码 IC 进行 "模 2 加" 运算，得到下行链路 AP 字段或 PI 字段。

下行链路应答机纠检错编码器输出的最后 24bit 信息序列是

$$R(x)+A(x) \tag{12.20}$$

因为下行链路应答机纠检错编码器输出的高阶 k bit 信息序列是 $x^{24}M(x)$，所以其输出序列可表示为

$$D(x)x^{24}M(x)+R(x)+A(x) = \{x^{24}M(x)+R(x)\}+A(x) \tag{12.21}$$

式（12.21）也是下行链路询问机检错译码器的输入序列。

下行链路询问机检错译码器采用如图 12.3 所示的除法电路，与下行链路应答机纠检错编码器使用的电路一样。下行链路询问机检错译码器将式（12.21）除以生成多项式 $G(x)$，可得

$$\frac{D(x)}{G(x)} = \frac{\{x^{24}M(x)+R(x)\}+A(x)}{G(x)} = m(x)+\frac{A(x)}{G(x)} \tag{12.22}$$

式中，飞机地址序列 $A(x)$ 为除法电路的余数，以并行形式保留在移位寄存器中。

下行链路询问机检错译码过程如下。先将图 12.3 中的切换开关置于上方，询问机将接收的应答编码序列输入反馈移位寄存器，经过 k 个时钟周期之后将切换开关置于下方，断开移位寄存器反馈环路，这时余数序列保存在移位寄存器中。再经过 24 个时钟周期将 24bit 余数序列从移位寄存器中串行输出，并将余数 "模 2 减" 飞机地址序列。

如果没有传输误差，那么下行链路询问机检错译码器的最后 24bit 为 "0"。如果有传输误差，那么下行链路询问机检错译码器的最后 24bit 不为 "0"。最简单的方法是进行重复询问，直至得到无误差的应答信号。很多地面询问站的误差概率非常小，重复询问次数很少，对数据链性能几乎没有影响。从上面的编码、译码过程中可以知道，上行链路与下行链路的主要区别如下。

（1）在上行链路编码过程中，反馈移位寄存器开环输入的最后 24bit 数据是飞机地址序列，而下行链路编码输入的最后 24bit 数据是 24 个 "0"。

（2）上行链路的 AP 字段是由多项式 $A(x)G(x)$ 的 24 项高阶系数组成的序列与 $R(x)$ 余数多项式系数的 "模 2 加" 运算结果。下行链路 AP（PI）字段是飞机地址序列 $A(x)$（询问机站码 IC）与 $R(x)$ 余数多项式系数的 "模 2 加" 运算结果。

（3）上行链路译码器输出的飞机地址序列是除法运算的低阶 24bit 商系数，而下行链路输出的飞机地址序列是存储在译码器移位寄存器中的余数。

12.2.5　下行链路纠错译码

本节将介绍下行链路纠错译码的基本概念、计算误差校正因子的右循环移位除法电路，以及下行链路译码器工作原理。

1．基本概念

询问机译码器不受电路复杂度限制，因此采用了误差纠错电路，可以将下行信息传输误差引起的重复询问次数降低到最少。误差纠错的基本步骤如下。

（1）比较译码器余数与飞机地址序列，确定是否出现误差。

（2）使用独立的置信度信息，确定误差出现的位置。

（3）进行误差校正。

询问机译码器首先将输入序列除以生成多项式 $G(x)$ 得到余数，余数减去飞机地址序列叫作误差校正因子。每当出现传输误差时，误差校正因子不是 24bit 零序列。对于确定的 24bit 信息字段，可能有 $2^{24}-1$ 种误差图样。每种误差图样将产生一个误差校正因子，它是 $2^{24}-1$ 个不同的误差校正因子之一。因此，误差和误差校正因子存在着一一对应的关系。因为误差校正因子是在译码过程中信息序列除以 $G(x)$ 的结果，所以误差校正因子与误差图样不同。由多项式除法运算可以知道，只有当信息错误比特出现在最低 24bit 信息字段内，它的余数是最低 24bit 信息时，误差校正因子才与误差图样相同。

当然，误差可能出现在任何一个 24bit 信息字段之中。因为每一段信息误差都可能产生任意一种可能的误差校正因子，误差校正因子与误差图样的映射关系是多对一的。给定的误差校正因子在不同的报文字段中由不同的误差图样产生。但不管怎样，这种变化都是误差位置的函数。误差校正因子中不包含误差位置信息，因此需要一个独立的误差位置信息源。一旦确定了误差位置，通过误差校正因子就可以得到对应的误差图样。

在 S 模式地面询问站中，接收到的每比特数据都带有独立的置信度信息，用来标示对该比特数据判决的确认程度。高置信度比特表示数据判决是正确的，不允许改变。如果误差校正因子有 1bit 为 "1"，指示出现了误差，则某 24bit 信息字段中会有一个误差图样的 1 低置信度比特与误差校正因子中的 "1" 对应。这样就确定了误差位置，并且可对这些误差比特进行校正。对于多比特错误产生的误差或高置信度比特中出现的误差，是不可能进行校正的。

下面将证明：只有错误信息比特出现在 24bit 低阶信息字段中时，误差校正因子才与误差图样相同，才能完成误差校正。如果错误信息比特出现在其他 24bit 信息字段中，则要先通过循环移位将错误信息比特移到最低阶 24bit 信息字段内，然后进行误差校正。

由式（12.22）可知，询问机译码器进行除法运算，将输入序列 $D(x)$ 除以 $G(x)$，可得

$$D(x) \div G(x) = [x^{24}M(x) + R(x) + A(x)] \div G(x) = m(x) + A(x) \div G(x) \qquad （12.23）$$

式中，多项式 $m(x)$ 为除法运算的商；$A(x)$ 为余数，保存在移位寄存器中。如果没有传输误差，从移位寄存器中读出的余数 $A(x)$ 就是飞机地址序列，不需要进行校正；如果出现传输误差，从移位寄存器中读出的余数 $A(x)$ 就不是飞机地址序列。这时，询问机译码器的输入序列增加了误差序列 $E(x)$，有

$$D(x) + E(x) = x^{24}M(X) + R(x) + A(x) + E(x) \qquad （12.24）$$

当出现传输误差时，询问机译码器的输出序列为

$$m(x) + \frac{A(x)}{G(x)} + \frac{E(x)}{G(x)} = m(x) + e(x) + \frac{A(x)}{G(x)} + \frac{\varepsilon(x)}{G(x)} \tag{12.25}$$

式中，

$$\frac{E(x)}{G(x)} = e(x) + \frac{\varepsilon(x)}{G(x)} \tag{12.26}$$

$e(x)$ 为商系数；余数 $\varepsilon(x)$ 为误差校正因子。

假设误差位于距离信息序列倒数第 j bit，误差多项式表示为

$$E(x) = x^j F(x) = \sum_{i=0}^{111} e_i x^{112-i} \tag{12.27}$$

式中，$F(x)$ 为 23 阶多项式，故 $E(x)$ 为 23+j 阶多项式。因为 $G(x)$ 为 24 阶多项式，所以 $e(x)$ 为 j-1 阶多项式。余数 $\varepsilon(x)$ 保存在移位寄存器中，包含在误差校正因子中。如果 j=0，即误差序列 $E(x)$ 为低于 24 阶的多项式，则由式（12.26）可以得到 $e(x)$=0，$\varepsilon(x)$=$E(x)$。也就是说，当错误信息比特位于 24bit 低阶信息字段中时，移位寄存器中得到的余数就是误差序列，误差校正因子与误差图样相同。但当错误信息比特位于其他 24bit 信息字段中时，不是这个结果。

因为采用了循环冗余校验编码，所以整个信息序列可以向右循环移 j 位而不会改变它的译码特性。如果错误信息比特不在 24bit 低阶信息字段内，那么可以通过向右循环移位将该错误信息比特置于 24bit 低阶信息字段，这时误差校正因子就是误差图样。接收机不知道错误信息比特位置 j，将错误信息比特置于 24bit 低阶信息字段的处理过程如下。

（1）将收到的信息序列 $D(x)$ 减去 $A(x)$，除以 $G(x)$，得到 $N(x)$=$[D(x)-A(x)]/G(x)$，它的余数叫作误差校正因子。如果误差校正因子不为零，则错误信息比特存在。

（2）将误差校正因子中的"1"与 24bit 低阶信息字段的置信度进行对比。如果误差校正因子中的"1"与低置信度比特相对应，就可确定该信息比特出现了错误，进行"互补"运算，完成误差校正。否则，将信息序列和置信度码字同步循环右移一位，重复前两步。使用新的移位信息作为 $N(x)$，计算新的误差校正因子，并与置信度进行比较，确定误差位置，完成误差校正。

反复重复上述过程，直到误差校正因子为零，所有错误信息比特校正完毕为止。

2．右循环移位除法电路

下面介绍一种不进行多项式除法运算得到误差校正因子的计算方法。信息序列向左循环移位后，它的误差校正因子 S_1 可以使用右循环移位除法电路由初始误差校正因子 S_0 导出。

按照定义，初始误差校正因子 S_0 是接收信息 $N(X)$ 除以 $G(X)$ 的余数，故 S_0 为

$$S_0 = N(X) - G(X) Q_0(X) \tag{12.28}$$

式中，$Q_0(X)$ 为商系数。误差校正因子 $S(x)$ 是低于或等于 23 阶的多项式，即

$$S(x) = \sum_{i=0}^{23} s_i x^i \tag{12.29}$$

信息序列左移一位的误差校正因子 S_1 为

$$S_1 = XN(X) - G(X)Q_1(X) \tag{12.30}$$

式中，$XN(X)$ 为左移一位的信息序列；$Q_1(X)$ 为左移一位的商系数；S_1 为低于或等于 23 阶的序列。将式（12.28）等号两边同乘以 X 并与式（12.30）等号两边同时相减，可得

$$XS_0 - S_1 = -G(X)[XQ_0(X) - Q_1(X)] \tag{12.31}$$

式中，等号左边多项式的最高阶数为 24。因为 $G(X)$ 是 24 阶多项式，所以等号右边括号里面的商系数 $XQ_0(X) - Q_1(X)$ 必须是 0 或 1，才能保证等号右边多项式不超过 24 阶。

由式（12.31）可知，如果系数 $s_{23}=0$，S_0 是低于 23 阶的多项式，则 $XS_0 - S_1$ 是低于或等于 23 阶的多项式，要求 $XQ_0(X) - Q_1(X) = 0$，这时 $S_1 = xS_0$；如果系数 $s_{23}=1$，S_0 是 23 阶多项式，则 $XS_0 - S_1$ 是 24 阶多项式，要求 $XQ_0(X) - Q_1(X) = 1$，这时 $S_1 = xS_0 + G(x)$。上述过程小结如下：

$$s_{23}=0，\quad S_1 = xS_0$$

$$s_{23}=1，\quad S_1 = xS_0 + G(x) \tag{12.32}$$

上述方程证明，信息序列左循环移位后，它的误差校正因子 S_1 可以采用向左移位初始误差校正因子 S_0 并加除数多项式 $G(x)$ 的运算来完成。由式（12.32）可知，$s_{23}=0$ 时 $S_1 = xS_0$，即将初始误差校正因子 S_0 向左移一位后，移位寄存器内存储的序列为 S_1；$s_{23}=1$ 时 $S_1 = xS_0 + G(x)$，即将初始误差校正因子 S_0 向左移一位并且加上 $G(x)$ 后，移位寄存器内存储的序列为 S_1。

因为移位寄存器不能运行左移除法运算，所以采用如图 12.4 所示的右循环移位除法电路进行左循环移位除法运算。该移位寄存器按照倒置多项式 $G^*(x)$ 抽头设计成除法运算形式，系数 g_i^* 是原始多项式 $G(x)$ 中 x^i 的系数，在右循环移位除法电路中，x^i 的系数为 g_{24-i}^*，右循环移位除法电路为闭环反馈电路，没有输入端口。右移 j 位的除法运算过程等效于左移 $(n-j)$ 位的除法运算过程。因为采用右循环移位除法电路进行左循环移位除法运算，所以要求初始误差校正因子 S_0 按照反向次序作为移位寄存器的初始化数据。工作过程如图 12.4 所示，首先按照 S_0 反向序列对移位寄存器进行初始化，然后进行移位计算。当移位寄存器输出 $S_{23}=0$ 时，移位寄存器中的数据向右移动一位，移位寄存器内的序列为 XS_0；当移位寄存器输出 $S_{23}=1$ 时，移位寄存器中的数据向右移动一位之后，再加上生成多项式 $G(x)$，移位寄存器内的序列为 $XS_0 + G(x)$。这样便完成了式（12.32）的计算。

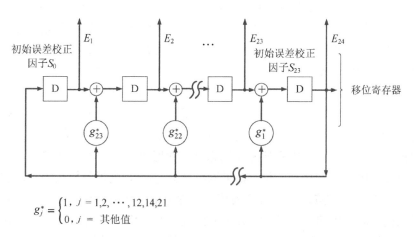

$$g_j^* = \begin{cases} 1, & j = 1,2,\cdots,12,14,21 \\ 0, & j = \text{其他值} \end{cases}$$

图 12.4　右循环移位除法电路

3. 下行链路译码器工作原理

S 模式下行链路译码器由误差检错逻辑电路（见图 12.5）、误差定位逻辑电路（见图 12.6）和误差校正逻辑电路（见图 12.7）组成。

图 12.5 所示为误差检错逻辑电路，由 A 寄存器、DB 寄存器和 CB 寄存器组成。A 寄存器的抽头为按照 S 模式生成多项式 $G(x)$ 构成的除法电路。下行链路应答信息序列送入 A 寄存器进行除法运算，经过 k 个时钟周期后，该电路移位寄存器中存储的余数是可以并行输出的，然后逐比特与本地地址代码进行"模 2 加"运算得到初始误差校正因子 S_0。同时，将信息序列按照图 12.5 中的顺序存入 DB 寄存器，将对应的置信度比特序列存入 CB 寄存器。图 12.5 中的置信度测试将在下面讨论。

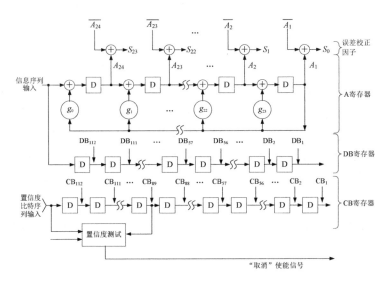

图 12.5　误差检错逻辑电路

图 12.6 所示为误差定位逻辑电路，它由右循环移位除法电路、误差定位功能模块和 L 寄存器组成。如果误差校正因子是非零值，则出现了误差，该误差可能出现在任何一个 24bit 信息字段中。为了产生连续循环移位的误差校正因子，移位寄存器使用了如图 12.4 所示的右循环移位除法电路进行左移除法运算。移位寄存器的抽头设置为倒置多项式 $G^*(x)$，没有输入端只有反馈环路。将初始误差校正因子 S_0 的系数 $s_{23}, s_{22}, \cdots, s_1, s_0$ 按照反向顺序输入移位寄存器作为初始数据。CB 寄存器将置信度比特序列同样按照反向顺序传递至图 12.6 中的 L 寄存器，DB 寄存器将信息序列传递至图 12.7 中的 M 寄存器，同样按照反向顺序传递，以便首先检查 24bit 低阶信息字段。L 寄存器和 M 寄存器是误差定位电路的组成部分。

初始数据输入之后，移位寄存器输出的系数按照时钟周期向右循环移动。如果输出系数 $s_{23}=0$，则误差校正因子向右移动一位；如果输出系数 $s_{23}=1$，则误差校正因子向右移动一位并与 $G(x)$ 相加。信息序列和置信度比特序列按照时钟节拍同步地移动一位。当误差定位功能模块检测到误差校正因子中的"1"与 24bit 中的低置信度比特"1"相匹配时，该比特被定位为误差比特，通过误差定位功能模块设置校正使能比特，进行误差校正。

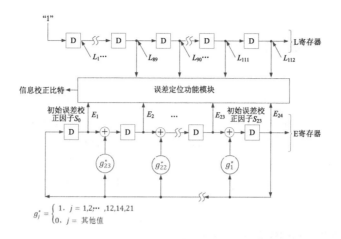

图 12.6　误差定位逻辑电路

　　误差校正逻辑电路如图 12.7 所示。接收到误差定位功能模块的校正使能比特后，先断开移位寄存器，从移位寄存器中串行读出误差校正因子，同时从 M 寄存器中并行读出信息序列。然后对误差校正因子中的"1"所对应的错误信息比特进行逐位误差校正，即将误差校正因子中的"1"和对应的信息数据比特进行"模 2 加"运算，将信息错误比特"0"校正为"1"，或者将信息错误比特"1"校正为"0"。重复上述过程直到误差校正因子为零，所有错误信息比特校正完毕为止。

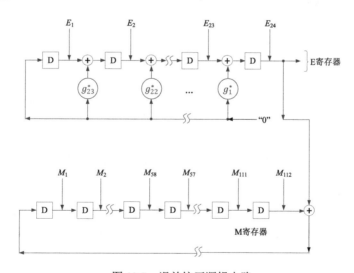

图 12.7　误差校正逻辑电路

　　在校正处理检测阶段，要进一步检查每个 24bit 信息字段中包含的低置信度比特数量。如果其数量超过了门限值，则置信度测试电路（见图 12.5）将输出一个"取消"使能信号，以取消误差校正。因为误差校正概率随低置信度比特数量的增加而快速增加，在极限情况下，如果连续 24bit 都是低置信度比特，那么误差校正因子中的"1"不管怎么样总会与低置信度比特匹配。这种特殊的 24bit 校正总会出现。在这种情况下进行误差校正是没有意义的，所以要设置置信度测试门限值。

12.3 全呼叫报文

为了对装备了 S 模式应答机的飞机进行选址询问，地面询问站必须知道飞机地址代码和大概位置。为此，每个地面询问站均要发射全呼叫询问信号，以便获得 S 模式飞机地址代码。S 模式应答机用唯一飞机地址代码进行应答，地面询问站接收到飞机地址代码后，将该飞机列入已捕获飞机列表。只有完成目标捕获之后，S 模式二次监视雷达才能通过选址询问对飞机进行监视和通信。本节主要介绍与目标捕获有关的全呼叫询问报文（UF=11）和全呼叫应答报文（DF=11）。

12.3.1 全呼叫询问报文（UF=11）

S 模式全呼叫询问的目的是获得目标的地址以便对其进行选址询问。为减少应答信号产生的同步混扰，捕获相距很近的飞机，需要对应答机的应答概率进行控制。在多站工作情况下，询问机必须将自己的识别代码传输给飞机，以便实现多站闭锁和多站通信。因此，全呼叫询问报文（UF=11）信息包括应答机的应答概率（PR）、询问站代码（IC）、代码标识（CL）和飞机地址/校验（AP）。询问站代码（IC）与代码标识（CL）相结合可以产生 15 个询问站代码和 63 个监视识别代码。全呼叫询问飞机地址设置为 24bit "1"。S 模式全呼叫询问报文（UF=11）结构如图 12.8 所示，报文共 56bit。

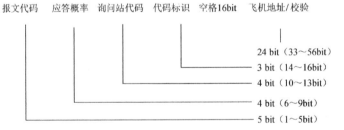

报文代码　应答概率　询问站代码　代码标识　空格16bit　飞机地址/校验

24 bit（33～56bit）
3 bit（14～16bit）
4 bit（10～13bit）
4 bit（6～9bit）
5 bit（1～5bit）

图 12.8　S 模式全呼叫询问报文（UF=11）结构

1. 应答概率（PR）

PR 字段共 4bit，位于报文第 6bit 至第 9bit，包括询问机指定的应答概率，其代码规定如表 12.4 所示。

表 12.4　PR 代码规定

代　　码	PR
0	100%
1	50%
2	25%
3	12.5%

续表

代　码	PR
4	6.25%
5、6、7	未定义，应答机不应答
8	存在闭锁命令时应答机也必须应答，100%
9	存在闭锁命令时应答机也必须应答，50%
10	存在闭锁命令时应答机也必须应答，25%
11	存在闭锁命令时应答机也必须应答，12.5%
12	存在闭锁命令时应答机也必须应答，6.25%
13、14、15	未定义，应答机不应答

其中，PR 代码为 8～12 可防止邻近地面询问站使用相同的询问站代码将应答机闭锁，从而影响本站对目标的捕获。因此，即使存在闭锁命令，也要求应答机进行应答。当 PR 代码为 0～4 时，只要存在闭锁命令，应答机就不应答。询问机设置应答机的应答概率的目的是使应答信号产生同步混扰减少，以便捕获相距很近的飞机。

S 模式全呼叫最高询问速率规定如下：当 PR=100%时，3dB 驻留波束范围内询问次数少于 3 或询问速率小于 30 次/s；当 PR=50%时，3dB 驻留波束范围内询问次数少于 5 或询问速率小于 60 次/s；当 PR=25%或更小时，3dB 驻留波束范围内询问次数少于 10 或询问速率小于 125 次/s。

2．询问站代码（IC）

IC 字段共 4bit，位于报文第 10bit～第 13bit，既可以是 4bit 询问机识别代码（II），也可以是 6bit 监视识别代码（SI）的低 4bit。IC 字段中的内容与代码标识（CL）字段有关。

（1）询问机识别代码（II）：这 4bit 表示询问机识别代码，取值范围为 0～15。一台询问机可使用一个以上 II，不同询问机使用不同 II。II 通常与多站通信协议一起使用，用来完成多站通信；也可以与多站闭锁协议一起使用，在目标捕获时用来闭锁已经捕获的飞机。

（2）监视识别代码（SI）：赋予询问站的监视识别代码 SI，取值范围为 0～63，不使用 SI=0。SI 应与多站闭锁协议一起使用，不能与多站通信协议一起使用。

3．代码标识（CL）

CL 字段共 3bit，位于报文第 14bit 至第 16bit，用来定义 IC 字段内容。CL 代码与询问站代码（IC）的对应关系如表 12.5 所示。CL 字段只使用了 5 个代码，其他代码不使用。

表 12.5　CL 代码与询问站代码（IC）的对应关系

代　码	注　释
000	IC 字段是 II
001	IC 字段是 SI=1 至 15
010	IC 字段是 SI=16 至 31
011	IC 字段是 SI=31 至 47
100	IC 字段是 SI=48 至 63

具有处理监视识别代码能力的应答机应在数据链能力报告的 B 类通信信息（MB）中，将第 35bit（监视识别代码）设置为"1"，报告该应答机具有处理监视识别代码的能力。

4．II=0 的辅助捕获

由于目标捕获过程是随机的，在混扰严重的区域有时可能需要进行多次询问才能在同一波束驻留期间完成最后一架飞机的捕获。询问机采用 II=0 的选择性有限闭锁来捕获这些飞机，可大大提高目标捕获性能。II=0 只与基于闭锁的目标捕获结合使用，为那些没有指定 II 的询问机提供 S 模式飞机捕获，获得 S 模式地址。

II=0 的辅助捕获是指，询问机使用 II=0 的 S 模式全呼叫询问信号对目标进行捕获，并且使用 II=0 的监视和通信询问报文对波束范围内驻留的所有已捕获飞机进行闭锁。这样只有那些没有被捕获的飞机才会对 II=0 的全呼叫询问产生应答信号。因为波束范围内驻留的所有已捕获飞机都使用 II=0 完成了闭锁，所以捕获过程中串扰大量减少。这样可加快目标捕获速度，缩短闭锁时间，从而可降低与同样使用 II=0 进行辅助捕获的相邻询问机的冲突概率。

为了降低与相邻询问机的冲突概率，利用 II=0 进行辅助捕获的询问机通常在一次扫描过程中仅向混扰区域波束范围内驻留的每架飞机发送一次闭锁命令。利用 II=0 进行辅助捕获一般不能超过两个连续扫描周期。

12.3.2　全呼叫应答报文（DF=11）

S 模式全呼叫应答报文（DF=11）是 S 模式全呼叫询问或 A/C/S 组合呼叫询问的应答报文。为了完成目标捕获，全呼叫应答报文信息包括飞机地址、询问机识别代码（II）和通信能力。询问机识别代码（II）用来表明飞机可与具有该识别代码的询问机进行选址询问，实现多站通信和闭锁。通信能力包括应答机具有的通信和广播能力，发送应急代码的能力，指示飞机在空中或地面的能力。询问机识别代码（II）与 24bit 奇偶校验位结合形成校验/询问站识别代码（PI）字段。

全呼叫应答报文由以下字段构成：报文代码（DF）、应答能力（CA）、飞机地址代码（AA）、校验/询问站识别代码（PI）。S 模式全呼叫应答报文（DF=11）结构如图 12.9 所示。

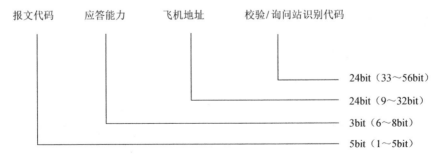

图 12.9　S 模式全呼叫应答报文（DF=11）结构

1．应答能力（CA）

CA 字段共 3bit，位于报文第 6bit 至第 8bit，在全呼叫应答报文（DF=11）中用来指示应答机具有的通信能力、回答应急代码的能力，以及指示飞机在地面或空中的能力。CA 代码及其含义如表 12.6 所示。

表 12.6　CA 代码及其含义

代　码	含　义
0	没有通信能力，只有监视功能。不能设置 CA=7，飞机在空中或地面
1、2、3	预留给不能设置 CA=7 的 S 模式应答机使用
4	至少有 A 类和 B 类通信能力，能设置 CA=7，飞机在地面
5	至少有 A 类和 B 类通信能力，能设置 CA=7，飞机在空中
6	至少有 A 类和 B 类通信能力，能设置 CA=7，飞机在空中或地面
7	表示 DR≠0，或 FS=2、3、4 或 5，飞机在空中或地面

当 CA 代码为 7 时，DR≠0 表示应答机具有传送 B 类通信报文和广播信标信息的能力。FS=2、3、4 或 5 表示应答机具有报告飞机告警、特殊识别（SPI）和飞机在空中或地面的飞行状态信息的能力。当 CA=7 条件不满足时，若具有通信能力但无自动设置飞机在地面的功能，则 CA 代码为 6；若具有自动设置飞机在地面功能，则 CA 代码为 4 或 5。设置 CA 代码为 4、5、6 或 7 的飞机具有数据链报告能力。

2．飞机地址代码（AA）

AA 字段共 24bit，位于报文第 9bit 至第 32bit。该字段中包含飞机地址信息，提供飞机唯一的地址代码，以便地面询问站进行选址询问。

3．校验/询问站识别代码（PI）

PI 字段共 24bit，位于报文第 33bit 至第 56bit。该字段中包含询问机识别代码（II）叠加的奇偶校验位。报文中的询问机识别代码表示本次应答信号是传送给识别代码为 II 的询问机。

4．随机全呼叫协议

每当接收到 PR 代码为 1~4 或 9~12 的 S 模式全呼叫询问，应答机都会执行随机应答处理，并根据询问报文中指定的 PR 进行应答。如果接收到 PR 代码 5、6、7、13、14 或 15 的 S 模式全呼叫询问，应答机将不应答。随机应答将使询问站可以捕获距离很近会产生同步混扰的飞机。

12.4　监视报文及协议

S 模式空中交通管制监视功能与 A/C 模式二次监视雷达监视功能相同，主要任务是通过询问-应答测量并更新飞机的距离、方位数据，获取飞机飞行状态数据，完成目标监视。

询问机通过全呼叫方式得到飞机地址完成目标捕获后，使用选址询问方式对应答机进行询问，发送监视或通信询问报文以便对飞机进行监视，实现地—空通信。与此同时用全呼叫闭锁协议禁止应答机对本地面询问站后续全呼叫询问信号进行应答，以减少系统内部干扰。因此，在监视和通信应答报文中，除必要的监视数据（高度数据、识别代码）之外，还应当包括多站工作闭锁指令、通信请求报文信息及飞机飞行状态数据。飞机飞行状态数据包括各种告警信息、特殊位置识别信息，以及指示飞机在空中或地面的信息等。

本节介绍的询问报文是飞机选址询问报文。有两种基本类型的询问和应答报文，即56bit短报文和112bit长报文。长报文在短报文基础上增加了56bit通信信息。询问短报文是UF=4和UF=5，应答短报文是DF=4和DF=5。询问长报文为UF=20和UF=21，应答长报文是DF=20和DF=21。

12.4.1　监视询问报文（UF=4/UF=5）

UF=4是请求应答高度数据的监视询问报文；UF=5是请求应答识别代码的监视询问报文。它们的报文格式类似，不同之处在于UF=4要求应答机使用DF=4或DF=20应答报文进行应答，其中包含高度码；UF=5要求应答机使用DF=5或DF=21应答报文进行应答，其中包含识别代码。

监视询问报文（UF=4/UF=5）传送的信息包括对应答机的操作命令、要求的应答信息长度和内容，以及多站工作闭锁命令和多站通信控制信息。监视询问报文（UF=4/UF=5）结构如图12.10所示，它由报文代码（UF）、操作协议（PC）、应答请求（RR）、标识识别（DI）、专用标识（SD）、飞机地址/校验（AP）字段构成。

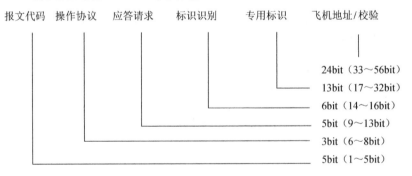

图12.10　监视询问报文（UF=4/UF=5）结构

1．操作协议（PC）

PC字段共3bit，位于报文第6bit至第8bit，包含对应答机的操作指令，是监视或A类通信报文的一部分。在处理含有DI=3的监视或A类通信询问信号时，可忽略PC字段的操作功能。因为DI=3的监视或A类通信询问信号主要包含监视识别代码（SI）多站闭锁和广播GICB控制信息，与PC无关。PC代码及其含义如表12.7所示。

表12.7　PC代码及其含义

代　　码	含　　义
0	不改变应答机的状态
1	没有选择的全呼叫闭锁

代　码	含　义
2	未定义
3	未定义
4	关闭 B 类通信
5	关闭扩展长度上行链路 C 类通信
6	关闭扩展长度下行链路 D 类通信
7	未定义

2. 应答请求（RR）

RR 字段共 5bit，位于报文第 9bit 至第 13bit，包含要求的应答信息长度和内容。RR 代码及其含义如表 12.8 所示。

表 12.8　RR 代码及其含义

代　码	类　型	含　义
0～15	短报文	请求应答监视格式（DF=4 / DF=5）
16～31	长报文	请求应答 B 类通信格式（DF=20 / DF=21）
16	长报文	请求应答空中启动的 B 类通信格式
17	长报文	请求应答数据链功能
18	长报文	请求应答飞机识别代码
19～31	长报文	未定义（为数据链，空中防撞备用）

当 RR 代码大于或等于 16 时，请求应答长报文，报文信息存储在 B 类通信寄存器内。RR 代码用来确定 B 类通信寄存器 BDS1 的地址代码。将 RR 代码后 4bit 二进制数转换为十进制数，该数值是所选择的 B 类通信寄存器的地址代码。例如，RR 代码为 17，询问机请求应答数据链功能，它的后 4bit 数据转换为十进制数 1，则要求的应答信息是地址代码 BDS1=1 的寄存器信息。

RR 代码为 17 数据链功能报告的 B 类报文字段为 BDS1=1 和 BDS2=0。因此，数据链功能的 B 类报文格式如表 12.9 所示。

表 12.9　数据链功能的 B 类报文格式

BDS1=1		BDS2=0				SCS	SIC		
33	36	37	40	41	65	66	67	68	88

其中，BDS1 位于 B 类报文字段第 33bit 至第 36bit，BDS2 位于 B 类报文字段第 37bit 至第 40bit。扩展长度间歇信标位置报告功能（SCS）子字段位于报文第 66bit，监视识别功能（SIC）子字段位于报文第 67bit。

当 RR 代码为 18 时，询问机请求应答飞机识别代码，它的后 4bit 数据转换为十进制数 2，选择 BDS1=2 的寄存器信息作为应答信息。关于 BDS2 的地址代码将在后文中介绍。

3. 标识识别（DI）

DI 字段共 3bit，位于报文第 14bit 至第 16bit，用于识别专用标识（SD）字段的结构，是询问站传送给应答机的多站工作、闭锁和通信控制信息。DI 代码及其含义如表 12.10 所示。

表 12.10　DI 代码及其含义

代　　码	含　　义
0	SD 字段只包括询问站识别代码子字段（IIS），其他字段未定义
1	SD 字段包含为识别代码为 IIS 子字段的询问站提供的多站闭锁和多站数据链控制信息
2	SD 字段含扩展长度间歇信标信号的控制数据
3	SD 字段包含为监视识别代码为 SI 的询问机提供的多站闭锁信息、广播和 GICB 控制信息
4～6	SD 字段未定义
7	SD 字段包含扩展数据链信息读出请求、多站通信控制信息和战术信息

4. 专用标识（SD)

SD 字段共 16bit，位于报文第 17bit 至第 32bit，包括发送给应答机的多站闭锁和通信控制代码。这个字段的结构由标识识别（DI）字段指定。

5. 询问站识别代码（IIS）

IIS 是一个 4bit 的子字段，位于上行字段第 17bit 至第 20bit。如果 DI 代码为 0、1 或 7，则所有 SD 字段中都会包括该子字段。

1）DI=0

DI=0 时的 SD 字段用于识别代码为 IIS 的询问站对飞机进行监视和通信。SD 字段报文格式包括 IIS 子字段，其他字段未定义，如表 12.11 所示。

表 12.11　DI=0 时的 SD 字段报文格式

DI=0		询问站识别代码（IIS）子字段		未定义	
14	16	17	20	21	32

2）DI=1

DI=1 时的 SD 字段用于识别代码为 IIS 的询问站对飞机进行监视、B 类通信和扩展长度报文通信。SD 字段报文包括多站闭锁和多站通信的控制信息，如表 12.12 所示。

表 12.12　DI=1 时的 SD 字段报文格式

DI=1	询问站识别代码 （IIS）子字段	多站 B 类通信控制 （MBS）子字段	多站扩展长度报文控制（MES）子字段	闭锁（LOS） 子字段	预约通信 （RSS）子字段	战术信息 （TMS）子字段
14　16	17　　　20	21　　22	23　　　25	26	27　　　28	29　　　32
注释	询问站识别代码	预约/关闭多站 B 类通信	预约/关闭多站扩展长度报文	多站闭锁控制	预约通信类型请求	A 类通信链路

（1）多站 B 类通信控制（MBS）子字段。

MBS 子字段位于报文第 21bit 至第 22bit，是本询问站预约/关闭多站 B 通信的指令。MBS 代码及其含义如表 12.13 所示。

表 12.13　MBS 代码及其含义

代　码	含　义
0	没有 B 类通信功能
1	空中启动的 B 类通信预约请求
2	关闭 B 类通信
3	未定义

（2）多站扩展长度报文控制（MES）子字段。

MES 子字段位于报文第 23bit 至第 25bit，是本询问站预约/关闭多站扩展长度报文的指令。MES 代码及其含义如表 12.14 所示。

表 12.14　MES 代码及其含义

代　码	含　义
0	本询问站没有多站扩展长度报文通信功能
1	上行多站扩展长度报文预约请求
2	关闭上行多站扩展长度报文
3	下行多站扩展长度报文预约请求
4	关闭下行多站扩展长度报文
5	上行多站扩展长度报文预约，关闭下行多站扩展长度报文
6	关闭上行多站扩展长度报文，下行多站扩展长度报文预约
7	关闭上行、下行多站扩展长度报文

（3）闭锁（LOS）子字段。

LOS 子字段位于报文第 26bit。LOS 代码及其含义如表 12.15 所示。

表 12.15　LOS 代码及其含义

代　码	含　义
1	多站闭锁指令来自识别代码为 II 的询问站
0	闭锁状态不变

（4）预约通信（RSS）子字段。

RSS 子字段位于报文第 27bit 至第 28bit，是询问机向应答机预约应答报文使用信息（UM）

字段中报告的下行链路通信类型。RSS 代码及其含义如表 12.16 所示。

表 12.16　RSS 代码及其含义

代　码	含　义
0	无要求
1	在 UM 字段中报告 B 类通信预约
2	在 UM 字段中报告 C 类通信预约
3	在 UM 字段中报告 D 类通信预约

（5）战术信息（TMS）子字段。

TMS 子字段位于报文第 29bit 至第 32bit，包含航空数据链使用的通信控制信息。

3）DI=2

DI=2 时的 SD 字段报文格式是飞机在地面的扩展间歇信标信号的控制数据，包括地面位置类型控制信息、地面应答信标速率控制信息和天线控制信息，其报文格式如表 12.17 所示。

表 12.17　DI=2 时的 SD 字段报文格式

DI=2		地面位置类型控制（TCS）子字段	地面应答信标速率控制（RCS）子字段	天线控制（SAS）子字段	
14　　16	17　　20	21　　　　　　　23	24　　　　　　　26	27　　　　　　　28	29　　32
注释			间歇信标信号速率控制命令	飞机在地面的应答天线控制命令	

（1）地面位置类型控制（TCS）子字段。

TCS 子字段共 3bit，位于报文第 21bit 至第 23bit，控制应答机使用的地面位置类型。TCS 代码及其含义如表 12.18 所示。

表 12.18　TCS 代码及其含义

代　码	含　义
0	无要求
1	要求下一个 15s 采用地面位置类型
2	要求下一个 60s 采用地面位置类型
3	要求取消地面位置类型控制命令
4~7	未分配

（2）地面应答信标速率控制（RCS）子字段。

RCS 子字段共 3bit，位于报文第 24bit 至第 26bit，控制应答机在地面发射间歇信标信号的速率。当报告应答机在空中时，该子字段对其发射间歇信标信号的速率没有影响。RCS 代码及其含义如表 12.19 所示。

表 12.19　RCS 代码及其含义

代　码	含　义
0	无要求
1	要求高速率地面间歇信标信号报告，持续时间为 60s
2	要求低速率地面间歇信标信号报告，持续时间为 60s
3	要求抑制所有地面间歇信标信号，持续时间为 60s
4	要求抑制所有地面间歇信标信号，持续时间为 120s
5～7	未分配

（3）天线控制（SAS）子字段。

SAS 子字段共 2bit，位于报文第 27bit 至第 28bit。当飞机在地面上时，该子字段将控制发射扩展长度间歇信标信号的应答机分集天线；当飞机在空中时，该子字段对分集天线的选择没有影响。SAS 代码及其含义如表 12.20 所示。

表 12.20　SAS 代码及其含义

代　码	含　义
0	无要求
1	要求交替使用上应答天线和下应答天线，持续时间为 120s
2	要求用下应答天线，持续时间为 120s
3	要求回到不执行任务状态

4）DI=3

DI=3 时的 SD 字段是监视识别代码为 SI 的询问机使用的应答机多站闭锁信息、广播和 GICB 控制信息要求，其报文格式如表 12.21 所示。

表 12.21　DI=3 时的 SD 字段报文格式

DI=3	监视识别代码（SIS）子字段		监视闭锁（LSS）子字段	应答请求（RRS）子字段			
14　　16	17	22	23	24	27	28	32
注释	询问站监视识别代码		询问站闭锁命令	GICB 寄存器 BDS2		未定义	

（1）监视识别代码（SIS）子字段。

SIS 子字段共 6bit，位于报文第 17bit 至第 22bit，是询问站的监视识别代码。

（2）监视闭锁（LSS）子字段。

LSS 子字段共 1bit，位于报文第 23bit。如果设为 1，则表示多站闭锁命令来自 SIS 子字段中指定的询问机；如果设为 0，则表示闭锁状态无变化。

（3）应答请求（RRS）子字段。

RRS 子字段共 4bit，位于报文第 24bit 至第 27bit，请求应答机发送地址代码为 BDS2 的 GICB 寄存器中的内容。

BDS2=05（十六进制），GICB 寄存器存储飞机位置报文。

BDS2=06（十六进制），GICB 寄存器存储场面位置报文。

BDS2=08（十六进制），GICB 寄存器存储飞机识别报文。

BDS2=09（十六进制），GICB 寄存器存储飞机速度报文。

BDS2=0A（十六进制），GICB 寄存器存储事件驱动报文。

第 28bit 至第 32bit 未定义。

5）DI=7

DI=7 时的 SD 字段是识别代码为 IIS 的询问站使用的扩展长度数据链控制信息，包括应答请求信息、闭锁和战术信息，其报文格式如表 12.22 所示。

表 12.22　DI=7 时的 SD 字段报文格式

DI=7	询问站识别代码 （IIS）子字段		应答请求（RRS） 子字段			闭锁（LOS）子字段			战术信息 （TMS）子字段	
14　16	17	20	21	24	25	26	27　28	29		32
注释	询问站识别代码		GICB 寄存器 BDS2			闭锁			A 类通信链路	

RRS 子字段共 4bit，位于报文第 21bit 至第 24bit，请求回答地址代码为 BDS2 的 GICB 寄存器中的内容。第 25bit、第 27bit 和第 28bit 未定义。

12.4.2　监视应答报文（DF=4/DF=5）

高度监视应答报文 DF=4 是 RR 代码小于 16 的 UF=4 或 UF=20 询问报文的应答报文。识别监视应答报文 DF=5 是 RR 代码小于 16 的 UF=5 或 UF=21 询问报文的应答报文。DF=4 和 DF=5 的报文格式类似，唯一的差别是 DF=4 是高度监视应答报文，第 20bit 至第 32bit 是高度码，而 DF=5 是识别监视应答报文，第 20bit 至第 32bit 是识别代码。

监视应答报文（DF=4/DF=5）传送的信息包括飞行状态、飞机的高度信息和识别代码等。监视应答报文（DF=4/DF=5）由以下字段构成：报文代码（DF）、飞行状态（FS）、下行链路报文请求（DR）、使用信息（UM）、高度码（AC）/飞机识别代码（ID）、飞机地址/校验（AP），如图 12.11 所示。

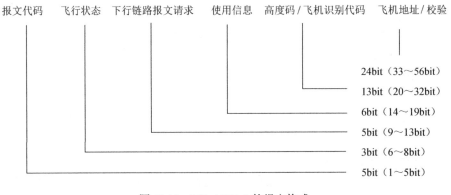

图 12.11　DF=4/DF=5 的报文格式

1. 飞行状态（FS）

FS 字段共 3bit，位于报文第 6bit 至第 8bit，用于报告飞机的告警、特殊位置识别（SPI）和飞机在空中或地面的飞行状态信息。FS 代码及其含义如表 12.23 所示。

表 12.23　FS 代码及其含义

代　码	含　义
0	无告警，无特殊位置识别（SPI），飞机在空中
1	无告警，无特殊位置识别（SPI），飞机在地面
2	有告警，无特殊位置识别（SPI），飞机在空中
3	有告警，无特殊位置识别（SPI），飞机在地面
4	有告警，有特殊位置识别（SPI），飞机在空中或地面
5	无告警，有特殊位置识别（SPI），飞机在空中或地面
6	未定义
7	未定义

如果飞行员更改了下行链路 DF=5 和 DF=21 中的 A 模式识别代码，则应当在 FS 字段中报告告警状态，包括当 A 模式识别代码被改为告警代码 7500、7600 或 7700 时，应当设置为持续告警；当 A 模式识别代码被改为其他代码（非 7500、7600 或 7700）时，应当设置为临时告警，在持续 T_C 后取消；当 A 模式识别代码从告警代码变为非 7500、7600 或 7700 的其他代码（如 SPI）时，应终止持续告警，改为临时告警。

飞机在地面的状态应当在监视应答报文 FS 字段和 VS 字段中报告。如果应答机数据接口没有指示飞机在地面的状态，那么下行链路 FS 字段和 VS 字段将指示该飞机在空中。

当人工启动特殊位置识别状态时，S 模式应答机应在 FS 字段和 SSS 子字段发送等效 SPI 脉冲。

2. 下行链路报文请求（DR）

DR 字段共 5bit，位于报文第 9bit 至第 13bit，是应答机请求发送下行链路报文的指令。DR 代码及其含义如表 12.24 所示。

表 12.24　DR 代码及其含义

代　码	含　义
0	无下行链路报文请求指令
1	请求发送 B 类通信报文
2	保留给 ACAS
3	保留给 ACAS

代　码	含　义
4	B 类广播信息 1 有效
5	B 类广播信息 2 有效
6	保留给 ACAS
7	保留给 ACAS
8～15	未定义
16～31	传送扩展长度下行链路报文的通告

注：代码 1～15 优先于代码 16～31。代码 1～15 是传送 B 类通信报文的通告，代码 16～31 是传送扩展长度下行链路报文的通告，
传送短报文的通告具有优先权。

3．使用信息（UM）

UM 字段共 6bit，位于报文第 14bit 至第 19bit，表示应答机为识别代码为 IIS 的询问站约定的通信类型，该通信类型由询问报文中的 RSS 子字段指定。通知询问站下行链路的通信对象和通信类型。

1）多站协议的 UM 字段的子字段

如果监视或 A 类通信报文 UF=4,5,20,21 中含有 DI=1，且 RSS 不为 0，则表示询问机约定了下行链路通信类型。在这种情况下，应答报文的 UM 字段由询问站识别代码（IIS）子字段和识别标志（IDS）子字段组成，表示为识别代码为 IIS 的询问站约定的通信类型，约定的通信类型由 IDS 子字段确定。UM 字段报文格式如表 12.25 所示。

表 12.25　UM 字段报文格式

询问站识别代码（IIS）子字段		识别标志（IDS）子字段	
14	17	18	19

（1）询问站识别代码（IIS）子字段。

IIS 子字段共 4bit，位于报文第 14bit 至第 17bit，是预约多站通信的询问站识别代码。

（2）识别标志（IDS）子字段。

IDS 子字段共 2bit，位于报文第 18bit 至第 19bit，表示为识别代码为 IIS 的询问站约定的通信类型。IDS 代码及其含义如表 12.26 所示。

表 12.26　IDS 代码及其含义

代　码	含　义
0	没有预留信息
1	为识别代码为 IIS 的询问站约定 B 类通信
2	为识别代码为 IIS 的询问站约定 C 类通信
3	为识别代码为 IIS 的询问站约定 D 类通信

2）多站约定状态

如果 UM 字段中的内容没有由询问报文约定（当 DI＝0 或 7，或者 DI＝1 和 RSS＝0 时），则应当在 UM 字段的 IIS 子字段中设置接收该 B 类通信询问站的识别代码，与 IDS=1 一起发送，表示应答机发射的 B 类通信信息将传送给当前询问站。

如果 UM 字段中的内容没有由询问报文约定，并且没有预约 B 类通信，则应当将当前约定传输 D 类通信报文的询问机识别代码插入 UM 字段的 IIS 子字段，与 ID=3 一起发送，表示应答机发送的是 D 类通信数据链信息，供识别代码为 II 的询问站使用。

4．高度码（AC）/识别代码（ID）

AC/ID 字段共 13bit，位于报文第 20bit 至第 32bit。在 DF＝4 高度监视应答报文中为高度码（AC），在 DF=5 识别监视应答报文中为识别代码（ID）。

1）高度码

DF=4 高度监视应答报文中包含的高度码规定如下。

（1）第 26bit 为 Mbit 指定报告的高度单位。当 M=0 时，报告的高度单位为 ft；当 M=1 时，报告的高度单位为 m（目前没有使用，留待将来使用）。

（2）如果 M=0，那么第 28bit 为 Qbit 高度增量值。当 Q=0 时，高度增量值为 100ft；当 Q=1 时，高度增量值为 25ft。

（3）当 M=Q=0 时，高度码按照 C 模式应答码进行编码。从第 20bit 开始，依次为 C1，A1，C2，A2，C4，A4，0，B1，D1，B2，0，B4，D4。

（4）如果 M=0、Q=1，则由第 20bit 至第 25bit、第 27bit 及第 29bit 至第 32bit 组成的 11bit 字段表示一个最小有效位（LSB）为 25ft 的二进制编码字段。对十进制正整数 N 进行二进制数编码，用来报告气压高度的范围为$(25N-1000)\pm12.5$ft。

2）识别代码

DF=5 识别监视应答报文中的识别代码，为 A 模式应答码，应按照 A 模式的应答码编码，即从第 20bit 开始，依次为 C1，A1，C2，A2，C4，A4，0，B1，D1，B2，D2，B4，D4。识别代码共有 4096 个，在驾驶舱前面板上设置。

12.4.3　全呼叫闭锁协议

询问机一旦捕获到指定地址的飞机，使用选址询问方式对应答机进行询问，并禁止应答机对该询问机后续全呼叫询问产生应答信号，这个过程叫作全呼叫闭锁。为了实现全呼叫闭锁，询问站与飞机、询问站与询问站之间必须协同工作，共同遵守一个协议，该协议就是全呼叫闭锁协议。根据使用环境不同全呼叫闭锁协议可分为多站全呼叫闭锁协议和没有选择的全呼叫闭锁协议。

1．多站全呼叫闭锁协议

在监视范围重叠的区域内，经常会出现多个询问站同时对飞机进行捕获、监视和通信的情况。此时，为确保多个询问站在捕获、监视和通信过程中互不影响，需要使用多站全呼叫闭锁协议。多站全呼叫询问报文中应当包含询问站识别代码或监视识别代码。处于闭锁状态的应答机如果接收到进行闭锁的询问识别代码 II，则不响应该全呼叫询问信号，不发射应答信号；如果接收到的识别代码不是进行闭锁的询问站识别代码 II，则对这种全呼叫询问信号进行应答，这样不会影响其他询问站对该目标的捕获。

多站全呼叫闭锁命令应在监视和标准长度通信询问报文的 SD 字段中传输。询问站的闭锁命令应在 DI=1 或 DI=7 的 SD 字段中传输，闭锁代码 LOS=1，并且在 SD 字段的 IIS 子字段中存入该询问站识别代码 II，表示多站全呼叫闭锁命令来自识别代码为 II 的询问站。监视识别代码的闭锁命令应在 DI=3 的 SD 字段中传输，监视闭锁代码 ISS=1，并且在 SD 字段的 SIS 子字段中存入该监视识别代码 SI，表示多站全呼叫闭锁命令来自监视识别代码为 SI 的询问站。

当应答机确认询问报文中包含多站全呼叫闭锁命令后，该应答机就启动闭锁定时器，开始闭锁，不发射应答信号，闭锁持续时间 T_L=18s。在任何情况下，如果飞机在约 18s 的周期（对应几个天线扫描周期）内没有接收到后续包含多站全呼叫闭锁命令的选址询问信号，则当前所有闭锁状态失效，询问站又可以使用正常的 S 模式捕获方式对该飞机进行重新捕获。

多站全呼叫闭锁协议的基础是通过询问站识别代码确定多站全呼叫闭锁命令来自何处，并使用闭锁定时器确定应答机闭锁时间。S 模式应答机可以由来自 78 个具有不同识别代码的询问站的闭锁命令进行闭锁。其中 15 个询问站可以发送独立的 II 闭锁命令，63 个询问站可以发送独立的 SI 闭锁命令。S 模式应答机有 78 个闭锁定时器，用以确定 78 个具有不同识别代码询问站的闭锁时间。

监视范围重叠的询问站使用不同的询问站识别代码，相互之间不会受到闭锁影响，因此捕获和闭锁是以全自主的方式进行的。

当 S 模式全呼叫询问信号的 PR 代码为 8～12 时，如果存在多站全呼叫闭锁命令，则应答机要对 S 模式全呼叫询问信号进行应答。

多站全呼叫闭锁命令不会影响应答机对 II=0 的 S 模式全呼叫询问信号进行应答，也会不影响应答机对 A/C 模式全呼叫询问信号进行应答。

2. 没有选择的全呼叫闭锁协议

在监视范围不重叠或询问站有地—地通信协调的情况下，只有一个询问站工作，可以不使用多站全呼叫闭锁协议，而使用没有选择的全呼叫闭锁协议，这样应答机在执行闭锁功能时不需要指定询问站识别代码或监视识别代码。使用没有选择的全呼叫闭锁协议的询问报文代码在 PC=0 或 PC≠0 的情况下应包含 LOS=1 和 IIS=0。

当询问信号中包含 PC=1（表示使用没有选择的全呼叫闭锁协议）时，应答机应当闭锁 II=0 的 S 模式全呼叫询问信号和 A/C/S 组合呼叫询问信号。这种没有选择的全呼叫闭锁时间 T_D=（18±1s），但是不妨碍应答机对 PR 代码为 8～12 的 S 模式全呼叫询问进行应答。

当 PC（PC≠1）字段用于通信时，可以在询问报文中同时包含 LOS=1 和 IIS=0，表示使用没有选择的全呼叫闭锁协议。

如果接收到的询问报文中同时包含 LOS=1 和 IIS=0，则为没有选择的全呼叫闭锁。此时应答机应当闭锁 II=0 的 S 模式全呼叫询问信号和 A/C/S 组合呼叫询问信号。但是不影响应答机对 II≠0 的 S 模式全呼叫询问进行应答。

12.5　标准长度监视通信报文

标准长度的数据链通信报文有两种，即 A 类通信（Comm-A）报文和 B 类通信（Comm-B）报文。A 类通信报文是询问机传送给应答机的通信报文，通过监视通信询问报文（UF=20/UF=21）传送；B 类通信报文是从空中向地面询问站传输的通信报文，通过监视通信应答报文（DF=20/DF21）传送。

12.5.1　监视通信询问报文（UF=20/UF=21）

UF=20 是高度请求 A 类监视通信询问报文，UF=21 是识别请求 A 类监视通信询问报文。它们的报文格式完全相同，但是 UF=20 要求应答机使用 DF=20 应答报文进行应答，其中包含高度码；UF=21 要求应答机使用 DF=21 应答报文进行应答，其中包含识别代码。

监视通信询问报文（UF=20/UF=21）在 UF=4/UF=5 的基础上增加了 56bit 的 A 类通信报文，报文长度为 112bit。它由下列字段组成：报文代码（UF）、操作协议（PC）、应答请求（RR）、标识识别（DI）、专用标识（SD）、A 类通信信息（MA）、飞机地址/校验（AP），如图 12.12 所示。

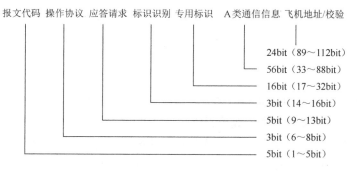

图 12.12　监视通信询问报文（UF=20/UF=21）格式

MA 字段共 56bit，位于报文 33bit 至第 88bit，该字段包含传送给飞机的数据链信息，并且包含 8bit A 类通信定义（ADS）子字段。ADS 子字段位于报文第 33bit 至第 40bit，用于标注 A 类通信报文中包含的数据内容。为方便起见，ADS 子字段被分为两组（ADS1 和 ADS2），每组 4bit。

12.5.2　监视通信应答报文（DF=20/DF=21）

监视通信应答报文 DF=20 是 RP 代码大于 15 的 UF=4 或 UF=20 询问报文的应答报文，监视通信应答报文 DF=21 是 RP 代码大于 15 的 UF=5 或 UF=21 询问报文的应答报文。

DF=20 和 DF=21 的报文格式类似，唯一的差别是 DF=20 应答报文第 20bit 至第 32bit 是高度码，而 DF=21 应答报文第 20bit 至第 32bit 是识别代码。监视通信应答报文 DF=20/DF=21 与标准长度监视应答报文 DF=4/DF=5 的差别是增加了 56bit 的 B 类通信报文，报文长度为 112bit。DF=20/DF=21 的报文格式如图 12.13 所示。

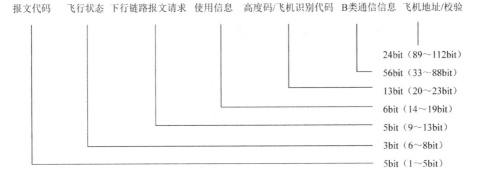

图 12.13　DF=20/DF=21 的报文格式

MB 字段共 56bit，位于报文第 33bit 至第 88bit，包含飞机传送给地面的数据链信息，并且包含 8bit B 类通信定义（BDS）子字段。

BDS 子字段位于报文第 33bit 至第 40bit，即 MB 字段前 8bit，用于标注 MB 字段中包含的数据类型。为方便起见，将 BDS 子字段分为两组（BDS1 和 BDS2），每组 4bit。

12.5.3　标准长度通信协议

标准长度通信协议有两种，即 A 类通信协议和 B 类通信协议。使用这些协议的报文应在询问机的控制下传送。A 类通信报文是询问机传送给应答机的通信报文，要在一个处理周期内完成。B 类通信报文主要用于从空中向地面询问站传输信息，既可由地面询问站启动，也可由空中应答机启动。在地面启动的情况下，询问机应在同一询问-应答周期中读出应答机发送的 B 类通信数据；在空中启动的情况下，当应答机首先通告即将发送一条报文后，询问机要在紧接着的下一个处理周期内读取该报文。

在监视范围重叠的一些区域，可能没有通信设备协调询问机的工作，空中启动的 B 类通信报文传送需要一个以上处理周期才能完成，因此需要采取措施，保证只能由发送请求 B 类通信报文预约的询问机接收并关闭该报文。为此，可采用多站 B 类通信协议或增强型 B 类通信协议。

多站通信协议和没有选择的通信协议不能同时用于监视范围重叠的区域，除非该区域内的询问机是经过地面通信协调的。多站通信协议与多站闭锁协议无关，也就是说，多站通信协议可与没有选择的闭锁协议一起使用，反之亦然。

在没有选择的空中启动 B 类通信协议中，所有必须实施的处理均在询问机的控制下实施。

1．A 类通信报文传输协议

A 类通信是地面询问站直接将信息传送到空中应答机的通信过程，传送的信息分为 A 类通信信息和 A 类广播信息。

1）A 类通信信息传输协议

A 类通信信息传输协议是地面询问站将地—空标准长度通信报文传输给指定空中应答机的地—空标准长度通信协议。A 类通信信息在 UF=20 和 UF=21 标准长度通信询问报文 MA 字段中传送。询问机在传送信息前已经知道被选择应答机的通信能力。

应答机接收到 A 类通信询问信号后，应当自动发射应答信号，确认已接收到 A 类通信信息。询问机接收到应答信号后表示得到通知：应答机已接收到并存储了该信息。如果上行链路或下行链路失效导致这次应答信号丢失，询问机没有接收到确认应答，则通常会重发该询问信号。在下行链路失效的情况下，应答机可能不止一次接收到该询问信号。

如果应答机不能将上行链路报文传送到数据链处理单元，则应答机不会对 A 类通信询问发射确认应答信号，但能对监视询问进行应答。如果地面询问站使用 A 类通信询问无法与飞机取得联系，则应发射一个或多个监视询问信号（UF=4 或 5），以确定通信接口是否出现故障，是否妨碍应答机对地面询问站发送应答信号。应答机数据链能力变化应通过 B 类广播报文发布。

如果 ACAS 的接口与空中数据链处理器（ADLP）是分开的，则应答机必须根据询问信息选择性地将 A 类通信报文传送到相应的接口。TCAS 的 A 类通信报文由 DI=1 或 7、TMS=0 定义，并且 MA 字段中前 8bit 数据等于 05（十六进制数）。当确定为 TCAS 的信息（包括在空—空 MU 字段中）时，应当将信息传送给 TCAS 接口，其他信息应当传送到空中数据链处理器接口。

2）A 类广播信息传输协议

A 类广播信息传输协议是询问机向天线扇区内所有飞机传送广播信息的协议。根据工作需要，该扇区范围可小至一个波束宽度，大至天线旋转的整个方位角范围。

在接收到 A 类广播信息后，应答机应按规则进行处理，并且不发射确认应答信号，应答机的其他功能不受影响。

由于没有应答信号，询问机不能确认天线扇区内的飞机是否接收到 A 类广播信息，因此 A 类广播信息必须周期性地重复发送，以保证高概率地传送到指定区域的所有飞机。A 类广播信息在 3dB 波束宽度内至少传送 3 次，这种传送速率保证了可在一个扫描周期内将 A 类广播信息可靠地传送到天线扇区内的所有飞机。

2. 地面启动的 B 类通信协议

地面启动的 B 类通信（GICB）是空中应答机将 B 类通信信息传送到发出 B 类通信请求的地面询问站的通信过程，由地面询问站发起并提取该应答信息。应答机应答的 B 类通信信息是询问报文中 B 类通信数据选择（BSD）代码指定的 GICB 寄存器存储的数据，通过 DF=20 和 DF=21 标准长度通信应答报文 MB 字段传送给询问机。B 类通信信息为 UF=4、UF=5、UF=20 和 UF=21 中 DI=7 的 RRS 代码指定的 GICB 寄存器存储的内容。GICB 协议的典型例子是传送飞机数据链能力报告和飞机识别登记代码。地面询问站要求读出 BDS1=3 和 BDS2=5 的 B 类通信信息。GICB 报文格式如表 12.27 所示。

表 12.27 GICB 报文格式

询 问 报 文	应 答 报 文	相 关 字 段	注　　释
监视或 A 类通信报文		RR=19	读出 BDS1=3 的 B 类通信信息
		DI=7	标识识别字段
		RRS=5	请求 BDS2=5 的 B 类通信信息
	B 类通信报文	MB	BDS1=3 和 BDS2=5 的 B 类通信信息在 MB 字段中传送到地面询问站

报文内容含义：地面询问站请求读出 BDS1=3 和 BDS2=5 的 B 类通信信息，应答机将该 B 类通信信息存放在 MB 字段中传送到地面询问站。

RR 代码请求的 B 类通信报文存储在 GICB 寄存器 BDS1 中。当 RR 代码大于 16 时，其低 4bit 的十进制数是 BDS1。当 RR 代码为 19 时，其低 4bit 为十进制数 3，故机载 B 类通信存储器地址代码为 BDS1=3。

1）B 类通信数据选择（BDS）代码

BDS 代码用于选择 B 类通信寄存器，该寄存器存储的信息放置在应答报文的 MB 字段中。BDS 代码用两组 4bit 的数据表示：BDS1（高 4bit）和 BDS2（低有效 4bit）。BDS1 代码应当由监视或 A 类通信报文的 RR 字段内容规定；BDS2 代码应当由 DI=7 或 DI=3 的 SD 字段中 RRS 子字段内容规定。如果 DI≠7，即未指定 BDS2 代码，则 BDS2=0。

2）协议

询问机将 DI=7 和 RRS≠0 写入询问报文通告应答机，请求传送 B 类通信报文，该报文的信息在 RRS 代码指定的 GICB 寄存器中。一旦接收到这种请求，应答机将被请求传送的 GICB 寄存器存储的内容放置到应答报文的 MB 字段中，向地面询问站传送，并且由该地面询问站提取。

3．空中启动的 B 类通信协议

1）报文传输的总协议

空中启动的 B 类通信是由空中应答机发起的空—地通信过程，目的是将 B 类通信信息从空中应答机传送到地面询问站。应答机将 DR=1 写入应答报文的 DR 字段，通告地面询问站有空中启动的 B 类通信报文等待传送。

为了提取 B 类通信信息，询问机将发送包含 RR=16 的后续询问报文，请求应答机发送 B 类通信报文。询问报文中包括 DI=7 和 RRS=0，表示发送的 B 类通信信息是由空中应答机选择的。

在接收到该请求代码后，应答机将发送 B 类通信报文。如果接收到要求发送通信报文命令时应答机没有报文等待发送，那么应答报文的 MB 字段全为"0"。

应答报文应当继续保持 DR=1，直到 B 类通信关闭后再取消该报文，并设置 DR=0。如果另一个空中启动的 B 类通信报文等待发送，那么应答机将重新将设置 DR=1，通告有下一条报文待发送。

通告和取消协议可保证空中启动的 B 类通信报文不会因发送上行或下行链路期间出现故障而丢失。

2）多站报文传输协议

在多站工作环境下，空中启动的 B 类通信报文可由一个以上地面询问站读出。多站报文传输协议规定任何地面询问站均可读出报文，但处理和关闭报文及取消报文等功能只能由已预约 B 类通信的地面询问站完成。当一条空中启动的 B 类通信报文被多站使用时，必须使用多站报文传输协议或通过地面通信设备协调，以避免造成信息丢失。

多站报文传输协议的基础是利用应答报文中的 UM 字段建立 B 类通信预约地面询问站，由该预约地面询问站和应答机 B 定时器启动和关闭空中启动的 B 类通信报文。

B 类通信多站预约申请通过设置 RSS=1 实现，即将 UM 字段通信报文的通信预约状态设置为 B 类通信预约状态，并将询问报文中的 II 代码写入应答报文 UM 字段的 IIS 子字段。这样，申请阅读该报文的地面询问站就成为该报文的预约地面询问站。

为了请求应答机预约并读出 B 类通信报文，询问机应发射 UF=4、5、20 或 21 的询问报文，且必须包含表 12.28 中的字段。

表 12.28　UF=4、5、20 或 21 的询问报文内容

询 问 报 文	有 关 字 段	含 义
UF=4/UF=5，UF=20/UF=21	RR=16	询问站请求应答空中启动的 B 类通信
	DI=1	多站标识识别字段
	IIS	请求预约的询问站识别代码子字段
	MBS=1	预约 B 类通信

响应该询问的协议程序取决于应答机 B 定时器的状态，B 定时器指示 B 类通信预约是否有效，运行时间为 T_R。

如果 B 定时器未运行，则表明该报文无地面询问站预约。应答机将询问报文中的 IIS 子字段写入应答报文 UM 字段的 IIS 子字段，该 II 代码的询问站成为 B 类通信预约地面询问站，同时启动 B 定时器。

如果 B 定时器正在运行，且询问报文 IIS 子字段等于预约地面询问站 II 代码，则表明该询问站成为本条报文的预约地面询问站，应答机将重新启动 B 定时器，并且由该询问站在下次询问时关闭该报文。

如果 B 定时器正在运行，且询问报文 IIS 子字段不等于预约地面询问站 II 代码，则表明该询问站不是本条报文的预约地面询问站，不应当改变 B 类通信 II 代码或 B 定时器状态，也不能关闭该报文。

在监视或 A 类通信报文中，关闭空中启动的多站 B 类通信有关字段如表 12.29 和表 12.30 所示。

表 12.29　关闭空中启动的多站 B 类通信有关字段（一）

询 问 报 文	有 关 字 段	含 义
UF=4/UF=5，UF=20/UF=21	DI=1	标识识别代码为 1
	IIS	指定的询问站 II 代码
	MBS=2	关闭 B 类通信

表 12.30　关闭空中启动的多站 B 类通信有关字段（二）

询 问 报 文	有 关 字 段	含 义
UF=4/UF=5，UF=20/UF=21	DI=0、1 或 7	标识识别代码为 0、1 或 7
	IIS	指定的询问为 II 代码
	PC=4	关闭 B 类通信

应答机接收到关闭空中启动的多站 B 类通信报文之后，应当比较询问报文中的 II 与预约

询问站识别代码（Comm-B II）。如果代码不一致，则询问报文不来自预约地面询问站，没有权限关闭该报文，Comm-B II 和 DR 代码不变。如果代码一致，则询问报文来自预约地面询问站，应答机关闭报文，将 Comm-B II 设为 0，DR 代码清零并取消该报文。

空中启动的多站 B 类通信传输过程归纳如下：应答机发布通告"有空中启动的 B 类通信报文待传送"；询问站申请 B 类通信预约；应答机将申请预约的询问站设置为 B 类通信预约地面询问站，并传送 B 类通信报文；预约地面询问站读取 B 类通信信息，并发送关闭多站 B 类通信命令；应答机关闭该 B 类通信。

下面举例说明，设本地询问站识别代码为 4，将该询问站作为 B 类通信预约地面询问站进行通信，其报文传送过程如表 12.31 所示

表 12.31 多站 B 类通信的报文传送过程

询 问 报 文	应 答 报 文	有 关 字 段	含 义 1	含 义 2
	监视或 B 类通信报文	DR=1	有空中启动的 B 类通信报文待传送	应答机发布通告
监视或 A 类通信报文		RR=16	请求应答空中启动的 B 类通信报文	IIS=4 的询问站申请 B 类通信预约
		DI=1	多站标识识别字段	
		MBS=1	预约 B 类通信	
		RSS=1	在 UM 字段中报告的 B 类通信预约状态	
		IIS=4	本地询问站识别代码	
	监视或 B 类通信报文	DR=1	有空中启动的 B 类通信报文待传送	应答机将 IIS=4 站询问站设置为 B 类通信预约地面询问站，并传送 B 类通信报文
		IDS=1	为 IIS 预约的 B 类通信	
		IIS=4	II=4 的询问站为预约地面询问站	
		MB	MB 字段中为空中启动的 B 类通信报文	
监视或 A 类通信报文		DI=1	多站标识识别字段	II=4 的地面询问站读取 B 类通信信息，并发送关闭多站 B 类通信命令
		MBS=2	关闭多站 B 类通信	
		IIS=4	本地询问站识别代码	
	监视或 B 类通信报文	DR=0	关闭 B 类通信，应答机没有等待传送的 B 类通信报文	应答机关闭 B 类通信

3）多站定向报文传输协议

多站定向报文传输是将空中启动的 B 类通信信息传送给指定地面询问站的通信过程。多站定向报文传输协议可使空中数据链处理器定期将空中启动的 B 类通信信息传送到指定的地面询问站。多站定向报文传输能力在多站环境下很重要，因为它可以将飞行员的确认信息定期传送到需要确认信息的地面询问站。

与多站 B 类通信传输协议相比，多站定向报文传输协议在传输定向 B 类通信报文之前，已经将指定的询问站设置为 B 类通信预约地面询问站，即将它的识别代码作为 Comm-B II。

当飞行员发射确认信息时，请求应答空中启动的 B 类通信报文。应答机启动 B 类定时器，并设置 DR=1 通告"有一条 B 类通信报文等待传送"，并且按照多站定向报文传输协议将报文传送到指定的 B 类通信预约地面询问站。如果不能将报文传送到预约地面询问站，那么数据

链航空电子系统将取消该报文。

多站定向 B 类通信的 B 定时器不会自动暂停，而会继续运行直至预约地面询问站已阅读并关闭报文，或数据链航空电子系统取消了报文。

4）没有选择的报文传输协议

没有选择的报文传输协议使用情况如下：地面询问站与其他 S 模式地面询问站的监视范围区域没有重叠，或者地面询问站与邻近地面询问站有地面通信联系，可确保一次只有一个地面询问站进行 B 类通信。没有选择的空中启动 B 类通信协议不需要预约地面询问站。

为提取 B 类通信报文，询问站发送的报文有关字段如表 12.32 和表 12.33 所示。

表 12.32　监视或 A 类通信报文有关字段（一）

询问报文	有关字段	含义
UF=4/UF=5，UF=20/UF=21	RR=16	请求传送空中启动的 B 类通信报文
	DI≠7	专用识别代码不等于 7

表 12.33　监视或 A 类通信报文有关字段（二）

询问报文	有关字段	含义
UF=4/UF=5，UF=20/UF=21	RR=16	请求传送空中启动的 B 类通信报文
	DI=7	专用识别代码等于 7
	RSS=0	无预约

询问机通过发送 PC=4 关闭没有选择的空中启动 B 类通信，应答机接收到关闭命令后，执行关闭操作。如果应答机没有接收到关闭命令，则不关闭没有选择的空中启动 B 类通信，除非已经至少读出报文一次。如果多站预约有效，则应按多站 B 类通信关闭程序进行关闭。

没有选择的空中启动 B 类通信传输过程归纳如下：应答机发布通告；询问机申请读出该 B 类通信报文；应答机发送 B 类通信报文；询问机读出该 B 类通信报文，并发送关闭命令；应答机关闭该 B 类通信。表 12.34 所示为没有选择的空中启动 B 类通信传输过程。

表 12.34　没有选择的空中启动 B 类通信传输过程

询问报文	应答信号	有关报文	含义 1	含义 2
	监视或 B 类通信报文	DR=1	有空中启动的 B 类通信报文待传送	应答机发布消息
监视或 A 类通信报文		RR=16	读出空中启动的 B 类通信报文	询问站申请读出该 B 类通信报文
		DI≠7	没有扩展数据读出	
		DI=7	有扩展数据读出	
		LOS=0	闭锁状态不变	
	监视或 B 类通信报文	DR=1	空中启动的 B 类通信报文待传送	应答机发送 B 类通信报文
		MB	B 类通信报文放置在 MB 字段中	

询 问 报 文	应 答 信 号	有 关 报 文	含 义 1	含 义 2
监视或A类通信报文		PC=4	关闭没有选择的B类通信	询问站读出该B类通信报文，并发送关闭命令
	监视或B类通信报文	DR=0	B类通信已关闭	应答机关闭B类通信

与空中启动的多站B类通信协议相比，没有选择的空中启动B类通信协议的通信效率更高，因为每次只有一个询问站工作。但是，在多个询问站监视范围重叠区域，必须通过地面通信设备协调询问站之间的工作程序。

5）增强的报文传输协议

增强的报文传输协议可提供更大容量的数据链，允许为16个询问站（每个询问站一个II代码）并行传送空中启动的B类通信报文。在询问站监视范围重叠区域，按照增强的报文传输协议，可以不需要B类通信多站预约。该协议完全与标准多站传输协议一致，这样就可与未配备该协议的询问站兼容。

实施增强的报文传输协议的基础是，应答机具有16组GICB寄存器2~4，存储数据足以供16个B类通信报文并行使用，且每个传输通道需要存储的数据是空中启动的B类通信报文或多站定向B类通信报文及GICB寄存器2~4的内容。GICB寄存器2~4用于S模式子网中规定的B类通信协议。增强的报文传输协议传输过程如下。

首先，应答机将空中启动的B类通信报文存储在II=0的GICB寄存器中。

其次，在应答报文的DR字段中向所有的询问站（不包括等待多站定向B类通信的询问站）发布通告"有空中启动的B类通信报文等待发送"，并在发布通告的应答报文中将UM字段的IIS子字段设置为II=0，指明该报文未被任何询问站预约。

代码为IIS的询问站发送询问信号，申请读取B类通信后报文。

在接收到申请阅读报文的询问信号后，应答机将询问信号所包含的II写入其应答报文UM字段的IIS子字段，表明该报文分配给申请阅读报文的识别代码为IIS的询问站，直至关闭报文。一旦将某个报文分配给指定的询问站，应答机就不再向其他询问站通告该报文。

如果在有效期内指定的询问站没有中止该报文，则该报文将回到多站空中启动状态，这一过程将重复进行。询问站每次只处理一条多站空中启动的B类通信报文。

最后，关闭多站空中启动的B类通信报文，并且只能由当前指定接收该报文的询问站执行。

如果某个未分配II的空中启动的B类通信报文正在等待发送，或者传送给识别代码为II的询问站的多站定向报文正在等待发送，那么应答机在应答"关闭B类通信"的询问信号时，应当在该应答报文中设置DR=1指明"有消息等待发送"。

4．B类广播协议

上文中介绍的空中启动的B类通信协议是将空中启动的B类通信信息传送到单个地面询问站。当有些信息需要传送到所有地面询问站时，应使用B类广播协议。

B类广播信息应当受到限制，广播的信息仅限于那些覆盖范围内所有地面询问站共同需要的信息，如数据链能力变化信息和飞机识别代码改动信息。应当注意的是，B 类广播信息绝不能诱发询问机发射询问信号。

应答机使用 DR=4 或 DR=5 发布通告"有 B 类广播信息等待传送"。与该应答机通信的地面询问站均可读出该 B 类广播信息。

地面询问站读出 B 类广播信息与读出 B 类通信信息的过程类似。询问报文中包含以下字段：RR=16、DI≠7，或 RR=16、DI=7 和 RRS=0。其主要区别是，地面询问站不能清除 B 类广播信息，大约 18s 后由应答机自动清除。在 B 类广播信息有效期内，与该应答机有联系的每个地面询问站都可读出 B 类广播信息。

DR 字段规定了两种不同的广播信息：DR=4 是广播信息 1；DR=5 是广播信息 2。应答机交替发送这两种广播信息。当一个广播周期结束时，应答机应将该报文清零，取消当前广播信息，并改变 DR 和对应的广播信息序号（从 1 变到 2，或从 2 变到 1），为下次发送广播信息做好准备。这样地面询问站才能检测出广播信息的变化。如果在某个扫描周期已从指定应答机中读出了广播信息 1，则可避免在下一个扫描周期读出同一条广播信息，因为新的广播信息，即广播信息 2 将用 DR=5 指示。

为防止 B 类广播周期延迟空中启动的 B 类通信信息的传送，B 类广播协议规定，空中启动的 B 类通信信息传输优先于 B 类广播信息。在两者同时需要传送的情况下，应采取措施启动 B 类通信，中断 B 类广播。如果 B 类广播被中断，B 定时器将被复位，被中断的广播信息将被保留，广播信息序号不变。当空中启动的 B 类通信信息传输结束之后，将重新开始发送被中断的 B 类广播信息，并在整个 B 类广播周期中传送被中断的广播信息。

12.6 扩展长度报文的传输

不管是上行链路还是下行链路，都可利用扩展长度报文（ELM）传输协议分别传送上行 ELM（UF=24）和下行 ELM（DF=24）。上行 ELM 是询问站传送给应答机的扩展长度报文，下行 ELM 是应答机传送给询问站的扩展长度报文。上行 ELM 传输协议要求应答机在发送应答确认信号之前传送多达 16 段 80bit 的信息。相应的程序也可用于下行链路。

在询问站监视范围重叠区域，很难通过地面通信进行询问站之间的协调，同时 ELM 传输需要多次处理才能完成，因此必须使用多站 ELM 传输协议或增强的 ELM 传输协议，以保证报文的不同段落不会交叉，避免被出错的询问站意外中断。

下行 ELM 传输只有在询问站授权后才能进行，待传输的报文段放置在 D 类通信应答报文的 MD 字段中。像空中启动的 B 类通信一样，下行 ELM 既可通告给所有询问站，也可定向通告给指定的询问站。在前一种情况下，各询问站可以采用多站通信协议，为自己预留关闭下行 ELM 的处理能力。应答机可以分辨出该询问站是否为预约询问站，只有预约询问站才能关闭 ELM。下行 ELM 关闭之后才能重新进行预约。

12.6.1 上行 ELM（UF=24）

上行 ELM（UF=24）共 112bit，其中包括 80bit 信息。它由下列字段组成：报文代码（UF）、应答控制（RC）、C 类通信报文段序号（NC）、C 类通信信息（MC）、飞机地址/校验（AP）。上行 ELM（UF=24）格式如图 12.14 所示。

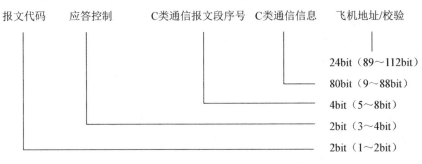

图 12.14　上行 ELM（UF=24）格式

1．应答控制（RC）

RC 字段共 2bit，位于报文第 3bit 至第 4bit，用于指示请求应答机传输的上行 ELM 或下行 ELM，同时按照询问-应答协议控制应答信号发送。RC 代码及其含义如表 12.35 所示。

表 12.35　RC 代码及其含义

代　　码	含　　义
0	MC 字段中是上行 ELM 的初始段
1	MC 字段中是上行 ELM 的中间段
2	MC 字段中是上行 ELM 的末段
3	下行 ELM 传输请求

2．C 类通信报文段序号（NC）

NC 字段共 4bit，位于报文第 5bit 至第 8bit，用于标注 C 类通信报文段序号的代码，以二进制数编码。

3．C 类通信信息（MC）

MC 字段共 80bit，位于报文第 9bit 至第 88bit，包含两类报文信息。

（1）传送 C 类通信报文：MC 字段内容为发送给应答机的上行 ELM 中的某段报文，其中包含 4bit 询问站识别代码（IIS）子字段，IIS 子字段位于报文第 9bit 至第 12bit。

（2）传送 D 类报文请求信息：MC 字段内容包含下行 ELM 的控制代码，包含 16bit 段落请求（SRS）子字段及 4bit 的 IIS 子字段。SRS 子字段位于报文第 9bit 至第 24bit，IIS 子字段位于报文第 25bit 至第 28bit。

4．段落请求（SRS）

询问报文中 RC=3，询问站请求应答机发送下行 ELM，SRS 子字段将出现在 MC 字段中。

SRS 是段落请求子字段，请求应答机发送下行 ELM 段序号。从第 9bit 开始，设置为"1"表示请求传送序号为 0 的报文段；第 10bit 设置为"1"表示请求传送序号为 1 的报文段。后面各比特都将设置为"1"，表示请求传送该比特对应的报文段。

5．UF=24 的询问-应答协议

在询问报文中，RC=0 或 1，应答机不发射应答信号；RC=2 或 3，应答机发射应答信号。

12.6.2　下行 ELM（DF=24）

下行 ELM（DF=24）共 112bit，其中包含 80bit 信息。它由下列字段组成：报文代码（DF）；备用（1bit）；ELM 控制（KE）；D 类通信报文段序号（ND）；D 类通信信息（MD）；飞机地址/校验（AP）。下行 ELM（DF=24）格式如图 12.15 所示。

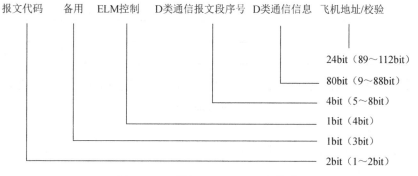

图 12.15　下行 ELM（DF=24）格式

1．ELM 控制（KE）

KE 字段共 1bit，位于报文第 4bit，用于通知询问机本段 D 类通信 ELM 传输的内容。KE 代码及其含义如表 12.36 所示。

表 12.36　KE 代码及其含义

代　　码	含　　义
0	传送下行 ELM
1	上行 ELM 确认

2．D 类通信报文段序号（ND）

ND 字段共 4bit，位于报文第 5bit 至第 8bit，表示 D 类通信报文段序号，按二进制数编码。

3．D 类通信信息（MD）

MD 字段共 80bit，位于报文第 9bit 至第 88bit，包含两类报文信息。

（1）发送下行 ELM：发送给询问站的下行 ELM 信息中的一段报文。

（2）上行 ELM 的确认报文：其中包含 16bit 传输确认（TAS）子字段，位于报文第 17bit 至 32bit，每接收到一段上行 ELM 应当更新一次 TAS 子字段中的信息。

12.6.3　多站上行 ELM 传输协议

多站上行 ELM 传输协议用于协调监视范围重叠区域内多个询问站工作，以便一次只为一个询问站提供上行 ELM 传输。在开始进行传输之前，询问站应当使用多站上行 ELM 传输协议取得传输上行 ELM 的预约资格。

1．多站上行 ELM 预约

为了预约上行 ELM，询问站发送的监视或 A 类通信报文应包含表 12.37 中的字段。

表 12.37　多站上行 ELM 预约报文字段内容

询 问 报 文	有 关 字 段	含　　义
UF=4/UF=5，UF=20/UF=21	DI=1	多站标识识别代码为 1
	IIS	申请预约的询问站识别代码子字段
	MES=1	预约上行 ELM
	MES=5	关闭下行 ELM，预约上行 ELM

多站上行 ELM 预约由询问站通过设置 RSS=2 实现，应答机在应答报文的 UM 字段中插入询问站识别代码 IIS，表明上行 ELM 是为该询问站预约的。

（1）应答机响应程序。

响应询问预约申请的协议程序取决于 C 定时器的状态。C 定时器指示上行 ELM 预约是否有效，其运行时间为 T_R。

如果 C 定时器没有运行，则表明暂时没有询问站预约该上行 ELM。应答机将该询问报文 IIS 子字段中的询问站识别代码插入应答报文的 UM 字段，作为 C 类通信预约询问站的识别代码（C 类通信报文 II），将识别代码为 C 类通信报文 II 的询问站设置成上行 ELM 预约询问站，同时启动 C 定时器。

如果 C 定时器正在运行且该询问报文 II 为 C 类通信报文 II，则表明该询问站已经是本应答机的上行 ELM 预约询问站，此时将重新启动 C 定时器，开始传输上行 ELM。如果 C 定时器正在运行且该询问报文 II 不是 C 类通信报文 II，则表明上行 ELM 已有预约询问站，C 类通信报文 II 或 C 定时器将不改变，预约申请被拒绝。

（2）上行 ELM 传输启动。

只有在同一个扫描周期内完成了上行 ELM 预约且申请的询问站成为上行 ELM 预约询问站，询问站才能启动上行 ELM 传输。如果已完成预约申请，在同一个扫描周期内还没有启动上行 ELM 传输，则应在下一个扫描周期重新提出新的预约申请。

（3）上行 ELM 跨扫描周期传输。

如果在上一个扫描周期内未完成上行 ELM 传输，则询问站应当在下一个扫描周期发送其他报文段之前确认应答机仍然处于预约状态。

2．多站上行 ELM 传输

上行 ELM 的长度是不同的，最短为 2 段，最长为 16 段。传输协议将上行 ELM 分成初始段、中间段和末段三种不同类型的报文段进行传输。在传输各段报文的过程中，不插入空一地确认应答信号。传输每段信息的持续时间短于 50μs。采用最短传输时间限制是为了抑制 A/C 应答机。信息传输可在一个扫描周期内完成，也可在几个扫描周期内完成，这取决于信息的长度和询问站载荷。通常在一个扫描周期内有充足的时间传输完信息。多站上行 ELM 传输过程如下。

（1）初始段传输。

询问站传输 n 段上行 ELM（NC=0～n-1）应当从 RC=0 的上行 ELM 报文初始段开始，这时 MC 字段中的报文是该消息最后一段报文，且报文段序号设置为 NC=n-1。

一旦接收到初始段（RC=0）报文，应答机将重新进行设置，清除前一段存储寄存器的编号、内容及传输确认（TAS）子字段，为该询问报文 NC 字段中通告的报文段序号分配存储空间，存储已接收到的 MC 字段，应答机不对该询问信号产生确认应答信号。

（2）传输报文段确认。

应答机用 TAS 子字段报告迄今为止接收到的上行 ELM 报文段序号。每接收到一段报文，更新一次 TAS 子字段内容。

TAS 子字段是 MD 字段中的 16bit 下行子字段，位于报文第 17bit 至 32bit，报告迄今为止接收到的上行 ELM 报文段序号。从第 17bit 开始，表示报文段序号为 0，第 18bit 表示报文段序号为 1，以此类推，第 32bit 表示报文段序号为 15。每接收到一段报文，应将该段报文对应的应答比特设为 1。应答报文中 KE=1 表示应答机发送的下行报文是上行 ELM 确认信息，TAS 子字段将出现在该应答报文的 MD 字段中，并在接收到末段报文后传输到询问站。

（3）中间段传输。

当询问站传输中间段时，在 C 类通信报文中设置 RC=1。当初始段传输有效，且接收到的 NC 值小于初始段序号时，应答机将存储这段报文并更新 TAS 子字段内容。应答机接收到中间段将不产生应答信号。中间段可以按任意顺序传输。

（4）末段传输。

当询问站传输末段时，在 C 类通信报文中设置 RC=2。该询问信号包括的报文段可以是任何序号的报文段，因为不同报文的长度是不同的。初始段传输有效之后，当接收到的 RC=2 且 NC 值小于初始段序号时，应答机将存储 MC 字段中的内容，并发射确认应答信号。传输中丢失的上行 ELM 段将在 TAS 报告中缺失，并由询问站重发。缺失报文段重发完之后，询问站最后再发送一次末段，以便评估消息完整程度。

在任何时候发送 RC=2 询问报文，询问站都希望接收到应答报文中的 TAS 子字段。因此，在传输上行 ELM 时，可能不止传输一次末段。

（5）确认应答信号。

一旦接收到末段，应答机应发送一个 DF=24 的应答信号，其中包含 KE=1 和 MD 字段中的 TAS 子字段，通知询问机本段应答报文是确认应答报文。应答机应当在接收到询问信号相位反转位置之后 128±0.25μs 发送该末段确认应答报文。

（6）传输结束。

如果已接收到在初始段中 NC 通告的所有报文段，那么应答机应认为报文传输已经结束。如果报文完整，那么应通过 ELM 接口将该报文内容传输到外部设备，并清除该报文寄存器，不再存储后来的报文段。TAS 子字段内容将保持不变，直到接收到新的传输申请或关闭上行 ELM。

（7）C 定时器重新启动。

每当接收到的 C 类通信报文的识别代码 II≠0 时，应答机将报文段存储在寄存器中，并重新启动 C 定时器。要求 C 类通信报文的识别代码 II 为非零数据，以防止没有选择的传输上行 ELM 期间重新启动 C 定时器。

（8）关闭多站上行 ELM。

关闭多站上行 ELM 有两种方式，即用 SD 字段的多站 ELM 代码（MES）关闭和用 PC 字段代码关闭，有关字段内容如表 12.38 和表 12.39 所示。

表 12.38　关闭多站上行 ELM 字段内容（一）

询 问 报 文	有 关 字 段	含　　义
UF=4/UF=5，UF=20/UF=21	DI=1	多站标识识别字段
	IIS	申请预约的询问站识别代码子字段
	MES=2、6 或 7	关闭上行 ELM

表 12.39　关闭多站上行 ELM 字段内容（二）

询 问 报 文	有 关 字 段	含　　义
UF=4/UF=5，UF=20/UF=21	DI=0、1 或 7	多站标识识别字段
	IIS	申请预约的询问站识别代码子字段
	PC=5	关闭上行 ELM

应答机收到关闭上行 ELM 的询问报文后，将报文中的 IIS 与 C 类通信报文的 II 进行比较。如果代码不一致，则 ELM 上行链路状态将不改变；如果代码一致，则该应答机将 C 类通信报文的 II 设为 0，复位 C 定时器，清除存储的 TAS 字段内容及所有不完整报文段，即关闭该上行 ELM。

如果在关闭多站上行 ELM 之前，C 定时器周期结束，那么应答机将自动启动关闭程序。

3. 多站上行 ELM 传输示例

多站上行 ELM 传输过程归纳如下。

（1）询问站申请传输上行 ELM。

（2）应答机将申请询问站设为上行 ELM 传输预约询问站。

（3）预约询问站将初始段传送给应答机，应答机接收初始段。

（4）预约询问站根据报文段的数量，多次将中间段传送给应答机，直到传输完所有中间段为止，应答机接收中间段。

（5）预约询问站将末段传送给应答机，应答机接收末段，并发送确认应答信号。

（6）预约询问站发送关闭报文命令，应答机关闭报文，并发送关闭确认信号。

多站上行 ELM 传输示例如表 12.40 所示，II=6 的本地询问站在多站工作情况下向应答机传送 3 段上行 ELM。

表 12.40　多站上行 ELM 传输示例

询问报文	应答报文	字段	含义 1	含义 2
监视或 A 类通信报文		D=1	多站专用标识字段	II=6 的本地询问站申请预约上行 ELM
		MES=1	上行 ELM 预约申请	
		RSS=2	询问站预约上行 ELM	
		IIS=6	本地询问站 II=6	
	监视或 B 类通信报文	IDS=2	在 UM 字段中设置上行 ELM 预约	应答机将本地询问站设为上行 ELM 预约询问站
		IIS=6	询问站 6 是预约询问站	
C 类通信报文		RC=0	传送的初始段	本地询问站将第 3 段报文设为初始段传送给应答机
		NC=2	共传送 3 段报文	
		MC	MC 字段中为第 3 段 ELM	
	不应答			应答机接收报文
C 类通信报文		RC=1	传送的中间段	本地询问站将第 2 段报文设为中间段传送给应答机
		NC=1	传送报文段序号 1	
		MC	MC 字段中为第 2 段 ELM	
	不应答			应答机接收报文
C 类通信报文		RC=2	传送的末段，要求技术确认	本地询问站将第 1 段报文设为末段传送给应答机
		NC=0	传送报文段序号 0	
		MC	MC 字段中为第 1 段 ELM	
	D 类通信报文	KE=1	MD 字段中是上行 ELM 确认信息	应答机接收报文，并发送确认应答信号
		TAS	TAS 字段中为第 1 段至第 3 段确认信息	
监视或 A 类通信报文		DI=1	多站专用识别字段	本地询问站发送关闭报文命令
		MES=2	关闭多站上行 ELM	
		IIS=6	本地询问站识别代码	
	监视或 B 类通信报文		关闭指令确认	应答机发送关闭确认信号

12.6.4　多站下行 ELM 传输协议

1．多站传输协议

（1）应答机发布通告。

应答机发布通告"有 n 段下行 ELM 待发送"。其方法是将十进制数 15+n 转换为二进制数，并写入监视或 B 类通信报文 DR 字段。该通告一直有效，直到下行 ELM 被关闭为止。

（2）多站下行 ELM 预约。

询问站通过发送监视或 A 类通信报文预约多站下行 ELM 传输，并提取下行 ELM。申请预约的询问报文中应包含表 12.41 中的字段。

表 12.41　多站下行 ELM 预约报文字段内容

询 问 报 文	有 关 字 段	含 义
监视或 A 类通信报文	DI=1	IIS 询问站的多站专用识别字段
	IIS	申请预约的询问站识别代码
	MES=3	预约下行 ELM
	MES=6	关闭上行 ELM，预约下行 ELM

多站下行 ELM 预约申请通常与预约状态请求（RSS）子字段（RSS=3）一起使用，以便应答机在应答报文的 UM 字段中设置多站下行 ELM 预约询问站。

（3）应答机响应询问站申请。

应答机对多站预约询问信号的响应取决于 D 定时器的状态。D 定时器指示保留的下行 ELM 是否有效，其运行时间为 T_R。

如果 D 定时器未运行，那么应答机将该询问报文的 IIS 子字段写入应答报文的 UM 字段，作为 D 类通信报文 II，并将该询问站设置为多站下行 ELM 预约询问站，同时启动 D 定时器。如果已经有下行 ELM 等待发送，那么应答机将拒绝多站下行 ELM 预约。

如果 D 定时器正在运行且该询问报文 IIS 等于 D 类通信报文 II，那么应答机将重新启动 D 定时器。如果 D 定时器正在运行且该询问报文 IIS 不等于 D 类通信报文 II，那么 D 类通信报文 II 或 D 定时器将不改变，预约申请被拒绝。

（4）询问请求传输下行 ELM。

询问站将通过应答报文的 UM 字段的 II 确定本地询问站是否为预约询问站。如果是，则将继续请求传输下行 ELM；否则，在本次扫描期间不传输 ELM，并且在下一个扫描周期重新进行预约申请。

如果本次扫描未完成下行 ELM 传输，则应保证在下一次请求发送本消息的其他报文段之前应答机仍处于预约状态。

（5）定向多站下行 ELM 传输。

定向多站下行 ELM 传输的目的是将下行 ELM 传送到指定的询问站，应采用多站下行 ELM 传输协议。当 D 定时器未运行时，应答机将指定的询问站识别代码作为 D 类通信 IIS 子字段存储起来，同时启动 D 定时器并设置 DR 代码。在进行定向多站下行 ELM 传输时，D 定时器不会自动超时关闭，会一直运行到预约询问站阅读该报文并将其关闭，或由数据链航空电子系统取消该报文传输。

2. 多站下行 ELM 传输

询问机将通过发送带有 RC=3 的 C 类通信询问信号读取下行 ELM 信息。等待发送的报文段序号由 SRS 子字段明确指定。应答机接收到下行 ELM 传输申请之后，立即通过 D 类通信应答报文发送询问机指定的报文段。该 D 类通信应答报文应当包含 KE=0 及 D 类通信报文段序号 ND（与 MD 字段中报文段序号相对应）。如果应答机接收到传输下行 ELM 的申请，并且没有报文在等待传输，那么应答报文的 MD 字段全部设为"0"。

要求传输的 D 类通信报文段可按任何顺序发送。如果某段报文在下行 ELM 传输过程中丢失，则询问站将后续询问信号的 SRS 子字段申请重发。该过程将重复进行，直到各段报文传输完毕为止。

（1）关闭多站下行 ELM。

询问站通过监视或 A 类通信询问信号关闭多站下行 ELM，有关字段内容如表 12.42 和表 12.43 所示。

表 12.42　关闭多站下行 ELM 字段内容（一）

有 关 字 段	含 义
DI=1	多站标识识别字段
IIS	指定的询问站识别代码
MES=4、5 或 7	关闭下行 ELM

表 12.43　关闭多站下行 ELM 字段内容（二）

有 关 字 段	含 义
DI=0、1 或 7	多站标识识别字段
IIS	指定的询问站识别代码
PC=6	关闭下行 ELM

应答机将接收的询问报文的 II 与 D 类通信报文预约询问站的 II 进行比较。如果询问站识别代码不匹配，则不改变下行链路处理状态；如果询问站识别代码匹配，且至少完成了 1 次传输，则应答机关闭下行 ELM。将 D 类通信报文的 II 设为 0，D 定时器复位，清除该报文的 DR 代码，并清除该报文本身。

如果有另一条下行 ELM 在等待发送，并且没有等待发送的 B 类通信报文，则应答机将设置 DR 代码，发布通告"有下一条报文待发送"。

（2）自动终止下行 ELM 预约。

如果在关闭多站下行 ELM 之前 D 定时器到期，则自动终止下行 ELM 预约。D 类通信报文的 II 将被设为 0，且 D 定时器复位。但不能被清除该报文和 DR 代码，这样另一个询问站就可阅读和消除该报文。

3. 多站下行 ELM 传输示例

多站下行 ELM 传输示例如表 12.44 所示，要求 II=2 的本地询问站在多站工作情况下传输 2 段下行 ELM。

表 12.44　多站下行 ELM 传输示例

询 问 报 文	应 答 报 文	字　段	含　义　1	含　义　2
	监视或 B 类通信报文	DR=17	通告"有 2 段下行 ELM 等待发送"	应答机发布通告

询 问 报 文	应 答 报 文	字 段	含 义 1	含 义 2
监视或 A 类 通信报文		DI=1	多站专用标识字段	本地询问站申请传输下行 ELM
		MES=3	下行 ELM 预约申请	
		RSS=3	在 UM 字段中设置下行 ELM 预约申请	
		IIS=2	本地询问站识别代码	
	监视或 B 类通信报文	IDS=3	为 IIS 询问站预约 D 类通信	应答机设置询问站 2 为 D 类 通信预约询问站
		IIS=2	询问站 2 为预约询问站识别代码	
C 类通信报文		RC=3	下行 ELM 传输申请	本地询问站请求传输第 1 段和 第 2 段下行 ELM
		SRS	传输第 1 段和第 2 段报文	
	D 类通信 报文	KE=0	传输下行 ELM	应答机发送第 1 段报文
		NC=0	第 1 段报文	
		MD	第 1 段报文在 MD 字段中	
	D 类通信 报文	KE=0	传输下行 ELM	应答机发送第 2 段报文
		NC=1	第 2 段报文	
		MD	第 2 段报文在 MD 字段中	
监视或 A 类 通信报文		DI=1	多站专用标识字段	本地询问站发送关闭下行 ELM 命令
		MES=4	关闭多站下行 ELM	
		IIS=2	本地询问站识别代码	
	监视或 B 类通信报文	DR=0	下行 ELM 已关闭	应答机关闭下行 ELM

多站下行 ELM 传输过程归纳如下。

（1）应答机发布通告"有 2 段下行 ELM 等待发送"。

（2）本地询问站申请传输下行 ELM。

（3）应答机设置申请询问站为 D 类通信预约询问站。

（4）询问站请求传输第 1,2,…,n 段下行 ELM。

（5）应答机发送第 1 段报文。

（6）应答机发送第 2 段报文。

（7）应答机发送第 n 段报文。

（8）本地询问站发送关闭下行 ELM 命令。

（9）应答机关闭下行 ELM。

12.7 空—空服务和信标处理

空—空监视报文主要在 ACAS 中应用，ACAS 采用 S 模式二次监视雷达的系统参数，包括工作频率、信号波形、工作方式等。装载 ACAS 的飞机使用空—空监视短询问/应答报文 UF=0/DF=0，通过询问-应答测量目标的距离和方位角，获取目标的高度信息，并对周围的飞机进行监视。使用空—空监视长询问/应答报文 UF=16/DF=16，可交换避让机动飞行信息。

ACAS 利用询问报文 UF=0 作为选址监视询问报文，从应答机回答的 DF=0 或 DF=16 应答报文中得到飞机垂直状态、应答信息和高度信息等。S 模式地面询问站采用询问报文 UF=16 和应答报文 DF=16 与具备 S 模式和 ACAS 功能的飞机进行地—空监视和信息交换。

本节将介绍机载 ACAS 设备进行空—空监视所采用的 UF=0/UF=16 询问报文及 DF=0/DF=16 应答报文。

12.7.1　空—空监视短询问报文（UF=0）

空—空监视短询问报文（UF=0）格式如图 12.16 所示。

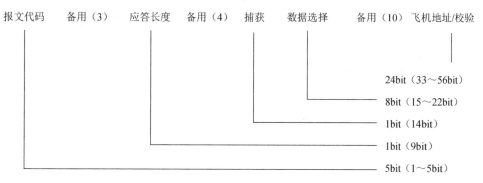

图 12.16　空—空监视短询问报文（UF=0）格式

该报文包含以下字段：报文代码（UF）、应答长度（RL）、捕获（AQ）、数据选择（DS）、飞机地址/校验（AP）。

1．捕获（AQ）

AQ 字段共 1bit，位于报文第 14bit，是应答信息（RI）字段内容的控制字段。如果询问报文中的 AQ=0，则 RI 字段内容为"0"。如果询问报文中的 AQ=1，则 RI 字段应包含 RI 代码所定义的飞机最大巡航真实空速。

2．应答长度（RL）

RL 字段共 1bit，位于报文第 9bit，用于指定应答机采用的应答报文格式。RL=0，要求应答机采用 DF=0 的短报文进行应答；RL=1，要求应答机采用 DF=16 的长报文进行应答。

3．数据选择（DS）

DS 字段共 8bit，位于报文第 15bit 至第 22bit。该字段中包含 GICB 寄存器的 BDS 代码。应答机接收到该字段后，获得 BDS 代码，并将该代码对应的寄存器内容插到 DF=16 的应答报文中，通过下行链路传送至询问站。

12.7.2　空—空监视长询问报文（UF=16）

空—空监视长询问报文（UF=16）格式如表 12.45 所示。

表 12.45　空—空监视长询问（UF=16）报文格式

报文代码	备用 （3）	应答长度	备用 （4）	捕获	数据选择	备用 （10）	空中防撞报文 （MU）	飞机地址/校验
1～5bit	5～8bit	9bit	10～13bit	14bit	15～22bit	23～32bit	33～88bit	89～112bit

该报文在空—空监视短询问报文（UF=0）的基础上增加了 56bit 空中防撞报文（MU）字段。MU 字段共 56bit，位于 UF=16 应答报文第 33 至第 88bit。ACAS 用来传输避让飞行信息，协调涉事飞机选择不同的方向避让飞行。

12.7.3　空—空监视短应答报文（DF=0）

空—空监视短应答报文（DF=0）结构如图 12.17 所示。当应答机接收到询问报文 UF=0，且 RL=0 时，发送空—空监视短应答报文（DF=0）。该报文包括以下字段：报文代码（DF）、垂直状态（VS）、跨链路能力（CC）、应答信息（RI）、高度码（AC）、飞机地址/校验（AP）。当 AQ=1 时，RI 字段内容是 RI 代码规定的飞机最大巡航真实空速。

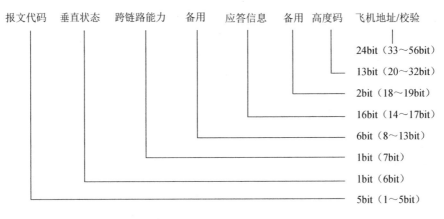

图 12.17　空—空监视短应答报文（DF=0）结构

1. 垂直状态（VS）

VS 字段共 1bit，位于报文第 6bit，用于指示飞机的位置状态。VS=0，表示飞机在空中；VS=1，表示飞机在地面。

2. 跨链路能力（CC）

CC 字段共 1bit，位于报文第 7bit，表示应答机的跨链路通信能力，即将 UF=0 询问报文 DS 代码指定的 GICB 寄存器存储的信息，采用 DF=16 长应答报文进行应答。

当 DF=0 时，CC=0，表示应答机没有跨链路通信能力；CC=1，表示应答机有跨链路通信能力。

3. 应答信息（RI）

RI 字段共 4bit，位于报文第 14bit 至第 17bit，报告飞机的最大巡航真实空速和应答信号类型。表 12.46 所示为 RI 代码及其含义。

表 12.46　RI 代码及其含义

代　　码	含　　义
0	传输 AQ=0 的 UF=0 空—空询问的应答信号
1～7	留着供 ACAS 使用
8～15	包含 AQ=1 的 UF=0 空—空询问的应答信号，最大空速如下
8	无最大空速数据可用
9	空速小于 140km/h（75 节）
10	空速大于 140km/h，小于 280km/h（150 节）
11	空速大于 280km/h，小于 560km/h（300 节）
12	空速大于 560km/h，小于 1120km/h（600 节）
13	空速大于 1120km/h，小于 2240km/h（1200 节）
14	空速大于 2240km/h
15	未分配

4. 高度码（AC）

AC 字段共 13bit，位于报文第 20bit 至第 32bit，包含高度信息。如果没有高度信息，则 13bit 全部发送 0。如果第 26bit 设置为"1"，则此字段包含公制高度数据，单位为 m。

12.7.4　空—空监视长应答报文（DF=16）

当应答机接收到询问报文 UF=0，且 RL=1 时，发送 DF=16 长应答报文。空—空监视长应答报文（DF=16）结构如图 12.18 所示。

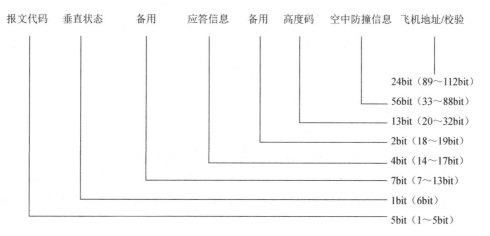

图 12.18　空—空监视长应答报文（DF=16）结构

该报文包含以下字段：报文代码（DF）、垂直状态（VS）、应答信息（RI）、高度码（AC）、空中防撞信息（MV）、飞机地址/校验（AP）。

该报文在空—空监视短应答报文（UF=0）的基础上，增加了 56bit 空中防撞信息（MV）字段。这 56bit 位于报文第 33bit 至第 88bit，包含 GICB 寄存器存储的信息。该 GICB 寄存器存储的信息由 UF=0 询问报文 DS 字段指定的代码所选择的 GICB 寄存器存储信息。

12.7.5 空—空处理协议

空—空询问-应答报文对应关系如下：当询问报文为 UF=0，且 RL=0 时，发送 DF=0 短应答报文；当询问报文为 UF=0，且 RL=1 时，发送 DF=16 长应答报文。

空—空应答报文 RI 字段的最高有效位（第 14bit）将复制 UF=0 询问报文中收到的 AQ 字段（第 14bit）。如果该询问报文中的 AQ=0，则应答报文 RI 字段为 RI=0；如果该询问报文中的 AQ=1，则应答报文 RI 字段将传输 RI 代码所定义的飞机最大巡航真实空速能力。

当 UF=0 询问报文中包括字段 RL=1 且 DS≠0 时，应答机将用 DF=16 长应答报文进行应答，并且 MV 字段传输 DS 代码指定的 GICB 寄存器存储的信息。当 UF=0 询问报文中包括字段 RL=1 且 DS=0 时，应答机将用 MV 字段全为"0"的 DF=16 长应答报文进行应答。一旦接收到 DS≠0 但 RL=0 的 UF=0 询问报文，应答报文就不是 ACAS 跨链路报文，应答机将按 RI 代码规定用短应答报文进行应答。

12.7.6 间歇信标捕获

S 模式应答机利用下行链路主动发射间歇信标，以便在有源捕获受到同步干扰时，询问机可以用宽波束天线进行无源捕获。ACAS 和机场地面监视系统是利用间歇信标信号进行无源捕获的典型应用系统。

间歇信标捕获使用的报文是 II=0 的全呼叫应答报文（DF=11）。间歇信标信号在 0.8～1.2s 区间内按均匀分布规律随机发射。如果应答机正在处理周期中，那么预定的间歇信标信号将被延迟发射。间歇信标信号开始发射之后，不应当被链路处理和互抑制信号中断。

应答机采用分集天线发射间歇信标信号。在空中时，应答机可从上、下应答天线交替发射间歇信标信号；在地面时，应答机将在 SAS 控制下选择应答天线发射间歇信标信号。

12.7.7 扩展长度间歇信标报文（DF=17）

S 模式应答机发送扩展长度间歇信标报文（DF=17）的主要目的是监视飞机的空中位置。这种类型的广播信息呈一种自动相关监视（ADS）形式，被称为 ADS-B 系统。

扩展长度间歇信标报文（DF=17）采用 112bit 下行报文，它是在全呼叫应答报文（DF=11）的基础上，增加了 56bit 扩展长度信标信息报文（ME）字段。扩展长度间歇信标报文（DF=17）结构如图 12.19 所示。

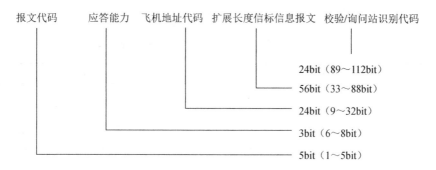

图 12.19 扩展长度间歇信标报文（DF=17）结构

该报文包含以下字段：报文代码（DF）、应答能力（CA）、飞机地址代码（AA）、扩展长度信标信息报文（ME）、校验/询问站识别代码（PI）。其中，PI 字段应当用 II=0 进行编码。

1. 扩展长度信标信息报文（ME）

ME 字段共 56bit，位于报文第 33bit 至第 88bit，用于发送广播信息。ME 共有 5 种类型：飞机空中位置间歇信标报文；飞机地面位置间歇信标报文；飞机身份识别间歇信标报文；飞机速度间歇信标报文；事件驱动间歇信标报文。这 5 类报文分别存储在不同地址的 GICB 寄存器中，如表 12.47 所示。

表 12.47 ME 字段的 GICB 寄存器地址及内容

GICB 寄存器地址	内 容
05（十六进制数）	飞机空中位置间歇信标报文
06（十六进制数）	飞机地面位置间歇信标报文
08（十六进制数）	飞机身份识别间歇信标报文
09（十六进制数）	飞机速度间歇信标报文
0A（十六进制数）	事件驱动间歇信标报文

将地址为 05（十六进制数）的 GICB 寄存器内容写入 DF=17 报文的 ME 字段，可以得到飞机空中位置间歇信标报文。同样将其他地址的 GICB 寄存器内容写入 DF=17 报文的 ME 字段，可以得到对应的间歇信标报文。

扩展长度间歇信标信号通常是应答机按规定的时间间隔内自主发送的。地面询问站也可以通过发送请求询问报文，得到扩展长度间歇信标信息。例如，请求应答机发送飞机空中位置间歇信标信号的询问报文中应当包含以下字段：RR=16（请求 B 类通信报文），DI=7（读出 B 类通信报文请求），以及 RRS=5（请求传递 BDS2=5 的 GICB 寄存器存储的报文）。

2. 扩展长度间歇信标报文类型

1）飞机空中位置间歇信标报文

传输飞机空中位置间歇信标信号应当使用 DF=17 报文，其中 ME 字段内容是 BDS2=05 的 GICB 寄存器内容，包含飞机空中位置信息。请求应答机发送飞机空中位置间歇信标报文的监视或 A 类通信报文应包含表 12.48 中的字段。

表 12.48　飞机空中位置间歇信标报文字段内容

询 问 报 文	有 关 字 段	含　　　义
监视或 A 类通信报文	RR=16	请求应答空中启动的 B 类通信报文
	DI=7	多站专用识别字段
	RRS=05	应答 GICB 寄存器地址为 05 的飞机空中位置信息

飞机空中位置间歇信标报文 ME 字段包含以下子字段：监视状态（SSS）子字段、高度码（ACS）子字段和高度码类型（ATS）子字段。

（1）监视状态（SSS）子字段。

SSS 子字段位于 DF=17 报文第 38bit 至第 39bit，报告应答机监视状态改变情况。SSS 代码及其含义如表 12.49 所示。

表 12.49　SSS 代码及其含义

代　　码	含　　　义
0	监视状态没有变化
1	报告 A 模式识别代码更改为 7500、7600 或 7700 的持续告警状态
2	报告识别代码更改为非告警代码的临时告警状态，告警时间为 T_C
3	报告识别代码设置为特殊位置识别（SPI），持续告警状态终止，被临时告警状态替代

（2）高度码（ACS）子字段。

当 ME 字段中包含空中位置信息时，应答机将在 ATS 子字段控制下，在报文第 41bit 至第 52bit 的 12bit 子字段中报告气压高度数据。ACS 子字段内容与规定的 13bit AC 字段内容一样，只是省略了比特数据 M（第 26bit）。

（3）高度码类型（ATS）子字段。

ATS 子字段位于 DF=17 报文第 35 bit。应答信号含有 GICB 寄存器 07 内容时，ATS 子字段指示 ME 字段提供的高度数据类型。ATS 代码及其含义如表 12.50 所示。

表 12.50　ATS 代码及其含义

代　　码	含　　　义
0	报告的是大气高度数据
1	报告的是导航推导出的高度数据

ATC 代码也用来控制高度码报告：当 ATS=0 时，应答机将在 ACS 子字段中报告大气高度数据；当 ATS=1 时，禁止应答机在 ACS 子字段中报告高度数据。

2）飞机地面位置间歇信标报文

传输飞机地面位置间歇信标信号应当使用 DF=17 报文，其中 ME 字段内容是 BDS2=06 的 GICB 寄存器存储的信息，包含地面位置信息。请求应答机发送飞机地面位置间歇信标报文的监视或 A 类通信报文应包含表 12.51 中的字段。

表 12.51　飞机地面位置间歇信标报文字段内容

询 问 报 文	有 关 字 段	注　释
监视或 A 类通信报文	RR=16	请求应答空中启动的 B 类通信报文
	DI=7	多站专用识别字段
	RRS=06	应答 GICB 寄存器地址为 06 的飞机地面位置信息

3）飞机身份识别间歇信标报文

应答机通过飞机身份识别间歇信标报文将飞机身份识别代码传送到 S 模式地面询问站。传输的飞机身份识别代码将是飞行计划中采用的识别代码。若无飞行计划，则应将飞机的注册登记编号写入飞机身份识别（AIS）子字段，这时飞机身份识别代码在飞行过程中是固定不变的，将其归类为固定直接数据。应答机与飞机数据接口的固定直接数据应当由飞机直接提供，应答机本身不必控制固定直接数据的设置。若使用其他形式的飞机身份识别代码，则将其归类为可变直接数据。可变直接数据在飞行过程中是可以改变的。

传输飞机身份识别间歇信标信号应当使用 DF=17 报文，其中 ME 字段内容是 BDS2=08 的 GICB 寄存器存储的信息，包含飞机身份识别代码。请求应答机发送飞机身份识别间歇信标报文的监视或 A 类通信报文应包含表 12.52 中的字段。

表 12.52　飞机身份识别间歇信标报文字段内容

询 问 报 文	有 关 字 段	含　义
监视或 A 类通信	RR=16	请求应答空中启动的 B 类通信报文
	DI=7	多站专用识别字段
	RRS=08	应答 GICB 寄存器地址为 08 的飞机身份识别代码

飞机身份识别间歇信标报文 ME 字段内容是 AIS 子字段内容，可提供多达 8 个字符。AIS 子字段的编码如表 12.53 所示。

表 12.53　AIS 子字段的编码

BDS	字符 1	字符 2	字符 3	字符 4	字符 5	字符 6	字符 7	字符 8
33～40bit	41～46bit	47～52bit	53～58bit	59～64bit	65～70bit	71～76bit	77～82bit	83～88bit

飞机身份识别信息的 BDS 代码是 BDS1=2 和 BDS2=0。BDS1 位于 DF=17 报文第 33bit 至第 36bit，BDS2 位于间歇信标报文第 37bit 至第 40bit。飞机身份识别代码字符位于 DF=17 报文第 41bit 至第 88bit。每个字符由 6bit 代码（$b_1b_2b_3b_4b_5b_6$）组成，按照国际字母编号 5（IA-5）规则进行编码，如表 12.54 所示。按照横向排列代码 $b_4b_3b_2b_1$，纵向排列代码 b_6b_5，可以得到每个字符代码对应的英文字母。在传输字符代码时，首先传送高位（b_6）。

表 12.54　用数据链传输的飞机身份识别代码字符（IA-5 字符集）

b₄	b₃	b₂	b₁	b₆	0	0	1	1
				b₅	0	1	0	1
0	0	0	0			P	SP	0
0	0	0	1		A	Q		1
0	0	1	0		B	R		2
0	0	1	1		C	S		3
0	1	0	0		D	T		4
0	1	0	1		E	U		5
0	1	1	0		F	V		6
0	1	1	1		G	W		7
1	0	0	0		H	X		8
1	0	0	1		I	Y		9
1	0	1	0		J	Z		
1	0	1	1		K			
1	1	0	0		L			
1	1	0	1		M			
1	1	1	0		N			
1	1	1	1		O			

在传输飞机身份识别间歇信标报文时，应当从最左边的字符开始发送。字符应连续编码，不能插入空格。子字段结尾使用的字符空间均应填充空格。

应答机在响应地面发起的飞机身份识别编码请求时，应在数据链能力报告中报告这一能力，方法是将 MB 字段第 33bit 设置为"1"。

如果 AIS 子字段报告的飞机身份识别代码在飞行中发生了变化，则应答机应使用 B 类通信广播协议向 S 模式地面询问站报告新的飞机身份识别代码。

4）飞机速度间歇信标报文

传输飞机速度间歇信标信号应当使用 DF=17 报文，其中 ME 字段内容是 BDS2=09 的 GICB 寄存器存储的信息，包含飞机速度信息。请求应答机发送飞机速度间歇信标报文的监视或 A 类通信报文应包含表 12.55 中的字段。

表 12.55　飞机速度间歇信标报文字段内容

询 问 报 文	有 关 字 段	含 义
监视或 A 类通信报文	RR=16	请求应答空中启动的 B 类通信报文
	DI=7	多站专用识别字段
	RRS=09	应答 GICB 寄存器地址为 09 的飞机速度信息

5）事件驱动间歇信标报文

传输事件驱动歇间信标信号应当使用 DF=17 报文，其中 ME 字段内容是 BDS2=0A 的 GICB 寄存器存储的信息，包含事件驱动信息。请求应答机发送事件驱动间歇信标报文的监视或 A 类通信报文应包含表 12.56 中的字段。

表 12.56　事件驱动间歇信标报文字段内容

询　问　报　文	有　关　字　段	含　　义
监视或 A 类通信报文	RR=16	请求应答空中启动的 B 类通信报文
	DI=7	多站专用识别字段
	RRS=0A	应答 GICB 寄存器地址为 0A 的事件驱动信息

3．扩展长度间歇信标报文发送速率

在加电初始化时，应答机从发送目标捕获间歇信标报文的工作模式开始工作。一旦将数据分别加载到 GICB 寄存器的地址 05、06、09 和 08 中，应答机就立即发送扩展长度间歇信标报文，广播飞机空中位置、飞机地面位置、飞机速度和飞机身份识别代码。在广播扩展长度间歇信标报文时，发送速率按照下列各段规定执行。除扩展长度间歇信标报文之外，应答机还应当发送目标捕获间歇信标信号，除非禁止使用目标捕获间歇信标信号。如果没有位置或速度的扩展长度间歇信标报文，则应答机将始终发送目标捕获间歇信标信号。扩展长度间歇信标报文发送速率规定如下。

（1）飞机空中位置间歇信标报文发送速率：在 0.4～0.6s 的时间间隔内按均匀分布规律随机发送飞机空中位置间歇信标报文。

（2）飞机地面位置间歇信标报文发送速率：当飞机在地面时，可以选择高速率或低速率间歇信标报文。高速率间歇信标报文在 0.4～0.6s 的时间间隔内按照均匀分布规律随机发送；低速率间歇信标报文则在 4.8～5.2s 的时间间隔内按照均匀分布规律随机发送。

（3）飞机身份识别间歇信标报文发送速率：若飞机正在报告飞机空中位置，或以高速率报告地面位置，则在 4.8～5.2s 的时间间隔内按照均匀分布规律随机发送飞机身份识别间歇信标报文；当飞机正在以低速率报告地面位置时，在 9.6～10.4s 的时间间隔内按照均匀分布规律随机发送身份识别间歇信标报文。

（4）事件驱动间歇信标报文发送速率：每当数据加载到 GICB 寄存器的地址 0A 时，立即发送事件驱动间歇信标报文。事件驱动间歇信标报文的最大传输速率将被限制为每秒 2 次。如果消息已将数据加载到事件驱动寄存器中，但因传输速率限制不能传输，则应等待到传输速率限制条件取消之后再传输。如果在允许传输之前又接收到一条新消息，则应当先传输之前接收到的消息。

4．扩展长度间歇信标报文天线选择

采用天线分集的应答机可按照下列规则发送扩展长度间歇信标报文：当飞机在空中时，应答机将使用 2 副应答天线交替发送扩展长度间歇信标报文；当飞机在地面时，应答机将在 SAS 控制下发送扩展长度间歇信标报文，若没有 SAS 命令，则用顶部天线发送。

第13章

二次雷达新技术

二次雷达技术自发明以来快速发展，如今已经得到了广泛的应用，对世界各国的经济发展和国防建设发挥了重要作用。随着科学技术的发展，二次雷达技术不断得到改进和完善。由于单脉冲技术和 S 模式选址询问的推广使用，二次雷达技术体制带来的系统内部干扰问题在很大程度上得到了解决，民用航空二次监视雷达的生命力得到了延续。但是，二次雷达系统仍然存在一些问题亟待解决。

首先，需要进一步减少二次雷达系统内部干扰。S 模式选址询问减少了大量系统内部干扰，在进行监视询问和数据链通信询问时，只有被指定的飞机才能发送应答信号。但是，为了得到飞机的地址，S 模式地面询问站首先要进行全呼叫询问。在这种情况下，所有的 S 模式应答机都会对全呼叫询问产生应答信号，回答各自的飞机地址。这样将产生大量干扰信号，严重影响目标捕获，特别是在飞行密集的航空终端区域影响更为严重。S 模式应答信号持续时间为 120μs，相距 18km 以内的目标会产生混扰，况且有些飞机目前依然在使用 A/C 模式应答机，没有选址询问功能。此外，随着 ACAS 的推广和询问平台的增加，二次雷达系统内部干扰增多。因为 ACAS 采用了 S 模式二次监视雷达系统参数，包括载波频率、信号波形、报文格式及工作方式等，所以如何进一步减少二次雷达系统内部干扰仍然是二次雷达系统设计的重要课题。

其次，军用二次雷达敌我识别系统面临的问题不仅包括系统内部干扰，还包括现代战争作战环境和作战模式发生了重大变化，在抗干扰、抗截获、信号隐蔽和安全性等方面对二次雷达敌我识别系统提出了更高的要求。因此，要求二次雷达敌我识别系统在恶劣的电磁对抗环境下准确、快速识别目标敌我属性，在设备或密码丢失情况下仍然能够安全工作。

本章展望二次雷达技术发展方向，主要介绍混合监视技术、数字调制二次雷达技术、态势感知工作模式技术、混扰和串扰抑制技术，以及时间同步与数字加密等技术在军用二次雷达敌我识别系统中的应用。

13.1　混合监视技术

二次雷达系统最突出的优点是不仅可以完成协同目标定位，而且具有双向数据传输能力。

二次雷达系统通过询问-应答在完成目标位置测量的基础上，可同时实现两个平台之间的双向数据传输，传输各种有用的信息，完成不同的功能。但是，正是这种询问-应答工作方式产生了大量的系统内部干扰。减少系统内部干扰最有效的方法之一是减少询问机的询问次数。单脉冲技术通过一次询问-应答就可以完成目标距离和方位角测量，可以减少询问次数，减少系统内部干扰；先进的数字调制技术使用信道编码等技术提高了询问机和应答机的译码概率，可以减少重复询问次数。采用混合监视技术也是减少询问次数的一种有效方法。

混合监视技术是利用有源监视和无源监视相结合的技术完成目标定位和跟踪的技术。地面询问站通过询问-应答完成目标距离和方位角测量，获取目标高度数据，建立和更新飞行航迹，这个过程叫作有源监视。所谓无源监视，是指地面询问站利用宽波束天线接收目标定期发送的扩展长度间歇信标信号的过程。利用扩展长度间歇信标信号中的目标位置、速度等信息建立和更新飞行航迹。

混合监视是将有源监视和无源监视得到的目标位置数据进行数据融合，建立和更新飞行航迹的过程。在通常情况下，用无源监视得到的位置数据更新飞行航迹，必要时可通过询问-应答得到的有源位置数据验证无源监视得到的位置数据的有效性。只有进行数据有效性验证和数据链通信时才发送询问信号，这样可以最大限度地减少询问次数。因为 S 模式应答机具有定期发送扩展长度间歇信标信号的功能，所以 S 模式二次监视雷达地面询问站实现混合监视功能是非常有可能的。

为了提高无源监视能力，可在二次监视雷达地面询问站周围建立 3 个或 4 个无源接收地面询问站，接收 DF=17 扩展长度间歇信标报文或 DF=11 目标捕获信标报文。利用多点时差定位技术完成进场飞机无源定位，其定位精度高于二次监视雷达，即使全球卫星导航系统（GNSS）的位置数据失效，多点时差定位技术仍然能够独立完成进场飞机无源定位。在二次监视雷达监视空白区域建立无源接收地面询问站监视航线上的飞机，可以补充和完善空中交通管制范围。为了提高无源监视能力，可采用全方位多波束接收天线。

混合监视技术减少了二次雷达系统内部干扰，并且可以利用通过无源监视得到的目标位置信息建立目标位置分布态势。此外，无源监视得到的目标定位精度和分辨力较高，取决于全球卫星导航系统的定位精度和卫星分布几何因子，与工作距离无关。目前混合监视技术已经在空中交通管制系统和 ACAC 中得到广泛应用。

13.2 数字调制二次雷达技术

随着作战环境变化和技术进步，脉冲二次雷达敌我识别系统在现代战争环境中暴露出许多系统设计薄弱环节，主要表现在以下几个方面。脉冲二次雷达敌我识别系统设计基本上没有采取抗干扰技术措施，抗干扰性能差；发射信号频谱密度集中，容易被敌方探测和侦察到；询问信号和应答信号波形变化少，容易被敌方欺骗和干扰；仅对传输数据进行单一加密，密码更换周期长，系统保密性低。数字调制二次雷达技术具有很多优点，可以克服脉冲二次雷达技术暴露出来的缺点，是雷达识别技术发展的必然方向。

本节将介绍数字调制二次雷达关键技术，包括数字基带信号设计，数字调制询问信号波形和应答信号波形设计、信号处理，以及数字调制二次雷达敌我识别系统性能分析。

13.2.1　数字基带信号设计

数字通信技术有许多优点，数字通信过程中没有模拟调制通信中的信号解调过程，不需要恢复传输信号本身，接收机只需要恢复传输的符号流，检测几种有限的数字符号。因此，与模拟调制通信相比，数字通信抗噪声能力强，对信号扰动的稳健性高，已经在通信领域中得到广泛应用。具有双向数据传输能力的二次雷达系统采用数字调制技术是发展的趋势。

在二次雷达敌我识别系统中，数字调制技术可以与扩频技术、数字加密技术、精密时间同步技术融合在一起，提高系统的安全性、抗干扰能力、抗侦察防截获能力等，满足战场上不断增加的作战要求，大大提高二次雷达敌我识别系统对现代战争环境的适应能力。在民用航空二次监视雷达中，S 模式询问信号波形使用数字调制技术提高了系统的数据传输能力，将二次监视雷达的监视功能与数据链通信功能结合在一起，有效地提高了空中交通管制系统的监视能力。

数字信号实现扩频码，既可以提高系统抗干扰能力，又可以提高系统抗侦察防截获能力。询问信号和应答信号均采用扩频码，利用扩频码的相关特性进行相关处理，只有相关的扩频码才能得到相应的扩频增益，提高系统抗干扰能力或增大系统工作距离。从加密的角度看，扩频码本身就是一个加密密码，有利于提高系统安全性。扩频信号由于频谱展宽，单位频带内功率谱密度低、辐射信号隐蔽，可防止敌人探测和利用。此外，扩频信号由于扩频码的码片宽度非常窄，因此可以降低电磁波传播多径效应产生的信号衰落的影响。

数字信号很容易实现计算机数字加密，使用数字加密技术对系统射频传输信号参数、传输的信息数据和同步脉冲位置信息等进行多重加密，可大大提高系统保密强度。数字调制二次雷达利用询问信道传输控制应答信号传输参数的密码，利用应答信道传输应答机自主设置的应答延时参数，以提高系统抗侦察防截获能力。非我方平台不能利用应答信号实现对我方平台的定位和跟踪。

采用数字调制技术很容易实现抗干扰扩频通信与高速数据传输兼容。高速数据传输速率可以达到扩频码码片编码速率。直接序列扩频通信可以提高系统抗干扰能力和系统安全性，高速数据传输可以提高询问平台和应答平台之间的信息传输速率和传输容量。

数字调制技术便于系统采用信道纠检错编码，可以检测和纠正信道传输过程中产生的信息错误，提高询问机和应答机译码概率，从而减少询问次数，减少系统内部干扰。

由此可知，采用数字调制技术实现扩频通信、数字加密、高速数据传输兼容，以及信道纠检错编码，是二次雷达系统设计的发展方向。数字基带信号设计是数字调制二次雷达信号波形设计的主要工作之一。本节将介绍数字基带信号设计。

数字调制二次雷达的询问信号和应答信号的数字基带信号设计采用了扩频码、沃尔什函数编码和信道编码技术。扩频码可以提高系统在现代战争环境中的电子对抗能力，沃尔什函数编码可以利用它的正交性传输信息数据，信道编码检测和纠正信道传输过程中产生的信息错误。

采用扩频通信方式传输信息数据有两种基本方案：第一种方案叫作二元数字通信方案，

将待传输的二进制数"1"或"0"直接调制在扩频码上,即将二进制数序列与扩频码进行"模2加"运算。为了便于扩频码同步解调,要求二进制数比特周期与扩频码长度相等,这种方案一个扩频码周期只能传输 1bit 二进制数。在这种情况下,一个信息比特的扩频增益等于扩频码增益。

第二种方案叫作多元数字通信方案,利用一组正交的序列传输信息数据,通常采用沃尔什函数编码。沃尔什函数是一组相互正交的矩形波函数,只有"+1"和"-1"两个取值,便于实现数字调制。其编码过程如下:首先选择一组沃尔什函数传输相对应的数据单元,如选择一组 16 个正交的沃尔什函数传输 4bit 数据单元,4bit 数据单元与沃尔什函数的对应关系如表 13.1 所示;其次根据待传输的数据单元从表 13.1 中选择对应的沃尔什函数;最后将该沃尔什函数对扩频码进行调制,即将选择的沃尔什函数与扩频码进行"模 2 加"运算,得到数字基带信号。

表 13.1 4bit 数据单元与沃尔什函数的对应关系

沃尔什函数	数 据 单 元		沃尔什函数	
	MSB	LSB	MSB	LSB
$W(0,T)$	0000		1111 1111 1111 1111	
$W(1,T)$	0001		1111 1111 0000 0000	
$W(2,T)$	0010		1111 0000 1111 0000	
$W(3,T)$	0011		1111 0000 0000 1111	
$W(4,T)$	0100		1100 1100 1100 1100	
$W(5,T)$	0101		1100 1100 0011 0011	
$W(6,T)$	0110		1100 0011 1100 0011	
$W(7,T)$	0111		1100 0011 0011 1100	
$W(8,T)$	1000		1010 1010 1010 1010	
$W(9,T)$	1001		1010 1010 0101 0101	
$W(10,T)$	1010		1010 0101 1010 0101	
$W(11,T)$	1011		1010 0101 0101 1010	
$W(12,T)$	1100		1001 1001 1001 1001	
$W(13,T)$	1101		1001 1001 0110 0110	
$W(14,T)$	1110		1001 0110 1001 0110	
$W(15,T)$	1111		1001 0110 0110 1001	

为了便于扩频码同步解扩,要求沃尔什函数周期与扩频码长度相等,或者扩频码长度与沃尔什函数一个码片的长度相等。对于要求传输速率高的地—空二次雷达敌我识别系统,采用多元数字通信方案,如选择一组 16 个正交的沃尔什函数传输 4bit 数据单元,沃尔什函数周期与扩频码长度相等,在这种情况下,1bit 数据的扩频增益仅是扩频码增益的 1/4。

对于要求抗干扰能力强的地—地二次雷达敌我识别系统,采用 2 元数字通信方案,如 W_0 对应二进制数"1",W_2 对应二进制数"0"。如果设计扩频码长度与沃尔什函数一个码片的长度相等,扩频增益就为扩频码增益的 4 倍。因为 W_0 和 W_2 有 4 个码片。如果设计扩频码长度与沃尔什函数长度相等，扩频增益等于扩频码增益。由此可以看出，采用沃尔什函数编码传输信息数据，数字基带信号设计更为方便、灵活。

沃尔什函数译码通常采用匹配滤波器接收机。16 元沃尔什函数匹配滤波器接收机如图 13.1 所示，匹配滤波器的冲击响应是沃尔什函数的时间倒置序列。该接收机是多元数字通信系统在高斯白噪声环境下的最佳接收机。选择 T 时刻输出信号幅度最大的匹配滤波器对应的输入数据作为解调信息，可以得到最高解调信噪比。2 元数字通信系统的匹配滤波器接收机只有对应 W_0 和 W_2 的两个匹配滤波器。

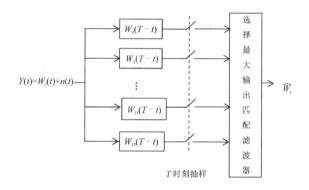

图 13.1　16 元沃尔什函数匹配滤波器接收机

信道编码可以检测和纠正信道传输过程中产生的信息错误。在二次雷达系统敌我识别工作模式中，通常询问信号使用信道编码，因为询问信道中传输的信息主要是选择应答信息传输参数的密码，一旦出现错误询问机就不可能成功接收到应答信号。应答信号一般不使用信道编码，因为二次雷达系统敌我识别工作模式的应答信息包括两组重复的随机数和随机延时数据，随机数用来确认应答信息是否有效。询问机比较两组数据的一致性，同时与本地随机数进行比较，可以准确判定接收到的应答信息的有效性。没有设置信道编码校验比特，主要是为了缩短应答信号持续时间，降低混扰的影响。万一出现错误，询问机可以重新询问直到获得正确结果为止。

在多元数字通信系统中，一个扩频码传输多个比特信息，16 元扩频数字通信系统中一个扩频码传输 4bit 信息，需要在 2^4 伽罗瓦扩展域进行信道编码。例如，在采用 R-S(11.9.1)误差校正编码时，R-S(11.9.1)是 R-S(15.13)的一种截短码，是在 $GF(2^4)$ 中生成的，先将最高 4bit 的"0"信息作为最高位添加在 9bit 的信息码字上形成长度为 13bit 的信息码字，然后进行 R-S(15.13)编码，去掉最高 4bit 的"0"即可得到 R-S(11.9.1)误差校正编码。

构造 $GF(2^4)$ 的本原多项式为 $p(x)=x^4+x+1$。$p(x)=0$ 的根为 α，即 $\alpha^4+\alpha+1=0$ 或 $\alpha^4=\alpha+1$。通过反复利用恒等式 $\alpha^4=\alpha+1$ 构造 $GF(2^4)$，如表 13.2 所示。

表 13.2　$GF(2^4)$伽罗瓦扩展域表达式

α^j	伽罗瓦扩展域表达式			
	α^{j3}	α^{j2}	α^{j1}	α^{j0}
0	0	0	0	0

α^j	伽罗瓦扩展域表达式			
	α^{j3}	α^{j2}	α^{j1}	α^{j0}
1	0	0	0	1
α	0	0	1	0
α^2	0	1	0	0
α^3	1	0	0	0
α^4	0	0	1	1
α^5	0	1	1	0
α^6	1	1	0	0
α^7	1	0	1	1
α^8	0	1	0	1
α^9	1	0	1	0
α^{10}	0	1	1	1
α^{11}	1	1	1	0
α^{12}	1	1	1	1
α^{13}	1	1	0	1
α^{14}	1	0	0	1

R-S(11.9.1)编码过程如下。先将输入数据从高位到低位划分为 9 个 4bit 数据单元：M_1，M_2，M_3，M_4，M_5，M_6，M_7，M_8，M_9。误差校正编码将产生 11 个 4 bit 单元编码数据：d_1，d_2，d_3，d_4，d_5，d_6，d_7，d_8，d_9，d_{10}，d_{11}。其中 d_{10} 和 d_{11} 为误差校准字符，由以下矩阵方程确定：

$$[d_1 d_2 d_3 d_4 d_5 d_6 d_7 d_8 d_9 d_{10} d_{11}] = [M_1 M_2 M_3 M_4 M_5 M_6 M_7 M_8 M_9] \times \begin{bmatrix} 1 & 0 & 0 & 0 & 0 & 0 & 0 & 0 & 0 & \alpha^{10} & \alpha^{14} \\ 0 & 1 & 0 & 0 & 0 & 0 & 0 & 0 & 0 & \alpha^{11} & \alpha^8 \\ 0 & 0 & 1 & 0 & 0 & 0 & 0 & 0 & 0 & \alpha^5 & \alpha^{14} \\ 0 & 0 & 0 & 1 & 0 & 0 & 0 & 0 & 0 & \alpha^{11} & \alpha^2 \\ 0 & 0 & 0 & 0 & 1 & 0 & 0 & 0 & 0 & \alpha^{14} & \alpha^{13} \\ 0 & 0 & 0 & 0 & 0 & 1 & 0 & 0 & 0 & \alpha^{10} & \alpha^3 \\ 0 & 0 & 0 & 0 & 0 & 0 & 1 & 0 & 0 & 1 & 1 \\ 0 & 0 & 0 & 0 & 0 & 0 & 0 & 1 & 0 & \alpha^{12} & \alpha^8 \\ 0 & 0 & 0 & 0 & 0 & 0 & 0 & 0 & 1 & \alpha^5 & \alpha^3 \end{bmatrix} \quad (13.1)$$

$$= [M_1 M_2 M_3 M_4 M_5 M_6 M_7 M_8 M_9 d_{10} d_{11}]$$

式中，M_i 是 4bit 数据单元。求解上述矩阵方程，可得

$$d_{10} = M_1 \alpha^{10} \oplus M_2 \alpha^{11} \oplus M_3 \alpha^5 \oplus M_4 \alpha^{11} \oplus M_5 \alpha^{14} \oplus M_6 \alpha^{10} \oplus M_7 \oplus M_8 \alpha^{12} \oplus M_9 \alpha^5$$

$$d_{11} = M_1\alpha^{14} \oplus M_2\alpha^8 \oplus M_3\alpha^{14} \oplus M_4\alpha^2 \oplus M_5\alpha^{13} \oplus M_6\alpha^3 \oplus M_7 \oplus M_8\alpha^8 \oplus M_9\alpha^3 \quad （13.2）$$

式中，α^j 是一个列矩阵，是行矩阵 $[\alpha^{j0}\alpha^{j1}\alpha^{j2}\alpha^{j3}]$ 的转置矩阵，即

$$\alpha^j=[\alpha^{j0}\alpha^{j1}\alpha^{j2}\alpha^{j3}]^T \qquad\qquad （13.3）$$

α^j 与 GF(2^4) 伽罗瓦扩展域的对应关系如表 13.2 所示。

13.2.2 敌我识别模式数字调制询问信号波形

敌我识别模式数字调制询问信号波形（见图 13.2）由 3 个同步脉冲（P_1、P_2、P_3）、N 个数据脉冲（$D_1 \sim D_N$）和 1 个询问旁瓣抑制脉冲（L_1）组成。

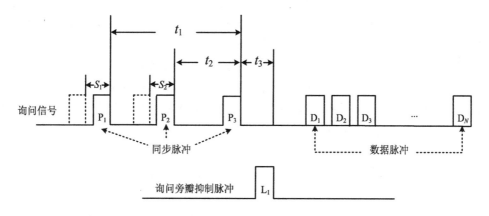

图 13.2 敌我识别模式数字调制询问信号波形

同步脉冲是询问脉冲串的导引脉冲，为数据脉冲译码提供基准时间，应答机检测到同步脉冲后开始对数据脉冲进行译码。在工程设计上一般采用 2～4 个同步脉冲，同步脉冲数目越多，同步字符检测错误概率越低，但信息数据传输速率也越低。同步脉冲的间距是可变的，以实现脉冲位置加密。变化量分别为 S_1、S_2，由信号传输参数密码机提供的密码确定。同步脉冲 P_3 后沿是所有脉冲的时间基准点，也是目标距离测量的起始时间。所有脉冲载波信号均由数字基带信号调制，一般采用 MSK 或 BPSK 调制方式。数字基带信号通常由扩频码、沃尔什函数编码和信道编码组成。为了提高信号检测概率或抗干扰余量，同步脉冲扩频码码片数一般比数据脉冲扩频码码片数多，通常是数据脉冲扩频码码片的整数倍。码片速率可以选择 5～20Mbit/s。

询问旁瓣抑制脉冲通常位于同步脉冲之后，数据脉冲之前，其功能是阻止询问天线主波束之外旁瓣范围内的应答机发射应答信号，避免造成旁瓣干扰。在工程设计上可以采用 1 个或 2 个询问旁瓣抑制脉冲。当使用 1 个询问旁瓣抑制脉冲时，可以通过旁瓣控制波束或单脉冲差波束发送询问旁瓣抑制脉冲 L_1。当使用 2 个询问旁瓣抑制脉冲时，可以通过旁瓣控制波束发送询问旁瓣抑制脉冲 L_1，询问旁瓣抑制脉冲 L_2 通过单脉冲差波束发送，以满足旁瓣抑制波束覆盖主波束之外全部旁瓣的要求。询问旁瓣抑制脉冲的扩频码码片数与同步脉冲的扩频码码片数相等，以便应答机比较它们的信号幅度，实现询问旁瓣抑制功能。

数据脉冲用来传输询问信息，数据脉冲数量 N 取决于询问信号传输的信息数据量。数据脉冲可以由脉冲间隔相等的离散脉冲串组成，也可以将数据脉冲连接在一起形成数据脉冲块。数据脉冲块压缩了信号持续时间，但是要求发射机瞬时占空比高。

图 13.2 中询问信号的数字基带信号包括询问信道编码、沃尔什函数编码和扩频码。每个询问字符宽度为 1μs，码片速率为 16Mbit/s，同步脉冲和询问旁瓣抑制脉冲的扩频码长度为 16个码片，扩频增益为 12dB。数据脉冲宽度同样为 1μs，扩频码长度为 16 个码片，经过 16 元沃尔什函数编码后，1 个数据字符可以传递 4bit 数据，等效于每比特数据包括 4 个扩频码码片，扩频增益为 6dB。高速数据传输工作模式不进行扩频编码和沃尔什函数编码，直接以 16Mbit/s 的速率将二进制信息数据对载波信号进行 MSK 或 BPSK 调制。

当询问数据采用 R-S(11.9.1)编码完成信道编码时，首先将 36bit 输入数据从高位到低位划分成为 9 个 4bit 数据单元，经过 R-S(11.9.1)编码后，产生 2 个 4bit 数据单元校验字符，每个误差校正码字包括 11 个 4bit 数据单元编码字符，可以纠正 1 个 4bit 数据单元错误，或检测 2个 4bit 数据单元错误。传输 36bit 询问信息数据需要 11 个数据脉冲。

同步脉冲和旁瓣抑制脉冲的扩频码码片数量为数据脉冲数量的 4 倍，同步脉冲的扩频增益比数据脉冲高 6dB，提高了系统抗干扰能力。检测同步脉冲是非常重要的，只有检测到同步脉冲才能提取本次询问或应答的全部信息。如果同步脉冲检测失败，那么将丢失本次询问或应答的全部信息。1 个数据脉冲检测失败只影响 1 个数据字符，并且可以通过误差校正编码或其他措施发现并纠正。因此，加强同步脉冲抗干扰设计是提高信号检测概率的一项重要措施。

选择 16Mbit/s 的码片速率是综合考虑数据传输速率、信号持续时间和接收机中频带宽实现等因素的结果。

询问信号波形产生过程如图 13.3 所示。

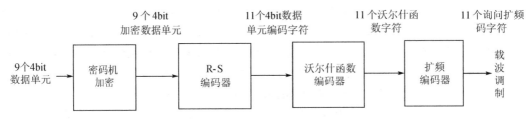

图 13.3　询问信号波形产生过程

（1）询问数据加密：询问机信号处理单元接收到询问启动脉冲后，将待传输的询问数据传送给密码机，密码机按照规定将待传输的数据分成 9 个 4bit 数据单元，经过密码机加密后得到 9 个 4bit 加密数据单元 $M_1 M_2 \cdots M_8 M_9$。将数据分成 9 个 4bit 数据单元是为了便于实现 16元沃尔什函数编码。

（2）纠检错信道编码：为了检测和纠正信号传输错误，将 9 个 4bit 加密数据单元进行 R-S(11.9.1)误差校正编码，每 9 个 4bit 数据单元增加 2 个 4bit 数据单元校验字符，将传输数据扩展成 11 个 4bit 数据单元编码字符 $d_1 d_2 \cdots d_{10} d_{11}$。其中，$d_{10}$ 和 d_{11} 为纠检错编码校验字符。

（3）沃尔什函数编码：沃尔什函数编码的目的是利用 16 个相互正交的沃尔什函数（$W_0, W_1, \cdots, W_{14}, W_{15}$）传输 4bit 数据单元。4bit 数据单元与沃尔什函数的对应关系如表 13.1 所示。编码过程如下：先从表 13.1 中查找出每个 4bit 数据单元所对应的沃尔什函数 W_i，再从最高位 4bit 单元开始编码可以得到 11 个沃尔什函数字符 $W_0,W_1,\cdots,W_{10},W_{11}$。

（4）扩频编码：将每个沃尔什函数字符与扩频码（长度为 16 个码片）进行"模 2 加"运算，得到 11 个询问扩频码字符 $D_1,D_2,\cdots,D_{10},D_{11}$。这 11 个询问扩频码字符就是询问信号的数字基带信号。

将数字基带信号以 16Mbit/s 的速率对询问载波信号进行 MSK 调制，即可获得数字调制询问信号波形。采用 MSK 调制方式是为了减小发射询问信号占用的带宽，从而减少对同频段工作的其他电子设备的干扰。

询问信号波形处理过程如图 13.4 所示，该过程是产生询问信号波形的逆过程。应答机接收到询问信号之后，首先将接收到的询问信号进行载波解调得到数字基带信号；其次对数字基带信号进行扩频信号解扩处理，得到 11 个沃尔什函数字符 $W_0,W_1,\cdots,W_{10},W_{11}$；再次进行沃尔什函数译码，得到 11 个 4bit 数据单元编码字符 $d_1,d_2,\cdots,d_{10},d_{11}$，经过 R-S 译码之后得到 9 个 4bit 密文数据单元；最后由密码机进行解密处理，恢复询问信号传送的 36bit 原文数据。

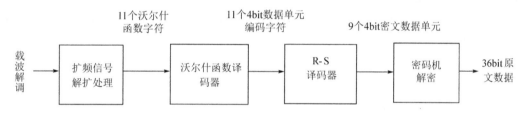

图 13.4 询问信号波形处理过程

在工程设计中，数字匹配滤波器接收机可以同时完成扩频信号解扩和沃尔什函数解调，直接恢复传输的数据。在这种情况下，匹配滤波器本地序列应当按照调制序列 $W_iC(t)$ 的时间倒置顺序进行设置。其中，W_i 为沃尔什函数，$C(t)$ 为扩频码。译码器由 16 个并行数字匹配滤波器组成，如图 13.1 所示，与正交的沃尔什函数对应的 16 个匹配滤波器的冲激响应特性分别为 $W_i(T-t)C(T-t)$（$i=0,1,2,\cdots,14,15$）。选择 T 时刻输出信号幅度最大的匹配滤波器对应的 4bit 传输数据，就完成了传输数据译码。

13.2.3 敌我识别模式数字调制应答信号波形

敌我识别模式数字调制应答信号波形由同步脉冲和数据脉冲块组成。同步脉冲用作应答脉冲串的导引脉冲，数据脉冲块用于传输应答信息数据。为了降低混扰的影响，在设计上应当使应答信号波形持续时间尽可能短，只包括 2 个同步脉冲（P_1、P_2）和一个数据脉冲块。数据脉冲块由 K 个连续的数据脉冲组成，可以传输 $4K$bit 数据。同步脉冲 P_2 后沿是所有应答脉冲的时间基准点，也是目标距离测量的终止时间。

敌我识别模式数字调制应答信号波形如图 13.5 所示。同步脉冲 P_1、P_2 的宽度为 1μs，每个同步脉冲包括 16 个扩频码码片，扩频增益为 12dB。脉冲位置变量 S_1 是同步脉冲 P_1 的脉冲位置加密参数，由询问机随机数产生器产生并通过询问信道传输给应答机，应答机按照接收的 S_1 数据设置 P_1 的位置。

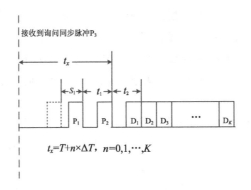

图 13.5　敌我识别模式数字调制应答信号波形

应答数据脉冲与询问数据脉冲有所区别，它是由 K 个脉冲宽度为 1μs 的数据脉冲连接而成的数据脉冲块，可传输 K 个数据字符。数据脉冲块持续时间为 Kμs。每个数据脉冲包括 16 个扩频码码片，经过沃尔什函数编码后可以传递 4bit 数据，等效于每比特数据包括 4 个扩频码码片，扩频增益为 6dB。K 个数据脉冲共传输 $4K$bit 应答数据。传输 36bit 应答数据需要 9 个应答数据脉冲。

应答信号波形产生过程如图 13.6 所示，该过程与询问数据处理过程相似，但是在编译码过程中没有 R-S 纠检错编译码环节，缩短了应答信号持续时间，同时增加了应答数据安全性处理环节，提高了应答数据传输安全性。

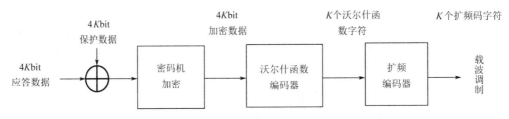

图 13.6　应答波形产生过程

应答信号波形产生过程如下：首先将待传输的应答数据与密码机送来的 $4K$bit 保护数据进行"模 2 加"运算，对应答数据进行屏蔽；其次将 $4K$bit 被保护的数据送到密码机进行加密，得到 $4K$bit 加密数据；最后对加密数据进行沃尔什函数编码和扩频编码，得到数字调制应答信号的基带信号。将基带信号对应答载波信号进行 MSK 调制，产生应答信号波形。

应答信号波形处理过程如图 13.7 所示，该过程是应答信号产生过程的逆过程。最后处理环节是去屏蔽数据处理，将密码机输出的 $4K$bit 明文数据与 $4K$bit 保护数据进行"模 2 加"运算，恢复应答机发送的 $4K$bit 应答数据。只要应答机编码和询问机译码使用的保护数据相同，询问机就可以恢复应答数据，这提高了应答数据传输的安全性。

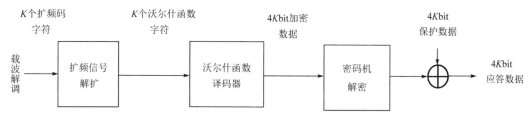

图 13.7　应答信号波形处理过程

敌我识别模式的应答报文包括 8bit 随机应答延时数据和 28bit 应答数据。应答数据类型由询问格式代码确定：身份识别应答数据由 8bit 随机应答延时数据和 10bit 随机数字段组成，将该 18bit 数据重复一次，形成 36bit 身份识别应答数据；平台识别代码（PIN）应答数据包括 14bit 平台识别代码，6bit 任务代码，5bit 备用代码，以及 3bit 特殊应答比特，共 28bit。特殊应答比特包括 1bit 军事应急状态代码，1bit 位置识别（I/P）代码和 1bit 无人机标识代码。

由此可知，数字调制应答信号波形与询问信号波形有三个主要区别：一是，应答信号的数据脉冲是连接成一块的，且只有两个同步脉冲，缩短了应答信号波形持续时间，降低了混扰概率；二是，为了简化应答信号波形结构，下行链路没有采用纠检错信道编码，若下行链路出现传输错误，则询问机可以通过重复询问等最终得到正确的应答数据；三是，增加了应答数据安全性保护处理环节，提高了应答数据传输安全性。

13.2.4　信号处理

数字调制二次雷达工作环境与脉冲二次雷达基本相同：一方面有来自系统外部的干扰，如接收机热噪声、多径干扰等；另一方面有来自系统内部的各种干扰，如串扰、混扰、旁瓣干扰及接收机信号带宽限制造成的信号波形失真等。二次雷达敌我识别系统还要面对战场上人为的有意干扰和对抗。因此，数字调制二次雷达的信号处理功能和处理流程与脉冲二次雷达基本相同，包括一次询问的应答信号处理、应答与应答信号相关处理及假目标处理。脉冲二次雷达的信号处理相关内容已经在第 5 章进行了详细介绍，本节将重点介绍数字调制二次雷达的信号处理及其与脉冲二次雷达信号处理的差异。

数字调制二次雷达一次询问的应答信号处理的目的是从噪声和各种干扰污染的环境中分检出有效的应答信号，完成目标距离和方位角测量，以及应答信息提取，处理过程如下。

（1）进行载波解调，得到数字基带信号。

（2）扩频信号解扩处理：进行同步脉冲和旁瓣抑制脉冲的扩频信号解扩，得到主波束同步脉冲 P_Σ、差波束同步脉冲 P_Δ 及旁瓣抑制脉冲 P_Ω 的幅度信息。

（3）接收旁瓣抑制处理：比较主波束同步脉冲 P_Σ 与旁瓣抑制脉冲 P_Ω 的幅度，完成接收旁瓣抑制处理，剔除旁瓣干扰信号。

（4）目标距离和方位角测量：计算和波束、差波束同步脉冲幅度比值 P_Δ/P_Σ，完成单脉冲方位角测量。测量询问机发送的询问同步脉冲 P_3 与它接收的应答同步脉冲 P_2 的时间差，即可完成目标距离测量。

（5）应答数据译码：对分检出来的应答数据脉冲按照如图 13.7 所示的流程进行载波解调、扩频码解扩、沃尔什函数译码、密码机解密和去屏蔽数据处理，提取出应答数据。将接收到的应答数据与目标距离、方位角测量数据结合在一起，形成目标应答编码。目标应答编码信息字段包括应答数据、目标距离和目标方位角等。

完成一次询问的应答信号处理后，应当进行应答与应答信号相关处理。应答与应答信号相关处理是指将信号处理器输出的新的目标应答编码与前面询问得到的目标应答编码进行相关处理。通常采取"滑窗"处理方法，利用波束驻留时间内多次询问剔除多余的假目标应答编码，并将同步的目标应答编码形成目标报告，上报一次雷达或指挥控制中心，完成目标识别功能。"滑窗"处理既可以剔除串扰产生的假目标，又可以提高目标检测概率。

根据二次雷达功能需要可以进行进一步细化处理。如果系统需要建立飞行航迹，则必须在天线扫描过程中进行监视处理，完善目标应答编码，更新飞行航迹的编码和目标位置，利用新目标报告建立新飞行航迹，并检测和消除反射信号产生的"鬼影"目标。

数字调制二次雷达的假目标报告主要是反射应答信号产生的反射假目标报告，以及未被抑制的旁瓣应答信号产生的环绕目标报告。由于采用了串扰抑制技术和"滑窗"处理技术，因此不太可能产生由串扰形成的假目标报告。

虽然数字调制二次雷达的工作环境和信号处理目的与脉冲二次雷达基本相同，都是在同样的外部和内部干扰环境下完成传输信息提取和目标距离、方位角测量，但是这两种系统属于不同的通信体制，信号检测方法不同，信号处理方法不同，工作环境影响的表现形式不同，得到的系统性能也不同。

脉冲二次雷达系统是模拟调制系统，传输信号波形为脉冲波形，信号解调过程需要恢复脉冲信号，因此使用信号幅度检波完成脉冲信号解调。工作环境的影响表现为有用的视频脉冲混杂在杂乱的随机噪声和各种干扰脉冲中，影响编码脉冲的识别和提取。采样信息为视频脉冲位置和幅度信息。信号处理任务为对采样的视频脉冲进行处理，根据脉冲的幅度和位置信息从中分检出有用的编码脉冲，鉴别来自同一架飞机的应答编码脉冲，形成目标报告。

数字调制二次雷达系统是双向数字通信系统，接收机只需要恢复传输的符号流，检测传输的几种数字符号之一。载波解调之后对数字基带信号进行处理，完成扩频信号解扩、沃尔什函数译码等处理。工作环境的影响表现为译码过程中产生信息传输错误，影响信息译码概率。除采用传统的询问旁瓣抑制和接收旁瓣抑制技术之外，数字调制二次雷达系统还采用混扰、串扰抑制等先进的系统设计技术，系统内部的主要干扰明显减少，数字基带信号的工作环境优于视频脉冲的工作环境，系统性能也优于脉冲二次雷达系统。

13.2.5 性能分析

本节将分析数字调制二次雷达系统与脉冲二次雷达系统询问-应答工作方式的主要性能。分析的前提是脉冲二次雷达系统及设备参数保持不变，只用数字调制询问信号和应答信号波形代替脉冲波形，分析比较两种系统的主要性能。两种系统性能比较表如表13.3所示，比较的内容包括识别概率、距离测量精度、方位角测量精度、目标分辨力（包括距离分辨力和方位分辨力）、工作距离及与雷达的相关性。下面将定性分析以下系统指标：识别概率、工作距离和目标分辨力。

表 13.3　两种系统性能比较表

系 统 指 标	数字调制二次雷达系统	脉冲二次雷达系统
识别概率	大于或等于98%（各种环境条件下）	典型值为22%（非单脉冲条件下）
距离测量精度	125ft	1200ft
方位角测量精度	优于脉冲二次雷达系统	0.2×询问天线主波束宽度
距离分辨力	没有下限	500～2500ft
方位分辨力	没有下限	1.2×天线波束宽
工作距离	脉冲二次雷达系统的两倍	最大为250海里
与雷达的相关性	优于脉冲二次雷达系统	

1．识别概率

数字调制二次雷达系统询问-应答工作方式的识别概率可以达到98%甚至更高。主要原因是提高了询问机和应答机的信号检测概率，同时减少了系统内部大量干扰，应答机的应答概率高。

询问、应答信号波形采用直接序列扩频方案，同步脉冲扩频增益为12dB，数据脉冲的扩频增益为6dB。相对脉冲二次雷达系统，询问机和应答机的接收信噪比至少提高6dB。在一般情况下，接收信噪比提高 6dB，接收机译码的误比特率将降低一个量级以上。根据系统信道计算，脉冲二次雷达系统的询问机和应答机的接收信噪比高于15dB。这样，数字调制二次雷达系统的接收信噪比在 21dB 以上，因此数字调制二次雷达系统的询问信号检测概率和应答信号检测概率都接近100%。

由第10章系统性能分析可知，二次雷达系统内部的各种干扰和应答机占据是影响系统的识别概率的主要因素。当询问机和应答机的目标检测概率很高时，系统的识别概率基本上等于应答机的应答概率。数字调制二次雷达系统一方面采取许多有效措施减少系统内部干扰，提高信号检测概率；另一方面减少询问次数，减少应答机占据时间，提高应答机的应答概率。提高系统识别概率的主要措施如下。

（1）询问信息采用数字调制、扩频编码，以及 R-S 纠检错编码技术，提高了询问机和应答机的信号检测概率，降低信息传输错误概率，同时降低了重复询问频率，降低了应答机占据概率，从而提高了应答机的应答概率。脉冲二次雷达系统为了提高识别概率，设置的重复询问频率较高，通常是 250～450Hz。数字调制二次雷达系统重复询问频率可以降低到 120～250Hz。

（2）应答机采用随机应答延时技术消除大量的同步混扰。应答信号延迟时间是由各应答机随机选择的，即使两个距离相等的应答机，其应答信号相互重叠或交错的概率也很小，消除了大量的同步混扰，提高了询问机的目标检测概率，从而提高了系统的识别概率。

（3）利用应答信道隔离技术剔除系统大部分串扰信号。数字调制二次雷达系统的应答信号扩频码是由询问机随机指定的，不同询问机触发的应答信号的扩频码是不同的。串扰应答信号的扩频码与本地询问站触发的应答信号扩频码不相关，因此询问机在进行应答信号扩频码解扩过程中，不能对其他询问机触发的串扰应答信号完成解扩。这样就自动剔除了其他询问机触发的串扰应答信号。

2．工作距离

扩频通信系统采用扩频技术后，经过扩频处理可以得到扩频增益 GdB，相对于普通的通信系统，扩频通信系统接收机信噪比提高了 GdB。扩频增益计算公式为

$$G=10\lg(\text{脉冲的扩频码码片数}) \tag{13.4}$$

与脉冲二次雷达系统相比，数字调制二次雷达系统接收信噪比提高了 GdB，从而增加了系统的工作距离。根据自由空间电磁波传播的规律，接收信噪比提高 6dB，识别距离增加 1 倍。按照图 13.2 和图 13.5，同步脉冲和旁瓣抑制脉冲的扩频增益为 12dB，数据脉冲扩频增益为 6dB。因此，数字调制二次雷达系统的工作距离将增加 1 倍，或在距离相等时系统的抗干扰余量增加 6dB。

3．目标分辨力

采用随机应答延时技术后，从理论上讲，询问机的方位分辨力和距离分辨力可以做到没有下限。也就是说，当两个协同目标在方位和距离上重合时，因为它们的随机应答延迟时间不同，所以询问机有能力检测到这两个目标，并将它们分辨出来。

由随机应答延时技术工作原理可以知道，询问机可以在不同的时间检测到位置完全重合的两个协同目标，分别提取它们的位置信息和目标识别代码等应答数据。通过比较这两个目标的距离、方位和应答信息，询问机可以发现它们可能是在距离和方位上很接近的两个目标，可能是距离相等、方位不同的两个目标，也可能是方位相同、距离不等的两个目标。当两个目标在距离和方位上很接近时，询问机还可以通过它们的识别代码分辨这两个目标。因此，系统的距离分辨力和方位分辨力理论上没有下限。

13.3　态势感知工作模式技术

态势感知工作模式系统是继 GNSS 之后发展起来的一种新型目标定位系统，目标位置数据由 GNSS 或惯性导航系统（INS）提供，定位精度高。态势感知工作模式系统通过接收我方目标报告的位置数据确定目标位置，形成目标分布态势。位置报告包含纬度、经度、高度、平台识别编号和任务代码等。态势感知工作模式系统的定位精度和位置分辨力取决于导航系统提供的目标定位精度，与系统的工作频率无关。

目前民用航空空中交通管制系统使用的 ADS-B 系统就是一种用于监视民用飞机的无源态势感知工作模式系统。飞机发送的信标信号是 S 模式 DF=17 扩展长度间歇信标信号，包含飞机的位置、速度等信息。

态势感知工作模式系统工作原理如图 13.8 所示。态势感知工作模式系统有两种工作方式，即信标态势感知工作方式和询问-应答态势感知工作方式。

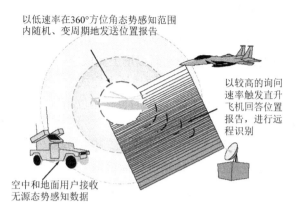

以低速率在360°方位角态势感知范围内随机、变周期地发送位置报告

以较高的询问速率触发直升飞机回答位置报告,进行远程识别

空中和地面用户接收无源态势感知数据

图 13.8　态势感知工作模式系统工作原理

13.3.1　信标态势感知

信标态势感知工作方式又叫作无源态势感知工作方式。目标通过全向天线以低的变周期速率向 360°方位角态势感知范围内自主发送信标信号,报告自己的位置数据和识别代码等信息。传输的报文信息与询问-应答态势感知报文信息一样。空中或地面用户接收我方目标报告的位置数据和识别代码等信息,完成目标定位和识别,形成目标分布态势。如图 13.8 所示,在信标态势感知工作方式下,直升飞机主动地向全方位随机、变周期地发送自己的位置数据,供空中、地面用户接收和定位。

态势感知信标信号发送速率低,大约 1s 报告一次数据,信标信号之间的干扰小,我方用户接收信标信号识别概率高,只要接收一组位置报告和识别数据就可以完成目标定位和识别。因此,系统识别容量大,目标定位滞后时间短,一般为 0.1s。平台位置数据由 GNSS 提供,平台之间的定位精度和方位分辨力高。信标态势感知工作方式由于采用全向接收天线,因此最远工作距离约为 92.6km(50 海里)。

13.3.2　询问-应答态势感知

询问-应答态势感知工作方式又叫作有源态势感知工作方式。用户询问站使用态势感知询问方式通过定向询问天线发送询问信号,接收目标回答的态势感知应答信号,提取位置报告数据,完成目标定位和识别。空中或地面的其他用户可以通过全向天线接收该目标回答的位置数据和识别代码,完成各自的目标识别和定位。如图 13.8 所示,在询问-应答工作模式下,地面询问站以较高的询问速率触发直升飞机回答位置报告,进行远程识别。

询问-应答态势感知工作方式的位置报告速率取决于询问速率,高于无源信标发射速率。它的工作距离及有关系统性能与敌我识别工作模式相同。

询问-应答态势感知应答报文数据包括战术数据、安全确认数据(系统时间代码和随机数)、报文格式代码,以及纠检错编码校验位。通用平台识别代码战术数据包括任务代码、经度(19bit)、纬度(18bit)、高度和应急代码。高分辨力平台识别代码战术数据分辨力更高,经度为 22bit 和纬度为 21bit,高度数据不来自大气压高度表,而来自平台的导航系统。目标位置坐标系采用 WGS84(1984 年世界大地测量系统)地球模型。

13.3.3 空—地态势感知

二次雷达系统的目标分辨力与系统工作频率有关。由于工作在 L 波段，因此询问天线波束宽、目标分辨力低，不能在目标密集的地面战场上完成空—地目标识别和定位。询问-应答态势感知工作模式系统可以在目标密集的地面战场上完成空—地目标识别和定位，因为态势感知工作模式的方位分辨力取决于 GNSS 提供的目标定位精度，与系统的工作频率无关。本节将介绍空—地态势感知技术。

空—地态势感知识别和定位原理如图 13.9 所示。空—地态势感知工作模式有两种工作方式，即空—地态势感知工作方式和空—地精确目标识别工作方式。

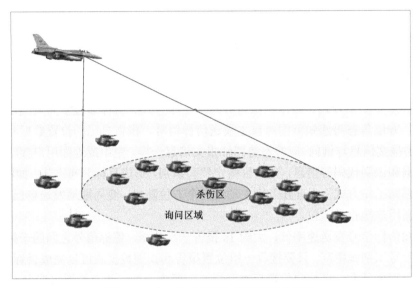

图 13.9 空—地态势感知识别和定位原理

1．空—地态势感知工作方式

空—地态势感知工作方式的作用是知道某个区域的我方目标分布态势，而不是对某个目标进行精确攻击。因此，它的询问信息是指定的地面上某个区域，如图 13.9 中虚线以内的询问区域。

空—地态势感知工作过程如下。空中飞机向地面发射询问信号，询问信息包括地面上某个指定区域的地理位置信息；指定区域内所有的地面平台接收到询问信号后，用应答频率回答自己的经度、纬度和平台识别代码；飞机利用接收到的地面平台位置数据完成目标定位，形成目标分布态势，并确认这些地面平台是否在杀伤区内。

2．空—地精确目标识别工作方式

空—地精确目标识别工作方式的作用是对杀伤区内的目标进行精确攻击，询问信息指定了精确攻击区域，如图 13.9 中实线以内的杀伤区。

空—地精确目标识别工作过程如下。飞机如果要攻击某个目标，则计算该目标的地理位置，并以询问频率发射下行链路信息，指定精确攻击区域；地面平台接收到飞机的下行链路

信息后，判断自己是否在攻击区内，如果在攻击区域内，则用应答频率通过上行链路报告"我在攻击区内"，以免受到攻击。为了提高识别响应效率，不报告自己的经度、纬度，只回答简短的"不要攻击我"信息代码；飞机如果接收到回答的信息代码，则停止攻击这个目标。

13.3.4　信号波形

态势感知信号由应答机定期向全方位自主发射，辐射范围内的所有平台（我方平台和敌方平台）都可以接收到。因此，信号波形的安全性、保密性设计特别重要。由于战场上的平台目标位置等信息是保密的，因此要求对传输信息进行数字加密；为了减少数据传输误差，应当对传输数据进行信道编码；采用扩频调制波形可以增强系统电子对抗性能，提高系统安全性。同时态势感知功能是数字调制二次雷达系统功能，其信号波形应当与敌我识别工作模式兼容，二次雷达系统信号波形设计中的所有安全性措施都适用于态势感知信号波形设计。

1．态势感知信号波形

态势感知工作模式的询问信号波形与敌我识别工作模式的询问信号波形一样，只不过它的应答报文信息不同。态势感知信标信号和应答信号波形与敌我识别工作模式区别较大，如图 13.10 所示，由 4 个同步脉冲（P_1、P_2、P_3、P_4）和 1 个数据脉冲块组成。4 个同步脉冲用于降低同步脉冲检测的错误概率，提高系统安全性。采用数据脉冲块是为了压缩信号持续时间，减少信号间的相互干扰。数据脉冲块包括 N 个数据字符，N 由传输数据量决定。态势感知工作模式传输的数据通常比敌我识别工作模式应答数据多。

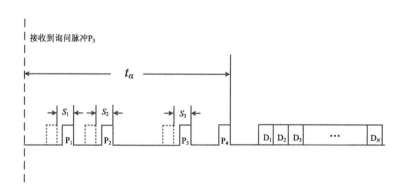

图 13.10　态势感知信标信号和应答信号波形

态势感知工作模式的应答同步脉冲 P_4 后沿是应答信号波形的基准时间，应答延迟时间 t_a 是固定不变的，以询问同步脉冲 P_3 为参考，延迟 t_a 后发送态势感知应答信号。P_1、P_2、P_3 的位置相对于 P_4 是随机变化的，以便实现同步脉冲位置加密，提高系统安全性。应答信号的脉冲位置加密参数 S_1、S_2、S_3 和扩频码加密参数分别由所有应答机和询问机同步产生。与应答信号工作过程有所不同，态势感知工作模式的信标信号从 P_1 开始自主发送。

态势感知工作模式的信标信号和应答信号的基带编码与敌我识别工作模式兼容，在设计中采用了 16 个码片的扩频码、16 元沃尔什函数编码及信道编码。

2. 态势感知信号波形产生及处理

态势感知信号波形产生及处理过程与敌我识别工作模式的询问信号波形产生及处理过程相似。态势感知信号波形产生过程同图 13.3，密码机输出 $4K$bit 加密报文，经 R-S(n,K)纠检错编码，扩展成 $4n$bit 态势感知编码数据，经过沃尔什函数编码、扩频编码，得到态势感知基带信号，它由 n 个扩频码字符组成。将基带信号对应答载波信号进行 MSK 调制，作为态势感知应答信号发送给询问机，或者作为态势感知信标信号自主向空间发射，供用户接收。接收信号波形处理过程同图 13.4。

态势感知工作模式传输的数据多，较敌我识别工作模式应答数据成倍数增加。在采用 4bit 数据单元 R-S(n,K)编码时，n 个数据脉冲只能传输 $4K$bit 数据。为了传输更多的态势感知数据，可以将待传输的数据分成若干组 $4K$bit 数据，按照顺序分别进行 R-S(n,K)编码。采用 R-S(11.9.1) 编码传输 108bit 态势感知数据的编码过程如图 13.11 所示。因为一组 R-S(11.9.1)编码只能传输 9 个 4bit 数据单元。为了传输 108bit 态势感知数据，首先按照数据传输顺序从高位到低位将其分成 3 组 36bit 数据，分别对 3 组数据进行计算机加密和 R-S(11.9.1)编码，形成 3 组 11 个 4bit 数据单元编码字符。其次进行沃尔什函数编码和扩频编码，得到态势感知基带信号，它由 33 个扩频码字符组成。最后将基带信号对载波信号进行 MSK 调制，产生态势感知应答信号或信标信号。

图 13.11 采用 R-S(11.9.1)编码传输 108bit 态势感知数据的编码过程

态势感知信标或应答信号的基带信号与敌我识别工作模式的应答信号的主要差异如下。

（1）采用了信道编码技术。因为询问机可以采用重发技术纠正信息传输错误，所以敌我识别工作模式的应答信号没有采用信道编码技术。态势感知信标或应答信号报文采用了信道编码技术，因为态势感知传输信息多且信号持续时间长，容易产生信号之间的相互干扰，降低接收机译码概率，同时系统要求目标检测概率达到 99.9%。因此，采用信道编码技术是减少信道传输错误、提高目标检测概率的有效措施。

（2）信号波形结构不同。与敌我识别工作模式的应答信号波形相比，态势感知信标或应答信号的基带信号包括的数据脉冲数量成倍增加。敌我识别工作模式只有 36bit 数据 9 个数据脉冲，态势感知工作模式传输的目标位置数据包括目标的纬度、经度和高度信息，有 108bit 数据 33 个数据脉冲。

（3）同步脉冲数量有所增加。态势感知信号持续时间长，到达用户接收机造成相互干扰的概率较高，更容易出现同步脉冲检测错误。为了防止同步脉冲检测错误引起的信息数据译码差错，增加了同步脉冲数量。

13.3.5　性能分析

为了分析态势感知工作模式的性能，假设它采用如图 13.10 所示的信号波形，基带信号采用扩频编码、沃尔什函数编码，以及纠检错信道编码。

态势感知工作模式的性能指标如表 13.4 所示。它的识别概率很高，在各种恶劣环境下都可以高于 99.9%，主要原因是 50 海里工作距离上接收机输入信噪比与脉冲二次雷达一样高于 20dB，误比特率低于 10^{-7}，信号检测概率高；信标信号发射周期长，密度低，到达接收机的信号产生相互干扰的概率低；采用了信道编码技术降低了信号传输的错误概率。

表 13.4　态势感知工作模式的性能指标

性　能　指　标	参　　　数
识别概率	高于 99.9%（在海陆两栖环境下）
工作距离	信标方式（全向天线）：92.6km（50 海里）。 询问-应答方式（定向询问天线）：与数字调制二次雷达相同
方位分辨力	在纬度和经度方向上：76.2m（250ft）。 在高度方向上：15.24m（50ft）
目标定位精度	当使用 GPS 的 AC 码定位数据时，大约为 100m（圆概率误差 CEP）
目标定位滞后时间	小于 0.5s（典型值为 0.1s）
与雷达的相关性	比 L 波段二次雷达系统高 4 个量级

用户只要接收到一次目标位置报告，就可完成目标定位和识别，在很短的时间内就可以形成目标报告，目标定位滞后时间的典型值为 0.1s。二次监视雷达在目标出现后需要经过 2～3 个扫描周期才能确定目标位置，形成目标报告，信号滞后时间长通常为 2～3s。下面定性分析态势感知工作模式的主要技术指标：工作距离、目标定位精度和方位分辨力，以及与雷达的相关性。

1.　工作距离

询问-应答态势感知工作方式是指询问机通过询问-应答获取目标位置信息。由于信号波形和系统设备参数均与数字调制二次雷达一样，因此询问-应答态势感知工作方式的工作距离与数字调制二次雷达敌我识别工作模式的工作距离相等。因为采用扩频码得到了 6dB 扩频增益，所以理论上询问-应答态势感知工作方式的工作距离是脉冲二次雷达工作距离的两倍。

信标态势感知工作方式是指用户使用全向天线接收我方目标报告的位置数据，获取目标位置信息，完成目标识别。在这种情况下，接收天线增益为 0～3dB，与脉冲二次雷达应答信道增益相比，其天线增益比询问天线大约低 20dB。对应的工作距离为脉冲二次雷达工作距离的 1/10。若脉冲二次雷达的工作距离是 463km（250 海里），则信标态势感知工作方式对应的工作距离为 25 海里。但是，由于态势感知定位的传输信号波形是数字调制波形，采用扩频码得到了 6dB 扩频增益，传输信道增益提高 6dB，系统工作距离将增加一倍，因此信标态势感知工作方式的最大工作距离大约是 92.6km（50 海里）。

2．目标定位精度和方位分辨力

态势感知工作模式的方位分辨力由目标定位精度决定。由于目标位置数据由 GNSS/INS 提供，因此平台之间的定位精度等于 GNSS/INS 的定位精度，主要取决于导航系统的伪码测距精度和卫星分布的几何因子。GPS 的定位精度（圆概率误差）为100m，方位分辨力在纬度和经度方向上为 76.2m（250ft），在高度方向上为 15.24m（50ft），并且与目标距离无关。脉冲调制二次雷达系统方位分辨力主要取决于询问天线主波束天线宽度和旁瓣抑制技术处理准则。

3．与雷达的相关性

在一般情况下，定位系统输出的位置数据需要与雷达输出的位置数据进行关联。与雷达的相关性取决于二次雷达的距离测量精度、方位角测量精度和目标分辨力。与 L 波段二次雷达系统相比，态势感知工作模式与雷达的相关性提高了 4 个量级。

如图 13.12 所示，态势感知工作模式与雷达的关联范围取决于 GNSS 的目标定位精度。当使用 GPS 的 AC 码定位数据时，目标定位精度大约为100m（圆概率误差）。因此，态势感知工作模式与雷达的相关范围是直径为 100m 的球体区域，而且与工作距离无关。脉冲二次雷达使用雷达天线基座坐标系，与雷达的相关范围近似为椭圆台柱区域，椭圆台柱的高度等于距离分辨力。椭圆在方位面和俯仰面的半轴长度是天线角分辨力对应的弦长，目标距离越远，弦长越长。因此，脉冲二次雷达的相关范围与目标距离有关，目标距离越远，相关范围越大。总体来说，态势感知工作模式与雷达的相关范围比脉冲二次雷达小了大约 4 个量级，因此与雷达的相关性提高了大约 4 个量级。

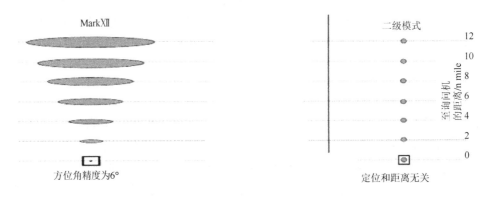

图 13.12 态势感知工作模式与雷达的相关范围比较

13.4 混扰和串扰抑制技术

系统内部的各种干扰是影响二次雷达发展的主要因素之一，这些干扰包括旁瓣干扰、混扰和串扰。自从采用了询问旁瓣抑制和接收旁瓣抑制技术，二次雷达的旁瓣干扰对询问机的影响得到了有效控制，于是混扰和串扰成为二次雷达的主要的内部干扰。采用数字波形后，混扰和串扰问题得以解决。数字调制二次雷达具有良好的双向数据传输性能，为实现混扰和串扰抑制创造了条件。本节将介绍数字调制二次雷达的混扰和串扰抑制技术工作原理，分析有关参数对干扰抑制性能的影响。

13.4.1　混扰抑制技术

当两架飞机距离很近时，它们的应答信号将相互重叠产生混扰，严重影响询问机目标检测概率。采用应答信号混扰抑制技术可以消除大量混扰。应答机接收到询问信号后，各自随机选择不同的应答延迟时间发射应答信号，由于应答延迟时间不同，因此虽然两架飞机的距离很近，但是它们的应答信号不会相互重叠，从而消除了混扰，询问机可以成功地检测到两架飞机的应答信号。这就是二次雷达混扰抑制技术。

混扰抑制技术工作原理如下。如图 13.5 所示，询问波束范围内的应答机接收到询问信号后，以询问同步脉冲 P_3 为参考，延迟 t_x 后发射应答信号。应答延迟时间 t_x 定义为接收到询问同步脉冲 P_3 后沿至应答信号同步脉冲 P_2 后沿的时间差：

$$t_x = T + n \times \Delta t \tag{13.5}$$

式中，T 为应答信号固定延迟时间；Δt 为延迟时间间距；n 为应答延迟控制参数，$n=0,1,2,\cdots,N$。n 值由应答机随机数产生器产生。每台应答机每次发射应答信号使用的控制参数 n 都不一样，因此各台应答机接收到同一询问信号后产生的应答延迟时间是不一样的，同一台应答机每次应答的应答延迟时间也不相同。

如图 13.13 所示，询问天线波束范围内三架飞机的应答机接收到询问信号后，各自随机选择应答延迟时间，延迟 t_x 后发送应答信号，并将选择的应答延迟时间数据传送给询问机，以便询问机在计算目标距离时扣除该随机应答延迟时间，完成目标距离测量。这样，对于同一距离的两个协同目标，由于选择的应答延迟时间不同，询问机可以在不同的时间成功地检测到两个目标的应答信号，完成目标检测，因此消除了混扰。由此可知，混扰抑制技术从本质上来说是按照时分技术将可能重叠的应答信号在时间上分开，类似于时分多址通信技术。

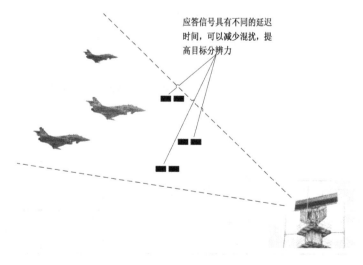

应答信号具有不同的延迟时间，可以减少混扰，提高目标分辨力

图 13.13　混扰抑制技术工作过程示意图

采用混扰抑制技术后也可能出现混扰现象。在实际工作情况中，当 n 架飞机分布在询问天线波束范围内不同距离上时，如果有两架或两架以上飞机各自选中的应答延迟时间可能使它们的应答信号正好同时到达询问机，这些应答信号就会相互重叠产生混扰。出现这种情况是随机的，因此需要分析采用混扰抑制技术后产生混扰的概率。

我们可以将实际工作情况中产生混扰的概率等效为在距离相近的 n 架飞机中，两架或两架以上飞机的应答机同时选中同一应答延迟时间产生混扰的概率，这是一个二项分布随机事件。下面我们将分析产生混扰的概率。

假设有 N 个不同的应答延迟时间供应答机随机选择，应答机选中其中某个应答延迟时间的概率为 $p=1/N$，未选中该应答延迟时间的概率为 $1-p$。按照二项分布规律，n 架飞机中 k 架飞机的应答机同时选中同一应答延迟时间的概率为

$$P_{\mathrm{G}}(k) = \frac{n!}{k!(n-k)!} p^k (1-p)^{n-k} \tag{13.6}$$

当采用了随机延时技术时，两架或两架以上飞机应答机同时选中同一应答延迟时间的概率之和就是产生混扰的概率，标记为 $P_{\mathrm{G}}(k \geqslant 2)$ 即

$$P_{\mathrm{G}}(k \geqslant 2) = \sum_{k=2}^{n} P_{\mathrm{G}}(k) \tag{13.7}$$

式（13.7）需要计算 $n-1$ 项和式才能得到混扰概率。根据概率理论，有

$$\sum_{k=0}^{n} P_{\mathrm{G}}(k) = P_{\mathrm{G}}(k=0) + P_{\mathrm{G}}(k=1) + P_{\mathrm{G}}(k \geqslant 2) = 1 \tag{13.8}$$

式中，$P_{\mathrm{G}}(k=0)$ 是该应答延迟时间未被飞机选中的概率；$P_{\mathrm{G}}(k=1)$ 是该应答延迟时间被一架飞机选中的概率。由式（13.7）和式（13.8）可得到混扰概率的简化计算公式，即

$$P_{\mathrm{G}}(k \geqslant 2) = 1 - P_{\mathrm{G}}(k=0) - P_{\mathrm{G}}(k=1) = 1 - \left(\frac{N-1}{N}\right)^n - \frac{n}{N}\left(\frac{N-1}{N}\right)^{n-1} \tag{13.9}$$

这样可将式（13.7）的 $n-1$ 项和式简化为式（13.9）的 2 项和式。式（13.9）是设计混扰抑制方案时选择设计参数的依据。产生混扰的概率与飞机数量 n、应答延迟时间数量 N 的关系如表 13.5 所示。

表 13.5　产生混扰的概率与飞机数量 n、应答延迟时间数量 N 的关系

n	产生混扰的概率			
	$p=1/32$（$N=32$）	$p=1/64$（$N=64$）	$p=1/128$（$N=128$）	$p=1/256$（$N=256$）
10	0.037 19	0.010 11	0.002 63	0.000 67
25	0.183 19	0.057 77	0.016 25	0.004 31
50	0.465 79	0.183 81	0.058 42	0.016 51
100	0.823 36	0.464 32	0.184 19	0.058 74
200	0.986 98	0.821 05	0.463 59	0.184 33

由表 13.5 可以看出，应答延迟时间数量 N 越大，选择同一应答延时时间的概率 p 越小，产生混扰的概率越小。天线波束范围内飞机数量 n 越多，产生混扰的概率越大。但是，天线波束范围内的飞机数量 n 不仅与波束宽度有关，而且与应答延迟时间变化范围 $N\Delta t$ 有关，只有飞机位于 $N\Delta t$ 对应的距离范围内，它们的应答信号才可能相互重叠产生混扰。当 $N=256$，$\Delta t=8\mu s$ 时，$N\Delta t=2.048ms$，即相距 307.2km 以内的飞机应答信号都可能产生混扰。$N\Delta t$ 越大混扰区域越大，区域内的飞机数量 n 越多。为了减少产生混扰的飞机数量 n，延迟间距 Δt 应当尽可能短，但是脉冲二次雷达的 Δt 至少应大于应答信号持续时间，数字调制二次雷达的 Δt 至少应大于应答同步脉冲持续时间，这样可以保证不同延迟时间的应答信号不会相互重叠产生混扰。产生混扰的飞机数量 n 与应答延迟时间数量 N 成正比。

由表 13.5 还可以看出，$n=25$、$N=32$ 与 $n=50$、$N=64$ 时产生混扰的概率近似相等，同样 $n=50$、$N=128$ 与 $n=100$、$N=256$ 时产生混扰的概率近似相等。这是因为 N 增加一倍，虽然选中某个应答延迟时间的概率 p 减小一半，但是混扰区域增大了一倍，飞机在空间均匀分布条件下，飞机数量 n 也增加一倍。综合结果是这两种情况下产生混扰的概率近似相等，N 的变化对产生混扰的概率影响不大。因此，在进行信号设计时主要根据系统安全性和设备实现的难易选择参数 N。

此外，通过重复询问也可以降低产生混扰的概率。由表 13.5 可以看出，$N=256$、$n=200$ 时一次询问产生混扰的概率 $\approx 18\%$，两次询问产生混扰的概率 $\approx 0.18^2=3.2\%$。

采用混扰抑制技术之后，不同应答机的应答延迟时间不同，同一台应答机各次应答的延迟时间也不同。因为探测不到应答延迟时间，所以敌方不能对应答目标完成定位和攻击。这样可有效防止应答信号被敌方定位和利用。N 越大，系统安全性越高。

混扰抑制技术可以检测到两个距离和方位角相等的协同目标，询问机的距离分辨力和方位分辨力为零，没有下限。即使两个应答信号偶尔相互交错或重叠，通过重复询问仍然能够分辨出这两个目标。

Mark XII 模式 4 应答信号的延迟时间由询问机指定，所有模式 4 应答信号的延迟时间都是一样的。因此，距离相近的应答信号将会相互交错或重叠，不能消除混扰。模式 4 是通过缩短应答信号持续时间减少混扰的。因为应答信号持续时间缩短了，所以产生混扰的距离区间缩小了，从而减少了区间内飞机数量。天线波束范围内的飞机数量越多，混扰问题就越严重，系统识别概率也就越低。

13.4.2　串扰抑制技术

当多台询问机同时询问一台应答机时，应答机响应其他询问机询问产生的应答信号对本询问机产生的干扰叫作串扰。采取应答信号码分或频分技术可以消除大量串扰。其工作原理是应答信号载波频率、扩频码由询问机随机选择。不同的询问机选择各自不同的应答信号载波频率或扩频码，由于应答信号工作频率不同或扩频码的正交性，本询问机不可能接收到其他询问机询问产生的应答信号，因此减少了大量串扰。也就是说，应答信号在询问机的控制下按照频分或码分实现了应答信道隔离，减少了大量串扰。

采用应答信道隔离技术后也可能出现串扰现象。在实际工作情况中，在应答机覆盖范围内的 n_F 台询问机中，如果有两台或两台以上询问机同时选中同一应答信号载波频率或扩频码，将产生串扰。这也是一个二项分布随机事件。因此需要分析产生串扰的概率。

设应答机覆盖范围内有 n_F 台询问机同时询问该应答机，有 N_F 个不同的应答信号载波频率或扩频码供它们随机选择，询问机选中其中某个应答信号载波频率或扩频码的概率为 $p=1/N_F$，未选中的概率为 $1-p$。按照二项分布规律，在 n_F 台询问机中，k 台询问机同时选中同一应答信号载波频率或扩频码的概率为

$$P_F(k) = \frac{n_F!}{k!(n_F-k)!} p^2 (1-p)^{n_F-k} \tag{13.10}$$

当采用串扰抑制技术时，产生串扰的概率 $P_F(k \geq 2)$ 是两台或两台以上到 n_F 台询问机同时选中的同一应答信号载波频率或扩频码的概率之和，即

$$P_F(k \geq 2) = \sum_{k=2}^{n_F} P_F(k) \tag{13.11}$$

类似于式（13.9），根据概率理论，式（13.11）可以简化为

$$P_F(k \geq 2) = 1 - P_F(k=0) - P_F(k=1) = 1 - \left(\frac{N_F-1}{N_F}\right)^{n_F} - \frac{n_F}{N_F}\left(\frac{N_F-1}{N_F}\right)^{n_F-1} \tag{13.12}$$

式（13.11）与式（13.7）类似，式（13.12）与式（13.9）类似，但是式中物理参数的定义是不同的，对干扰概率的影响也不同。串扰概率计算公式的参数 n_F 是应答机覆盖范围内的询问机总数，与应答信号载频频道数量或扩频码数量 N_F 不相关，n_F 越大，产生串扰的概率越大。而混扰概率的计算公式中的 n 是天线波束中的应答机总数，与应答延迟时间数量 N 成正比，是相关联的。

为了实现应答信道隔离，要求询问机将应答信号传输参数可靠地传输到应答机，以便应答机按照询问机的要求设置应答信号载波频率或扩频码。询问信道的高质量通信性能是实现串扰抑制技术的基本条件。所以二次雷达技术发展到数字调制二次雷达阶段才实现了串扰抑制技术。

13.5 时间同步与数字加密

时间同步与数字加密技术的应用是提高二次雷达敌我识别系统安全性的重要措施。在实现精密时间同步后，系统的信号传输参数和信息加密密文将随时间代码变化而变化，可以有效地防止被敌方破译和利用。随着密码有效期的缩短，系统安全性得以提高。

采用计算机数字加密技术，可以进行信号传输参数和传输信息双重加密，增加敌方破译密码的难度；可以实现自动销毁密钥，防止密码丢失或设备被截获后二次雷达敌我识别系统失效。一旦密码或设备被敌方截获，通过更换密钥，系统仍然可以安全工作。

数字调制二次雷达敌我识别系统采取的加密措施如下。

（1）采用了信号传输参数和传输数据双重加密方案。

（2）询问信号传输参数随时间代码变化而变化，包括询问信号扩频码和询问同步脉冲位

置信息。信号参数有效期为系统时的一个时隙周期。

（3）应答信号传输参数包括应答信号扩频码和应答同步脉冲位置信息。应答信号传输参数由询问机密码机的密码控制，该应答信号控制密码作为询问信息数据经过加密后传送给应答机，应答机根据解密得到的控制密码设置应答信号扩频码和同步脉冲位置等参数。

（4）询问机将系统时的时间代码作为询问信息数据，经过加密后传送给应答机。应答机将解密的时间代码作为确认信息，确认本次询问是否有效。如果接收到的时间代码与本平台时间代码相同，询问信号有效，应答机就产生应答信号；否则，确认为欺骗询问或干扰信号，应答机不发射应答信号。

（5）数据加密系统采用两种不同密钥，即信号传输参数加密密钥和传输数据加密密钥，增加了加密的复杂度和敌方破译密码的难度。

本节将介绍时间代码与系统时，询问信号传输参数加密，询问信道中的信息加密和解密，应答信道中的信息加密和解密，以及加密产生的物理现象。

13.5.1　时间代码与系统时

将 1 天 86400s 的时间划分成 M 个周期相等的时隙，时隙周期叫作密码有效期（CVI），密码有效期为 86400/Ms。按照时间顺序对每个密码有效期进行编号，如图 13.14 所示，该编号的二进制数代码称为时间代码。作为时间代码起始时刻的世界时叫作系统时。可以选择任意时刻的世界时作为系统时初始时刻，这样可以提高系统的安全性。

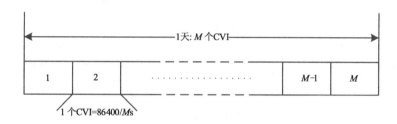

图 13.14　双重加密工作模式时隙结构

在通常情况下，密码有效期越短，系统的安全性越高。但密码有效期的选择应综合考虑系统校时精度、守时时钟频率稳定度、系统时同步误差等技术指标，以及设备实现的可行性。

13.5.2　询问信号传输参数加密

为了保证应答机在每个密码有效期内准确地接收到有效询问信号，全系统所有的工作设备必须同步地按照工作时隙统一设置询问信号传输参数。询问信号传输参数产生过程如图 13.15 所示。各工作平台的询问机和应答机信号处理器在本时隙向密码机发送下一时隙的信号传输参数加密请求报文，并将下一时隙的时间代码注入密码机。密码机将该时间代码作为明文信息进行加密，产生询问信号传输参数密文信息并形成信号传输参数加密响应报文，回送到信号处理器。

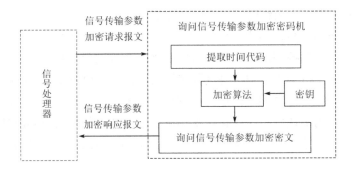

图 13.15　询问信号传输参数产生过程

密码机输出的询问信号传输参数密文数据包含询问信号扩频码和询问同步脉冲位置加密数据，供询问机设置下一时隙的询问信号扩频码和询问同步脉冲位置数据，同时供应答机下一时隙询问信号扩频码解扩和询问同步脉冲位置信息解密使用。

询问机在发送询问信号时，采用密码机前一时隙提供的本时隙信号传输加密参数设置询问信号扩频码和询问同步脉冲位置数据。应答机则利用同一时隙的扩频码对接收的询问信号进行扩频码解扩，使用脉冲位置加密数据判断本次询问同步脉冲是否有效。只有询问同步脉冲位置数据与密码机提供的脉冲位置加密数据相同时，应答机信号处理器才继续处理询问信号，否则将终止本次询问信号处理。

由此可知，在询问信号传输参数加密过程中，下一时隙的时间代码是密码机加密的明文信息，密码机产生的密文信息是下一时隙的询问信号扩频码和询问同步脉冲位置数据，它们随时间代码变化而变化。因此，询问信号传输参数是按时隙自动地随机变化的，密码有效期等于 1 个时隙周期。由图 13.15 可以知道，询问信号传输参数变化规律也随加密密钥的变化而变化。设备丢失后通过更换密码机密钥，系统仍然能够安全工作。

13.5.3　询问信道中的信息加密和解密

询问信息加密和解密过程如图 13.16 所示。4Kbit 询问信息作为明文信息经过询问机密码机加密后，由询问机传输到应答机。应答机密码机对接收到的询问加密信息进行解密，恢复 4Kbit 询问明文信息。

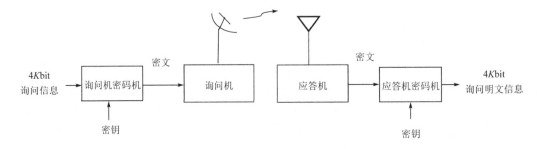

图 13.16　询问信息加密和解密过程

数字调制二次雷达询问信道中的信息主要包括以下几种。

（1）询问格式代码，用来指定应答机回答本次询问的应答信息类型。

（2）询问时刻的时间代码，用作询问信号确认报文。若应答机解密得到的时间代码与本机时间代码相同，则确认为是我方询问，应答机发射应答信号，反之不予回答。

（3）确定应答信号传输参数的随机数，该随机数由询问机密码机的随机数产生器产生，包括确定应答信号扩频码的随机数和应答同步脉冲位置的随机数，用来规定当前时隙应答信号扩频码和应答同步脉冲位置。应答机接收到随机数后，将按照该随机数选择的信号传输参数设置应答信号。

以上信息作为数字调制二次雷达的询问信息，共 $4K$bit。$4K$ 的取值由询问机传输的询问数据量确定。

1. 询问信息加密

询问信息加密过程是由询问机的信号处理器和密码机相互配合完成的。询问机密码机由密码算法、密钥和随机数产生器组成。随机数产生器产生的随机数用来确定应答信号传输参数。

询问信息加密过程如图 13.17 所示。

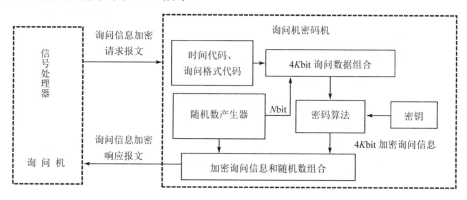

图 13.17　询问信息加密过程

（1）询问机启动询问后，信号处理器向密码机发送询问信息加密请求报文，该报文包括本时隙时间代码和询问格式代码。

（2）随机数产生器产生 Nbit 随机数，用来确定响应本次询问的应答信号传输参数，包括选择应答信号扩频码和应答同步脉冲位置的随机数。

（3）将询问信息加密请求报文中的询问格式代码和本时隙时间代码、随机数产生器产生的 Nbit 随机数及根据编码规则需要增加的"空白位"一起形成 $4K$bit 加密的明文信息，并送给密码机进行加密处理。密码机加密得到的 $4K$bit 加密信息是即将传送给应答机的加密询问信息。

（4）密码机将 $4K$bit 加密询问信息和随机数产生器产生的 Nbit 随机数结合在一起，形成询问信息加密响应报文，回送到信号处理器。信号处理器分别提取询问信息加密响应报文中的 $4K$bit 加密询问信息和 Nbit 随机数。按照由随机数确定的扩频码设置匹配滤波器的本地扩频码，以便对接收到的应答信号进行扩频码解扩，同时利用随机数指定的应答同步脉冲位置数据检测应答同步脉冲位置，判断应答同步脉冲是否有效。

（5）信号处理器先对询问信息加密响应报文中的 4Kbit 加密询问信息进行信道纠错编码，扩展成 n 个 4bit 数据单元编码字符。然后进行沃尔什函数编码和扩频编码形成 n 个询问数据扩频字符。同时按照本时隙询问信号传输参数设置同步脉冲扩频字符和旁瓣抑制脉冲扩频字符。最后按照询问信号格式规定将同步脉冲扩频字符、旁瓣抑制脉冲扩频字符和加密数据扩频字符组合成询问基带信号，并将询问基带信号对询问载波信号进行 MSK 调制，得到已调询问载波信号。该询问载波信号经过功率放大器放大到规定的信号电平后通过询问天线向空间发送。其中，同步脉冲和数据脉冲通过询问天线和波束发送，旁瓣抑制脉冲通过旁瓣抑制波束或差波束发送。

（6）在进行询问信号编码时，信号处理器根据询问信息加密响应报文中的 Nbit 随机数分别设置询问机接收信道扩频码参数和应答同步脉冲位置参数，等待接收和检测应答信号。

询问信息加密请求报文和响应报文都采用了纠检错编码技术，以便检测和纠正信息传输错误。

2．询问信息解密

询问信息解密过程是由应答机的信号处理器与密码机相互配合完成的。首先，应答机按照询问信号传输参数加密密码机输出的加密数据，设置接收信道参数，等待接收询问信号。应答机接收到询问信号后，信号处理器先对同步脉冲进行扩频码解扩，然后根据接收解扩的同步脉冲位置判断该询问信号是否来自我方平台。如果不是，则放弃该询问信号处理。如果是，则继续按照询问旁瓣抑制准则判断该询问信号是否来自询问天线主波束，若不是主波束询问信号，则放弃该询问信号处理，不予回答。如果是主波束询问信号，则应答机的信号处理器将继续对解调的询问基带信号进行扩频码解扩、沃尔什函数译码，对提取的询问数据进行纠检错译码得到加密询问数据，并将其送到密码机进行解密处理。

询问信息解密过程如图 13.18 所示。

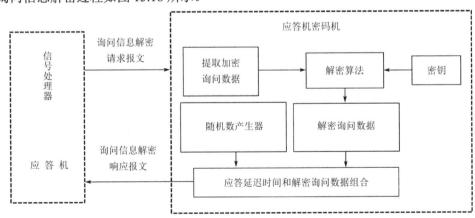

图 13.18　询问信息解密过程

（1）信号处理器将接收到的加密询问信息形成询问信息解密请求报文传送给密码机。

（2）密码机经过解密得到询问信息，从中提取询问机的时间代码、询问格式代码和 Nbit

随机数，与随机数产生器中产生的应答延迟时间随机数一起组合成询问信息解密响应报文，回送到信号处理器。

（3）信号处理器将询问信息解密响应报文中的时间代码与本机时间代码进行对比，判断询问信号是否来自我方询问。如果两个时间代码相同，则信号处理器将本次询问判定为我方询问，按照解密的格式代码要求产生对应的应答数据，与应答延迟时间随机数一起组成本次回答的应答信息，并传送到密码机进行加密处理。

（4）信号处理器进一步根据由解密的 Nbit 随机数选择的应答信号扩频码和应答同步脉冲位置信息设置应答信号传输参数，并按照应答延迟时间随机数设置应答信号延迟时间，等待应答信号发送指令。

询问信息解密请求报文和响应报文都采用了纠检错编码技术，以便检测和纠正信息传输错误。

13.5.4 应答信道中的信息加密和解密

应答信息加密和解密过程如图 13.19 所示。应答机接收到的询问信号经过信号处理器处理后形成 $4i$bit 应答信息，将其作为明文信息送到应答机密码机进行加密，得到应答信息密文，并通过应答信道传送到询问机。询问机接收到应答信息密文后，由询问机密码机解密后恢复 $4i$bit 应答明文信息。

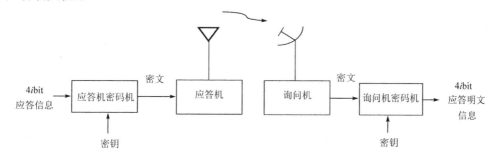

图 13.19　应答信息加密和解密过程

应答信息数据分为敌我识别工作模式应答信息数据和态势感知工作模式应答或信标信息数据。应答信道中传输的敌我识别工作模式的应答信息数据共 $4i$bit，包括应答延迟时间随机数和应答信息数据。应答机将应答延迟时间随机数传送给询问机，以便询问机在进行目标测距时扣除该随机延时值。应答信息数据按照不同的询问报文请求分为三类：平台加密应答数据、平台识别代码/高度数据，以及平台识别编号（PIN）应答数据。为了减少混扰，它们传输的信息数据应尽量少。

态势感知工作模式应答或信标信息数据包括应答报文代码、确认信息比特、战术数据及随机数比特，没有应答延迟时间随机数。战术数据字段中包括目标的经度、纬度、高度等信息，比敌我识别工作模式传输的信息数据多。

1. 应答信息加密

应答信息加密过程由应答机的信号处理器与密码机相互配合完成。应答信息加密过程如

图 13.20 所示。

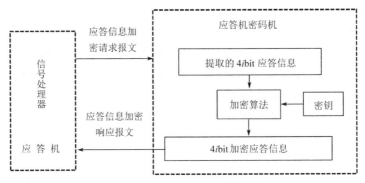

图 13.20　应答信息加密过程

（1）信号处理器根据询问信号中解密报文代码产生相应的 4$i$bit 应答信息，形成应答信息加密请求报文传送给密码机。

（2）密码机将信号处理器送来的 4$i$bit 应答信息作为加密明文，进行加密得到 4$i$bit 加密应答信息，并形成应答信息加密响应报文回送到信号处理器。

（3）信号处理器将密码机输出的 4$i$bit 密文进行应答信息编码、纠检错编码、沃尔什函数编码，并与扩频码进行异或运算完成扩频编码，形成 i 个 4bit 加密数据扩频字符。根据同步脉冲参数要求设置同步脉冲扩频字符，并按照应答信号格式规定将同步脉冲扩频字符、加密数据扩频字符组合成应答基带信号。其中，应答信号扩频码和应答同步脉冲位置信息是按照询问机传送给应答机的随机数选择的。

态势感知工作模式使用了纠检错编码技术，敌我识别工作模式为了压缩应答信号持续时间没有采用纠检错编码技术。

（4）信号处理器将应答基带信号对应答载波信号进行 MSK 调制，得到已调载波应答信号，按照密码机送来的应答延迟时间随机数设置应答信号发射时刻，并按时向询问机发送应答信号。

同样，信号处理器与密码机之间的往返信息传送报文都进行了纠检错编码，以便检测和纠正信息传输错误。

2．应答信息解密

因为询问机的信号处理器在产生询问信号的过程中，已经按照密码机送来的 Nbit 随机数设置了接收应答信号的传输参数，等待接收应答信号，所以询问机接收到应答信号并对同步脉冲扩频字符解扩后，先按照接收旁瓣抑制准则判断应答信号是否来自询问天线主波束，然后根据应答同步脉冲位置判断该应答信号是否有效。如果应答信号有效，则继续对应答同步字符进行扩频码解扩、沃尔什函数译码，如果是态势感知应答信息，则还要对应答数据进行纠检错译码，得到应答加密信息，并形成应答信息解密请求报文传送给密码机。

应答信息解密过程是由询问机的信号处理器与密码机相互配合完成的。信号处理器将接收到的 4$i$bit 应答信息传送给密码机，密码机解密后恢复明文，并将解密的应答信息回送到信号处理器。信号处理器根据报文代码确定该信息是敌我识别工作模式应答信息，还是态势感知工作模式应答信息。

应答信息解密过程如图 13.21 所示。

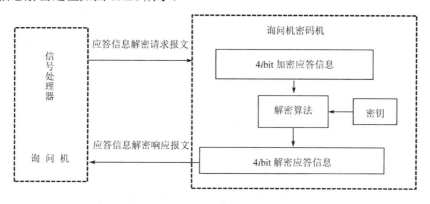

图 13.21 应答信息解密过程

同样地，信号处理器与密码机之间的往返信息传送报文都进行了纠检错编码，以便检测和纠正信息传输错误。

13.5.5 加密产生的物理现象

由上述加密过程可以知道，系统采用了信号传输参数加密和传输数据加密双重加密技术。信号传输参数加密包括询问信号和应答信号的扩频码加密、同步脉冲扩频字符位置加密及应答信号随机应答延迟时间加密。信号传输参数加密的密钥叫作红色密钥。传输数据加密分为询问信息加密和应答信息加密。询问信道中的加密信息包括应答信号扩频码、同步脉冲扩频字符位置信息控制数据和询问确认信息（时间代码），应答信道中的加密信息包括随机应答延迟时间信息和应答信息。传输数据加密的密钥叫作黑色密钥。加密产生的物理现象如下。

（1）询问信号传输参数随时间代码变化而变化，可有效阻止敌方占据干扰和欺骗询问。询问信号传输参数加密密码机以时间代码作为密码机的明文信息进行加密，输出的信号传输参数随时间代码改变而变化，即询问信号扩频码和同步脉冲扩频字符位置参数均随时间代码变化而变化，且一个时隙更换一次信号传输参数，密码有效期等于一个时隙的持续时间。

（2）信号传输参数加密的密钥是随时间代码变化而变化的。信号传输参数加密的密钥按照系统时的时间代码自动更换，一个时隙更换一次。即使加密算法不变，时间代码和信号传输参数的对应关系也将随系统时的时间代码变化而变化。

（3）应答信号传输参数由询问机随机控制，可以剔除异步串扰信号。不同询问机触发的应答信号传输参数不同，同一台询问机每次触发的应答信号扩频码和同步脉冲扩频字符位置也不一样。这样利用扩频码相关性和同步脉冲扩频字符位置差异，可以有效剔除其他询问机触发应答机所产生的异步串扰信号。

（4）应答延迟时间由应答机随机控制，降低了应答信号的混扰概率，提高了系统目标分辨率。同一个询问信号触发不同的应答机所产生的应答延迟时间不一样。这样便可降低应答信号的混扰概率，可以分辨同距离、同方位的两个协同目标，从方案设计上解决了目标分辨问题。

（5）时间代码用作有效信号的确认信息，可以有效防止敌方的欺骗。因为全系统实现了时间同步，所以各个平台的时间代码是同步的，时间代码可以用来确认接收信号是否有效。二次雷达询问信息和态势感知信息中都包含询问平台的时间代码，若敌我识别应答机接收到的时间代码与本机的时间代码相同，则可以判断询问信号是有效的。因为敌方平台不可能实现时间同步，所以可以阻止敌方的欺骗询问。若态势感知信息接收平台接收到的时间代码与本机的时间代码相同，则态势感知信息来自我方平台。

13.6 技术展望

综上所述，将数字调制二次雷达敌我识别与态势感知工作模式功能相结合，充分利用时间同步、数字加密等先进技术，可使系统功能更加完善，系统性能更加先进，系统安全性和电子对抗能力显著提高，减少系统内部干扰的措施针对性更强。数字调制二次雷达系统技术进步主要表现在以下几个方面。

13.6.1 系统功能更加完善

作为二次雷达敌我识别系统，传统的脉冲二次雷达成功地实现了地—空、岸—海、空—空、空—海、海—空和海—海敌我识别功能。但是，由于采用 L 波段工作频率和雷达坐标系定位，因此目标分辨率低，不能完成空—地目标识别作战任务。数字调制二次雷达兼具态势感知功能，利用 GNSS 提供的目标位置数据完成目标识别，定位精度高，目标分辨力高，从技术方案上解决了目标密集的陆地战场上的空—地目标识别问题，能够完成空—地目标识别作战任务。因此，数字调制二次雷达敌我识别功能覆盖了海、陆、空平台相互识别。

数字调制二次雷达采用了敌我识别功能与态势感知功能相结合的技术方案，既能通过二次雷达询问-应答工作方式测量目标位置，完成目标敌我属性识别，又能通过接收目标发送的位置数据得到目标位置分布态势，使敌我识别手段更加丰富。

由于采用了数字调制技术，因此二次雷达实现了询问平台和应答平台之间的保密数据通信和高速数据传输，最高传输速率可以达到扩频码码片的编码速率。态势感知功能可以完成广播式"一对多"的数据传输功能。这样，系统就成为集敌我识别与数据通信功能于一体的雷达通信军用电子系统。

13.6.2 系统性能更加先进

由表 13.3 和表 13.4 可以看出，数字调制二次雷达系统性能得到了明显提高。系统性能提高主要表现在识别概率和目标分辨力两个方面。

数字调制二次雷达采用扩频技术提高了信道传输的信噪比，使用纠检错编码技术检测和纠正信息传输错误，提高了询问机和应答机信号检测概率，系统询问速率比脉冲二次雷达降低一半。这样应答机占据概率便会降低，系统识别概率可达到 98%甚至更高。态势感知信标信号发射周期长、密度低，到达接收机的信号相互干扰的概率低，同时采用信道编码降低了信道传输错误概率，态势感知的信号检测概率也达到 99.9%。

二次雷达采用随机应答延时技术之后，应答机的随机应答延迟时间不同，询问机可以在不同的时间检测到距离和方位相同的两个协同目标。因此，系统的距离分辨力和方位分辨力理论上为零。

态势感知信标工作方式在很短的时间内就可以形成目标报告，目标定位滞后时间的典型值为 0.1s。二次监视雷达在目标出现后需要经过 2～3 个扫描周期才能确定目标位置形成目标报告，信号滞后时间通常是 2～3s。

二次雷达相关范围近似为椭圆台柱区域，而且随着目标距离增加而加大。态势感知目标定位的分辨力取决于 GNSS 的定位精度，相关范围是直径为 100m 的球体区域，数字调制二次雷达态势感知工作模式与雷达的相关性比脉冲二次雷达提高了 4 个量级。

13.6.3　系统安全性和电子对抗能力显著提高

提高系统安全性和电子对抗能力是现代战争环境对二次雷达敌我识别系统的基本要求。系统在安全性方面采取的措施包括采用信号传输参数和传输数据双重加密技术，采用时间同步技术缩短了密码有效期，采用扩频等技术提高了系统安全性和电子对抗能力。

采用信号传输参数和传输数据双重加密技术提高系统安全性。信号传输参数包括询问信号扩频码和同步脉冲扩频字符的位置参数，使用红色密钥加密。加密的信号传输参数变化规律随红色密钥改变而变化；传输数据包括传输的询问信息和应答信息，使用黑色密钥加密，加密的密文变化规律随黑色密钥改变而变化。这样，即使设备或密码机丢失，通过同时更换红色密钥和黑色密钥，就可改变询问信号传输参数和传输数据加密密文变化规律，从而使敌方无法使用我方丢失的设备或密码机破译系统传送的加密信息，也无法掌握询问信号和应答信号传输参数变化规律，系统仍然可以安全工作。使用两个密钥提高了系统加密的复杂度和安全性。

询问信号同步脉冲扩频字符位置由随机数产生器产生的随机数控制，是随机变化的，可以防止敌方占据干扰。此外，应答延迟时间由应答机的随机数控制，也是随机变化的。应答延迟时间信息经过应答信息和信号传输参数双重加密，可以防止敌方定位和利用，提高系统安全性。

采用时间同步技术缩短了密码有效期。由系统加密方案可知，信号传输参数和传输信息都是以时间代码为参考的，随时间代码变化而变化，持续时间为一个密码有效期。系统实现了精密时间同步，可同步地自动更换信号传输加密参数和传输信息加密密码。这样，可将密码有效期缩短到秒量级甚至毫秒量级。密码有效期越短，敌方破译的难度越高，系统安全性就越高。

询问信号和应答信号均采用扩频波形。扩频码本身就是密码，只有使用相同的扩频码进行相关处理，才能完成扩频码解扩。同时，扩频信号频谱展宽，单位频带内功率谱密度低，辐射信号隐蔽，可防止敌方利用、截获。使用扩频技术可提高系统安全性能和电子对抗能力。

13.6.4　降低系统内部干扰的措施针对性更强

二次雷达系统内部的主要干扰分为三类，即混扰、串扰和旁瓣干扰。数字调制二次雷达针对这三类干扰采取有效措施并取得了明显效果，信号处理环境得到显著改善。除继续采用旁瓣抑制技术抑制旁瓣干扰之外，针对询问机的两类内部干扰，即混扰和串扰，数字调制二次雷达系统会采用有针对性的干扰抑制措施。

（1）采用随机应答延时技术有针对性地消除了大量同步混扰，降低了应答信号相互交错或重叠的概率，从而提高了询问机译码概率。

（2）采用信道隔离技术消除了大量异步串扰。应答信号扩频码由询问机加密数据提供，不同询问机触发产生的应答信号扩频码是不同的，同一台询问机每次触发产生的应答信号扩频码也是不同的。询问机利用扩频码的相关性自动剔除与本询问机不相关的串扰应答信号，因为串扰应答信号的扩频码与相关处理机的本地扩频码是不同的。经过扩频相关处理之后，串扰应答信号变成了类似噪声的成分，不可能形成假目标。

（3）数字调制二次雷达允许将询问重复频率降低到脉冲二次雷达询问重复频率的一半，产生的旁瓣干扰和串扰也就降低到一半。

第**14**章

广播式自动相关监视系统

14.1 引言

广播式自动相关监视（ADS-B）系统是国际民航组织积极推进开发的新一代监视系统。ADS-B 系统依靠全球卫星导航系统来确定空中飞行目标的精确位置，自动采集飞机的位置信息，利用数据链通信功能完成对飞机飞行过程的监视和信息传递，可提供秒级周期更新的位置数据，能够提供更为准确的实时飞机位置等监视信息，扩展对飞机进行监视和管理的区域范围，从而提高空间利用效率、降低能见阈值、增强 ACAS 的安全性、改善空中监视管理性能，加速实现真正意义上的自由飞行。

ADS-B 是英文 Automatic Dependent Surveillance-Broadcast 的缩写，其主要特征是自动、相关、监视和广播，具体含义如下。

自动：信息发送采用自动方式进行，无须人工干预。

相关：飞机状态矢量信息（水平和垂直位置、水平和垂直速度）及其他信息主要源于机载导航系统和航空电子设备，并依赖机载广播设备向其他用户广播。

监视：主要用于完成空中飞机监视任务，改善空中交通状况，进行冲突管理，增强自由飞行的安全性和灵活性。

广播：采用广播方式发送信息，无须应答，在适当范围内的所有空中和地面用户都可以接收这些数据。

ADS-B 技术是为了满足全球航空运输业不断发展的需求而产生的。随着各个国家和公众对空域覆盖、冲突管理和空域资源分配的需求日益增多，传统的空中交通管制系统渐渐无法满足如今航空运输业的发展需求。为保证航空运输业的可持续发展和飞行安全，20 世纪 90 年代中期，国际民航组织未来空中导航系统（FANS）委员会推荐了自动相关监视（ADS）技术，希望利用 GNSS 来解决雷达监视空白区域飞机的飞行监视问题。当时开发了 3 种 ADS 技术方案，即寻址式自动相关监视（ADS-A）、合约式自动相关监视（ADS-C）和广播式自动相关监视（ADS-B）。经过试验对比评估后，国际民航组织自动相关监视技术专家组确定将 ADS-B 作为下一代航空系统的主要技术方案。与此同时，美国联邦航空局和欧洲空中交通管制机构积极倡导自由飞行的全新理念，即在仪表飞行规则下建立一种安全有效的飞行体系，在该体系中，飞行员可根据自己的运营目标（如节约燃油、缩短航时、避开危险天气或空域阻塞等）更加灵活、自主地选择适合自己的航线和速度，实现更快捷、更经济的自由飞行。ADS-B 技术采用自主广播式位置报告，飞机之间无须发出询问信号即可接收和处理附近飞机的位置报告，能有效提高飞行中飞机之间的相互监视能力，并将更多空中交通管理权限从地面转移到空中，从而为实现自由飞行打下基础。

为促进 ADS-B 技术的推广应用，国际民航组织和各国空中交通管制机构做了大量工作。2002 年，国际民航组织确定将 ADS-B 技术作为新一代空中交通管理技术，同时制定了多项技术规范确保全球航空系统顺利升级，包括 ADS-B 间隔标准，1090 ES 数据链、GNSS 接收机等设备的详细规定，以及 S 模式 ADS-B 应答机标准。这些技术规范成为各国发展 ADS-B 技术的重要标准规程依据。

ADS-B 系统弥补了传统二次监视雷达的不足，对新一代民航空中交通管制系统的运行方式有极其重要的支撑作用，在部分地区甚至可以取代二次监视雷达，供空中交通管制员进行飞行监视和管理，其主要优点如下。

一是增大覆盖范围。传统二次雷达系统无法工作于非陆地区域，同时对于大型机场的跑道、滑行道，以及海洋、山区、荒漠、边远地区和低空空域等区域，传统二次雷达系统往往也难以覆盖，而 ADS-B 系统能够对这些区域提供有效监视，从而扩展了二次雷达系统覆盖范围，增大了空中交通管制机构实施飞机监控和管理的范围。近年来，基于卫星技术的 ADS-B 系统得到长足发展，逐步实现了对远洋区、极地等偏远区域的覆盖，进一步弥补了陆基 ADS-B 系统和二次雷达系统覆盖的局限性。

二是提高安全性。二次监视雷达因天线旋转，无线电信号断续询问飞机的应答机，在空中交通管制员计算机显示器上显示的应答信息往往会滞后于飞机实际位置，一般具有 4～12s 的延时。而 ADS-B 系统每隔 1s 就会自动广播其 GPS 定位的高精度位置信息，为空中交通管制员提供近实时飞行位置信息显示。ADS-B 系统能够模拟二次监视雷达，利用计算机建立飞行航迹，几乎能够实现实时定位。

三是增大空域容量。由于 ADS-B 信息具有更高的精度，因此可缩减飞机之间的安全飞行间距，使既定空域容纳更多飞机。这也是美国联邦航空局下一代航空运输系统（NextGen）实施计划和欧洲航天局欧洲单一天空空中交通管理研究（SESAR）计划主要考虑的因素之一。随着时代发展，民用和商用空中交通流量在不断增加，而通过 ADS-B 系统可显著增大空域容量，提高空域资源利用率，降低空中交通的拥挤度。

四是提升效率。ADS-B 系统可采用更直接有效的终端区域飞机进场程序，最终有可能使飞机摆脱缺乏灵活性的固定路线飞行结构。通过 ADS-B 接收设备和 ADS-B 发射设备，机组人员还可充分利用实时天气报告，使飞机通过"空中互联"自行保持彼此间距。ADS-B 系统支持的程序包括恒速下降、转弯进场和 4D 导航。

五是具有成本效益。ADS-B 系统的成本效益主要体现在两个方面。一方面在系统运营方面比二次雷达系统便宜得多。接收 ADS-B 信号用小型地面站即可，它的规模相当于手机中继站，包含天线、接收机、目标处理器，以及连接到 ATC 的无线通信系统，且几乎可在任何区域安装，尤其可在拥挤的终端区域安装。与二次雷达系统不同的是，它们没有移动部件，因此所需的操作维护费用更少且功耗更低，非常适合安装在第三世界国家。相比之下，二次雷达系统的建设的成本更高，需要采购和安装多个地面询问站。另一方面降低了飞机运营商，尤其是民用航空公司和货运航空公司的成本。由于 ADS-B 系统使飞行程序更紧凑、有效，因此可减少飞行时间，节省燃油和维护费用。减少飞机耗油量相当于降低了二氧化碳和氮氧化物的排放量。

随着国际民航组织"自由航线空域"（FRA）计划的推进，ADS-B 系统在全球范围内得到进一步推广应用。美国、欧洲等国家和地区正全面推广应用 ADS-B 系统，并取得了显著成果。美国规定从 2020 年 1 月 1 日开始，在指定空域内强制实施 ADS-B 发射设备监视运行，并积极开展 ADS-B 接收设备应用研究和试飞验证。美国于 2010 年在两个机场完成了机场场面感知（SURF-IA）试飞验证和评估，于 2013 年在南太平洋完成了持续 12 个月的高度层变更程序（ITP）运行评估。欧洲规定从 2020 年 6 月开始全面强制实施 ADS-B 发射设备监视运行，持续开展基于 ADS-B 接收设备的空中交通态势感知（ATSAW）应用研究。国际民航组织亚太地区办公室已在东南亚建立 ADS-B 监视网络，在无雷达覆盖区域使用 ADS-B 系统进行监视。但在国际范围内，基于 ADS-B 的空中交通管制监视技术及其应用尚未形成统一的标准，各国在发展该技术的同时，正在逐步确立和完善相关的规范。

近年来我国也加强了 ADS-B 技术的开发和应用。2015 年 12 月，中国民用航空局发布了《中国民用航空 ADS-B 实施规划（2015 年第一次修订)》，对 ADS-B 发射设备和 ADS-B 接收设备应用做出了明确的规划，要求到 2017 年年底基本完成 ADS-B 地面设施布局，实现重点区域 ADS-B 发射设备初始运行；到 2020 年年底全面完成机载设备加改装和地面 ADS-B 网络建设，实现全空域 ADS-B 发射设备运行；到 2025 年年底完善 ADS-B 地面设施和地面 ADS-B 网络建设布局。在 ADS-B 接收设备应用方面，要求到 2020 年年底实现 ADS-B 接收设备技术应用的试验验证，在部分区域进行 ADS-B 接收设备试验运行；到 2025 年年底在部分区域实现 ADS-B 接收设备初始运行。

从国际和国内的发展趋势可以看出，ADS-B 系统代表着新一代航空监视技术的发展方向，具有广阔的应用前景和发展空间。

14.2　系统概述

14.2.1　系统组成和工作原理

ADS-B 系统主要由 ADS-B 发射设备、ADS-B 接收设备和 ADS-B 地面站系统构成。其中，ADS-B 发射设备的主要功能是信息生成和信息发送；ADS-B 接收设备的主要功能是信息接收、译码、报文纠检错和信息输出等；ADS-B 地面系统的主要功能是监视和管理空中的飞机，为飞机提供安全保障。ADS-B 系统组成如图 14.1 所示。

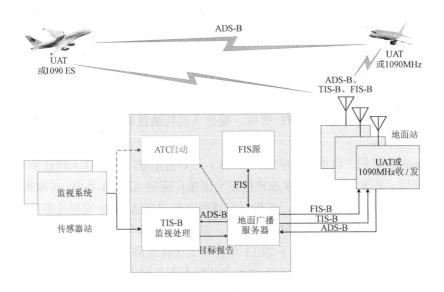

图 14.1　ADS-B 系统组成

　　ADS-B 系统使用了两种数据链，即 1090MHz 扩展长度间歇信标（1090 ES）数据链和通用接入收 / 发（UAT）数据链。1090 ES 数据链是 S 模式应答机发送的 1090MHz 扩展长度间歇信标，也是国际民航组织推荐使用的 ADS-B 系统数据链。UAT 数据链是美国联邦航空局于 1995 年提出的一种双向传输数据链格式，专为 ADS-B 系统设计，工作频段为 978MHz。目前，1090 ES 数据链和 UAT 数据链技术发展相对成熟，得到了广泛应用。本节主要介绍基于 1090 ES 数据链的 ADS-B 系统。

　　配备 ADS-B 接收设备的飞机接收附近空域飞机发送的 ADS-B 报文，经过解调、译码处理后，将结果显示在驾驶舱交通信息显示器（CDTI）上，供飞行员监控附近空域的交通情况，确保实施灵活、安全的飞行。

　　地面设备通过地面站交通信息网关接收地基雷达、气象雷达信息，对其进行综合处理后生成广播式飞行情报服务（FIS-B）信息和广播式交通信息服务（TIS-B）信息，并作为上行数据链报文内容向机载设备广播，在 CDTI 上显示，供飞行员监视周围空域的交通状况和气象信息。

　　ADS-B 系统采用多点对多点的双向数据交换工作方式，其工作原理如图 14.2 所示。机载 ADS-B 设备通过 GNSS 获得飞机实时三维位置（经度、纬度、高度）信息和三维速度信息，由大气数据计算机得到飞机的气压高度信息，先将上述信息转换成数字编码，并与其他附加信息（如冲突告警信息、飞行员输入信息、航迹角度信息、航线拐点信息等）及飞机身份识别代码、飞机类别等信息进行综合，然后由机载 ADS-B 发射设备将这些信息进行编码、调制形成下行数据，按固定时间间隔、不间断地向空中和地面进行广播，供其他飞机和地面设备接收和显示。地面设备接收下行数据，译码后得到飞机飞行航迹跟踪数据，传输至地面空中交通管制中心，并在 ATC 显示器上显示，供空中交通管制员实施空中交通管制。

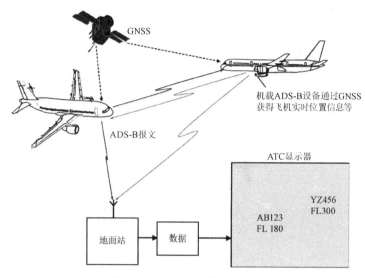

图 14.2　ADS-B 系统工作原理

1. ADS-B 发射设备

　　ADS-B 发射设备是发送装载平台位置信息和其他信息的设备，如图 14.3 所示。ADS-B 发射设备的基本功能是以一定的周期发送飞机的各种信息，包括飞机识别代码、位置、高度、速度、方向和爬升率等。ADS-B 发射设备主要提供监视数据信息，并进行报文处理（编码和报文生成）和信标信号发送。只要相关机载电子设备安装正确且正常运行，ADS-B 发射设备一般无须飞行员干预即可自动工作。地面系统通过接收 ADS-B 发射设备发送的 ADS-B 信息，监视空中交通状况，起到类似于二次监视雷达的作用。ADS-B 发射设备发送的飞机位置信息通常来自导航系统（如 GNSS、GPS），高度信息来自气压高度表。目前 GNSS 的定位精度已经达到 10m 量级，因此 ADS-B 系统的定位精度也可达到 10m 量级。二次监视雷达因为角分辨力限制，定位精度相对较低，且无法分辨距离过近的目标。

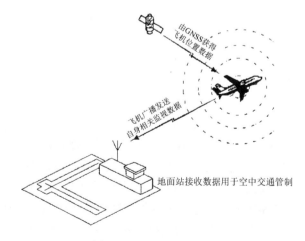

图 14.3　ADS-B 发射设备

2. ADS-B 接收设备

ADS-B 接收设备的基本功能是接收其他飞机发送的 ADS-B 信息或地面站发送的 TIS-B/FIS-B 信息，为飞行员提供飞行信息支持，如图 14.4 所示。配备相应设备的飞机可以通过无线电链路接收信标信息，经过机载航空电子设备处理后，在飞机的 CDTI 上显示，供飞行员查看，从而提高飞行员对附近空域的空中交通态势感知能力。

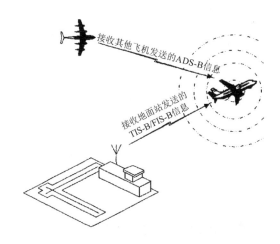

图 14.4　ADS-B 接收设备

3. TIS-B 和 FIS-B

ADS-B 地面站可以向飞机发送两类信息：广播式交通信息服务（TIS-B）信息和广播式飞行情报服务（FIS-B）信息。

1）TIS-B

1090MHz 的 TIS-B 是一种地—空广播服务，它为没有配备 ADS-B 系统的飞机提供与配备了 ADS-B 系统的飞机一样的监视传输功能。TIS-B 可以使配备了 ADS-B 接收设备的飞机感知没有配备 ADS-B 设备的飞机。这种地—空广播服务的监视信息源可以是二次监视雷达传感器、航线监视雷达、场面／进近监视雷达、场面多站时差定位系统等。其中，场面多站时差定位系统与场面监视雷达或航线监视雷达相比，具有更快的更新速率和更高的监视精度。地—空传输的监视信息类似于 ADS-B 系统的监视信息。

TIS-B 工作原理如图 14.5 所示。ADS-B 地面站接收飞机的 ADS-B 位置报文，将这些数据传送给监视数据处理系统（SDPS），SDPS 也接收二次监视雷达传感器、航线监视雷达和其他监视信息源提供的空中目标位置数据，其中包括未配备 ADS-B 系统的飞机的位置信息，并将这些数据融合为统一的目标位置信息传送至 TIS-B 服务器。TIS-B 服务器将信息集成和过滤后，生成空中交通监视全景信息，并通过地面站发送给飞机。这样飞行员就可以获得全面且清晰的空中交通信息。TIS-B 信息可通过多种数据链传输（如 1090MHz 和 978MHz 的数据链），这样可以使配备了 ADS-B 接收设备的飞机感知所有飞机，包括没有配备任何 ADS-B 设备的飞机，也可以为没有配备 ADS-B 系统的飞机提供与配备了 ADS-B 飞机一样的监视传输功能，确保飞行员获得全面的空中交通信息，了解附近空域的飞机分布态势。

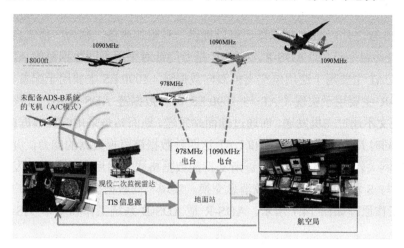

图 14.5　TIS-B 工作原理

由于 TIS-B 在空中交通管制信息传递中起到了重要作用，因此它是 ADS-B 系统的一个重要组成部分。如果在某个空域中使用了 TIS-B，则可获得所有飞机信息，包括配备了 ADS-B 系统的飞机信息，以及其他地面传感器获得的未配备 ADS-B 系统的飞机信息。

2）FIS-B

FIS-B 是广播式飞行情报服务，通过地—空数据链向飞机传送不需要人工控制的飞行员使用信息，主要包括气象报告、航行情报、机场终端区域预报、特殊空域信息、空勤通知等信息。这些信息由地面站通过 978MHz 数据链向通用飞机发送，因为这些飞机无法接收 1090MHz 数据链的信息，如图 14.6 所示。这些信息可以是文字数据，也可以是图像数据。FIS-B 可以使飞行员获得更多的运行相关信息，及时了解航线气象状况和空域限制条件，为更加灵活、安全和高效的飞行提供保障。

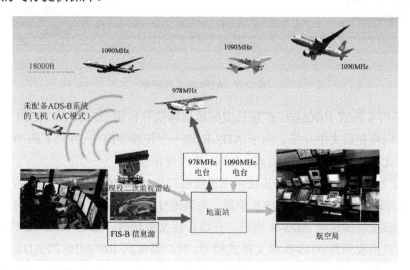

图 14.6　FIS-B 工作原理

4. ADS-R

除基本 TIS-B 之外，ADS-B 系统还可以提供一种附加服务，称为广播式自动相关监视转播（ADS-B Rebroadcast），即 ADS-R。ADS-R 是专门针对采用不同数据链的 ADS-B 用户而设立的。其中，UAT 主要用于通用航空飞机双向数据链，1090 ES 主要用于配备了 ADS-B 系统的飞机。ADS-R 主要用于实现 UAT 与 1090 ES 两种数据链 ADS-B 用户之间的信息转换。ADS-B 服务报文不通过飞机发送，而通过地面站发送。地面站是采用两种数据链工作的 ADS-B 陆基设备，同时具备接收 1090 ES 和 UAT 这两种数据链监视数据的能力，并且可先分别通过内部数据链网关转换至另一种数据链所支持的数据格式，然后通过数据链发射机转播，使通用航空飞机与 S 模式飞机之间完成消息交换，实现不同数据链 ADS-B 用户之间的信息互通。ADS-R 工作原理如图 14.7 所示。ADS-R 是 ADS-B 系统工作和基本 TIS-B 服务的有效补充。

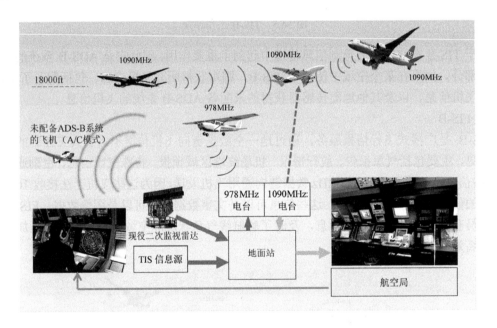

图 14.7　ADS-R 工作原理

ADS-R 采用 S 模式 1090MHz 扩展长度间歇信标信号传输 DF=18 的 112bit 报文信息，其报文格式和编码将在后文中介绍。由于 ADS-R 地—空传输使用与 DF=17 的 1090 ES 相同的信号格式，因此可以被 1090MHz 机载 ADS-B 接收设备接收。

ADS-R 报文处理和转换过程与直接由飞机接收到的 ADS-B 信息的处理过程类似。ADS-B 接收设备接收并译码所有有效的 ADS-R 信息，对其进行格式化处理，将其转换为对应的 ADS-B 报告，之后将该报告传送给 ADS-B 用户。在进行报文处理时，因为 1090 ES 转播 ADS-R 信息的报文与飞机接收到的 ADS-B 报文格式相同，所以需要向 1090MHz 的 ADS-B 接收设备发送一个指示符，表示该报文是来自非 ICAO 24bit 地址代码平台的 ADS-R 信息。此外，由于地面站发送的 ADS-R 信息有可能是采用不同版本标准报文格式的信息，因此为了正确译码数据，要求 ADS-B 报文中应包含其所用的版本号。ADS-R 报告兼容不同版本的 ADS-B 报文格式。

14.2.2　系统功能

1090MHz 的 ADS-B 系统包括三项主要功能，即 ADS-B 报文生成、ADS-B 报文传输和 ADS-B 报告汇编。各项功能的硬件组成及功能实现过程如下。

1．ADS-B 报文生成功能

ADS-B 报文生成功能负责数据汇编，并生成由 1090MHz 扩展长度间歇信标信号传送的报文。此项功能主要由以下组件实现。

1）航空电子设备输入总线

航空电子设备输入总线为生成 ADS-B 报文提供所需信息。机载设备的大部分信息均可通过 ARINC 429 标准的航空电子设备输入总线获得。

2）输入接口

在飞机配备应答机的情况下，S 模式应答机将通过输入接口提供所需的 ADS-B 报文数据。该输入数据可直接来自机载数据源，如飞行管理系统（FMS）单元，也可来自数据汇总单元。在配备 1090MHz 的 ADS-B 系统的情况下，数据汇总单元将集中所有数据源的输入数据，并通过输入接口将这些数据传送到应答机。

3）报告汇编／编码器

报告汇编／编码器接收来自航空电子设备其他数据源的输入数据，并对这些数据进行编码，形成格式化数据。在配备 S 模式应答机的 ADS-B 系统中，将该格式化数据插入 DF=17 信息字段，以便通过 1090MHz 的数据链传输。在未配备 S 模式应答机的 ADS-B 系统中，将该格式化数据插入 DF=18 信息字段进行传输。

2．ADS-B 报文传输功能

ADS-B 报文传输功能负责在 1090MHz 的数据链上传输报文数据，包括数据的发射设备和接收设备，同时还需要对 ADS-B 报文进行汇编和编码。此项功能主要由以下组件实现。

1）调制器／发射机

ADS-B 报文信息生成后对传输数据进行纠检错循环编码，生成奇偶校验位，从而降低信息传输错误概率。调制器采用 PPM 调制方式将 ADS-B 报文信息调制到载波信号上。PPM 调制方式具有很强的抗干扰能力。

发射机产生 1090MHz 的载波信号，并将 ADS-B 报文信息调制到载波信号上。在配备 S 模式应答机的情况下，ADS-B 发射设备性能应符合《国际民航组织公约附件 10》中的规定。

2）ADS-B 机载天线

ADS-B 发射设备和接收设备应配置一副或两副天线，天线数量视工作单元在飞机上的实际安装和配套情况而定。如果应答机与 TCAS 配对使用，或者根据飞机的质量或最大空速选用分集天线方案，则需要配置两副天线。两副天线应分别安装在飞机顶部和底部。天线应能接收和发射频率为 1090MHz 的信号。

为了在航向平面内实现最佳覆盖，ADS-B 机载天线发射和接收垂直极化射频信号。天线在设计上应保证 ADS-B 系统能够实现预期功能，这要求在发射模式下，天线在方位上覆盖 360° 方位角范围内的其他 ADS-B 系统的接收机；在接收模式下，天线在方位上覆盖 360° 方位角范围内的其他 ADS-B 系统的发射机。

在配备 S 模式应答机的情况下，天线还应能接收频率为 1030MHz 的信号，以便与 S 模式二次监视雷达协同工作。

ADS-B 机载天线在设计上应确保能接收空中飞机和地面移动飞机 / 车辆的射频信号。ADS-B 机载天线系统的相关设计和安装要求具体见 14.3.3 节。

3）接收机 / 解调器

接收机接收 1090MHz 传输链路信标信号，通过解调器进行解调，并将解调的 ADS-B 报文输出到报告汇编子系统。最小触发电平（MTL）定义了可靠接收的最小输入信号功率，适用于接收机。根据飞行阶段的不同，MTL 可能会有所不同，以便有效地增大或减小系统工作距离。动态 MTL 可用于抑制低电平多径信息和干扰信息。

3．ADS-B 报告汇编功能

ADS-B 报告汇编功能负责对接收到的数据进行各种处理，将其转换为对应的格式化报告供用户使用。此项功能主要由以下组件实现。

1）译码器 / 报告汇编组件

一旦收到 ADS-B 报文，译码器 / 报告汇编组件就立即对接收的报文进行控制、译码和格式化处理，将接收到的报文转换为对应的格式化报告供用户使用。这种译码和汇编操作既可在 1090MHz 的接收机单元内部执行，也可在与接收机连接的外部处理单元中执行。

由于 ADS-B 信息将在多条报告中传输，因此在报告汇编程序中还需要采用一个跟踪处理器。报告汇编 / 跟踪处理器将接收到的格式化报告转换为适当的输出数据报告。此外，在将输出数据报告传递到输出接口输出之前，还要验证该报告是否有效。

2）输出接口

ADS-B 报告汇编功能将通过输出接口输出信息，以便在飞机的 CDTI 上显示，供有关用户使用。报告汇编 / 跟踪处理器控制 ADS-B 报文数据的输出，并将该数据传输到用户应用端。

3）航空电子设备输出总线

通过航空电子设备输出总线，ADS-B 报告汇编功能可接入不同的用户应用端，为用户提供所需信息。机载设备大部分信息可通过 ARINC 429 标准的航空电子设备输出总线传输，以获取所需信息。

4．系统功能运行过程

ADS-B 接收设备将接收其他飞机发送的 ADS-B 报文，并通过必要的处理将报文数据传送给 ADS-B 报告汇编功能模块。这一过程被称为 ADS-B 报告接收和汇编处理过程。为了使 ADS-B 信息应用具有最大程度的灵活性，ADS-B 接收设备可采用不同的配置方案，如图 14.8 所示。

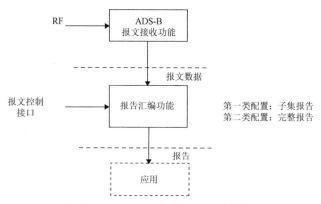

图 14.8　ADS-B 接收设备配置方案

　　第一类接收设备主要用于接收 ADS-B 和 TIS-B 报文，并生成特定应用的 ADS-B 汇编报告。该类设备可根据特定 ADS-B 报告应用要求进行定制。此外，该类设备可由外部设备控制，以生成相应的专用汇编报告。

　　第一类配置的特点：可通过 ADS-B 系统提供的信息，使 ADS-B 报告汇编功能与用户端应用程序紧密结合，将汇编报告提供给特定用户使用。在这种情况下，ADS-B 报告汇编功能可与相关用户端应用程序共同驻留在一个设备中。其优点是，可根据相关特定用户端的应用需求定制汇编报告。例如，如果用户端应用不需要所有的状态矢量信息，则其相关 ADS-B 报告汇编功能可按需提供定制汇编报告，不提供不需要的状态矢量信息。如果用户端应用只关心某些目标，则 ADS-B 报告汇编功能可筛除无关目标信息，以优化性能。此外，它还有一个显著优点，即对 ADS-B 接收设备处理性能要求最低。这类配置对输出报告进行任何进一步控制（除自定义之外）都需要一个控制接口，通过该控制接口，用户可指定需要的汇编报告内容及其输出方式。

　　第二类接收设备主要用于接收 ADS-B 和 TIS-B 报文，并根据相应的 ADS-B 设备等级要求，生成完整的 ADS-B 和 TIS-B 汇编报告。该类设备可由外部设备控制，生成相应的汇编报告。

　　第二类配置的特点：报告汇编功能具有通用性质，能够支持各种应用需求，这也是其最大优点。该功能可输出 RTCA DO-242A 中要求的所有矢量报告，包括状态矢量（SV）、模式状态（MS）报告等。这类配置对任何输出报告的控制都需要一个控制接口，用户端应用可通过该控制接口指定需要的汇编报告内容及其输出方式。

14.3　设备配置及性能要求

　　ADS-B 系统通常由机载设备、机载 ADS-B 收发信机和地面站组成。机载设备一般由 CDTI、GNSS 接收机和其他机载数据源等组成，主要用于产生飞机自身的位置信息，提供飞机识别代码、高度和速度等信息；机载 ADS-B 收发信机主要用于对外广播飞机的 ADS-B 信息，接收来自地面站的 FIS-B 信息和 TIS-B 信息等，同时还能接收来自其他飞机的 ADS-B 信息，供飞行员了解飞机周围空中交通环境，保障飞机空中飞行间距；地面站主要用于接收飞机广播的 ADS-B 信息，并将 FIS-B 信息和 TIS-B 信息等发送至飞机。地面站接收到的 ADS-B

信息可以与其他监视设备的数据通过监视信息处理进行合并，并通过数据融合／转发设备送至空中交通管制中心。

14.3.1 机载系统

1. 系统组成

1090 ES 机载系统主要由数据源、ADS-B 发射设备、ADS-B 接收设备及客户应用端组成，如图 14.9 所示。ADS-B 发射设备可将本机的位置、速度、高度、呼号等信息自动广播出去；ADS-B 接收设备可接收并在综合监控器上显示来自其他飞机及地面目标的位置、速度、高度、呼号等信息，从而使飞行员对周围空域的交通状况有全面、详细的了解，实现飞机间的空—空监视或对地面目标的空—地监视。

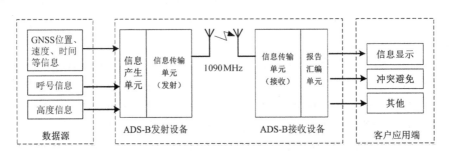

图 14.9　1090 ES 机载系统组成

在系统设备配置方面，按照使用功能有以下两种配置方案。

（1）如果仅需要具备 ADS-B 发射功能，则要求具备 2 个主要设备，即 ADS-B 发射设备和 GNSS 接收机。如果将 ADS-B 发射设备集成到 S 模式应答机中，则应答机的功能应满足空中交通管制 S 模式二次监视雷达机载设备规范要求。如果 ADS-B 发射设备被设计为独立设备，则在设计上应当不影响 S 模式二次监视雷达工作。因为，除消息内容不同之外，在其他方面 ADS-B 信标信号与 S 模式应答信号是相同的。

（2）如果需要具备 ADS-B 发射和接收功能，则要求具备 4 个主要设备，即 ADS-B 发射设备、GNSS 接收机、ADS-B 接收设备及 CDTI。根据飞机设备认证要求，CDTI 可以是飞机上的一个专用或综合部件，也可以是便携式设备。在很多机载平台上，ADS-B 发射设备与 S 模式应答机集成在一起，完成 1090MHz 信号的发送。ADS-B 接收设备与 TCAS 接收设备集成在一起，完成 1090MHz 信号的接收与解码。

1）GNSS 接收机

ADS-B 系统采用的飞机位置信息理论上可以来自 FMS、INS 和 GNSS，但目前成熟的产品和技术规范都将 GNSS 作为 ADS-B 系统的唯一位置信息来源。所以 GNSS 接收机是 ADS-B 机载系统的一个重要组成部分，直接关系着 ADS-B 系统的定位准确度和可靠性。如果 GNSS 失效，那么 ADS-B 系统将无法提供飞机位置。目前 GNSS 基本上使用 GPS。

ADS-B 系统对 GNSS 接收机的完整性提出了明确要求。所有 GNSS 接收机都要求具有自动完备性监控功能。ADS-B 系统新的技术规范要求在报文中报告 GNSS 完备性技术指标。

2）CDTI

CDTI 是 ADS-B 系统中最主要的人机界面，它将 ADS-B 系统中的导航信息、地形警示信息、气象雷达信息、交通信息、邻近飞机广播信息等通过显示系统提供给飞行员。具有 ADS-B 接收功能的 ADS-B 系统还需要安装与之交联的 CDTI。CDTI 直观地为飞行员提供各种信息，帮助飞行员了解周围空域的交通状况。CDTI 可以是手持式显示器，也可与机载 ACAS/TCAS 的显示设备或将仪表板上已有的显示设备集成到一起，并且通常以移动地图作为显示背景。ADS-B 信息可以与地形数据、气象雷达数据、ACAS/TCAS 数据和其他数据整合到一起显示在 CDTI 上，从而使 ADS-B 系统可以支持一些更高级的运行功能。

2．机载设备类型

由于 ADS-B 系统机载设备安装平台繁多，不同平台对机载设备的功能和技术性能要求有所不同，因此有必要进行模块化设计。首先将机载设备按照功能划分为三大类型，其次对每种类型的设备按照平台使用要求划分为不同的子设备。按照发射和接收功能不同，将机载设备分为 A 类、B 类和 C 类。A 类设备为 ADS-B 发射／接收设备，即能够发射和接收 ADS-B 报文的设备。B 类设备为 ADS-B 广播设备，即仅能发射但不能接收 ADS-B 报文的设备，包括 S 模式应答机。C 类设备为地面接收设备。表 14.1 所示为 ADS-B 机载／车载设备类型。

表 14.1 ADS-B 机载／车载设备类型

类型代号	系统功能	特征
具备发送和接收 ADS-B 报文功能的机载／车载设备（A 类设备）		
A0	最低发射和接收功能的机载／车载设备	与 A1 类设备相比，发射功率更低，接收灵敏度更低
A1S/A1	基本发射和接收功能的空载设备	标准发射功率，接收机灵敏度更高。采用了分集天线
A2	增强发射和接收功能的空载设备	标准发射功率，接收机灵敏度更高。与航空电子设备数据源有接口，可获得所需的飞行航迹数据。采用了分集天线
A3	扩展发射和接收功能的空载设备	接收机灵敏度更高。与航空电子设备数据源有接口，可获得所需的飞行航迹数据。采用了分集天线
仅具备发射 ADS-B 报文功能的机载设备（B 类设备）		
B0	仅限于飞机广播	发射功率可与所需覆盖范围相匹配。要求导航数据输入
B1S/B1	仅限于飞机广播	发射功率可与所需覆盖范围相匹配。要求导航数据输入。采用了分集天线
B2	仅限于地面车辆广播	发射功率可与所需地面覆盖范围相匹配。要求高精度的导航数据输入
B3	固定设备	固定坐标。无须导航数据输入。在适当广播覆盖范围内不需要固定设备的协同定位
地面接收设备（C 类设备）		
C1	ATS 航线和航站区运行	需要 ATS 认证，并具有 ATS 传感器融合接口
C2	ATS 平行跑道和地面运行	需要 ATS 认证，并具有 ATS 传感器融合接口
C3	飞行跟踪监视	认证要求由用户应用决定，不需要 ATS 传感器融合接口

A 类设备（A0、A1、A2 和 A3）是相互配对工作的发射／接收设备，用于飞机和车辆平台。按照天线是否分集，A1 类设备进一步分为两类：一类是采用单个天线安装的 A1 设备，叫作单天线 A1 类设备，缩写为 A1S 类设备；另一类是采用分集天线的 A1 类设备。A1 类设备和 A1S 类设备之间唯一的差别是天线是否分集。

B 类设备是与 1090MHz A0 类设备相互配对工作的机载发射设备。其中，B1 类设备也可以分为两类：一类是采用单个天线安装的 B1 类设备，叫作单天线 B1 类设备，缩写为 B1S 类设备；另一类是采用分集天线的 B1 类设备。

C 类设备是只具有接收功能的地面设备。

不同类型的航空电子设备对发射功率和接收灵敏度的要求不同，如表 14.2 所示。

表 14.2　各类航空电子设备的发射功率与接收灵敏度要求

航空电子设备类型	发射功率 / dBm	接收机最低触发电平 / dBm
A0	48.5～57	-72 或更低
A1	51～57	-79 或更低
A2	51～57	-79 或更低
A3	53～57	-84 或更低（检测概率为 90%） -87 或更低（检测概率为 15%）

由于各类设备的发射功率和接收灵敏度不同，它们的空—空最大工作距离也不同，如表 14.3 所示。空—空最大工作距离取决于发射功率电平、自由空间传播衰减量和接收机最低触发电平。表 14.3 中的工作距离适用于最低触发电平情况下的 ADS-B 接收机，适用于 95% 的 ADS-B 发射机。对于 A0 和 A1S 类设备，其工作距离对应于底部安装的单天线。对于其他类型的设备，其工作距离对应于上、下分集天线。

表 14.3　各类航空电子设备发射功率限制的空—空工作距离

航空电子设备类别	工作距离 R / 海里	自由空间衰减量 α / dB
A0 对 A0	10	118.55
A1S 对 A1	47	131.99
A1S 对 A2	47	131.99
A1S 对 A3	75	136.51
A1 对 A1	66	134.94
A2 对 A2	66	134.94
A3 对 A3	140	141.47

自由空间衰减量计算公式如下：

$$\alpha = -98.55 - 20\lg R$$

3．机载设备典型配置

ADS-B 系统机载设备配置方案选择主要取决于机载平台对 ADS-B 系统的要求，以及与其他航空电子设备的兼容与集成问题。不同的机载平台根据其航空电子设备配置情况对 ADS-B 系统机载设备配置提出了不同的要求。有的平台需要配置 ADS-B 发送和接收设备，有的平台只需要配置 ADS-B 发射设备，而有的平台只需要配置 ADS-B 接收设备。

与其他航空电子设备的兼容与集成问题也是必须考虑的，特别是 S 模式应答机、ACAS 和 ADS-B 系统，它们的工作频率、信号波形、传输报文格式完全相同，只是传输的消息和工作方式不同。S 模式应答机的发射频率是 S 模式二次监视雷达下行工作频率（1090MHz），接收频率是 S 模式二次监视雷达上行工作频率（1030MHz）。TCAS 的工作频率正好相反，发射频率是 1030MHz，接收频率是 1090MHz。ADS-B 系统的发射频率和接收频率均是 1090MHz。因此，将 ADS-B 发射设备与 S 模式应答机集成一起在技术上是很容易实现的。因为它们的基本功能都是将待传输的信息汇编成 S 模式下行报文格式后进行编码、调制，并经过功率放大后由全向天线向空间辐射。同样地，将 ADS-B 接收设备与 TCAS 集成也是很容易实现的，它们的基本功能都是对接收到的 1090MHz 信号进行解调、译码后，将恢复的信息传送给各自的用户。

各个系统的性能要求不同，有时会给系统集成带来一定的困难。例如，将 ADS-B 接收设备与 TCAS 集成，两者对接收灵敏度的要求存在着显著差异，ADS-B 接收设备要求提高接收灵敏度，而 TCAS 为了控制干扰，要求接收灵敏度不能太高。因此，在这种配置中需要一台 1090MHz 双灵敏度接收机。为了提高 ADS-B 接收设备的接收灵敏度，在 ADS-B 天线与馈线电缆之间接入一台低噪声前置放大器，基本上可消除从 ADS-B 天线到 ADS-B 接收机的电缆损耗对接收灵敏度的影响。有些平台的航空电子设备与 TCAS 分开也是合理的。ADS-B 接收和发射设备的集成取决于供应商的要求和安装成本。

考虑到机载平台其他航空电子设备的配置，可能出现大量不同的组合。例如，一些配备了 ADS-B 系统的飞机有 TCAS，而另一些飞机可能没有。某些飞机将配备一台二次监视雷达应答机，这与大多数中高等密度空域飞行的飞机配置是一致的，尽管 ADS-B 系统不需要配置二次监视雷达应答机。在某些情况下，ADS-B 系统可能配置两副天线，但 ADS-B 系统配置单天线也是可以的。如果使用两副 ADS-B 天线，则有可能配置一台 ADS-B 接收设备在两个天线之间切换，或者两台 ADS-B 接收设备分别使用自己的 ADS-B 天线实现持续监视。如果航空电子设备包含应答机，那么该应答机可能是正常发射功率应答机，也可能是低发射功率应答机。应答机可以使用分集天线，也可以不使用分集天线。一共有 20 多种不同的机载设备配置方案。

本节主要介绍 4 种典型的机载设备配置方案。

1）民用航空高端配置

民用航空高端配置方案如图 14.10 所示，包括一套 S 模式应答机功能组件，一套 ADS-B 接收设备与 TCAS 集成组件。S 模式应答机采用分集天线，除具有 S 模式二次监视雷达应答机功能以外，还具有 ADS-B 发射功能。

ADS-B 接收设备与 TCAS 集成组件具有 ACAS 的功能和 ADS-B 接收功能，TCAS 包括上、下两副天线，顶部天线发射方向图包括 4 个固定波束，发射 1030MHz 的 TCAS 询问信号，接收天线方向图为 360° 全向覆盖，接收 1090MHz 的 TCAS 应答信号。ADS-B 接收设备同样使用上、下两副天线，下天线接收机是高灵敏度接收机。

该配置方案的特点是设备功能齐全，同时具有 S 模式二次监视雷达应答机功能、ACAS 的功能，以及 ADS-B 发射和接收功能。配置的 ADS-B 接收设备和发射设备均为 A2 或 A3 类设备。

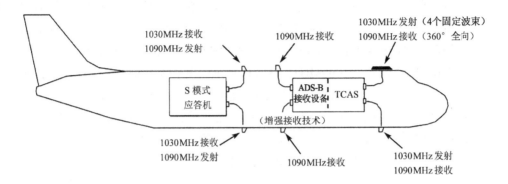

图 14.10　民用航空高端配置方案

2）民用航空基本配置

民用航空基本配置方案如图 14.11 所示，包括一台分集天线 S 模式应答机和一套采用上、下分集天线的 ADS-B 接收设备。S 模式应答机发射标称功率应答信号，与 S 模式二次监视雷达地面询问站协同工作，实现地面雷达站对该飞机的监视。同时发射 ADS-B 扩展长度间歇信标信号，供地面或空中 ADS-B 接收设备完成对该飞机的自动相关监视。ADS-B 接收设备采用通用接收技术，使用 A1 类设备。

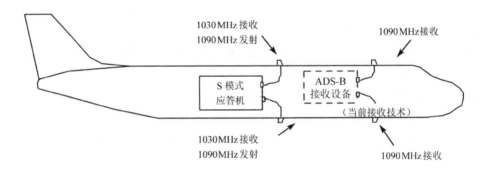

图 14.11　民用航空基本配置方案

3）通用航空基本配置

通用航空基本配置方案如图 14.12 所示，包括一台 S 模式应答机和一台常规 ADS-B 接收设备。S 模式应答机兼具发射 ADS-B 扩展长度间歇信标信号功能，只使用了一副应答天线，安装在飞机底部，应答功率低。ADS-B 接收设备采用通用接收技术和单天线接收，使用 A0 类设备。这种配置方案一般用于飞行高度低的通用飞机。

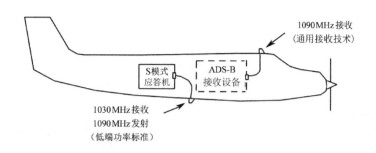

图 14.12　通用航空基本配置方案

4）通用航空低端配置

通用航空低端配置方案是这 4 种方案中最低级别的，如图 14.13 所示，包括一套 ADS-B 收发设备和一个单独的二次监视雷达应答机。ADS-B 收发设备具有接收和发射扩展长度间歇信标信号功能，采用通用接收技术和单天线收发，使用 A0 类设备，发射功率低。该配置方案中 ADS-B 收发设备与二次监视雷达应答机之间可能存在的干扰，该问题尚待详细研究。

还有一种类似的配置方案，即飞机没有安装任何应答机，只配置了 ADS-B 设备。这种配置由于没有采用二次监视雷达应答机，因此目前限制在非强制性使用二次监视雷达应答机的空域飞行，不太可能获得广泛应用。

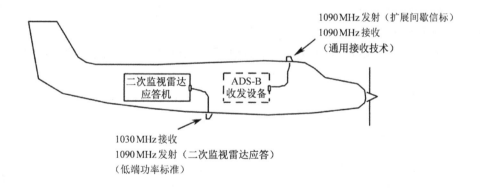

图 14.13　通用航空低端配置方案

14.3.2　地面站系统

1．系统组成

地面站系统主要由天线、ADS-B 接收设备、数据处理单元、交换机、技术状态显示单元、ATC 中心、监控维护单元和电源单元+UPS 等组成，如图 14.14 所示。各个组成单元的功能如下。

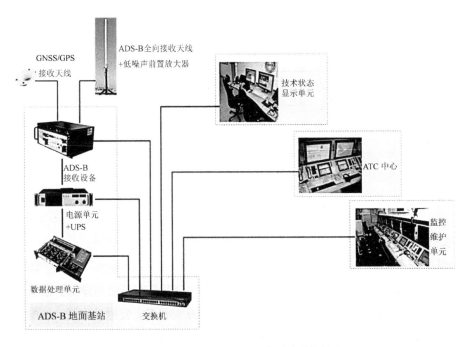

图 14.14　ADS-B 地面站系统组成

地面站系统的天线包括 ADS-B 全向接收天线、GNSS/GPS 接收天线和系统测试天线。ADS-B 全向接收天线配有低噪声前置放大器（LNA），具有全向方向特性，用于接收 ADS-B 扩展长度间歇信标报文。GNSS/GPS 接收天线接收卫星定位信号，为 ADS-B 地面站提供时间同步信号，并对 ADS-B 信息打上时间标志。系统测试天线发送 ADS-B 模拟测试信号，用于 ADS-B 设备测试和校准。

ADS-B 接收设备先将 ADS-B 全向接收天线接收到的 1090MHz 射频脉冲信号经过带通滤波和低噪声放大后与本振信号进行混频，产生 60MHz 射频信号，再对其进行对数中频放大器放大和检波，最后将视频脉冲经过视频放大器放大后，输出至数据处理单元。

数据处理单元由信号检测处理单元和控制单元组成。信号检测处理单元检测 S 模式应答脉冲、A/C 模式应答脉冲及 GPS 时间标志脉冲（PPS）的到达时间（TOA），并完成 ADS-B 接收信号检测和处理，进行同步脉冲检测、数据脉冲识别和译码、循环冗余校验码译码，提取 ADS-B 信息。控制单元由商用计算机模块及其相关软件组成，负责对原始数据进行处理和压缩，生成 ADS-B 报告信息，形成 ADS-B 飞行航迹，同时处理和生成系统的相关监控告警信息，并通过交换机将信息传送到空中交通管制中心和技术状态显示单元。

电源单元包括初级供电单元和次级供电单元。初级供电单元将 220V 交流电压转换为设备使用的 24V 直流电压并提供过流保护功能。次级供电单元将 24V 直流电压转换为各单元供电的低电压。设备应支持交流和直流供电，以交流供电为主，当交流电源断电时，应能自动切换到备用直流电源（蓄电池）工作，以实现 24h 无间断供电。电源单元应具有过流、过压保护功能。交流供电系统电压和频率要求是 220×(1+20%)V、45～63Hz。直流供电系统电压电压要求是 24×(1+20%)V 或 48×(1+20%)V，蓄电池容量应该保证设备能正常工作 4h 以上。

监控维护单元包括本地监控计算机（LCMS）和远程监控计算机（RCMS），主要用于 ADS-

B 设备和 GPS 状态监控，以及 ADS-B 目标检测。

2．性能要求

地面站系统（除天线外）应采用双机冗余配置，单机输出，具有自动切换和手动切换功能，切换应不影响数据输出的连续性和稳定性。设备应采用全固态器件，具有自检功能，并具有本地正常与故障指示功能。设备的最大工作距离应不小于 200 海里，用于终端区独立工作的设备最大工作距离应不小于 60 海里。设备的目标处理能力应大于每秒 600 批（目标均匀分布），且具有抗多径干扰和同频干扰的能力，以及分辨 3 组以上相互交错或重叠的编码的能力，处理延时应不大于 50ms。

1）通用技术性能要求

地面站系统的通用技术性能要求如表 14.4 所示。

表 14.4　地面站系统的通用技术性能要求

技 术 指 标		性 能 要 求
平均无故障时间（MTBF）/ h		＞20000
平均故障修复时间（MTTR）/ h		＜0.5
连续工作时间 / h		24
设计寿命 / 年		＞15
设备启动时间 / s		≤90
重启和恢复能力		具备供电中断恢复后自启动能力，在无人干预的情况下应在 90s 内恢复正常工作
时标接收设备的绝对时间允许误差 / μs		≤10
GNSS 接收机的水平定位误差 / m		≤10
GNSS 接收机的垂直定位误差 / m		≤12
工作电源		交流：220×(1+20%)V，45～63Hz。 直流：24V 或 48V
工作环境	室内设备	工作温度：−10～45℃。 相对湿度：小于 95%RH（非冷凝）。 最高工作高度：不低于 5000m
	室外设备	工作温度：−50～70℃。 最高工作高度：不低于 5000m。 风速：0～160km/h。 相对湿度：小于 98%RH（非冷凝）。 降雨：小于 60mm/h。 冰雹：直径小于 25mm，风速低于 18m/s。 盐雾：能在海岸区域工作

2）接收机技术性能要求

地面站系统的接收机技术性能要求如表 14.5 所示。

表 14.5　地面站系统的接收机技术性能要求

技 术 指 标	性 能 要 求	
工作频率/MHz	1090±1	
动态范围/dB	≥75	
MTL/dBmW	≤−85（1089～1091MHz 范围内）	
正确检测译码概率	≥99.9%［在无干扰和重叠情况下，且输入信号电平在(MTL+3)dBmW 到接收机动态范围上限之间］。	
	≥90%（在无干扰和重叠情况下，且输入信号电平为−88dBmW）。	
	≥15%（在无干扰和重叠情况下，且输入信号电平为−91dBmW）	
	≥90%（在每秒 4000 次应答串扰情况下）	
带外抑制	频率偏移（偏离 1090MHz）为±5.5MHz	触发电平（高于 MTL）≥3dB
	频率偏移（偏离 1090MHz）为±10MHz	触发电平（高于 MTL）≥20dB
	频率偏移（偏离 1090MHz）为±15MHz	触发电平（高于 MTL）≥40dB
	频率偏移（偏离 1090MHz）为±25MHz	触发电平（高于 MTL）≥60dB
窄脉冲抑制	能抑制宽度小于 0.3μs 的同频脉冲信号	
卫星定位信号接收和时钟同步	具备接收 GNSS 信号和与本机时钟同步的能力	

3）数据处理及输出设备技术性能要求

地面站系统数据处理及输出设备应具备实时数字基带信号译码能力，能提取 ADS-B 信息，进行 ADS-B 信息循环冗余校验码译码，剔除错误报告，处理测试信标信号，并具备防范计算机病毒、网络入侵和攻击破坏等危害设备网络安全事件或行为的技术措施，其主要技术性能要求如表 14.6 所示。

表 14.6　数据处理及输出设备技术性能要求

技 术 指 标	性 能 要 求
目标处理错误概率	≤5×10⁻⁶/h
原始脉冲数据输出	支持 1090 ES DF17、DF18 原始脉冲数据输出
数据传输协议	包括 TCP/IP、HDLC
	TCP/IP 数据接口支持 RJ-45，传输速率不低于 100Mbit/s
	HDLC 数据接口支持 RS-232/RS-422，传输速率不低于 128kbit/s

4）监控维护设备技术性能要求

地面站系统监控维护设备由监控维护终端、打印机等组成，应具有监视、维护、数据记录与回放，以及本地监控和远程监控等功能。在操作显示方面，应具有友好的人机界面，方便操作，并且能对用户的权限进行分级管理，同时能对开机、关机、双机切换等重要操作进行提醒和确认，能对设备的主要工作状态进行数据采集、分析，对故障状态做出正确的判断，并在监视设备上予以直观显示，通过人工干预对设备的工作状态进行控制。监控维护设备应能对系统软件进行更新，对设备输出数据格式及设备参数进行配置。此外，监控维护设备应具有数据记录与回放功能，能对设备状态信息进行打印。

ADS-B 信息显示功能应包括背景地图的编辑和显示,飞行航迹和标牌显示,距离显示(包括地图与地图的距离、目标与地图的距离和目标与目标的距离),以及目标过滤(通过飞行高度层、距离范围等信息对目标进行过滤)。应记录的数据包括设备状态报告、设备输出的 ADS-B 报文数据、外部接口输入数据、故障报告日志等。

14.3.3　机载天线系统

1. 设计要求

ADS-B 系统采用全向天线进行信号发射和接收,且不使用信号接收和发射单独工作的天线。机载天线系统的一般设计要求如表 14.7 所示。

表 14.7　机载天线系统的一般设计要求

名　　称	设 计 要 求
发射模式增益	当安装在直径为 1.2m 或更大的平坦圆形地平面中心时,在 90%以上覆盖(方位为 0°～360°、仰角为 5°～30°)范围内,匹配的 1/4 波长短截线天线增益最多只能比全向发射天线增益高 3dB
接收模式增益	当安装在直径为 1.2m 的圆形或圆柱形地平面中心时,在 90%以上覆盖(方位为 0°～360°、仰角为−15°～+20°)范围内,全向发射天线增益不得比匹配的 1/4 波长短截线天线增益低 1dB
发射和接收天线工作频率	(1090)±1MHz
阻抗和驻波比	当工作频率为 1090MHz 时,每副天线在 50Ω 传输线中产生的驻波比不应超过 1.5∶1
极化方式	天线应采用垂直极化方式
天线分集	采用两副天线分集安装方式,一副安装在飞机顶部,另一副安装在飞机底部

下面分别介绍发射分集技术和接收分集技术。

1)发射分集技术

发射分集技术是机载发射设备使用的天线控制技术,是飞机顶部和底部安装的天线交替发射传输 ADS-B 信息的技术。如果 ADS-B 发射设备采用了发射分集技术,则它将从顶部和底部天线交替发射每种所需的 ADS-B 报文。例如,机载位置报文将通过不同的天线连续交替发射,应答机事件驱动寄存器的消息也将通过顶部和底部天线连续交替发射。

如果使用了发射分集技术,空中位置报文中"NIC 增补-B"的 1bit(ME 位第 8bit 或报文位的第 40bit)应设置为有效位。此外,为实现发射分集信道隔离,被选定天线的射频发射峰值功率应至少比非选定天线发射功率高 20dB。

2)接收分集技术

接收分集技术是机载接收设备使用的天线控制技术,是 ADS-B 接收设备从顶部天线或底部天线,或者同时从两副天线接收 ADS-B 信息的技术。下面具体介绍几种采用接收分集技术的 ADS-B 接收设备设计方案。

(1)接收机和消息处理全功能分集。

接收机和消息处理全功能分集是指采用两个接收机输入信道,每个信道都具有独立的接收机射频前端、同步脉冲检测、比特解调、检错和纠错单元,如图 14.15 所示。信道选择是指基于奇偶校验误码检测功能判断接收到的信息是否正确,如果两个信道接收的信息都是正确信息，且没有奇偶校验错误，则可选择任一信道的信息作为接收到的信息，传送至 ADS-B 报告汇编功能模块；如果每个信道都产生了有效但不同的信息，则应将两个信道的信息同时传送至 ADS-B 报告汇编功能模块。

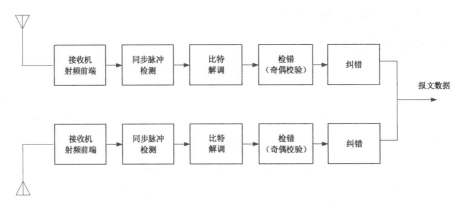

图 14.15　接收机和消息处理全功能分集

（2）接收机前端切换分集。

接收机前端切换分集是指采用两个接收机输入信道，每个信道都具有各自独立的接收机射频前端和同步脉冲检测单元，但是比特解调、检错和纠错单元是公用的，如图 14.16 所示。信道选择是指根据检测到的同步脉冲选择同步脉冲幅度最强的接收信道，如果两个信道的同步脉冲幅度相差 1dB，则可选择任一信道的信息作为接收到的信息。

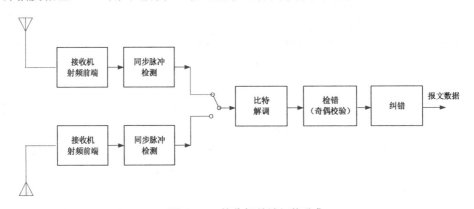

图 14.16　接收机前端切换分集

（3）接收天线切换分集。

接收天线切换分集是指采用可切换天线的单个接收机输入信道，包含接收机射频前端、同步脉冲检测、比特解调、检错和纠错功能单元，如图 14.17 所示。在工作时将接收信道周期性地交替连接到顶部和底部天线，输入信道在每副天线上停留 2.0s，并以 (2±0.1)s 的周期持续交替地进行切换。当射频信号以每秒 8000 条 ADS-B 报文的最大传输速率工作时，采用切换功能时每次损失的信息不应超过 1 条。采用这种方案的 ADS-B 接收设备还应提供一种功能，即将所有 ADS-B 信息传送到适当的输出接口，以监控接收设备的信息传输功能。

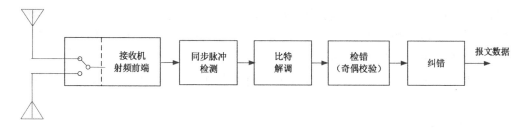

图 14.17 接收天线切换分集

达到最大传输速率是指在检测到同步脉冲之后，接收灵敏度阈值将在 120μs 内恢复。由于两条连续 ADS-B 报文的第一个同步脉冲前沿之间的最小间隔是 125μs，因此最大传输速率为每秒 8000 条 ADS-B 报文。但是，这一最大传输速率并不能作为未来 ADS-B 环境下的典型应用，也不应作为 ADS-B 接收设备的稳态传输速率。ADS-B 接收设备仅在短持续时间内应用该最大传输速率，在该短持续时间内 ADS-B 接收设备应当满足最大传输速率要求。

除上述 3 种方案以外，还可以采用其他方案来实现 ADS-B 天线分集，但任何一种方案都必须满足上述要求。

2. 天线安装

1）总体要求

天线增益和方向特性是影响系统数据链性能的主要因素。飞机 ADS-B 系统所需天线的位置和数量由设备类型决定。其中，A1、A2 和 A3 类设备要求采用分集天线，并且必须在飞机的顶部和底部均具有发送和接收设备；B1 类设备要求采用分集天线，并且必须在飞机的顶部和底部均具有发射设备；A0、A1S、B0 和 B1S 类设备不需要采用分集天线，但天线增益方向特性应至少与安装在飞机底部 1/4 波长谐振天线的性能相当。

如果 ADS-B 发射功能由 S 模式应答机来实现，则天线安装应符合 S 模式应答机对 ADS-B 发射功能的相应要求。如果 ADS-B 接收功能综合到 TCAS 计算机中，则天线安装应符合 TCAS 对 ADS-B 接收功能的相应要求。

2）传输馈线

天线传输馈线的阻抗、工作频率和损耗特性应符合设备制造商给出的技术规范。通过传输馈线至天线的驻波比必须在设备制造商规定的范围内。在安装传输馈线时，必须满足规定的所有安装系统最低性能要求。

3）天线位置

天线应尽可能在靠近机身中心线的位置处安装，该安装位置应尽量减少对其水平面视场的遮挡。如果可能，建议将天线安装在机身前部，从而尽量减少垂直稳定器和发动机机舱对天线视场的遮挡。

（1）安装天线应考虑的因素。

安装天线应考虑以下两个方面的因素。

第一，与其他天线的最小距离。ADS-B 天线与其他应答机天线（如 S 模式或二次监视雷达应答机天线）应保持足够的间距，两副天线之间至少应具有 20dB 的隔离度。如果两副天线都是常规的全向匹配 1/4 波长短截线天线，则两副天线的中心至少应有 51cm 的间距，从而可获得 20dB 的隔离度。如果其中任意一副天线不是常规天线，则必须通过测量确定其最小间距，或通过分析来选择最小安装间距。

第二，相互抑制。如果飞机上安装了在 L 波段工作的其他设备（如测距设备），则应确定相互抑制要求，包括以下几点。

① ADS-B 发射设备对抑制脉冲的响应。

如果 ADS-B 发射设备被抑制（在其他设备发射时，ADS-B 发射设备禁用），则应在抑制脉冲结束后 15μs 内恢复正常发射能力。

② ADS-B 接收设备对抑制脉冲的响应。

如果将 ADS-B 接收设备设计成抑制状态（在其他设备发射时，ADS-B 接收设备禁用），则 ADS-B 接收设备应在抑制脉冲结束后 15μs 内将灵敏度恢复到与正常灵敏度相差 3dB 左右。

（2）发射天线安装位置。

发射天线安装位置应确保其他 ADS-B 平台接收设备能够可靠地接收本地平台的 ADS-B 数据，且最小可靠接收距离应与设备类别相匹配。表 14.8 中列出了接收设备类别及其对应的最小可靠接收距离。

表 14-8　最小可靠接收距离

设　　备		最小可靠接收距离/海里
设备类别	性能类型	
A	最低性能	10
A1S/A1	基本性能	20
A2	增强性能	40
A3	扩展性能	90*
A3+	所需的扩展性能	120*

注："*"表示对于每种设备类别，表中所示的值对应于前向覆盖距离。左舷和右舷的覆盖率可能是该值的一半；后部的覆盖率可能是该值的三分之一。

（3）接收天线安装位置。

接收天线安装位置应确保本平台 ADS-B 接收设备能够可靠地接收其他平台的 ADS-B 数据，且最小可靠接收距离应与设备类别相匹配，如表 14.8 所示。

4）天线增益性能

测试天线增益性能，验证安装好的天线的增益是否处于天线总体设计要求的范围内，确保天线在飞机上的安装位置不会过度降低其增益性能。

典型的 ADS-B 天线，在天线的正上方或正下方天线增益都会降低，因此在圆锥形或不确定锥形区域无法从发射机接收到任何信号，不要求从这些区域可靠地接收信息。在操作应用时应考虑到这一限制。

14.4 主要应用及典型应用方案

14.4.1 应用概述

ADS-B 系统应用是指通过各种 ADS-B 设备实现预期的功能。由于所有 ADS-B 机载设备都需要一个状态矢量数据源，如 GNSS、INS 和 FMS，因此在某种特定应用实际运行时，应考虑飞机上所有相关设备所具备的能力。ADS-B 系统应用主要包括空中监视、地—空监视、地面场面监视和飞机进场监视。下面主要介绍 ADS-B 系统应用中较为复杂和典型的地—空监视应用。

1．地—空监视应用现状

当前对空中飞行的飞机进行 ATC 监视主要通过扫描窄波束二次监视雷达与一次雷达联合工作来实现。终端监视二次监视雷达的最大工作距离为 60～100 海里，扫描周期为 4～6s；航线监视二次监视雷达的最大工作距离为 200～250 海里，扫描周期为 8～12s。

二次监视雷达所具备的能力各不相同。某些二次监视雷达采用"滑窗"处理技术或单脉冲技术，仅具备处理 A/C 模式应答信号的能力。新型二次监视雷达采用单脉冲技术，具备处理 S 模式和 A/C 模式应答信号的能力。S 模式询问机能够得到飞机有关信息，包括飞机识别代码、飞行状态和意图等信息，具备增强监视能力。

是否能够应用扩展长度间歇信标实现 ATC 监视取决于所覆盖的空域类型。最有可能应用扩展长度间歇信标实现 ATC 监视的区域是目前尚未被二次监视雷达覆盖的区域，包括偏远地区和低空空域。在高密度空域，ADS-B 系统不太可能完全取代二次监视雷达，主要原因如下。首先，在这种空域中，监视和导航系统之间必须独立；其次，卫星导航源易受低空干扰的影响，这种干扰可能导致卫星导航源在几十千米的范围内失效。在尚不能完全取代二次监视雷达的区域，常将 ADS-B 系统作为备用监视系统。如果要用 ADS-B 系统在高密度空域取代二次监视雷达，则需要开发一个强大的卫星导航源，或者有一个备用导航源（如 INS）作为备份。

2．最终应用目标

扩展长度间歇信标为空中飞行的飞机提供最佳 ATC 监视信息。这些信息包括位置、速度、国际民航组织地址和飞机呼号等。地面监视所需的定位精度可以通过 GNSS 使用局部或广域差分技术来保障。

随着取得适当的经验并过渡到 ADS-B 最终监视状态，扩展长度间歇信标接收站可能取代一些当前的二次监视雷达。终端区域的扩展长度间歇信标地面站工作距离要求达到 100 海里。航线空域的扩展长度间歇信标地面站工作距离要求达到 250 海里，偏远地区要求工作距离达到 300 海里。扩展长度间歇信标地面站能发送询问信号，以获得应答机额外信息，如飞行意图和 A 模式代码。

这些地面站将提供全方位的定向覆盖，在大多数情况下通过 6～12 个扇区的天线来实现。使用这样的天线工作，每个扇区的天线需要一个接收机，每个地面站具有一个发射机，可根据需要切换到指定扇区。在高密度环境下需要使用多个扇区提高高密度交通监视能力，因为每个接收机只能负责一个扇区的空中交通监视。航线地面站需要这样的天线是为了实现远距离工作所需的天线增益。本节中使用了 6 个扇区的天线作为多扇区天线地面系统配置示例。

3．过渡阶段方案

从现阶段向 ADS-B 最终应用目标过渡所面临的要求是：对 ADS-B 报告的位置数据进行有效性验证；当 GNSS 受到干扰，ADS-B 报告的位置数据失效时，应当具有完整的备用监视方案；能够对各种类型装备的目标进行监视。为此，可采用以下方案作为过渡阶段方案。

1）ADS-B 报告的位置数据验证

在过渡阶段，要求对 ADS-B 报告的位置数据进行验证。可根据需要利用配备多扇区天线的 ADS-B 地面站来实施位置数据验证。地面站工作距离取决于询问-应答工作距离，方位数据通过测量天线扇区中接收信号的相对幅度来确定。未配备应答机的飞机可以使用多站时差定位系统（如机场地面监视系统）验证目标报告位置数据。分析表明，6 个扇区的天线可以提供大约 2°的方位角精度。该精度足以支持低密度空域的目标检测，但还不足以支持终端区域目标检测。

在具有多站定位备用监视系统的区域，可以在飞机返回地面时执行多站定位，对已经验证的飞机重新进行位置数据验证。当由直接询问-应答执行验证时，可以使用一种类似于 TCAS 混合监视的"耳语呼叫"询问技术验证飞行间距接近的飞机的位置数据。

2）备用监视方案

如有必要，可以使用多站时差定位系统在终端环境中提供备用监视功能。多站时差定位系统需要使用多个接收站，1 个中心站周围有 3 个或更多外围接收站。在这种配置中，中心站将是一个完整的扩展长度间歇信标地面站，配备发射、接收设备和全方位定向天线。外围接收站是简单的接收站，配备全向天线。这种系统可以独立地为空中的飞机或 GNSS 功能出现故障的区域提供目标位置数据，完成目标监视。

当多站时差定位系统不可用时，飞机需要定期发送信标信号。只有在多个地面站重叠覆盖的方位测量数据有效的情况下，多站时差定位系统才能用作非应答机发送单元。

3）混合装备环境下的地一空监视

在过渡阶段，监视目标可能装备各种类型的设备，地一空监视目标的主要机载设备包括 A/C 模式应答机、没有扩展长度间歇信标的 S 模式应答机、有扩展长度间歇信标的 S 模式应答机，以及非应答机扩展长度间歇信标发射单元。

多站定位系统对飞机监视的唯一要求是目标定期发射信标信号。所有 S 模式应答机都发射一个短的捕获信标信号，平均每秒发射一次。这个速率已经足以满足地面监视多站定位系统的要求。

对 A/C 模式飞机进行监视，需要采用有源询问方式。通过主动询问触发应答机发射 A 模式或 C 模式应答信号完成目标监视，采用单次询问还是"耳语呼叫"询问取决于 A/C 模式飞机流量密度。由于在高密度环境中大多数飞机配备了 S 模式应答机，A/C 模式监视最多需要 8 次"耳语呼叫"询问，工作距离可达到 60～100 海里。该中心站可以由其多扇区天线获得距离和粗略方位估计数据，可以通过使用来自外围接收站的多站定位数据提高定位精度。粗略方位估计数据将消除由不同飞机的应答脉冲形成的假目标。旁瓣抑制将限制来自天线旁瓣的应答信号。

对于未配备扩展长度间歇信标的 S 模式飞机，可使用 S 模式捕获信标实现多站信号到达时差测量，或者通过直接询问方式来实施对这类飞机的监视。

14.4.2　典型应用方案

本节首先介绍当前实现的 S 模式二次监视雷达地面站，因为 S 模式二次监视雷达地面站可以直接从 S 模式应答机中读出 ADS-B 监视数据，读出 ADS-B 监视数据的技术是 ATC 使用 ADS-B 数据的早期技术。其次介绍能力更强的扩展长度间歇信标监视地面站。

1．S 模式二次监视雷达地面站

S 模式二次监视雷达通常使用扫描的窄波束天线完成空中目标监视，该天线安装在与一次雷达相同的基座上。S 模式二次监视雷达地面站的功能图如图 14.18 所示。

S 模式二次监视雷达为 S 模式飞机提供监视和数据链服务，并为 A/C 模式飞机提供监视服务。由于使用单脉冲测角技术，通常通过每个扫描周期只进行一次询问实现对 S 模式飞机监视。每次扫描根据需要安排额外询问提供数据链接收服务。

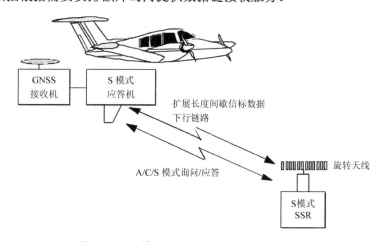

图 14.18　S 模式二次监视雷达地面站的功能图

S 模式二次监视雷达支持的数据链服务是读出应答机寄存器数据，该寄存器数据可以由飞机加载，包含飞机位置、飞行速度、飞行意图、天气数据等。寄存器地址分配如表 14.9 所示。

表 14.9　寄存器地址分配

寄存器编号（十六进制数）	地 址 分 配	最大更新间隔/s
05	扩展长度间歇信标空中位置	0.2
06	扩展长度间歇信标地面位置	0.2
07	扩展长度间歇信标状态	1.0
08	扩展长度间歇信标身份和类别	15.0
09	扩展长度间歇信标空中速度	1.3

续表

寄存器编号（十六进制数）	地 址 分 配	最大更新间隔/s
0A	扩展长度间歇信标事件驱动信息	可变
10	数据链能力报告	≤4.0
17	通用能力报告	5.0
18~1C	S 模式特定服务能力报告	
1D~1F	S 模式特定服务能力报告	5.0
20	飞机识别	5.0
30	TCAS 主动避撞告警	按《国际民航组织公约附件 10》第四卷相关规定
61	紧急状态 / 优先状态	1.0
62	目标状态和状况信息	0.5
63~64	预留作为扩展长度间歇信标	
65	飞机工作状态	2.5
66~6F	预留作为扩展长度间歇信标	

S 模式二次监视雷达可以使用地面启动的 B 类通信协议（GICB）按需访问这些寄存器，提取它们的信息数据，增强 S 模式二次监视雷达的监视能力。

由 S 模式应答机广播的 ADS-B 扩展长度间歇信标信息存储在 GICB 寄存器中，这表明 ADS-B 数据是 S 模式二次监视雷达所需要的。地面站读出 ADS-B 数据可以用来监视 ADS-B 设备的工作状态，提高 ADS-B 数据的可靠性，因为该数据的有效性可以直接利用 S 模式二次监视雷达测量的数据进行验证。

利用 S 模式二次监视雷达获取飞机位置和飞行速度及意图信息，在实现 ADS-B 最终应用目标的过渡阶段是非常有益的。

2. 扩展长度间歇信标监视地面站

一个扩展长度间歇信标监视地面站可以根据需要提供不同性能级别的配置。图 14.19 为扩展长度间歇信标监视地面站各种配置的子系统框图。该子系统配置一套全向天线。在一个配置多扇区天线的地面站系统中，每个扇区的天线需要一个接收机和一个应答信号处理器。系统将使用一个发射机，通过计算机控制将发射机切换到任意扇区天线。下面分别介绍不同性能的地面站配置方案。

1）全向天线、仅接收的配置方案

全向天线、仅接收的配置方案是一种功能最简单的地面站配置方案，由一副全向天线和一套接收设备组成，只具备无源接收扩展长度间歇信标 ADS-B 报文的能力，提供简单的 ADS-B 监视接收功能，如图 14.20 所示。这种配置方案可用于偏远地区低密度 ATC 监视覆盖范围之外的远程空域，设备功能简单，仅能监视具有扩展长度间歇信标的 S 模式应答机飞机，不能监视没有扩展长度间歇信标的 S 模式应答机飞机。它的优点是制造成本低、可靠性高，可以实现无人管理。

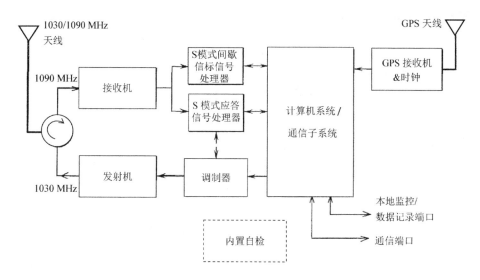

图 14.19　扩展长度间歇信标监视地面站各种配置的子系统框图

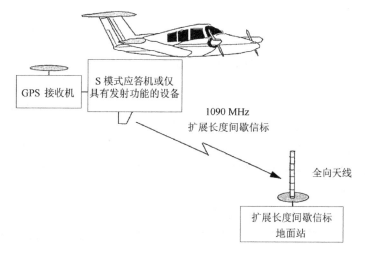

图 14.20　全向天线、仅接收的配置方案

2）具有信号到达方位角测量功能的全向天线、仅接收的配置方案

具有信号到达方位角测量功能的全向天线、仅接收的配置方案与上述全向天线、仅接收的配置方案类似，但增加了信号到达方位角测量功能，可提供信号到达方位角度测量、ADS-B 监视、方位验证功能，如图 14.21 所示。

设备能力：该配置方案仅具有接收功能，但增加了一个简单的信号到达方位角测量功能，以获得飞机方位角的近似估计值。这种配置方案可应用在低密度空域，为配备 ADS-B 系统的飞机提供方位角验证功能。其天线的方位角测量精度大约为 8°（1σ）。

验证功能：信号到达方位角测量功能可以用来验证 ADS-B 位置报告导出的方位角。地面站直接比较测量的信号到达方位角与 ADS-B 位置报告导出的方位角，进行方位角近似验证。在这种类型的地面站存在多站重叠覆盖的情况下，利用多个地面站同时测量信号到达方位角，联立几何方程并求解，以获得飞机的近似方位角。这种类型的地面站允许独立验证 ADS-B 位置报告。

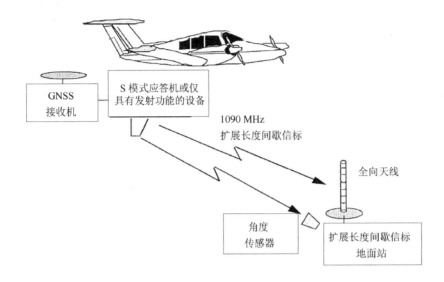

图 14.21　具有信号到达方位角测量功能的全向天线、仅接收的配置方案

S 模式飞机信标监视：这种配置方案能够独立监视具有扩展长度间歇信标的 S 模式飞机，在存在多站重复或覆盖的区域，利用扩展长度间歇信标和 S 模式捕获信标完成多站定位，因此在多站情况下可以监视有 S 模式捕获信标的 S 模式飞机，但不能监视 A/C 模式飞机。

预期用途：与全向天线、仅接收的配置方案相比，这种配置方案的特点是设备简单，可以提供信号到达方位角测量功能，完成 ADS-B 报告方位角数据验证，在多站重复覆盖区域工作条件下，可以实现 S 模式飞机监视。但这种配置方案仅适用于低密度空域。

3）6 个扇区的天线、接收/发射配置方案

6 个扇区的天线、接收 / 发射配置方案如图 14.22 所示。它由一副 6 个扇区的天线、6 台接收机和 1 台发射机组成，提供 ADS-B 监视、位置数据验证、A/C/S 模式飞机监视和 ADS-B 备用监视功能。

设备能力：6 个扇区的天线由 6 个定向波束组成，可实现 360° 全向覆盖，每个天线波束配备一台接收机，接收功能与前面的配置方案相同。系统只配备 1 台发射机，可以根据需要通过射频开关切换到任意一个波束。与全向天线相比，使用 6 个扇区的天线允许在更高密度环境中工作，且工作距离更远。这是因为每台接收机只处理一个天线波束的扩展长度间歇信标信号、接收一个天线波束的 A/C 模式应答信号。对天线波瓣布局和空中交通分布的分析表明，这种天线提供的系统容量预计是全向天线地面站的 2.5 倍。

验证和备用监视功能：除增加容量以外，6 个扇区的天线地面站能够提供比全向天线更高水平的验证能力。这是由于 6 个扇区的天线使用了简单的幅度单脉冲处理器，提供的方位角测量精度为 2°～3°。这种通过询问-应答完成的方位角测量和距离测量（通过扩展长度间歇信标的应答机来实现）也可用于在 ADS-B 系统导航数据丢失的情况下提供备用监视功能。备用监视功能是指在主监视系统失效时使用的性能降级的监视功能。

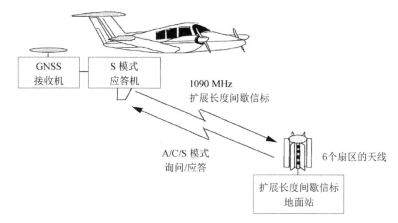

图 14.22 6 个扇区的天线、接收 / 发射配置方案

S 模式和 A/C 模式飞机独立监视：与前面几种配置方案相比，6 个扇区的天线地面站配置功能齐全，能够独立完成对 S 模式飞机和 A/C 模式飞机的监视。

预期用途：由于采用了定向波束天线，天线增益高，因此这种地面站可以用作中远程航线监控地面站。在中低密度空中交通环境中，2°～3°的方位角测量精度是可以接受的。如果需要达到更高的容量，则可采用具有更多扇区的天线来实现，或者根据需要提高方位角测量精度。

4）增强型多站定位配置方案

增强型多站定位配置方案如图 14.23 所示。它由 1 个具有接收和发射功能的主站和 3 个或 3 个以上只有接收功能的辅站组成，辅站分布在主站周围不同方向上，其监视范围相互重叠，每个辅站都能够提供自己与主站的信号到达时间差。这种配置方案可以提供 ADS-B 监视、位置数据验证、A/C/S 模式飞机精确监视和 ADS-B 备用监视功能。整个系统必须实现精密时间同步，做到时间共源，以精确测量信号到达时间，时间测量精度直接影响系统定位精度。

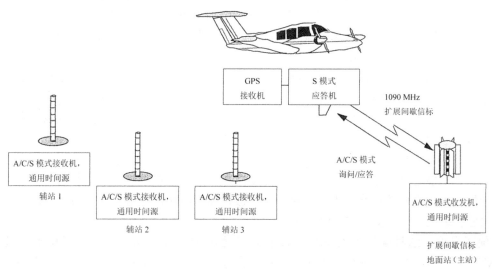

图 14.23 增强型多站定位配置方案

多站系统的地面接收站可以非常简单，包括 1090MHz 接收机、应答信号处理器、精确时间标志单元和通信调制解调器，其物理尺寸大约与二次监视雷达应答机的尺寸相同。多站系统需要实现站间通信，以便实时传输测量数据，监视区域内的指定目标必须同时在 3 个或更多地面站的观测范围内，以便求解多站定位方程。

定位原理：多站时差定位几何原理如下。设主站在直角坐标系中的位置坐标为(X_0,Y_0,Z_0)，目标 M 的坐标为(X_M,Y_M,Z_M)，3 个辅站的坐标为(X_i,Y_i,Z_i)，i=1,2,3。主站与辅站 1、2、3 的信号到达时间差测量数据分别为 ΔT_1、ΔT_2、ΔT_3。

目标到地面站的距离为

$$R_i = \sqrt{(X_M - X_i)^2 + (Y_M - Y_i)^2 + (Z_M - Z_i)^2} \text{，} i=0,1,2,3 \qquad (14.1)$$

目标到主站和辅站的距离差为

$$\Delta R_i = R_0 - R_i = \sqrt{(X_M - X_0)^2 + (Y_M - Y_0)^2 + (Z_M - Z_0)^2}$$
$$-\sqrt{(X_M - X_i)^2 + (Y_M - Y_i)^2 + (Z_M - Z_i)^2} = \Delta T_i c \text{，} i=1,2,3 \qquad (14.2)$$

式中，光速 c=3×10^{8}m/s。目标到主站和辅站的 3 个距离差方程式分别为

$$\sqrt{(X_M - X_0)^2 + (Y_M - Y_0)^2 + (Z_M - Z_0)^2} - \sqrt{(X_M - X_1)^2 + (Y_M - Y_1)^2 + (Z_M - Z_1)^2} = \Delta T_1 c \qquad (14.3)$$

$$\sqrt{(X_M - X_0)^2 + (Y_M - Y_0)^2 + (Z_M - Z_0)^2} - \sqrt{(X_M - X_2)^2 + (Y_M - Y_2)^2 + (Z_M - Z_2)^2} = \Delta T_2 c \qquad (14.4)$$

$$\sqrt{(X_M - X_0)^2 + (Y_M - Y_0)^2 + (Z_M - Z_0)^2} - \sqrt{(X_M - X_3)^2 + (Y_M - Y_3)^2 + (Z_M - Z_3)^2} = \Delta T_3 c \qquad (14.5)$$

利用式（14.3）～式（14.5）求解 3 个未知数，可以得到目标的位置坐标(X_M,Y_M,Z_M)。

由此可知，为了求解 3 个未知数，必须具有 3 个独立时差方程。因此，多站时差定位系统至少需要 1 个主站和 3 个辅站。如果增加 1 个辅站，就可以提供 4 个独立时差方程，任意选择其中的 3 个辅站都可以完成目标定位，这样增加了系统的裕度和可靠性。上面所列各种地面站配置方案，只要具有共同的覆盖区域，并且监视目标在地面站同时观测视野范围内，都应当尽可能将其纳入多站定位系统。

备用监视功能：根据目前的时间同步与测量精度，以及地面站几何位置分布，多站时差定位系统的定位精度可以等于或超过二次监视雷达的定位精度。有了这样的定位精度，提供备用监视功能是可能的。备用监视功能是指一种替代监视功能，可以在主监视系统中断期间使用，备用监视功能与主监视系统提供的功能相当。

S 模式和 A/C 模式监视功能：这种配置方案除可利用 S 模式扩展长度间歇信标完成独立的多站监视功能之外，还可通过主动询问对 S 模式飞机和 A/C 模式飞机进行监视。主站采用 6 个扇区的天线提供的粗略位置信息对于消除假目标可能非常有用，这种假目标是由完整的 A 模式应答编码在进行多站定位时产生的。

预期用途：这种配置方案提供的监视功能适用于飞行终端区域，进行精确跑道监测（PRM）。当图 14.23 所示的增强型多站定位配置方案由 6 个地面接收站组成时，该系统可以用作主监控系统和备用监控系统。

14.5　扩展长度间歇信标增强接收技术

扩展长度间歇信标的早期应用主要包括地—空远程监视、场面监视和对 TCAS 的支持。在这三种应用中，唯一有可能在高串扰环境中工作的是地—空远程监视。这种应用可以使用多扇区天线（6～12 个扇区）来限制接收机检测到的串扰量。随着技术发展，扩展长度间歇信标被应用到支持自由飞行的空—空远程监视中，工作距离要求达到 90 海里。这种应用被称为 CDTI，机载设备不能选择多扇区天线方案，串扰速率高达 40000 次/s。在这种环境下工作，接收的扩展长度间歇信标将受到严重的干扰，与功率更大、数量更多的 ATC 应答信号相互交叉、重叠，形成大量 S 模式假同步脉冲，引起比特数据和置信度判决错误，降低信标信息译码概率，减小空—空系统工作距离。

当前的扩展长度间歇信标接收技术是为 S 模式窄波束地面询问站和 TCAS 开发的。在这两个应用中，比 S 模式信号更强的 A/C 模式的串扰速率较低，通常小于 4000 次/s。在高串扰速率环境中，使用当前技术已经不能满足扩展长度间歇信标接收性能要求，需要对信标接收技术做进一步改进，以支持远程 CDTI 应用。扩展长度间歇信标接收改进技术主要包括以下 3 种。

① 改进的同步脉冲检测技术：用于减小由多个 A/C 模式串扰重叠产生的 S 模式假同步脉冲所引起的虚假检测概率。

② 比特数据和置信度判决改进技术：使用信号幅度相关多采样技术，改进比特数据和置信度判决准确性，以帮助扩展长度间歇信标信号数据块译码。

③ 增强误码检错和纠错技术：按照编码和置信度处理可以得到最佳性能。

本节首先介绍当前的扩展长度间歇信标接收技术，其次介绍改进的同步脉冲检测技术，再次介绍比特数据和置信度判决改进技术，最后介绍增强误码检错和纠错技术。

14.5.1　当前的扩展长度间歇信标接收技术

S 模式应答和扩展长度间歇信标接收系统目前应用在地基 S 模式询问机／接收机系统和 TCAS 航空电子设备中。扩展长度间歇信标使用 112bit 的 S 模式应答信号波形，如第 3 章中的图 3.10 所示。除使用的报文信息不同之外，它的波形与长报文应答信号波形相同，间歇信标报文主要用于传输空—地应答信息和 TCAS 的空—空协调信息。该波形使用 PPM 调制方式进行数据编码。信息比特前半部分的码片表示二进制数 "1"，后半部分的码片表示二进制数 "0"。接收扩展长度间歇信标从检测到前面 4 个同步脉冲开始。在检测同步脉冲时，应设置动态门限值比同步脉冲电平低 6dB。任何低于这一门限值的信号都将被接收信号处理器抑制。这样就消除了低电平 A/C 模式和 S 模式串扰对接收过程的影响。

一旦接收到所有信息比特，就使用 PI 字段中包含的 24bit 循环冗余校验码来执行误码检测。如果校验码为零，则未检测到误码，继续进行监视。如果校验码不为零，则检测到误码，应用纠错算法进行误差纠正。当前的纠错算法可以纠正由一个 A/C 模式强串扰重叠引起的误码。

1. 比特数据和置信度判决

S 模式信号处理技术通过比较两个码片的信号幅度来判决码片的比特数据，幅度较大的码片被判决为该码片的比特数据。这种幅度比较技术限制了电平低于扩展长度间歇信标电平的串扰引起的比特数据误差。虽然出现了干扰，但是由于干扰幅度低于扩展长度间歇信标幅度，因此不会产生比特数据误差。没有干扰的接收信号如图 14.24（a）所示。

每个比特数据的置信度判决通过观察两个码片的信号幅度是否超过门限值实现。如果没有重叠串扰出现，只有一个码片的信号幅度超过了门限值，则判决为高置信度比特数据；如果两个码片的信号幅度都在门限值以上，则判决为低置信度比特数据，因为在这种情况下必然存在干扰。

由于 A/C 模式脉冲的标称宽度为 0.45μs，因此 A/C 模式脉冲干扰只能影响 S 模式比特位置两个码片中的一个。如果受影响的码片是 S 模式信号的一个脉冲，则码片中的脉冲幅度将产生变化，但由于它是唯一具有能量的码片，因此该比特数据将被判决为高置信度比特数据。如果干扰脉冲影响"0"位码片，则两个码片位置将存在脉冲，比特数据将被判决为低置信度比特数据。

在这种情况下，如果 S 模式信号更强，则比特数据判决是正确的，如图 14.24（b）所示，比特数据被判决为低置信度"1"是正确的；如果 A/C 模式脉冲比 S 模式信号强，则将产生比特数据判决错误，如图 14.24（c）所示，比特数据被判决为低置信度"0"是错误的。

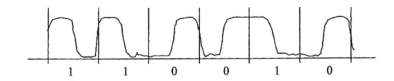

（a）没有干扰的接收信号

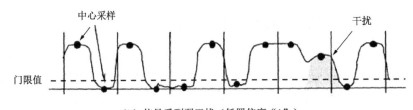

（b）信号受到弱干扰（低置信度"1"）

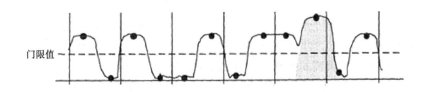

（c）信号受到强干扰（低置信度"0"）

图 14-24　S 模式比特数据和置信度判决

2. 误差检测与纠正技术

当 A/C 模式串扰信号干扰 S 模式扩展长度间歇信标信号时，一些 S 模式比特数据可能会出现错误。当前的 S 模式纠错算法通过确定连续 24bit 信息字段的位置，利用 24bit 窗口中与误差校正因子对应的低置信度比特数据来进行误差检测。如果查找到这样的窗口，并纠正了与误差校正因子匹配的低置信度比特数据，则完成了误差纠正。

纠错算法通过检查连续的 24bit 窗口进行信息误差纠正，从信息的第 89～112bit（低阶24bit 信息字段）开始。为了成功实现误差纠正，首先确定 24bit 窗口中与误差校正因子的"1"对应的比特数据，如果该比特数据为低置信度比特数据，则进行互补运算，将该比特数据更改为其补数（"1"更改为"0"，"0"更改为"1"）。当每个低置信度比特数据都完成互补运算后，则完成了数据误差纠正。如果该比特数据不是低置信度比特数据，则窗口向下滑动一位，并计算误差校正因子，再重复上述过程。当找到了所有可纠正的误差校正因子或窗口滑动到消息初始状态时，结束该纠错过程。为了控制不能检测的误差，如果窗口中低置信度比特超过门限值 12bit，则不能进行数据误差纠正。

在 S 模式信息被一个更强的 A/C 模式串扰信号（引起窗口内所有比特数据出现错误）和一个或多个高于动态门限值的较弱的 A/C 模式串扰信号（只产生低置信度比特数据）覆盖的情况下，误差检测与纠正技术将提供误差纠正功能，非常适用于窄波束 S 模式地面询问站或TCAS 中低电平 A/C 模式串扰环境中的纠检错。该技术不适用于高串扰速率环境，因为在这种环境中未检测到的误差率很高。因此，该技术禁止在扩展长度间歇信标增强型接收环境中使用。

14.5.2　改进的同步脉冲检测技术

同步脉冲检测技术可辨认接收扩展长度间歇信标的起始位置。为了降低假同步脉冲检测概率，改进的同步脉冲检测处理过程包括基于应答信号特征提取有效脉冲和脉冲前沿、同步脉冲检测、重叠同步脉冲检测，以及前 5bit 数据脉冲（DF）验证等。输出的信息包括信号的起始时间和该信号的接收功率电平。

下面介绍一种独特的扩展长度间歇信标同步脉冲检测技术，即改进的同步脉冲检测技术，目前该技术已经得到成功应用，达到了空—空远程监视所需的最低标准工作性能。

1. 提取有效脉冲和脉冲前沿

为了检测同步脉冲，首先要对接收机输出的对数视频脉冲波形进行数据采样，其次提取有效脉冲和脉冲前沿。

采样时钟频率选择：因为扩展长度间歇信标脉冲宽度为 0.5μs，所以采样时钟频率选择8MHz 或 10MHz，其中采用 10MHz 采样时钟频率可以得到更好的接收性能。一般来说，采样时钟频率越高，比特数据和置信度的样本越多，译码性能越好。高性能接收机采用 10MHz 采样时钟频率可以达到最低标准的性能。一般性能接收机采用 8MHz 采样时钟频率可以达到所需的性能。

有效脉冲提取：按照技术规范要求，数据脉冲有效脉冲宽度为 0.5μs，容差为±0.05μs，上升沿为 0.05～0.1μs。当采样率为每微秒 10 个时，具有连续 4 个或更多样本的脉冲被定义为有效脉冲。

脉冲前沿检测：如果对 1 个有效脉冲采取，并且在该采样之前的一个采样间距时间内幅度变化很大，在下一个采样间距时间内幅度变化量小于前面的变化量，则这样的采样叫作脉冲前沿。当接收带宽为 8MHz 时，输出脉冲幅度变化最小为 48dB/μs。因此，如果采样率为每微秒 10 个，则有效脉冲之前的一个采样间距时间内的幅度变化超过 4.8dB 的采样叫作脉冲前沿。

2．同步脉冲检测

同步脉冲检测包括接收门限设置，同步脉冲的初始检测，信号到达时间设置，以及参考电平产生。

（1）接收门限设置。

在同步脉冲检测过程中，要设置最低触发电平（MTL），以剔除非常微弱的接收信号。高灵敏度接收机的门限电平为-88dBmW（天线端口），即在没有干扰时，90%的接收信号电平通常比门限电平高约 4dB，即设置 MTL=-84dBmW（天线端口）。

（2）同步脉冲的初始检测。

S 模式应答信号波形具有 4 个同步脉冲，它们的相对脉冲位置为 0μs、-1.0μs，-3.5μs，-4.5μs。检测准则：查找时序为 0μs、-1.0μs、-3.5μs、-4.5μs 的 4 个脉冲，其中 2 个或 2 个以上的脉冲必须是前沿采样，其他的是有效脉冲，采样公差为+1 或-1。

（3）信号到达时间设置。

首先将 4 个同步脉冲中第 1 个脉冲的前沿估计为信号到达时间。如果另外 3 个脉冲中 2 个或 2 个以上脉冲的前沿在时间上是一致的，则以这些脉冲的前沿为基准将信号到达时间调整+1 或-1 个采样间隔时间。

（4）参考电平产生。

在检测同步脉冲期间将产生的一个参考电平，用于重新触发和数据块解调。首先，在 4 个同步脉冲中使用脉冲前沿与同步头时间一致的脉冲采样计算参考电平，不使用其他脉冲采样。其次，在每个被选用的脉冲中选取前沿采样之后的 M 个采样，用来计算参考电平。如果采样率是每微秒 10 个，则 M=3。最后，以每个选用的采样为参考，统计功率电平在 2dB 内的其他采样的数量，从中找出数量最大的一组采样。如果最大采样数量是唯一的，那么将该组采样的信号功率电平平均值作为同步脉冲的参考电平。

当有 2 组或多组计数最大且相等的采样时，剔除计数小于此最大值的各组采样。从剩下的采样中找出最小功率电平采样，剔除比该最小功率电平强 2dB 的采样，计算剩余采样的平均功率电平值。这个平均功率电平值为同步脉冲的参考电平。

3．重叠同步脉冲检测

重叠同步脉冲检测过程要求处理多个重叠的同步脉冲，但数据块处理一般一次只能处理一个信号。因此，引入了重新触发功能。该功能是指当接收到随后更强的信号时停止前面的对弱信号同步脉冲的检测。

在重新触发过程中，首先要检查具有特定时间间距的两组重叠的 S 模式信号。如果第 2 组 S 模式信号比第 1 组 S 模式信号滞后 1μs，那么第 2 组 S 模式信号的 4 个同步脉冲前沿位于第 1.0μs、2.0μs、4.5μs、5.5μs，第 2 组 S 模式信号的第 1 个、第 3 个同步脉冲与第 1 组 S 模式信号的第 2 个、第 4 个同步脉冲重叠。如果第 2 组 S 模式信号更强，则会导致第 1 组 S 模式信号被重叠的同步脉冲的功率电平太高。如果不采取措施将会出现问题并且阻止信号更强的第 2 组 S 模式信号的同步脉冲进行重新触发。如果两组 S 模式信号的时间差为 3.5μs 或 4.5μs，也会出现同样的问题。图 14.25 所示为更强的信号与前面的弱信号重叠的示意图。

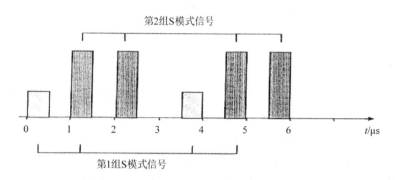

图 14.25   更强的信号与前面的弱信号重叠的示意图

如果第 2 组 S 模式信号比第 1 组 S 模式信号滞后 3.5μs，那么第 2 组 S 模式信号的 4 个同步脉冲前沿位于第 3.5μs、4.5μs、7μs、8μs，第 2 组 S 模式信号的第 1 个、第 2 个同步脉冲与第 1 组 S 模式信号的第 3 个、第 4 个同步脉冲重叠。

如果第 2 组 S 模式信号比第 1 组 S 模式信号滞后 4.5μs，那么第 2 组 S 模式信号的 4 个同步脉冲前沿位于第 4.5μs、5.5μs、8μs、9μs，第 2 组 S 模式信号的第 1 个同步脉冲与第 1 组 S 模式信号的第 4 个同步脉冲重叠。

为了解决这个问题，在检测到同步脉冲之后，应检测是否存在滞后 1μs、3.5μs 或 4.5μs 的功率电平更高的第 2 组同步脉冲串。首先测量第 2 组同步脉冲串中 4 个同步脉冲的幅度，选择其中幅度最小的同步脉冲与第 1 组同步脉冲串中没有被重叠的同步脉冲进行比较，如果第 1 组同步脉冲串中的同步脉冲幅度比第 2 组同步脉冲串中的同步脉冲幅度低 3dB 以上，则将第 1 组同步脉冲串抑制，重新触发第 2 组同步脉冲串。

当第 2 组同步脉冲串滞后第 1 组同步脉冲串 1μs 时，比较第 2 组同步脉冲串中幅度最小的同步脉冲与第 1 组同步脉冲串中第 1 个或第 3 个同步脉冲，决定是否将第 1 组同步脉冲串抑制并进行重新触发。

当第 2 组同步脉冲串滞后第 1 组同步脉冲串 3.5μs 时，比较第 2 组同步脉冲串中幅度最小的同步脉冲与第 1 组同步脉冲串中第 1 个或第 2 个同步脉冲，决定是否将第 1 组同步脉冲串抑制并进行重新触发。

当第 2 组同步脉冲串滞后第 1 组同步脉冲串 4.5μs 时，比较第 2 组同步脉冲串中幅度最小的同步脉冲与第 1 组同步脉冲串中第 2 个、第 3 个或第 4 个同步脉冲，决定是否将第 1 组同步脉冲串抑制并进行重新触发。

4．前 5bit 数据脉冲验证

使用数据块中的前 5bit 数据脉冲的幅度验证同步脉冲的有效性。前 5bit 数据脉冲中每比特数据脉冲由 2 个码片组成，共有 10 个码片，每个码片的持续时间为 0.5μs。这 10 个码片数据脉冲的检测方法如下。如果有效脉冲位于 1 个码片前沿或前沿±1 个采样位置之内，则检测到了该数据脉冲。前 5bit 数据脉冲中每比特数据脉冲既可能在第 1 个码片位置上检测到，也可能在第 2 个码片位置上检测到，或者同时在两个码片位置上检测到，并且如果这些脉冲的幅度比同步脉冲参考电平低 6dB 以上，那么同步脉冲有效；否则，同步脉冲将被抑制。当采样率为每微秒 10 个时，数据脉冲电平为该脉冲 4 个采样中的最高幅度。

5．重新触发

在检测到同步脉冲之后，继续应用同步脉冲检测电路搜索后面的同步脉冲，即使检测到的同步脉冲是重叠的，仍然应用上述所有步骤检测后来的同步脉冲。当检测到一组新的同步脉冲时，将它的参考电平和前 5bit 数据脉冲的幅度与当前正在处理的同步脉冲进行幅度比较。如果新信号幅度比前面的信号幅度高 3dB 或以上，则抑制前面的信号，以便进行新信号的数据块解调；否则，新信号被抑制，以便继续处理前面的信号。同步脉冲检测流程如图 14.26 所示。

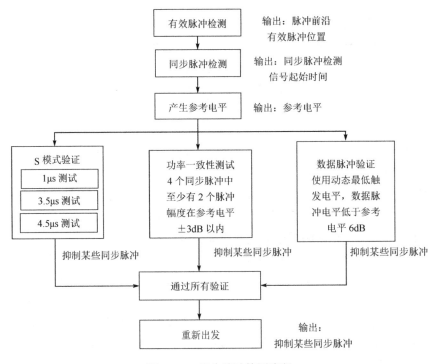

图 14.26　同步脉冲检测流程

14.5.3　比特数据和置信度判决改进技术

当前的 S 模式视频脉冲采样使用中心采样幅度相关技术，比特数据和置信度判决基于两个码片中幅度较高的码片，在电平较高的 A/C 模式串扰重叠情况下会产生比特数据和置信度判决差错［见图 14.24（c）］。由数据脉冲与同步脉冲幅度相关，可提高比特数据和置信度判决的准确度。本节介绍 4 种比特数据和置信度判决改进技术，其中 1 种技术非常简单，只使用每个码片中心的幅度测量值，另外 3 种技术更为有效，即利用每个码片的所有样本来建立比特数据和置信度。

1．中心采样幅度相关技术

如果可以测得每个数据位置"1"和"0"码片中心的信号幅度（不仅要比较哪个码片样本幅度更高，还要观测样本幅度是否在同步脉冲±3dB 窗口内），就可以改进 S 模式比特数据和置信度判决准确度。所有 S 模式脉冲，包括同步脉冲的电平相差 1dB 或 2dB。因此，如果测得同步脉冲电平，就可以预测每个数据脉冲电平。设置同步脉冲±3dB 窗口为同步脉冲电平±3dB，当一个数据位置的两个中心采样值都高于门限值时，若只有一个采样值在同步脉冲±3dB 窗口内，则判决该码片样本是 S 模式脉冲的比特数据。如图 14.27 所示，脉冲判决为比特数据"1"。

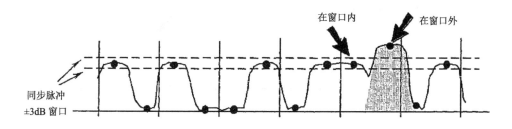

图 14.27　幅度相关判决比特数据和置信度（高置信度"1"）

图 14.28 说明了测量的两个样本的幅度都高于门限值时比特数据和置信度判决新算法。如果两个码片样本中只有一个在同步脉冲±3dB 窗口内，则判决其为高置信度比特数据，如图 14.28（a）、（b）所示。如果两个码片样本都在同步脉冲±3dB 窗口内，或者两个码片样本都不在同步脉冲±3dB 窗口内，则判决其为低置信度比特数据。在这种情况下，选择幅度较大的样本作为比特数据，如图 14.28（c）、（d）所示。

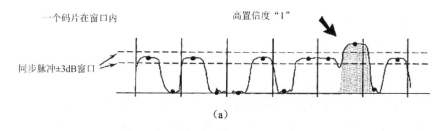

（a）

图 14.28　中心幅度判决比特数据和置信度

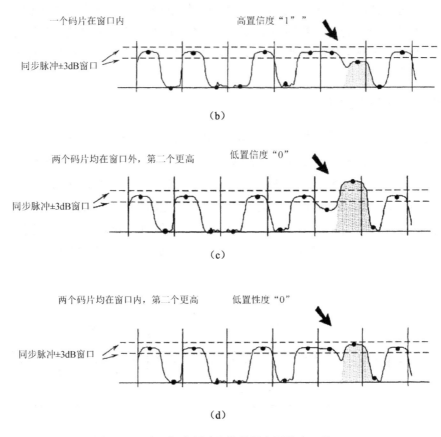

图 14.28　中心幅度判决比特数据和置信度（续）

中心采样幅度相关技术的主要优点是大大地降低了 S 模式信息产生的比特数据和置信度判决错误。当前 S 模式判决准则是，两个采样都高于门限值的所有数据都被判决为低置信度比特数据。当高于门限值的 A/C 模式串扰与 S 模式"0"码片位置重叠时，判决其为低置信度比特数据。当 A/C 模式信号功率高于 S 模式信号功率时，该脉冲的判决将产生错误。

当使用中心采样幅度相关技术时，只有 A/C 模式串扰幅度在 S 模式信号电平±3dB 范围内，才判决其为低置信度比特数据。功率更低或更高的 A/C 模式串扰一般不会产生比特数据判决错误，也不会产生低置信度比特数据。因此，我们只关心信号幅度±3dB 范围内的近距离飞机。当系统进行 S 模式飞机远程监视时，这一点尤其重要。

2. 多采样幅度相关技术

采用中心采样幅度相关技术偶尔可能产生高置信度比特误码。最可能的情况出现在两个 A/C 模式脉冲与同一 S 模式比特位置重叠时，如果一个脉冲与数据脉冲重叠，并且数据脉冲幅度超出了同步脉冲±3dB 窗口，而另一个 A/C 模式脉冲落在另一个码片上，其幅度在同步脉冲±3dB 窗口内，则会产生比特数据判决错误。在这种情况下，通常会产生一条被废弃的报文，而不是一项未检测到的错误。

如果在判决过程中使用了每个 S 模式比特位置的所有 10 个样本（每个码片 5 个）幅度信

息，则上述中心采样幅度相关技术可以得到改进，尤其可以避免两个码片样本幅度都在同步脉冲±3dB 窗口内出现的错误。如图 14.29 所示，虽然同步脉冲两个码片样本幅度都在同步脉冲±3dB 窗口内，但前面码片的所有采样都在窗口内，而后面码片有几个样本幅度在同步脉冲±3dB 窗口之下，表明数据脉冲在前面码片中，避免了中心采样幅度相关判决产生的错误。此外，在某些情况下，当干扰脉冲与信号脉冲重叠时，小频率偏差将产生幅度波动。这时，采用多采样幅度相关技术更有利于比特数据和置信度判决。

同步脉冲±3dB窗口

图 14.29　多采样幅度相关技术（每微秒 10 个样本）

1）多采样基础技术

多采样基础技术利用每个 S 模式比特位置的所有 10 个样本来确定比特数据和置信度。将每个码片中的样本幅度与同步脉冲参考电平进行比较，确定每个码片中的以下两类样本数量。

① 与同步脉冲幅度相匹配的样本数量，表示脉冲存在。

② 幅度明显较低的样本数量，表示信号传输能量较弱。

第一步是设置同步脉冲±3dB 窗口，包括同步脉冲±3dB 窗口，以及比参考电平低 6dB 的最小信号幅度门限。落入该窗口的采样值被视为与同步脉冲匹配，低于最小信号幅度门限的采样值被视为信号传输能量较弱。样本分类如下。

① 在同步脉冲±3dB 窗口内的样本。

② 低于最小信号幅度门限的样本。

第二步是统计每个码片中每类样本数量并进行样本加权。每个码片过渡区附近的样本加权系数较小（过渡样本是指每个码片的第一个和最后一个样本）。为了方便统计，除两端的样本之外，其余样本加权积分将被加倍计数。因此，考虑到加权因素，且采样时钟频率为 10MHz，每个码片的每类样本的加权积分范围为 0～8（每端 1 个样本+中间 3 个样本×2）。按照下列公式计算加权积分。

1 ChipTypeA＝A 类码片"1"的样本加权积分（同步脉冲幅度窗口内）

1 ChipTypeB＝B 类码片"1"的样本加权积分（比同步脉冲幅度低 6dB 以下）

0 ChipTypeA＝A 类码片"0"的样本加权积分（同步脉冲幅度窗口内）

0 ChipTypeB＝B 类码片"0"的样本加权积分（比同步脉冲幅度低 6dB 以下）

第三步是使用上述积分按照下列方程计算比特数据"1"和"0"的积分。

比特数据"1"的积分　＝1ChipTypeA-0ChiptypeA+0ChiptypeB-1ChipTypeB

比特数据"0"的积分　＝0ChiptypeA-1ChipTypeA+1ChipTypeB-0ChibTypeB

这两个积分表示采样数据与比特数据"0"或"1"的匹配程度。最高积分决定比特数据。在两个积分持平的情况下，该比特数据默认为"0"。如果两个积分相差 3 或更大，则该比特数据为高置信度。置信度门限设置为 3 是采样时钟频率为 10MHz 时在高串扰率环境中通过数千次迭代算法得到的测试结果。如果采样时钟频率不同，则可能需要在类似的测试条件下确定适当的置信度门限。

2）多采样查全表技术

为了利用信号与信号加干扰之间的差异，人们开发出一种基于查表的技术，表中包括的数据是从多次模拟中导出的。具体来说，10 个样本中的每个样本都按照下列标准量化成 4 种级别。

0：低于门限（相对于同步脉冲-6dB）。

1：高于门限，但低于同步脉冲±3dB 窗口。

2：在同步脉冲±3dB 窗口内。

3：高于同步脉冲±3dB 窗口。

因为有 10 个样本，且每个样本有 4 个可能的取值，所以一个 S 模式比特位置可以有 $4^{10}=1048576$（约 1M）个不同的样本图样。对所有的图样设立两个 1bit 查找表（每个查找表存储在一个 1M×1bit 的只读存储器中）。第一个查找表存储该比特位置的比特数据是"1"还是"0"，第二个查找表存储该比特数据的置信度等级是"高"还是"低"。一旦确定了给定比特位置的图样，就可从这两个查找表中查找该比特位置的比特数据和置信度等级。如果使用更高的采样时钟频率，则样本图样数量和查找表的规模将呈指数级增长。

这些查找表是在 40000 个/s 的串扰环境中通过运行数百万条 S 模式信息制作而成的。对于每次试验中的每个比特位置，都记录了它们的样本图样和正确的比特数据。例如，对样本图样 16453（十六进制）的 5876 次试验中，5477 次试验发生在比特数据为"1"时。如果"不确定性参数"值为 10%，则查找表的取值定义如下。

H1（高置信度"1"）：90%或更多的试验发生在比特数据为"1"时。

L1（低置信度"1"）：50%～89%的试验发生在比特数据为"1"时。

L0（低置信度"0"）：10%～49%的试验发生在比特数据为"1"时。

H0（高置信度"0"）：9%或更少的试验发生在比特数据为"1"时。

由于脉冲形状对该技术至关重要，因此需要对查找表条目进行实时数据验证，以便确认查找表取值准确性。

3）多采样简化查找表技术

上述 10 个样本的技术需要的查找表容量为 1M，增加了译码器硬件成本。多采样简化查找表技术只需要容量为 1K 的查找表，称为 5-5 技术，可减少硬件成本。

5-5 技术形成两种比特数据和置信度等级的估计，一种是使用奇数样本（1，3，5，7，9）的估计，另一种是使用偶数样本（2，4，6，8，10）的估计，最后将两种估计进行数据融合确定 S 模式各比特位置的比特数据和置信度等级。由于每个样本集都包括两个码片位置的采样，因此采用图样匹配仍然是可能的，尽管图样变化精度减少一半。由于每个样本集中只有 5 个样本，并且每个样本被量化为上述 4 个级别，因此每个样本集中可有 $4^5 = 1024$（1K）个图样。

为了抵消图样精度变化产生的损失和易于数据融合，为每个图样定义了 3 种置信度等级，即高、中等和低。按照上述查全表模拟生成方法，查找表的取值定义如下。

H1（高置信度"1"）：当比特数据为"1"时，产生 90%或更多的试验样本。

M1（中等置信度"1"）：当比特数据为"1"时，产生 70%～89%的试验样本。

L1（低置信度"1"）：当比特数据为"1"时，产生 50%～69%的试验样本。

L0（低置信度"0"）：当比特数据为"1"时，产生 30%～49%的试验样本。

M0（中等置信度"0"）：当比特数据为"1"时，产生 10%～29%的试验样本。

H0（高置信度"0"）：当比特数据为"1"时，产生 9%或更少的试验样本。

因为 10%和 30%的参数值是不确定性参数值，因此选择 30%的参数值来提供以下性能。由于存在 3 个置信度等级，因此每个样本集的置信度查找表存储量为 1K×2bit。因此，两个样本集要求比特数据和置信度总表的存储量是 1K×6bit。

一旦确定了每组样本（奇数样本和偶数样本）的比特数据和置信度等级，就可以根据表 14.10 查找到该比特位置最终判决的比特数据和置信度。

表 14.10　奇数样本和偶数样本融合输出值

奇数样本置信度	偶数样本置信度					
	H1	M1	L1	H0	M0	L0
H1	H1	H1	H1	L0	H1	H1
M1	H1	H1	L1	H0	L0	L1
L1	H1	L1	L1	H0	L0	L0
H0	L0	H0	H0	H0	H0	H0
M0	H1	L0	L0	H0	H0	L0
L0	H1	L1	L0	H0	L0	L0

应注意，如果其中一个样本集是高置信度样本集，则该样本集的数据值优先，除非两组比特数据相冲突且两个样本集都是高置信度样本集。还应注意，两个一致的中等置信度样本会产生高置信度结果。中等置信度的参数设置为 30%，中等置信度一致性的误码概率为 0.3×0.3 ≈ 0.1，这与高置信度决策的 10 个样本误码概率相匹配。当样本决策在相同置信度等级的比特数据冲突时，由于缺乏更好的估计，被判决为低置信度"0"。

如果使用其他采样时钟频率（非 10MHz），则奇、偶样本数量及由此产生的查找表容量都应做出相应调整。例如，如果使用 8MHz 的采样时钟频率，则每个样本集中有 4 个样本，并且每个样本被量化为上述 3 个置信度等级，每个样本集中可以有 $4^8 = 256$ 个图样。因此，两个样本集对比特数据和置信度等级的查找表容量要求是 256×6bit。如果使用 16MHz 的采样时钟频率，则每个样本集中有 8 个样本，并且每个样本被量化为上述 3 个置信度等级，每个样本集中有 $4^8 = 65536$（64K）个图样。因此，两个样本集对比特数据和置信度等级的查找表容量要求是 64K×6bit。一旦确定了每组样本（奇数和偶数）的比特数据和置信度等级，就可根据表 14.10 融合判决 S 模式比特位置的比特数据和置信度。

14.5.4　增强误码检错和纠错技术

目前已经开发出三种增强误码检错和纠错技术。第一种被称为保守技术，是基于当前"滑窗"纠检方案的改进技术，目的是降低未检测到的信息误差率。第二种被称为全消息误码检测和纠错技术，是模拟一种完整的 A/C 模式串扰对比特数据和置信度判决的影响过程的技术。第三种被称为暴力纠错技术，是对低置信度比特数据所有组合进行精确的有界搜索的技术。

下面详细介绍这三种技术。

1. 保守技术

"滑窗"技术适用于旋转波束天线（远距离、窄波束）或 TCAS（近距离、全向波束）的低串扰环境。但是在使用全向天线的长距离空—空环境中，串扰会非常严重，由于未检测到的信息误差率高，因此不能使用"滑窗"技术。

对于串扰非常严重的环境，使用一种更简单的技术，即保守技术。只有当信息中所有低置度比特数据都在一个 24bit 窗口内，并且低置信度比特数据不超过 12bit 时，才能使用这种技术进行误差校正。只有在更强的 A/C 模式串扰干扰 S 模式信标时，才会出现严重的串扰情况，因此保守技术只能用来校正一个强的 A/C 模式串扰产生的信息误差。保守技术的误差纠错限制条件比 S 模式"滑窗"技术还严格。它提供了一种较低级的误差校正技术，因为它不能校正多个 A/C 模式串扰产生的信息误差。然而，正如预期的那样，它产生的未检测到的误差率非常低。

如果满足保守技术应用条件，则计算窗口内信息的误差校正因子，并检查误差校正因子中的"1"是否对应于窗口中的低置信度比特数据。如果对应于窗口中的低置信度比特数据，则对该比特数据进行互补运算，完成信息校正；否则，终止纠错过程。

如果低置信度比特数据长度小于 24bit，则可以分布在一个以上窗口中。这不会影响纠错，因为不管低置信度比特数据分布在哪个 24bit 窗口中，误差校正因子中的"1"都会鉴别出同一比特数据。窗口移动一位，误差校正因子也将移动一位。

请注意，由上面的描述可以知道，成功的纠错只有一种可能。不管 24bit 窗口的具体位置如何分布，都将鉴别出同样的比特数据。误差校正因子中的"1"对应的所有比特数据都必须变为它的补数，这种情况只能发生在它们都是低置信度比特数据时。因此，用保守技术最多可得到一个可纠正的误差图样。

2. 全消息误差检测和纠错技术

保守技术只能处理单个 A/C 模式串扰产生的信息误差，因此开发出了全消息误码检测和纠错技术。这种技术可以在保守技术应用失败后使用，能够处理 5 个串扰引起的信息误差，只要这些串扰互不重叠，可形成单独的干扰区域即可。全消息误码检测和纠错技术通过计算各干扰区域的误差校正因子完成 S 模式信息校正。

由式（12.26）可以知道，误差校正因子是误差序列 $E(x)$ 除以生成多项式 $G(x)$（24 阶）得到的余数。假设 $E(x)$ 由多个误差比特段组成，并且分布在任意一个 24bit 信息字段中，误差序列可以表示为

$$E(x) = \sum_{i=0}^{111} e_i x^{112-i} \tag{14.6}$$

S 模式信息的误差校正因子 $S(x)$ 为

$$S(x) = -R_{G(x)}[E(x)] = -R_{G(x)}\left[\sum_{i=0}^{111} e_i x^{112-i}\right] = \sum_{i=0}^{111} \varepsilon_i \tag{14.7}$$

由此可知，输入信息的误差校正因子 $S(x)$ 等于各错误信息比特产生的误差校正因子的"模 2 加"运算结果。如果将误差序列分成多段互不交叉的 24bit 比特子序列，则总的误差校正因子 $S(x)$ 等于各段误差子序列产生的误差校正因子的"模 2 加"运算结果。这就是全消息误码检测和纠错技术与暴力纠错技术的理论依据。

全消息误码检测和纠错技术只能采用中心采样幅度相关技术。当采用中心采样幅度相关技术时，若两个码片的中心采样幅度均在±3dB 窗口内，则判决为低置信度比特数据。低置信度比特数据的准确性取决于 A/C 模式串扰信号相对于 S 模式扩展长度间歇信标信号的幅度：如果 A/C 模式串扰信号比 S 模式扩展长度间歇信标信号强，则判决的低置信度比特数据通常是错误的；如果 S 模式扩展长度间歇信标信号比 A/C 模式串扰信号强，则判决的低置信度比特数据通常是正确的。基于这一结果导出了下列假设：对于给定的 A/C 模式干扰区域，所有的低置信度比特数据要么都是正确的，要么都是错误的。将这种假设作为全消息误码检测和纠错技术的基础。

虽然这一假设总体上是正确的，但应该注意的是，以下三种情况可能例外。

（1）A/C 模式串扰信号电平大致与 S 模式扩展长度间歇信标信号电平相同。

（2）A/C 模式串扰信号脉冲宽度大于 0.5μs（规范允许达到 0.55μs，一些不规范的应答机甚至会超过此值）。

（3）当 S 模式扩展长度间歇信标信号电平接近噪声电平时，噪声会污染一些采样。

全消息误码检测和纠错技术首先将 S 模式信息划分为多个互不交叉的 24bit 信息字段，每个信息字段对应一个被认为是 A/C 模式串扰的干扰区域。其次假设所有比特数据都是错误的，计算每个干扰区域的误差校正因子。最后考虑误差校正因子各种可能的组合。如果有且仅有一种组合与 S 模式信息的总误差校正因子相匹配，则对应于该组合的干扰区域内所有低置信度比特数据都反转为补数。

全消息误码检测和纠错顶层算法流程图如图 14.30 所示。首先，执行改进的同步脉冲检测和比特数据和置信度判决，计算误差校正因子。其次，对输入的 112bit 信息数据和它的置信度进行 S 模式误码检测，如果没有发现错误，则结束误码检测处理，输出 112bit 信息数据。如果检测到误差且满足保守技术的应用条件，则应用保守技术进行误差校正。如果完成了误差校正，则结束误差校正处理，输出 112bit 信息数据。如果不满足保守技术的应用条件，则应用暴力纠错技术进行信息纠错。如果完成了误差纠错，则输出 112bit 信息数据，否则放弃该信息。

全消息误码检测和纠错技术详细处理过程如下。

（1）将 112bit 的 S 模式扩展长度信标信息分成多个 24bit 信息字段，最多分为 5 个。具体做法是，从最低阶信息比特开始，先寻找第 1bit 低置信度比特数据，从该比特开始得到第 1 个 24bit 信息字段；然后寻找该信息字段后面的 1bit 低置信度比特数据，再从该比特开始得到第 2 个 24bit 信息字段；以此类推，最多可以得到 5 个 24bit 信息字段。

（2）计算每个信息字段的误差校正因子，并存储每个干扰区域的误差校正因子和对应的 24bit 信息。

（3）计算 112bit 的 S 模式扩展长度信标信息的总误差校正因子。

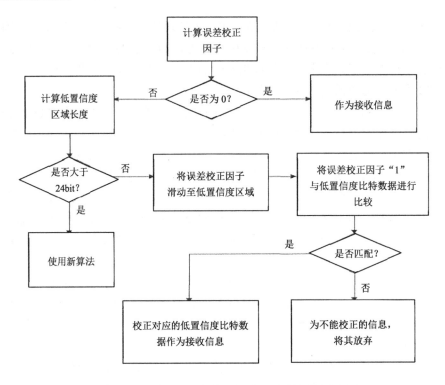

图 14.30 全消息误码检测和纠错顶层算法流程图

（4）对误差校正因子进行各种组合异或运算。如果有且仅有一种组合的运算结果与 S 模式总误差校正因子相匹配，则对应于该最佳组合的干扰区域内所有低置信度比特数据都反转为补数。

全消息误码检测和纠错示例如图 14.31 所示。首先，从 S 模式信息中得到 3 个 24bit 信息字段，分别计算出它们的误差校正因子，即 S1=A128B3（十六进制数，下同），S2=02FE11，S3=100CC1。同时计算 S 模式信息的总误差校正因子，即 S0=B12472。其次，对误差校正因子进行各种组合异或运算，结果 S1⊕S3=S0 是唯一的。最后，将产生 S1、S3 的信息字段中所有低置信度比特数据都反转为补数。

注意：全消息误码检测和纠错技术基于 S 模式信息的误差校正因子等于各个 24bit 信息字段的误差校正因子的异或运算结果，同时基于应用中心采样幅度相关技术的置信度判决结果，即要么低置信度比特数据全是错误的，要么低置信度比特数据全是正确的。

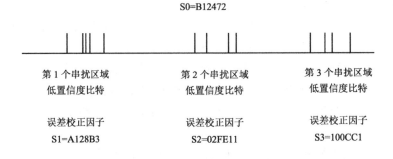

图 14.31 全消息误码检测和纠错示例

3. 暴力纠错技术

如果比特数据判决算法产生的信息比特数据和置信度都是正确的，则 S 模式信息中所有的错误比特都是低置信度信息比特。基于这种情况，有一种简单的纠错技术，即先计算各低置信度比特数据的误差校正因子，然后计算误差校正因子所有可能的各种组合，如果有且仅有一种组合与 S 模式信息总误差校正因子相匹配，则校正对应的比特数据。这种技术被称为暴力纠错技术，它适用于任何比特数据和置信度判决方法、幅度相关采样或无幅度相关采样。在其他技术应用失败之后可应用暴力纠错技术。

暴力纠错技术的实现取决于以下条件。每个 S 模式信息的错误比特位置对应于一个独特的误差校正因子，而一组错误比特产生的误差校正因子是该组单个错误比特误差校正因子"模 2 加"运算结果。例如，如果信息比特 1 是唯一的误差比特，则接收端误差校正因子是 3935EA（十六进制数，下同），而信息比特 31 产生的误差校正因子是 FDB444，信息比特 111 产生的误差校正因子是 000002。因此，如果这 3 个信息比特都是错误的，则将这 3 个误差校正因子进行"模 2 加"运算，结果是 C481AC，它是 S 模式扩展长度间歇信标信息的总误差校正因子。在这种情况下，将上述 3 个比特数据都反转为补数。

可能有两组或更多组低置信度信息比特误差校正因子与总误差校正因子相匹配。在这种情况下，该信息将被废弃，并且不会造成任何影响。但是，如果高置信度信息比特被判决为错误比特，并且有一个低置信度信息比特误差校正因子与总误差校正因子相匹配，则该消息将被校正为错误的消息，将产生一个未被发现的错误。如果没有误差校正因子与总误差校正因子相匹配，则一定是出现了高置信度信息比特错误，应废弃该信息。

显然，由于处理时间和误差限制等，必须限制待处理的低置信度信息比特的数目。可考虑的各种组合图样数目为 2^n。如果消息存在 n 个低置信度信息比特，则 $n$bit 组成的组合图样数目随 n 呈指数增长（$n=5$ 的组合图样数目为 32，$n=12$ 的组合图样数目为 4096）。未检测到的信息误差率与 2^n 成正比，因此也随 n 呈指数增长。幸运的是，S 模式奇偶校验码的汉明距离为 6，低置信度信息比特的最大数目限制为 5，则未检测到的信息误差基本上为零。因此，在暴力纠错中使用了 $n=5$。

14.5.5　小结

为了在高串扰环境中提高接收性能，人们开发出了接收扩展长度间歇信标信号的新技术，主要包括以下几种。

（1）改进的同步脉冲检测技术。

（2）采用基于多采样的信标信息比特数据和置信度判决改进技术。

（3）增强误码检测和纠错技术：出现误差后，先使用保守技术进行纠错，然后使用 $n=5$ 的暴力纠错技术进行纠错。

上面的技术被看作实现增强扩展长度间歇信标接收性能的基础。最初使用视频脉冲进行模拟，以评估这些技术的性能，随后进行了飞行测试，并与目前的技术进行了比较。模拟和飞行测试结果表明，在高串扰环境下使用这些新技术，接收性能得到了实质性的提高。

14.6 S 模式 1090 ES 报文

S 模式 1090MHz 扩展长度间歇信标（1090 ES）ADS-B 系统能提供高达 1Mbit/s 的数据传输速率，且只需在现有 S 模式应答机基础上做少量改动就能升级成 ADS-B 系统，因此它是当前国际民航组织唯一推荐在全球范围内使用的 ADS-B 工作模式。经过多年发展，该模式在国外已经逐渐发展成熟，并在某些发达国家投入运行。1090MHz 的频率与当前 A 模式、C 模式和 S 模式应答机工作相关，ADS-B 信息包含在 S 模式应答机的扩展电文（ES）发送信息中。下面详细介绍 S 模式 1090 ES 报文的主要内容和基本结构。

14.6.1 报文的主要内容

S 模式 1090 ES 报文的主要内容涵盖四个方面，即状态矢量（SV）报告、模式状态（MS）报告、目标状态（TS）报告、对空参考速度（ARV）报告。

SV 报告主要内容包括飞机／车辆当前运动状态和状态矢量的测量信息。该报告在所有 ADS-B 报告中是更新速率最快的一种报告，所以广播的频率最高，是必须广播的一种基本报告。

MS 报告主要内容包括当前的运行信息，如当前的呼叫标志、飞机地址等。该报告更新频率较低，所以广播的频率较低，是必须广播的一种基本报告。

TS 报告是条件触发报告，只有当报告内容可用时才广播，主要内容包括水平意图信息、垂直意图信息等。

ARV 报告主要内容包括对空参考速度。该报告不是必须广播的报告，只有当报告内容可用时才广播。

14.6.2 报文的基本结构

本节将介绍 ADS-B 系统使用的信息传输报文的基本结构，有关报文各信息字段和子字段的详细内容参见附录 C 和附录 D。

传输 ADS-B 和 TIS-B 信息的报文包括下行报文 DF=17、DF=18 和 DF=19，其基本报文结构如表 14.11 所示。每条报文的前 5bit 为下行报文格式代码字段，用 DF 表示。紧接着的 3bit 位定义如下：

（1）DF=17，该 3bit 为应答能力（CA）字段。

（2）DF=18，该 3bit 为代码格式（CF）字段。

（3）DF=19，该 3bit 为应用类型（AF）字段。

表 14.11 ADS-B 和 TIS-B 信息基本报文结构

比 特 序 号	1～5	6～8	9～32	33～88	89～112
DF=17	DF=17(5)	CA（3）	AA：ICAO 地址（24）	ADS-B 报文 ME 字段（56）	PI（24）

续表

比 特 序 号	1～5	6～8	9～32	33～88	89～112
DF=18	DF=18	CF=0	AA：ICAO 地址（24）	ADS-B 报文 ME 字段（56）	PI（24）
		CF=1	AA：非 ICAO 地址（24）	ADS-B 报文 ME 字段（56）	
		CF=2,3	AA	TIS-B 报文 ME 字段（56）	
		CF=4	为 TIS-B 和 ADS-R 管理报文预留		
		CF=5	AA：非 ICAO 地址（24）	TIS-B 报文 ME 字段（56）	
		CF=6	ADS-R，使用与 DF=17 的 ADS-B 报文相同的类型代码和报文格式 从备用数据链转播 ADS-B 报文（规定的修改位除外）		
		CF=7	预留		
DF=19	DF=18	AF=0	AA：ICAO 地址（24）	ADS-B 报文 ME 字段（56）	PI（24）
		AF=1～7	为军事用途预留		

注：括号中的数字表示该字段中的比特数，DF 为下行报文格式，CA 为应答能力字段，CF 为代码格式，AA 为飞机地址代码字段，AF 为应用字段，ME 为扩展长度信标信息字段，PI 为检验 / 询问站识别代码字段。DF=19 为军事用途预留。对于 DF=19 的报文，如果 AF=0，则第 9～32bit 用于 AA 字段，第 33～88bit 用于 ME 字段，第 89～112bit 用于 PI 字段；如果 AF 字段不等于 0，那么第 9～112bit 字段为军事用途预留。

DF=17 格式用来传送 S 模式应答机发送的 ADS-B 报文。DF=17 中的 CA 字段描述用作 ADS-B 发射设备的 S 模式应答机在询问-应答时的通信能力，AA 字段为应答机的 24bit ICAO 地址，ME 字段中的信息为 ADS-B 信息，PI 为校验 / 询问站识别代码字段。CA 代码及其含义如表 12.6 所示。

DF=18 格式用来传送非 S 模式应答机发送的 ADS-B 或 TIS-B 报文。CF 字段指示 DF=18ME 字段包括的信息是 ADS-B 或 TIS-B 信息。CF=0、1 指示 DF=18ME 字段包括的信息是 ADS-B 信息，CA=2,3,5 指示 DF=18ME 字段包括的信息是 TIS-B 信息。当 ME 字段中信息是 ADS-B 信息时，CF 字段指示 AA 字段是 ICAO 的 24bit 地址还是非 ICAO 的 24bit 地址。当 ME 字段中信息是 TIS-B 信息时，CF 字段将 TIS-B 信息归类为使用 ICAO 的 24bit 地址的精细 TIS-B 信息，"粗格式" TIS-B 空间位置或速度信息，使用非 ICAO 的 24bit 地址的精细 TIS-B 信息或 TIS-B/ADS-R 管理信息。CF=6 指示 DF=18ME 字段包括的信息是来自另一条数据链的 ADS-B 转播信息（ADS-R 信息），它的代码类型和信息格式与 DF=17 一样。

传输 ADS-B 信息使用的扩展长度间歇信标报文为 DF=17、DF=18（CF=0,1）、DF=19（AF=0）。DF=19 为军事用途预留，非军事用途的 ADS-B 系统参与者不得提交 DF=19 报文。

ADS-B 机载接收设备可以接收并处理 DF=17、DF=18（CF=0,1,6）ADS-B 扩展长度间歇信标信号，也可以接收并处理 DF=19（AF=0）的 ADS-B 扩展长度间歇信标信号，但一般情况下对此不予考虑。ADS-B 机载接收设备不应处理 DF=18（CF≠0、1、6）的任何 ADS-B 扩展长度间歇信标信号，同时对 DF=19（AF≠0）的任何 ADS-B 扩展长度间歇信标信号也不予处理。

ADS-B 机载接收设备应接收使用 1090MHz 扩展长度间歇信标格式的 TIS-B 报文，其中 DF=18（CF=2,3,5）。ADS-R 报文是备用数据链的 ADS-B 报文，由地面设备在 DF=18（CF=6）的情况下转播，并使用与 DF=17 的 ADS-B 报文相同的类型代码和报文格式（规定的修改位除外）。DF=18（CF=4）的 1090MHz 的报文格式用来传输 TIS-B/ADS-R 管理信息。DF≠18 或 CF 不在 2~5 范围内的任何 ADS-B 报文，不会被接收设备作为 TIS-B 报文处理。

14.7 发展展望

当前，ADS-B 技术已成为全球空中交通管制技术发展的主流方向和趋势，不仅得到了国际民航组织的支持，还得到了世界各主要航空大国的认可。

欧洲空管机构于 2006 年启动了欧洲天空一体化空管研究计划（CASCADE），ADS-B 技术是其中一项核心内容。根据欧洲大陆的空管需求，为改进陆地区域高密度飞行的空中交通监视，欧洲空管机构提出，对海岛和近海等无雷达区域采用 ADS-B 作为主要监视手段；对雷达覆盖不完善的区域，采用 ADS-B 作为补充监视手段；对雷达覆盖区域，采用 ADS-B 作为技术升级手段；在机场运行区域，采用 ADS-B 作为场面辅助监视手段。自 2015 年起，欧洲空管机构要求进入欧洲空域的飞机必须具备 ADS-B 发射功能。

美国是 ADS-B 技术研究和应用的先行者之一。自 2000 年以来，美国联邦航空局完成了大量的 ADS-B 系统试验和验证工作，出台了一系列 ADS-B 技术应用标准和规范，并将 ADS-B 技术确定为下一代航空运输计划（NextGen）的基石，要求从 2020 年起全面推行 ADS-B 发射设备技术。美国采用双数据链模式，其运输航空使用 1090 ES 数据链，通用航空使用 UAT 数据链，以同时满足空管监控、运输航空和通用航空的需要。随着 ADS-B 地面站在美国本土的广泛部署，自主安全飞行功能将逐步在全美地区实现，美国的空中交通容量将得到巨大增长。

加拿大和澳大利亚是较早成功应用 ADS-B 系统的两个国家。加拿大在 2011 年 2 月就已经开始在哈得孙湾和明托空域部署、实施和运行 ADS-B 系统。澳大利亚地广人稀，难以部署雷达监视网络，因此积极支持采用 ADS-B 技术，为具备 ADS-B 能力的飞机提供优先服务。澳大利亚将 1090 ES 标准用于运输航空和通用航空，并在 3 年时间内实现了 ADS-B 高空空域计划（UAP）。

我国对 ADS-B 系统的建设和发展十分重视。民航相关决策部门已初步建立起基本的 ADS-B 技术应用标准和规范，执行部门也在积极进行 ADS-B 地面站建设，并积极开展相关技术的实验和研究工作。从 2005 年开始，中国民用航空飞行学院开始使用 UAT 系统，民航局空管局在成都双流国际机场、九寨黄龙机场各安装了一套 ADS-B 地面试验设备，在成都至九寨航路实现全程 ADS-B 监视。该试验采用 1090 ES 标准，用于验证 ADS-B 的精度和可靠性。2018 年年底，我国西部地区和东部地区的 ADS-B 工程分别通过了竣工验收并投入使用。截至 2020 年年底，我国民航全行业 97%的运输飞机具备 ADS-B 功能。至此，我国空域监视网络得到了全面补充和完善，将有效提高民航空域资源使用效率。《中国民航航空器追踪监控体系建设实施路线图》指出，中国民航要于 2020 年年底前实现基于二次雷达、ADS-B 等空管信息，以及宽带航空通信等新兴监视与通信技术的航班全球无缝追踪；2025 年年底前，将建成主要包括"北斗"系统、自主星基 ADS-B 系统、自主卫星通信系统，以及自主知识产权机载设备的制造、测试与适航审定等基于自主知识产权的飞机全球跟踪系统，并形成相关标准。

总体来看，ADS-B 技术与现有二次雷达监视技术是共存和互补的关系。使用 TCAS II 与 ADS-B 组合监视技术是未来的一种发展趋势。这种组合监视技术不仅可减少 TCAS II 的射频干扰，而且可扩大机载监视范围，提高冲突检测精度，增强防撞功能。在不改变现有防撞系统功能的基础上，使现有的 TCAS II 充分利用 ADS-B 信息，一旦丧失 ADS-B 信息源，系统可切换至现有的 TCAS II 独立监视，这样可避免由于 ADS-B 故障而造成的监视精度降低。这种组合监视技术将 ADS-B 信息融入现有 TCAS II 设备，充分利用现有的成熟监视技术，在现有算法上仅需很少的干预。

此外，在没有任何地面网络的情况下，通过星基 ADS-B 系统实现空中飞行管理的全球覆盖是可能的。从 2015 年开始，随着携载 ADS-B 应答机的第二代铱星（Iridium NEXT）卫星开始发射运行，这一构想成为现实。第二代铱星卫星由 66 颗低轨（LEO）卫星组成，从 2018 年开始组网运行，它将确保对空中飞机的全球实时、无缝覆盖。今后一段时期，随着 ADS-B 技术与二次雷达技术的结合，以及星基 ADS-B 系统的广泛部署应用，ADS-B 系统将在全球空—空监视、航线监视、终端区监视及场面监视中发挥更大的作用。

第15章

空中交通警戒与防撞系统

15.1 引言

空中交通警戒与防撞系统（TCAS）是一种独立于空中交通管制（ATC）地面系统和导航系统的机载电子设备，是 ATC 地面系统提供的安全飞行间距服务出现故障后的最后防撞措施。国际民航组织把它叫作空中防撞系统（ACAS），并在 20 世纪 80 年代初制定了空中防撞系统标准（ACAS ICAO）。目前，TCAS II 是唯一符合 ACAS ICAO 标准和建议的实施设备。因此，在提到标准和概念时通常使用 ACAS II，在提到实施设备时通常使用 TCAS II。

民用航空早期的飞行安全主要依靠飞行员"目视并避让"的操作保持飞机之间三维方向安全间距，以及 ATC 地面系统对飞机飞行间距的监督和管理，降低飞机碰撞风险。尽管 ATC 地面系统不断取得技术进步，但是由人为或技术原因造成的失误导致飞机空中碰撞事件时有发生，这促使航空部门着手开发有效的空中防撞系统。

20 世纪 70 年代中期，人们开发出信标避撞系统（BCAS），使用空中交通管制二次监视雷达应答机发射的应答信号确定入侵飞机的距离和高度，当时所有民航飞机和军用飞机，以及大量通用航空飞机都安装了二次监视雷达应答机。因此，任何配备 BCAS 的飞机都可以探测并保护大多数飞机，被保护的飞机也不需要额外加装设备。此外，当时正在开发的 S 模式应答机通过 S 模式选址通信链路可以协调两架相互冲突的 BCAS 飞机进行避让飞行，而且具有很高的可靠性，为 BCAS 应用创造了条件。

20 世纪 80 年代，美国联邦航空局决定在 BCAS 基础上开发和实施 TCAS。与 BCAS 一样，TCAS 被设计成独立系统，与飞机导航设备和 ATC 地面系统无关。TCAS 询问附近所有符合二次监视雷达规范的飞机应答机，并根据接收到的应答信号测量入侵飞机的斜距和方位，从应答信息中得到飞机的高度数据，确定入侵飞机的位置。根据本迪克斯（Bendix）博士和琼斯·莫瑞尔（Johns Morrell）博士提出的最重要的防撞概念之一"距离 τ"，将两架飞机相遇过程中到达最接近位置（CPA）的时间作为系统设计参数，该时间的门限值是发出警报的主要参数。如果入侵飞机的应答信息包括其高度数据，那么 TCAS 也计算到达相同高度的时间。

通过询问和接收入侵飞机的应答信号，监视 TCAS 飞机周围空域其他飞机的位置及机动飞行状况，当飞机的偏差距离和时间参数小于系统设计的门限值时，发出避让告警（RA）信息，指导飞行员采取回避措施保持或增加飞机的间距，防止与其他飞机危险接近。TCAS 可以发出两种类型的告警信息：一是交通警戒告警（TA）信息，用于协助飞行员对入侵飞机进行目视搜索，并为执行潜在的避让飞行操作做好准备；二是避让告警（RA）信息，用于为飞行员推荐避让飞行举措，增加或保持与入侵飞机的垂直间距。当入侵飞机也配备了 TCAS II 时，两架飞机可以通过 S 模式空—空数据链协调各自的避让飞行方向。

根据系统性能、不同类型飞机的使用要求及安装成本等因素，ACAS 分为三类。

ACAS I：一种机载防撞系统，能够侦测上下 7000～10 000ft、前后 15～40 海里范围内的飞机。当发现有飞机接近时，会提前 40s 给飞行员提供 TA 信息，指示入侵飞机的高度和位置，帮助飞行员"目视并回避"，但不能生成 RA 信息。该类系统主要用于通勤飞机和通用飞机。

ACAS II：除可提供 TA 信息之外，还可提供垂直 RA 信息，目前在商用飞机和通用飞机上得到广泛应用。美国联邦航空局要求，自 1993 年 12 月 30 日起，在美国领空飞行的 30 个座位以上的所有民用固定机翼涡轮发动机飞机必须配备 TCAS II。从 2005 年 1 月 1 日起，欧洲所有最大起降质量超过 5700kg 或超过 19 个座位的民用固定机翼涡轮发动机飞机要求配备 TCAS II。《国际民航组织公约附件 10》第四卷中规定，2017 年 1 月 1 日后，所有 TCAS II 单元均应符合 7.1 版本。

ACAS III：除可提供 TA 信息之外，还可提供垂直 RA 信息和水平 RA 信息。

ACAS 采用了与 S 模式二次监视雷达完全一样的系统技术参数，包括系统工作频率、询问信号和应答信号波形、通信报文格式和通信协议，且必须符合 S 模式二次监视雷达技术规范。S 模式应答机除与 ATC 地面系统协同工作执行二次监视雷达功能之外，也是 ACAS 的重要组成部分。本章主要介绍 TCAS II 的组成、工作原理和避撞概念，通过对 ACAS/TCAS 进行讨论深入介绍 S 模式二次雷达。

15.2 TCAS II 组成和工作原理

TCAS II 组成框图如图 15.1 所示，由 TCAS 计算机单元、S 模式应答机、S 模式/TCAS 控制面板、天线和驾驶舱显示器组成。TCAS II 工作过程如下。TCAS II 对入侵飞机应答机进行询问，利用接收到的应答信号测量入侵飞机的距离和距离变化率（径向接近速度），预测入侵飞机到达 CPA 的时间；通过应答信息中报告的高度数据计算入侵飞机的相对高度和高度变化率，预测入侵飞机到达相同高度的时间；利用定向天线接收到的应答信号确定入侵飞机的方位。TCAS II 不断地监视入侵飞机，并根据测量数据评估其对自己的威胁。当入侵飞机的告警参数满足 TA 门限值时，TCAS II 向飞行员发布 TA 信息，告诉他们入侵飞机的位置，提醒他们做好避让飞行操作准备；如果评估目标的告警参数达到威胁告警门限值，则入侵飞机已经构成了碰撞危险，成为潜在威胁目标，TCAS II 向飞行员发布 RA 信息，指导他们进行避让飞行操作。如果入侵飞机配备了 TCAS II，则 TCAS II 通过 S 模式空—空数据链与入侵飞机协调避让飞行的告警信息，通过地—空数据链与 ATC 地面系统交换地—空或空—地数据。

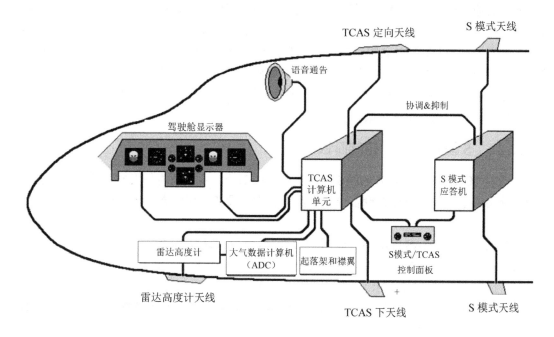

图 15.1　TCAS II 组成框图

15.2.1　TCAS 计算机单元

TCAS 计算机单元包括发射机、接收机和 TCAS 处理器，用来确定入侵飞机与 TCAS 飞机是否会发生碰撞。发射机、接收机的主要功能是产生和发射 1030MHz 询问信号，接收响应询问的 1090MHz 应答信号，将解调后的应答数据传送给 TCAS 处理器。发射机的标称有效辐射功率为 24dBW（250W），接收机的最低触发电平为-74dBmW，空—空监视距离为 14 海里。

TCAS 处理器的主要功能是监视邻近空域的飞机；监视入侵飞机的距离、高度和方位数据，并且监视自己飞机的高度；检测入侵的潜在威胁目标，对其进行威胁评估；确定和选择 TA 和 RA，发布告警消息等。

TCAS 处理器使用自己飞机的气压高度、雷达高度和飞机状态离散输入数据，计算避撞逻辑参数，确定周围的保护空间。如果对一架有威胁的入侵飞机进行监视，并且选择了避让飞行，那么所选择的飞行应当在 TCAS 飞机与入侵飞机之间产生足够的垂直间距，以便摆脱碰撞危机，同时对现有的飞行路线扰动最小。如果有威胁的入侵飞机也配备了 TCAS II，则通过 S 模式数据链与入侵飞机进行协调，以便选择不同垂直方向进行避让飞行。

15.2.2　S 模式应答机

S 模式应答机是 TCAS II 的重要组成部分。为了使 TCAS II 能够正常运行，TCAS 飞机需要安装并运行 S 模式应答机。如果 S 模式应答机失效，那么 TCAS II 性能监视器将检测到应答机故障并自动将 TCAS II 切换到待机状态。在空中交通管制系统中，S 模式应答机与地面询问站协同工作，执行正常的空中交通管制功能。在 ACAS II 中，S 模式应答机的主要功能之一是接收其他飞机上 TCAS 计算机单元的询问信号，发射包含飞机高度数据在内的应答信号，协助其他飞机上的 TCAS 计算机单元完成飞机位置测量，以便它们执行防撞功能。S 模式应答机的另外一项重要功能是数据链功能，它为 TCAS 飞机提供空—空数据链，在需要时可相互传送协同的互补避让告警（RAC）信息；也可以通过空—地通信链路将 RA 信息传送给地面空中交通管制员，以便他们及时了解 TCAS 飞机避让飞行的意图；还可以通过地—空通信链路接收 ATC 地面系统传送的保护范围等级系数（SL）信息，以便 TCAS 飞机根据当地的飞行环境设置自己的保护区域。

15.2.3　S 模式 TCAS 控制面板

S 模式 TCAS 控制面板是 TCAS II 的重要组成部分，主要功能是根据系统操作要求和关键设备使用要求为飞行员提供设备选择和控制、指示设备工作状态、显示控制参数及故障报警等功能。

典型的 S 模式 TCAS 控制面板如图 15.2 所示，设备选择功能如下。

（1）高度源选择（ALT SOURCE）：选择高度源大气数据计算机 1 或 2。

（2）应答机选择（XPNDR）：选择应答机 1 或 2。

（3）应答选择电门：待机（STB），不发送；开机（ON），接通所选应答机；自动（AUTO），飞机在空中自动选择应答机工作。

（4）空中交通管制代码电门：设置应答机的应答代码。

（5）显示量程扩展：开机（ON），正常显示量程；向上（ABV），扩展飞机上方显示量程；向下（BLW），扩展飞机下方显示量程。

（6）控制面板开关：提供 4 个控制位置和 1 个按钮。

按下该按钮，TCAS 处理器和 S 模式应答机电源加电，对 S 模式应答机进行功能测试，但 TCAS 不发出任何询问信号。

4 个控制位置如下。

① 高度报告关闭（ALT RPTG OFF）：当应答机对询问信号进行应答时，没有高度报告数据，S 模式应答机仍然发送扩展长度间歇信标信号；当飞机在地面或发射扩展长度间歇信标信号时，不需要发送捕获信标短报文信号。

② 应答机（XPDR）：S 模式应答机完全正常工作，并将对 S 模式地面询问站和 TCAS II 所有正确的询问信号进行应答。应答信号含有高度报告数据。TCAS II 仍处于待机状态。

③ 仅发布 TA 信息（TA ONLY）：S 模式应答机完全正常工作。TCAS II 将正常工作并发出需要的询问信号，执行所有监视功能。但是，TCAS II 将只发布 TA 信息，禁止发布 RA 信息。

④ 发布交通警戒告警 / 避让告警信息（TA/RA）：S 模式应答机完全正常工作。TCAS II 将正常工作发出需要的询问信号，并执行所有监视功能。TCAS II 将在适当的时候发布 TA 信息或 RA 信息。

（7）识别按钮（IDENT）：按压该按钮发送位置识别脉冲。

（8）应答机故障指示灯（XPNDR FAIL）：该指示灯亮（琥珀色）表示应答机故障，或 ADS-B 系统不工作。

（9）空中交通管制代码指示窗：显示工作的应答机（1 或 2）的应答代码。

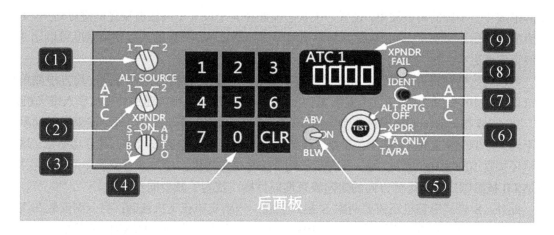

图 15.2　典型的 S 模式 TCAS 控制面板

15.2.4　天线

TCAS II 的天线由安装在飞机顶部的四波束 TCAS 定向天线和安装在飞机底部的 TCAS 下天线组成，TCAS 下天线为全向天线，也可以用定向天线代替。TCAS 定向天线方向图如图 15.3 中虚线所示，分为 4 个 90°方位角的扇面，依次产生前、后、左和右 4 个方向的指向波束，覆盖 360°方位角范围内的目标。

TCAS 定向天线每个波束的 3dB 方位角波束宽度通常为 90°±10°，仰角波束宽度为 20°～-15°。为了检测来自 TCAS 飞机上面和下面的径向接近速度飞机，要求 TCAS 定向天线 30°垂直波束宽度范围内的天线增益为 3dB。

为了实现旁瓣抑制，TCAS II 的天线还包括一副独立的控制波束天线，它具有全向特性，如图 15.3 中实线所示。

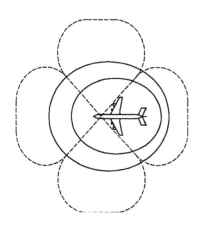

图 15.3　TCAS II 的天线方向图

TCAS 定向天线可以是一副相对简单的阵列天线，使用 4 个或 5 个单极子辐射单元安装在飞机表面上组成方阵，各单元间距为 1/4 波长。这些单元的信号通过波束形成网络和开关矩阵形成 4 个不同的离散波束，设置开关状态能够在 4 个或 8 个离散波束之间进行切换。4 个波束的水平面波束宽度约为 100°。利用询问旁瓣抑制技术，有效的天线波束宽度可以比 3dB 的波束宽度更窄。

可以对这些波束的信号进行相位或幅度比较，以测量应答信号到达方向，均方根测角精度可以达到 10°，足以为飞行员提供 TA 信息，有效地帮助飞行员通过目视捕获入侵飞机。

TCAS II 按照时间顺序通过 4 个定向波束发射 1030MHz 询问信号，每个波束发射功率电平不同。与 TCAS 定向天线相比，TCAS 下天线发送询问信号的次数较少，并且功率低。这些天线还接收 1090MHz 应答信号，并将接收到的应答信号传送给 TCAS 计算机单元的接收机。TCAS II 按照顺序使用不同方向的定向波束询问目标，是为了减少同步混扰。

此外，S 模式应答机还需要两副 S 模式天线：一副安装在飞机顶部；另一副安装在飞机底部。S 模式应答机通过应答天线接收 1030MHz 询问信号，发射 1090MHz 应答信号。顶部或底部安装的 S 模式天线采用分集工作方式，自动选择接收信号幅度更强的天线发射应答信号。应答机/TCAS 集成天线系统只需要两副天线，这些天线由应答机和 TCAS 共享。

因为 TCAS 和应答机各自的发射信号频率就是对方的接收信号频率，因此 TCAS 和应答机都与飞机抑制总线连接，当一个设备发射信号时，通过总线抑制信号封闭另一个设备的接收机。TCAS 天线和 S 模式天线在机身上的安装间距应尽可能大，以减少发射单元的泄漏能量干扰对方的接收机。安装间距不得小于 0.5m（1.5ft），因为 0.5m 间距至少可以提供 20 dB 的空间隔离损耗。

15.3 驾驶舱显示

飞行员与 TCAS 的接口是用于提供 TCAS 信息显示的两个显示器：TR 信息显示器和 RA 信息显示器。这两个显示器有多种配置方案，包括将这两种显示器合二而一的 TCAS 专用显示器配置方案。无论采用哪种配置方案，显示器提供的显示信息都是相同的。显示器显示的交通信息包括飞机垂直速度、附近的空中交通情况，以及 TA 信息和 RA 信息。

15.3.1 TA 信息显示

TA 信息显示器可以是通用的，也可以是专用的，它可显示 TCAS 飞机附近的空中交通状况。TA 信息显示的主要目的是帮助飞行员通过目视捕获配备了 TCAS II 的入侵飞机，次要目的是增强飞行员的系统操作信心，并让他们做好准备，以便在发布 RA 信息时按照信息要求操作飞机。

为了方便飞行员了解显示符号的意义，TCAS 显示器使用不同形状和颜色的符号表示不同类型的周边飞机。如图 15.4 所示，显示的目标类型包括自己的飞机、其他目标、附近目标、潜在威胁目标和威胁目标。

每个符号都按照与自己的飞机的相对位置显示在显示器上。如果入侵飞机在自己的飞机上方，则在符号上方显示相对高度，高度值等于显示数据乘以 100ft，并在相对高度前面添加 "+" 标志。如果入侵飞机在自己的飞机下方，则在符号下方显示相对高度，并在相对高度前添加"-"标志。当目标飞机以超过 500ft/min 的速度爬升或下降时，在符号的右侧添加"向上"或"向下"箭头，表示飞机正在上升或下降飞行。图 15.4 中最下面的红色符号表示该目标是威胁目标，在自己的飞机上方 200ft 处，并且正在下降。

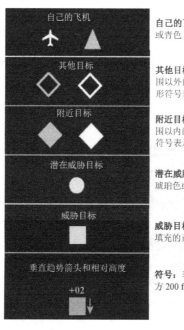

图 15.4　标准的 TCAS 显示符号

结合 TA 信息显示的垂直速度指示器（VSI）和飞行电子仪表系统（EFIS）显示器如图 15.5 所示。图 15.5 中显示了 4 个目标：1 个其他目标，与自己的飞机高度相等；1 个附近目标，在自己的飞机下方 1000f 处；1 个潜在威胁目标，在自己的飞机上方 200ft 处，并且正在下降；1 个威胁目标，在自己的飞机下方 300ft 处，并且正在上升。

（a）VSI 显示的 TA 信息　　　　　　　（b）EFIS 显示器显示的 TA 信息

图 15.5　TA 信息显示器

15.3.2　RA 信息显示

RA 信息显示器为飞行员提供垂直速度或俯仰角信息，以便飞行员进行正常飞行或避让飞行操作。TCAS 的 RA 信息通常在 VSI 或 EFIS 显示器上显示。EFIS 显示器分为使用垂直速度磁带的 PFD（主飞行显示器）和使用语音提示的 PFD。

瞬时 VSI 上的 RA 信息显示如图 15-6 所示，利用红色、绿色圆环标记指示飞机的瞬时垂直速度，红色垂直速度标记指示飞机要避开的垂直速度，绿色垂直速度标记指示飞机期望的正常垂直速度。

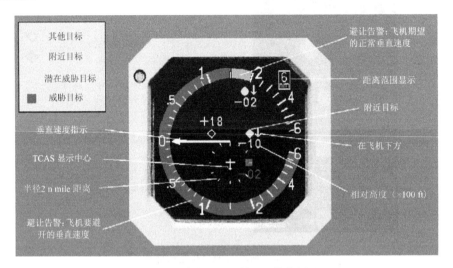

图 15.6　瞬时 VSI 上的 RA 信息显示

图 15.6 显示了自己的飞机和周围 4 个不同类型目标的相对位置，自己的飞机用白色飞机符号表示。青色未填充的菱形符号表示其他目标，其他目标在自己的飞机上方 1800ft 处；青色填充的菱形符号表示附近目标，附近目标在自己的飞机下方 1000ft 处，并且正在下降；黄色填充的圆形符号表示潜在威胁目标，已经发布过 TA 信息，潜在威胁目标在自己的飞机下方 200ft，并且正在下降；红色填充的正方形符号表示威胁目标，已经发布过 RA 告警信息，威胁目标在自己的飞机下方 200ft 处。周边的红色圆环和绿色圆环上标注有瞬时垂直速度刻度。零刻度上方表示飞机上升的瞬时垂直速度，零刻度下方表示飞机下降的瞬时垂直速度。垂直速度指针所指的位置表示飞机当前的垂直速度。该显示器的距离范围为 6 海里。自己的飞机周围的短线小圆周半径为 2 海里。当前自己的飞机的垂直速度为 0，RA 信息要求提高垂直速度到绿色垂直速度标记位置。

PFD 上的 RA 信息显示如图 15.7 所示，人为水平线位于中央，用来指示 RA 强度的参考线。红色或橙色的等腰梯形区域显示的是 RA 信息提醒飞行员避开的瞬时垂直速度，红线内区域为防止冲突应当规避的俯仰区域。飞机符号必须在 RA 信息要求俯仰区域以外，以确保规避冲突。

增加强度的 RA 信息显示如图 15.8 所示。一般强度的 RA，上下两种颜色各占一半，人为水平线位于中央；增加强度的 RA，上下两种颜色所占面积不等。对于增强爬升 RA，上面的颜色超过了人为水平线；对于增强下降 RA，下面的颜色超过了人为水平线。

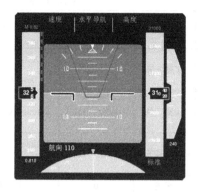 

（a）使用语音提示的 PFD　　　　（b）使用垂直速度磁带的 PFD

图 15.7　PFD 上的 RA 信息显示

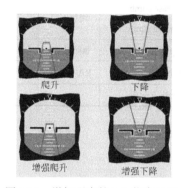

图 15.8　增加强度的 RA 信息显示

15.3.3　语音告警

当避撞算法单元发布 TA 信息或 RA 信息时，听觉告警系统就会发出语音告警，以确保飞行员知道在 TA 显示器和 RA 显示器上已经显示了 TA 信息或 RA 信息。这些声音可以通过安装在驾驶舱的专用扬声器或飞机的音频面板提供，以便飞行员可以从耳机中听到。飞机距地面 500ft 以下时语音告警将被禁止。

当 TCAS 的语音告警与飞机上的其他语音告警相结合时，为这些语音告警建立了优先权，风切变探测系统和近地预警系统（GPWS）的语音告警的优先级高于 TCAS。当风切变探测系统或近地预警系统发出语音告警时，TCAS 的语音告警将被抑制。表 15.1 列出了 TCAS 所有 TA 信息和 RA 信息相对应的语音告警。语音告警的通用语言为英语。

表 15.1　TA 信息和 RA 信息相对应的语音告警

方向向上			方向向下		
RA 信息	要求的垂直速度/（ft/min）	语音	RA 信息	要求的垂直速度/（ft/min）	语音
爬升	1500	Climb,climb	下降	−1500	Descend,descend

续表

方 向 向 上			方 向 向 下		
RA 信息	要求的垂直速度/（ft/min）	语　音	RA 信息	要求的垂直速度/（ft/min）	语　音
穿越爬升	1500	Climb,crossing climb; climb,crossing climb	穿越下降	−1500	Descend,crossing descend; descend,crossing descend
保持爬升	1500～4400	Maintain vertical speed,maintain	保持下降	−4400～−1500	Maintain vertical speed,maintain
保持穿越爬升	1500～4400	Maintain vertical speed, crossing maintain	保持穿越下降	−4400～−1500	Maintain vertical speed,crossing maintain
平飞	0	Level off,level off	平飞	0	Level off,level off
逆转爬升	1500	Climb,climb NO; climb,climb NO	逆转下降	−1500	Descend,descend NO; descend,descend NO
增强爬升	2500	Increase climb, increase climb	增强下降	−2500	Increase descent,increase descent
预防性 RA	不变	Monitor vertical speed	预防性 RA	不变	Monitor vertical speed
RA 已删除		Clear of conflict	RA 已删除		Clear of conflict
TA 信息		Traffic,Traffic			Traffic,Traffic

15.4　目标监视

对周围目标进行监视是 TCAS 最基本的功能，它不依靠任何其他设备，包括空中交通管制系统地面设备和机载导航系统，独立地对附近飞机进行监视。监视的主要目的是获取这些飞机的位置报告及距离和高度数据，一方面将这些位置报告结合起来形成监视目标的飞行航迹，另一方面将目标的距离和高度数据提供给避撞算法单元，以便进行威胁判断，产生和发布告警信息，并在显示器上进行显示。TCAS 可以使用两种方法对周围目标进行监视，即有源监视方法和无源监视方法。通过询问-应答完成目标监视叫作有源监视；通过接收 S 模式应答机定期发送的扩展长度信标信息完成目标监视叫作无源监视。无源监视是接收 ADS-B 扩展长度间歇信标报文 DF=17，通过解调和译码直接得到飞机的位置信息的工作方式。

TCAS 通常每秒发送一次 1030MHz 询问信号，飞机纵轴零度方向的有效辐射询问功率为 (54±2)dBmW。当 A/C 模式和 S 模式应答机接收到询问信号后，发送 1090MHz 应答信号，报告飞机高度数据。TCAS 对接收到的应答信号进行解码，利用应答信号的框架脉冲或同步脉冲测量询问信号与应答信号电磁波传播往返时间，计算每个目标的距离。TCAS 先检测应答脉冲和译码得到飞机高度数据，通过跟踪飞机位置来确定目标高度变化率和距离变化率。然后根据连续得到的目标距离和高度数据形成目标的飞行航迹，并将目标的距离和高度数据提供给避撞算法单元。

TCAS 对 A/C 模式和 S 模式目标的监视距离为 26km（14 海里）；设备评估碰撞威胁目标

的最大距离为 22km（12 海里），超出该距离范围的目标不适合生成 RA 信息；检测 TCAS 广播询问信号的标准距离为 56km（30 海里）；在交通密度为每平方英里 0.3 架飞机、目标最高径向接近速度为 260m/s（500 节）的条件下，设备的监视距离约为 9.3km（5 海里）。TCAS 峰值目标容量为 30 架飞机，即可以在 30 海里的标称距离范围内同时跟踪 30 架配备了 A/C 模式或 S 模式应答机的飞机。

由于 TCAS 的工作频率与二次监视雷达的工作频率相同，S 模式应答机同时与 TCAS 和 ATC 地面系统兼容工作，所以要求 TCAS 不能干扰二次监视雷达的工作性能，要严格控制 TCAS 询问产生的应答机占据。为此采取了若干设计措施，使 TCAS 能够在不降低二次监视雷达工作性能的情况下可靠地进行目标监视。本节主要介绍 S 模式监视、C 模式监视和混合监视。

15.4.1　S 模式监视

1. S 模式监视概述

由于 S 模式系统的选址询问特性，TCAS 对 S 模式飞机的监视相对简单。TCAS 对 S 模式飞机的监视通过无源侦收 S 模式应答机发送的应答信号或间歇信标信号完成 S 模式目标捕获，通过有源询问-应答方式确定飞机的距离、方位和高度数据。

TCAS 通过无源侦收空中 S 模式应答机发送的间歇信标信号和高度应答信号，完成 S 模式目标无源捕获。侦收的应答报文包括全呼叫应答信号报文（DF=11）、空—空监视短应答报文（DF=0）和地—空监视应答报文（DF=4）。其中，DF=11 包含目标的地址，是应答机响应 S 模式地面询问站全呼叫询问产生的应答报文，或者应答机自主发布的信标广播报文。DF=0 是 TCAS 空—空询问产生的应答报文。DF=4 是 ATC 地面系统地—空询问产生的空—地应答报文，DF=0 和 DF=4 下行报文包含 S 模式飞机的高度信息。TCAS 执行 S 模式目标无源捕获的过程如下。当没有发送询问信号或正在等待接收应答信号时，TCAS 侦收空中的 S 模式信标信号和高度应答信号；当侦收到带有同样地址的 S 模式信标信号或高度应答信号的次数在几个连续的更新周期中超过门限次数时，该目标被宣布为有效目标，TCAS 完成了 S 模式目标初始无源捕获。

TCAS 在下列条件下对 S 模式目标进行有源捕获。如果有效目标与自己的飞机的高度差在 10 000ft 以内，TCAS 将对该有效目标进行询问，确定其是否为威胁目标。对于高度差超过 10 000ft 的目标，TCAS 使用无源接收 DF=0 或 DF=4 应答信号监测其高度，或者在没有高度应答信号的情况下，每 10s 进行一次询问以获得 DF=0 应答信号，从而捕获在 10 000ft 的相对高度边界上过渡的目标。如果接收到某个目标的少量间歇信标信号和高度应答信号，则表明该目标不是威胁目标，不对它进行询问。此外，在无源捕获过程中，对于那些没有高度信息但连续接收到它的有效信标信号的目标，TCAS 将对其进行询问，以确定其是否为威胁目标。

完成目标捕获得到入侵飞机地址后，如果有需要，TCAS 还会发送 S 模式空—空监视询问报文（UF=0/UF=16、AQ=1）对入侵飞机进行选址询问，通过接收该飞机应答机发射的 S 模式空—空监视应答报文（DF=0/DF=16），完成入侵飞机的距离测量，并从应答信息中得到该飞机高度数据。利用多次询问的数据可以推导出该飞机的距离变化率和高度变化率，执行对入侵飞机的监视功能。

当侦收到来自同一个空中目标的两次应答信号时，如果两次应答时目标的高度差在 500ft 以内，且目标与自己的飞机的高度差在 10 000ft 以内，则建立该目标的飞行航迹，启动定期监视询问。

只有在完成目标初始捕获后，且用于威胁评估的所有应答信号出现在以预测的距离和高度为中心的距离和高度窗口内时，设备才将该 S 模式目标的位置报告传送给避撞算法单元。

由于 S 模式采用了选址询问方式，在监视过程中不会产生同步混扰，因此信号检测概率高。采用无源侦收完成 S 模式目标捕获，对更远距离的目标每 5s 询问一次，当目标进入需要发布 TA 信息的区域时，有源询问速率增加到每秒一次。这样严格控制询问次数可以将干扰减少到最少。因此，S 模式应答机监视产生的系统内部干扰比 A/C 模式减少了很多。

当威胁飞机也配备了 TCAS 时，TCAS 飞机将通过空—空通信报文 UF16/DF16 传输威胁飞机避让飞行协同信息，确保它们选择不同垂直方向完成避让飞行。在这种情况下，TCAS 飞机使用 UF=16 询问通信报文，威胁飞机应答机使用 DF=16 应答通信报文。

TCAS 空—地通信功能可以使用 S 模式下行通信报文 DF=20/DF=21 向 ATC 地面系统报告 RA 信息，以便空中交通管制员了解 TCAS 避让飞行意图。ATC 地面系统可以使用 S 模式上行通信报文 UF=20/UF=21 向配备了 TCAS 的飞机上传 SL 信息，控制避撞算法单元的参数，以便 TCAS 飞机根据当地的空中环境情况选择最佳的保护范围。

2. S 模式监视报文

TCAS 的 S 模式监视信号波形和数据传输编码采用了 S 模式二次监视雷达技术方案。因此，TCAS 信号的射频传输特性和所有数据编码都应当符合 S 模式二次监视雷达的有关标准。有关 S 模式信号波形的内容已经在第 3 章进行了介绍，S 模式询问信号波形如图 3.8 所示，S 模式应答信号波形如图 3.10 所示。询问信号和应答信号可以传输信息长度为 56bit 和 112bit 的两种报文。

S 模式信号调制方式比 A/C 模式信号调制方式抗多径干扰能力强。然而，S 模式应答信号波形持续时间长，应答信号与多径干扰信号容易相互交叉、重叠，从而影响应答信号的正确译码。使用顶部天线工作可以减少多径干扰信号，接收机使用动态接收门限值可有效剔除多径干扰信号，这样就保证了 TCAS 的 S 模式监视性能。

在 TCAS 的空—空监视和通信过程中，发射的 1030MHz 询问信号叫作上行传输信号，传输包含上行报文（UF）编码信息；接收到的 1090MHz 应答信号叫作下行传输信号，传输包含下行报文（DF）编码信息。TCAS 使用的 S 模式报文如下。

（1）空—空无源捕获和监视报文：S 模式全呼叫应答报文 DF=11；扩展长度间歇信标报文 DF=17；空—空监视应答报文 DF=0；地—空监视应答报文 DF=4。

（2）空—空有源监视报文：空—空监视报文 UF=0/DF=0 和通信报文 UF=16/DF=16。

（3）TCAS 飞机之间传输 RAC 信息的报文：空—空通信报文 UF=16/DF=16。其中，UF=16 包括 56bit 空—空通信信息字段（MU 字段）。MU 字段有 3 种报文结构：传送 RAC 信息的空—空通信报文；发送 RAC 信息的广播报文；发送 TCAS 飞机地址的广播报文。DF=16 包括 56bit 信息字段（MV 字段），用来传输 RAC 信息。

（4）ATC 地面系统向 TCAS 飞机传输 SL 信息的报文：地—空通信报文 UF=20/UF=21。

（5）TCAS 飞机向 ATC 地面系统传输 RA 信息的报文：空—地通信报文 DF=20/DF=21。

TCAS 使用的 S 模式上行报文如表 12.1 所示，使用的 S 模式下行报文格式如表 12.2 所示。有关 S 模式字段和子字段的解释详见第 12 章。

15.4.2　C 模式监视

1．C 模式监视概述

因为周围有些飞机配备了 A/C 模式应答机，所以 TCAS 飞机使用 C 模式全呼叫询问信号进行询问，测量 A/C 模式飞机的距离，解调应答信号的 C 模式高度数据，得到飞机的位置信息，实现 A/C 模式飞机监视。

TCAS 飞机接收到 A/C 模式应答机一次询问的应答信号之后，先经过应答脉冲位置检测、提取框架脉冲、脉冲信号幅度相关等处理，完成入侵飞机高度数据译码和距离测量，获得目标位置信息。然后将耳语序列询问产生的重复应答信号进行合并，在一个更新周期内为每架配备了 A/C 模式应答机的入侵飞机提供一个目标报告。

TCAS 飞机对在连续监视周期内接收到的 A/C 模式应答信号进行应答码比特一致性检验、应答码相关、距离和高度数据相关等处理，如果连续监视周期数超过门限值，则建立该目标的飞行航迹，启动定期监视询问。

只有应答信号出现在以预测的距离和高度为中心的距离和高度窗口内时，TCAS 才将 A/C 模式目标的位置报告传送给避撞算法单元进行威胁评估，同时更新飞行航迹。

TCAS 飞机使用 C 模式全呼叫询问信号询问附近飞机的 A/C 模式应答机。C 模式全呼叫询问信号波形如图 3.9 所示，由 P_1、P_3、P_4 和 P_2 组成，脉冲宽度均为 0.8μs。P_1、P_3 的脉冲间距为 21.0μs，要求应答机回答飞机高度数据，P_2 为询问旁瓣抑制脉冲。S 模式应答机因为发现 P_4 为 0.8μs 的短脉冲，所以不产生应答信号。这种询问信号的优点是，只触发 A/C 模式应答机回答飞机高度数据，而不触发 S 模式应答机应答，从而可防止 S 模式应答信号作为同步混扰对 A/C 模式应答信号造成干扰。A/C 模式应答信号波形必须满足二次监视雷达技术规范要求。

A/C 模式应答机的正常询问速率为每秒一次。由于不使用 A 模式询问，因此 TCAS 不知道入侵飞机的 A 模式识别代码。没有配备工作高度编码器的飞机的应答信号中没有高度数据。

2．TCAS 内部干扰

由于 TCAS 对 C 模式目标监视采用了 A/C 模式二次监视雷达技术方案，因此存在大量的系统内部干扰，如来自询问天线旁瓣的干扰，询问天线主瓣内的同步混扰、非同步串扰和多径干扰等。由于采用了询问旁瓣抑制和接收旁瓣抑制技术，因此 TCAS 内部的干扰主要是非同步串扰和同步混扰，以及来自地面反射的多径干扰，这些干扰严重影响 TCAS 接收机的检测性能。因为采用了全呼叫询问方式，所以当 TCAS 发出 C 模式全呼叫询问信号后，所有检测到询问信号的 A/C 模式应答机都将产生应答信号。应答信号持续时间长（20.3μs），相距 1.7 海里范围内所有 A/C 模式飞机产生的应答信号在 TCAS 接收机中都将产生重叠或交叉。

为了减少同步混扰，在 TCAS 中采取了各种技术措施，其中硬件去混扰处理器可以对多达 3 个相互重叠的应答信号进行可靠的译码。关于混扰信号处理技术的内容已在第 5 章进行了详细的介绍。

另一种减少同步混扰的技术是使用定向天线在空间上的选择性，滤除波束之外的应答信号，进一步减少潜在重叠应答信号的数量，如图 15.9 所示。此外，使用 C 模式全呼叫询问信号，可以禁止 S 模式应答机进行应答，从而减少 S 模式应答信号同步混扰。

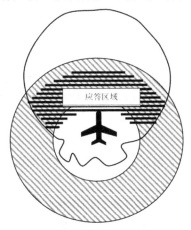

图 15.9   定向传输

非同步串扰是地面询问站或其他 TCAS 的询问信号触发应答机产生的不需要的应答信号，这些应答信号是从询问天线波束进入 TCAS 的。由于各个设备的询问周期是抖动的，因此这些非同步串扰应答信号是短暂的，很容易识别出来，并可通过监视逻辑中的相关算法单元将其剔除。TCAS 工作经验表明，启动和维持非同步串扰产生的飞行航迹的可能性极小。

避免多径干扰信号产生假目标飞行航迹是 TCAS 监视设计中的另一个重要措施。多径导致对同一询问不止产生一组应答信号，这是由信号反射引起的，多径干扰通常发生在平坦无起伏的地形区域，反射应答信号功率通常较低。为了控制多径干扰信号，TCAS 通过提高接收机的最小触发电平来抑制延迟的低功率反射信号，这种技术被称为动态最小触发电平技术。如图 15.10 所示，4 个直射应答脉冲的电平高于动态最小触发电平，而延迟的低功率多径干扰信号的电平低于最小触发电平，因此被 TCAS 抑制。

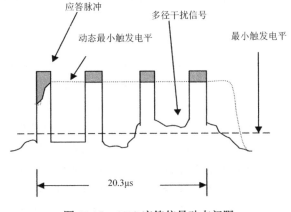

图 15.10   ATC 应答信号动态门限

3．耳语呼叫

可变询问功率电平和抑制脉冲相结合的技术方案减少了单次询问产生应答的应答机数量，从而降低了系统内部的同步混扰，这种技术被称为耳语呼叫技术。耳语呼叫的询问信号波形如图 15.11 所示，它是由若干组发射功率逐渐增加的询问脉冲组成的脉冲序列。脉冲序列中第 1 组询问脉冲采用了一个完整的 C 模式全呼叫询问信号，发射功率最低。除此之外，在之后每组询问脉冲前面 2μs 的位置处增加了一个抑制脉冲（S_1），S_1 的发射功率略低于前一组询问脉冲，S_1 和 P_1 组成旁瓣抑制脉冲对。

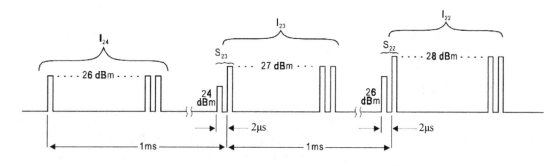

图 15.11　耳语呼叫的询问信号波形

当应答机同时检测到 S_1 和 P_1 抑制脉冲对时，因为 S_1 的功率低于 P_1，可判断为来自询问天线旁瓣的询问信号，所以应答机被抑制，不发射应答信号。如果应答机没有检测到 S_1，则发射应答信号。相邻询问脉冲组之间的最短时间间隔是 1ms。在每个监视周期内发送一次耳语序列，整个过程的时间通常为 1s。

由于接收机、电缆损耗和天线增益的变化，在给定距离内 A/C 模式应答机的等效灵敏度可能存在较大的差异。在理想情况下，每台应答机将对耳语序列中的两组询问做出应答，对于耳语序列中功率电平更高的询问信号，由于应答机能够同时监测到 S_1 和 P_1 抑制脉冲对，因此应答机不会产生应答信号。在这种情况下，由于几架在距离上足够近的飞机的等效灵敏度存在差异，同时对一组询问进行应答形成同步混扰的可能性很小，因此减少了同步混扰。耳语询问还可以减少多径干扰对询问通信链路的影响。

因为每个方向上的飞机密度分布有一定的差异，所以 TCAS 使用了 5 个不同的耳语序列，并将其经过不同的询问波束发射。顶部天线的 4 个波束和底部全向天线各使用 1 个耳语序列。可以按任意时间顺序发射耳语序列。耳语序列长度取决于 A/C 模式飞机在空间中的分布密度和发送询问信号的天线波束，高密度空间的顶部天线前向波束耳语序列由 24 个询问脉冲组组成，两侧波束的耳语序列由 20 个询问脉冲组组成，后向波束耳语序列由 15 个询问脉冲组组成，底部全向天线耳语序列由 4 个询问脉冲组组成。低密度空间的顶部前向天线耳语序列由 6 组询问脉冲组成。

4．干扰限制

由于 TCAS 采用了二次监视雷达的技术标准，因此限制对二次监视雷达的干扰是 TCAS 监视必须考虑的问题。TCAS 对二次监视雷达的影响主要表现在两个方面：一方面，TCAS 询问应答机时应答机被占据，不能对二次监视雷达的询问进行应答，从而影响二次监视雷达正常工作；另一方面，应答机对 TCAS 询问的应答信号可能进入 ATC 地面系统询问天线，对二次监视雷达造成干扰，即串扰。为此，要求 TCAS 询问对应答机的占据概率不超过 2%，而且产生的串扰速率不能过高以致二次监视雷达无法接受。在设计上，为了防止对二次监视雷达产生不希望的干扰，必须严格控制 TCAS 的询问速率和发射功率电平，特别是 30 海里检测范围内的 TCAS。

为此，每个 TCAS 应当记录检测范围内的其他 TCAS 数量。这是通过每个 TCAS 以询问频率 1030MHz 定期（每 8～10s）发送包括飞机的 S 模式地址在内的 TCAS 广播信息来实现的。S 模式应答机在不发射应答信号时将接收其他飞机发送的广播信息，并将该广播信息中的地址传递给 TCAS。TCAS 使用这些接收到的信息来估计检测范围内的 TCAS 飞机数量，并根据检测范围内的飞机数量来限制自己的询问速率和发射功率。

15.4.3 混合监视

所谓混合监视，是指 TCAS 作为独立的系统，主要使用无源监视方法跟踪入侵飞机，同时使用有源监视方法进行验证和监督的过程。具体来说，配备混合监视的 TCAS 使用无源监视代替有源监视，跟踪那些符合验证标准但是不会成为威胁目标的入侵飞机。无源监视是指侦收入侵飞机的 S 模式应答机定期广播的 1090MHz ADS-B 扩展长度间歇信标信号，从而获得目标位置数据，完成入侵飞机监视。与有源监视目标捕获侦收的报文不同，无源监视侦收的报文是 DF=17 扩展长度间歇信标报文，有源监视目标捕获侦收的报文是 DF=0 或 DF=4 高度应答报文。DF=17 扩展长度间歇信标报文包括机载导航信息源提供的位置数据，典型的信息源为全球卫星导航系统。无源监视位置数据的有效性需要定期使用有源监视得到的位置数据进行验证，这降低了 TCAS 询问速率，减少了对 S 模式地面询问站的影响，同时保持了 TCAS 的独立性、有效性和安全性。混合监视工作程序框图如图 15.12 所示，包括初始验证、重新验证和有源监视过程。

1．初始验证

无源飞行航迹启动是从 TCAS 第一次接收到具有 24bit 地址的 ADS-B 信标信号开始的，当接收到同一地址 ADS-B 信标信号的次数在几个连续的更新周期中超过门限值后，TCAS 先按照规定的询问次数对该目标进行初始验证询问，如果连续接收到该目标有效应答信号，则完成了该目标无源飞行航迹捕获。如果连续询问失败，则放弃该地址飞行航迹捕获。然后继续接收其他地址的 ADS-B 信标信号，以便完成后续目标无源飞行航迹捕获。

在启动无源飞行航迹时必须对 ADS-B 扩展长度间歇信标信息的有效性进行初始验证，以便确定是否可以按照无源数据保持飞行航迹。TCAS 执行初始验证过程如下。当捕获到入侵飞机的扩展长度间歇信标信息后，先根据信标信息获得入侵飞机位置数据，计算自己的飞机和入侵飞机的相对距离和方位。然后将计算的距离、方位及报告的高度数据与 TCAS 主动询问得到的位置数据进行比较，导出计算的距离、方位及高度数据与主动询问测量值的差值，并进行数据分析，确定扩展长度间歇信标信息是否有效。如果|斜距差|<200m，|方位差|<45°，|高度差|<100ft，则分析结果满足验证准则要求，无源接收数据有效，并按照无源接收数据更

新和保持该飞行航迹。如果有任何一项不满足验证准则要求，则无源接收数据无效，不得进一步按照无源接收数据更新该飞行航迹，飞行航迹应采用有源飞行航迹。初始验证主动询问采用空—空跨链路监视询问-应答工作方式，即询问信号使用短报文（UF=0，RL=1），应答信号使用长报文（DF=16）。DF=16 长报文提供寄存器 05[HEX]存储的飞机位置信息，从中可以得到入侵飞机位置信息、飞机的速度和气压高度数据。

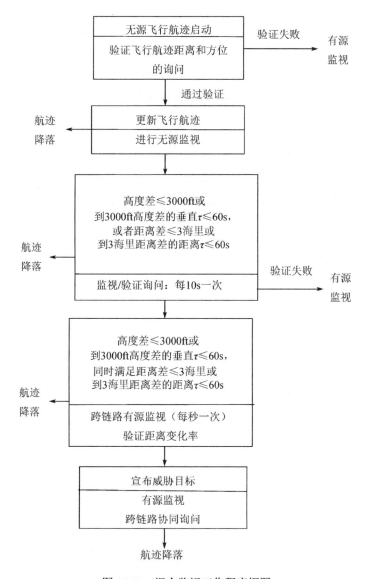

图 15.12　混合监视工作程序框图

2．重新验证

当自己的飞机与入侵飞机的高度差≤10 000ft 时，如果自己的飞机与入侵飞机的高度差≤3000ft 或到 3000ft 高度差的垂直 τ≤60s，或者自己的飞机与入侵飞机的距离差≤3 海里或到 3

海里距离差的距离 $\tau \leqslant 60s$，则入侵飞机尚未成为潜在威胁目标或威胁目标，每 10s 进行一次主动询问，以持续重新验证和监测目标位置报告，并且使用无源数据每秒更新一次飞行航迹。如果上述检测结果任何一项出现异常，则飞机航迹采用有源飞行航迹。利用空—空跨链路监视询问可以验证距离变化率。

3. 有源监视

当自己的飞机与入侵飞机的高度差 $\leqslant 10\,000ft$ 时，如果自己的飞机与入侵飞机的高度差 $\leqslant 3000ft$ 或到 3000ft 高度差的垂直 $\tau \leqslant 60s$，同时满足自己的飞机与入侵飞机的距离差 $\leqslant 3$ 海里或到 3 海里距离差的距离 $\tau \leqslant 60s$，则入侵飞机接近成为潜在威胁目标或威胁目标，每秒更新一次主动询问测量的距离数据，飞行航迹采用有源飞行航迹。如果入侵飞机被宣布为潜在威胁目标或威胁目标，则继续进行有源监视，并利用空—空跨链路协同询问协调避让飞行程序。

从无源监视过渡到有源监视的混合监视过程如图 15.13 所示。当入侵飞机远离威胁区域时，采用无源监视方法进行跟踪，无源监视的位置数据由 TCAS 每分钟主动询问一次所得到的数据进行验证；当入侵飞机在高度或距离上有一个参数接近威胁区域，但不同时接近威胁区域时，采用无源监视方法进行跟踪，无源监视的位置数据由 TCAS 每 10s 主动询问一次所得到的数据进行验证；当入侵飞机在高度和距离上同时接近威胁区域时，TCAS 将以 1Hz 的询问频率对其进行有源监视。从无源监视过渡到有源监视的标准是确保所有 TCAS 告警信息都以有源监视数据为根据。

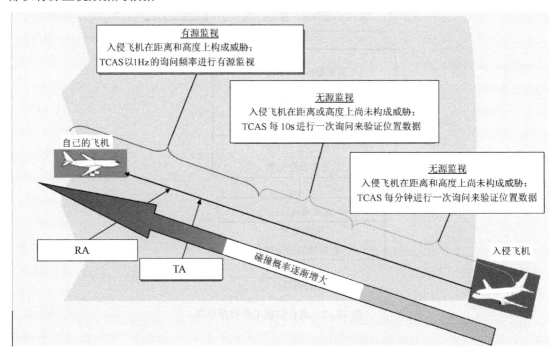

图 15.13　从无源监视过渡到有源监视的混合监视过程

15.5　避撞概念

避撞的核心设备是避撞逻辑或避撞逻辑系统（CAS），CAS 的工作原理基于两个基本概念：保护范围等级（SL）系数和告警预留时间 τ。为了解释 CAS 的操作，首先需要理解告警预留时间、SL 系数和保护范围等基本概念。

SL 系数是高度的函数，定义了保护范围等级。飞机越高，SL 系数越大，告警预留时间越长，保护范围越大。告警预留时间是到达 CPA 的估计时间，告警预留时间的门限值为 TA 和 RA 的主要参数。在径向接近速度低的相遇情况下，告警预留时间允许外加一个告警参数——水平偏差距离。

15.5.1　告警预留时间

两架空中飞行的飞机即使飞行速度一样，但因为飞机之间的相对几何位置和飞行方向不同，所以相互接近的速度不同，到达 CPA 的时间也不同。因此，TCAS 告警参数没有选择两架飞机之间的距离，而选择到达 CPA 的时间。告警预留时间用来决定什么时候应该发布 TA 信息或 RA 信息，通常使用到达 CPA 的时间作为告警预留时间。从当前位置到达 CPA 的时间称为距离 τ，到达相同高度的时间称为垂直 τ。τ 是时间的近似值，以 s 为单位，是以当前时间为参考到达 CPA 或相同高度的时间。距离 τ 等于两架飞机的径向距离（海里）除以径向接近速度（节）乘以 3600；垂直 τ 等于垂直高度间距（ft）除以垂直径向接近速度（ft/min）乘以 60。

距离 τ 被定义为两架飞机的径向距离 r 除以径向接近速度，即

$$距离 \tau \equiv -\frac{r}{\dot{r}} \tag{15.1}$$

式中，距离 τ 取负值是因为径向接近速度方向与径向距离方向相反，即径向接近速度 $=-\dot{r}$。径向接近速度小于 0，表明入侵飞机在距离上收敛，可能与 TCAS 飞机相遇；否则，入侵飞机在距离上发散，向离开 TCAS 飞机的方向飞行。式（15.1）是飞机在碰撞飞行航线上不加速时的距离 τ，它与发生碰撞的实际时间是一致的，由此得到的 RA 信息是避开即将发生碰撞的最佳告警信息。

TCAS II 所有告警功能都基于告警预留时间概念。只有当距离 τ 和垂直 τ 两者同时小于门限值时，才会发布 TA 信息或 RA 信息。告警参数门限值与 SL 系数有关，如表 15.2 所示。告警参数包括距离 τ、垂直 τ、水平偏差距离、垂直高度间距和到达相同高度的时间。其中，水平偏差距离是在 TCAS 飞机与入侵飞机相遇过程中，两架飞机在 CPA 的水平距离，它的门限值为 DMOD。垂直高度间距是在 TCAS 飞机与入侵飞机相遇过程中，两架飞机在 CPA 的垂直高度间距，它的门限值为 ZTHR。到达相同高度的时间是在 TCAS 飞机与入侵飞机相遇过程中，从当前时刻到两架飞机到达相同高度的时间，它的门限值为 TVTHR。表 15.2 中的 τ 值是距离 τ 和垂直 τ 的门限值（s），因为两架飞机在相遇过程中在垂直方向和水平方向上到达 CPA 的时间是一样的。

表 15.2　SL 系数与告警参数门限值的关系

飞机高度/ft	SL 系数	τ 值/s		TVTHR/s	DMOD/海里		ZTHR/ft		ALIM/ft
		TA	RA	RA	TA	RA	TA	RA	RA
0~1000	2	20	无	无	0.30	无	850	无	无
1000~2350	3	25	15	15	0.33	0.20	850	600	300
2350~5000	4	30	20	18	0.48	0.35	850	600	300
5000~10 000	5	40	25	20	0.75	0.55	850	600	350
10 000~20 000	6	45	30	22	1.00	0.80	850	600	400
20 000~42 000	7	48	35	25	1.30	1.10	850	700	600
42 000 以上	7	48	35	25	1.30	1.10	1200	800	700

在表 15.2 中，ALIM 是高度限制门限值，在选择 RA 方向和强度时用于确定即将发布的 RA 信息是纠正性的 RA 信息还是预防性的 RA 信息：如果 TCAS 飞机与入侵飞机的高度差小于 ALIM，将发布纠正性的 RA 信息，改变飞行航线；如果该高度差大于 ALIM，将发布预防性的 RA 信息，保持原有飞行航线。例如，一架 TCAS 飞机的飞行高度为 20 000~42 000ft，对应 SL=7 的 RA 信息的 τ 值为 35s。在距离 τ 和垂直 τ 同时小于 35s 的情况下，一般会发布 RA 信息。如果当时该飞机与入侵飞机的高度差小于 ZTHR（当 SL=7 时，ZTHR=700ft），则为低垂直速度相遇，发布 RA 信息。一旦确定需要发布 RA 信息，TCAS 必须估计 CPA 的高度差。如果 CPA 的高度差低于 ALIM（当 SL=7 时，ALIM=600ft），则发布纠正性的 RA 信息，改变飞行航线，TCAS 呈平飞状态，需要"爬升"飞行，将垂直高度间距恢复到 700ft 以上；否则，将发布预防性的 RA 信息，TCAS 呈平飞状态，需要"不下降"飞行，将垂直高度间距恢复到 700ft 以上，但不改变飞行航线。

图 15.14 描述的是 TA 距离 τ=40s 和 RA 距离 τ=25s 的告警距离 τ 边界和径向接近速度的关系。告警距离 τ 边界与径向接近速度有关，径向接近速度越快，告警距离 τ 边界越大。生成图 15.14 使用的是 SL=5 的距离 τ，同样可以为其他 SL 系数生成类似的图。

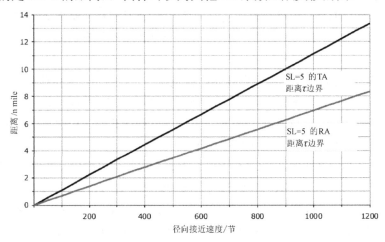

图 15.14　SL=5 的 TA、RA 距离 τ 边界

　　由图 15.14 可以知道，当两架飞机平行飞行的径向接近速度很慢时，入侵飞机与 TCAS 飞机虽然在距离上很近，但达到告警距离 τ 边界的时间很长，甚至不会发布 TA 信息或 RA 信息。因此，选择偏离碰撞航线的飞机到达 CPA 的时间作为告警预留时间，以当前时间为参考，到达 CPA 的近似距离 τ 叫作修正的距离 τ_{mod}。下面介绍修正的距离 τ_{mod} 的概念。

　　图 15.15 所示为瞬时碰撞平面中两架飞机和 CPA 的几何位置。包含两架飞机的径向距离矢量 r 和相对瞬时速度矢量 v 的平面叫作瞬时碰撞平面。在图 15.15 中，T 是 TCAS 飞机的即时位置，I 是入侵飞机的即时位置，r 是两架飞机的径向距离矢量，其方向为从 TCAS 飞机到入侵飞机。相对瞬时速度矢量 v 是两架飞机瞬时速度的矢量和，v 与 r 的夹角为 θ。

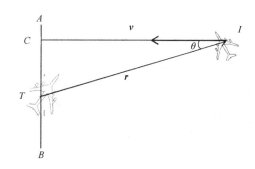

图 15.15　瞬时碰撞平面中两架飞机和 CPA 的几何位置

　　平面 $ACTB$ 是过 TCAS 飞机且垂直于相对瞬时速度的法线的平面。相对瞬时速度 v 在 $ACTB$ 平面上的投影点 C 就是两架飞机相遇的 CPA，距离 CT 为两架飞机在 CPA 的水平偏差距离。径向接近速度 $=-\dot{r}$，与径向距离速度 $\dot{r}$ 方向相反，它的幅度是相对瞬时速度 v 在径向距离方向的投影，即 $-\dot{r}=v\cos\theta$。入侵飞机从当前位置到 CPA 的距离 $IC=|r|\cos\theta$。

　　可以证明，在两架飞机相遇过程中，CPA 的水平偏差距离 $=$DMOD，修正的距离 τ_{mod} 为

$$\tau_{mod}=\frac{IC}{v}=-\frac{|r|\cos\theta}{|\dot{r}|/\cos\theta}\equiv-\frac{|r|^2-\text{DMOD}^2}{|r||\dot{r}|} \tag{15.2}$$

式中，r 和 $\dot{r}$ 是 TCAS 通过询问-应答测量的入侵飞机的径向距离和径向接近速度。式（15.2）成立的前提是两架飞机是靠近飞行的，径向接近速度小于 0，且当前的距离大于或等于 DMOD。当入侵飞机沿着碰撞航线飞行时，DMOD$=0$，$\tau_{mod}=\tau$。在较大的距离 r 和径向距离速度 $\dot{r}$ 条件下，τ_{mod} 几乎等于式（15.1）定义的 τ。但是，对于较小的 r 和 $\dot{r}$，τ_{mod} 比 τ 更小。这样便为相遇过程中入侵飞机可能加速飞行带来的危险提供了一个安全系数。

　　SL$=5$ 的 TA、RA 修正的距离 τ_{mod} 边界如图 15.16 所示。在较远的距离和较快的径向接近速度情况下，这些边界与如图 15.14 所示的边界近似相等。然而，在较近的距离和较慢的径向接近速度情况下就不同了，修正的距离 τ_{mod} 边界收敛到一个被称为修正的距离（门限值为 DMOD）的值。这种修改允许 TCAS 在两架飞机径向接近速度缓慢的相遇过程中，在预测的水平偏差距离接近 DMOD 时发出告警信息。DMOD 随 SL 系数的不同而变化，发布 TA 信息和 RA 信息的 DMOD 如表 15.2 所示。

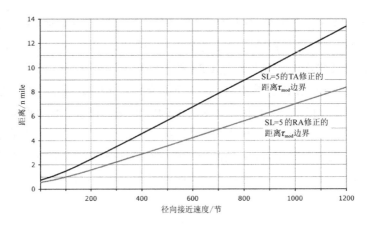

图 15.16　SL=5 的 TA、RA 修正的距离 τ_{mod} 边界

当两架飞机的垂直接近速度较慢，或者它们接近但在高度上发散时，垂直 τ 告警也存在类似的问题。为解决这一问题，TCAS 使用了垂直高度间距的门限值 ZTHR 与垂直 τ 一起确定是否应该发出告警信息。与 DMOD 一样，ZTHR 随 SL 系数不同而变化，如表 15.2 所示。图 15.17 所示为 SL=5 的 TA、RA 垂直 τ 边界，这些边界将在垂直 τ=40s 时触发 TA，在垂直 τ=25s 时触发 RA。ZTHR 反映在较慢垂直接近速度曲线的水平部分。

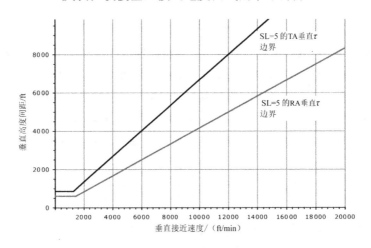

图 15.17　SL=5 的 TA、RA 垂直 τ 边界

如果告警参数仅依靠水平偏差距离，那么当 TCAS 飞机处于水平飞行状态（垂直接近速度小于 600ft/min），或者与入侵飞机沿同一个方向爬升或下降时，径向接近速度更慢。这样将会因为在很长的时间内不能满足告警条件而产生多余的 RA 信息。为此，使用到达相同高度的时间门限值 TVTHR 作为 RA 告警参数，它比垂直 τ 的 RA 时间门限值更小，可以减小这种情况下的多余 RA 信息的发布概率，并且会先对爬升/下降的飞机发布 RA 信息，而非先对水平飞行的飞机发布告警信息。这样将减小选择高度跨越 RA 的可能性。

15.5.2　保护范围等级系数

保护范围等级（SL）系数是一个整数，用来定义一组有关 TA 和 RA 的参数，这些参数用来控制 CAS 提供的 TR 和 RA 时间门限值。

　　TCAS 要求及时发布可能发生空中碰撞的告警信息，同时不能产生过多的多余告警次数。告警次数失控将会使 TCAS 失去信誉，以至于有效告警信息得不到重视。为了得到高的碰撞检测效率和低的多余告警速率，TCAS 将采用不同的 SL 系数。SL 系数通过控制发布 TA 和 RA 的时间门限值，控制每架 TCAS 飞机保护范围。SL 系数越高，告警时间门限值越长，受保护的区域越大。然而，随着保护区域的扩大，多余告警速率有可能升高。

　　SL 系数按照 TCAS 飞机的高度分为 7 个等级，如表 15.3 所示。在高空飞行的 TCAS 飞机往往会遇到其他快速飞行的飞机，这些飞机保持相对稳定的飞行航线，要求 SL 系数高。在低空飞行的 TCAS 飞机可能遇到飞行终端地区的高密度交通环境，这些飞机的机动范围受到限制，要求 SL 系数低。SL 系数的设置也应与入侵飞机相协调，应选择两架飞机 SL 系数中较高的值。然而，ALIM（见表 15.2）仅由 TCAS 飞机的高度决定。

表 15.3　SL 系数等级

SL 系数等级	TCAS 飞机高度/ft
1	待机工作模式
2	0～1000
3	1000～2350
4	2350～5000
5	5000～10 000
6	10 000～20 000
7	20 000 以上

　　TCAS 可采用 3 种操作方式设置 SL 系数：飞行员人工设置；按照 S 模式地面询问站传送的 SL 信息设置；按照飞机的高度自动设置。

1．飞行员人工设置

　　TCAS 允许飞行员人工设置 SL=0、1 或 2。S 模式 TCAS 控制面板为飞行员提供了 3 种设置 SL 系数的操作方式。

　　（1）当控制面板开关关闭，TCAS 处于待机状态时，TCAS 选择 SL=1。在这种情况下，TCAS 不发送任何询问信号。通常只有当飞机在地面上或 TCAS 出故障时才选择 SL=1。飞行员在控制面板上选择待机状态是设置 SL=1 的唯一方法。

　　（2）当飞行员在控制面板上选择 TA ONLY 时，TCAS 选择 SL=2。在这种情况下，TCAS 执行所有监视功能，并且只能根据需要发布 TA 信息，不能发布 RA 信息。

　　（3）当飞行员在控制面板上选择 TA/RA 或等效模式时，TCAS 根据自己的飞机高度自动选择合适的 SL 系数。表 15.3 给出了 SL 系数及对应的 TCAS 飞机高度。在这种情况下，TCAS 执行所有监视功能，并且将根据需要发布 TA 信息或 RA 信息。

2．地面询问站选择

　　虽然飞行员、控制员和航空局之间尚未同意由 S 模式地面询问站控制 SL 系数，而且目前也没有使用该功能，但在 TCAS 设计中包含了由 S 模式地面询问站选择 SL 系数的功能。此设计允许使用来自 S 模式地面询问站的 SL 信息，减少控制 SL 操作。除不能选择 SL=1 之外，TCAS 设计允许 S 模式地面询问站选择表 15.2 中所有的 SL 系数，即 SL=2～7。

3. 高度数据选择

当飞行员在控制面板上选择 TA/RA 模式时，将通过飞机雷达高度计或气压高度计输入的高度数据自动设置 SL 系数，根据高度范围选择 SL=2～7。其中，SL=2 或 3 由 TCAS 飞机雷达高度计输入的高度数据自动设置，SL=4～7 根据气压高度计输入的数据自动设置。当 TCAS 飞机低于 (1000±100)ft 时，SL=2，只能发布 TA 信息，禁止发布 RA 信息。当 SL=3～7 时，能够发布 TA 信息和 RA 信息。

当自己的飞机与入侵飞机相遇时，通过空—空监视和通信询问可以从应答信号报文中得到入侵飞机的 SL 系数。当自己的飞机的 SL 系数大于 3 时，CAS 将选取两个 SL 系数中较大的一个作为生成 RA 信息的 SL 系数。

15.5.3　保护范围

每架 TCAS 飞机周围的保护范围如图 15.18 所示。图 15.18（a）所示为按照距离 τ 门限值和水平偏差距离门限值准则形成的保护范围的水平视图。图 15.18（b）所示为按照垂直 τ 和垂直高度间距门限值形成的保护范围的垂直视图。

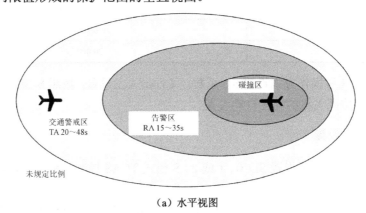

（a）水平视图

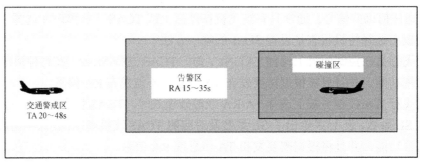

（b）垂直视图

图 15.18　每架 TCAS 飞机周围的保护范围

按照到达 CPA 的时间 τ，保护范围可以分为交通警戒区、告警区和碰撞区。交通警戒区以外的飞机叫作附近飞机，TCAS 只对它们进行监视。进入交通警戒区的飞机叫作潜在威胁飞机，TCAS 将向飞行员发布 TA 信息。进入告警区的飞机叫作威胁飞机，TCAS 将向飞行员发布 RA 信息。碰撞区是可能发生碰撞的区域。

保护范围的水平尺寸是基于距离 τ 和水平偏差距离的估计，保护范围的垂直尺寸是基于垂直 τ 和垂直高度间距的估计。因此，保护范围的大小取决于相遇飞机的相对速度和飞行方向。水平偏差滤波器将排除对具有足够水平偏差距离的飞机发布多余的 RA 信息，当它确定 CPA 的水平距离偏差将会很大时，可以提前终止发布 RA 信息。在两架飞机的水平径向接近速度高达 1200 节、垂直高度径向接近速度为 10000ft/min 的情况下，TCAS 仍然可以为两架飞机提供保护，以避免发生碰撞。

15.6 避撞逻辑系统

避撞逻辑系统（CAS）是 TCAS 的重要组成部分，它接收已经建立了飞行航迹的入侵飞机的有关信息，并根据这些信息产生避让告警建议。在 TCAS 设备中，CAS 是加载在微处理器中用于产生 TA 信息和 RA 信息的软件，该软件用一组数学算法来实现。这些算法可能因 TCAS 而异，对 CAS 的要求是确保数学算法能够准确完成 TCAS 要求的功能。作为软件，CAS 的发展及其软件实现被认为是独立的处理过程。但是，其算法与 TCAS 安装有密切关系。

CAS 按照正常的工作程序每秒循环一次。CAS 执行的避撞功能如图 15.19 所示，包括目标监视和跟踪，发布 TA 信息，威胁目标检测，发布 RA 信息，指示和协调。

下面将对这些功能进行一般性介绍。有很多其他参数，特别是与相遇集合有关的参数本书未进行介绍。

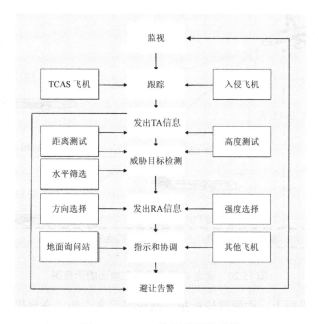

图 15.19　CAS 执行的避撞功能

15.6.1　跟踪

当每个周期开始时，CAS 接收监视报告提供的入侵飞机的距离、高度和方位数据，用来更新入侵飞机的飞行航迹或根据需要建立新的飞行航迹。

CAS 的算法包括距离跟踪算法和高度跟踪算法。距离跟踪算法连续跟踪入侵飞机的距离，估计飞机当前的距离、距离变化率。高度跟踪算法连续跟踪入侵飞机的高度数据，估计飞机当前的高度、高度变化率。高度跟踪可以使用量化增量为 25ft 或 100ft 的高度数据。CAS 跟踪飞机的垂直速度高达 10000ft/min。

CAS 利用跟踪的飞行航迹信息确定每架入侵飞机到达 CPA 的距离 τ、水平偏差距离、垂直 τ 及垂直高度间距，并且按时更新 TCAS 飞机的高度和高度变化率。

如果入侵飞机应答机配备了气压高度编码，CAS 使用自己的飞机的气压高度数据来确定自己的飞机的高度、垂直速度和入侵飞机的相对高度，计算入侵飞机在 CPA 的高度和垂直速度。

CAS 将跟踪算法输出的距离、距离变化率、相对高度和垂直速度等数据提供给空中警戒告警单元和进行威胁目标检测的逻辑算法，确定是否需要发布 TA 信息或 RA 信息。

CAS 跟踪器还利用自己的飞机的气压高度数据和雷达高度数据之间的差异来估计地平面的海拔，因为气压高度表测量的高度数据是平均海拔，而雷达高度表测量的高度数据是在地平面以上的高度。如图 15.20 所示，用附近的每架入侵飞机接收到的气压高度数据减去估计的地平面海拔，可确定每架入侵飞机在地平面以上的近似高度。当入侵飞机在地平面以上的近似高度小于 360ft 时，TCAS 认为该入侵飞机在地平面上。如果 TCAS 确定入侵飞机在地平面上，它就会阻止对这架飞机发出告警信息。只有当 TCAS 飞机在地平面以上的高度低于 1750ft 时，这种"在地平面上"的估计逻辑算法才有效。

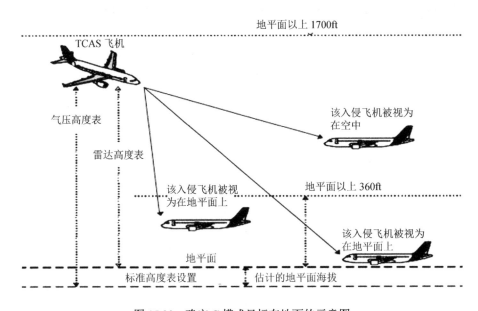

图 15.20　确定 C 模式目标在地面的示意图

S 模式飞机在地平面上，由间歇信标报文或应答报文中的"在地平面上"的 1bit 信息确定。该 1bit 信息指示飞机在地平面上。

15.6.2　发布 TA 信息

TCAS 发布 TA 信息是为了帮助飞行员了解附近的空中交通状况,告诉飞行员潜在威胁飞机的位置,引导他们目视捕获配备了应答机的飞机,提醒他们做好避让飞行操作准备,以便一旦发布 RA 信息立即按照 RA 信息操作飞机进行避让飞行。

CAS 利用飞行航迹检测每架报告高度数据的入侵飞机的距离和高度,距离检测基于距离 τ。如果在同一工作周期内,预测的距离 τ 和 CPA 垂直高度间距均小于表 15.2 中对应的 TA 门限值,则宣布该飞机为潜在威胁飞机,并向飞行员发布 TA 信息。

对于没有报告高度数据的飞机,只检测距离,如果估计的距离 τ 小于当前 SL 系数对应的 TA 门限值(见表 15.2),则宣布该飞机为潜在威胁飞机,并向飞行员发布 TA 信息。

引入 TA 门限值是为了更严格地限制发布 TA 信息条件,以确保目标在缓慢径向接近的相遇过程中保持 TA 状态,避免产生多余告警。这样就解决了在平行接近飞行过程中,以及在已减少的最小垂直高度间距(RVSM)空域飞行时,对同一目标发布多次 TA 信息的问题。

15.6.3　威胁目标检测

威胁目标检测是指 CAS 根据距离和高度检测结果,判断入侵飞机是否为威胁目标。ACAS 使用距离变化率和高度变化率预计入侵飞机和自己的飞机的位置。为了检测威胁目标,CAS 对每个报告高度数据的入侵飞机进行距离检测和高度检测。只有在同一工作周期中满足以下条件,入侵飞机才会成为威胁飞机。

(1)到达 CPA 的预测距离 τ 与到达相同高度的垂直 τ 同时小于表 15.2 中对应的 RA 门限值。

(2)到达 CPA 的预测距离 τ 与垂直高度间距同时小于表 15.2 中对应的 RA 门限值。

为了提高告警检测有效率,降低多余告警速率,应当根据不同的空中交通环境,选择不同的检测参数门限值。检测参数门限值是威胁目标检测算法根据使用的 SL 系数选择的。每个 SL 系数为使用的检测参数定义一组指定的门限值,其中包括到达 CPA 的预测距离 τ、垂直 τ、水平偏差距离和垂直高度间距的门限值。在 SL 系数控制过程中,根据不同空中交通环境分配不同的检测参数门限值。

发布 RA 信息的时间取决于相遇的几何关系和垂直飞行航迹数据的质量和寿命等具体情况,有可能延迟发布或根本不发布 RA 信息。对于没有报告高度数据的入侵飞机不能发布 RA 信息。

15.6.4　发布 RA 信息

当 CAS 检测到威胁目标时,发布一个适当的 RA 信息通知飞行员进行垂直避让飞行,为 TCAS 飞机提供安全垂直高度间距。选定的避让飞行状态必须确保 TCAS 飞机在爬升速度能力和接近地面限制条件下有足够的垂直高度间距。

提供给飞行员的 RA 信息可分为两类:纠正性 RA 信息,指示飞行员飞机偏离目前的飞行路线,如当飞机处于水平飞行状态时通知飞行员"爬升";预防性 RA 信息,建议飞行员保持或避开某些垂直速度,如当飞机处于水平飞行状态时通知飞行员"不要爬升"。

在正常情况下，TCAS 飞机在遇到一个或多个威胁飞机时只发布一份 RA 信息。RA 信息是在第一个入侵飞机成为威胁飞机时或之后不久发出的，只要任何一个入侵飞机仍然是威胁飞机，就将维持该 RA 信息；当最后一个入侵飞机不再是威胁飞机时，RA 信息被取消。当发布初始 RA 信息后威胁飞机改变其高度姿态，或检测到第二个或第三个威胁飞机相遇的初始评估发生变化时，将发布相应的增强 RA 信息或方向逆转 RA 信息。当已经获得了充分的垂直高度间距，但是入侵飞机暂时仍为威胁飞机时，也可以发送减弱 RA 信息。

本节主要介绍 TCAS 飞机在相遇过程中如何选择 RA 信息，包括初始 RA 信息方向和强度的选择；入侵飞机在发布初始 RA 信息并改变了飞行状态后，TCAS 飞机的增强 RA 信息和方向逆转 RA 信息的选择；"多威胁" RA 信息的选择；在到达 CPA 之前已经满足垂直高度间距要求后减弱 RA 信息的选择。

1. 初始 RA 信息

当入侵飞机被宣布为威胁飞机时，RA 信息的选择分两步实施，以便为相遇的几何关系选择恰当的 RA 信息。第一步是选择避让的方向，即向上或向下。首先，CAS 根据威胁飞机的距离和高度，建立威胁飞机从当前位置到 CPA 的飞行路径模型。其次，对 TCAS 飞机以 1500ft/min 的速度向上和向下避让飞行进行建模，分别计算两种情况下预计的垂直高度间距，选择在 CPA 提供最大垂直高度间距的方向作为避让飞行的方向，如图 15.21 所示。在两架飞机相遇过程中，将选择向下的方向，因为向下提供了更大的垂直高度间距。

在模拟飞机对 RA 信息进行响应时，假设飞行员用 0.25g 的初始加速度启动避让飞行，以便在 5s 内达到 1500ft/min 的速度。

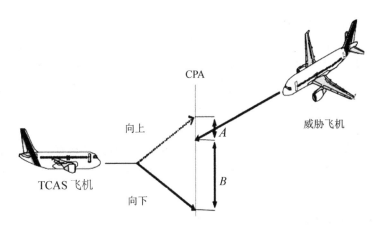

图 15.21　初始 RA 信息方向选择（选择向下的方向）

在两架飞机相遇过程中，当有一个方向将导致 TCAS 飞机在高度上穿越威胁飞机飞行时，如果非高度穿越方向在 CPA 提供了所需的 ALIM，则 TCAS 选择非高度穿越方向。如果在 CPA 至少提供了所需的 ALIM，则即使高度穿越方向能提供更大的垂直高度间距，仍然选择非高度穿越方向。如果不能在非高度穿越方向上获得所需的 ALIM，则发出高度穿越 RA 信息。在如图 15.22 所示的两架飞机相遇的例子中，对其中高度穿越和非高度穿越 RA 信息方向进行了建模，并选择非高度穿越方向 RA 信息。

由于飞机在高空中或飞机的襟翼和起落架配置限制了飞机爬升性能，TCAS 飞机将在某些条件下禁止选用爬升或增强爬升 RA 信息。这些禁止条件可以通过 TCAS 连接器中的程序引脚提供，也可以通过飞行管理系统（FMS）输入的实时数据提供。如果这些 RA 信息被禁止，则 RA 信息选择准则将是在选择 RA 方向时不选择它们，并且在向下 RA 信息不能提供足够的高度间距时选择一个替代的向上 RA 信息。

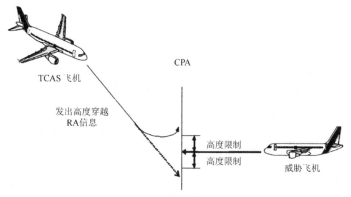

图 15.22　不穿越入侵飞机高度的 RA 方向选择（选择向上的非高度穿越方向）

当 TCAS 飞机在地平面以上的高度小于 1450ft 时，将禁止选用增强下降 RA 信息，当 TCAS 飞机在地平面以上的高度小于 1000ft 时，将禁止选用所有 RA 信息。如果 TCAS 飞机下降到 1100ft 的地平面高度时，显示一个下降 RA 信息，那么 RA 信息将被修改为"不要向上爬"的 RA 信息。

第二步是选择初始 RA 强度。初始 RA 强度是指通过限制当前的垂直速度或要求修改的垂直速度对飞行路径施加限制的程度。TCAS 设计要求选择对现有飞行路径扰动最小，同时仍能提供 ALIM 垂直高度间距的初始 RA 强度。初始 RA 强度选择如图 15.23 所示，选择了将垂直速度限制为 0ft/min 的方案，作为实现 ALIM 分离的最低强度初始 RA。

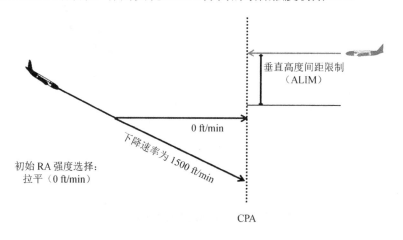

图 15.23　初始 RA 强度选择

RA 信息也可归类为预防性 RA 信息、纠正性 RA 信息，选择哪类 RA 信息取决于 TCAS

飞机是否符合 RA 要求的垂直速度。纠正性 RA 信息要求改变垂直速度；预防性 RA 信息不要求改变垂直速度。

在选择初始 RA 信息之后，CAS 将持续监视将在 CPA 提供的垂直高度间距，必要时将修改初始 RA 信息。

对于增强 RA 信息和逆转 RA 信息，应在显示 RA 信息后 2.5s 内启动垂直速度变化。垂直速度变化应当用 $g/3$ 的加速度来实现。

2. 增强 RA 信息

TCAS 在发出初始 RA 信息之后，每秒评估一次 RA 信息强度。在某些事件中，威胁飞机的垂直机动飞行使已经发布的初始 RA 信息不能产生有效的垂直高度间距。在这种情况下，可以增加初始 RA 信息强度或逆转初始 RA 信息方向，以便获得有效的垂直高度间距。关于逆转初始 RA 信息方向的内容将在后文中单独进行讨论。增加垂直速度限制强度是指将初始 RA 信息改变成力度更强的垂直速度限制 RA 信息，或者将初始 RA 信息改变成爬升或下降的 RA 信息，或者将爬升或下降的初始 RA 信息加强为增增爬升或增增下降的 RA 信息。但是，只能在爬升或下降的 RA 信息已经显示为初始 RA 信息之后发布增强 RA 信息或方向逆转 RA 信息。

对于增强 RA 信息，飞行员以 $0.35g$ 的加速度响应，以便在 2.5s 内达到预计的 2500ft/min 的速度。正的 RA 信息被加强为增强爬升或增强下降的 RA 信息，要求将垂直速度从 1500ft/min 提高到 2500ft/min。正的 RA 信息包括爬升的 RA 信息、下降的 RA 信息、保持垂直速度的 RA 信息，以及保持高度跨越垂直速度的 RA 信息。

在如图 15.24 所示的相遇过程中，TCAS 飞机需要将下降速度从初始 RA 信息所需的 1500ft/min 提高到 2500ft/min，因为在 TCAS 飞机发布下降的初始 RA 信息后，威胁飞机提高了相对于 TCAS 飞机的下降速度。这是一个通过提高下降速度实现 RA 的典型例子。

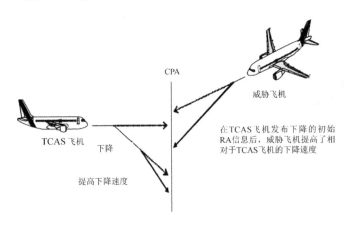

图 15.24　通过提高下降速度实现 RA 的典型例子

3. 方向逆转 RA 信息

方向逆转 RA 信息是在发布爬升或下降的初始 RA 信息后，由于威胁飞机的机动飞行要求 TCAS 飞机改变飞行方向所发布的 RA 信息。这种方向逆转逻辑非常类似于以前与没有装备 TCAS 的威胁飞机相遇时使用的逻辑。图 15.25 所示为通过方向逆转实现 RA 的典型例子。TCAS 的初始告警信息是爬升避让告警，在威胁飞机从下降飞行转变为水平飞行后，要求将 TCAS 的 RA 信息改变为下降的 RA 信息。

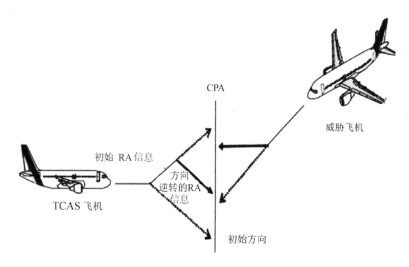

图 15.25　通过方向逆转实现 RA 的典型例子

4."多威胁"RA 信息

"多威胁"RA 信息是 TCAS 在处理同一飞行过程中发生多个威胁飞机相遇情况时所使用的 RA 信息。TCAS 能够使用单一的 RA 信息来解决"多威胁"相遇问题，建议 TCAS 飞机从所有威胁飞机上面或下面通过，该 RA 信息将为每架入侵飞机提供安全的垂直高度间距。TCAS 也可以选择复合的 RA 信息，建议 TCAS 飞机从有些威胁飞机下面通过，从另外一些威胁飞机上面通过，来解决这种类型的相遇问题。在这种相遇过程中选择的 RA 信息不可能为所有威胁飞机提供垂直高度间距限制。"多威胁"逻辑使用提高速度的 RA 信息和方向逆转的 RA 信息更好地解决多个威胁相遇问题。

5. 减弱 RA 信息

在 RA 期间，如果 CAS 确定 RA 信息在 CPA 之前提供的垂直高度间距已经满足高度间距限制要求，则虽然飞机在距离上尚未得到安全间距，但是飞机高度在到达 CPA 之前已经提供了需要的 ALIM。在这种情况下，初始 RA 信息为爬升的 RA 信息，其将被削弱为不下降的 RA 信息，或者初始 RA 信息为下降的 RA 信息，其将被削弱为不上升的 RA 信息。这样做是为了使 TCAS 飞机偏离原始飞行高度尽量少。

通过 CPA 之后，TCAS 飞机和威胁飞机之间的距离开始增加，或者水平偏差距离滤波器能够在 CPA 之前确定水平偏差距离足以避免碰撞。在这种情况下，所有的 RA 信息都被取消。整个过程如图 15.26 所示。

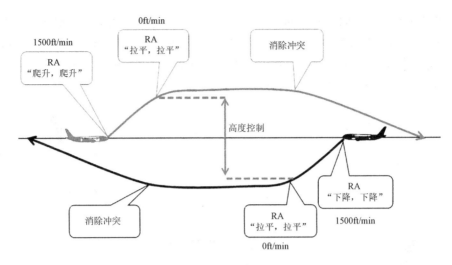

图 15.26 减弱的 RA 过程

6．RA 信息解除和终止

当 TCAS 飞机和威胁飞机之间的距离增加，根据距离测试入侵飞机不再是威胁飞机，或者 CAS 预测的水平偏差距离已经大于门限值时，解除 RA 信息，并向飞行员发出"冲突解除"通知。解除 RA 信号后飞机原则上必须返回原来的飞行航线，除非 ATC 另有指令。如果威胁飞机的飞行航迹已经丢失，则 RA 信息将被删除和终止，但不发布"冲突解除"通知。

15.6.5 TCAS/TCAS 协调

如果 TCAS 检测到的飞机只配备了 A/C 模式应答机和气压高度报告设备，则被检测的飞机的飞行员将不知道他驾驶的飞机正在被 TCAS 飞机跟踪。TCAS 飞机在与这样的入侵飞机相遇的过程中若接收到 RA 信息，则只要入侵飞机不加速超过 TCAS 飞机，TCAS 飞机就能够成功回避入侵飞机。如果入侵飞机配备了 TCAS，则通过 S 模式空—空通信链路协调它们的避让飞行程序，可以确保两架 TCAS 飞机的 RA 信息是相互配合的。

在 TCAS/TCAS 相遇中，一架 TCAS 飞机通过 S 模式空—空通信链路向另一架飞机发送协调询问信息，以确保两架飞机选择方向相反的互补避让飞行方案。在 RA 期间，每架飞机每秒传送一次协调询问信息。协调询问信息包含将进行的避让飞行的方向信息，用以解决与 TCAS 威胁飞机在相遇过程中的避让问题。协调询问信息以互补的形式表述。例如，当一架 TCAS 飞机选择向上机动飞行的 RA 信息时，它将向另一架 TCAS 威胁飞机发送协调的 RA 询问信息，限制它的飞行方向，该威胁飞机根据接收到的 RA 信息选择向下避让飞行。RA 信息强度将由它自己根据相遇几何关系和 RA 逻辑决定。

TCAS/TCAS 相遇中方向选择的基本规则是，每架飞机在选择 RA 信息方向之前必须检查是否接收到来自其他飞机的方向选择信息，如果已经接收到来自其他飞机的避让飞行方向选择信息，则其选择的飞行方向必须与其他飞机选择的方向相反，并通过协调询问进行沟通；如果没有接收到其他飞机的避让飞行方向选择信息，则根据相遇几何关系选择自己的飞行方向。在大多数 TCAS/TCAS 相遇中，两架飞机将在略微不同的时间宣布另一架飞机为威胁飞机。在这种情况下，先以直接的方式进行协调，第一架飞机宣布第二架飞机是威胁飞机，并根据相遇几何关系选择其 RA 信息方向。然后发送询问信号，把自己选择的避让飞行意图告诉第二架飞机。稍后，第二架飞机将宣布第一架飞机为威胁飞机，并且根据接收到的第一架飞机的避让飞行意图，选择方向相反的 RA 信息，并将选择的 RA 信息在协调询问信息中传递给第一架飞机。

偶尔两架飞机会几乎同时宣布对方为威胁飞机，在这种情况下，两架飞机都会根据自己的相遇几何关系选择各自的 RA 信息方向。在这类相遇情况中，两架飞机有可能选择相同的避让飞行方向。当这种情况发生后，具有较高 S 模式地址的飞机将发现两架飞机选择了相同的方向，并且选择与自己原有 RA 信息方向相反的方向进行机动飞行。

如果初始 RA 信息发布后相遇几何关系发生了变化，则 TCAS 将在协调相遇中发布方向逆转 RA 信息。在协调的过程中，低 S 模式地址的 TCAS 飞机可以向飞行员发布一条 RA 信息，并通知高 S 模式地址 TCAS 飞机，高 S 模式地址 TCAS 飞机接收到该信息后，将向飞行员发布方向逆转 RA 信息，并将该方向逆转 RA 信息显示在显示器上。在一个协调的相遇过程中只能发送一条相遇几何关系变化的方向逆转 RA 信息。

在 TCAS/TCAS 相遇过程中，通过传输 RAC 信息协调 TCAS 飞机之间的避让飞行。RAC 信息传输使用空—空通信询问报文 UF=16 中的 MU 字段和应答报文 DF=16 的 MV 字段。有关 ACAS 的报文字段详细描述参见《国际民航组织公约附件 10》第四卷。下面介绍空—空通信报文的 MU 字段和 MV 字段。

1. MU 字段

MU 字段是一个 56bit 的字段，有两种不同的报文结构：一种报文结构用来传送空—空 RAC 信息；另一种报文结构用来广播 RAC 信息。

1）传送空—空 RAC 信息的 MU 字段

MU 字段位于 UF=16 报文第 33～88bit，传送 RAC 信息的 MU 字段结构如图 15.27 所示。

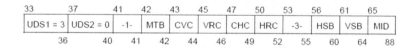

图 15.27 传送 RAC 信息的 MU 字段结构

其中，UDS 为 U-定义子字段，定义 MU 其余各子字段信息内容。当 UDS1=3 和 UDS2=0 时，MU 字段信息包括的子字段如下：多个威胁子字段（MTB）（第 42 bit）；CVC 取消垂直 RAC 信息子字段（CVC）（第 43～44 bit）；垂直互补 RA 信息（VRC）（第 45～46 bit）；取消水平 RAC 信息子字段（CHC）（第 47～49bit）；HRC 为水平 RAC 信息子字段（HRC）（第 50～52bit）；水平纠检错编码校验位子字段 HSB（第 56～60bit）；垂直纠检错编码校验位子字段（VSB）（第 61～64bit）；飞机地址子字段（MID）（第 64～88bit）。第 41bit、第 53～55bit 为空位。

2）广播 RAC 信息的 MU 字段

当 UDS1 = 3 和 UDS2 = 1 时，MU 字段广播 RAC 信息，其结构如图 15.28 所示。

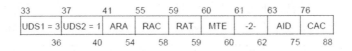

图 15.28　广播 RAC 信息的 MU 字段结构

其中包括的子字段如下：RA 信息有效性标注子字段（ARA）（第 41～54bit）；互补避让告警信息子字段（RAC）（第 55～58bit）；避让告警终止指示子字段（RAT）（第 59bit）；多威胁相遇子字段（MTE）（第 60bit）；A 模式身份代码子字段（AID）（第 63～75 bit）；C 模式高度码子字段（CAC）（第 76～88 bit）。第 63～75bit 为空位。

2. MV 字段

MV 字段是一个 56bit 的空—空通信应答报文 DF=16 的字段，位于第 33～88bit。当 VDS1=3 和 VDS2=0 时，MV 字段传送 RAC 信息。传送 RAC 信息的 MV 字段结构如图 15.29 所示。

图 15.29　传送 RAC 信息的 MV 字段结构

其中，VDS 是 V 定义子字段，定义 MV 的其余各子字段，位于第 33～40bit，VDS 分为 2 组，即 VDS1 和 VDS2，每组 4bit。第 61～88bit 为空位，其余各子字段已经在前文介绍过。

15.6.6　空—地通信

TCAS 飞机可以利用空—地通信链路和 1030MHz 间歇信标信号将 RA 信息传输到 S 模式地面询问站。空中交通服务部门可以利用这些信息监视感兴趣空域内 TCAS 飞机的 RA 飞行动态。

S 模式空—地应答报文 DF=20/DF=21 的 MB 字段将 RA 信息传送到 S 模式地面询问站，此信息是 S 模式应答机响应地面询问站询问请求以 1090MHz 应答信号发送到 S 模式地面询问站的。DF=20/DF=21 报文传输 RA 信息的 MB 字段结构如图 15.30 所示。

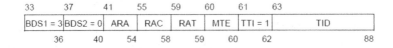

图 15.30　DF=20/DF=21 报文传输 RA 信息的 MB 字段结构

S 模式地面询问站可以使用 S 模式地—空通信链路与 TCAS 通信，从 S 模式地面询问站传输 SL 系数控制指令（SLC）到 TCAS。允许按照 S 模式地面询问站的 SLC 控制 RA 门限值，以便 TCAS 飞机适应当地空中交通环境，由此得到最佳的告警时间和恰当的告警速率。

SLC 信息是使用地—空通信链路 UF=20/UF=21 报文的 MA 字段传输的。传输 SLC 信息的 MA 字段结构如图 15.31 所示。

图 15.31 传输 SLC 信息的 MA 字段结构

15.7 未来的防撞系统

2008 年，美国联邦航空局开始投资研究和开发一种新型空中防撞系统（ACAS X）。这种系统利用动态编程和计算机科学技术的最新研究成果生成告警信息，使用了 RA 离线优化技术。

ACAS X 的告警逻辑不使用一组硬件编码规则，而是基于数值查找表设计的。该查找表对于空中目标分布概率模型和安全操作业务都是最佳的。

ACAS X 概率模型提供了飞机未来即时位置的统计表达式，也考虑了该系统的安全和业务目标，它的告警逻辑是专门针对特定程序或飞机在空中的分布状态设计的。查找表由一个被称为动态编程的优化处理器组成，根据冲突的背景确定最佳的避让飞行方案。采用了一种成本效益系统来确定哪种避让飞行方案会产生最大的效益，既保证了飞机的安全间距，又使实施低成本、高效益。

查找表在飞机上实时运行，以便解除冲突。ACAS X 从一系列信息源（有源的、无源的）收集监视测量数据，使用各种模型（如基于传感器误差特性的传感器概率模型）估计目标分布状态，即当前所有飞机的位置和速度的概率分布。利用目标分布状态决定在查找表中查询的位置，以选择要采取的最佳避让飞行方案。如果有需要，则向飞行员发布 RA 信息。

TCAS II 和 ACAS X 的两个关键区别是避撞逻辑和监视数据的来源不同。TCAS II 完全依靠询问-应答，使用飞机上的应答信号确定入侵飞机当前的位置，预计飞机的未来位置。ACAS X 使用混合监视数据，ACAS Xp 则完全依靠接收 ADS-B 数据跟踪入侵飞机。TCAS II 的避撞逻辑是根据一组编码规则选择避让飞行的方向和强度，ACAS X 的避撞逻辑则是基于数值查找表，估计每个目标分布状态，查找与有效避让飞行措施有关的预计成本，并选择成本最低的避让飞行措施。

安装 ACAS X 有以下好处。

（1）减少多余告警次数。TCAS II 是一个按设计运行的有效系统，但它可在飞机保证安全间距的情况下发出错误告警。ACAS Xa 将提供安全性改进，同时减少多余告警次数。

（2）适应未来的操作概念。欧洲空中交通管理系统研究计划和下一代航空运输系统都计划实施新的操作概念，这将缩短飞机的安全间距，平行飞行航线安全间距减小到 3000ft。目前的 TCAS II 与这些概念不兼容，并且会因此产生频繁的告警，以致告警失去信誉。ACAS X 的一种用于近距离并行飞行的特殊模式（CSPO-300024）将提供更适合监控并行飞行的避撞逻辑。

（3）将防撞功能扩展应用到其他类型的飞机中。为了确保 RA 建议得到遵守，安装 TCAS II 仅限于能够达到特定性能标准的飞机类别（如飞机必须能够达到 2500ft/min 的爬升速度）。这样许多通用航空飞机、无人驾驶飞机或遥控驾驶飞机等类型的飞机都不能通过安装 TCAS II 实现防撞功能。这些类型的飞机可以通过装备 ACAS X 实现防撞功能，其中 ACAS Xu 是为远程驾驶飞机设计的。

（4）在未来监视环境中使用。欧洲空中交通管理系统研究计划和下一代航空运输系统都广泛地使用新的监视源，特别是基于卫星导航系统的先进 ADS-B 监视功能。然而，TCAS II 仅依靠飞机上的应答机确定入侵飞机的位置，实现防撞功能，这将限制它应用这些先进技术的灵活性。ACAS X 的目标位置信息是基于这些新的位置数据监视源得到的。未来版本的 ACAS X、ACAS Xp 完全依靠接收 ADS-B 数据跟踪入侵飞机，而不进行主动询问，人们打算将它用于通用航空飞机。

S 模式询问报文一览表

格式编号 UF

000000	3	RL:1	4	AQ:1	18		AP:24		近程空—空监视（ACAS）
100001	27 或 83		AP:24						
200010	27 或 83		AP:24						
300011	27 或 83		AP:24						
400100	PC:3	RR:5	DI:3	SD:16			AP:24		监视，高度请求
500101	PC:3	RR:5	DI:3	SD:16			AP:24		监视，身份请求
600110	27 或 83		AP:24						
700111	27 或 83		AP:24						
801000	27 或 83		AP:24						
901001	27 或 83		AP:24						
1001010	27 或 83		AP:24						
1101011	PR:4	IC:4	CL:3	16			AP:24		S 模式全呼叫
1201100	27 或 83		AP:24						
1301101	27 或 83		AP:24						
1401110	27 或 83		AP:24						
1501111	27 或 83		AP:24						
1610000	3	RL:1	4	AQ:1	18	MU:56	AP:24		远程空—空监视（ACAS）
1710001	27 或 83		AP:24						
1810010	27 或 83		AP:24						
1910011	27 或 83		AP:24						
2010100	PC:3	RR:5	DI:3 SD:16	MA:56			AP:24		A 类通信，高度请求
2110101	PC:3	RR:5	DI:3 SD:16	MA:56			AP:24		A 类通信，身份请求
2210110	27 或 83		AP:24						
2310111	27 或 83		AP:24						
11	RC:2	NC:4	MC:80				AP:24		C 类通信（ELM）

报文格式 DF

0	00000	VS:1	7	RI:4 2	AC:13		AP:24	远程空—空监视（ACAS）
1	00001	27 或 83 P:24						
2	00010	27 或 83 P:24						
3	00011	27 或 83 P:24						
4	00100	FS:3	DR:5	UM:6	AC:13		AP:24	监视高度应答
5	00101	FS:3	DR:5	UM:6	ID:13		AP:24	监视身份应答
6	00110	27 或 83 P:24						
7	00111	27 或 83 P:24						
8	01000	27 或 83 P:24						
9	01001	27 或 83 P:24						
10	01010	27 或 83 P:24						
11	01011	CA:3	AA:24				PI:24	全呼叫应答
12	01100	27 或 83 P:24						
13	01101	27 或 83 P:24						
14	01110	27 或 83 P:24						
15	01111	27 或 83 P:24						
16	10000	VS:1	7	RI:4 2	AC:13	MV:56	AP:24	远程空—空监视（ACAS）
17	10001	CA:3	AA:24	ME:56			PI:24	扩展长度信标
18	10010	27 或 83 P:24						
19	10011	27 或 83 P:24						
20	10100	FS:3	D:5	UM:6 AC:13		MB:56	AP:24	B 类通信，高度应答
21	10101	FS:3	DR:5	UM:6 ID:13		MB:56	AP:24	B 类通信，身份应答
22	10110	27 或 83 P:24						
23	10111	27 或 83 P:24						
24	11 1	KE:1	ND:4	MD:80			AP:24	D 类通信（ELM）

字 段		格 式	
指 示 符	含 义	UF	DF
AA	地址代码		11
AC	高度码		3,20
AP	飞机地址／校验	All	0,4,5,16,20,21,24
AQ	捕获	0	
CA	应答能力		11
CC	跨链路能力		0
CL	代码标识	11	
DF	下行报文格式		All
DI	标识识别	4,5	
DR	下行链路报文请求		4,5,20,21
DS	数据选择	0	
FS	飞行状态		4,5,20,21
IC	询问站代码	11	
ID	飞机识别代码		5,21
KE	ELM 控制		24
MA	A 类通信信息	20,21	
MB	B 类通信信息		20,21
MC	C 类通信信息	24	
MD	D 类通信信息		24
ME	扩展长度信标信息		17
MU	空中防撞报文	16	
MV	空中防撞报文		16
NC	C 类通信报文段序号	24	

续表

字 段		格 式	
指 示 符	含 义	UF	DF
ND	D 类通信报文段序号		24
PC	操作协议	4,5	
		20,21	
PI	校验 / 询问站识别代码		11,17
PR	应答概率	11	
RC	应答控制	24	
RI	应答信息		0
RL	应答长度	0	
RR	应答请求	4,5,20,21	
SD	专用标识	4,5,20,21	
UF	上行报文格式	All	
UM	使用信息		4,5
VS	垂直状态		0

S 模式子字段定义

子 字 段		字 段
指 示 符	含 义	
ACS	高度码子字段	ME
AIS	飞机标识子字段	MB
ATS	高度类型子字段	MB
BDS 1	B 类通信数据选择器 1 子字段	MB
BDS 2	B 类通信数据选择器 2 子字段	MB
IDS	标识符指示符子字段	UM
IDS	询问机标识符子字段	SD
		UM
LOS	锁定子字段	SD
LSS	监视锁定子字段	SD
MSB	多站 B 类通信子字段	SD
AES	多站扩展长度信息子字段	SD
RCS	速率控制子字段	SD
RLS	应答请求子字段	SD
RSS	预留状态子字段	SD
SAS	场面天线子字段	SD
SUS	间歇振荡器功能子字段	MB
SIC	监视标识符功能子字段	MB
SIS	监视标识符子字段	SD
SRE	段落请求子字段	MC
SSS	监视状态子字段	ME
TAS	发送确认子字段	MD
TCS	类型控制子字段	SD
TCS	战术消息子字段	SD
TRS	传输速率子字段	MB

中 文 名 称	英 文 全 称	英 文 简 写
空中防撞系统	Airborne Collision Avoidance System	ACAS
地平面以上	Above Ground Level	AGL
高度限制	Altitude Limit	ALIM
防撞逻辑系统	Collision Avoidance System	CAS
驾驶舱交通信息显示器	Cockpit Display of Traffic Information	CDTI
最近接近点	Closest Point of Approach	CPA
常规最小垂直间距	Conventional Vertical Separation Minima	CVSM
距离修改	Distance Modification	DMOD
动态最小触发电平	Dynamic Minimum Triggering Level	DMTL
电子飞行仪系统	Electronic Flight Instrument System	EFIS
飞行管理系统	Flight Management System	FMS
全球卫星导航系统	Global Navigation Satellite System	GNSS
近地告警系统	Ground Proximity Warning System	GPWS
水平偏差距离	Horizontal Miss Distance	HMD
入侵飞机	Intruder Aircraft	—
瞬时垂直速度指示器	Instantaneous Vertical Speed Indicator	IVSI
偏差距离滤波器	Miss Distance Filtering	MDF
近中空碰撞	Near Midair Collision	NMAC
我方飞机	Own Aircraft	—
附近飞机	Proximate Aircraft	—
主飞行显示器	Primary Flight Display	PFD
潜在威胁（飞机）	Potential Threat (Aircraft)	—
避让告警	Resolution Advisory	RA
互补避让告警	Resolution Advisory Complement	RAC
已减小的最小垂直高度间距	Reduced Vertical Separation Minima	RVSM

续表

中 文 名 称	英 文 全 称	英 文 简 写
灵敏度等级	Sensitivity Level	SL
威胁（飞机）	Threat (Aircraft)	—
交通警戒告警	Traffic Advisory	TA
告警时间	Warning Time	—
交通告警及防撞系统	Traffic Alert and Collision Avoidance System	TCAS
达到同高度的时间门限	Time (Variable) Threshold	TVTHR
垂直偏差距离	Vertical Miss Distance	VMD
垂直速度指示器	Vertical Speed Indicator	VSI
避让告警垂直门限	Z Threshold	ZTHR
交通警戒告警垂直门限	Z Threshold	ZTHRTA

参考文献

[1] HARRIS K E. Some problems of secondary surveillance radar systems[J]. Journal of the British Institution of Radio Engineers，2010，16（7）：355-382.

[2] STEVENS M C. New developments in secondary-surveillance radar[J]. Electronics & Power，2009，31（6）：463-466.

[3] TERRIGTON D G. Development of secondary surveillance radar for air traffic control[C]// Proceedings of the Institution of Electrical Engineers，1965.

[4] 杨云志，黄成芳. 战斗识别与网络战述评[J]. 电讯技术，2004，44（3）：1-4.

[5] 黄成芳，杨云志. 敌我识别器对抗方法探讨[C]//中国电子学会电子对抗分会第十三届学术年会，2003.

[6] 中国民用航空局. 空中交通管制二次监视雷达系统技术规范：MH/T 4010—2016[S]. 北京：中国民用航空局，2017-01-01.

[7] Stevens M C. Secondary Surveillance Radar[M]. Norwood： Artech House，1988.

[8] 张尉，何康. 空管二次雷达[M]. 北京：国防工业出版社，2017.

[9] PLANT R J，STEVENS M C. A practical application of monopulse to the solution of SSR problems[C]//the Conf. RADAR，1984.

[10] MAJERUS J P. Comment on "Performance analysis of monopulse receivers for secondary surveillance radar"[J]. IEEE Transactions on Aerospace & Electronic Systems，1983，19（6）：884-897.

[11] JACOVITTI G. Performance analysis of monopulse receivers for secondary surveillance radar[J]. IEEE Transactions on Aerospace & Electronic Systems，1983，19（6）：664-897.

[12] COLE E L，ENSTROM R A. Mode S-a monopulse secondary surveillance radar for ATC[C]//the IEEE Radar Conference，1987.

[13] 黎廷璋. 空中交通管制及机载应答机[M]. 北京：国防工业出版社，1992.

[14] ROBERT J M. Phased array antenna handbook[M]. 2nd edition. Norwood： Artech House，2005.

[15] KING R，SANDLER S. The Theory of End Fire Arrays[C]//the IEEE Transactions on Antennas and Propagation，1964.

[16] DRANE C. Useful approximations for the directivity and beamwidth of large scanning Dolph-Chebyshev arrays[J]. Proceedings of the IEEE，1968，56（11）：1779-1787.

[17] STEVENS M C. Multipath and interference effects in secondary surveillance radar systems[J]. Communications Radar & Signal Processing Iee Proceedings F，1989，128（1）：43-53.

[18] 钟琼，吴援明，黄成芳. 二次雷达系统干扰等问题的解决方法[J]. 电讯技术，2005，45（2）：138-142.

[19] WEIL T A. Atmospheric Lens Effect; Another Loss for the Radar Range Equation[J]. IEEE Transactions on Aerospace & Electronic Systems，1973，9（1）：51-54.

[20] 黄成芳. 二次雷达敌我识别器系统识别概率的探讨[J]. 电讯技术，2000，40（1）：1-2.

[21] 高涛，张兴旺. 空管二次监视雷达选址评价指标体系构建[J]. 价值工程，2011，30（29）：55-57.

[22] 黄成芳，何利民. 敌我识别 MK XIIA 浅析[J]. 电讯技术，2007，47（4）：66-71.

[23] 谭源泉，李胜强，王厚军. 西方体制 Mark XIIA 的 Mode5 数据格式分析[J]. 电子科技大学学报，2011，40（4）：532-536.

[24] SANDERS M. ADS-B Program Overview[R]. Federal Aviation Administration，2014.

[25] KENNEY L，DIETRICH J，WOODALL J. Secure ATC surveillance for military applications[C]//Military Communications Conference，2008.

[26] HARRISON M J. ADS-X the NextGen Approach for the Next Generation Air Transportation System[C]//the 25th Digital Avionics Systems Conference，2006.

[27] 广播式自动相关监视（ADS-B）在飞行运行中的应用[R]. 北京：中国民用航空局飞行标准司，2008.

[28] 中国民用航空局. 1090 MHz 扩展电文广播式自动相关监视地面询问站（接收）设备技术要求：MH/T 4036—2012[S]. 北京：中国民用航空局，2017-11-01.

[29] 中国民用航空 ADS-B 实施规划（2015 年第一次修订）[R]. 北京：中国民用航空局，2015.

[30] 中国民航航空器追踪监控体系建设实施路线图[R]. 北京：中国民用航空局，2017.

[31] Airborne Collision Avoidance Systems（ACAS）Guide[R]. EUROCONTROL，2022.

[32] 何晓薇. 空中交通警戒与防系统的技术特点[J]. 中国民航飞行学院学报，2001，12（3）：40-42.

[33] MUNOZ C，NARKAWICAZ A，CHAMBERLAIN J. A TCAS-II Resolution Advisory Detection Algorithm[C]//AIAA Guidance， Navigation， and Control （GNC） Conference， 2013.

[34] .Introduction to TCAS II Version 7.1[R]． Federal Aviation Administration，2011.

[35] LIVADAS C，LYGEROS J. High-level modeling and analysis of the traffic alert and collision avoidance system （TCAS）[J]. Proceedings of the IEEE，2000，88（7）：926-948.

[36] 张贤达，保铮. 通信信号处理[M]． 北京：国防工业出版社，2000．

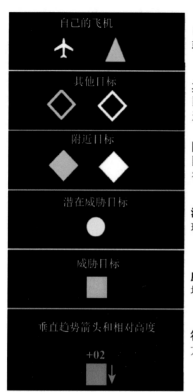

自己的飞机：像飞机一样的符号，填充色为白色或青色

其他目标：距自己的飞机6n mile、上下1200ft范围以外的无威胁目标，用青色或白色未填充的菱形符号表示

附近目标：距自己的飞机6n mile、上下1200ft范围以内的无威胁飞机，用青色或白色填充的菱形符号表示

潜在威胁目标：已经引起发布TA信息的飞机，用琥珀色或黄色填充的圆形符号表示

威胁目标：已经引起发布RA信息的飞机，用红色填充的正方形符号表示

符号：表示该目标是威胁目标，在自己的飞机上方200 ft处，并且正在下降

图 15.4 标准的 TCAS 显示符号

（a）VSI 显示的 TA 信息

（b）EFIS 显示器显示的 TA 信息

图 15.5 TA 信息显示器

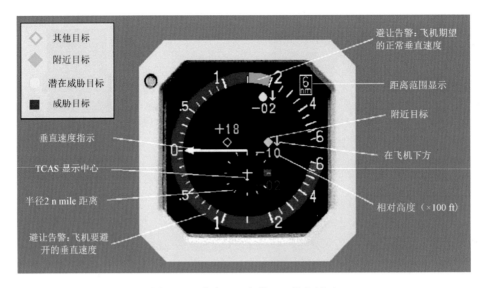

图 15.6　瞬时 VSI 上的 RA 信息显示

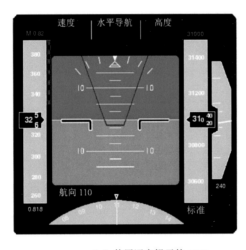

（a）使用语音提示的 PFD

（b）使用垂直速度磁带的 PFD

图 15.7　PFD 上的 RA 信息显示

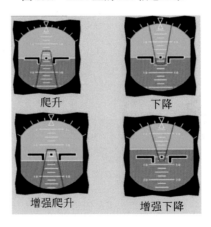

图 15.8　增加强度的 RA 信息显示